JN217027

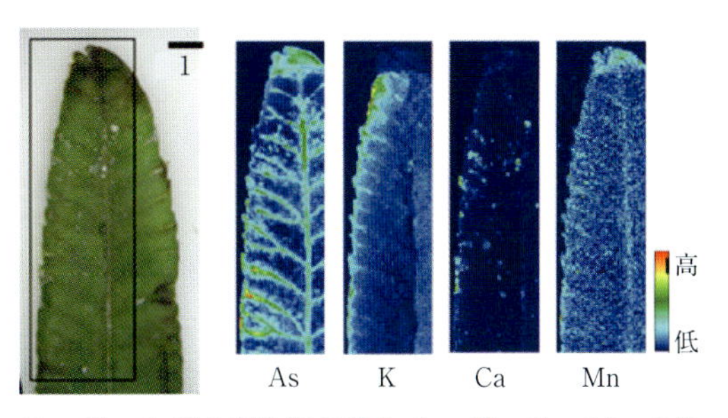

モエジマシダの羽片における As，K，Ca，Mn の分布（コラム 3）

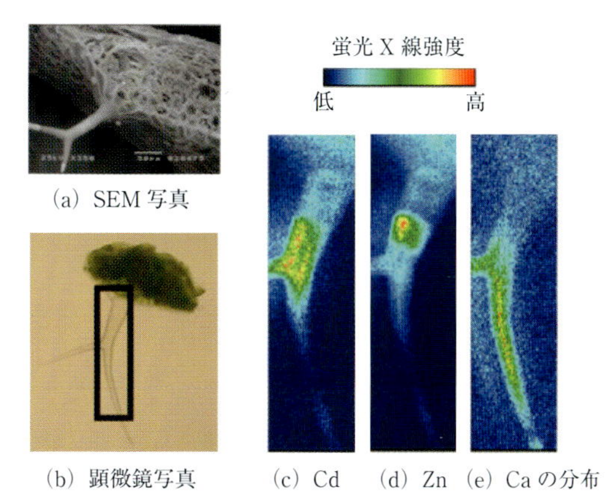

（a）SEM 写真
（b）顕微鏡写真
（c）Cd　（d）Zn　（e）Ca の分布
トライコームの蛍光 X 線イメージング（コラム 3）

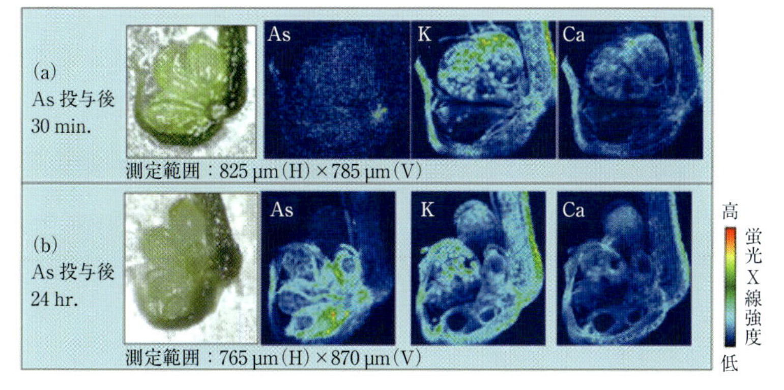

モエジマシダの胞子嚢周辺部横断面の試料写真（左端）と As，K，Ca の蛍光 X 線イメージング（コラム 3）
X 線エネルギー：12.8 keV　　ビームサイズ：1.6 μm × 2.3 μm
ステップサイズ：5 μm × 5 μm　　計測時間（測定条件）：0.1 s/point

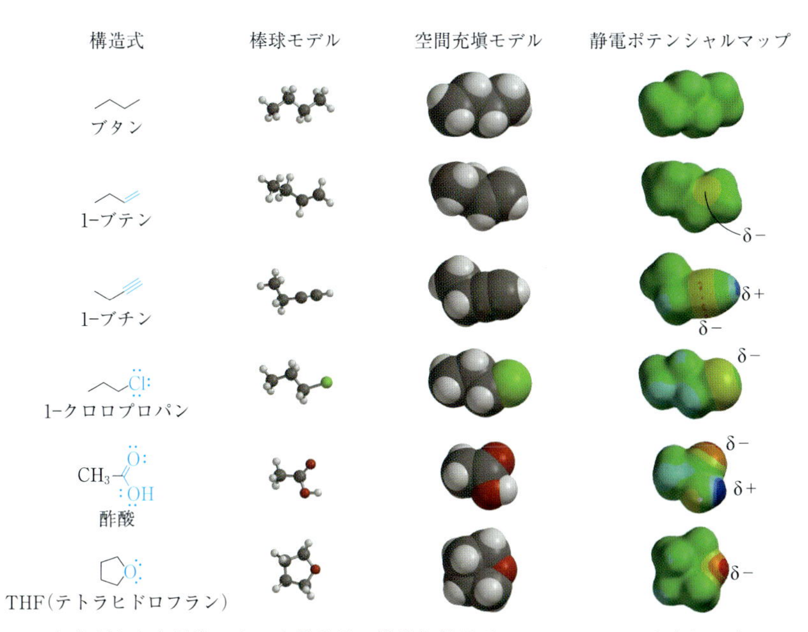

さまざまな表記法による有機分子の構造と静電ポテンシャルマップ（その 1）

金属クラスター水溶液の写真（コラム 4）

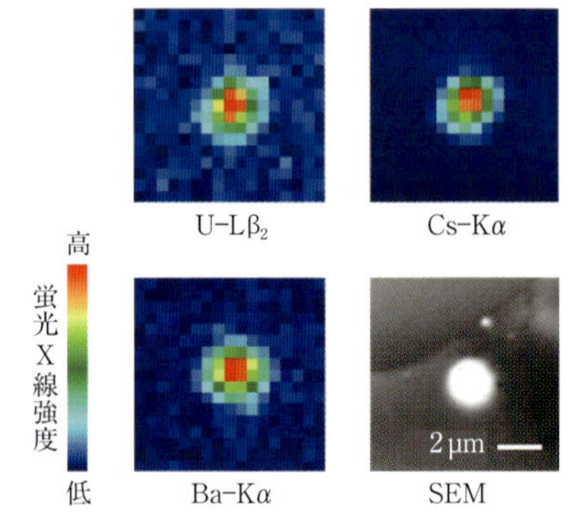

Cs ボールの XRF イメージングと SEM 写真（コラム 1）

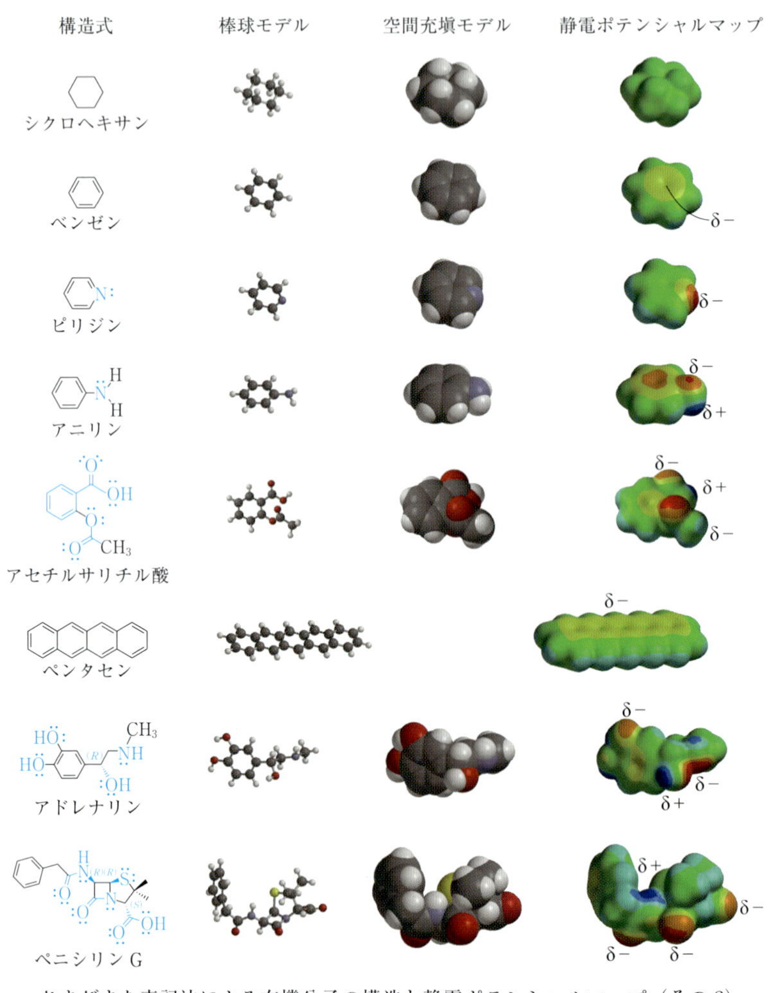

さまざまな表記法による有機分子の構造と静電ポテンシャルマップ（その 2）

理工系の基礎

教養化学

教養化学 編集委員会 編

丸善出版

刊行にあたって

科学における発見は我々の知的好奇心の高揚に寄与し，また新たな技術開発は日々の生活の向上や目の前に山積するさまざまな課題解決への道筋を照らし出す．その活動の中心にいる科学者や技術者は，実験や分析，シミュレーションを重ね，仮説を組み立てては壊し，適切なモデルを構築しようと，日々研鑽を繰り返しながら，新たな課題に取り組んでいる．

彼らの研究や技術開発の支えとなっている武器の一つが，若いときに身に着けた基礎学力であることは間違いない．科学の世界に限らず，他の学問やスポーツの世界でも同様である．基礎なくして応用なし，である．

本シリーズでは，理工系の学生が，特に大学入学後 1，2 年の間に，身に着けておくべき基礎的な事項をまとめた．シリーズの編集方針は大きく三つあげられる．第一に掲げた方針は，「一生使える教科書」を目指したことである．この本の内容を習得していればさまざまな場面に応用が効くだけではなく，行き詰ったときの備忘録としても役立つような内容を随所にちりばめたことである．

第二の方針は，通常の教科書では複数冊の書籍に分かれてしまう分野においても，1 冊にまとめたところにある．教科書として使えるだけではなく，ハンドブックや便覧のような網羅性を併せ持つことを目指した．

また，高校の授業内容や入試科目によっては，前提とする基礎学力が習得されていない場合もある．そのため，第三の方針として，講義における学生の感想やアンケート，また既存の教科書の内容などと照らし合わせながら，高校との接続教育という視点にも十分に配慮した点にある．

本シリーズの編集・執筆は，東京理科大学の各学科において，該当の講義を受け持つ教員が行った．ただし，学内の学生のためだけの教科書ではなく，広く理工系の学生に資する教科書とは何かを常に念頭に置き，上記編集方針を達成するため，議論を重ねてきた．本シリーズが国内の理工系の教育現場にて活用され，多くの優秀な人材の育成・養成につながることを願う．

2015 年 4 月

東京理科大学　学長
藤　嶋　　　昭

序　文

古来より人類が興味を示し続けてきた宇宙や生命の起源，私たちの身のまわりの生活を成り立たせている豊かな物質世界，これらを総括的に理解できる学問は何でしょうか？　それは私たちを取り巻く物質・材料の成り立ちを，原子・分子といったミクロなレベルから統一的に理解し，そしてそれらを変化させたり組み上げたりする技術を体系立てた「化学」です．

化学は物質の成り立ちはもちろんのこと，新たな物質・材料の創成やエネルギーの変換，さらにごく微量の物質を計る分析技術も扱います．そのため化学が適用される範囲は極めて広く，物理学，生物学，地学といった基礎科学分野だけでなく，工学，農学，薬学，医学といった応用分野にも密接に結びついています．

しかし化学で扱う原子・分子は目には見えず，人間の手で直接ひとつひとつを操作することが困難です．そこで，大学では基本的な原子・分子の種類や構造，性質といった基礎をしっかりと学び，それらのつながり方（結合），組み換え方（反応），そしてそれらを計測・分析する数々の高度な技術を学んでいきます．そのため大学において化学は，物理化学，無機化学，有機化学，分析化学といった専門分野に細分化され，それぞれの専門の教科書を用いて，上述の事項を体系立てて学んでいきます．

では身のまわりの物質世界を成り立たせる多彩な原子・分子の結合や反応，物質や材料の性質や機能を司る，より根本的な原理を深くたどっていくと，いったい何につきあたるでしょうか？　その重要な答えのひとつとして「電子」が挙げられます．電子は原子同士を結び付けたり，原子・分子の間を行き来することで，より大きな構造を生み出したりしています．さらに電子は物質や材料の中を運動することで，物質や材料のさまざまな性質や機能を発現させます．すなわち，原子や分子，そして物質や材料の中に存在する「電子」の広がりや振る舞いを理解し，さらに光や電気などの力を借りて「電子」を操作することが，化学という大変広範な学問体系を学び，応用する際の「扇の要」となります．

本書『教養化学』は，大学における標準的な教科書とは異なり，まず身のまわりのさまざまな物質・材料の構造や機能を知り，そしてその起源となる電子の働きの理解へと歩を進めていきながら化学全体を俯瞰するユニークな教科書です．

具体的には，前半部分（第1章から第6章）は「第Ⅰ部　宇宙のはじまりから身のまわりの化学へ」というタイトルで，宇宙・エネルギー・環境・分析・材料・生命などを化学の目で広く眺めていきます．そして後半（第7章から第12章）では「第Ⅱ部　電子の振る舞いから理解する化学」というタイトルで，これらの物質世界を成り立たせている原子や分子の種類や構造・機能・性質の基礎を理解し，そして最終的に物質や材料中の「電子」の振る舞いの理解へたどり着きます．したがって第Ⅰ部は，順を追って読む必要は全くなく，興味をもたれた章からめくっていただいてかまいません．一方，第Ⅱ部は，順を追って読み進めていくと，原子や分子，そしてそれらが結び付いた物質や材料の構造や機能が，その内部の「電子」の空間的な広がりや振る舞いからいかに説明できるのか，理解できるでしょう．

第Ⅰ部，第Ⅱ部ともに，化学の基礎的な事項をしっかりと盛り込みながら，最新のトピックスも交えた専門的な項目も多く含んでいます．したがって，これから化学を学ぼうと大学の門をくぐられる学生はもちろんのこと，一通り化学を学んだ方が，これまでとは別の角度から化学の世界を俯瞰したり，別分野の専門家や学習意欲の高い高校生も読むことができるように配慮しています．

本書を通じて，身のまわりの多彩で豊かな物質世界を成り立たせている基本原理が，原子や分子，そしてその集合体としての物質や材料中に存在する「電子」の理解や制御に集約されていく，化学の楽しさを感じ取っていただければ幸いです．

2016年7月

著者らを代表して　由井　宏治

目　次

第Ⅰ部
宇宙のはじまりから身のまわりの化学へ

3. 溶液化学基礎と分析化学 38

4. 固体・分子集合体・コロイド粒子の化学 60

5. 生活を豊かにする高分子材料 85

8. 光と原子　159

9. 分子の構造と電子　176

10. 化学反応と電子　193

コ ラ ム

第Ⅰ部

宇宙のはじまりから身のまわりの化学へ

1. 原子の成り立ちと性質

1.1 原子の誕生

化学（chemistry）は，**元素（elements）**を取り扱う学問である．化学の教科書には，必ず元素の周期表（periodic table）があり，これに基づいて「化学」を始めるのが一般的である．現在までに全部で 118 番目までの元素が見つかっているといわれており，各元素の性質が「化学」の本質であるといっても過言ではない．高校までの化学の教科書は元素記号に対応する基本粒子である**原子（atom）**ありきで始まっている．それではいったい原子は，どこで生まれたのだろうか．原子はもともと地球に存在していたものだろうか．地球は宇宙の一部であり，原子こそ壮大な宇宙の営みから生み出された究極なものである．この節では，いろいろな原子が宇宙の中でどのように生まれてきたのか，最近の理論に基づいて解説していこう．

1.1.1 恒星の寿命

我々が地球上でいつも目にしている**太陽（sun）**は，宇宙では**恒星（fixed star）**に分類されている．直径は 140 万 km ともいわれ，地球の直径の 200 倍以上の大きさをもち，表面温度は 6000℃にもなる．常に水素（H, hydrogen）の原子核同士を反応させてヘリウム（He, helium）の原子核を作ることで，多量の熱や光などのエネルギーを放っている．太陽の光エネルギーは，地球までの 1 億 5000 万 km（1 **天文単位（astronomical unit）**）を経て，表面温度が平均 −18℃になるように地球上に降り注いでいる（地球の平均気温が +15℃になるのは，温室効果による）．このように太陽は膨大な量のエネルギーを放出している．しかし，宇宙では太陽くらいの大きさをもつ恒星は，比較的小さいものに分類され，太陽の 20 倍以上の質量をもつ大きな恒星も存在している．また，恒星の大きさは，太陽の質量を基準にして決められる．例えば質量が太陽の 0.8 倍の恒星では，0.8 **太陽単位（solar unit）**または 0.8 **太陽質量（solar mass）**と表される．

このような恒星は小さいものを除き，時間とともに進化している．そして，恒星の寿命は太陽質量 M の 2.5 乗に反比例し（式(1-1)），大きな質量の恒星ほど，早く寿命を終えることになる．

$$\text{星の寿命}\quad \tau = \frac{1}{M^{2.5}} \tag{1-1}$$

1.1.2 赤色巨星

図 1-1 は恒星の大きさによって，それぞれの恒星がどのように進化して，寿命を迎えるのかをまとめたものである．0.5～0.8 太陽質量以下の小さな恒星は，半永久的に燃え続け，130 億年前に生まれた恒星でさえ観測することが可能である．これは宇宙の年齢が**ビッグバン（big bang）**で始まって以来，138 億年といわれている中で，驚くべきことである．

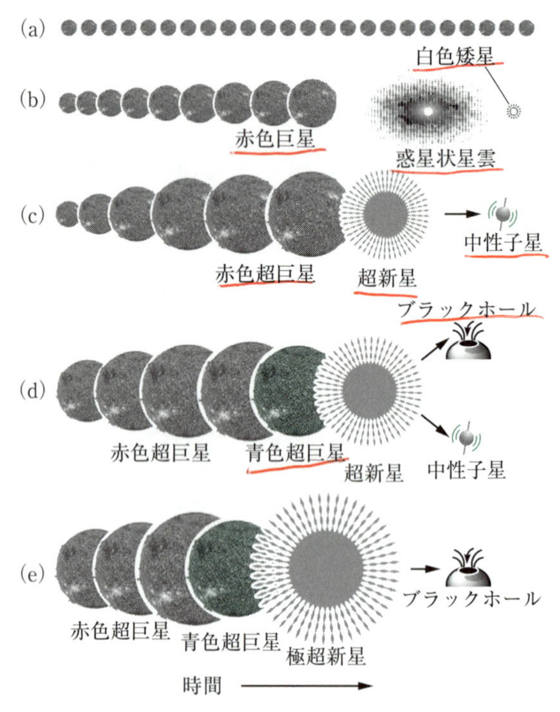

図 1-1 恒星の一生．(a)0.5～0.8 太陽質量(恒星のまま輝き続ける)，(b)太陽くらいの恒星（燃えつきる），(c)10 太陽質量（超新星），(d)20 太陽質量（超新星），(e)30 太陽質量（極超新星）

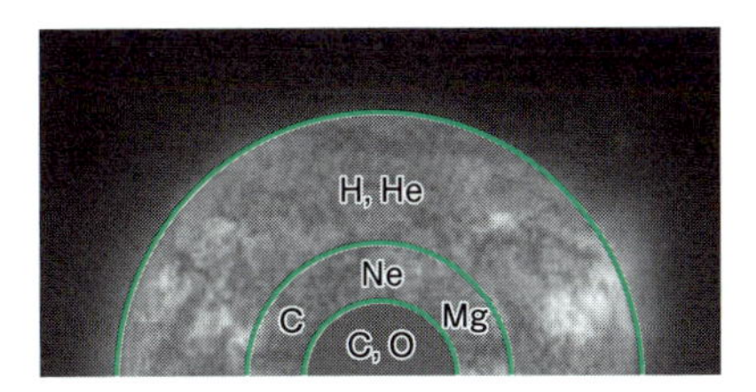

図 1-2　赤色巨星の内部構造

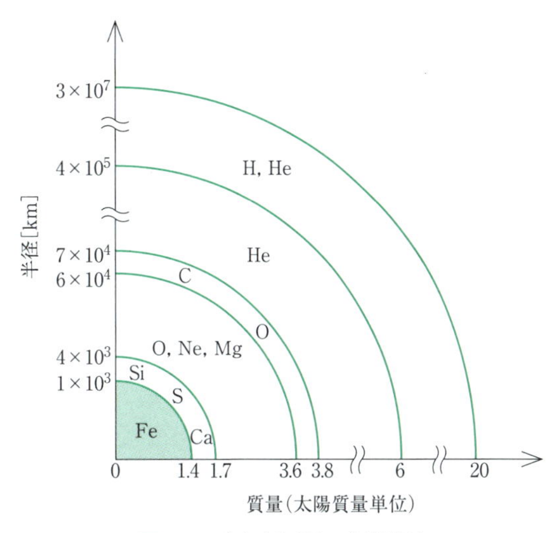

図 1-3　赤色超巨星の内部構造

太陽ぐらいの大きさの恒星は寿命が100億年といわれ，太陽はあと50億年で寿命を迎える．太陽が燃え尽きる10億年前になると，赤く大きく膨張し，人類も含めて地球上のあらゆる生物を焼き尽くす「カタストロフィー」が起こるといわれている．

太陽は，内部にあるHからHeをつくり出す原子核の核反応（**核融合（nuclear fusion）**）によって，光り輝いている．Hを燃やし尽くすと，今度はHeを核反応に使うため太陽自身が**赤色巨星（red giant）**となり，膨張する．この大きくなった赤色巨星の内部（図1-2）では，重力による高圧と高温でHeが核融合し，酸素（O, oxygen），炭素（C, carbon），窒素（N, nirtrogen），ネオン（Ne, neon），ケイ素（Si, silicon），マグネシウム（Mg, magnesium）などの「軽い元素」が生成される．このような核反応が進行すると，非常に安定な原子核をもつOまでは赤色巨星内で生成することが可能である．しかし，それ以上原子番号が大きな元素は，重力による熱や圧力が足りず核反応しない．そのため，赤色巨星は燃え尽きてしまい，**惑星状星雲（planetary nebula）**になる．そして，時間とともにCやNからなる星雲部分は星間ガスとしてなくなり，主にOからなる**白色矮星（white dwarf star）**が残る．

1.1.3　青色超巨星

太陽よりも20倍以上大きな質量をもつ恒星として，さそり座のアンタレスやオリオン座のベテルギウスが赤い大きな星として知られているが，寿命は1000万年程度しかない．これらの恒星は，寿命の末期で超新星になって消滅し，中性子星やブラックホールになる．爆発前の最後の100万年は，**赤色超巨星（red supergiant）**とよばれ，恒星の重力によって生まれる高熱や高圧によって，O以上の大きな原子核へ核融合し，ストロンチウム（Sr, strontium），硫黄（S, sulfur），カルシウム（Ca, calcium），鉄（Fe, iron）などを作ることが可能である（図1-3）．特にFe族（Fe, Co, Ni）周辺の元素は，元素の中で最も安定な原子核をもつため，Feより「重い元素」は核反応によってつくられない．また，爆発10万年前は，恒星内部の核反応が非常に活発になり，**青色超巨星（blue supergiant）**になる．これは，あまりにも激しく恒星内部の核反応が起こるため，外側のHやHeからなるガス状部分が吹き飛ばされて，恒星の固体部分が青くみえることからついた名称である．この星はウォルフ・ライエ・スターともいわれている．一般に「赤くみえる星より青くみえる星の方が高温である」というのは，この青色超巨星のことを指している．

1.1.4　超新星

さて，先に述べたように，Feは元素の中で最も安定な原子核をもち，これ以上核反応を起こさない．そのため，核反応の帰結として青色超巨星の中心殻にどんどんFeが溜まっていくことになる．一般に，恒星は核反応による外に向かう爆発のエネルギーと**重力（gravity）**による内側に向かう収縮によってつり合って，恒星として球形を保っている．ところが，核反応しないFeが中心殻に溜まってくると，このバランスが崩れ，恒星が重力に負けて一気に収縮（**重力崩壊（gravitational collapse）**）し，爆発してしまう．この爆発のことを**超新星（supernova）**とよぶ．超新星は新しい星が生まれたようにみえるが，実際には爆発現象である．この爆発は，重力崩壊によって巨大な圧力が恒星の中心殻のFeにかかり，陽子と電子が結合し，中性子になるときに膨大なエネルギーを放出し，爆発すると考えてみてもよいかもしれない．しかし，実際のメカニズムはさらに複雑なので，興味のある方は，さらに勉強してほしい．

この超新星の爆発エネルギーは非常に大きく，Fe

より重い 60 種類の新たな元素が生み出される．この超新星の残骸は，**中性子星（pulsar）**や**ブラックホール（black hole）**を生じる．中性子星は超新星によって吹き飛ばされずに残った中心殻からつくられている．直径数十 km ぐらいの小さな星になるが，重さは太陽と同じ程度であると推測されている．中性子星を作る物質は，驚くことにスプーン 1 杯（1 cm^3）で数十億トンの質量があるといわれている．また，中性子星の大きさには限界（トルマン・オッペンハイマー・ヴォルコフ限界）があり，これを超えて大きくなると崩壊してブラックホールになるとされている．

いろいろな元素を含む惑星状星雲の雲の部分や超新星で生じた残骸は，宇宙空間で**星間分子雲（interstellar molecule cloud）**となり，生まれたばかりの**原始星（protostar）**を構成する原料となる．太陽系に属する地球も，この原始星が太陽になる間に，**星間ガス（interstellar gas）**から**惑星（planet）**としてつくられたものである．

金（Au, gold），銀（Ag, silver），ウラン（U, uranium）などの非常に重い元素は通常の超新星の爆発エネルギーではつくられないことが，理論的に指摘されている．非常に少ない確率であるが，このような重い元素は例えば中性子星同士が衝突してつくられるか，または太陽の 30 倍以上の質量をもつ非常に大きな恒星が**極超新星（hypernova）**となってつくられると予想されている（図 1-4）．

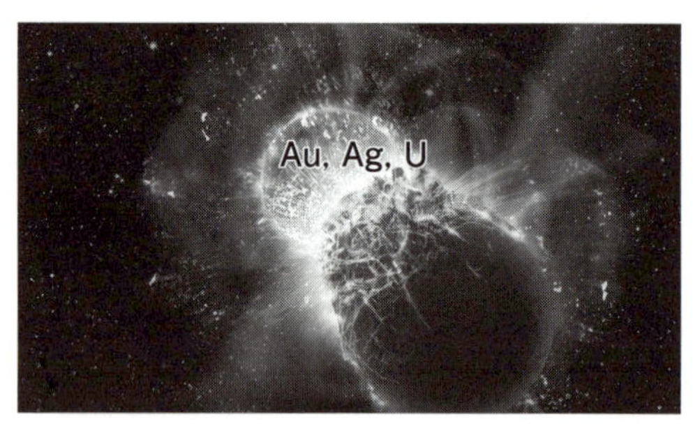

図 1-4　中性子星の大衝突による Au，Ag，U の生成

1.1.5　地球の誕生

太陽系に属する地球の**地殻（earth's crust）**には重い元素である Au や Ag，U を含めたあらゆる元素が存在している．恒星でもない地球上に，なぜいろいろな元素が存在しているのだろうか．

銀河系内では，超新星が 100 年に 1～2 回は必ず起きると予想されている．宇宙の年齢を 130 億年とすれば，これまで銀河系内で超新星が実に 1 億回以上も起きていることになる．この超新星でつくられた元素，あるいは中性子星の衝突などによって生まれた重い元素が星間ガスとなって漂い，さらに集まって地球を形成したことになる．太陽系がつくられると同時に，その星間ガスから地球もつくられたことを示している．

1.1 節のまとめ

- 恒星の大きさは太陽の質量を基準に決められており，その寿命は太陽質量の 2.5 乗に反比例する．
- 0.5～0.8 太陽質量以下の小さな恒星は，半永久的に燃え続け，130 億年前の恒星も観測できる．
- 水素，ヘリウム，リチウムのような軽い元素はビッグバンによって生まれた．
- 太陽ほどの大きさをもつ恒星は，水素などが核融合によって燃え尽きた後，ヘリウムを燃焼するために赤色巨星になり，内部では酸素，炭素，窒素，ネオン，ケイ素，マグネシウムなどの軽い元素が生成する．
- 赤色巨星は時間がたつと燃え尽きて惑星状星雲になる．やがて，炭素や窒素からなる星雲部分がなくなると，主に酸素からなる白色矮星が残る．
- 太陽質量の 20 倍以上大きな恒星は，最後の 100 万年で赤色超巨星になり，ストロンチウム，硫黄，カルシウム，鉄など酸素より重い元素を核融合によってつくることができる．
- 太陽質量の 20 倍以上大きな恒星の最後の 10 万年は，恒星の表面のガスが吹き飛ばされて青色超巨星を生じる．
- 太陽質量の 20 倍以上大きな恒星の末期は，最も安定な原子核をもつため核融合ができない鉄が多くなり，恒星が重力に負けて，重力崩壊が起き，超新星になる．このとき，鉄より重い 60 種類以上の元素が生成する．

- **太陽質量の 20 倍以上大きな恒星が超新星になった後は，中性子星やブラックホールになる．**
- **金，銀，ウランなどは，超新星の爆発エネルギーでも生成しないが，太陽質量の 30 倍以上大きな恒星の極超新星や中性子星同士の衝突による膨大なエネルギーによって生成するものと考えられている．**

1.2 原子核と原子

この節では原子の中の**原子核（nucleus）**について学んでいく．ここでは，陽子と中性子からつくられるものを原子核とし，電子が原子核の周りを回っているものとする．前節では恒星内で各元素がどのようにつくられてきたのか学んだ．それでは，原子核は核反応によってどのように新しい原子核に生まれ変わるのかみていくことにしよう．ここでは陽子と中性子からなる原子核の反応について簡単に学んでいく．また，$^{235}_{92}$U の**誘発核分裂（induced fission**，エネルギーの低い中性子を $^{235}_{92}$U に与えて人為的に核反応を起こすこと）を利用した原子力発電は，日常生活での電力供給の要として重要な役割をもっている．しかし，2011 年東日本大震災によって福島第一原子力発電所が破壊されたように，その絶対的な危険性も明らかになってきた．その原子炉では，核分裂の莫大なエネルギーを使ってどのように発電しているのか．沸騰水型原子炉のしくみについても触れていく．

1.2.1 ビッグバン

宇宙で最も数の多い元素は H である．これは H が，**陽子（proton）**と**中性子（neutron）**を 1 個ずつ含む単純な原子だからである．宇宙での元素の総量は，H と He で実に 99%以上を占めている．もちろん，宇宙の始まりをみた人はいない．しかし，宇宙全体が徐々に膨張している証拠から，ある 1 点からの爆発，**ビッグバン（big bang）**から宇宙が始まったといわれている．

宇宙の始まりから 2 時間後（この時間が，短いのか長いのか人間の感覚では測ることができない），ある程度冷えた宇宙に原子が誕生した．陽子と電子が一つずつ電気的に引き合った H が，最も単純な原子としてたくさんつくられた．さらに，陽子と中性子と電子がそれぞれ二つずつ集まった He や，三つずつ集まった Li などもつくられた．おそらく 100 億年前につくられたばかりの恒星は，太陽のように H や He のような元素からなるガスが集まってできた恒星ばかりだったようである．

1.2.2 原子核の反応

一般に，原子をつくる原子核の反応では，原子核同士が結合したり（核融合（nuclear fusion）），分裂したり（**核分裂（nuclear fission）**）する核反応が，非常に高いエネルギーのもとで行われている．原子の周りに存在していた電子は，この高いエネルギーのため，すべて吹き飛ばされてしまう．ゆえに，原子核の核反応を表す核反応式は，各原子の電子をほとんど考えないで，原子核だけの反応として議論できるのである．

1.2.3 原子を表す

原子核の反応を学ぶために，各原子をどのように表すのか知る必要がある．例えば，原子がもっている陽子の数を表す**原子番号（atomoic number）**Z によって，原子の種類が分けられる．さらに，陽子の数に中性子の数を加えた**質量数（mass number）**A によって原子のだいたいの重さが決められる．元素の種類を決める原子番号は**陽子数（proton number）**に相当するが，その原子の**電子数（electron number）**も同じ数になる．また，電子の質量が軽いため，質量数 A には，電子の重さを含めていない．また，陽子の数は同じでも，中性子の数が異なる原子は**同位体（isotope）**とよばれる．この同位体数が多い元素ほど，原子核がより安定化する傾向がある．各原子は，ある元素 E の元素記号の左上に質量数 A を，左下に原子番号 Z を書き表す（**図 1-5**）．

$$^{A}_{Z}\mathrm{E}$$

A：質量数
Z：原子番号

図 1-5 原子の表記法

1.2.4 放射性元素

一方，原子番号 Z が $_{92}$U より大きい元素では，**放射性元素（radioactive element）**といわれる不安定な同位体が存在する．このような同位体では，自発的に核分裂が起き，**放射線（radiation）**を出して，別の元素に変わる．このとき放出される放射線には，α 線

表 1-1　主な核反応式

反応	核反応式
核融合	${}^{12}_{6}C + {}^{4}_{2}\alpha \longrightarrow {}^{16}_{8}O + \gamma$
陽子捕獲	${}^{12}_{6}C + {}^{1}_{1}p \longrightarrow {}^{13}_{7}N + \gamma$
陽電子壊変	${}^{13}_{7}N \longrightarrow {}^{13}_{6}C + e^{+} + \nu_0$
He 燃焼	${}^{8}_{4}Be + {}^{4}_{2}\alpha \longrightarrow {}^{12}_{6}C + \gamma$
中性子捕獲	${}^{14}_{7}N + {}^{1}_{0}n \longrightarrow {}^{14}_{6}C + {}^{1}_{1}p$
β 壊変	${}^{99}_{42}Mo \longrightarrow {}^{99}_{43}Tc + e^{-} + \nu_0$

(He の原子核)，β 線（電子)，γ 線（高エネルギー線)，ν_0（ニュートリノ)，p（H^+ 粒子)，e^+（陽電子）などがある．その放射線を使った主な核反応式を表 1-1 にまとめた．

この核分裂によって作られた多くの原子核は，再び放射線を出す原子核（**娘核種（daughter nuclide)**）となり，第 2，第 3 の核反応（放射壊変（radioactive decay)）を自然に引き起こす．最終的には，それ以上自然に核反応を起こさない安定な原子核をもつ元素まで，壊変していくのである．

1.2.5　U の核分裂反応

地球上で ${}^{235}_{92}U$ の誘発核分裂によって得られたエネルギーを実際に有効利用したものに，**原子炉（nuclear reactor)** がある．例として原子力発電の沸騰水型原子炉のしくみをみていこう．原子炉内で ${}^{235}_{92}U$ の核分裂を行うと，質量数 A がほぼ 90 と 140 付近の 2 種類の原子核に分裂する（図 1-6)．1986 年のチェルノブイリの原子力発電所の事故では，例えば核分裂によって生じた**放射性ヨウ素**（${}^{131}_{53}I$，半減期＝7 日，半減期は核分裂した原子の量がちょうど半分になる時間）は，子供たちの甲状腺のヨウ素と置換されて内部被ばくを起こし，がんの発生に関わっていると疑われている．また，被ばくの目安となっている**放射性セシウム**（${}^{137}_{55}Cs$）を発生する核反応式も含めて，${}^{135}_{53}I$ と ${}^{137}_{55}Cs$ が生じる核反応式の例をそれぞれ式(1-2)と式(1-3)に挙げた．式(1-2)も式(1-3)も，分裂生成物はそれぞれ，${}^{135}I$ と ${}^{97}Y$ および ${}^{137}Cs$ と ${}^{96}Rb$ でありどちらも質量数 A が 140 と 90 付近の原子核に ${}^{235}_{92}U$ が分裂している．

$$ {}^{235}_{92}U + {}^{1}_{0}n \longrightarrow {}^{135}_{53}I + {}^{97}_{39}Y + 4\,{}^{1}_{0}n \qquad (1\text{-}2) $$

$$ {}^{235}_{92}U + {}^{1}_{0}n \longrightarrow {}^{137}_{55}Cs + {}^{96}_{37}Rb + 3\,{}^{1}_{0}n \qquad (1\text{-}3) $$

1.2.6　連鎖反応

式(1-2)と式(1-3)のように，この ${}^{235}_{92}U$ の核分裂では，一つの中性子が U の原子核に当たると核分裂して二つ以上の中性子が発生する．すなわち，一つの中性子によって引き起こされた核分裂は，多数の中性子を発生することになる．そのため，その発生した中性子のすべてが再び核分裂に使われると，ねずみ算式に反応が進み，**連鎖反応（chain reaction**，一般に一つの反応が他の反応を誘導し，さらにそれが次の反応の原因になって，同じ反応が繰り返して進行する現象）が起こる．いったん，連鎖反応が起きると核反応を制御できず，核爆発が起こる．そこで，原子炉では，一つの中性子の反応で，一つの中性子が放出されて反応が完結するように，B や Cd といった中性子を吸収する性質をもつ元素を含む制御棒によって，余分な中性子を吸収させて連鎖反応が起きないようにしている．

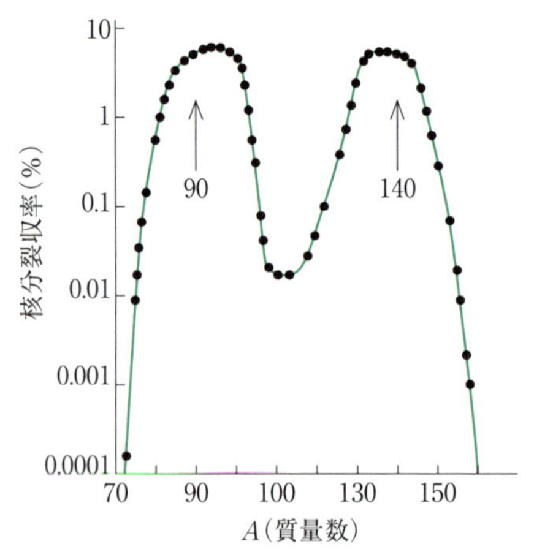

図 1-6　${}^{235}U$ 核分裂生成物の収率曲線

1.2.7　臨界状態

原子炉内で起こる核分裂反応を持続するためには，核反応で放出された中性子が，再び核反応するように減速材（moderator，H_2O など）を通して速度を遅くし，低エネルギーにする必要がある．また，中性子を再び近くの ${}^{235}U$ が受けとるように，${}^{235}U$ の同位体濃度を高めなければいけない．しかし，天然に存在する U の中で，${}^{235}U$ は存在比が 0.7% しかなく，ほぼ 99.3%が低エネルギーの中性子によって核反応を起こさない ${}^{238}U$ である．そのため，存在比の小さい ${}^{235}U$ の同位体を原子炉で使うためには，少なくとも 3%以上の濃度に高めなければならない．この操作は濃縮とよばれ，昇華してガスになりやすい UF_6 へ誘導した後，遠心分離法で ${}^{238}UF_6$ と ${}^{235}UF_6$ を分離する．この手法により ${}^{235}U$ の同位体濃度を上げることができる．この技術は非常に難しく，このような遠心分離法ができる施設があると原子爆弾をつくることが可能に

コラム1　セシウムボール

2011 年 3 月に起きた大地震に伴う，福島第一原子力発電所事故により，膨大な量の放射性物質が環境中へ放出された．事故後 3 年以上が経過した今日においても，どのような放射性物質が放出されたかは，よくわかっていない．放出された物質の性状を解明することは，放出当時の炉内状況などの事故事象を検証するために有益であると同時に，放出された放射性物質の環境・人体へのリスク評価や，効率的な除染方法を検討するためにも重要な知見となる．

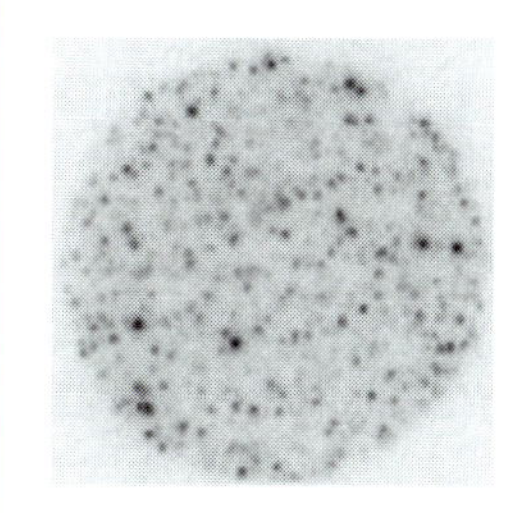

図 1　IP に写った強放射性物質のイメージ

つくば市の気象研究所では，原発事故の前からフィルターを使って，大気粉塵の捕集を行っていた．事故当時の大気を捕集したフィルターを，イメージングプレート（IP）という X 線に感光するフィルムに密着させると，放射性物質の放射線により感光して，図 1 のように，斑点状に黒化した．

走査型電子顕微鏡で観察すると，この粒子は 1〜2 μm の大きさであった．気象研の研究者らは，この粒子 1 粒をとり出すことにチャレンジし，見事成功した．γ 線計測によりこの粒子の放射能を計測すると，^{134}Cs と ^{137}Cs に特徴的なエネルギーをもつ γ 線が放出されていることがわかった．この粒子をエネルギー分散型 X 線検出器付走査電子顕微鏡（SEM-EDS）で観察すると，直径 2 μm の球状粒子であった．電子線を照射して発生する特性 X 線を調べると，Cs の特性 X 線がはっきりと検出された．図 2 に強放射性粒子の SEM 写真と，EDS スペクトルの一例を示す．本粒子は放射性 Cs を主成分として含むことから，セシウムボールと名づけられている．

原発事故に伴って 2011 年 3 月 14〜15 日につくば市に飛来した放射性物質は，福島原発から放出されたもので，この粒子を詳細に調べることができれば，事故当時の原子炉内部の出来事を推察することができる．SEM-EDS による分析は，軽元素には感度がよいが，重元素の分析は苦手である．そこで，重元素を感度よく分析できる蛍光 X 線法（XRF）を導入して，重元素の情報を得ることとした．しかし，粒子の大きさは 2 μm 程度しかないので，通常の蛍光 X 線分析では分析できない．そこで，直径 1 μm の高エネルギー X 線で 2 次元分析が可能な SPring-8 の放射光マイクロビームを用いて分析した．

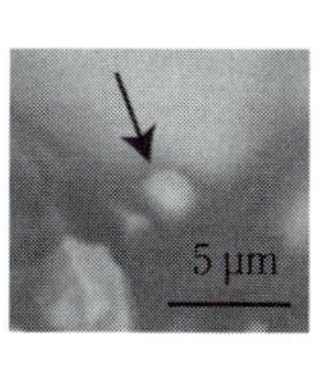

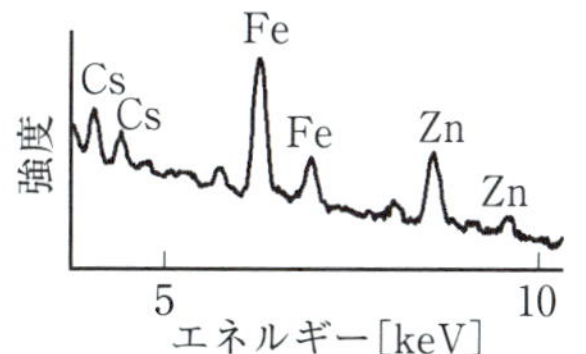

図 2　Cs ボールの SEM 写真と EDS スペクトル

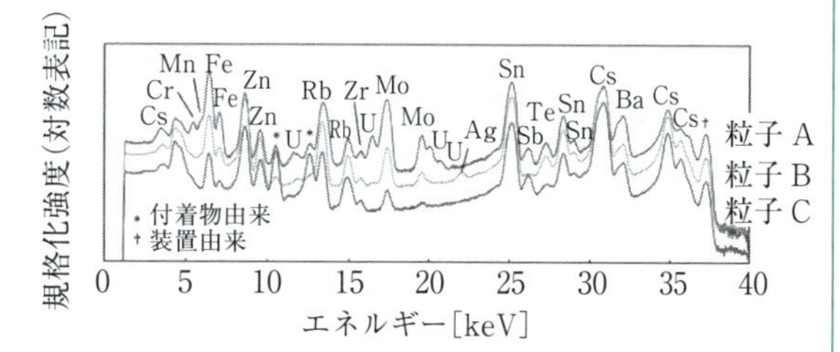

図 3　A，B，C 3 種の Cs ボールの蛍光 X 線スペクトル

図 3 に，37 keV の放射光 X 線を照射して得られた，3 種のセシウムボールの蛍光 X 線スペクトルを示す．図 3 より，Cs 以外にも Rb，Mo，Sn，Ba などの重元素を含むことが明らかとなった．さらに一部の粒子からは，微量ながら核燃料の U が検出された．その他の重元素は U の核分裂生成物が含まれると考えられる．これらの元素は，Fe や Zn といった重元素以外の元素も含めてすべて原子炉内の構成物に帰属することができる．これらの元素の化学状態分析を行ったところ，いずれの粒子においても高酸化数のガラス状態で存在し，XRF イメージングにより図 4 のように，元素が同心円状に均一に分布していることがわかった．事故当時炉内が核燃料のみならず周辺の構成物まで含めて熔融状態にあったことを示している．

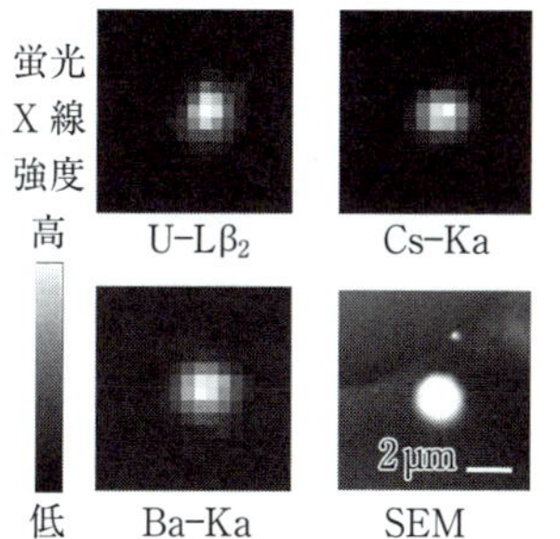

図 4　Cs ボールの XRF イメージングと SEM 写真（右下）（口絵参照）

直径わずか数 μm の粒子の分析から，事故の初期状況や環境中に放出された放射性物質の性状に関わる重要情報が得られた．

参考文献

［1］K. Adachi, *et al.*, *Scientific Reports* 3, Article number : 2554（2013）.
［2］Y. Abe, *et al.*, *Anal. Chem.* **86**, 8521-8525（2014）.

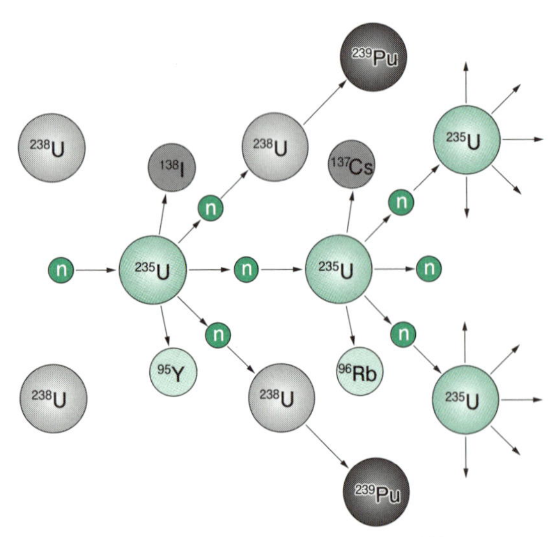

図 1-7　中性子 n による ^{235}U の核分裂は，^{235}U が臨界濃度以上なければ，連鎖反応を起こさない．^{238}U は $^{1}_{0}$n を取り込むと ^{239}Pu に変化する．

なるため，核保有国ではトップシークレットの扱いになっている．しかし，最近核保有国以外にもこの技術が拡散し始めており，大きな社会問題となっている．核燃料の中で ^{235}U の同位体が核分裂を持続的に続けることができる最低の濃度を**臨界濃度（critical concentration）**とよび，その状態を**臨界状態（critical state）**という（図 1-7）．

核燃料は，ペレット状に成形され Zr 合金（ジルカロイ）で仕切られた縦長の容器の中に入れられる．その容器間には中性子を吸収する B や Cd が加えられた制御棒が入っている．この制御棒を出し入れすることによって，臨界状態にならないように核反応を起こす中性子の数を調整している．

福島第一原子力発電所では，停電で冷却水の供給が止まり，炉心の融解（メルトダウン）が始まった．高温で溶解した Zr 合金が水蒸気と反応することで発生した H_2 が建屋内に溜まり，水素爆発を起こし，原発 1 号機と 3 号機の建屋が吹き飛んで世界中を震撼させたことはまだ記憶に新しい．

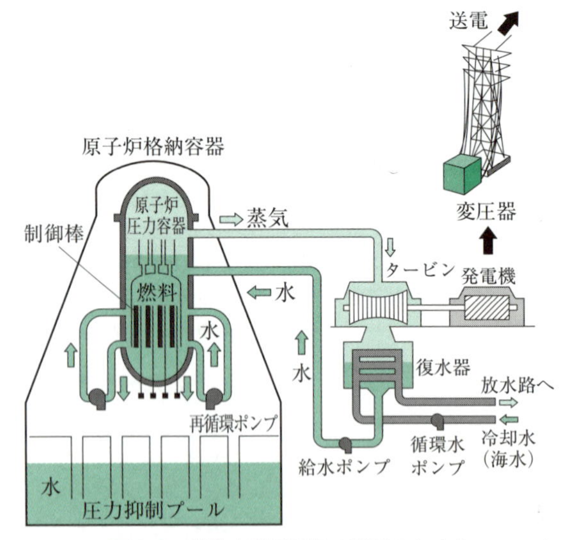

図 1-8　沸騰水型原子炉の発電のしくみ
（出典：電気事業連合会，"原子力図面集"，5-2 を元に作成）

1.2.8　沸騰水型原子炉

沸騰水型の原子炉では，^{235}U の核分裂によってつくり出された莫大なエネルギーをどのように，電気エネルギーに換えているのだろうか．まず，^{235}U の臨界状態にある核燃料を 1 回の核分裂で 1 個の中性子が発生するように，余分な中性子を制御棒に吸収させる．そして，この核反応で発生したエネルギーを熱に換え，水を沸騰させるのに利用する．発生した水蒸気でタービンを回し，電気を発生させているのである（図 1-8）．核分裂で生じた莫大な熱エネルギーを，直接発電に使うのではなく水を沸かすために使っているので，エネルギー変換効率は 15%ととても低い値である．原子力発電は，火力発電や水力発電よりもはるかに発電効率が高く，コストも安いことが多く，原子力発電を推進することが世界的に推奨されてきた．しかし，大震災の津波による福島第一原子力発電所の事故を教訓に，原子力発電では，さらなる安全面の強化が求められている．

1.2 節のまとめ

- **原子核が結合することを核融合，分裂することを核分裂という．**
- **原子番号 Z は，原子の陽子数（電子数）であり，中性子数と併せると質量数 A になる．陽子数が同じで中性子数が違う元素を同位体とよぶ．**
- **^{235}U は低エネルギーの中性子によって質量数 A がほぼ 90 と 140 の原子核に分裂する誘発核分裂を起こす．**
- **^{235}U の誘発核分裂は，二つ以上の中性子を発生するため，連鎖反応を起こす．**
- **原子炉では連鎖反応で爆発が起きないように中性子吸収剤（B，Cd）を含む制御棒によって余分な中性子を吸収する．**
- **連鎖反応は，^{235}U の同位体を 3%以上に高めた臨界濃度で起こる．**
- **原子炉では冷却水の供給が停止すると炉心の融解が起こり，危険である．**
- **沸騰水型原子炉では，核分裂のエネルギーを熱エネルギーに変換し，水を沸騰させて水蒸気を発生させる．この水蒸気でタービンを回して電気エネルギーに換えているため，発電効率が低い．**

1.3　原子核の構造

この節では，原子核がどのような構造をもっているのかを学んでいく．陽子と中性子から原子核の構造を思い浮かべられる人は，果たしてどれくらいいるのだろうか．実は，原子核の構造は実際にまだ誰も「みた」ことがない．原子核を「みる」顕微鏡など，どこにも存在しないのである．一方，原子の構造は，電子軌道全体を高精度な電子顕微鏡などで観測できる．しかし，原子核の大きさは，原子のさらに 10 万分の 1（1/100 000）とあまりにも小さいため，原子核を「みる」手法はなく，光さえも届かない小さな領域をみなければならないからである．どのような構造なのか，現在の科学レベルでは，いろいろな反応を用いた実験や理論からその構造が予測されているにすぎない．その中から最も有力な**液滴構造モデル（liquid drop model）**と**殻構造モデル（shell model）**の二つの原子核の構造モデルについて紹介する．

1.3.1　液滴構造モデル

原子核は陽子と中性子（両方まとめて**核子（neucleon）**とよぶ）からつくられている．原子核の中では，陽子と中性子は互いに**中間子（meson）**によって結合されている．液滴構造モデルの陽子や中性子は，図 1-9 に示したように，核子間で形成される表面張力と正電荷をもつ陽子間の静電的な反発力でつり合っている．そして，陽子や中性子は雨粒をつくる水分子のように自由に原子核の内部を動けるとしたモデルである．このとき中性子は陽子間の正電荷の反発を常に和らげるように働いている．原子番号 Z が 20 の Ca までは，原子核の中に陽子と中性子は同じ数だけ存在する．しかし，Z が 20 より大きくなると，次第に陽子による正電荷の反発力が大きくなる．そのため，原子が大きくなるほど正電荷の反発を中和するために中性子の数 N が多くなってくる．式(1-4)に示すように中性子の数 N と陽子の数 P の比が 1.6 を超えるような原子は，天然には存在しない．これ以上の元素はすべ

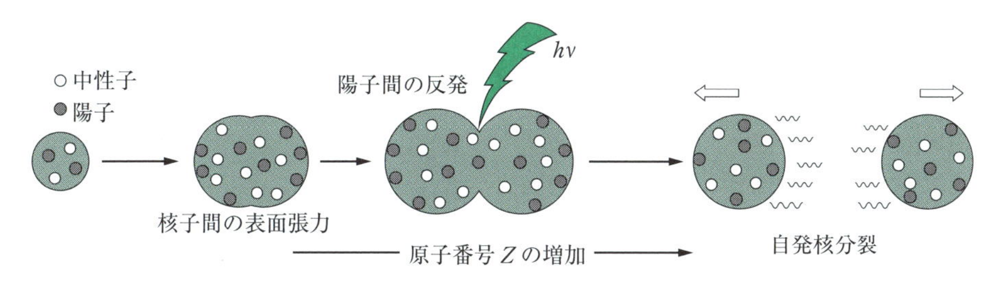

図 1-9　液滴モデルの自発核分裂

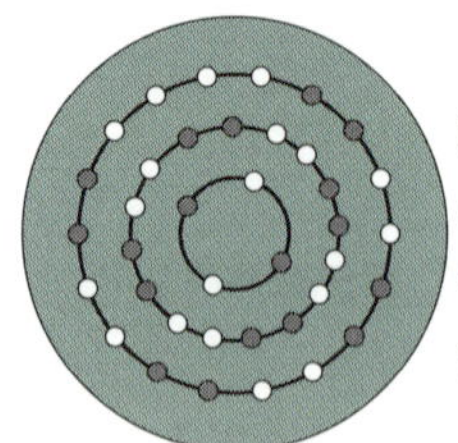

魔法数　2, 8, 20, 28, 50, 82, 126

オッド・ハーキンズの法則
核子は互いに二つずつペアを形成

安定な島　原子番号 114, 質量数 296

○中性子　●陽子

図 1-10　殻構造モデルの性質

て放射性元素であり，必ず核分裂を起こし，より小さな元素になる．

$$\frac{N}{P} > 1.6 \qquad (1\text{-}4)$$

「重い原子」の原子核内では，陽子の正電荷の反発力が大きくなり，そのため陽子が反発力を小さくしようとして左右に二極化し，原子核を大きく変形させている．この場合，わずかなエネルギーを与えただけでも，原子核はより小さいものに分裂する**自発核分裂（spontaneous fission）**を説明することができる（図 1-9）．

1.3.2　殻構造モデル

原子における電子軌道のように，原子核の陽子や中性子もある決まった軌道を動くというモデルを殻構造モデルという（図 1-10）．原子では，一つの電子軌道に電子が二つまでしか入らないことや，貴ガス元素の電子殻が**閉殻構造（closed shell structure）**のため原子が安定化するように，電子は互いにペアをつくることや，ある決まった数をとると安定化することが知られている．すなわち，陽子や中性子も原子核内ではそれぞれペアをつくって互いに偶数で存在することで安定化している．また，電子の閉殻構造のようにある決まった陽子や中性子の数で安定化する傾向がある．

1.3.3　オッド・ハーキンズの法則

「原子核は陽子数や中性子数が偶数をとるものが非常に安定である」とするオッド・ハーキンズの法則が成り立つ．一般に，安定な原子核をもった原子は，同位体がより多く存在することが知られている．表 1-2 に示すように陽子数や中性子数が，互いに偶数-偶数の組合せをもつ同位体の数（164 個）が，奇数-奇数の組合せをもつ同位体の数（4 個）よりはるかに多いことがわかる．これは陽子や中性子はそれぞれ 2 個ずつペアをつくると安定になるからである．

表 1-2　オッド・ハーキンズの法則

P（陽子数）	*N*（中性子数）	同位体の数
偶数	偶数	164
偶数	奇数	55
奇数	偶数	50
奇数	奇数	4

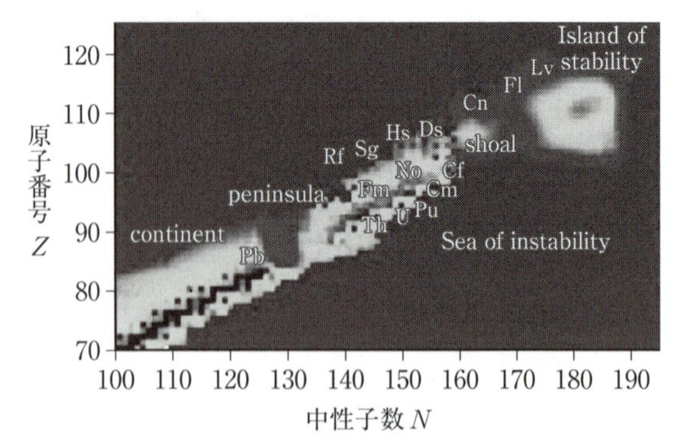

図 1-11　「安定な島」の同位体元素の分布

1.3.4　魔法数

一方，原子の電子軌道では貴ガス（He，Ne，Ar，Kr，Xe，Rn）のようにある一定の電子数（2，10，18，36，54，86）をもつ原子が安定化する傾向がある．これは，ある電子殻軌道に電子を完全に詰め込んだ構造（閉殻構造）が安定化するためである．原子核の陽子や中性子でも，電子軌道に近いことが起こっている．それぞれ，原子核に存在する殻軌道を完全に占めるように核子を詰め込むと安定化され，同位体数が多くなるのである．原子核が安定化する陽子の数と中性子の数は同じような数となり，**魔法数（magic number**，2，8，20，28，50，82，126）とよばれている．例えば鉛（Pb，lead）は陽子数が 82 で魔法数を満たしており，最も安定な重い元素である．また $^{208}_{82}$Pb は，中性子数も 126 であり，魔法数で安定化された最も重い同位体である．

1.3.5　超重元素

Pb の次に魔法数によって安定化する元素は何か．それは原子番号 Z が 114 で質量数 A が 296 の原子核であり，安定化されて寿命が長くなることが理論的に予測されている．このような Z が 104 以降の重い元素は**超重元素（superheavy element）**とよばれ，原子核自体が不安定な元素が多く，寿命も数ミリ秒程度と短いことが知られている．魔法数の理論により，114 番元素周辺で質量数 $A = 296$ の周辺の原子核は，寿命が長く安定化するといわれている．この安定化できる元素の領域を**安定な島（island of stability）**とよんでおり，新しい超重元素を探索するための目標となっている（図 1-11）．このような数ミリ秒に満たない新元素をつくり出すため国家戦略で大きな装置をつくって世界的な競争になっている．最近の実験により 114 番元素周辺の元素は，寿命が長くなっていることが確認されている．一方，113 番元素は日本ではじめて合成された元素として記憶に新しい．

1.3 節のまとめ

- 原子核の構造は，液滴構造モデルと殻構造モデルが提案されている．
- 液滴構造モデル：陽子と中性子からなる核子が表面張力と正電荷の反発でつり合っており，雨粒のように動くことができる．原子番号の大きな元素の自発核分裂を説明することができる．
- 殻構造モデル：電子軌道に沿って動く電子のように，核子も原子核の中をある殻軌道をもって動くとしたモデル．オッド・ハーキンズの法則や魔法数を説明することができる．
- オッド・ハーキンズの法則：核子が偶数をとる原子核が安定である．核子は 2 個ずつのペアをつくるため，偶数で安定になる．
- 魔法数は，電子軌道の閉殻が安定化するように，原子核でも核子が閉殻を取り，その魔法数は，2，8，20，28，50，82，126 である．

1.4 同位体と放射性核種

元素や原子核の成り立ちに続き，本節では，放射性同位元素に関する基本的な性質と応用について概略を解説する．放射性同位体あるいは放射性核種というと，日常生活ではまったく関係ない自然界に存在しない危険なものという印象があるかもしれないが，実際には自然界の至るところに存在し，我々はいつでも放射線にさらされている．また，人間がつくり出した負のイメージが強く，よく知らないことに由来する恐怖が先行する場面を多く目にする．放射線や放射性同位体はすでに実社会では幅広く利用されており，ものごとを科学的にとらえ，人間生活を豊かにし，本当の危険について正しく理解すべきである．

1.4.1 同位体と放射性核種

宇宙にはさまざまな原子核が存在している．原子番号が同じであれば同一元素の原子核であるが，原子番

アントワーヌ・アンリ・ベクレル

フランスの物理学者，科学者．1896 年にウラン化合物から透過力の強い放射線が出ていることを見出し，放射線を出す能力をもった物質，つまり放射能を発見した．（1852-1908）

ヴィルヘルム・レントゲン

ドイツの物理学者．1895 年に真空放電の実験で，写真乾板を感光させる目にはみえない電磁波が出ていることを見出し，これを X 線と名づけた．（1845-1923）

ジェームズ・チャドウィック

英国の物理学者．中性子は電荷をもたないため，検出が困難であった．1932 年中性子の存在を見出した．ベリリウムにポロニウム（^{210}Po）からの α 線を照射して生じる粒子を調べ，これが中性子であることを示した．（1891-1974）

マリ・キュリー

ポーランドの物理学者，化学者．1898 年にトリウムやラジウムを発見し，これらの放射性元素が自然に消滅していくことを見出した．ノーベル物理学賞（1903 年）とノーベル化学賞（1911 年）を受賞している．（1867-1934）

号は同じでも質量数の異なる原子があり，これらを**同位体（isotope）**とよぶ．同位体もさらに**安定同位体（stable isotope）**と**放射性同位体（radioisotope）**に分類することができる．原子核の種類を分ける場合には**核種（nuclide）**という用語が用いられ，核種は**陽子（proton）**数，**中性子（neutron）**数のほか，エネルギー状態によっても区別される．安定同位体はそのままでは自発的に変化することがないが，放射性同位体は原子核が自発的に変化してほかの核種に変化するものである．

例えば，炭素（C）は 4 種類の核種で構成されており，そのうちの ^{12}C と ^{13}C は安定核種であるが，^{11}C と ^{14}C は放射性核種である．通常扱う炭素では ^{12}C と ^{13}C はそれぞれ 98.93%と 1.07%の存在度をもっている．安定同位体をもつ元素の中で最も原子番号の大きい元素は鉛（Pb）であり，それ以上の元素はすべて放射性核種のみで構成される元素である．テクネチウム（Tc）とプロメチウム（Pm）の原子番号は Pb より小さいが，安定同位体をもたず，放射性核種のみで構成されている．

1.4.2　放射線と放射能

放射線（radiation）と**放射能（radioactivity）**は混同されがちな言葉であるが，指し示すものには明確な違いがある．「放射線」は原子核から放出された粒子（α 線，β 線）や電磁波（γ 線）を示し，「放射能」は放射線を出す能力あるいは物質の量を示す．一般に「放射線を浴びた」場合には物質には放射線による影響のみが残ることになるが，「放射能を浴びた」場合には放射能をもった物質と接触することになるので，その後も放射線を浴び続け，さらには放射能を周囲に拡散する可能性も出てくる．したがって，「放射線の除去」と「放射能の除去」も対処方法がまったく異なる．一般に，放射線を照射しただけで放射能をもつようになるわけではない．

1.4.3　放射能を表す単位

放射能を表す単位として用いられるのがベクレル（Bq）であり，これは 1 秒あたりに**壊変（decay）**する原子の数を示す．つまり，物質の量が大きくなれば Bq の値は大きくなる．また，壊変によって放出される放射線の種類やエネルギーに依存しない量である．毎秒 1 個の原子核が壊変することが 1 Bq になるので，通常非常に大きな値になる．これに対し，放射線から物質にエネルギーが受け渡される量を示す**吸収線量（absorbed dose）**の単位はグレイ（Gy）であり，物質 1 kg に 1 J のエネルギーが吸収される量が 1 Gy に相当する．人の放射線防護の観点から人体への放射線影響を示すものが**実効線量（effective dose）**で，シーベルト（Sv）という単位で表す．物質へのエネルギーの受渡しを考えれば，人体への健康影響を評価できそうであるが，そう簡単ではない．人体への影響はエネルギーだけで決めることはできず，放射線の種類や被ばくする人体組織によって影響の程度が異なるので，係数をかけてこれらを補正する．組織荷重係数は ICRP（国際放射線防護委員会）によって定められており（**表 1-3**，**表 1-4**），全身に均等に放射線を照射したときにおおよそ 1 Gy が 1 Sv に相当する（**図 1-12**）．

表 1-3　組織荷重係数　ICRP 2007 年勧告

組織	係数	組織	係数	組織	係数
生殖腺	0.08	乳房	0.12	骨表面	0.01
骨髄	0.12	甲状腺	0.04	皮膚	0.01
肺	0.12	肝臓	0.04	唾液腺	0.01
結腸	0.12	食道	0.04	脳	0.01
胃	0.12	膀胱	0.04	残りの組織	0.12

表 1-4　放射線荷重係数　ICRP 2007 年勧告

放射線	荷重係数
X 線，γ 線，β 線	1
陽子線	2
α 線	20
中性子線	2.5～21　エネルギーに依存

1.4.4　放射性核種の壊変

原子核には安定なものと不安定なものがある．不安定な原子核は安定なものに変化するが，放っておけば必ず安定な原子核になるとは限らない．有限の時間内に自発的に安定核種に変化するものが放射性核種であり，この変化する現象を壊変という．ここでは，一般によく知られている α 壊変，β 壊変，γ 壊変について解説する．

a. α 壊変

α 壊変（α-decay）は，主に大きな原子核が引き起こす壊変であり，^{4}He 原子核を放出する．原子核の中でも ^{4}He は特に安定であり，これを放出することによって全体に安定となる壊変様式である．α 線は高いエネルギーをもった ^{4}He 原子核であり，物質に与えるエネルギーも大きいが簡単に減速することができ，

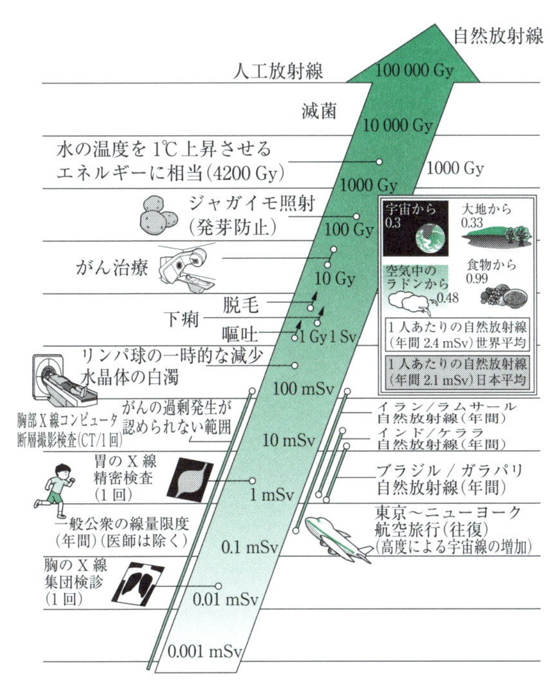

図 1-12 放射線被ばくの早見図
(出典：佐々木康人, “身近な放射線の知識”, 丸善 (2006).)

紙1枚でもしゃへいすることができる.

b. β壊変

質量数が変化しない壊変の総称が**β壊変 (β-decay)** である. 原子核中の陽子数と中性子のつり合いがとれない場合にβ壊変をして過不足を補って安定な原子核へと変化する. 一般によく知られている$β^-$壊変は, 中性子を過剰にもつ不安定な放射性核種で原子核中の中性子が陽子に変化し, 電子を放出する壊変である. このとき原子番号が一つ増えて別の元素になるが, 中性子数も同時に一つ減るため, 質量数は変化しない. 電子と同時に中性微子 (**ニュートリノ (neutrino)**) も放出され, エネルギーが電子と中性微子の間で, ある確率をもって分配されるため, 放出される

> **小柴昌俊**
>
> 
>
> 日本の物理学者. カミオカンデを用いて自然に発生したニュートリノを観測した (1987年). 超新星で放出されたニュートリノが大量の水の中を通過するときの光を検出したものである. カミオカンデの建設当初の目的は陽子崩壊の観測であった. (1926-)

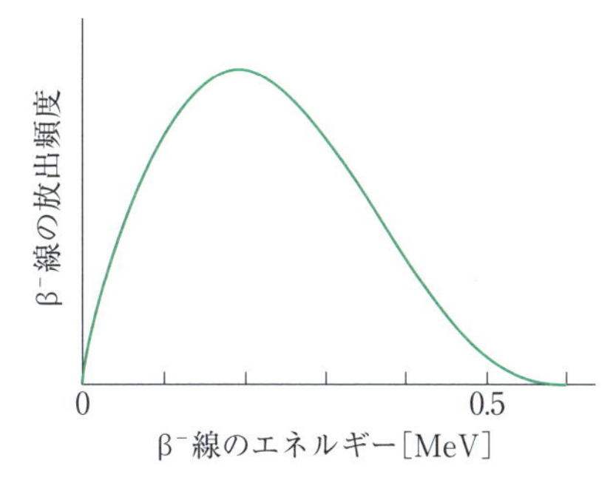

図 1-13 ^{90}Srから放出される$β^-$線のエネルギー分布

電子のエネルギーはそれぞれの$β^-$壊変ごとに定まった値とはならず, 最大値だけが決まっている (図 1-13).

β壊変にはこのほかに$β^+$壊変 (陽電子壊変 (positron decay) と EC 壊変 (**電子捕獲壊変 (electron capture decay)**) がある. これらは中性子不足 (あるいは陽子過剰) の不安定な原子核中で陽子が中性子に変化する壊変である. $β^+$壊変では**陽電子 (positron)** e^+がニュートリノとともに放出される. 陽電子は**反物質 (antimatter)** とよばれるもので, 物質である電子e^-と出会うと消滅する (1.5.4項参照).

我々の世界はほとんどの「もの」が**物質 (matter)** でつくられているが, わずかに反物質も存在している. 物質と反物質は対をなしており, これらが出会うと消滅してエネルギーを電磁波として放出する. 宇宙創造のビッグバンでは物質と反物質が同時にできたが, 反物質のみが先に消えてしまい, 現在残っているのは物質のみになったと考えられている.

c. γ壊変

核種は陽子数と中性子数によって区別されるだけでなく, エネルギーによっても区別することができ, 例えば^{60m}Coと^{60}Coは**核異性体 (nuclear isomer)** として区別する. 励起状態にある原子核からより安定な状態に変化するときに, 粒子を放出せずに電磁波を放出する場合に, その電磁波をγ線とよび, その励起解消過程を**γ壊変 (γ-decay)** とよぶ. 原子の電子励起状態は通常 ns (10^{-9}秒) 程度で励起解消するが原子核の中には非常に長い寿命をもったものがある. エネルギーの高い^{60m}Coは基底状態の^{60}Coに**核異性体転移 (isomeric transition : IT)** し, その半減期は 10.467 分である.

電子の励起解消によって放出される電磁波は**X線 (X-ray)** であり, 一般にX線はγ線よりも低いエネルギーをもつが, エネルギーだけでは区別することが

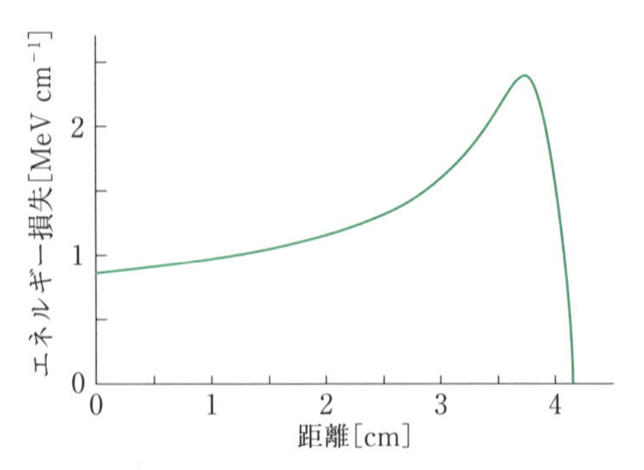

図 1-14　5.49 MeV の α 粒子が空気中を通過するときのエネルギー損失

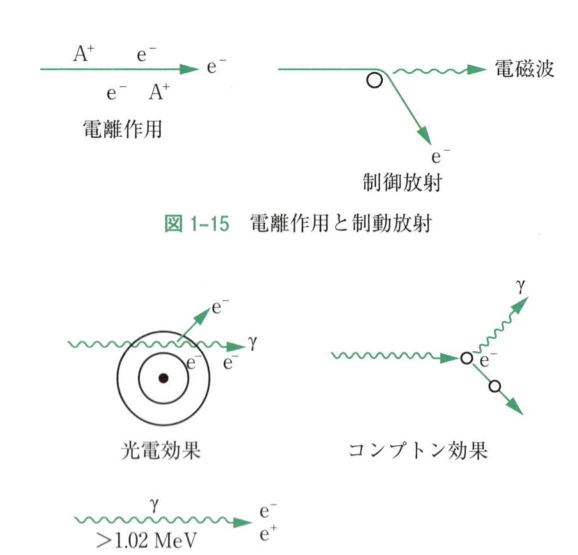

図 1-15　電離作用と制動放射

図 1-16　光電効果，コンプトン効果，電子対生成

できない．また，γ 線が放出されずにそのエネルギーが電子の放出に置き換えられる場合があり，これを内部転換とよび，放出される電子を**内部転換電子（internal conversion electron）**とよぶ．

1.4.5　放射線の物質への吸収

放射線の物質への作用のしかたや，吸収されるようすは放射線の種類やエネルギーによって異なる．

a. α 線

α 線は ^{4}He の原子核であり，エネルギーは数 MeV から 12 MeV 程度である．eV はエレクトロンボルトとよび，電子 e^- が 1 V の電位差を移動する仕事に相当し，1 eV = 1.602×10^{-19} J である．化学反応を扱うのにはちょうどよい大きさになるため，よく用いられる SI 補助単位である．α 線は重い粒子であるため物質中では電子をはじき飛ばしながら，ほとんど直進する．気体中を通過する際には気体をイオン化して電子とのイオン対を生成しながら進み（電離作用），一組のイオン対を作るには気体の種類によらずおよそ 35 eV のエネルギーを要する．物質中で一定の飛行距離あたりに失うエネルギーをみると，飛んだ距離が短いところでは α 線のエネルギーが大きいままほとんど素通りしてしまうために，物質に与えるエネルギーは小さい．一方，飛ぶ距離が長くなって α 線のエネルギーが小さくなり，ほとんど停止するくらいの場所になると距離あたりの物質に与えるエネルギーはかえって大きくなる．この様子を示した曲線を**ブラッグ曲線（Bragg curve）**とよぶ（図 1-14）．

b. β 線

電子が物質中を通り抜けるときには α 線と同様に電離作用によってエネルギーを受け渡す．このほかに，原子核の近くを通過する際に静電的な力を受けて進行方向が変化する．つまり加速度を受けることになるので，そのエネルギーを電磁波として放出する．これを**制動放射（bremsstrahlung）**とよび，大きなエネルギーをもった β^- 線で顕著になる．また，物質中に存在する電子の影響を受けて簡単に散乱される（図 1-15）．

c. γ 線

γ 線は電磁波であるので，物質中を通過するときにはエネルギーを失っていく．その減衰のようすは，光などの電磁波の減衰と類似しており，入射前の γ 線強度を I_0 とすると，ある深さ d を通過した後の強度 I は次のように表される．

$$I = I_0 e^{-\mu d}$$

ここで，μ は吸収係数であり，どのような過程で減衰するかによって値が異なり，エネルギー依存性がある．γ 線が物質中でエネルギーを失う過程としては，**光電効果（photoelectric effect）**，**コンプトン効果（Compton effect）**，**電子対生成（pair production）**が主なものであり，これらの過程が組み合わさって吸収係数が決まる（図 1-16）．

光電効果は電磁波が物質に当たって電子にエネルギーを受け渡す過程である．これによって並進エネルギーをもった電子が放出されるが，γ 線のエネルギーが低い場合にはエネルギーをすべて電子放出に使ってしまい γ 線は消えてしまう．γ 線のエネルギーが高くなるとコンプトン効果によって減衰するようになる．これはγ線が波としての性質のほかに，粒子としての性質を同時にもつため，この粒子が電子と弾性衝突をして散乱される現象である．電子対生成はさらに大きな1.022 MeV以上のエネルギーをもつ場合にみられる現象であり，エネルギーが消滅して電子e^-と陽電子e^+を作り出す過程である．先に述べたように電子と陽電子は出合うと消滅する．この電子対消滅と反対の過程が電子対生成である．電子と陽電子はともに質量が0.0005 uであり，これが0.511 MeVのエネルギーに相当するので，1.022 MeV以上のエネルギーが必要になる．質量mとエネルギーEはアインシュタインの相対性理論の$E = mc^2$の式によって対応づけられる．ただしcは光の速度である．

1.4.6 放射性核種の半減期

放射性核種では個々の原子が壊変する確率は単位時間あたり一定である．この確率は**壊変定数（decay constant）**λで表すことができ，原子の個数をNとすると，単位時間あたりに，壊変によって減少する原子の個数との関係は次の式のようになる．

$$\frac{-\mathrm{d}N}{\mathrm{d}t} = \lambda N$$

この微分方程式を解くと，$t = 0$のときの個数を$N = N_0$として，次式のようになる．

$$N = N_0 \mathrm{e}^{-\lambda t}$$

もともとあった原子数Nが半分（$N/2$）になるのに要する時間が**半減期（half life）**$T_{1/2}$であるので，

$$\frac{1}{2} = \mathrm{e}^{-\lambda T_{1/2}}$$

となる．つまり，

$$T_{1/2} = \frac{\ln 2}{\lambda}$$

である．ここでlnという記号は自然対数を示し，ln 2は$\log_e 2$のことを示す．壊変定数が大きいと半減期が短くなり，放射能が大きい核種は半減期が短く，放射能が小さい核種は半減期が長くなる．半減期と類似の言葉として寿命τがあり次のように表せる．

$$\tau = \frac{1}{\lambda} = \frac{T_{1/2}}{\ln 2}$$

寿命はもともとあった原子数NがN/eになるまでの時間を示している．

1.4.7 自然放射能

通常の生活をしていても自然界から常に放射線の影響を受けている（自然放射線（natural radioactivity），図1-12）．世界平均で1人あたり年間2.4 mSv被ばくしており，これは空気中のラドンの吸入，大地，食品，宇宙放射線などの影響である．日本では1人が1年あたりに受ける線量は，**宇宙線（cosmic ray）**から0.3 mSv，大地から0.33 mSv，食物から0.99 mSv，空気中のラドンから0.48 mSvである．世界の中では日本は比較的自然界からの放射線被ばくは少なく年間2.1 mSv程度であるが，インドのケララ（年間10 mSv）やイランのラムサール（年間260 mSv）では放射線量が特に多い．米国のデンバーでも年間4 mSvである．しかし，これらの地域に住む人のがん発生率はほかの地域に住む人に比べて特に大きいわけではない．一方，自然からの放射線以外に医療行為でも，我々は放射線被ばくを受けており，胸部X線集団検診では1回あたり0.1 mSv以下である．しかし，CT検査では10 mSv程度の被ばくを受ける．一般公衆が受ける年間線量限度は1 mSvとされているが，原子力発電所の事故などの非常事態で生じた汚染や，自然放射線，医療行為による被ばくなどはこれに含まれていない．

自然界に存在している放射性核種にはさまざまなものがあり，大きく3種類に分類することができる．

a. 放射壊変系列に属するもの

天然には地球が誕生したときから残っている特に長い半減期をもつ放射性核種が存在している．これらの中で^{235}U（$T_{1/2} = 7.04\times10^8$年），^{238}U（$T_{1/2} = 4.47\times10^9$年），^{232}Th（$T_{1/2} = 1.41\times10^{10}$年）は系列をつくって壊変する．これらはそれぞれアクチニウム系列，ウラン系列，トリウム系列（図1-17）とよばれ，α壊変とβ^-壊変を繰り返して最終的には鉛の同位体に到達する．ラジウム（Ra）やラドン（Rn）は天然に存在する有名な放射性核種である．例えば，ウラン系列中の^{226}Ra（$T_{1/2} = 1600$年）や^{222}Rn（$T_{1/2} = 3.28$日）などは地球の年齢に比べて半減期が非常に短く，地球誕生のときから残っているはずのない放射性核種であるが，ウラン系列に属し，^{238}Uの壊変によって常に供給されているため，自然界に存在し続けている．

b. 系列に属さない長半減期のもの

放射壊変系列に属さないものでも長半減期の放射性核種は地球誕生以来残り続けている．地球の年齢は4.6×10^9年であるので，これに比べて半減期が十分長ければ現在でも消滅せずに残っていることになる．^{40}Kの半減期は1.25×10^9年ときわめて長い．^{40}Kの

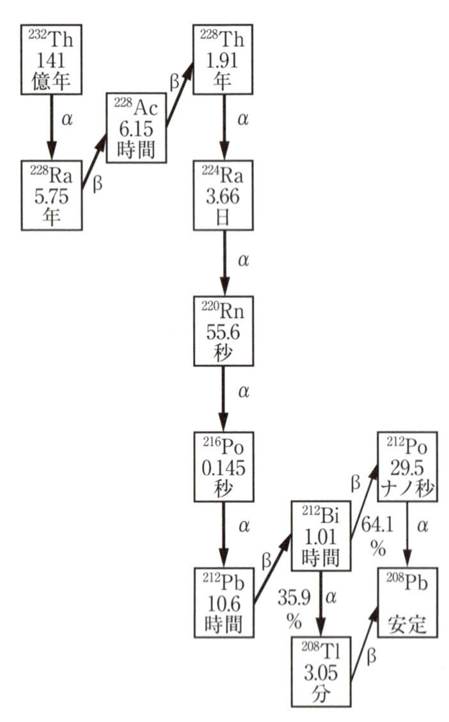

図 1-17　トリウム系列

同位体存在度は 0.0117%と非常に小さいものの，生命にとって K は必須元素であるため，1 人あたりに含まれる ^{40}K は 4000 Bq 程度である．これが自然界から受ける体内被ばくの主な原因となる．放射性核種の中にも天然存在度が大きいものがあり，^{87}Rb（$T_{1/2} = 4.81\times10^{10}$ 年，同位体存在度 27.83%），^{113}Cd（$T_{1/2} = 8.04\times10^{15}$ 年，同位体存在度 12.22%），^{115}In（$T_{1/2} = 4.41\times10^{14}$ 年，同位体存在度 95.71%）などの同位体存在度が大きい．これらの放射性同位体を含む元素は厳密には放射性物質となるが，半減期が長いので壊変定数は非常に小さく，通常の生活の中では放射性の物質として扱われることはない．また，ビスマス（Bi）のうち ^{209}Bi の存在比は 100%であるが，この核種は半減期 1.9×10^{19} 年である．つまり Bi は安定同位体をもたず，放射性核種でのみ構成されている元素だが，通常は放射性物質として扱われることはない．

c. 宇宙線によって生成するもの

地球には宇宙線とよばれる宇宙から高いエネルギーをもった中性子などの粒子が常に飛来している．地球の上層大気中ではこの宇宙線が酸素，窒素などと衝突してさまざまな核反応を起こしている．この核反応によって生じた放射性核種を誘導放射性核種とよぶ（**表 1-5**）．大気中の ^{14}N と中性子の核反応には ^{3}H と ^{12}C が生成する場合と，^{1}H と ^{14}C が生成する場合がある．^{3}H は半減期 12.32 年，^{14}C は半減期 5.70×10^{3} 年で壊変する放射性核種である．これらの放射性核種の半減期は地球の年齢に比べて非常に短く，地球誕生以来消滅せずに残っているわけではない．それでも地球表面に存在しているのは常に上層大気中で生成され続けているからである．もし，地球上に降りそそいでいる宇宙線の量が太古の昔から一定であると仮定すると，大気中での ^{14}C の存在度は常に一定であると見なすことができる．しかし，太陽活動や地磁気の変動などによって宇宙線の強度が一定ではなく，わずかに変動していることがわかっている（1.5.1 項参照）．

表 1-5　誘導放射性核種

核種	半減期［年］	地球上の推定量
^{3}H	12.32	7 kg
^{10}Be	1.5×10^{6}	430 t
^{14}C	5.70×10^{3}	75 t
^{26}Al	7.17×10^{5}	1.1 t
^{32}Si	153	4.5 g
^{35}S	87.5 日	4.5 g
^{36}Cl	3.01×10^{5}	15 t
^{39}Ar	269	

1.4.8　人工放射能

a. フォールアウト

1945 年以降の冷戦時代には 1960 年代前半まで核実験が多数行われた．このうち約 500 回は大気圏内で行われており，世界全体に核反応生成物が放射能汚染として拡散した．これは放射性降下物あるいは**フォールアウト（fall out）**とよばれ，^{137}Cs，^{90}Sr，^{239}U，^{240}U などは現在でもその痕跡を見出すことができる．**図 1-18** は気象研究所で観測された ^{137}Cs と ^{90}Sr の月あ

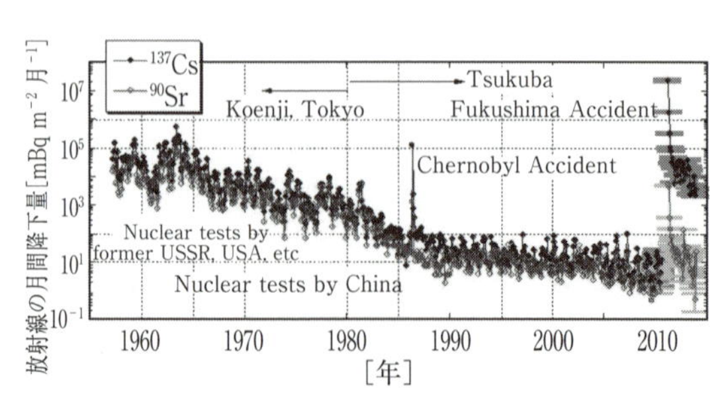

図 1-18　気象研究所で観測された ^{137}Cs と ^{90}Sr の経年変化（http://www.mri-jma.go.jp/Dep/ap/ap4lab/recent/ge_report/2013Artifi_Radio_report/Chapter1.html より引用）

たりの濃度変化である．ただし観測場所が1980年以前は東京で，それ以降はつくば市になっている．2011年の福島第一原子力発電所事故によって濃度が急増したのは明らかである．冷戦時代には世界全体が長い期間にわたって継続して高い値であったことがわかる．

b. 人工元素

安定同位体をもつ元素の中で最も原子番号が大きい元素は鉛（$_{82}$Pb）であるが，これよりも小さいにもかかわらず，テクネチウム（$_{43}$Tc）とプロメチウム（$_{61}$Pm）は安定元素が存在せず，天然には存在しない．また，天然に存在する元素の中で最も大きな原子番号をもつ元素はウラン（$_{92}$U）であり，これより大きな元素は超ウラン元素とよばれ，天然には存在しない．地球の年齢に比べて半減期が短く現在の天然には存在しない核種であっても，かつては存在し，現在でも宇宙のどこかには存在していると考えられる．原子核を高エネルギーで衝突させることによって核反応を引き起こし，これらの元素を人工的につくり出すことができる．これらを**人工元素（artificial element）**とよぶ．Tcは医療分野で用いられており，さらには人工的に作り出した**超重元素（superheavy element）**の化学的性質を調べる研究が行われている．これらの研究では周期律から予想される化学的性質と異なる現象も見出されており，化学の基本的な興味をそそる．また，超重元素の研究は，ビッグバン以来の宇宙の中での元素生成機構を知ることにもつながる．

1.4節のまとめ

- **単位　放射能はベクレル（Bq），吸収線量はグレイ（Gy），実効線量はシーベルト（Sv）を単位として表される．**
- **α壊変によって生じるα線の物質中での減衰の様子はブラック曲線で表される．**
- **β壊変にはβ⁻壊変・β⁺壊変・EC壊変の3種類がある．β線は電離作用を示し，制動放射が起きる．**
- **γ壊変によって生じるγ線は，光電効果・コンプトン効果・電子対生成によってエネルギーを失う．**
- **自然放射線には，放射壊変系列によって生じるもの，長半減期核種によるもの，宇宙線で生成する核種などがある．**

1.5　放射性同位体と放射線の利用

1.5.1　年代測定

a. 炭素14年代測定

^{14}Cを用いた**年代測定（dating）**は有名である．地球の上層大気中で作られる^{14}Cの量がいつでも一定であれば，生物が生きて代謝している間は炭素の同位体比は一定であるが，死んで代謝が止まると，そのあと^{14}Cが半減期5700年で減衰する．このため，炭素の同位体比を測定して年代が求められることになる．これは数百年から数万年の間での年代測定に適した方法である．しかし，樹木の年輪や，海洋底あるいは湖底の縞状の堆積物からはさらに正確に年代を知ることができ，この年代と^{14}Cから求めた年代がずれていることが明らかになり，実際には大気中の^{14}Cの濃度は変動していたことがわかった．したがって，この測定には補正が必要となる（図1-19）．

このような補正を行って弥生式土器に付着していた炭化物などの^{14}C年代測定を行った結果，弥生時代は紀元前1000年頃であることが示されている．従来は，弥生時代の始まりは紀元前5～4世紀と考えられており，実際の稲作の始まりはそれより500年ほど早いことになってしまう．また，現代では化石燃料を使った人間活動のため，^{14}Cを含まない古い炭素が大気中に放出されており，^{14}Cの濃度は低下している．

b. トリチウム

トリチウム（^{3}HまたはT）も^{14}Cと同様に上層大

メルヴィン・カルビン

米国の化学者．1954年に^{14}Cで標識した二酸化炭素を用いて植物中の炭素固定反応を明らかにした．これはカルビン回路とよばれる．1961年ノーベル化学賞を受賞．(1911-1997)

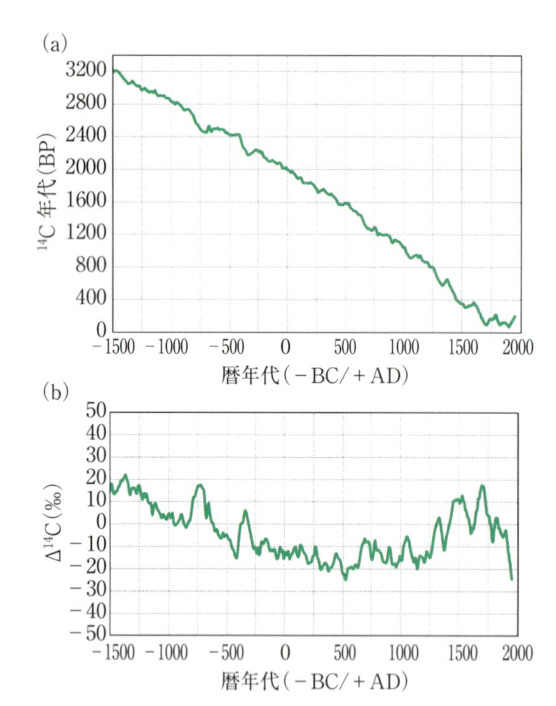

図 1-19　^{14}C 年代校正曲線と大気 ^{14}C 濃度の変動
(International radiocarbon calibration curve ; *Int Cal* 09 による)

気中で生成する誘導放射性核種であるため，T を年代測定に用いることができる．ただし，T の半減期は 12.3 年と短いため，ワインの製造年代や天然の水資源の地中での移行経路の探索などの短い年代測定に用いられる．

c. カリウム-アルゴン法

^{40}K は半減期が長く，広く分布している．^{40}K の壊変によって ^{40}Ar と ^{40}Ca を生成する．ドロドロに溶けたマグマから岩石ができる場合を考えると，気体の ^{40}Ar は放出された状態で岩石が生成し，固体となった岩石中で ^{40}K の壊変によって生成した ^{40}Ar が岩石中に蓄積される．したがって，岩石中の ^{40}K と ^{40}Ar の量を計測できれば，岩石の生成年代を計算することができる．これによって ^{14}C や T を用いて測定できないような，数十億年程度の年代測定が可能となる．

さらに長い年代測定にはルビジウム-ストロンチウム法やウラン-トリウム-鉛法とよばれる長い半減期をもった放射性核種を用いた分析法があり，数十億年程度の岩石の年代測定を行うことができる．

1.5.2　農業利用

a. トレーサー

放射性同位体は放射線を放出するので，ごく少量であっても容易に検出することができる．したがって，物質中に少量の放射性同位体を標識として混入させることによって物質全体の挙動を知ることが可能となる．これを**トレーサー（tracer）**という．特に，生体内での挙動を調べるためのトレーサーの研究は古くから行われており，^{14}C を用いた光合成の研究や ^{210}Pb を用いた植物への鉛吸収の研究などが有名である．

b. 放射線育種

農作物の品種改良は突然変異したものを選別することによって行われている．自然に起きる突然変異は発生確率が小さいので，突然変異の発生確率を高める目的で，γ 線やイオンビームの照射が行われている．これを**放射線育種（radiation breeding）**という．

c. γ 線の食品照射

ジャガイモは発芽すると毒となるため，発芽防止の処理が必要である．このため ^{60}Co からの γ 線照射が行われている．照射線量は 50〜150 Gy 程度であり，健康被害を及ぼすような食品としての成分変化はないことが確認されている．化学薬品を使った発芽防止処理よりは安全であるために，この方法が用いられている．日本では 1974 年から食品の放射線処理がジャガイモだけに認められたが，海外では殺菌の目的で香辛料や肉などに対しても放射線照射が行われている．日本では放射線に対する一般的な恐怖心から普及が進まないのが実情である．

d. 害虫駆除

不妊虫放飼とよばれる放射線照射を用いた害虫駆除の方法を紹介する．沖縄ではゴーヤの害虫であるウリミバエの駆除が問題となっていた．そこで，人工飼育

ゲオルク・ド・ヘベシー

ハンガリーの化学者．ハーバーやラザフォードの元で研究に従事し，その後，放射性同位体をトレーサーとして用いる研究に初めて応用し，ノーベル化学賞を受賞した．鉛（^{210}Pb）の植物への吸収を認めた初めての研究である．ハフニウムの発見者でもある．(1885-1966)

したウリミバエのさなぎにγ線を照射してオスを不妊化し，これを自然界に大量に放つことによって自然界のウリミバエ全体の増殖を抑制する方法がとられた．1972年からこの不妊化したウリミバエが延べ624億匹放飼され，1993年に撲滅宣言が行われた．また，同様の方法によって眠り病の害虫であるツェツェバエの駆除がタンザニアで行われた．

1.5.3　分析化学への応用

a．放射化分析

放射性核種は特定のエネルギーをもったγ線を放出し，検出感度が非常によいので，元素分析をするうえでは好都合である．一般の分析対象となる物質中に放射性核種が多く含まれているわけではないが，人工的に放射性核種に変換してやることによって，もともとあった元素を感度よく分析することができる．さらに，多元素を同時に測定できるという利点もある．原子炉によってつくり出される中性子を物質に照射するとその一部が核反応を起こして，放射性核種に変換される場合がある．この手法は，多元素同時分析が高感度で可能となるため，文化財や惑星試料などの貴重な試料の分析に用いられる．

b．メスバウアー分光法

γ線を用いて原子核の状態を測定する手法であり，原子核のγ線共鳴吸収の発見者の名前を使って**メスバウアー分光法（Mössbauer spectroscopy）**とよばれている．固体中の原子がγ線の放出・吸収を起こしても無反跳（跳ね飛ばされない状態）のときにはγ線と共鳴吸収（特定のエネルギーをもったγ線のみを吸収）を起こすため，この無反跳γ線共鳴吸収を用いて，原子核位置での電子状態・磁性を調べることが可能である．このメスバウアー効果は43種類ほどの元素で観測されているが，主にFe，Sn，Euなどのメスバウアー分光法が簡便であり，情報を多く含むために最もよく研究がなされている．

2003年に相次いで打ち上げられた2台の火星探査機ローバーには小型のメスバウアー分光器が組み込まれており，火星表面の岩石のメスバウアースペクトルを測定して地球に送信してきた．岩石は鉄を多く含むので，火星の岩石のメスバウアースペクトルからは，どのような化合物が存在しているかを知ることができる．その結果，かんらん石，ファヤライト，ヘマタイト，マグネタイトなど多くの鉱物が発見された．その中には鉄ミョウバン石（ジャロサイト $KFe_3(SO_4)_2(OH)_6$）が発見され，火星に水が存在していたことを示す証拠となった．

エンリコ・フェルミ

イタリアの物理学者．1935年に中性子照射によって放射性核種が生成することを示した．イタリア生まれであり，夫人がユダヤ系であったためストックホルムのノーベル賞授賞式（1938年）のあと，そのまま米国に亡命した．（1901-1954）

イレーヌ・ジョリオ・キュリー

フランスの物理学者．1934年に人工的に放射性核種が合成されることを見出した（以下の式）．マリ・キュリーの娘である．

$^{27}Al + \alpha$ 線 → ^{30}P + 中性子

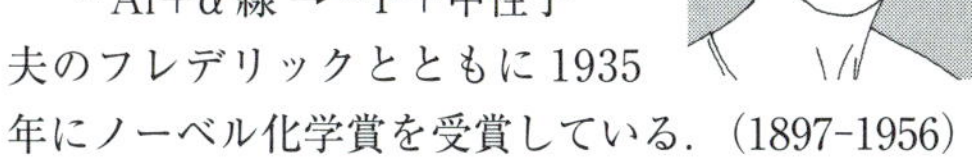

夫のフレデリックとともに1935年にノーベル化学賞を受賞している．（1897-1956）

1.5.4　素粒子（elementary particle）

化学では主に電子の存在のしかた，あるいは原子-分子間の電子のやりとりに着目することが多いが，原子を構成する原子核も重要な役割をしている．また，原子核を構成する主な素粒子は陽子と中性子であるが，放射化学，核化学ではこのほかにもさまざまな素粒子を扱い，すでにさまざまな場面で応用されている．化学の分野で扱うことの多い主な素粒子には**表1-6**のようなものがある．

a．陽電子

陽電子（positron）は反物質であり，物質である電子と出合うと消滅する性質をもっている．電子と陽電子の質量分はエネルギーとして放出されるため，γ線が放出される．このとき，一つのγ線を放出しただけでは運動量が保存されなくなってしまうので，必ず反対方向にもう1本のγ線を出す．陽電子の消滅に伴って同時に反対方向に放出されるγ線を検出する

ルドルフ・メスバウアー

ドイツの物理学者．1958年，ミュンヘン工科大学大学院生のときにメスバウアー効果を見出した．γ線の共鳴吸収についての研究で1961年にノーベル物理学賞を受賞した．（1929-2011）

表 1-6 素粒子と性質

名前	記号	電荷	質量[u]	寿命[s]
陽子	p	+1	1.0073	安定
中性子	n	0	1.0087	9.0×10^{2}
電子	e^{-}	−1	0.0005	安定
陽電子	e^{+}	+1	0.0005	安定
ニュートリノ	ν	0	～0	安定
π 中間子	π^{0}	0	0.1449	8.4×10^{-17}
	π^{+}, π^{-}	+1, −1	0.1498	2.6×10^{-8}
ミュオン	μ^{+}, μ^{-}	+1, −1	0.1134	2.2×10^{-6}

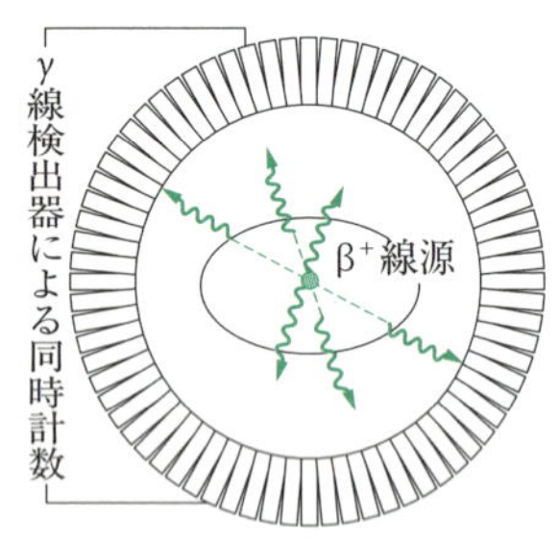

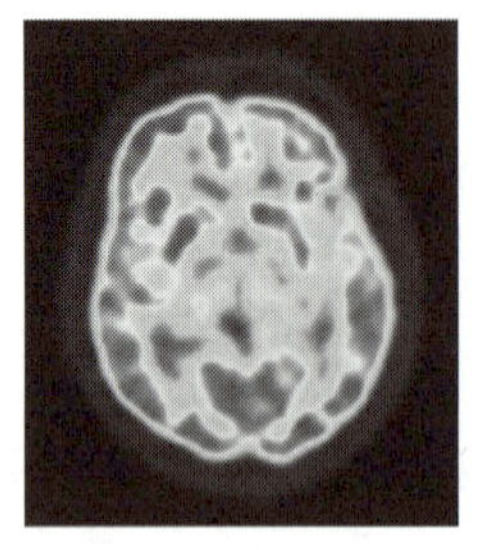

図 1-20 PET の原理と脳の断層画面

ことにより，位置を正確に観測することができる．これをがん検査に用いたのが PET（positron emission tomography）診断である．加速器を用いた核反応によって ^{18}F（$T_{1/2}$ = 109.8 分）をつくり，すぐに糖類の OH と置換して ^{18}F 標識した糖類を合成する．がん細胞に集まる性質をもった糖類を ^{18}F 標識することによって，正確にがん細胞の位置を測定することが可能となる．この他，^{11}C，^{13}N，^{15}O なども短寿命の陽電子源となり，標識化合物に用いられる．がん検診ばかりでなく，特定の臓器や部位を標識することも可能であり，脳機能や血流の診断にも用いられる（図 1-20）．

また，陽電子が消滅するまでの寿命は，高分子内部のごくわずかな空孔中に捕らえられると長くなることが知られており，この原理を用いて高分子材料などの隙間を測定するために応用されている．

b. π 中間子

正電荷をもった原子核と負電荷をもった電子の静電引力でこれらが結びつけられていることで原子模型が説明される．しかし，原子核の内部に着目すると，正電荷をもった陽子同士が結びつき，さらには電荷をもたない中性子も結びついたものとして説明されている．これらの核子（陽子と中性子）を結びつける力を静電引力で説明することはできず，むしろ静電斥力が働くことになる．原子核の中での力を説明できるのが「強い力」で，π 中間子（π-meson）をやりとりすることで核子を結びつけるとする考え方で，湯川秀樹によって予言された粒子である．

c. ミュオン

π 中間子は非常に短い 2.6×10^{-8} 秒の寿命で**ミュオン（muon）** μ に壊変するが，ミュオンの寿命は 2.2×10^{-6} 秒と比較的長い．ミュオンには μ^{+} と μ^{-} があり，その質量は陽子の約 1/9，電子の約 200 倍である．

加速器施設ではミュオンをビームとしてつくることが可能であり，これを利用した物性研究が行われている．μ^{+} はビームの進行方向と反対にスピン（粒子の自転）が整列しているが，μ^{+} ビームを物質中に打ち込むと，物質中の局所的な磁場によってスピン方向が変化する．この現象を用いて物質の磁性に関する情報を得ることができ，磁性材料開発に応用されている．

また，μ^{+} と e^{-} を組み合わせると水素と似た原子ができ，これを**ミュオニウム（muonium）**とよぶ．形や大きさばかりでなくイオン化エネルギーや電気陰性度も水素原子と同じであるため H の同位体と見なすこともできる．これに対して，陽子 p（H^{+}）と負ミュオン μ^{-} が組み合わさると**ミュオン原子（muon atom）**となる．これは半径が水素原子の 1/200 程度の小さな原子となり，軌道のエネルギーは 200 倍程度

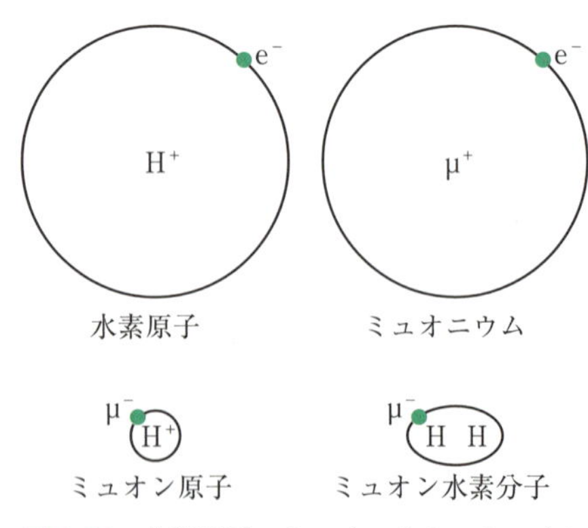

図 1-21 水素原子，ミュオニウム，ミュオン原子，ミュオン水素分子

湯川秀樹

日本の物理学者．1935 年に中間子の存在を理論的に予言した．1949 年に日本人として初めてノーベル物理学賞を受賞した．（1907–1981）

である（正確には換算質量であるので，186 倍）．さらに，水素分子（H_2）に μ^- が取り込まれると核融合を起こすほど原子間距離の短い水素分子がつくり出される（図 1-21）．特に D(^{2}H) と T(^{3}H) の組合せでは核融合する確率が高まることが知られている．これを**ミュオン触媒核融合（muon catalyzed fusion）**とよぶが，今のところ発電に用いられるほどのエネルギー効率は達成されていない．

電子が原子軌道に取り込まれるときに発する特性 X 線を分析に用いることができる．電子の代わりに μ^- を用いることによって高いエネルギーの X 線を放出するので，対象試料の数 mm から数 cm 程度の深い位置からの情報を得ることができるようになり，深さ分解能をもった非破壊分析に応用できる．

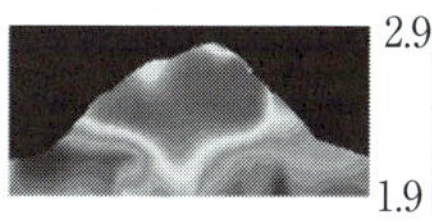

図 1-22　ミュオンによる昭和新山の透過画像
（Tanaka, H. K. M., Geophysical Research Letters, **34**, L22311（2007）より引用）

宇宙から地表にミュオンが降り注いでおり，その量は 1 m^2 あたり毎秒 170 個程度とかなり多い．ミュオンは物質中の透過率が高いが，密度の高い部分は透過率が下がる．これを用いてレントゲン写真のように火山の透過像を得ることができる（図 1-22）．

1.5 節のまとめ

- **年代測定には炭素 14 やトリチウムを用いる．地質学的な長い年代測定にはカリウム-アルゴン法が用いられる．**
- **放射線や放射性物質は，トレーサー・放射線育種・食品照射・害虫駆除などに利用されている．**
- **分析化学的な手法として，放射化分析やメスバウアー分光法がある．**
- **陽電子・π 中間子・ミュオンなどの素粒子も化学の分野で用いられている．**

2. 熱化学基礎とエネルギー変換

2.1 熱化学とエネルギー変換

エネルギーとは何であろうか．一般にエネルギーは仕事をする能力，と説明される．文明社会は，住居のあかりを灯すにしても，電車や自動車を走らせるにしても，その外部からのエネルギーの供給を必要とする．このことから，まずエネルギーは移動できるものであることがわかる．

さらに自然界をみてみると，植物は光エネルギーを使ってエネルギーを化学的に蓄積し，その生命活動を支えたり，我々の食物エネルギーになったり，化石燃料になったりしている．このようにエネルギーはさまざまな形態に変換・蓄積できることもわかる．

しかし，光，電気，熱などが，それぞれエネルギーの一つの形態であることがわかり，さらにその相互変換について精密な量的関係を議論できるようになったのは，人類の科学の発展の歴史からみると比較的最近のことである．

さまざまなエネルギーの形態のうち，我々が最も身近に利用しているのは，家電製品を駆動している電気エネルギーであろう．では電気エネルギーは，どこでどのようにして生み出されているのだろうか．また，さまざまな形態のエネルギーの変換は，どのような自然界のルールに従っているのだろうか．さらに化学物質の変換，すなわち化学反応によって取り出されるエネルギーの量や，化学反応そのものにエネルギーに関する自然界のルールはどのように関わっていくのだろうか．本章ではエネルギーの移動・変換・蓄積の物理と，その化学への応用について学ぶ．

2.1.1 状態量と移動量

まずエネルギーを量で表すことから始めよう．一般にエネルギーの量はジュール（J）で表される．これは英国の醸造家であり科学者でもあったジュールの名前に由来した単位である．

次に，エネルギーの移動と蓄えられる量を議論するうえで必要な専門用語を導入する．まずエネルギーを考察するうえで着目する対象物質を**系（system）**という．それは，電池でも人間でも，地球でもかまわない．そしてその物質の外側を**環境（surroundings）**もしくは外界という．そして系と環境との間には**境界（boundary）**が存在する．境界を設定することで，考察する系の範囲を限定できるので，系に蓄えられているエネルギー量やその増減について初めて考察できる．

ここでまずエネルギーを二つの属性に分けて考える．太陽から降り注ぐ光エネルギーや，熱いものと冷たいものが接したときに流れる熱エネルギー，コンセントを通じて伝わってくる電気エネルギーのように，環境から境界をまたいで移動できるエネルギーがある．これらを移動量という．

次に系のもつエネルギー状態を考える．上述のエネルギーの移動（流入・流出）を受けた結果，系のエネルギー状態は当然変わりうる．系のエネルギー状態を表すのに，内部エネルギー U，エンタルピー H，ヘルムホルツエネルギー F，ギブズエネルギー G の四つが用いられる．これらは状態量という．

ここで，本節で学ぶさまざまなエネルギーについて，表 2-1 にまとめておく．これらのエネルギーの移動量と状態量が，互いにどのように定量的に結びつけられるのか，具体的に次節以降で説明していく．

2.1.2 エネルギー保存則

前節でエネルギーには光，電気，熱などさまざまな移動形態があることを述べた．目的に応じてこれらのエネルギーを互いに自由に変換して使用することができれば，大変便利そうである．しかしエネルギーは何

ジェームズ・プレスコット・ジュール

英国の物理学者．醸造業を営みながら，さまざまな実験を行った．とりわけ熱の仕事当量を計測した実験や，実在気体のジュール・トムソン効果の発見が有名であり，エネルギーの単位ジュール（J）にその名を留める．（1818-1889）

表 2-1　本節で学ぶエネルギー 6 種

エネルギーの名称	記号	属性	向き
熱	Q	移動量	あり
仕事（光・電気的・力学的）	W		
内部エネルギー	U	状態量	なし
エンタルピー	H		
ヘルムホルツエネルギー	F		
ギブズエネルギー	G		

の制限もなく互いにその形態を自由に変換できるのだろうか．それとも変換に際して何らかの制約があるのだろうか．

このことを議論する前に，ここでまずエネルギーを使用するとはどういうことか考えてみよう．やや意外に思われるかもしれないが，実はエネルギーは使っても消えてなくなることはない．その一方でエネルギーが新たに生み出されることもない．

これらをまとめていうと，エネルギーは使っても，別のエネルギーに「変換」されるだけでその総量は保存されたままである．これを**エネルギー保存則（law of the conservation of energy）**という．ここで法則とは，その理由はわからないけれども，こう考えるとこれまで人類が経験してきたありとあらゆる自然現象を矛盾なく説明できる，という人間が見つけた自然界のルールをいう．一方，自然界に存在するらしいルールを理解するために人間が新たに導入した概念や物理量，ならびにその関係式を定義という．

どうやら我々は，もともと総量が一定のエネルギーを，その時々に応じて利用しやすい形態に変換しながら，文明の営みを行っているらしい，といえる．ではエネルギー保存則の観点から，熱や仕事といった移動量と，系に蓄えられているエネルギーの状態量との収支を，どのように表すことができるだろうか．

ここで目ではみえないが系の内部に蓄えられているエネルギーの総量をひとまず**内部エネルギー（internal energy）**U とおいてみよう．これは，系のエネルギー状態を表す状態量である．状態量は，その状態が実現した履歴・過程によらず，状態が決まれば，その値が一意に定まる量である．このことは，のちのち状態量の変化を考える際にきわめて重要になる．また細かなことであるが，U はイタリック体（斜体）で書かれていることに注意しよう．物理的な量を表す記号は，文章や文字などと区別するためイタリック体で書くのが一般的なルールである．

状態量である内部エネルギー U を導入してみたものの，もしこれを計ることができなければ，これ以上考察を進めようがない．そこで次に，系が環境からエネルギーを受けとる，ないしは環境へ放出するプロセスを考えてみる．

例えば，目の前に大きなビルがあるとしよう．ビルの中には現在，人が何人いるかはわからない．しかしその出入口で人が出入りする数を観察していれば，少なくとも，もともとビルの中にいた人数に対して，観測開始時点から何人増えたか，もしくは減ったかはわかる．絶対数はわからないまでも，相対数がわかれば，何もわからないよりは一歩前進である．

ではエネルギーの場合，この様子をどのように表現できるだろうか．まず系が環境から何らかのエネルギーを受けとる前に，系にもともと蓄えられていた内部エネルギーを U_i とおいてみる．添字の i は initial の頭文字をとっている．変化前の状態を**始状態（initial state）**という．

次に環境からエネルギーを受けとった後の系の内部エネルギーを U_f とおいてみる．添字の f は final の頭文字をとっている．すなわち変化の終わった後の状態，**終状態（final state）**における系の内部エネルギーを表す．

このようにすると，系のエネルギーを蓄えている状態を表す U_i や U_f の具体的な値そのものはわからないが，エネルギー移動の前後での変化量はわかり，それを通常 Δ（デルタ）という差分記号で表す．

$$\Delta U = U_f - U_i \tag{2-1}$$

もし，終状態の内部エネルギーが始状態よりも増えていれば ΔU は正の値を，逆に，終状態の内部エネルギーが始状態よりも減っていれば ΔU は負の値をとる．

では環境から系へエネルギーの流入があった場合，系のエネルギーの収支はどのように表現できるだろうか．ここでエネルギー保存則から，以下のように表される．

$$\Delta U = \text{系が環境から受けとったエネルギー量} \tag{2-2}$$

ここで，左辺には状態量の変化量が，右辺には移動量の属性をもつエネルギー量が入ることに注意しよう．化学熱力学の法則の多くは，移動してきたエネルギーによって，系のエネルギー状態がどのように変化したか，という形で記述される．したがって物質のエネルギーの授受を定量的に理解するうえで，同じエネルギーでも，状態量と移動量の区別は重要である．

2.1.3 熱平衡と温度（熱力学第0法則）

前節で述べたエネルギー保存則の立場を受け入れると，式(2-2)に示すように，系の内部エネルギーの変化分は，境界をまたいで移動してきたエネルギーの量に等しい．

ではエネルギーはどのような方法で境界をまたいで環境から系へと移動してくるのだろうか．エネルギーの移動方法に関する一連の実験で大変有名なのが，英国のジュールによる実験である．ジュールはさまざまなエネルギーの移動形態を試し，その定量的な関係を求めるのに大きく貢献した．ジュールの実験については後の節で解説する．

さて，ジュールの実験を成り立たせるためには，まずエネルギーの移動の結果，式(2-2)の左辺である系の内部エネルギーの変化分（ΔU）を何らかの方法で感知しなくてはいけない．ではどのようにすれば系の内部エネルギーが変化したことを定量的に計ることができるだろうか．結論から先にいうと，残念ながら系の内部エネルギーそのものについては，現在でも直接的にその絶対量をみる道具は存在しない．

ここで，系のもつ内部エネルギー変化を推定できる別の状態量はないだろうか，と考えてみる．例えばやかんの水を火にかけたとき，やかんの水を系とすると，環境から熱せられることで，やかんの水がどんどん温まってくることを我々は経験的に知っている．

温まってきたということは，温度が上がってきた，ということである．つまり，**温度（temperature）**という物質の状態を表す概念が使えそうである．温度は大変身近な概念であり，今さら説明する必要がなさそうに思える．しかしこれが意外と深淵な概念である．例えば，20℃で10 gの水と，40℃で10 gの湯を混ぜると，最終的に全体が約30℃の水に落ち着く．しかし，同じく20℃で10 gの水に，40℃に熱した金属10 gを入れても，最終的な全体の温度は30℃にはならない．

ここで，二つの物質AとXを考える．もちろんAとXは同じ物質でも異なる物質でもよい．経験的に，もし二つの温度の異なる物質が接すると，この二つの物質間で何らかが移動して，最終的に二つの物質の温度が一様に等しくなって，安定した状態に達することを知っているだろう．ひとまず温度差のある物体が接したときに温度の高い方から低い方に移動するものを**熱（heat）**とよぶことにしよう．最終的に安定した状態では，AとXのどの部分をとっても一様な温度を示す．このような状態に達した物質AとXを**熱平衡（thermal equilibrium）**にあるという．

ここで温度が異なるAとXを接しさせて熱平衡に達したあと，再びAとXを切り離す．次に今度はXを別の物質Bと接しさせる．このときたまたまXとBの温度が等しかったとしよう．このときXとBは熱平衡の関係にある．ここでBをXから切り離し，今度はBをAに接しさせたら，どうなるだろうか．大方の予想どおり，実際に実験してみると，AとBは最初から熱平衡に達している．すなわち温度が同じである．これを言葉で整理すると以下のようになる．

> AとXが熱平衡をなし，XとBが熱平衡をなすとしたら，AとBは熱平衡をなす．（熱力学第0法則）

この法則は，熱の移動を許して接してさえいれば，理由はわからないが，どのような物質も必ず熱平衡という安定な状態に落ち着いていく，という自然の方向性を述べている．熱平衡に達したとき，互いの物質に流れる熱の総量は物質に依存するが，「温度」は物質に依存しない大変強力な指標であることがわかる．

ここで少なくとも我々が日常で使う「熱」と「温度」はどうやら異なるものであることはわかる．確かに我々は90℃の熱湯に触れるとすぐにやけどするが，90℃のサウナに入ってもすぐにはやけどしない．これは，温度は同じでも身体に流れてくる熱量が多いか少ないかの違いで理解されそうである．

次に温度と熱量との関係をイメージとしてわかりやすくとらえるために，以下のようなことを考える．まず体積の異なる三つの容器を準備しよう．これらの容器は，互いに底が管でつながっている．互いの容器を連結する管は，バルブで開閉できるものとする．この様子を図 2-1（a）に示す．ここで三つの容器を，先の熱力学第0法則を説明したときと同様に，左から順にA，X，Bと名付ける．まず連結するすべての管のバルブは閉じておいて，各容器には，ある量の水が入っているものとする．

ここで，すべてのバルブを開放しよう．そうすると，しばらく時間がたつと，図 2-1（b）に示すように，三つの容器にそれぞれ蓄えられている水量は異なるものの，それぞれの水面の高さが同じになったところで，見かけ上の水の移動が止まる様子が観測されるだろう．

ここで，熱力学第0法則を思い出してもらうと，まさに，各容器に流出入して移動した水量が移動した熱

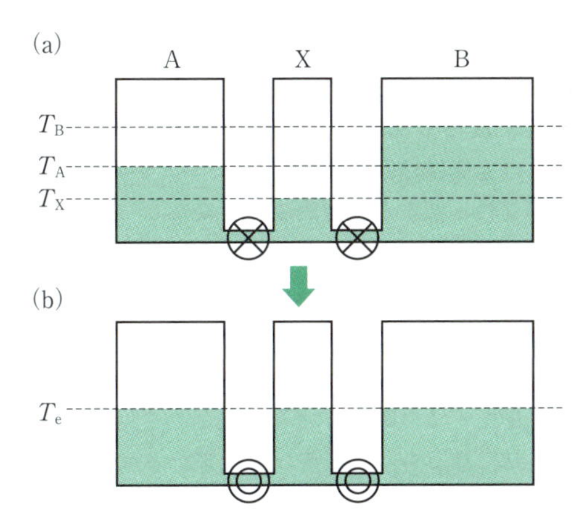

図 2-1　(a) A, X, B をつなぐ管のバルブを開放する前. 物質 A, X, B が接しておらず熱のやりとりができない. (b) バルブを開放したあと. 物質 A, X, B が接している様子を表す. ここでは各容器に蓄えられている水量が熱量に, 各容器の水面の高さが温度に相当する. 最終的に落ち着く水面の高さに相当する温度を T_e と表した. e は平衡 (equilibrium) の頭文字からとった.

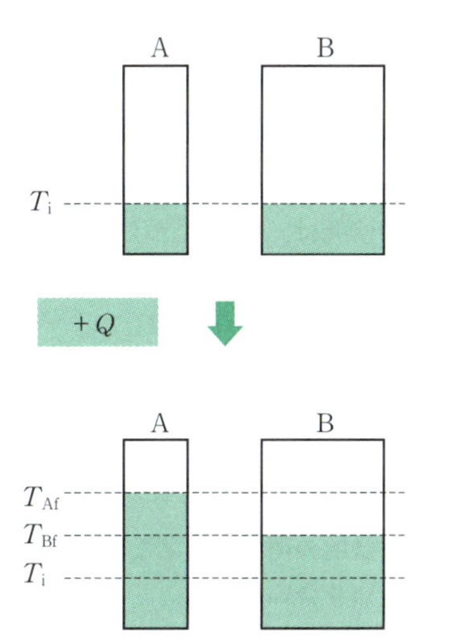

図 2-2　熱の流入と温度上昇の概念図. 最初の温度が同じ物質 A, B でも, もしその熱に対する容積が異なれば, 同じ熱量を入れても, それぞれの最後の温度は異なったものになる.

量, 両容器を連結後, 最後に落ち着いた水面の高さが温度に相当することになる.

2.1.4　熱量と温度をつなぐ熱容量の概念

ではどうしたら温度と移動した熱量を定量的に結びつけることができるだろうか. 前節で, まだ定義していなかったのは, 水を蓄えることができる容器の体積に対応する物理量である.

図 2-2 で示すような, 二つの体積の異なる容器に, それぞれ水量を足すことを考えよう. 最初水面の高さは同じに揃えておく. すなわち等しい温度だとする. しかし同じ熱量を入れても, 物質によって体積の大きなものほど, 温度の上がり方が少ないと予想される.

冬場, 自販機でホットの缶コーヒーなどを購入したとき, 缶は熱かったが, 飲んでみると中の液体は, まだぬるかった, ということを経験したことはないだろうか.

この場合は, 缶の金属は図 2-2 における容積が小さいので, 熱を与えられるとすぐに温度が上がるのに対して, 中の液体は容積が大きいので, 同じ熱を加えられても, 温度の上昇が, 缶の金属のようにはすぐには上がらないと解釈される.

ここで簡単のために, 熱を与える前後で物質の体積が変化しないと考えよう. このように体積の変わらない条件で, 物質各々が蓄えられる熱の容積を表す概念を, 定積熱容量 (heat capacity at constant volume, 記号 C_V), または定容熱容量という. 添字の V は容積 (volume) の頭文字をとっている. このとき, 物質に投入される熱量を Q, 熱を加えられる前後での物質の温度変化を $\Delta T = T_f - T_i$ とすると

$$\Delta T = \frac{Q}{C_V} \qquad (2\text{-}3)$$

という関係式で表される. 定積熱容量が分母にあるので, 同じだけ熱量 Q を入れても, もし定積熱容量が 2 倍の物質になると, その温度上昇は 1/2 になることがわかる. ここで定積熱容量は物質によって異なる値をとる. 熱を蓄える能力であるから, 実際の物質の体積とはまったく異なる概念であることに注意しよう.

このように熱容量という概念を導入すれば, 物質のある熱的状態を表す温度は, 絶対値ではないものの, その変化量 ΔT と, 熱量 Q が式(2-3)のように結び付けられることがわかる. ここで注意してほしいのは, 温度は物質の状態を表す状態量であること, 上昇分はわかるが, その絶対値は依然として不明である点である.

では境界を移動して系の温度変化を引き起こす熱とはいったい何であろうか. 図 2-1 や図 2-2 で示したような, 水のように何らかの実体があるものなのだろうか. さらに物質に温度変化をもたらす方法は, 熱量の投入だけであろうか. これらの問題に満足できる答えを得るために人類は 100 年以上の時間をかけることになる. 次項以降では, 徐々に明らかになる熱の実体

と，温度の定義について紹介する．

2.1.5　熱素説と熱運動説

ここで，熱の実体にせまる研究の歴史をたどってみよう．一連の研究は，18 世紀から 19 世紀にかけて英国で行われ，ブラックによる研究に始まり，ワット，トンプソン（ランフォード伯爵），ジュール，トムソン（ケルビン卿）へと受け継がれていった．

最初に，それまであいまいだった熱と温度の区別をはっきりさせたのは，18 世紀に活躍した英国グラスゴー大学のジョゼフ・ブラックである．ブラックは，効率的な蒸気機関の開発で有名なジェームス・ワットと同大学での知り合いであり，互いに熱力学に関する知見を高め合っていた．このときからグラスゴー大学は，熱力学研究のメッカとなりつつあった．

ブラックは，熱の量（熱量）と強さ（温度）を明確に区別し，熱容量の概念を導入した．しかし，図 2-1 の例で示したように，熱を何らかの実体のある粒子（これを仮に熱素とよぶ）のように扱うと，ブラックの見出した熱に関するさまざまな性質が説明しやすいことから，この時点では熱の実体として熱素説が有力であった．しかしこの段階ではまだ熱の実体は明らかではなく，ブラックも慎重な立場をとっていた．

熱素説に鋭い反証を与えたのは，米国生まれで英国に渡った，軍人であり科学者でもあるベンジャミン・トンプソン（ランフォード伯爵）である．トンプソンは大砲の砲身を機械でえぐる工程で発生する多量の摩擦熱を観測した．もともと砲身と機械の温度は室温であったことを考えると，熱の発生は，高温物質から低温物質に何らかの実体のある粒子，すなわち熱素が流れるとする熱素説では説明がつかない．トンプソンは，熱の実体は熱素の流れでなく，むしろ物質の運動と関係されるとする熱運動説の立場をとった．

実際，物質は移動しなくても，その内部でエネルギーを伝播することはできる．例えば海の水はその場で上下運動しているだけだが，その振動である波，すなわち山の部分と谷の部分は，運動が順次伝わって，波のエネルギーは移動している．すなわち，その場での水の運動だけでも，エネルギーを移動させることは可能である．

現在であれば，我々は物質が原子や分子から構成されていることを知っているので，熱運動説のイメージはわきやすい．しかし当時，原子や分子という概念は，自然界を説明するためのまだ仮想的なものであり，誰もその存在を証明できなかったため，熱運動説はほとんど受け入れられることがなかった．

2.1.6　ジュールの実験

熱素説と熱運動説の議論に大きな一石を投じた実験が，先に述べた英国の醸造家であり科学者のジュールによる熱の仕事当量の計測である．

ジュールは図 2-3 に示すような羽根車とよばれる機械をつくりあげた．この装置では重りが落ちると，水相の中の羽根車が回り，水に仕事をするしくみである．もしこれで水の温度が上がれば，重りの落下という力学的仕事が，熱と同じ貢献をすることになる．

ジュールによる，当時最高の精度を誇る温度上昇の測定の結果，羽根車の回転という力学的仕事が，水の温度上昇を引き起こすことが明らかになった．

さらに機械の羽根車に与える力学的エネルギーは，重りの落下によるエネルギー分にあたるため，重りのもっている位置エネルギーと，羽根車が回ることによる水温上昇の関係を定量的に明確にすることができた．

当時，仕事の単位としてはジュール（J），熱量の単

ジョゼフ・ブラック

英国の医学者，化学者．グラスゴー大学とエディンバラ大学で教鞭をとる．熱力学における潜熱や熱容量の概念の確立，二酸化炭素の発見などで有名．定量的な化学実験手法の確立においても業績を残した．(1728-1799)

ジェームス・ワット

英国の発明家，機械技術者．グラスゴー大学でブラックと知り合い，ニューコメンの発明した蒸気機関を 10 年の歳月をかけて改良し，高効率の蒸気機関を開発した．単位時間あたりのエネルギーの単位ワット（W）にその名を残す．(1736-1819)

ベンジャミン・トンプソン（ランフォード伯）

米国生まれの軍人，科学者．砲身を掘削する際に摩擦熱が発生することから，熱素説に疑問を投げかけ，熱を運動で説明した．また英国の王立研究所を設立した．1793 年に伯爵に叙せられ，ランフォード伯と名乗る．(1753-1814)

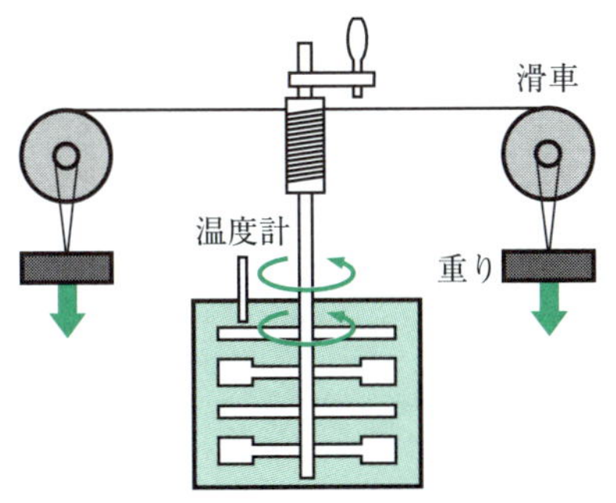

図 2-3 ジュールの羽根車の実験装置．重りの落下に伴う羽根車の回転運動が，水の温度を上げる．

位としてはカロリー（cal）が用いられていた．cal は 14.5℃の水 1 g を 1℃上昇させるのに必要な熱量と定義される．力学仕事で発生した熱量を水の温度上昇を通じて計測した結果，ジュールは熱と仕事の定量的な関係を表す，以下の重要な数値を求めることに成功した．これを熱の仕事当量という．

$$1\ \mathrm{cal} = 4.184\ \mathrm{J}\quad \text{（現在の仕事当量）}$$

ちなみにジュールは当時 4.155 J の値を得ていた．仕事の種類によらず，1 cal は約 4.2 J の仕事エネルギーに相当する．なおカロリーは現在でも食品に含まれるエネルギー量を示す際に用いられている．これは生体内で消費されたときに発生する熱量を表している．例えば 3 大栄養素である糖，タンパク質，脂質は，それぞれ 1 g が生体内で消費されると，それぞれ 4 kcal，4 kcal，9 kcal の熱量が発生するとされる．ここで k はキロとよばれる接頭語で 1000 倍を表す．したがって，糖 1 g が生体内で消費されると 4000 cal の熱量が発生する．わずか 1 g で 1 kg の水を 4℃も上昇させるということである．

実はジュールは，羽根車の実験の前にさかのぼる 1800 年に，イタリアのボルタが開発した電池の原型ともいえるボルタの電堆を用いた実験にも取り組んでいた．ジュールは水の中に導線を入れて，ボルタの電堆を使って電流を流すと，水の温度が上昇することを見出している．

このことは，先の羽根車といった力学的仕事だけでなく，電気的仕事も，熱量と等価であることを定量的に示す実験であった．電気的仕事で発生する熱をジュール熱というが，これは発見者であるジュールの名前に由来している．しかし，正規の教育を受けておらず科学者としてみられていなかった，一醸造家のジュールの実験結果は，当初学会からは一向に相手にされなかったという．

このような状況の中，ジュールの実験の重要性に気が付いたのが，グラスゴー大学のトムソンであった．当時，23 歳の若さで大学教授の職にあったトムソンが，学会の権威などによらず，ジュールの研究のもつ意義をいち早く正確に見抜いたことは，熱力学の発展の歴史において大変重要な意味をもった．もしトムソンが他の科学者と同様，ジュールの実験を無視していたら，熱力学の歴史が変わっていたに違いない．

ここで話を内部エネルギーの変化量を求める話に戻そう．ここまでの議論で，物質の温度を上げるには，熱以外に，力学的，もしくは電気的仕事も貢献できることがわかった．

ここで，物質に投入される熱量を Q，物質に投入される力学的仕事や電気的仕事などの仕事の総量を W とする．するとエネルギー保存則より，熱や仕事の投入前後での内部エネルギーの変化量は

$$\Delta U = Q + W \qquad (2\text{-}4)$$

と書くことができる．これを**熱力学第 1 法則**という．系に投入された熱量や仕事は，内部エネルギーとして蓄えられており，エネルギーの総量は保存されている，ということをこの式は表現している．

この様子を図 2-4 に模式的に示す．エネルギーとしては，すべて J の次元をもつが，式(2-4)の左辺は状態量の変化量，右辺は移動量であることに注意しよう．

さて一般的に，式(2-4)はエネルギー保存則の表式として語られることが多いが，系へのエネルギーの移動形態を熱と仕事の二つに大きく分けたこと，さらにこれらのエネルギーは「量」的には等価であるため，一つの等式(2-4)にのせることができた点が重要である．

これで熱と仕事の量的関係に大きな目途は立った．しかしエネルギーは増えはしないが，消えてなくなることもない，ということは変換をし続けていれば無尽蔵にエネルギーを使える，ということであろうか．

ウィリアム・トムソン（ケルビン卿）

英国の物理学者．10 歳でグラスゴー大学に入学，22 歳で教授となる．古典熱力学を中心に，電磁気学・流体力学など幅広い分野で業績を残す．1892 年に男爵に叙せられ，ケルビン卿と名乗る．絶対温度の単位ケルビン（K）にその名を留める．(1824-1907)

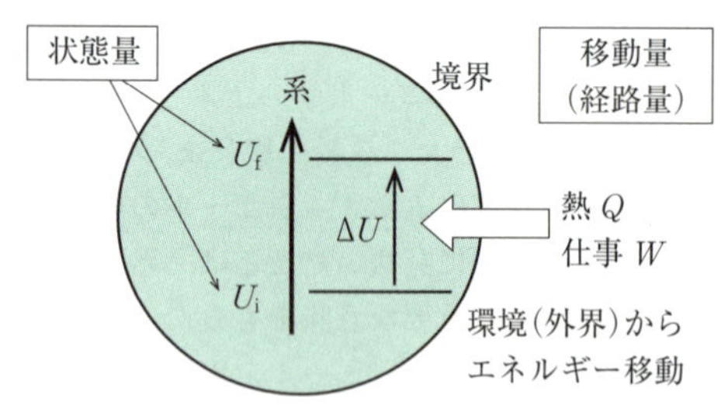

図 2-4　境界をまたいで系に流入するエネルギーである熱 Q と仕事 W. これらは移動量である. 一方, このエネルギーの流入により, 系のエネルギー状態は変化する. 状態量変化 (ΔU) と移動量が結び付けられる.

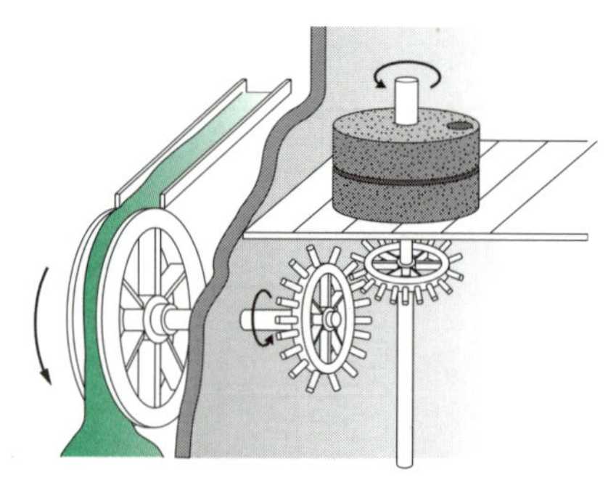

図 2-5　水車と得られる動力. ダムなどに設計される水力発電はこの原理を利用している.

しかしこれまでの経験から, どうもそうではないらしいことを我々は知っている. 量的には保存されてはいそうだが, エネルギーの形態を変換する際に, 何らかの別の自然界の法則があるのだろうか. 人類は蒸気機関の駆動原理や熱の仕事への変換効率の議論を深めていく過程で熱力学第 2 法則を発見することになる.

2.1.7 カルノーの理論とジュールの実験との矛盾, そして熱力学第 2 法則の発見へ

まだ熱素説が色濃く残っていた当時, ジュールの発表した「熱はエネルギーの一形態である」という論文を, トムソンは高く評価しつつも, 一つの大きな矛盾を抱えることになる. それは, 18 世紀末に生まれ 19 世紀にフランスで活躍した, 若きサディ・カルノーの考案した, 熱機関に関する原理と変換効率に関する画期的な理論的考察との矛盾である.

当時トムソンは, カルノーと同じくフランスで活躍し, カルノーの同期でもあるフランスの物理学者クラペイロンの著した論文を通じて, カルノーの理論を知り, その重要性を認知していた. しかしカルノーの理論は, ジュールが実験的に得ていた熱の仕事当量の知見と一見矛盾するのである.

ニコラ・レオナール・サディ・カルノー

フランスの軍人, 物理学者. 父は軍人, 政治家, 技術者, 数学者であるラザール・カルノー. 1824 年, 熱機関の原理とその効率に関する論文を発表する. コレラにより 36 歳の若さでこの世を去った. 仮想的な熱機関「カルノーサイクル」にその名を留める. (1796-1832)

カルノーの考察は, のちに熱力学的な絶対温度の概念 (トムソン) と, 熱力学第 2 法則 (トムソンとクラウジウス) の発見という大きな果実に結び付いたため, 熱力学の教科書では必ず出てくる重要項目である.

ここでカルノーの理論的考察を紹介する. 18 世紀半ばに成し遂げられた, 英国のワットによる蒸気機関の画期的改良により, 熱が莫大な動力を生み出すことは, 当時誰もが知るところとなっていた. しかし, その基本原理と変換効率については未解明であった. この問題に取り組んだのがカルノーである.

カルノーの理論は, 水車に例えるとわかりやすい. 水車は, 水が高いところから低いところに落ちるのを, 羽で受けて回転する機械である. したがって水を高いところから低いところに流す際に, そこに水車を導入すれば, 水車にさまざまな仕事をさせられる (図 2-5).

一見, 当たり前のような図であるが, ここで注意しないといけないのは, まず高低差があるところに水が流れること, さらに水を低いところで捨てていることの重要性である. もし水を捨てることができないと, どんどん水が溜まって最後には水車が回らなくなってしまう.

これらの性質は熱においても類推ができ, 熱を移動させるには高温部分と低温部分が必要であり, 低温部分で環境に熱を捨てないと, このサイクルは回らなくなる. すなわち, サイクルを回して連続的に仕事を取り出すとき, 熱の一部を捨てなくてはいけないということである. このことはエネルギー保存則より, 系は受けとった熱量のすべてを仕事に変換することができないことを意味している.

カルノーサイクルは, ピストン-シリンダー装置とよばれる, 可動するふたのついた装置に閉じ込められ

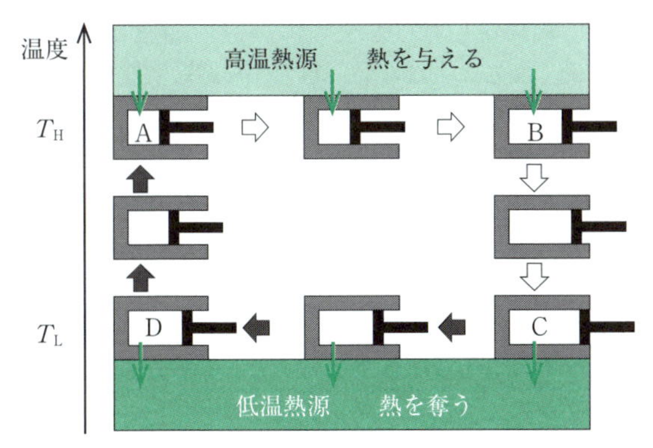

図 2-6 ピストン-シリンダー装置で考えるカルノーサイクル．状態 A → B → C → D → A を繰り返す．

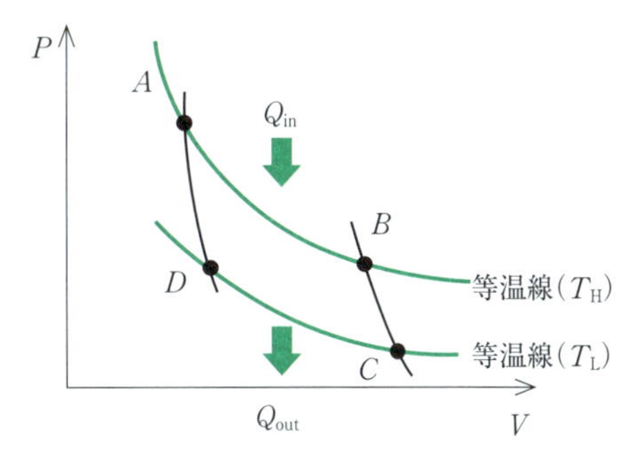

図 2-7 クラペイロンが状態図上に図式化したカルノーサイクル．ABCD で囲まれた面積が，サイクルを一周して作動気体か環境に対してした膨張仕事（$-W_{rev}$）になる．rev は可逆（後述）の意．

た理想気体を考えるとその内容を具体化できる（図 2-6）．ここでピストン-シリンダー装置に閉じ込められた気体を作動気体という．この装置を使うと，高温熱源から熱を受けとり作動気体を膨張させたり，逆に低温熱源に熱を捨てて収縮させたりすることで，ピストンの前後運動を起こし，力学的エネルギー（力学仕事）を取り出すことができる．

このとき作動気体について，過程 A → B において温度を変えずに高温環境から熱を受けとる．過程 B → C は熱源から切り離され，内部エネルギーを減らして膨張する断熱膨張過程となる．過程 C → D では再び温度は変わらないまま低温環境に熱を捨てる．過程 D → A では再び熱源から切り離され，収縮して内部エネルギーを高めて，状態 A に戻る．

クラペイロンは，カルノーの考案した上述のサイクルにおける作動気体の体積と圧力の推移を図 2-7 のように表した．これは専門用語で状態図とよばれ，熱力学を考察するうえで大変便利な図である．

カルノーの考案したサイクルは作動気体を水蒸気とした蒸気機関の効率を最大化し，カルノーサイクルとよばれる．カルノーサイクルの画期的なところは主に以下の 2 点である．

(1) 動力（現在でいう仕事）を取り出すには熱機関において，高温熱源と低温熱源の間に温度差が必要である．逆に高温熱源と低温熱源に温度差が存在すれば，その間に熱機関を設置することで動力を取り出すことができる．

(2) 熱機関を作動させる際に，高温熱源から受けとった熱の一部を低温熱源に捨てないといけない．

火力発電所や原子力発電所は，各々，燃料の燃焼や，核反応により高温熱源を得て，高温の蒸気でタービンを回して電気を得る．では，一方の低温熱源はどのようにして得るのだろうか．

その答えは，海水である．年間を通じて温度変化が大気に比べて小さく，ほぼ無尽蔵に存在する海水を使って，熱交換機を介して高温の蒸気を冷やしている．火力発電所や原子力発電所が必ずといっていいほど海の傍に建設されるのは，海水という安価な低温熱源を得るためである．

さてカルノーは，このような仮想的なサイクルを考察することで，以下の二つの重要なことに気付いた．

(1) 可逆サイクル（後述）において取り出すことのできる動力（現在でいう仕事）が最大になる．

(2) 取り出せる動力（仕事）は，取り出すために使われた材料などによらず，高温熱源の温度と，低温熱源の温度のみで決まる．

さらに熱素説に立っていたカルノーは，この論文の執筆の過程で，熱素説の矛盾に気が付いていたともいわれる．

もし水車において高いところから低いところに流れる水の量と同じように，カルノーサイクルにおいても，温度の高いところから低いところに向かって熱素が流れるのならば，水量に相当する熱量について $Q_{in} = Q_{out}$ が成り立たねばならない．

しかし，$Q_{in} = Q_{out}$ だとすると，エネルギー保存則から仕事が取り出せないはずである．実際にカルノーは上述の考察に関する論文「火の動力」の執筆後，実験ノートに覚書を残している．そこにランフォードの実験を引用するなどして熱素説への疑問や，ジュールほどの精度はなかったにせよ，熱が仕事に変換される際の熱の仕事当量の算出なども行っていたことが，後になってカルノーの弟イッポリーニが保管していたノートにより判明している．

実はカルノーも熱力学第 1 法則や，熱と仕事の量的等価性の扉を開きかけていたのである．しかしカルノーはこの扉を完全に開く前に，それどころか自らの熱機関の原理と効率に関する論文自体が学会で受け入れられ評価される前に，病でこの世を去ることになる．

その後，カルノーの仕事を定量的に発展させ，熱素説との矛盾を解決し，古典的な熱力学を確立させたのが，先述した英国のトムソン（ケルビン卿）とドイツのクラウジウスである．

トムソンはカルノーの理論と，ジュールの実験が矛盾しないための一つの考え方を提示する．それはエネルギーには，質と量があり，熱と仕事は量としては等価であるが，質としては仕事の方が熱より上である．すなわち仕事と熱をともにエネルギーの形態と考えるが，互いの変換に際しては，有限の温度においては仕事を100%熱に変換できても，熱を100%仕事には変換できないと考えた．このトムソンの考えをまとめると，以下のように表現できる．

> 熱浴から吸収した熱をすべての力学仕事に換える熱機関（循環機関）をつくることは不可能である．
>
> （トムソンによる**熱力学第2法則**の表現）

ここで有限の温度においては，という条件が一つのポイントである．理想気体について可逆なカルノーサイクルを考察すると，熱の仕事への変換効率が1となる低温熱源の温度，すなわち絶対零度を見出すことができる．

ここでカルノー効率 η と，高温熱源の温度を T_H，低温熱源の温度を T_L とすると，以下のようなシンプルな関係式を求めることができる．求め方は，化学熱力学の初等的な教科書には必ず出ているので，興味をもたれた方はそちらを参照してほしい．

$$\eta = \frac{-W_{rev}}{Q_{in}} = \frac{Q_{in} - Q_{out}}{Q_{in}} = 1 - \frac{T_L}{T_H} \qquad (2\text{-}5)$$

もし $T_L = 0$ より低い温度が存在すると，$T_L < 0$ より熱の仕事への変換効率が1以上になり，エネルギー保存則に反してしまう．すなわち，温度は $T_L = 0$ より低くなることはない．熱力学な絶対温度の下限が存在することを示す．

この温度を絶対零度とし，それを基準とした温度目盛りがケルビン目盛（K）である．現在でもこの温度目盛りを使って，さまざまな物理ならびに化学現象を記述している．逆にいうと，これだけ身近な温度という概念も19世紀になって，ようやくその絶対的な基準をつくることができたということである．

第1章で述べたとおり，宇宙はビッグバンとよばれる大爆発で誕生し現在も膨張しているといわれているが，宇宙の膨張（断熱膨張）によって徐々に冷えて，現在では3Kにまで冷えていることが，宇宙のあらゆる方向から観測される電波（第8章コラム参照）によって測定されている．

2.1.8　エンタルピーの導入

トムソンは熱力学的絶対温度と，熱力学第2法則の一つの表現を見出したが，エネルギーの質と自然界の自発的に向かう方向性について定量化，すなわちエントロピーの概念の導入に成功したのは，本節で紹介するドイツのクラウジウスである．

エントロピーについて考える前に，その下準備として仕事について考察を深めておこう．仕事の形態はいろいろあることを述べたが，まずは仕事を大きく膨張仕事と非膨張仕事の二つに分けてみる．

カルノーの考案したサイクルにおける仕事は，ピストン-シリンダー内に閉じ込められた作動気体（多くは水蒸気）の膨張・収縮によるピストンの運動である．これを膨張仕事とよぶ．一方，ジュールによる電気仕事のように，体積膨張を伴わない仕事もある．これを非膨張仕事とよぶ．

このように仕事を膨張仕事（$W_{膨張}$）と非膨張仕事（$W_{非膨張}$）の二つに分けると熱力学第1法則を表す式(2-4)は以下のように表現できる．

$$\Delta U = Q + W_{膨張} + W_{非膨張} \qquad (2\text{-}6)$$

まず，そもそも膨張や非膨張にかかわらず，仕事がまったく関与しない場合は，$W_{膨張} = 0$，$W_{非膨張} = 0$ より，式(2-3)，(2-6)から

$$\Delta U = C_V \Delta T \qquad (2\text{-}7)$$

が成り立つ．では次に，仕事が膨張仕事のみで，電気仕事などの非膨張仕事がないケースを考えよう．この場合は式(2-6)より，$W_{非膨張} = 0$ から

$$\Delta U = Q + W_{膨張} \qquad (2\text{-}8)$$

ルドルフ・クラウジウス

ドイツの物理学者．カルノーサイクルの考察をもとに新しい状態量としてエントロピーの概念を初めて導入した．熱素説を退け，系のエネルギーが状態関数であることを論じた．熱力学第1法則，熱力学第2法則を定式化し，古典熱力学の礎を築いた．(1822-1888)

となる．ここで膨張仕事（$W_{膨張}$）の中身を考えよう．まず蒸気機関は，一定の大気圧下で作動するので，この一定かつ正の圧力を $p_{環境}$ とおく．また膨張によって系の体積が V_i から V_f に膨張（$V_i < V_f$）したとする．このとき系の体積変化 $\Delta V = V_f - V_i > 0$ となる．$W_{膨張}$ は環境が系にする仕事であることに注意すると，膨張する際（$\Delta V > 0$）は，系から環境へエネルギーが流れ，向きが逆になるので式(2-8)は

$$\Delta U = Q - p_{環境}\Delta V \qquad (2\text{-}9)$$

となる．我々は生まれたときから慣れているので気が付かないが，身体の四方八方から，深さ約 10 m の水の底でかかる水圧と同じくらいの大気圧を受けて生活している．この大気圧に逆らって物質が膨張するのに必要な熱量 Q は式(2-9)より

$$Q = \Delta U + p_{環境}\Delta V \qquad (2\text{-}10)$$

となる．式(2-10)は，系に投入された熱量 Q は，系の内部エネルギーの上昇分 ΔU と，系が大気圧に逆らって膨張する力学仕事 $p_{環境}\Delta V$ に振り分けられることを意味している．

ここで，作動気体（ここでは系になる）の圧力 $P_{系}$ が膨張の最初から最後まで，常に環境の圧力 $P_{環境}$ と等しい，すなわち

$$P_{系} = P_{環境} \qquad (2\text{-}11)$$

が成り立っているとしよう．このときピストンを内側から押す圧力 $P_{系}$ と外から押す $P_{環境}$ が常につり合っているので，ピストンは，力のつり合いを保ったまま移動していることになる．

ピストンの両側からかかる力が常につり合いを保っているので，ピストンを再び逆向きに動かすこともできる．これを**可逆（reversible）**という．もし，シリンダー内の作動気体の方の圧力が，環境の圧力よりも高ければ，シリンダーが自発的に環境に向かって膨張し，この運動は一方的なので可逆ではない．

ここで系に関する以下のような新しい状態量 H を定義する．

$$H = U + pV \qquad (2\text{-}12)$$

状態量 H を**エンタルピー（enthalpy）**という．圧力がはじめから最後まで一定であることに注意すると，式(2-10)，(2-11)，(2-12)から以下の関係式を得る．

$$\Delta H = Q_{定圧} \qquad (2\text{-}13)$$

定圧・可逆という条件付きだが，膨張仕事を伴うような変化の際，系が環境から受けとる熱量は，系のエンタルピー変化に等しくなる．

記号 H を導入することで，単に式を整理しただけのようにみえるが，そうではない．U，p，V は状態量であるので，式(2-12)より H も状態量である．したがって定圧下で物質が環境とやりとりする熱量，例えば化学反応における定圧反応熱などは，最初の状態 H_i と最後の状態 H_f が決まれば，反応の途中経路にかかわらず ΔH の値，すなわち定圧反応熱 $Q_{定圧}$ が計算できるということである．これを**ヘスの法則（Hess's law）**という．高校ではこの法則に基づいて，定圧反応熱を代数計算で求めている．このように本来，変化の過程が異なれば，異なる値をとるはずの熱量 Q が，定圧で，という条件付きだが式(2-13)の左辺の状態量変化でおさえられる意義はきわめて大きい．

ここで注意しなくてはいけない点は，系が環境から受けとる熱量 Q の符号である．高校までは，発熱反応のときに Q の値が正，吸熱反応のときは Q の値は負であった．しかし大学では，内部熱が上昇する（$\Delta H > 0$）とき，すなわち吸熱反応のとき Q が正，逆に発熱反応のときに Q は負の値となる．例えば窒素と水素からアンモニアが生成する反応は発熱反応であるが大気圧，25℃で

（高校）　$N_2 + 3H_2 = 2NH_3 + 92\ \mathrm{kJ}$

（大学）　$N_2 + 3H_2 \rightleftharpoons 2NH_3 \qquad \Delta H = -92\ \mathrm{kJ}$

となる．

2.1.9　エントロピーの導入

いよいよ，カルノーサイクルについてクラウジウスによる考察の真骨頂，エントロピーを導入する．カルノーが考えた熱機関（図 2-6）では，熱素が途中で消えてなくなったり生まれたりしないため，$Q_{in} = Q_{out}$ でなくてはならなかった．しかしこれではエネルギー保存則より，膨張仕事分のエネルギーは 0 である．

一方，カルノーが考案した可逆機関では，熱量そのものではなく，系が受けとった熱量を，受けとったときの系の温度で割ったものが一定となる．すなわちクラペイロンによる状態図（図 2-7）で，

$$\frac{Q_{in}}{T_H} = \frac{Q_{out}}{T_L} \quad （ただし可逆） \qquad (2\text{-}14)$$

となる．これが実は水車における水量に相当するものである．この式の導出は化学熱力学の初等の教科書には必ず出ているので参照してほしい．

ここで H に続き，系の状態を表す新しい状態量を導入する．クラペイロンの図で，一定温度 T_H で熱を受けとる等温過程 AB について

$$\Delta S_{AB} = S_B - S_A = \frac{Q_{in}}{T_H} \qquad (2\text{-}15)$$

さらに一般化して

$$\Delta S = \frac{Q_{rev}}{T} \qquad (2\text{-}16)$$

という状態量を定義する．この新しい状態量 S を**エントロピー（entropy）**という．Q_{rev} はこれまでと変わらず環境から系へ移動する熱量だが，ここで可逆で，という条件付きであることに注意してほしい．

ここでいう可逆とは，系と環境の温度が一定であることを要求されている，ということである．もし系と環境の温度が異なり，温度の高いところから低いところに熱がひとたび移動してしまったら，それは不可逆過程であることを我々は知っているからである．

状態量 H の導入は，化学反応の呼吸ともいうべき定圧反応熱の計算に大きく貢献したが，この新しい状態量 S は，どのような恩恵をもたらすのだろうか．

ここで**図 2-7** で，1 サイクル回ったときの系と環境のエントロピー変化について考えてみよう．カルノーサイクルを構成する A→B，B→C，C→D，D→A の四つの過程ではそれぞれ

$$Q_{AB} = Q_{in} \qquad (2\text{-}17)$$
$$Q_{BC} = 0 \text{（断熱）} \qquad (2\text{-}18)$$
$$Q_{CD} = -Q_{out} \qquad (2\text{-}19)$$
$$Q_{DA} = 0 \text{（断熱）} \qquad (2\text{-}20)$$

と表されるが，このとき，エントロピーは状態量なので，もしまた同じ状態 A に戻ってきたら，エントロピーは 1 周してまた同じ値 S_A をとるはずである．したがって 1 周したらその変化量は 0 になるので可逆・不可逆にかかわらず式(2-14)～(2-20)より

$$\Delta S_{\text{系}ABCDA} = \frac{Q_{AB}}{T_H} + 0 + \frac{Q_{CD}}{T_L} + 0 = 0 \qquad (2\text{-}21)$$

となる．

次に不可逆過程を考える．摩擦熱など，不可逆過程がひとたび起こると，エネルギー保存則より，ある一定の熱量 Q の投入に対して取り出せる仕事量は減ってしまう．ここで温度変化や圧力変化が無視できるぐらい微小の熱 δQ や仕事 δW としてのエネルギー移動を考える．熱力学第 1 法則より式(2-4)は

$$dU = \delta Q + \delta W \qquad (2\text{-}22)$$

と記述できる．ここで状態量の微小量変化を d，移動量の微小量を δ で区別した．さて過程が可逆であろうと，不可逆であろうと，総エネルギー量は保存されているので，

$$dU = \delta Q_{rev} + \delta W_{rev} = \delta Q_{irr} + \delta W_{irr} \qquad (2\text{-}23)$$

が成り立つ．ここで，rev は可逆の，irr は不可逆の意味を表す添字である．ここで可逆過程において，最も効率的に仕事が取り出せるので，$-\delta W$（系が環境にする仕事）について，式(2-5)より

$$-\delta W_{rev} \geq -\delta W_{irr} \qquad (2\text{-}24)$$

となる．ただし等号は可逆過程のときに成り立つ．ここで式(2-23)より

$$\delta Q_{rev} - \delta Q_{irr} = \delta W_{irr} - \delta W_{rev} \geq 0 \qquad (2\text{-}25)$$

さらにここで，熱力学的絶対温度 $T > 0$ で式(2-25)の両辺を割って整理すると以下のようになる．

$$\frac{\delta Q_{rev}}{T} \geq \frac{\delta Q_{irr}}{T} \qquad (2\text{-}26)$$

ただし等号は可逆過程のときに成り立つ．したがって，エントロピーの微小変化量 dS は式(2-16)より

$$dS = \frac{\delta Q_{rev}}{T} \geq \frac{\delta Q}{T} \qquad (2\text{-}27)$$

整理して

$$dS \geq \frac{\delta Q}{T} \qquad (2\text{-}28)$$

（等号は可逆過程，不等号は不可逆過程のときに成立）という式を得る．この式を**クラウジウスの不等式（inequality of Clausius）**という．この式は**熱力学第 2 法則**を表現する式である．本式を用いると，次節で述べる自由エネルギーの意味と原子力発電や火力発電などの最大効率などとの関係が明瞭になる．

2.1.10　非膨張仕事と自由エネルギー

次に電気的仕事などに代表される非膨張仕事を考察しよう．これまで導入された状態量 U，H，T，S を使って，本節で学ぶ最後の状態量である自由エネルギー F，G を導入しよう．

$$F = U - TS \qquad (2\text{-}29)$$
$$G = H - TS \qquad (2\text{-}30)$$

F を**ヘルムホルツ（の自由）エネルギー（Helmholz（free）energy）**，G を**ギブズ（の自由）エネル**

ヘルマン・フォン・ヘルムホルツ

ドイツの物理学者．物理学を志すも家庭の経済事情で奨学金を得て医学部に学び，軍の外科医として働いた後，物理学を研究する．エネルギー保存則を確立した一人．ジュールの法則を定式化した．自由エネルギーの概念を新たに導入し，ヘルムホルツの自由エネルギーにその名を刻む．（1821-1894）

ギー（Gibbs（free）energy）という．ここで温度を一定とした状態変化の前後で，これらの変化量を考えてみる．温度一定とみなせるほどの微小変化量 d を考えると，ここでは温度一定なので

$$dF = dU - TdS \quad (2\text{-}31)$$
$$dG = dH - TdS \quad (2\text{-}32)$$

となる．さて，まず体積変化のない定積過程について考えてみよう．体積変化がないので膨張仕事は 0 であるから，式(2-6)より

$$dU = \delta Q_{定容} + \delta W_{非膨張} \quad (2\text{-}33)$$

一方，式(2-29)より

$$dU = TdS + dF \quad (2\text{-}34)$$

ここで式(2-33)，(2-34)とクラウジウスの不等式(2-28)により以下の式を得る．

$$TdS - \delta Q = \delta W_{非膨張} - dF \geq 0 \quad (2\text{-}35)$$

ここで，$-\delta W_{非膨張}$ が，系が環境に「する」非膨張微小仕事であることに注意して，

$$-dF \geq -\delta W_{非膨張} \quad (2\text{-}36)$$

すなわち，定積変化のとき，系から取り出せる電気的仕事などの非膨張仕事の最大値が $-dF$（系のヘルムホルツエネルギーの減少分）であり，かつそれは可逆過程のときに達成されることがわかる．

では圧力一定のもと系の体積変化を伴う場合はどうであろうか．今度は式(2-30)より圧力を一定の p として

$$\begin{aligned} dG &= dH - TdS \\ &= dU + pdV - TdS \\ &= \delta Q + \delta W_{膨張} + \delta W_{非膨張} + pdV - TdS \end{aligned} \quad (2\text{-}37)$$

もしここで，圧力が一定であれば，

$$pdV = -\delta W_{膨張} \quad (2\text{-}38)$$

であるから，再びクラウジウスの不等式(2-28)より

$$dG - \delta W_{非膨張} = \delta Q - TdS \leq 0 \quad (2\text{-}39)$$

となる．すなわち定圧過程においては

$$-dG \geq -\delta W_{非膨張} \quad (2\text{-}40)$$

が成り立つ．したがって，定積過程のときはヘルムホルツエネルギー変化が，定圧過程のときはギブズエネルギー変化が，考えている化学変化で取り出せる最大の非膨張仕事量を教えてくれる．これは日常生活で身近に使用されている電池だけでなく，火力発電や原子力発電にももちろん当てはまる．

定圧過程では，体積変化は望まなくても起こってしまい，投入した熱量のうち，その一部は膨張仕事に費やされてしまうが，残った分は非膨張仕事に使える．代表的な非膨張仕事は，先に述べたとおり，電気や光であり，これについては本章の後半の節で取り扱う．

ユリウス・ロベルト・フォン・マイヤー

ドイツの医師，物理学者．船医として，東インド諸島への船に乗り込み，熱帯地方と寒い地方における患者の静脈の血の色の違いから，寒暖で必要な酸素量が違うと推測し，そこから熱量と仕事量に関するエネルギー保存則を着想して論文に発表する．(1814-1878)

ジョシア・ウィラード・ギブズ

米国の物理学者，数学者．米国初の工学博士．イエール大学教授．1878 年に「不均一な物質の平衡について」という論文を発表し，自由エネルギーや化学ポテンシャル，相律の概念を展開した．ギブズの自由エネルギーにその名を刻む．(1839-1903)

2.1.11 内部エネルギーの正体

境界をまたいでエネルギーが環境から系へ移動するとき，熱とか仕事という移動形態があることを学んだ．では物質内部にひとたび移動したエネルギーはどのようにして物質内部に蓄えられているのだろうか．

熱力学第 1 法則，第 2 法則の確立後，物質は原子や分子の集まりからなることが実験的に明らかにされた．現在では，エネルギーはそのような原子や分子の運動として蓄えられていると考えられている．

分子の運動には，並進・振動・回転などさまざまな様式（モードという）があり，それぞれのモードにエネルギーを蓄えることができる．金属原子は，ある決められた点における振動運動のみであるが，液体中の水分子は，並進も振動も回転もできる．したがって金属に比べて水は，エネルギーとして同じ熱量を環境から投入されても，熱容量が大きくその温度の上がり方が小さい．

そして最も大きなエネルギーの蓄積形態は，原子と原子をつなぐ電子を介した化学結合，すなわち共有結合である．もし，化学反応を起こして共有結合の組み

換えが起こると，時として膨大な熱量が環境に開放されることがある．

駅の売店などで，ひもを引っ張ると温まる機構付きの弁当をみたことがないだろうか．特に火にかけることもなく，また外部からコンセントを通じて電気エネルギーを供給するわけでもないのに，なぜ弁当が温まるのだろうか．このしくみは，弁当箱の底にある二つの化学薬品が仕切られて存在していて，ひもを引っ張ることで，この二つの薬品を隔てていたシールがとれて二つの薬品が混ざるようになっている．この結果，化学反応が起こり，共有結合の組み換えに伴い，蓄えられていた化学エネルギーの一部が熱エネルギーとして環境へ開放されて発熱する．ここで二つの薬品とは，一般的に生石灰とよばれる酸化カルシウム（CaO）と水（H_2O）である．

生石灰 1 mol（56 g）と水 1 mol（18 g）を混ぜると，消石灰（水酸化カルシウム）1 mol（74 g）が生成する．このとき多量の熱が放出される．

$$\mathrm{CaO} + \mathrm{H_2O} = \mathrm{Ca(OH)_2} + 65\ \mathrm{kJ\ mol^{-1}}$$

物質の変化，すなわち化学反応が起こると，このように環境に熱が放出されたり，時に，熱が環境から吸収されたりする．ここでもともと A－X という化学的な結合を，化学反応によって B－X という結合に組み換えることを考える．A－X の結合エネルギーに比べて，B－X の結合エネルギーの方がより安定であれば，A－X の結合が B－X の結合に組み換えられたとき，エネルギー保存則によって余剰分のエネルギーが放出される．この余剰分のエネルギーを熱エネルギーという形態で系から取り出して弁当を温めるのに使ったのが，上述した弁当箱のしくみである．電子を介したさまざまな共有結合の有するエネルギーを表 2–2 にまとめたので参照してほしい．化学結合を組み換える方法は主に本書の第 10 章や第 11 章で学ぶ．

最初はピストン-シリンダー装置に閉じ込められた気体に対する熱や仕事の投入や放出から議論を進めたが，このように化学反応においても，必ず熱の出入りがある．もし熱の出入りがあれば，このような熱力学的考察が可能になる．化学反応が，系の体積の変化を許す定圧下で起こったのならば，ここで観測される反応熱は，式(2-13)でみたとおり，エンタルピー変化と等しい．

もちろん，化学反応が起こった際に開放されるエネルギーを熱以外のエネルギー形態でも取り出せる．例えば，自由エネルギーの項で学んだように，非膨張仕事である電気エネルギーとして取り出せるよう工夫した装置が電池である．もし定圧下で電池反応を起こした場合，取り出せる最大の電気的仕事は，非膨張仕事なのでギブズエネルギー変化で見積もることができる．このときギブズエネルギーは状態量であるので，途中のプロセスがどんなに複雑でも，それを逐一追うことなく，取り出せる理論上の最大電気的仕事が計算できる．詳しくは 3.1 節で扱う．

表 2–2　電子によってつくられた共有結合が切れた際に開放される熱エネルギー

結合	結合エネルギー ΔH° [kJ mol^{-1}]	結合	結合エネルギー ΔH° [kJ mol^{-1}]
H−H	432	C−O	378
C−C	366	C=O	526
C=C	719	C−H	411
C≡C	957	N−H	386
O−O	494	O−H	459

測定値は，圧力 1.013×10^5 Pa のものである．
ΔH の右上の○が標準状態の記号である．

2.1.12　エントロピーと化学反応の方向性

最後に，化学反応が自発的に起こりうる変化の方向性とエントロピーの関係について述べる．これまで系の状態量について，常にその変化量 Δ と，境界をまたぐエネルギー移動である熱や仕事との間の量論関係を論じてきた．

状態変化には，もちろん化学反応も含まれる．ここで考えている系（反応系）とその環境をすべて合わせた宇宙全体を考えてみよう．ここで，宇宙はその外側の世界（環境）がないので，環境からのエネルギーや物質の出入りはない孤立系である．

$$\Delta S_{\text{宇宙全体(孤立系)}} = \Delta S_{\text{系}} + \Delta S_{\text{環境}} \tag{2-41}$$

ここで系と環境の温度が等しいとする．このとき系が受けとった熱量は，環境が失った熱量に等しいので

$$\Delta S_{\text{宇宙全体(孤立系)}} = \Delta S_{\text{系}} + \frac{Q_{\text{環境}}}{T_{\text{環境}}} = \Delta S_{\text{系}} + \frac{-Q_{\text{系}}}{T_{\text{系}}} \tag{2-42}$$

ここでさらに圧力が一定の場合，式(2-13)より

$$\Delta S_{\text{宇宙全体(孤立系)}} = \Delta S_{\text{系}} + \frac{-Q_{\text{系}}}{T_{\text{系}}} = \Delta S_{\text{系}} - \frac{\Delta H_{\text{系}}}{T_{\text{系}}} \tag{2-43}$$

次に式(2-30)のギブズエネルギーの定義式より，温度

一定であるならば，終状態と始状態の間のギブズエネルギーの変化量について，

$$\Delta G_{系} = \Delta H_{系} - T_{系}\Delta S_{系} \qquad (2\text{-}44)$$

となる．したがって式(2-43)と式(2-44)より

$$\Delta S_{宇宙全体(孤立系)} = -\frac{\Delta G_{系}}{T_{系}} \qquad (2\text{-}45)$$

宇宙全体（孤立系）であれば，その外側（環境）からの熱の流入はないので，式(2-28)のクラウジウスの不等式より

$$\Delta S_{宇宙全体(孤立系)} \geq 0 \qquad (孤立系) \qquad (2\text{-}46)$$

もしくは，熱力学的絶対温度である $T_{系} > 0$ であるから，式(2-45)と式(2-46)より，式(2-45)の右辺の負号に注意して

$$\Delta G_{系} \leq 0 \qquad (閉鎖系) \qquad (2\text{-}47)$$

が常に成り立つ．ここで閉鎖系とは，環境と物質のやりとりは許されていないが，エネルギーのやりとりは許されている系である．温度の高いところから低いところにエネルギーが熱として流れたり，圧力の高いところから低いところへ体積が膨張したりする，いわゆる自発的に起こる過程は，不可逆過程であるので，式(2-46)もしくは式(2-47)の等号がなくなり，不等号関係のみになる．

式(2-46)は，宇宙全体に限らず，環境とエネルギーや物質のやりとりのない孤立系で自発的な変化が起これば，そのエントロピーは増大する，といっている．身近な例ではふたを閉めた魔法瓶なども，厳密な意味ではエネルギーのわずかな流出があるかと思うが，孤立系とみなせると考えてよい．皆さんが耳にしたことがあるかもしれないエントロピー増大則というのは，実は式(2-46)を指している．

エントロピー増大則に関する注意点としては，常に増大し続けるわけではなく，最後，熱平衡に達すると，エントロピー変化が0になる，すなわちエントロピーの増大が止み，そこでエントロピーは最大値を迎える．またエントロピー増大則は，孤立系に限定された話であることに注意しよう．

孤立系ではなく，外界から熱や仕事の流入のある系では，必ずしもエントロピーは増大するわけではない．冷蔵庫などは，常に外部から電気エネルギーを投入して，庫内のエントロピーを下げようとしている．

では環境との物質のやりとりはないが，エネルギーの出入りがある閉鎖系ではどうなるのであろうか．この観点から式(2-47)を眺めると興味深い．ギブズエネルギー変化量は，定圧下の最大の非膨張仕事を求める際に便利であったが，式(2-47)は，式(2-46)に基づいて求めているので，宇宙全体（孤立系）のエントロピー変化の議論を，系（閉鎖系）のギブズエネルギー変化のみの議論にまとめることに成功している．すなわち宇宙全体のエントロピー変化をいちいち考えなくても，閉鎖系の状態変化に伴うギブズエネルギーの変化量さえわかれば，その変化が自発的に起こりうるかそうでないかが判断できる．これは大変な思考と実験の節約である．式(2-47)は，定圧下における閉鎖系のギブズエネルギー変化がもし負の値をとれば，その変化は自発的に起こりうる，ということを示している．ここで，式(2-44)より，自発変化の際

$$\Delta G_{系} = \Delta H_{系} - T_{系}\Delta S_{系} \leq 0 \qquad (2\text{-}48)$$

となることがわかる．

式(2-48)は，定圧下における閉鎖系では系のエンタルピー変化（$\Delta H_{系}$）と系のエントロピー変化（$\Delta S_{系}$）の値と符号が，考えている系の状態変化が自発的に起こるかどうかの鍵を握っており，系の温度 $T_{系}$ が，エントロピーの寄与を相対的に変化させていることがわかる．

実際，状態変化を起こさなくても，定圧下における閉鎖系についてあらかじめ式(2-48)に基づいて，終状態と始状態の差を計算してみて，もし ΔG の符号が負となったら，その反応は自発的に起こりうる，もし正となったら外部からエネルギーなどを投入などしない限り，その反応は自発的には未来永劫起こりえない，そして0であれば，反応系と生成系が平衡に達していることがわかる．そしてもし状態変化が自発的に起こりうると判断された場合，その値は，その状態変化に伴い理論上取り出しうる最大の非膨張仕事を併せて教えてくれている．もし定圧下ではなく定積下であれば，ギブズエネルギー変化ではなくヘルムホルツエネ

表 2-3 熱力学の発展史年表（本節で取り扱っていない分子論に関するものは除く）

年	項目	発見者
1761	熱容量の発見	ブラック（英）
1798	摩擦熱の発生と熱素説否定	ランフォード（米）
1842	エネルギー保存則の提案	マイヤー（独）
1843	熱の仕事当量	ジュール（英）
1847	エネルギー保存則の定式化	ヘルムホルツ（独）
1850	熱力学第2法則	クラウジウス（独）
1851	熱力学第2法則	トムソン（英）
1865	エントロピーの発見	クラウジウス（独）
1878	自由エネルギー・相律	ギブズ（米）

ルギー変化を考えれば，同様の議論が可能になる．

これらの化学への具体的な応用と計算の詳細は，章末の参考文献などを参照されたい．本節では多くの人名と発見項目が登場したので，最後に簡単な年表（表2-3）にまとめておく．

2.1 節のまとめ

- **熱力学第 1 法則（エネルギー保存則）**

$$\Delta U = Q + W$$

左辺は状態量である内部エネルギーの変化量，右辺は環境から系へ与えられた移動量である熱や仕事．

- **熱力学第 2 法則（自発変化の方向性）**

$$dS \geq \frac{\delta Q}{T} \quad \text{（クラウジウスの不等式）}$$

等号は可逆過程，不等号は不可逆過程のとき成立．

- **自由エネルギー変化と最大の非膨張仕事**

定圧下： $-dG \geq -\delta W_{\text{非膨張}}$

定積下： $-dF \geq -\delta W_{\text{非膨張}}$

代表的な非膨張仕事は，電気仕事である．

- **変化が自発的に起こりうるか否かの判定**

孤立系： $\Delta S > 0$

閉鎖系・定圧下： $\Delta G = \Delta H - T\Delta S < 0$

閉鎖系・定積下： $\Delta F = \Delta U - T\Delta S < 0$

参考文献

[1] D. A. McQuarrie, J. D. Simon 著，千原秀昭，江口太郎，齋藤一弥訳，“マッカーリ・サイモン物理化学（上・下）”，東京化学同人（1999・2000）．
[2] P. W. Atkins, J. de Paula 著，千原秀昭，中村亘男訳，“アトキンス物理化学 第 8 版（上・下）”，東京化学同人（2009）．
[3] 原田義也，“化学熱力学（修訂版）”，裳華房（2002）．
[4] 渡辺啓，“エントロピーから化学ポテンシャルまで（化学サポートシリーズ）”，裳華房（1997）．
[5] 由井宏治，“見える！ 使える！ 化学熱力学入門”，オーム社（2013）．

コラム 2 燃料電池

第2章では，化学反応に伴って開放されるエネルギーのうち，自由エネルギー分を電気仕事に代表される非膨張仕事に変換できることを学んだ．身のまわりには，化学反応から電気仕事を取り出す装置や製品が数多くあるが，その代表例のひとつが**燃料電池（fuel cell）**である．

燃料というと石油やガソリンのような液体が思いつくが，ここでは主として水素や空気中の酸素といった気体を用いた燃料電池を紹介する．水素の酸化反応，すなわち燃焼は以下のように書くことができる．

$$H_2 + \frac{1}{2}O_2 \longrightarrow H_2O \qquad (1)$$

普通，燃焼というと，その結果として生成するのは，化石燃料を燃やしたときに発生する二酸化炭素をイメージするが，式(1)で示される反応が進んだ場合，生成するのは水である．もしこの化学反応から電気エネルギーを取り出せたら，大変クリーンな反応系であるといえる．

式(1)の化学反応が標準状態（圧力 10^5 Pa）で進行したとき，水 1 mol 分生成するときの定圧反応熱，ギブズ自由エネルギー変化をそれぞれ，標準生成エンタルピー（ΔH°），標準生成ギブズ自由エネルギー（ΔG°）という．H や G の右肩部分についた○は，標準状態における値であることを意味する．

仮に温度 T を 298.15 K（25℃）とすると，この反応におけるエントロピー変化（標準生成エントロピー変化 ΔS°）も考慮すると，各熱力学量の変化は以下の通りになる．

$$\Delta H^\circ = -286 \text{ kJ mol}^{-1} \qquad (2)$$

$$T\Delta S^\circ = -49 \text{ kJ mol}^{-1} \qquad (3)$$

$$\Delta G^\circ = \Delta H^\circ - T\Delta S^\circ = -237 \text{ kJ mol}^{-1} \qquad (4)$$

すなわち，水素と酸素から水分子 1 mol をつくる反応において，開放されるエネルギーの約 8 割である 237 kJ mol^{-1} が，理論上取り出し得る最大の非膨張仕事，燃料電池の場合は電気的仕事になる．

図 1 に，水素と空気中の酸素から電気を取り出すしくみを簡潔に示す．燃料電池にはさまざまな種類があるが，ここでは電解質に高濃度リン酸を用いたリン酸型をベースに説明する．まず燃料極（アノード，負極）に水素を導入すると，水素は水素イオン（H^+）と電子（e^-）に分かれる．

$$H_2 \longrightarrow 2H^+ + 2e^- \quad （燃料極） \qquad (5)$$

電子は，外部回路に流されて，電気仕事をした後，空気極（カソード，正極）に流れ込む．一方，水素イオンは電解質を通って空気極に運ばれて，ここで空気中に含まれる酸素と，外部の電気回路を通ってきた電子と反応して，水となる．

$$2H^+ + 2e^- + \frac{1}{2}O_2 \longrightarrow H_2O \quad （空気極） \qquad (6)$$

式(5)と(6)を併せると，式(1)の反応になっていることがわかる．なお，電解質に水素イオン伝導性の高い，フッ素樹脂系高分子膜を用いた**固体高分子燃料電池（polymer electrolyte fuel cell : PEFC）**は，比較的低温（80℃前後）で作動するため，家庭用定置型電源や自動車用移動電源として期待されている．

さらに，もし燃料電池の燃料となる水素が水と太陽光から得られれば，二酸化炭素を排出しない完全にクリーンなエネルギー源となるため，大きな期待が寄せられている（第 12 章コラム参照）．

今後の課題として，低温で作動させるために，現状では白金やルテニウムなどの高価な金属を触媒として用いる必要がある．コスト削減と普及には，さらなる反応効率を上げる触媒の開発など，化学的な工夫・努力が求められている．

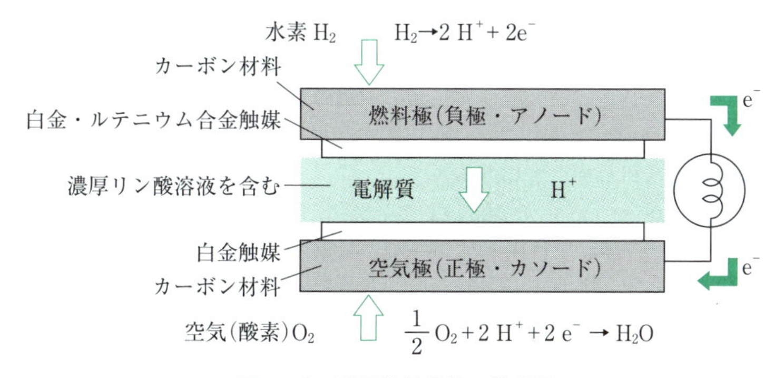

図 1 リン酸形燃料電池の模式図

3. 溶液化学基礎と分析化学

3.1 溶液とイオン

3.1.1 溶液・溶質・溶媒と濃度

食塩水を例にすると，塩化ナトリウムが（ナトリウムイオンと塩化物イオンに電離して）溶質であり，水が溶媒である．極性分子である水は，電気陰性度の小さい水素原子が正に，電気陰性度の大きい酸素原子が負に分極している．陽イオンであるナトリウムイオンに水が溶媒和（水和）するとき，負の部分である酸素イオン側が近づき，陰イオンである塩化物イオンに水素イオン側が近づいて水分子がイオンを取り囲む状態となる．このように**溶質**（**solute**，溶かされる物質）が**溶媒**（**solvent**，溶かす物質）に取り囲まれて溶媒和すると**溶液**（**solution**）になる．

似たものは似たものに溶けるといわれ，電気陰性度の差が大きな原子団を官能基にもつような極性分子や電解質は極性溶媒に溶けやすく，無極性分子は無極性溶媒に溶けやすい．

イオン結晶である塩化ナトリウムが水に溶解する場合の2段階のプロセスとそれぞれのエネルギー収支を化学熱力学を用いて考える．

(1) 固体電解質が格子エネルギー（$\Delta H = +786.3$ kJ mol^{-1}，$\Delta S = +0.227$ kJ mol^{-1} K^{-1}）を獲得して，気体状の自由イオンになる．外部からエネルギーを加えないと結晶構造を崩すことができないと予想されることからも，これは吸熱反応である．

$$\mathrm{NaCl(s)} \longrightarrow \mathrm{Na^+(g)} + \mathrm{Cl^-(g)}$$

(2) 自由イオンが水に溶けて水和して，水和エネルギー（$\Delta H = -782$ kJ mol^{-1}，$\Delta S = -0.184$ kJ mol^{-1} K^{-1}）を放出する．不安定な自由イオンが水和されて安定化すると予想されることからも，これは発熱反応である．

$$\mathrm{Na^+(g)} + \mathrm{Cl^-(g)} \longrightarrow \mathrm{Na^+(aq)} + \mathrm{Cl^-(aq)}$$

溶解熱はこれら2段階を合計すると求められる．

$$\Delta H = +786.3 - 782 = +4.3\ \mathrm{kJ\ mol^{-1}} \quad (3\text{-}1)$$

$$\Delta S = +0.227 - 0.184 = +0.043\ \mathrm{kJ\ mol^{-1}\ K^{-1}} \quad (3\text{-}2)$$

となる．ΔH が正の値をとることから，わずかに吸熱である．一方，298 K（室温）のときのギブズエネルギー変化 ΔG は，

$$\Delta G = \Delta H - T\Delta S = 4.3 - 298 \times 0.043 = -8.5\ \mathrm{kJ\ mol^{-1}} \quad (3\text{-}3)$$

となり負の値である．第2章で述べたとおり，定圧下で自発変化が起こりうるには，ギブズエネルギーの変化量 ΔG が負になることがその判断の基準となる．ここでは ΔH が正の値をとっており，エンタルピー変化的には不利な反応であるが，塩化ナトリウムが水に溶解するエントロピー増大の効果が大きいため，全体として ΔG が負になり自発的に進行する過程であることが示される．

溶液を定量的に表すには，**濃度**（**concentration**）が基本となる．化学で扱う濃度の定義には，いくつかの種類があり，用途によって使い分けたり，相互に変換したりする必要がある．

モル濃度（**molar concentration**）［mol L^{-1}］　溶液1 L に含まれる溶質の物質量のこと．例えば容量1 L のメスフラスコに秤量瓶で計量した 0.0584 g の塩化ナトリウム（式量 58.4）を入れて，そこに水を加えて 1.00 L とすれば，濃度 1.00 mmol L^{-1} の溶液となる．

質量モル濃度（**mass molar concentration**）［mol kg^{-1}］　溶媒1 kg に含まれる溶質の物質量のこと．

モル分率（**molar fraction**）［単位なし］　溶質の物質量を溶質と溶媒の物質量の和で割った割合のこと．

質量百分率（**mass percentage**）［単位なし，%］　溶質の質量を溶液の質量で割り 100 を掛けた値のこと．

3.1.2 電解質溶液

塩化ナトリウムがナトリウムイオンと塩化物イオンに解離するように，溶解すると陽イオンと陰イオンに分離することを電離という．

$$\mathrm{NaCl} \longrightarrow \mathrm{Na^+} + \mathrm{Cl^-}$$

電離するイオンの割合を**電離度**（**degree of ionization**）α（$0 \leq \alpha \leq 1$）といい，電離度が1に近い，つまりほぼ完全に電離する電解質（塩化水素，水酸化ナトリウム，硫酸ナトリウムなど）を強電解質，逆に電

離度が小さい酢酸などを弱電解質とよぶ．

強電解質の電離度は，溶液の凝固点降下が溶質の種類に関係なく電離後の粒子数に比例する，という凝固点降下の性質を用いて知ることができる．

[例題 3-1]　NaCl と同様に A^+ と B^- に電離する，電解質 AB 0.0100 mol を 1 kg の水に溶かした溶液の凝固点降下が −0.0193 K であったとする．水のモル凝固点降下定数は，1.86 K kg mol^{-1} であることが知られている．この溶液の電離度 α を求めよ．

この溶液の重量モル濃度は，

$$\frac{0.0193}{1.86} = 0.0104 \text{ mol kg}^{-1} \qquad (3\text{-}4)$$

となる．さて，電離した AB の濃度を x mol kg^{-1} とすると，溶液中の全粒子種の濃度 x は，

$$x + x + (0.0100 - x) = (0.0100 + x) \text{ mol kg}^{-1}$$

$$0.0104 \text{ mol kg}^{-1} = (0.0100 + x) \text{ mol kg}^{-1}$$

$$\therefore \quad x = 0.0004 \text{ mol kg}^{-1} \qquad (3\text{-}5)$$

となる．したがってこの電解質 AB の電離度 α は，

$$\alpha = \frac{0.0004 \text{ mol kg}^{-1}}{0.0100 \text{ mol kg}^{-1}} = 0.04 \qquad (3\text{-}6)$$

弱電解質では，電離度は低濃度ほど高くなる．酢酸の電離度は，酢酸の濃度が 1 mol L^{-1} のとき 0.004 であるが，酢酸の濃度が 0.000 01 mol L^{-1} のときには 0.75 となる．

一方，強電解質でも濃度が低くなるほど凝固点降下に寄与する粒子種の濃度が高くなる．塩化ナトリウムの 1 mol kg^{-1} による凝固点降下は，0.1 mol L^{-1} のとき 3.47 K であるが，0.0001 mol L^{-1} のとき 3.72 K となる．濃厚溶液では，陽イオンと陰イオンの間の相互作用により，それぞれのイオンが完全に自由に独立したイオンとして振る舞うことができなくなるとして説明される．

ここで，簡単に活量の概念を紹介する．理想溶液と異なり，実在溶液では溶質や溶媒に分子間相互作用が働く．独立したイオンとして振る舞いができなくなった場合の実効的なイオンの濃度を取り扱う際，これまで述べた（いわば額面上の）濃度に代わり，濃度と（イオンの濃度の実効的な度合いを表す）活量係数の積である活量を用いる．電池はほぼすべて活量を表示する．また，pH などの説明にも実際には活量が便利となる．これについては後の項目で取り扱う．

3.1.3　イオンの移動

電気回路の導線を流れる電流と同じように（図 3-1），対向した電極間の電解質溶液でも中学校で習うオームの法則が成り立つとする．これをもとに，**電解質（electrolyte）** 溶液中での溶質の性質や影響を敏感に反映するイオンの移動を説明しよう．電解質溶液は，電気伝導性をもつ．しかし，金属では自由電子が移動して電気伝導性が現れるのに対して，電解質溶液中では，イオンの移動によって電荷が運ばれ電気伝導性が現れるため，とくにイオン伝導性があるという．電極間の電圧を E [V]，電解質溶液を流れる電流を I [A]，電解質溶液の抵抗を R [Ω]（$R = \rho l/a$，すなわち抵抗率 ρ [Ω m]・長さ l [m]/断面積 a [m^2]．逆数となる **導電率（conductivity）** κ [Ω^{-1} m^{-1}]）とすると，

$$E = IR \qquad (3\text{-}7)$$

の関係がある（Ω^{-1} m^{-1} は S m^{-1} と同じ次元）．

一定の温度では，電解質溶液の導電率 κ は濃度 c [mol L^{-1}] に依存するので，単位濃度（1 mol L^{-1}）あたりのモル導電率 Λ [S m^2 mol^{-1}] は

$$\Lambda = \frac{\kappa}{c} \qquad (3\text{-}8)$$

となる．電解質溶液の濃度が低くなるほど電離した溶質のイオン間の距離が長くなるから，イオン同士の相互作用が小さく，さらには無視できるようになり，電離度が高い完全に解離した状態に近づいていく．無限希釈溶液のモル導電率 Λ_∞ は，陽イオンのモル導電率 λ^+ と陰イオンのモル導電率 λ^- の和として表される．導電率は溶液のイオンに固有の値を示すが温度依存性を示す．

$$\Lambda_\infty = \lambda^+ + \lambda^- \qquad (3\text{-}9)$$

電圧をかけた対向した電極間の電解質溶液中では，陽イオンと陰イオンがそれぞれの移動速度 v_+，v_- で電荷を運び，電流が流れる．このとき，それぞれの陽

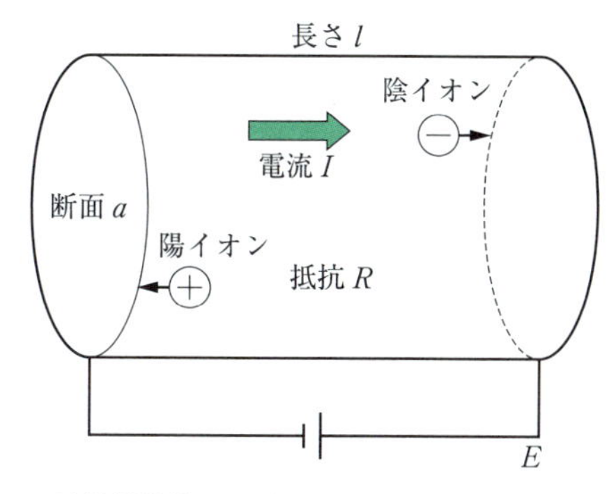

図 3-1　電解質溶液におけるオームの法則の模式図．両端の○の電極の間の筒状容器に ＋・－ イオンが溶けた溶液がある．

イオンや陰イオンが運ぶ電荷の割合をイオンの**輸率 (transport number)** t_+, t_- という.

$$t_+ = \frac{v_+}{v_+ + v_-} \tag{3-10}$$

$$t_- = \frac{v_-}{v_+ + v_-} \tag{3-11}$$

$$t_+ + t_- = 1 \tag{3-12}$$

定義から明らかなように陽イオンと陰イオンの輸率の和は1となる．また，輸率をイオンの移動速度でなくモル導電率を用いて表すと，次の関係になる．イオンの輸率は温度一定では濃度が低くなるほどイオンに固有の一定値に近づき，温度が高くなるほど溶液中のすべてのイオンで0.5に近づく変化を示す．

$$t_+ = \frac{\lambda_\infty{}^+}{\Lambda_\infty} \tag{3-13}$$

$$t_- = \frac{\lambda_\infty{}^-}{\Lambda_\infty} \tag{3-14}$$

さて，電極間にかける電圧が高くなれば，陽イオンや陰イオンの移動速度は大きくなる．正確には下記のように電場に比例する挙動を示し（比例定数を u_+ または u_- とする），ファラデー定数 F を用いると，モル導電率と関係づけられる．

$$v_+ = u_+ E \tag{3-15}$$

$$v_- = u_- E \tag{3-16}$$

$$\lambda_\infty{}^+ = F u_+ \tag{3-17}$$

$$\lambda_\infty{}^- = F u_- \tag{3-18}$$

このような電解質溶液中のイオンの移動に関するイオン間の相互作用は，凝固点効果の説明と同じような考え方であるが，**イオン雰囲気 (ionic atmosphere)** として説明される．溶液中のイオンは，常に球対称的な反対電荷のイオン雰囲気に包まれるとする．これまで電圧をかけた対向した電極間を考えてきたが，イオン雰囲気がまとわりついた大きな固まりとして振る舞うことから，電圧の急激な変化が与えられたとしても，小さな（裸の）イオンの移動のようには敏感でなくなる．このようにイオンが急に動けなくなる，あるいは逆に急に減速されなくする働きをイオン雰囲気による阻止効果とよぶ．また，例えば着目している陽イオンの周囲は反対電荷の陰イオンのイオン雰囲気で覆われていることから，陽イオンとマイナス電極との静電引力が弱められ，陽イオンの移動が妨げられる．これをイオン雰囲気による電気泳動効果とよぶ．

阻止効果と電気泳動効果を考慮して，**オンサガーの極限式 (Onsager's limiting law)** が理論的に導かれた．ここで A と B は定数，c は溶液の濃度である．

$$\Lambda = L^+ + L^- = \Lambda_\infty - [A + B\Lambda_\infty]\sqrt{c} \tag{3-19}$$

この式や関連するデバイ・ヒュッケルの極限式に興味のある方は他書を参考にしてほしい．関係の模式図（図 3-2）を比較すると，イオン間の相互作用が弱いと考えられる濃度が低い領域では，コールラウシュの実験式とよく一致する．濃度 c を0とすると，切片から Λ_∞ が求められる．さらに弱電解質では，解離度を考慮する必要もある．

$$\Lambda = \Lambda_\infty - K\sqrt{c} \tag{3-20}$$

3.1.4　イオン強度

蛇口をひねると出てくる水道水を浄水場でつくる際，細かい塵を取り除く沈殿剤の能力は濃度だけでなく電荷にも依存する．電解質溶液の溶質（陽イオンや陰イオン）は，同じ溶質でも濃度，共存物質などの条件によって効果が異なる．特に，反対電荷のイオン間に働く静電引力が溶液の性質に及ぼす効果（電解質効果）は大きい．例えば，弱電解質である酢酸と塩化ナトリウムを含む溶液で，塩化ナトリウムの濃度が高くなるほど，酢酸の電離度が大きくなることが知られている．これは，酢酸イオンがナトリウムイオンに，水素イオンが塩化物イオンに取り囲まれて，酢酸イオンと水素イオンの再結合が妨げられるためと説明される．

電解質効果は，電解質（溶液中に存在する電離したイオン）の種類には関係なく，（i 番目の種類の）イオンのモル濃度 m_i と電荷 z_i にのみ依存する．これを定量的に表すために，次のような溶液の**イオン強度 (ionic strength)** I が定義された．

$$I = \frac{(m_1 z_1{}^2 + m_2 z_2{}^2 + m_3 z_3{}^2 + \cdots\cdots)}{2} \tag{3-21}$$

例えば，0.010 mol L^{-1} の硫酸 H_2SO_4 の活量は，0.020 mol L^{-1} の 1 価の水素イオン H^+ と 0.010 mol L^{-1} の 2 価の硫酸イオン $SO_4{}^{2-}$ が含まれる溶液として扱えばよいので，

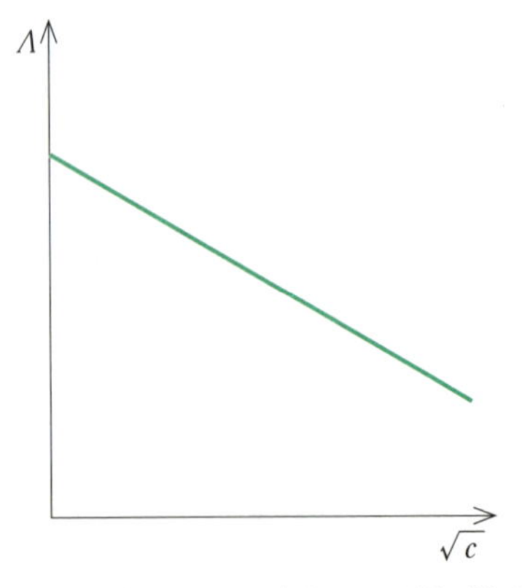

図 3-2　モル導電率 Λ と濃度 c の関係（模式図）

$$I = \frac{0.020 \times 1^2 + 0.010 \times 2^2}{2} \qquad (3\text{-}22)$$

として求められる.

3.1.5 活量

豆腐をつくる際のにがりは，浄水場の沈殿剤と似たような働きをする．ただしただ濃くすればよいのでなく，実際にはイオンの効果が沈殿させる働きには重要である．先述のことから，溶液の濃度（[A]）とは異なる，イオン強度の影響などを考慮した実効的な濃度を表す必要がある．そのために**活量（activity）**α_A を定義する．γ_A を活量係数とすると，

$$\alpha_A = \gamma_A[A] \qquad (3\text{-}23)$$

となる．電解質溶液中の溶質イオンの振る舞いを考えると，共存電解質の影響が無視できずに大きくなるほど，濃度から逸脱が大きくなる活量の値になるとすべきであろう．つまり，イオン強度が大きくなると，活量係数が小さくなるといえる．あるいは逆にイオン強度が0に近づくほど，活量係数は1に近づくが，希薄溶液に近い周りに他のイオンが存在しない状況であるとすれば，当然であろう．次に述べる化学平衡では，平衡定数に電解質の効果が活量係数として含まれているので，平衡定数はイオン強度の影響を受けないものとして考える．

3.1.6 平衡

再び食塩の飽和水溶液を考える．海水を煮詰める昔ながらの製塩でみられるように，これ以上濃くできない溶液から溶け残った食塩の沈殿が析出しているはずである．すでに述べたように，イオンの電離と溶解が起こるが，一定温度の溶解度を上限としてこれ以上高濃度にはならない．これは食塩がナトリウムイオンや塩化物イオンに解離する反応が停止するのではなく，この反応の，逆向きの反応つまりナトリウムイオンや塩化物イオンから食塩が析出する，可逆的な正・逆反応が同じ速度で起こっているため，見かけ上一定の濃度が保たれている．

$$NaCl \rightleftharpoons Na^+ + Cl^-$$

一般に，正反応 A → B の反応速度を $v_A = k_A[A]$，逆反応 B → A の反応速度を $v_B = k_B[B]$ とすると，両者の反応速度が等しくなる平衡状態では

$$k_A[A] = k_B[B] \qquad (3\text{-}24)$$

となる．両反応の反応速度定数（k_A，k_B）の比 $K = k_A/k_B$ を**平衡定数（equilibrium constant）**とよぶ．この関係を式で書くと，

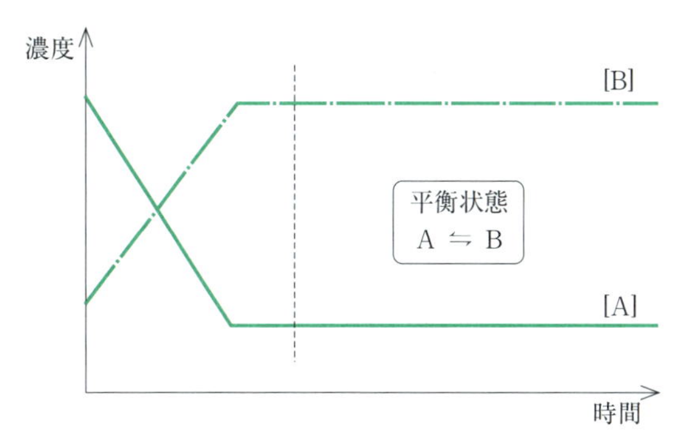

図 3-3　可逆反応 A ⇌ B の平衡状態と濃度

$$K = \frac{k_A}{k_B} = \frac{[B]}{[A]} \qquad (3\text{-}25)$$

となる．この式は，平衡状態での A，B 両物質の濃度比は，正逆反応の反応速度定数の比の逆数になることを表している（図 3-3）．

一般に温度が一定のとき，平衡定数は一定の値となる．平衡反応における平衡濃度（[A] など）の間の関係は，一定温度で平衡定数を K とすると，

$$aA + bB + \cdots\cdots \rightleftharpoons lL + mM + \cdots\cdots \qquad (3\text{-}26)$$

$$K = \frac{[L]^l[M]^m\cdots\cdots}{[A]^a[B]^b\cdots\cdots} \qquad (3\text{-}27)$$

と表される．さらに化学熱力学によると，標準状態(10^5 Pa)でのギブズの自由エネルギー $\Delta G°$，気体定数 R，絶対温度 T との間に次の関係が成り立つことが知られている．

$$\Delta G° = -RT \ln K \qquad (3\text{-}28)$$

可逆変化の平衡状態では $\Delta G° = 0$ となり，$\Delta G° < 0$ となる方向の反応が自発的に進行する．これは K の値が大きくなる（その方向の反応の生成物の濃度が増大する）ことに対応する．

なお，気相と固相にまたがる不均一系の反応では実効的な濃度ではなく活量を用いて平衡定数を表す．反応式中に単体（純粋な金属や水素や酸素などの気体）が現れる場合には，その物質の活量は1とする．

3.1.7 酸と塩基の定義

食酢の主成分は酢酸である．アレニウスの定義によると，**酸（acid）**とは水に溶けて水素イオン（H^+）を出すもの，**塩基（base）**とは水に溶けて水酸化物イオン（OH^-）を出すものである．次の反応式から，塩酸は酸であり，水酸化ナトリウムは塩基である．

$$HCl \longrightarrow H^+ + Cl^-$$

$$NaOH \longrightarrow Na^+ + OH^-$$

ブレンステッド・ローリーの定義（Brønsted-Lowry difinition）によると，酸とは水素イオンを出すもの，塩基とは水素イオンを受け入れるものであ

る．次の反応式から化学式中に水酸化物イオンをもたないアンモニアが塩基であることがわかる．このときに，水は酸として働く．

$$NH_3+H_2O \rightleftharpoons NH_4^++OH^-$$

ブレンステッドの定義では，可逆反応式中の酸と塩基が表裏一体の関係にある．この反応の場合を例にすると，水を水酸化物イオンの共役酸といい，水酸化物イオンを水の共役塩基という．

また，酸であるか塩基であるかは物質によって決まっているのではなく，水素イオンの相対的な出し入れのしやすさによって決まる．例えば先ほどの例では水は酸としたが，次の反応式の場合には（水よりも相対的に強い酸である）酢酸から水素イオンを受けとるので水は塩基となる．このように，酸にも塩基にもなりうる両方の性質を兼ね備えた物質を両性物質とよぶことがある．

$$CH_3COOH+H_2O \rightleftharpoons H_3O^++CH_3COO^-$$

ルイスの定義（Lewis difinition）では，酸とは**非共有電子対（lone pair）**を受け入れる（受容する）もの，塩基とは非共有電子対を与える（供与する）ものである．例えば先ほどの反応で酢酸イオンを無視した次の反応を考える．

$$H^++H_2O \rightleftharpoons H_3O^+$$

水素原子の電子配置は $(1s)^1$ であるが，水素イオンの電子配置では $(1s)^0$ となるから，ここに 2 電子すなわち 1 組の（非共有）電子対を受け入れることが可能となる．一方，水分子は非共有電子対を 2 組もつ．水分子の 1 組の非共有電子対が水素イオンに供与され，三つの O−H 共有結合を有するオキソニウムイオン（H_3O^+）ができるが，水素原子と酸素原子から 1 電子ずつ共有して形成される O−H のような通常の共有結合と異なり，非共有電子対が一方の原子（水分子の酸素原子）から供与されてできる配位結合とよばれる結合を形成する特徴がある（図 3-4）．

配位結合を形成する他の例としては，水に溶けた鉄(Ⅲ)イオンが水和して形成される $[Fe(OH)_6]^{3+}$ のような，金属錯体の金属イオン（ルイス酸）と配位子（ルイス塩基）がある．Fe−O の結合は酸素から非共有電子対が供与される配位結合となっている．

酸（水素イオン）と塩基（水酸化物イオン）は中和反応して塩と水を生じる．例えば塩酸と水酸化ナトリウムから，塩化ナトリウムと水を生じる．

$$HCl+NaOH \longrightarrow NaCl+H_2O$$

また，一般に**ルイス酸（Lewis acid）**と**ルイス塩基（Lewis base）**が反応する場合にも金属錯体などが生成するが，反応しやすさ（つまり，酸と塩基の間に相

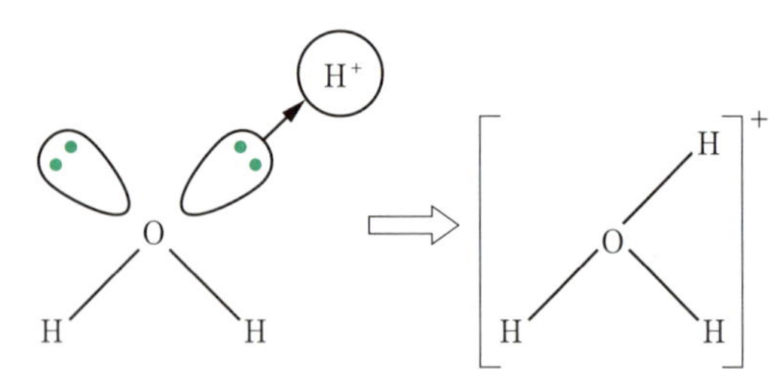

図 3-4　オキソニウムイオンの配位結合

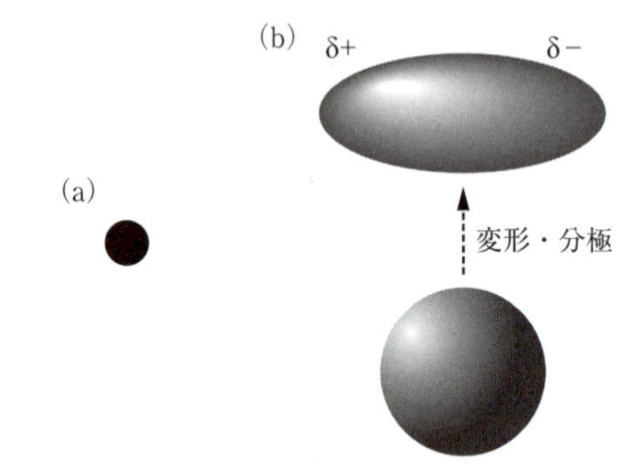

図 3-5　分極しやすさの概念図．硬い(a)，軟らかい(b)．大きくて分極（変形）しやすい化学種は「軟らかい」．

性）がある．サイズが小さくて分極（変形による電荷の偏り）しにくい化学種を「硬い」と表現する（図 3-5）．このとき硬い酸と硬い塩基，軟らかい酸（からイオン結合性の会合体が生じる）と軟らかい塩基（から共有結合性の会合体が生じる）の反応は進行しやすい（いい換えると，硬いものと軟らかいものは会合しにくい）．これを **HSAB 則（hard and soft acids and bases rule）**という．水素イオンやマグネシウムイオンやカルシウムイオンは硬い酸，銅(Ⅱ)イオンやヨウ素は軟らかい酸，フッ化物イオンや炭酸イオン，水は硬い塩基，ヨウ化物イオンやシアン化物イオン，硫化物イオンは軟らかい塩基の代表例である．

3.1.8　水素イオン指数（pH）

酸として働く物質が水に多く溶けるほど酸性の程度が強くなる．例えば，大気中の硫黄酸化物などが雨水に溶け pH 5.3 を下回る程度の強さの酸性を示すと酸

ギルバート・ニュートン・ルイス

米国の化学者．（電子の授受に基づく）酸塩基の定義，（ルイスの電子式による）共有結合の解釈，光子の命名，化学熱力学の数学的再構築など，主に物理化学分野の功績を残した．（1875-1946）

性雨であるとされ，環境問題として取り上げられる．そこで酸の強さを数値で表そう．まず水は純粋な水分子だけでできているのではなく，自己解離反応により，一定の濃度の水素イオンと水酸化物イオンを生じている．温度一定では，水が解離する割合は決まっている（ちなみに，水素イオンと水酸化物イオンの中和反応は，発熱反応である）．

$$H_2O \rightleftharpoons H^+ + OH^-$$

25℃における水のイオン積は $K_w = [H^+][OH^-] = 1\times10^{-14}$ mol^2 L^{-2} であることが知られている．水素イオンの濃度 $[H^+]$ が高くなるほど酸性が強くなり，低くなるほど塩基性が強くなる．溶液中の水素イオンの濃度を表す指標として，**水素イオン指数（pH）**があり，水素イオン活量を $[H^+]$ とすると，次式で定義される．

$$\mathrm{pH} = -\log_{10}[H^+] = \log_{10}\frac{1}{[H^+]} \qquad (3\text{-}29)$$

つまり，$[H^+] = 10^{-\mathrm{pH}}$ となる．pH が 1 違うと，水素イオンの濃度は 10 倍違うことになる．同様に，水酸化物イオン活量を $[OH^-]$ とすると，pOH は次の式で表される．

$$\mathrm{pOH} = -\log_{10}[OH^-] = \log_{10}\frac{1}{[OH^-]} \qquad (3\text{-}30)$$

25℃，1 気圧での水のイオン積から，$[H^+] = 10^{-7}$ mol L^{-1} となり，pH = 7 が中性，pH < 7 では酸性，pH > 7 では塩基性となる．このとき，次の関係が成り立つ．

$$\mathrm{pH} + \mathrm{pOH} = 14 \qquad (3\text{-}31)$$

［例題 3-2］ 0.010 mol L^{-1} の塩酸（HCl）の pH を求めよ．

HCl は 1 価の酸でありほぼ完全に電離している強酸であるから，水素イオン濃度［H^+］は HCl のモル濃度と等しくなる．よって，

$$\mathrm{pH} = -\log_{10}[H^+] = -\log_{10}(0.010) = 1 \quad (3\text{-}32)$$

［例題 3-3］ 0.010 mol L^{-1} の水酸化ナトリウム（NaOH）の pH を求めよ．

NaOH は 1 価塩基でありほぼ完全に電離している強塩基であるから，水酸化物イオン度［OH^-］は NaOH のモル濃度と等しく 0.010 mol L^{-1} となり pOH は 1 なので，

$$\mathrm{pH} = 14 - \mathrm{pOH} = 13 \qquad (3\text{-}33)$$

3.1.9 中和滴定

殻つきの生卵に食酢をかけると，反応して殻の表面から泡が発生する．これは酸と塩基が反応する中和反応の一種である．**中和滴定（neutralization titration）**とは，酸（H^+）と塩基（OH^-）が反応して塩と水を生じる中和反応に基づく定量分析法である．既知濃度の塩基溶液を用いて，未知濃度の酸溶液を滴定することを酸滴定法，既知濃度の酸溶液を用いて，未知濃度の塩基溶液を滴定することをアルカリ滴定法という．

中和滴定では横軸に標準溶液の滴下量，縦軸には試料溶液の水素イオン濃度を pH として表した滴定曲線を作図して，標準溶液を加えていくにつれて起こる変化や中和点（当量点）の判断に用いる．

［例題 3-4］ 1 L の 0.010 mol L^{-1} の水酸化ナトリウム NaOH（強塩基）をちょうど中和する（pH = 7 となるようにする）のに必要な 0.010 mol L^{-1} の塩酸（HCl）と硫酸（H_2SO_4，ともに強酸）の体積 x［L］を求めよ．

HCl の場合，ともに 1 価の塩基と酸から生じる OH^- と H^+ の物質量が等しくなるようにすればよいから，

$$1\,\mathrm{L}\times0.010\,\mathrm{mol\ L^{-1}}\times1\,価 = x\,\mathrm{L}\times0.010\,\mathrm{mol\ L^{-1}}\times1\,価$$
$$\therefore\ x = 1\,\mathrm{L} \qquad (3\text{-}34)$$

一方，同様で，2 価である硫酸（H_2SO_4）の場合には，

$$1\,\mathrm{L}\times0.010\,\mathrm{mol\ L^{-1}}\times1\,価 = x\,\mathrm{L}\times0.010\,\mathrm{mol\ L^{-1}}\times2\,価$$
$$\therefore\ x = 0.5\,\mathrm{L} \qquad (3\text{-}35)$$

となる．

一般に，強酸と強塩基の滴定では，酸性側，中性，塩基性側で過剰な水素イオンや水酸化物イオンを考慮して，滴定の段階ごとに分けて考える．酸の原濃度を c_a[mol/L]，容量 V_a[mL]，塩基の原濃度 c_b[mol/L]，滴定量 V_b[mL] とすると，溶液の pH 変化を以下のように表せる．

$$\mathrm{pH} = -\log\frac{c_aV_a - c_bV_b}{V_a + V_b} \quad (0 \le c_bV_b < c_aV_a) \qquad (3\text{-}36)$$

$$\mathrm{pH} = 7 \quad (c_aV_a = c_bV_b) \qquad (3\text{-}37)$$

$$\mathrm{pH} = 14 + \log\frac{V_a + V_b}{c_bV_b - c_aV_a} \quad (c_aV_a < c_bV_b) \qquad (3\text{-}38)$$

強酸と強塩基の滴定では，通常は中性となる当量点付近で pH の急激な変化が起こるため，指示薬の変色による当量点判断を，誤差なく正確に行うことができる．弱酸と強塩基の滴定では，状況が異なる．まず，

表 3-1　中和滴定に用いる指示薬

指示薬	変色域（pH）	変色 酸性～塩基性
メチルバイオレット	0.1～1.5	黄～青
	1.5～3.2	青～紫
	0.5～0.6	黄～緑
メチルオレンジ	3.1～4.4	赤～黄
メチルレッド	4.2～6.3	赤～黄
ニュートラルレッド	6.8～8.0	赤～黄
フェノールフタレイン	8.3～10.0	無色～赤

滴定前の溶液は，

$$\mathrm{HB} \rightleftharpoons \mathrm{H^+ + B^-}$$

$$\text{電離定数}\quad K_1 = \frac{[\mathrm{H^+}][\mathrm{B^-}]}{[\mathrm{HB}]} \tag{3-39}$$

酸の濃度をc_a[mol L^{-1}]とすると電離度はαであるから，

$$K_\mathrm{a} = \frac{\alpha c_\mathrm{a}\cdot\alpha c_\mathrm{a}}{(1-\alpha)c_\mathrm{a}}$$

$$= \frac{\alpha^2 c_\mathrm{a}}{1-\alpha} \tag{3-40}$$

となり，$\alpha \ll 1$ なので，

$$1-\alpha \fallingdotseq 1$$

$$K_\mathrm{a} = \alpha^2 c_\mathrm{a}$$

$$\alpha = \sqrt{\frac{K_\mathrm{a}}{c_\mathrm{a}}} \tag{3-41}$$

$$\therefore\quad \mathrm{pH} = -\log \alpha c_\mathrm{a} = -\log\sqrt{\frac{K_\mathrm{a}}{c_\mathrm{a}}}\cdot c_\mathrm{a}$$

$$= -\frac{\log(K_\mathrm{a}c_\mathrm{a})}{2} \tag{3-42}$$

となる．

弱酸と強塩基の滴定では，pH のジャンプが大きくなるので pH メータで測定するならば利点が大きい．しかし，生じる塩の加水分解により，当量点が一般に pH は 7 より大きい塩基性側になる（例えば，酢酸と水酸化ナトリウムの中和から水と酢酸ナトリウムが塩として生じる．この酢酸ナトリウムは弱酸の酢酸と強塩基の水酸化ナトリウムに加水分解されるが，水酸化ナトリウムの電離度が大きいからより多くの水酸化物イオンが溶液中に存在して塩基性となる）．この場合には，アルカリ側にある（フェノールフタレインなどの）**指示薬（indicator）**を用いることが適当である．このように正確な当量点を知るためには，指示薬の選択が重要である（**表 3-1**）．

3.1.10　酸・塩基解離定数

レモンや梅干しに含まれるクエン酸は，食酢に含まれる同じ物質量の酢酸よりも電離して放出される水素イオンが少ない．強電解質はほぼ完全に解離するが，弱電解質は一部が解離するものの，残りの部分は未解離のままで存在し，解離速度と結合速度が等しい電離平衡の状態にある．

例えば弱酸である酢酸の電離平衡とその平衡定数 K は次式で表される．溶媒でもある水の濃度 [H_2O] は十分大きいため，常に一定とみなせる．そこで K[H_2O] を**酸解離定数（acid dissociation constant）** K_a とまとめて表すことにする．K_a が大きいことは，弱酸の解離が進行しやすく強い酸として振る舞うことを示す．pH と同様に対数を用いた pK_a を定義すると，pK_a の値が小さいほど強い酸であるといえる．

$$\mathrm{CH_3COOH + H_2O \rightleftharpoons CH_3COO^- + H_3O^+}$$

$$K = \frac{[\mathrm{CH_3COO^-}][\mathrm{H^+}]}{[\mathrm{CH_3COOH}][\mathrm{H_2O}]}$$

$$K_\mathrm{a} = \frac{[\mathrm{CH_3COO^-}][\mathrm{H^+}]}{[\mathrm{CH_3COOH}]}$$

$$\mathrm{p}K_\mathrm{a} = -\log_{10} K_\mathrm{a} \tag{3-43}$$

一般にリン酸（H_3PO_4）のように多段階で水素イオンを解離する酸では，水素イオンを解離するほど弱い酸として振る舞う（中性分子の H_3PO_4 から陽イオンの水素イオンを取り去るのと，陰イオンの $H_2PO_4^-$ から水素イオンを取り去るのとでは，後者の方が直感的に困難だとわかる）．実際，H_3PO_4，$H_2PO_4^-$，HPO_4^{2-} の pK_a はそれぞれ 2.12，7.21，12.32 と段階的に大きな値になり，段階的に弱い酸になっていることを示している．

一方，弱塩基であるアンモニアの電離平衡とその平衡定数 K は次式で表される．K_aと同様に K[H_2O] を**塩基解離定数（base dissociation constant）** K_b とまとめて表す．K_b が大きいことは，弱塩基の解離が進行しやすく強い塩基として振る舞うことを示す．pK_a と同様に pK_b を定義すると，pK_a の値が小さいほど強い塩基であるといえる．

$$\mathrm{NH_3 + H_2O \rightleftharpoons NH_4^+ + OH^-}$$

$$K = \frac{[\mathrm{NH_4^+}][\mathrm{OH^-}]}{[\mathrm{NH_3}][\mathrm{H_2O}]}$$

$$K_\mathrm{b} = \frac{[\mathrm{NH_4^+}][\mathrm{OH^-}]}{[\mathrm{NH_3}]}$$

$$\mathrm{p}K_\mathrm{b} = -\log_{10} K_\mathrm{b} \tag{3-44}$$

また，濃度を用いて表した式から明らかなように K_a と K_b の積は [H^+][OH^-] すなわち K_w（$= 1\times10^{-14}$）となることから，pK_a と pK_b の和は pK_w（= 14）となる．

3.1.11 緩衝液

血液などの体液や生化学実験の条件など，溶液のpHをほぼ一定に保ちたい場合がある．酸を加えても塩基を加えてもpHが大きく変化しない溶液を**緩衝液（buffer solution）**といい，酢酸（CH_3COOH）と酢酸ナトリウム（CH_3COONa）の水溶液のような，弱酸とその塩を共存させた水溶液が一般的である．弱酸の酢酸はあまり解離しないため平衡であり，塩である酢酸ナトリウムはほぼ完全に電離する．

平衡　$CH_3COOH \rightleftharpoons CH_3COO^- + H^+$

電離　$CH_3COONa \rightleftharpoons CH_3COO^- + Na^+$

酸解離定数K_aは溶液中に存在する酢酸や酢酸イオンの濃度を用いて，さらに$[H^+]$について解きpHが求められる．

$$K_a = \frac{[CH_3COO^-][H^+]}{[CH_3COOH]}$$

$$pH = -\log[H^+] = -\log K_a \frac{[CH_3COOH]}{[CH_3COO^-]} \quad (3\text{-}45)$$

[例題 3-5] 酢酸の酸解離定数を 1.76×10^{-5} として，0.1 mol L^{-1} の酢酸-酢酸ナトリウム緩衝液のpHを求めよ．

酢酸の電離度は低く，系中の酢酸イオン濃度は酢酸ナトリウム濃度とほぼ等しいので，次のようになる．

酢酸ナトリウムに酢酸を加えると，

$$[CH_3COOH] = [CH_3COO^-] = 0.1 \text{ mol } L^{-1}$$

$$pH = -\log K_a(= pK_a) = -\log(1.76\times10^{-5})$$

$$= 4.75 \quad （一定値となる） \quad (3\text{-}46)$$

[例題 3-6] 0.1 mol L^{-1} の酢酸-酢酸ナトリウム緩衝液 1 L に 0.001 mol L^{-1} の水酸化ナトリウム 1 mL を添加したときのpH変化を求めよ．

水酸化ナトリウム 1 mL を加えると，

$$[CH_3COOH] = 0.1-0.001 = 0.099 \text{ mol } L^{-1}$$

$$[CH_3COO^-] = 0.1+0.001 = 0.101 \text{ mol } L^{-1}$$

$$pH = \log K_a - \log\frac{[CH_3COOH]}{[CH_3COO^-]}$$

$$= 4.76 \quad （ほとんど一定に保たれる） \quad (3\text{-}47)$$

このように，緩衝液のpHは酸と共役塩基による平衡に決定づけられる．酸または塩基を加えても，または共役塩基の平衡をずらすことに消費されるため，見かけ上のpH変化は小さい．酸と共役塩基の物質量比が1に近いほど，緩衝作用が大きい．緩衝液のpHは，溶液の濃度にはあまり依存しない．

3.1.12 共通イオン効果

生体電位の測定に使われる銀-塩化銀電極（Ag−AgCl電極）は，銀電極の表面に塩化銀をめっきしたものである．さて塩化銀の飽和水溶液に，塩化物イオンを加えると塩化銀の沈殿を生じる．これは溶解度積K_{sp}（後述）$= [Ag^+][Cl^-]$の$[Cl^-]$が増大したので，$[Ag^+]$を減少させるように平衡移動が起こり，塩化銀の沈殿が生じたと説明される．このように溶液中に存在するものと共通するイオンを加えた場合に生じる効果を**共通イオン効果（common ion effect）**という．

[例題 3-7] 0.050 mol L^{-1} NaOH溶液中での溶解度積 $K_{sp} = 8.9\times10^{-12}$ である $Mg(OH)_2$ の溶解度 x[mol L^{-1}]を求めよ．

この飽和溶液には電離により Mg^{2+} x mol L^{-1}，OH^- $2x$ mol L^{-1} が溶液中に含まれる．すでに 0.050 mol L^{-1} の OH^- が溶液中に存在する．このときの平衡濃度は，$[Mg^{2+}] = x$[mol L^{-1}]，$[OH^-] = (2x+0.050)$[mol L^{-1}]となるから，

$$[Mg^{2+}][OH^-]^2 = x(2x+0.050)^2$$

$$= K_{sp}(= 8.9\times10^{-12}) \quad (3\text{-}48)$$

$2x \ll 0.050$ だから近似して，$x = 3.6\times10^{-9}$ mol L^{-1}．ところで，純水中での溶解度 $x'(= [Mg^{2+}])$ は，

$$x'(2x')^2 = 8.9\times10^{-12}$$

$$\therefore \quad x' = 1.3\times10^{-4} \text{ mol } L^{-1} \quad (3\text{-}49)$$

となり，x は x' より小さい値となる．

3.1.13 陽イオンの系統定性分析

金属陽イオンの**系統分析（systematic analysis）**はよく知られている．酸性とした硫化水素水でAg^+，Hg^+，Pb^{2+}（第Ⅰ属），Hg^{2+}，Pb^{2+}，Bi^{3+}，Cu^{2+}，Cd^{2+}，As^{3+}，Sb^{3+}，Sn^{2+}（第Ⅱ属）のみを沈殿させ，液体を中性～塩基性にしてFe^{3+}，Cr^{3+}，Al^{3+}（第Ⅲ属），Ni^{2+}，Co^{2+}，Mn^{2+}，Zn^{2+}（第Ⅳ属）を沈殿させ，溶液中に後で炭酸塩を沈殿させるBa^{2+}，Sr^{2+}，Ca^{2+}（第Ⅴ属），そしてMg^{2+}，Na^+，K^+，$NH_4{}^+$（第Ⅵ属）を残すという分離法である．全体を図3-6に示す．このうち，酸性条件下で硫化物沈殿ができるメカニズムをイオン反応・pH・溶解度積の観点から見直してみよう．

第Ⅰ属は他の陽イオンの存在には関係なく，塩酸（塩化物イオンCl^-）によって塩化物の沈殿を生じさせる．

$$Ag^+ + Cl^- \longrightarrow AgCl$$

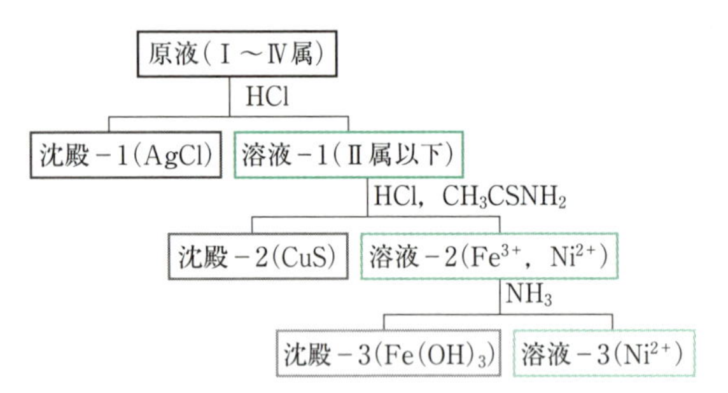

図 3-6　金属陽イオンを含む未知試料の分離系統図

$$2Hg^+ + 2Cl^- \longrightarrow Hg_2Cl_2$$
$$Pb^{2+} + 2Cl^- \longrightarrow PbCl_2$$

AgCl，Hg_2Cl_2 の**溶解度（solubility）**は小さく，塩酸をわずかに過剰に加えれば，ろ液に移行する Ag^+，$Hg_2{}^{2+}$ は無視できる．ところが，$PbCl_2$ の溶解度はかなり大きいので，Pb^{2+} の濃度が小さければ第Ⅰ属としては沈殿しない．また温湯にはよく溶けるので，温湯を注いで $PbCl_2$ だけを溶かすことができる．さらに残留物にアンモニア水を作用させると，AgCl は $[Ag(NH_3)_2]^+$ を生成して溶け，Hg_2Cl_2 は $Hg(NH_2)Cl$ と Hg に変化して黒変する．

第Ⅱ属はその後に沈殿させる他の陽イオンの存在に関係なく，強酸性で（H_2S の導入により）硫化物を沈殿させる．その硫化物の溶解度積が非常に小さい金属陽イオン種は，水溶液中の硫化物イオンの濃度が非常に小さくても沈殿を生じる．

PbS（黒），HgS（黒），CuS（黒），CdS（黄）

金属陽イオンを硫化物イオンとの溶解度積によって区別する方法が用いられる．通常，**溶解度積（solubility product）** $K_{sp} = [M^{n+}][S^{2-}] = 10^{-25}$ が境界の基準となっている．第Ⅰ属や第Ⅱ属は，水溶液中の硫化物イオンが非常に小さくても沈殿を生じるグループである．塩酸溶液中の硫化物イオン濃度は pH に依存する．酸性水溶液中での硫化物イオン濃度は非常に小さい．一方中性～塩基性ではほぼ完全解離状態となる．これは，硫化物イオンが水素イオンの濃度の 2 乗に比例し，10 の何乗倍というオーダーで変化するためである．

$$H_2S \rightleftharpoons 2H^+ + S^{2-} \quad K = \frac{[H^+]^2[S^{2-}]}{[H_2S]} = K_1 \times K_2 = 1.2 \times 10^{-21} \tag{3-50}$$

$$H_2S \rightleftharpoons H^+ + HS^- \quad K_1 = \frac{[H^+][HS^-]}{[H_2S]} = 9.5 \times 10^{-8} \tag{3-51}$$

$$HS^- \rightleftharpoons H^+ + S^{2-} \quad K_2 = \frac{[H^+][S^{2-}]}{[HS^-]} = 1.3 \times 10^{-14} \tag{3-52}$$

これに対して，溶解度積がある程度大きい第Ⅲ属，第Ⅳ属はある程度の硫化物イオン濃度がないと沈殿しない．さらに第Ⅲ属，第Ⅳ属はもっと溶解度積が大きいため，ほとんど沈殿形成しないグループとして分類される．

3.1 節のまとめ

- **溶液のモル濃度** c[mol L^{-1}]
- **電解質溶液の電離度**（$0 \leq \alpha \leq 1$）
  濃度（c）計算では $c\alpha$[mol L^{-1}] **として扱う**
- **輸率：**$t_+(= v_+/(v_+ + v_-)) + t_-(= v_-/(v_+ + v_-)) = 1$
- **イオン強度：**$I = (m_1 z_1{}^2 + m_2 z_2{}^2 + m_3 z_3{}^2 + \cdots\cdots)/2$
- **活量：**$\alpha_A = \gamma_A[A]$
- **平衡定数** K **とギブズエネルギー** ΔG **の関係：**$\Delta G = -RT \ln K$
- **酸と塩基の概念**
- **水素イオン指数 pH の定義式：**$pH = -\log_{10}[H^+]$
- **中和滴定：酸濃度×酸体積 ＝ 塩基濃度×塩基体積**
- **酸解離定数** K_a**：**$CH_3COOH + H_2O \rightleftharpoons CH_3COO^- + H_3O^+$ **の場合**
  $K_a = [CH_3COO^-][H^+]/[CH_3COOH]$
- **緩衝液：pH を一定に保つ酢酸・酢酸ナトリウム水溶液など**
- **共通イオン効果：共通イオンを加えると濃度が減少する平衡移動**
- **溶解度積：濃度の積の値が溶解度積より大きいと難溶性塩が沈殿する**

3.2 生活を守る分析化学

我々を取り巻くさまざまな性質を示す物質は，実はたった100種類ほどの原子が組み合わさってできている．最近は，新聞やテレビでもさまざまな化合物が登場して話題になることも多い．二酸化炭素による地球温暖化が問題になっていることを聞いたことがあるだろう．石油や石炭といった化石燃料の燃焼によって生じる二酸化炭素（CO_2）の大気中濃度が徐々に増えていて，それが原因となって起こる温室効果による気温の上昇が問題となっているのである．一方，我々が暮らす環境を守るため，種々の環境汚染物質の監視が強化されている．日常的に摂取する飲料水や食品などに含まれる成分も，我々の安全な暮らしを維持するために，常に監視されているといってよい．どんな物質がどれくらい存在するのかを調べる技術が，我々が健康で安全な生活を送るうえで必要不可欠であることがわかるだろう．このような技術に関する学問が分析化学である．

分析化学では，対象となる物質が，何からできているのか（定性分析），どの程度含まれるのか（定量分析），どのような状態なのか（状態分析），どのような構造なのか（構造解析）を明らかにする．教科書に書かれていることは，誰かが分析した結果，解明されたことなのである．今でも未解明の問題を明らかにするために分析化学の進歩は続いている．本節では，身近な例に触れながら，分析化学の世界を紹介していく．

3.2.1 安全を守る分析化学

安全な飲料水の確保が，人類の長寿命化に最も貢献したといわれている．川の水や井戸水に，人体を少しずつむしばんでいく，ヒ素などの有害成分が含まれていることが昔はわからなかったのである．現在我が国では，上水道が完備され，安全な水を誰でも手軽に摂取できるようになっているが，これは水道局で日夜，飲料水の水質検査と浄化が行われているから実現したのである．食品分析，健康診断，環境計測など，我々の安全な生活は分析化学によって守られているといっても過言ではない．水道局，保健所，税関，工場の分析室など，さまざまな場所で日常的に分析が行われており，そこで得られた分析データをもとに，問題があれば出荷停止にしたり，改善したりして，安全な製品が流通しているのである．

ところが，報道をみていると，ときどき首をかしげたくなるような分析データの取扱いがなされているのに気づく．次の記事は実際に報道されたものである．

“測定したどの地点でも，放射線量が年間被ばく線量で20ミリシーベルト（mSv）を下回ったので，立入り禁止区域の制限を解除した．しかし，環境基準である1 mSvを上回っている地点もあることから，帰宅しない人もいる見込みである．”

これは2011年の福島の原子力発電所での事故のあと，立入りが禁止されていた地域の放射線量が立ち入っても健康に支障のないレベルまで低下したので，その制限を解除したというニュースである．下線部が，放射線量のデータである．この報道の問題点はあとで解説するが，まずは自身で考えてみてほしい．

3.2.2 データの取扱い

飲酒運転かどうかの判定は，吐く息の中に含まれるアルコールを分析して行われている．自動車を止められて，「ここに息を吹きかけて」といわれて差し出されるのが，アルコールの分析装置である．この装置によって，息の中のアルコールという物質の濃度は，数値データに変換されて，飲酒したかどうかの診断に使われている．どんな測定でも，最終的に数値データに変換してから診断がなされるので，データの扱いを誤らないことが大切である．分析データには“誤差が含まれ，その値は測定ごとにばらつく”という性質がある．

毎回，ぴしゃりと同じデータが得られることを分析者は夢見るが，現実はなかなか厳しい．分析者の腕の問題であることもしばしばだが，試料そのものが不均一であることも原因である．どの部位を採取するかで組成が異なり，分析データがばらついてしまう．例を挙げてみてみよう．図3-7のように16個ある四角のうち，一つだけが黒い場合を考える．

全体の面積に対する黒い部分の割合は16分の1なので，6.25%であり，この試料では，これが真値となる．中太線で示したように全体を4分割した量を採取して分析すると，四つのうち三つのデータ（75%）は黒い部分が0%，一つ（25%）は4分の1で25%となる．同様に16分割した量を採取すると，15個

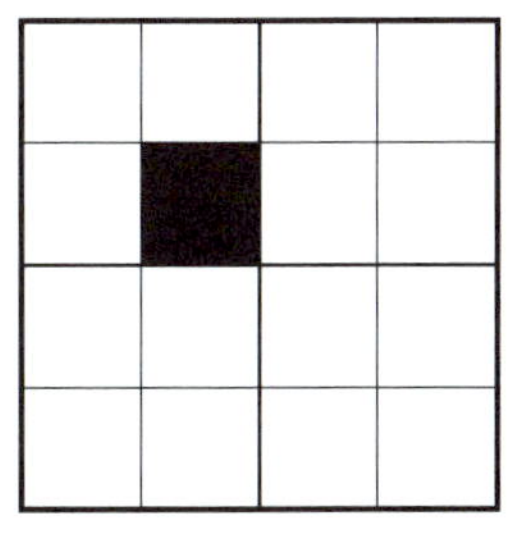

図3-7 サンプリングの影響

(93.75%) が 0% で，100% というデータが一つ (6.25%) 得られることになる．いずれの場合も平均をとれば真値と等しくなるが，採取する範囲次第でデータはばらつき，特に最大値はまったく違った値になることがわかる．不均一な試料の場合，採取量を細かくとっていくと最大値はどんどん大きくなる傾向がある．したがって，データとして重要なのは，まずは平均値であり，その次にデータのばらつきを与える標準偏差である．最大値のみでの議論は，不均一な試料の場合，実態を反映しないので無意味である．正しい結論を得るためには正しいデータの出し方，取扱い方をマスターする必要がある．

前述したニュースの問題点は，最大値だけで議論しているところにある．与えられたデータだけでは，最大値が 1 mSv と 20 mSv の間にあることしかわからない（表現から最小値が 1 mSv 以下であることもわかる）．平均値も標準偏差も与えられていないので，正しくリスクが評価できないことがわかるだろう．

真値こそが求めたい値であるが，実際の分析データはばらつくし，場合によっては真値から偏った値を示すこともある．図 3-8 のように，横軸に分析値，縦軸にはその分析値が出現する頻度をとって，データの偏りやばらつき具合を示したものをヒストグラムという．

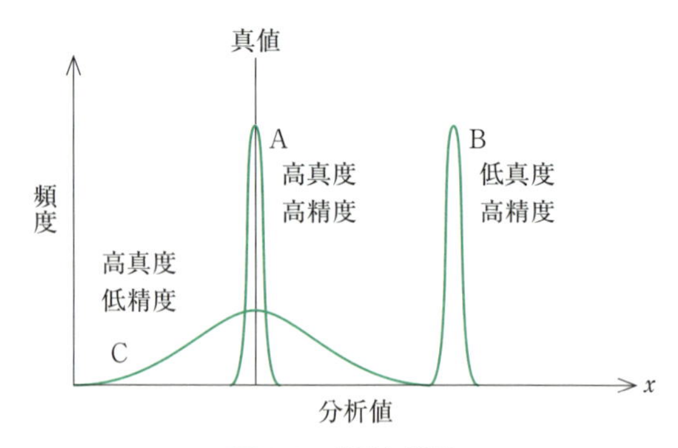

図 3-8　真度と精度

図 3-8 の中で，A のデータは真値の周りにデータが集まり，ばらつきも少ない．B はばらつきが少ないが，真値からの偏りがある．C は逆に偏りはないが，ばらつきが大きい．データが偏るのには何らかの原因がある．例えば，時計が 1 秒進んでいれば，常に時刻は 1 秒ずれる．この場合は，原因がはっきりしているので，データから 1 秒差し引くことによって補正することができる．真値からのずれを誤差といい，偏りを与える誤差のことを**系統誤差（systematic error）**という．系統誤差の度合いを**真度（trueness）**といい，A は真度が高く，B は真度が低いという．一方，C は測定を多数繰り返して平均をとれば，偏りが小さくなるが，個々のデータには大きな真値からのずれ，すなわち誤差が含まれている．ばらつくデータの場合，個々のデータを補正することはできない．このようなばらつきを与える誤差を**偶然誤差（random error）**という．偶然誤差は補正できないので，統計学に基づきデータを解析するしかない．偶然誤差の度合いは**精度（precision）**といい，A や B は精度が高く，C は精度が低いという．真度と精度を合わせて誤差の度合いを表す用語は，**精確さ（accuracy）**である．

ガウスの誤差論によれば，通常の測定で得られるヒストグラムは，真値 X と標準偏差 σ を用いて以下の式で表される．

$$f(x) = \frac{1}{\sigma\sqrt{2\pi}} \exp\left[-\frac{1}{2}\left(\frac{(x-X)}{\sigma}\right)^2\right]$$

このような分布を正規分布という．正規分布では，$X \pm \sigma$ の範囲に約 3 分の 2，$X \pm 2\sigma$ の範囲に約 95%，$X \pm 3\sigma$ の範囲に 99.7%の測定データが含まれる．

実際の測定では，データを繰り返し測定し，N 個のデータ $x_1 \sim x_N$ を得る．このデータから真値を推定するのであるが，統計学的には平均値 $\bar{x}$ が最も真値である確率が高いことがわかっている．また，データのばらつきは下の式で示す分散 σ^2，またはその平方根である標準偏差 σ で示す．分散は偏差の二乗和の平均値であり，標準偏差はその平方根なので，偏差の程度を表している．

$$\bar{x} = \frac{\Sigma x_i}{N}$$

$$\sigma^2 = \frac{\Sigma(X - x_i)^2}{N}$$

ここで，真値 X は実際にはわからないので，実際には X の代わりに平均値 $\bar{x}$ を用いて標本標準偏差 s で評価する．この場合，データから算出した平均値を用いるので，データ数は実質的に一つ減り，$N-1$ で偏差の二乗和である分散の値を割る必要がある．

$$s^2 = \Sigma\left\{\frac{(\bar{x} - x_i)^2}{N-1}\right\}$$

カール・フリードリヒ・ガウス

ドイツの数学者，天文学者，物理学者．幼少より神童とよばれ，数学の諸分野に大きな功績を残した．ガウス関数や磁場の単位に名を残す．(1777-1855)

表 3-2　Student の t

データ数	95%信頼区間
1	12.7
2	4.30
3	3.18
4	2.78
5	2.57
6	2.45
7	2.36
8	2.31
9	2.26
10	2.23

データのばらつき具合を報告するときは，$\bar{x}+ns$ で示す場合が多いが，標本標準偏差の何倍（通常 $n=2$ または3）までをとったのかは明記する必要がある．さらに s はデータの平均値周りでのばらつきを示すが，データから得られる平均値のばらつきは，s よりも小さくなるはずである．平均値の分散の値 $s_{\mathrm{m}}{}^2$ はデータ数 N が大きくなるほど小さくなるので，$s_{\mathrm{m}}{}^2 = s^2/N$ となる．s_{m} は平均値の標準偏差である．

一方，データの信頼性を問題にするのであれば，与えられた範囲にどれくらいの確率で真値が含まれるのかが知りたくなる．例えば，95%の確率で真値が含まれる範囲（95%信頼区間）をとるにはどうしたらよいだろう．このような報告をする場合には，表 3-2 に記した Student の t という方法を用いて，$x \pm ts_{\mathrm{m}}$（信頼区間 95%）と記す．t の値はデータ数の増加とともに減少し，信頼区間の増加に伴って増加する．データの信頼性を高めるには，精度の高い測定，すなわちばらつきの少ない測定を繰り返す必要があることがわかる．測定によっては異常値としか思えないデータが得られることもあるだろう．このような場合でも得られた測定データを理由なく削除することは許されない．異常値かどうかを検定する方法には，Q 検定や T 検定などの手法があるが，ここでは詳しく述べない．

分析データにはもう一つ，判断を困難にする要素がある．それは雑音（ノイズ）の存在である．測定装置の出力は，常に変動している（これを**バックグラウンド（background）**という）し，分析対象となる化合物が含まれていない試料でも測定してみると得られるデータは 0 ではない（この値を**ブランク（blank）**値という）．分析データには，このようなバックグラウンドやブランクといった雑音が信号にのってくる（図 3-9）．

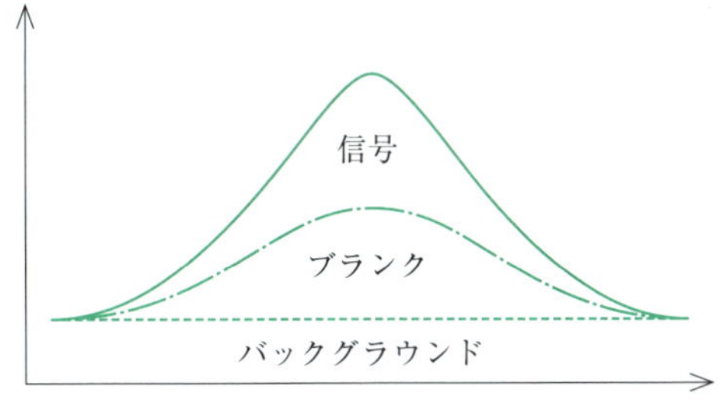

図 3-9　信号，ブランク，バックグラウンド

測定して得られたピークが**信号（signal）**なのか**雑音（noise）**なのかを判定する必要がある．雑音のレベルに対して数倍（通常は 2〜3 倍）の大きさがなければ，信号とはみなせない．この信号とみなせる大きさを**検出限界（detection limit）**という．信号が飽和して変動が検出されなくなる強度もあるので，信号が大きい方にも検出限界はあるが，通常は検出下限が問題となる．検出下限はあるかないかを判定する限界の量である．量の大小の判定，定量可能な範囲の限界が**定量限界（limit of determination）**であり，検出下限よりも大きな値となる．

分析データが得られたら，診断を下すことになる．ところがデータがばらつくため，問題が生じる場合がある．血液検査でがんになると増える物質（腫瘍マーカー）を分析した結果，図 3-10 のようにがん患者のデータが健常者のデータと重なる場合を例にとろう．

通常の判定では，二つのヒストグラムが重なる位置に判定基準を置いて，がんかどうかを判定する．このとき，図 3-10 の α の部分では，健常者でがんではないのにがんであると判定してしまうことになる．一方，β の部分では，がんであるのにがんではないと判定してしまうことになる．いずれも誤った診断結果に繋がるが，α を**第一種の過誤（type I error）**，β を**第二種の過誤（type II error）**として区別する必要がある．というのも，がんであるのにないと判定して放置すると，命が危険にさらされるのに対し，ないのにあると判定した場合，気持ち悪いだろうが，さらに精密

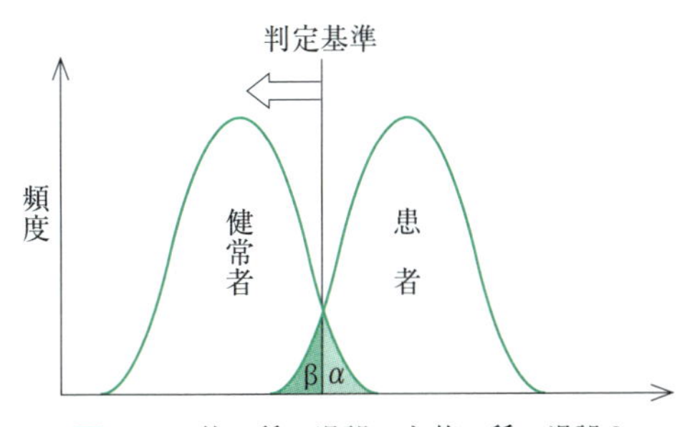

図 3-10　第一種の過誤 α と第二種の過誤 β

な検査をすれば，間違いであることがわかる．診断を下す場合には，二つの過誤をリスクという観点で比較することが必要である．リスクとは，過誤が生じる確率に過誤により生じる事態の深刻さをかけたものとして定義される．今回の場合，第一種の過誤よりも第二種の過誤の深刻さの度合いが大きい．したがって，診断にあたっては，判定基準を低くし，第二種の過誤βが起こる確率を減らすようにする．

乳がんの検診に関する興味深い報道の実例を次に示そう．

"～17万人のデータを分析．10年間，毎年検査を受けた61%が，がんではないのに「がんの可能性あり」と診断されていた．（中略）検診の回数を2年に一度に減らせば，偽陽性の割合は42%に減った．乳がんは進行が遅いため，2年に一度の検診でも，それほど進行していなかった．"

この報道の趣旨は，検診は2年に一度で十分ということである．さて，がんではないのにがんと診断されるのは第一種の過誤であり，データからその割合を見積もることができる．正しく診断される割合が x の検診を N 回受けて偽陽性が出ない確率は x^N である．10回では39%，5回では58%なので，計算してみると約 $x = 0.9$ となる．リスクを考慮して10%程度の誤診率（第一種の過誤）を見込んでいることがわかる．

しかしリスクが大きいのはがんなのにがんではないと診断される第二種の過誤である．誤診率の記載はないが，仮に第一種の過誤の百分の一（0.1%）とすると，がん患者の0.1%が毎回見過ごされることになり，母数が大きければかなりの数字になる．この場合，2年おきの検診ではがん患者千人あたり1人が検診の前後最長4年間見過ごされるが，毎年の検診であれば検診前後2年間を超えて見過ごされるのは百万人に1人まで減ることになる．

3.2.3 分析対象と試料採取法

分析する対象が均一なものである場合はまずない．むしろ，不均一だからこそ，濃度や物質量を分析するのである．分析する対象をすべて試料として用いることができればよいが，通常は困難なので，試料の一部を採取することから分析は始まるといえる．試料採取（サンプリング）では，分析対象や得たい情報によって適切な方法を選択し，後の操作に必要かつ十分な量の試料を採取する．サンプリングにあたっては，採取したサンプルが分析する対象を代表するように採取しなければならない．特別な部位，例えば固体表面のみを削り採るようなことをすると表面への特定成分の偏析や腐食などの影響を増幅して観測してしまう．実は分析操作の中でサンプリングが最もデータのよしあしに影響すると思った方がよい．マグロに脂がのっているかどうかは，サンプリングする部位で変わってくる．サンプリングにおける注意点を，以下に列挙する．

(1)　分析手順：後の手順に適したサンプリング法を考える．

(2)　試料採取のTPO：Time（季節や時間），Place（場所，部位），Occasion（天候，気温，気圧などの条件）を考慮する．特に環境分析では重要になる．

(3)　試料の特性：試料の形状，均一性，化学反応性，分解性を検討する．採取する部分が全体を代表するものか．採取した試料がどの程度変化しやすいか．試料採取びんなどとの反応や壁への吸着のしやすさはどうか．

(4)　試料の汚染：試料に**汚染物質（contamination）**が混入しないような試料採取法を選択する．後の操作によっては絶対に混入を避けねばならない汚染物質がある一方，大きな妨害とはならない汚染物質もある．

サンプリングの基本は「清く，正しく，変わらずに」である．「清く」とは試料の汚染をなくせということ，「正しく」とは分析対象を代表するような試料を採取せよということ，そして「変わらずに」とは試料の変化に注意せよとのことである．この基本的な考え方は後に続く操作にも共通する．

液体や粉状試料のサンプリングでは，通常，適当な量を容器（試料びん）に採取する．塊状試料ではハンマーなどの道具を用いて適当な大きさに砕いたうえで採取するが，この際，道具などからの汚染，あるいは採取する部分が試料を代表するような部分であるかを考慮する．さらに，微量成分の分析を行う目的でサンプリングをするときには，容器への吸着が問題となるし，pHによっては，容器を構成する成分の溶出が問題になることもある．容器の材質と物性にも注意する．

気体のサンプリングでは，分析対象が気体成分である場合はポリ袋などに直接採取する．大気汚染物質である $PM_{2.5}$ のように大気中を浮遊する粒子状物質では，フィルターに大気を通じ，濾しとって採取する．同じ物質量でも気体の体積は温度や圧力で変動する．サンプリングに当たっては，大気圧，温度などの条件に気を使わないと正しく汚染状況を把握することができない．

工場で原料である鉱石の成分分析を行う場合を例にとって，サンプリングの実際をみてみよう．適当な大きさに砕かれた鉱石はヤード（鉱石置き場）から工場内へベルトコンベアで運ばれていくが，サンプリングはこの途中で行うのが適当である．ここで1回に採取する試料（インクリメント）の量は，1回ごとの偏りを小さくするために鉱石の大きさに応じて多くする必要がある．複数のインクリメントを無作為に採取し，それらを合わせ，20程度に等分にする操作（縮分操作）を繰り返す．縮分操作により，インクリメントごとの偏りを減じ，後の操作に適切な量の最終的な計測用試料を得る．この手法はインクリメント縮分法とよばれ，試料の偏りを小さくするために一般的に用いられている．

3.2.4 分析の手順

この項では，実際の分析の流れについて解説する．通常，試料の分析手順は下記のとおりである．

① 実験計画（planning）
② 試料採取またはサンプリング（sampling）
③ 試料調製（preparation）
④ 分離（separation）
⑤ 検出（detection）および計測（measurement）
⑥ データ処理（data treatment）
⑦ 診断（diagnosis）

この分類は厳密なものではない．分析法によっては一部の操作が困難，あるいは不要な場合もあるが，実験を計画する際，役に立つ．② 試料採取，⑥ データ処理，⑦ 診断，については，すでに説明した．ここから先，代表的な分析対象について，① 実験計画の立て方と ③ 試料調製の考え方を説明した後，具体的な ④ 分離，および ⑤ 検出と計測，の手法を概説する．

3.2.5 実験計画

実験計画は分析手順に沿って考えればよい．その際に検討すべき項目を以下に列挙する．

A 分析対象は，元素，分子，官能基，結晶，分子集合体のいずれか
B 分析対象の濃度範囲
C 要求される真度と精度
D 分析に許される時間
E 試料の複雑さ，妨害物質の存在の程度
F 試薬や機器の入手可能性
G 人手や費用

まず測定対象と得たい化学情報を明確にする．例えば，分子の集合状態を分析するためには，分子の集合状態を破壊するような試料調製法は採用できない．すなわち，分子間力（水素結合など）による結合が維持されるような実験手順が必要である．同様の注意は生体物質の高次構造を解析する際にも必要である．得たい化学情報や測定対象により，試料中の切断できる化学結合は異なるので，試料調製法は変えなければならない．また主成分分析（真度が重要）と微量成分分析（検出下限が重要）では用いられる方法も手順も自ずと変わってくるし，迅速性や経済性なども実際の分析の現場では考慮する必要がある．実験計画の立案にあたっては，実験手順の後段から検討するのがよい．使用する検出・計測法から試料の調製法が決まり，試料調製法に適したサンプリング量や方法が決まってくる．分析対象によっては，公定分析法がある．国際標準であるISO，国家が定める日本工業規格（JIS）などがあるので，参考にするとよい．

3.2.6 具体的な分析手順と試料調製

ほとんどの場合，採取した試料をいきなり分析装置にかけるわけにはいかない．というのも，分析装置がその性能を最大限に発揮する試料の状態（固体か液体か，妨害物質の存否など）や濃度範囲が違うので，それに合わせるように試料を調製する．通常は溶液の形にする場合が多い．

都市鉱山という言葉を聞いたことがあるだろう．パソコンや携帯電話には貴金属類が使われているので，回収して利用することができる．では，鉱山としての品位（有用金属の割合）はどうだろう．どれほどの有用金属が含まれているのか，分析する必要があるが，高分子や半導体など，異なる性質の材料が使われている携帯電話を液体にするのは大変である．しかし，精確に分析値を得るためには，すべて溶かさなければならない．実は試料調製にはさまざまな困難がつきまとう．

特殊な例は個別に対応するとして，代表的な試料に含まれる元素を分析する場合を考えよう．宝石の色合い，半導体の物性，材料の耐食性，などがその例であるが，無機物では，微量に共存する元素によって著しく性質が変化する場合が多い．微量成分の作用を理解し，改善するためには，無機物に含まれる元素の定性と定量が重要である．有機物でも，食品のように安全性を考慮し，水銀やヒ素など，毒性の高い元素の存在量を定量することが求められる．通常，含まれる元素を分析する場合は化学結合をすべて切断しても構わない．ただし，考古学資料のように，貴重であるため破壊的な試料調製が一切できない場合もある．一方，計

測法には要求される検出限界，定量限界，分析精度に合わせた方法の選択が求められる．いくつか例を挙げよう．

例 1）金属中の微量成分の検出・定量
② 試料採取：金属片を削って試料とする．③ 試料調製：無機酸による加熱酸分解後，希釈．④ 分離：沈殿法，溶媒抽出法，クロマトグラフィー．⑤ 検出と計測：容量分析，重量分析，原子吸光法，ICP 原子発光法，ICP 質量分析法．

例 2）半導体中に加えられた不純物の分布解析
② 試料採取：パッケージを除去し，半導体を露出させる．③ 試料調製：表面吸着物の洗浄．④ 分離：不要（分布解析なので，手を加えられない）．⑤ 検出と計測：顕微分析法（電子顕微鏡，二次イオン質量分析法）．

例 3）ホウレンソウ中の鉄分の定量
② 試料採取：部位別の分析ならばその部位を採取．③ 試料調製：水分を別の方法で定量しておく．ケルダール法（濃硝酸と濃硫酸による加熱酸分解）．④ 分離：例 1 と同様．⑤ 検出と計測：例 1 と同様．

無機化合物の分析では，無機酸（鉱酸）によって分解し，溶液にする場合が多い．よく用いられる酸は，塩酸，硝酸，硫酸，王水，フッ化水素酸である．揮発性の酸である塩酸，硝酸，およびその混合物である王水でまず溶解性をみる．硝酸や濃硫酸は酸化力が強いので，金属試料の分解によく用いられるが，表面に緻密な酸化膜（不動態）ができる試料は溶かせない．ケイ素を多く含む試料ではフッ化水素酸が用いられる．例 3 のように有機物試料であっても，溶液になってしまえば，無機物と同様に扱える．

溶媒に溶かして溶液にすると，溶質は溶液中で溶媒分子に取り囲まれる．電解質の溶液では，濃度が高くなると，陽イオンの周りには陰イオン，陰イオンの周りには陽イオンが互いに静電的に引き合い，集まってくる．このため，溶液中のイオンの状態は濃度によって大きく変化し，さまざまな状態の平衡混合物とみなすことができる．一般に濃度が高くなると，異符号のイオンによって溶液中のイオン種は安定化し，エネルギー状態が低下することが知られている．

沈殿の生成，有機溶媒への抽出などを扱う場合には，異なる状態間での化学平衡が問題となる．沈殿しやすさは，沈殿した状態と溶液中の状態間のエネルギー差によって平衡がどちらにどの程度偏るかで決まる．したがって，溶液中の状態が一定しないと沈殿量が一定しなくなる．溶媒抽出でも同様である．そのため，電解質溶液では，電解質をあらかじめ加え，下式に示すイオン強度 I を一定になるように調整して，溶液中に存在するイオンの静電的な影響による沈殿量の変動を抑制する．

$$I = 0.5\,\Sigma\, m_i z_i^2$$

m_i は i 成分の質量モル濃度，z_i は電荷である．

3.2.7　分子の分析

分子性の化合物では，化学結合を維持する必要があるのが元素の分析との大きな違いである．通常，溶媒に溶解して溶液とし，クロマトグラフィーや電気泳動法を用いて分離してから分析する．

例 4）食品中の残留農薬
② 試料採取：部位別の分析をする場合は，分別して採取．ほかの部位から目的物が混入しないよう，注意．ミキサーにかけて磨砕，凍結して粉砕後，採取．③ 試料調製：溶媒抽出．④ 分離：ガスクロマトグラフィー，液体クロマトグラフィー．⑤ 検出と計測：蛍光分析，質量分析．

例 5）タンパク質のアミノ酸組成
② 試料採取：タンパク質をクロマトグラフィーなどの手法で精製して採取．③ 試料調製：濃塩酸中で加熱して加水分解．④ 分離：液体クロマトグラフィー．⑤ 検出と計測：紫外・可視吸光分析，蛍光分析，質量分析．

有機化合物の分析では，溶媒に溶かして溶液にする場合が多い．この際，注意しなければならないのは，アミノ酸がいい例であるが，溶液の pH によって水素イオンがついたり，とれたりするため，状態が変わってしまうことである．状態が違えば違ったものとして分離されるので，分離特性が変わってしまう．そのため，pH の制御が重要になる．

pH は水素イオン濃度 $[H^+]$ を用いて，$-\log[H^+]$ と表される．水のイオン積 $[H^+][OH^-]$ が 25℃ で $10^{-14}\ mol^2\ L^{-2}$ なので，中性条件（$[H^+] = [OH^-]$）では pH = 7 となる．いま 1 価の酸 HA が次に示す電離平衡にあって，その平衡定数を K_a とすると，

$$HA \rightleftharpoons H^+ + A^-$$

$$K_a = \frac{[H^+][A^-]}{[HA]}$$

となる．K_a を HA の酸解離定数という．対数をとっ

表 3–3 主な溶媒のドナー数（DN）とアクセプター数（AN）

溶媒	化学式	DN	AN
ピリジン	C_6H_5N	33.1	14.2
ジメチルスルホキシド	CH_3SOCH_3	29.8	19.3
エタノール	C_2H_5OH	20	37.1
ジエチルエーテル	$C_2H_5OC_2H_5$	19.2	3.9
メタノール	CH_3OH	19	41.3
水	H_2O	17.1	54.8
アセトン	CH_3COCH_4	17.0	12.5
アセトニトリル	CH_3CN	14.1	19.3
ニトロメタン	CH_3NO_2	2.7	20.5
ベンゼン	C_6H_6	0.1	8.2

て整理すると，

$$\log\frac{[A^-]}{[HA]} = \log K_a - \log[H^+] = pH - pK_a$$

となる．ただし，$pK_a = -\log K_a$ である．したがって，$pH > pK_a$（pK_a よりも塩基性）にすると $[A^-] > [HA]$ となって陰イオン状態，$pH < pK_a$（pK_a よりも酸性）にすると $[A^-] < [HA]$ となって中性分子状態に平衡が傾くことがわかる．アミノ酸ではプロトンを放出するカルボキシ基（−COOH）のほかにプロトン化されるアミノ基（$-NH_2$）があるので，さらに陽イオン状態になる pH があり，陽イオン状態と陰イオン状態の数が拮抗する pH もあることになる．後者を等電点といい，アミノ酸やタンパク質などの生体物質にとって重要な特性値となっている．

生体分子を扱うときには，通常，等電点を考慮しながら pH を一定に保つ作用がある緩衝溶液を用いて，試料の状態を制御する．緩衝溶液とは，弱酸とその塩を混合した溶液で，pH が大きくなると酸から塩へ，小さくなると塩から酸へと平衡が移動するため，pH の変化が抑制される．

水に溶けない疎水性の有機化合物は，有機溶媒に溶かす．このとき，溶質分子は有機溶媒の分子に取り囲まれて溶媒和された状態になる．この状態では，溶媒分子の非共有電子対の供与性や受容性の大小が溶解性を左右する．溶媒の非共有電子対の供与性の指標がドナー数（DN），受容性の指標がアクセプター数（AN）である（表 3–3）．DN が大きい溶媒中では −OH や $-NH_2$ などのプロトン性基が安定化されるのに対し，AN が大きい溶媒中では非共有電子対をもつ化合物が安定化される．実際には複数の溶媒を組み合わせること（混合溶媒）が可溶化に有効である場合もあり，試行錯誤が欠かせない．

表 3–4 代表的な顕微鏡

顕微鏡	検出対象
光学顕微鏡	透過光
偏光顕微鏡	偏光
蛍光顕微鏡	蛍光
レーザー顕微鏡	レーザー光
共焦点レーザー顕微鏡	蛍光
顕微ラマン	ラマン光
赤外顕微鏡	赤外線
X 線顕微鏡	X 線
走査型電子顕微鏡	二次電子
透過型電子顕微鏡	透過電子
走査トンネル顕微鏡	電流
原子間力顕微鏡	原子間力

3.2.8 分子集合状態の解析

生物がよい例であるが，構成成分がどのように配置されているかまでわかってはじめて試料が理解できたといえる．分子集合体の解析には通常，顕微鏡が用いられる．はじめに開発された顕微鏡は光学顕微鏡であったが，その空間分解能は光の回折による回折限界があって 0.2 μm 程度である．その後，光に代わって電子線を用いる透過型電子顕微鏡が開発されて，空間分解能は原子オーダー（0.01 nm 程度）まで向上した．これらは**結像・投影型顕微鏡**であるが，さらに，**走査型顕微鏡**である走査型電子顕微鏡やレーザー顕微鏡，そして検出用のプローブを表面に近接させて局所的な変化を測定する**走査プローブ顕微鏡（SPM）**が開発された．代表的な顕微鏡を表 3–4 に示した．

3.2.9 分離法

物質を分析する場合，種々の成分が混合した状態ではなかなか正確に定量することが難しい．特に有機化合物では，異性体のように似た性質をもった化学種が多数存在する．このような混合した状態から特定の成分だけを分離する手法を使ってから，検出・計測を行うことは多い．物質を成分に分ける方法には大別して 2 種類ある．相分離と相分配である．相分離は，例えば沈殿法であり，液相から固相として分離する方法である．このほかに，蒸留（液体と気体），電気分解（液体と固体または気体），分液（互いに混じり合わない液体）などの相分離がある．一方，相分配は，水と有機溶媒のように混じり合わない液相間で，溶質が偏って分配される性質を利用する．親水性のものは水に，疎水性のものは有機溶媒に多く分配される．

溶質が二つの液相間で分配される場合を考えよう．水中では溶質は水分子によって囲まれているのに対し，有機溶媒中では有機溶媒の分子によって囲まれている．両相では，溶質分子のエネルギー状態が違っており，熱的な平衡状態では，安定な方に偏って分配されるようになる．平衡を扱う際には，自由エネルギーで比較するため，化学ポテンシャルが用いられる．化学ポテンシャル μ は，1 mol あたりの自由エネルギーとして定義され，気体定数 R，温度 T，濃度 C，を用いて，以下の式で表される．

$$\mu = \mu^\circ + RT \ln C$$

ここで μ° は標準化学ポテンシャルとよばれ，化学種がその置かれた状態，ここでは溶媒分子に取り囲まれた状態で，どのようなエネルギー状態にあるかを示す値であり，値が小さければ安定ということになる．水 (water) 中の状態を添字 w，有機溶媒 (organic solvent) 中の状態を添字 org で区別することにすれば，熱的平衡状態では $\mu_{\mathrm{w}} = \mu_{\mathrm{org}}$ なので，次のようになる．

$$\mu^\circ{}_{\mathrm{w}} RT \ln C_{\mathrm{w}} = \mu^\circ{}_{\mathrm{org}} + RT \ln C_{\mathrm{org}}$$

$$K = \frac{C_{\mathrm{org}}}{C_{\mathrm{w}}} = \exp \frac{\mu^\circ{}_{\mathrm{w}} - \mu^\circ{}_{\mathrm{org}}}{RT}$$

有機溶媒へ水中から抽出する場合，$\mu^\circ{}_{\mathrm{w}} > \mu^\circ{}_{\mathrm{org}}$ であれば，$C_{\mathrm{org}} > C_{\mathrm{w}}$ となることがわかる．すなわち，標準化学ポテンシャルが低い，安定な方に平衡は偏ることを示している．K は分配平衡の平衡定数である．この式を用いると，25℃で有機溶媒中に 99%以上抽出されるためには，標準化学ポテンシャル差 ($\mu^\circ{}_{\mathrm{w}} - \mu^\circ{}_{\mathrm{org}}$) が 11.4 kJ mol^{-1} 必要であることもわかる．

前項で説明したように，電解質溶液では，濃度の上昇とともにイオン間の相互作用によって，徐々に溶存状態が安定化する．これは上の式で考えると μ° の値が小さくなっていくことに対応するので，相互作用がない場合（希薄溶液）の μ° を用いていると μ の値を過大評価してしまうことになる．この μ° の低下を補正するため，濃度 C の代わりに活量 a が用いられる．活量を濃度で割ったもの (a/C) が活量係数 γ であり，この値は濃度の増加に伴って 0.1 くらいまで低下することが知られている．したがって，活量による補正を行わないと，濃度を 10 倍も誤って評価してしまうことがある．活量係数 γ は前節で説明したイオン強度を用いて，下記のデバイ・ヒュッケルの式で求めることができる．

$$\log \gamma_i = -\frac{A z_i^2 \sqrt{I}}{1 + B\gamma_i \sqrt{I}}$$

25℃では，$A = 0.5091$，$B\gamma_i = 1$ であり，0.1 mol L^{-1} 程度の濃度まで成り立つとされている．

3.2.10　クロマトグラフィー

溶媒抽出だけで目的成分をきれいに分離できればよいが，性質の似ているもの（したがって μ° の差が小さいもの）同士では分離が難しい．このような場合には，クロマトグラフィーが用いられる．カラムクロマトグラフィーを例にとって説明しよう．筒の中に，油を表面に塗布した充塡剤を入れておく．筒の一方からある瞬間に試料を入れる．試料中にはわずかに油との親和性，すなわち μ° の異なる成分が入っている．左側から水（移動相という）を供給しながら試料を右側に押し出していくと，試料の中の成分のうち，油（固定相という）に溶けやすい分子は固定相中に多く分配される．固定相中に入っている間は充塡剤につかまって動かないので，固定相に溶けやすいほど，滞在時間が長くなり，カラムから出てくるまでの時間が長くなる．こうしてわずかな μ° の差しかなくても十分に長いカラムを用意すれば，分離することができる．これがクロマトグラフィーの分離原理である．

クロマトグラフィーでは，図 3-11 のようなクロマトグラムが得られる．矢印の位置で試料を注入した後，時間が t_{Rd} 経過したところで小さなピークが出ている．これは試料の中に含まれるガス成分のように固定相にほとんど分配されない成分が移動相に乗って出てきたピークである．したがって，t_{Rd} は移動相中にいた時間であり，どの成分にも共通に必要な時間である．一方，試料は固定相中にいた時間だけ遅れて出てくる．注入から出てくるまでに要した時間 t を保持時間 (retention time) といい，$t - t_{\mathrm{Rd}}$ が固定相中にいた時間となる．移動相中にいた時間と固定相中にいた時間の比を分配比とよぶ．これは溶媒抽出での分配平衡定数 K に比例する値である．分配比は濃度比ではなく，物質量比なので，移動相と固定相の体積で補正すれば平衡定数 K が求められる．

クロマトグラフィーには，充塡剤の表面に塗布した

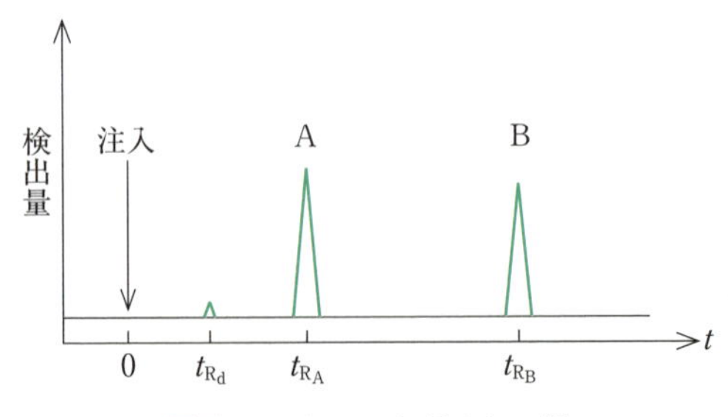

図 3-11　クロマトグラムの例

液体への分配平衡を利用する分配クロマトグラフィー以外にも，充塡剤表面への吸着平衡を利用する吸着クロマトグラフィー，イオン交換樹脂との静電的な相互作用を利用するイオン交換クロマトグラフィー，抗原抗体反応のような特異的な相互作用を利用するアフィニティクロマトグラフィーなどがある．まったく分離原理が異なるサイズ排除クロマトグラフィー（SEC）もある．SECでは，奥にいくほど狭くなる細孔が空いた充塡剤を使う．分子はその細孔よりもサイズが大きければ，固定相中には入らない．小さくなればなるほど奥まで入り込むので，サイズが小さな分子ほど保持時間が長くなる．このクロマトグラフィーは例えば高分子の分子量分布の分析に用いられている．

3.2.11　検出と計測

検出と計測では，機器を使う場合が多い．現在の装置は性能がよく，多少雑に扱ってもそれほどおかしなデータは出てこない．正しい分析値を得るうえでは，試料の採取法や調製法の影響が大きいといえるが，検出下限，定量性などは検出・計測法によって大きく変わる．

検出と計測では，物質に対して作用を与え，その応答の違いを使って分析する．用いられている作用には，光子・電磁波，電子線，イオン，電圧・電流，などがある．分析化学分野でノーベル賞に輝いた田中耕一の研究はレーザー光を照射して質量を分析する手法である．ここでは，代表的な検出・計測法として，分光分析と電気化学分析について解説する．

3.2.12　分光分析

光と物質の相互作用は，光子がもつエネルギーによってようすが変わる．光子のエネルギー E は，光子の波長 λ，光子の波数 ν と次式の関係がある．

$$E = h\nu = \frac{hc}{\lambda}$$

ここで c は光速，h はプランク定数である．一般に，波長が短い光子のエネルギー E は高い．光子が物質に入射すると物質中の原子核や電子は光子のもつ変動電場により運動状態が乱されるが，特に電子は軽く，物質中で動きまわっているため，強く影響を受ける．原子核のエネルギー準位差は大きいため，最も高エネルギーの γ 線としか相互作用しない．入射してきた光子の変動電場により，まず電子が揺すられる．物質中の電子は原子核の束縛により，離散的なエネルギー準位のみ許容されているが，このとき許容される準位間のエネルギー差と光子のエネルギーが一致すると，電子は運動状態を変え，高いエネルギー状態に遷移し，光子の吸収が起こる．この現象が吸光である．吸光が起こる光のエネルギーから内部の状態を調べるのが吸光分析法である．一方，相互作用せず素通りする光が透過光であり，相互作用したものの入射した方向とは別の方向に再び放出される光が散乱光である．散乱光には，入射光とエネルギーが変わらない弾性散乱光（レーリー散乱光）とエネルギーを電子とやりとりする非弾性散乱光（コンプトン散乱光，ラマン光）がある．エネルギーのやりとりが起こるラマン散乱光のエネルギーを調べるのがラマン分光法であり，生体内の有機物の構造解析に使われている．

光と物質の相互作用は，光の振動電場によって電荷をもつ物質中の原子核や電子が揺すられることによって生じる．原子核が励起されて高いエネルギー状態に遷移するには，γ 線に相当する莫大なエネルギーが必要であり，別の項で議論する．一方，電子では，原子核周りの運動状態（電子準位），分子振動状態（振動準位），分子回転（回転準位）や自由電子の並進運動に基づく遷移が，それぞれ，X線（内殻電子準位），紫外線・可視光（外殻電子準位），赤外線（振動準位），マイクロ波（回転準位），ラジオ波（並進運動）によって主に起こる．内殻電子のエネルギーは原子核の電荷によって決まるので，X線は元素分析に主に利用される．一方，外殻電子や分子の振動のエネルギーは化合することによって変化する．紫外線，可視光，赤外線は主に分子種の分析に用いられる．

光子のエネルギーが大きい場合には，電子が原子核の束縛を離れる真空準位にまで達し，物質から飛び出してくる．この電子を光電子といい，光電子のエネルギーや数を計測するのが光電子分光法である．主に物質表面に存在する元素の分析に用いられる．光子のエネルギーが小さい場合，物質は光子を吸収するとエネルギーを獲得し，高いエネルギー状態に遷移し，励起状態になる．ここで，この状態は不安定であり，再び発光などの過程を通して，元の基底状態に戻ろうとする．この過程を緩和過程という．緩和過程には，光子の形でエネルギーを放出する放射（輻射）緩和過程と

田中耕一

日本の化学者，エンジニア．2002年，質量分析用のソフトなイオン化法であるマトリックス支援レーザー脱離イオン化（MALDI）法の開発によりノーベル化学賞を受賞．（1959-）

熱エネルギーとして獲得したエネルギーが周囲（格子）に散逸する無放射（無輻射）緩和過程がある．前者はさらに，短寿命の蛍光放射過程と長寿命のりん光放射過程に分けられる．蛍光やりん光は0が1に変わる変化であり，100が99に変わる吸光と比べて検出しやすく高感度である．そのため，微量成分の分析に利用される．

光が物質によって吸収される量は，光の強度にも，通過する経路上にある物質量にも比例する．そのため，光が濃度 C の溶液に入射するとその強度が指数関数的に減少していく．入射する光の強度を I_0，長さ L の行路を経て出てきた光の強度を I_L とすると次の式が成り立つ．

$$\log \frac{I_0}{I_L} = \varepsilon CL$$

この左辺の値を吸光度，ε をモル吸光係数という．ε は物質1 molあたりの光吸収能を表しており，物質および照射する光の波長 λ によって値が変化する．このブーゲ・ランバート・ベールの法則は，光の散乱が大きい試料や，レーザーのように非常に強い光の場合には成立しないので注意が必要である．

3.2.13　電気化学分析

金属のイオン化されやすさは，イオン化傾向として知られている．溶液中に電極を入れ，電極に電圧をかけると電極上の電子のエネルギーが変わる．正の電圧をかけると，電極上の電子は安定化するが，負の電圧をかけると不安定になり，エネルギーが高くなる．溶液中のイオンの電子準位が電極上の電子のエネルギーよりも低ければ，電子は電極からイオンに移り，イオンは還元されて金属となって電極上に析出する．したがって，析出する電圧を測ればイオン種を識別できることになる．電気化学分析では，電流が流れる電圧値からイオン種，電流値からその量を知ることができる．電気量から物質量を測定するのが電量分析法，析出した金属の重量を測定するのが電解重量分析法である．

二つの溶液が膜によって隔てられている場合を考える．膜を通して，ある陽イオン種だけが透過でき，ほかのイオンは透過できないとすると，膜を透過できる陽イオンは，濃度勾配によって濃度が低い方向に移動するだろう．このとき，膜を隔てて一方では陽イオンが過剰になり，一方では陽イオンが不足するので，濃度差に応じた膜電位が生じる．この膜電位を測定すれば特定のイオン種の濃度を定量できることになる．これがイオン選択性電極の原理である．

ガラスには水素イオンを取り込む性質がある．このため，pHをガラス電極で膜電位として測定することができる．これがpH計の測定原理であり，広く普及している．このほかにも，塩化物イオン電極など種々のイオン選択性電極が開発されている．

3.2 節のまとめ

- **分析の手順：実験計画→試料採取→試料調製→分離→検出・計測→データ処理→診断．**
- **試料採取は「清く，正しく，変わらずに」．**
- **試料採取と試料調製が分析結果のよしあしを最も左右する．**
- **分離法，検出・計測法は多様であり，目的に応じて使い分ける．**
- **データ処理，診断はよく考えて行わないと誤まった結論に陥る．**

参考文献

[1] 乾利成，中原昭次，山内脩，吉川要三郎“改訂 化学”，化学同人（1980）．

[2] P.W. Atkins, J. de Paula 著，千原秀昭，中村亘男訳，“アトキンス物理化学 第8版（上・下）”，東京化学同人（2009）．

コラム3 植物による環境の重金属汚染の除去

ヒ素（As）やカドミウム（Cd）などの有害元素は，人為的環境汚染により過去に中毒事件や公害問題を引き起したことで知られている．これらの有害元素は土壌にも存在し，鉱山や工場跡地，産業廃棄物処分場などの土壌に高濃度に蓄積すると，環境負荷の大きな元素となる．このような汚染土壌は，現場から土を移動（客土）することで除去できるが，土は重量も大きく，汚染土を移動先で洗浄するなど化学的に除去することは容易ではない．

ところが，ある種の植物は，ヒ素，カドミウムなどの有害重元素を根から吸収し，生体に高濃度に蓄積することができる．このような重金属蓄積植物を汚染土壌で生育・採取することで，従来の客土法などに比べ低コスト・低環境負荷で，重金属を除去することが可能で，このような技術をファイトレメディエーションとよぶ．

ファイトレメディエーションに用いられる重金属蓄積植物は，培地の300倍もの濃度で重金属元素を植物体に濃集することもある．例えば，イノモトソウ科のモエジマシダはヒ素汚染土壌で生育すると乾燥重量あたり22 000 ppmもの大量のAsを地上部に蓄積する．また，毒性の強いCdの蓄積植物としてはアブラナ科のハクサンハタザオやカラシナなどが知られており，数千ppmものCdを植物中に蓄積する．現在，ファイトレメディエーションの産業化も進みつつあるが，一方で，これらの植物がなぜ有毒な重金属元素を高濃度に蓄積できるのかといった，蓄積機構についてはよくわかっていない．

植物中のどこに重金属が農集しているかを知ることは，蓄積機構を考える上で重要な情報となる．その方法には，細くしぼったX線ビームを試料に照射して，発生する蛍光X線を検出し，XY方向に試料を動かしながら測定することで，元素の2次元分布を調べる蛍光X線（XRF）イメージングが有効である．

ところで，電子を加速器で光速近くまで加速し，電磁石で曲げると，その接線方向に高輝度で平行性のよい放射光とよばれるX線が発生する．放射光を用いると集光素子の利用で1 μm程度のマイクロビームが得られ，蛍光X線イメージングにより植物を破壊することなく重金属元素の分布を細胞レベルで分析できる．放射光蛍光X線分析の測定は，兵庫県西播磨にある大型放射光施設SPring-8のビームラインで，大気中で行える．図1に示すようにX線の光路にある試料台に植物を設置すれば，植物が生きている状態で植物中の元素を分析することもできる．図2にAs汚染土壌で栽培し，Asを蓄積したモエジマシダの葉（羽辺という）の写真と，放射光を照射して得られた蛍光X線スペクトルを示す．

試料にX線を照射して発生する蛍光X線は元素ごとに固有のエネルギーをもっているので，図2のスペクトルの一つ一つのピークが元素に対応し，そのエネルギー値から元素の種類がわかる．植物の必須元素であるカリウム（K），カルシウム（Ca），マンガン（Mn），鉄（Fe），銅（Cu），亜鉛（Zn）とAsが図2のスペクトルで検出されている．アルゴン（Ar）は大気に由来する．図2では，ヒ素のピークが図に表せないほど高く，著量含まれていることがわかる．一方，Mn，Fe，Cuのピークは低い．このように高濃度元素とともに微量元素も同時に検出できる．

X線を試料に照射し，試料台を二次元走査して1点ごとにこの蛍光X線スペクトルを測定し，各元素のピークの相対強度を暖色から寒色までの色で表すことよって，元素の二次元分布を可視化できる．これが上述の蛍光X線イメージングである．モエジマシダの羽片の試料写真と，そのAs，K，Ca，Mnの二次元

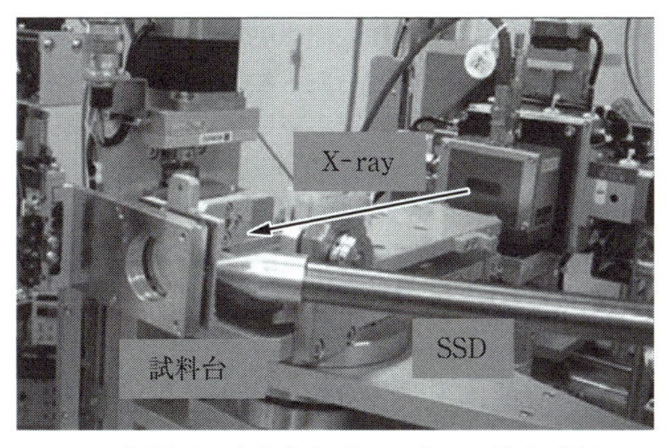

図1 測定装置の試料台付近の写真．X線を試料に照射し，発生する蛍光X線をSSD（検出器）で測定．

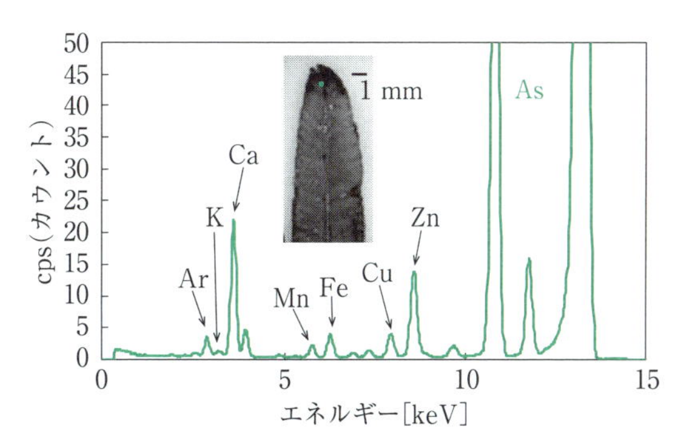

図2 モエジマシダの羽辺と蛍光線スペクトル

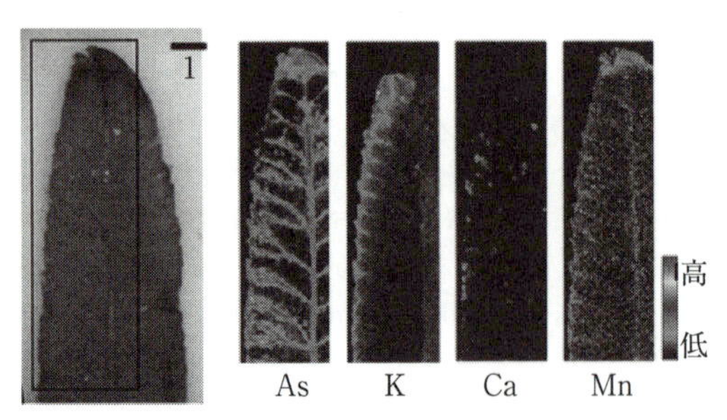

図 3　モエジマシダの羽片における As, K, Ca, Mn の分布（口絵参照）

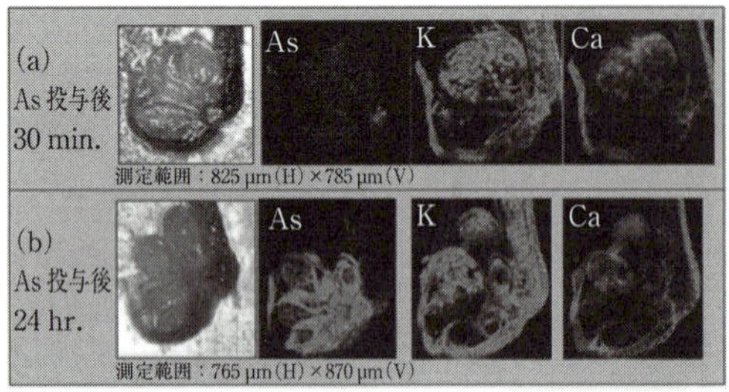

X-ray Energy：12.8 keV
Beam size：1.6 μm×2.3 μm
Step size：5 μm×5 μm
measurement time：0.1 s/point

低　高
Normalized Intensity

図 4　胞子嚢周辺部横断面の蛍光 X 線イメージング（口絵参照）
(a)As 投与後 30 分，(b)投与後 24 時間の元素分布

イメージングの結果を図 3 に示す[1]．

ヒ素は図 3 より羽片の辺縁と先端，通道組織に偏在し，特に，辺縁と先端部に高集積がみられた．モエジマシダは羽片裏の辺縁に胞子嚢を付ける特徴がある．図 3 の写真で，実際にイメージングの結果と比べると As が高濃度に存在する辺縁部位は胞子嚢群付近であった．As が濃集している羽片の先端部位は写真と対応させると褐色に変色している部位である．また，この部位では As と K が明確な負の相関を示している．K は植物の必須元素であり，アルカリイオンとして移動しやすい性質をもっている．これらのことから，この部位は褐変枯死している部位であることが示唆された．以上よりモエジマシダ中を地上部に運ばれたヒ素は羽片の胞子嚢群付近と枯死している部位に最も偏在していることが明らかとなった．両者は，それぞれ最も生命活動が活発な部位と，生命活動が止まってしまっている部位という全く逆の環境の部位であるため，蓄積機構に興味がもたれる．

マイクロビームによる葉の周縁部の横断面の分析を行って，胞子嚢周辺の元素分布を詳細に観察したのが図 4 である．図 4 ではヒ素を投与して 30 分後(a)と 24 時間後(b)の元素分布を比較した．その結果，投与してわずか 30 分で葉の周縁部まで As が達していることがわかった．K が球状に分布している部分が胞子嚢であるが，ヒ素は胞子嚢にはあまり蓄積しておらず，その基部に濃集していて，胞子への移行を阻止しているという注目すべき結果が得られた．

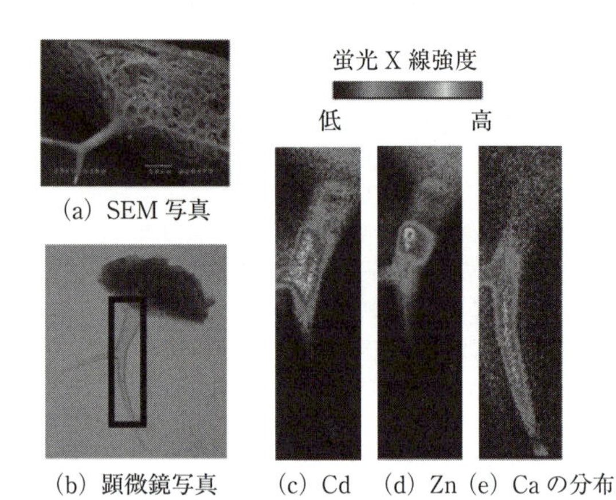

(a) SEM 写真　(b) 顕微鏡写真　(c) Cd　(d) Zn　(e) Ca の分布

図 5　トライコームの蛍光 X 線イメージング（口絵参照）

Cd は毒性の高い元素であり，環境問題で注目され，我が国ではイネの Cd 濃度が高い場合があることなどから土壌浄化への期待も高まっている．したがって，カドミウム蓄積植物の開発と，その蓄積機構の解明はファイトレメディエーションへの大きな貢献となる．Cd の分析では，放射光 X 線をモノクロメータで 37 keV に単色化し，集光ミラーを用いて 3×3 μm^2 の X 線ビームに成形した．Cd 耐性植物であるハクサンハタザオに Cd を投与し，葉における Cd の分布を調べた[2]．

X 線ビームを照射して葉における Cd の XRF イメージングの結果，葉表面に Cd が点状に局在し，Cd は葉の表面にある毛状突起組織であるトライコームに蓄積していることがわかった．このトライコームのどこに Cd があるかを明らかにするために，光学顕微鏡下で葉からトライコームを切り取り，マイクロビームで分析した．トライコームの走査型電子顕微鏡写真（SEM）を図 5(a)に，光学顕微鏡写真を（b）に示し，試料における Cd，Zn，Ca の元素分布を(c)-(e)に示した．Cd の分布は局在化しており，Zn との類似性がみられた．トライコームの付根の節において Cd 強度が強いことを図 5(c)は示している．トライコームは単細胞であるといわれていることから，このデータは Cd の細胞内の局在化を可視化しているといえる．

トライコームにおけるCdとZnの分布には高い正の相関がある．CdとZnは同族元素であり，Cdの蓄積機構には同族元素であるZnとの関連が示唆されたといえよう．このようなCdやZnの分布は，Caがトライコーム先端全体に分布している（図5(e)）こととと対照的であり，その蓄積機構に両元素で差が認められた．しかし，なぜトライコームでCdの分布に偏りがあるのかは不明である．

放射光を利用することで，組織から細胞レベルでの元素イメージングによって重金属蓄積植物体内の重金属の蓄積箇所を知ることができることを紹介した．

SPring-8のチャンピオンデータでは50 nmのナノビームも開発されており，今後細胞小器官レベルの分析も可能になるであろう．

参考文献

［1］保倉明子，北島信行，寺田靖子，中井泉，放射光，**23**，2，69-80（2010）．
［2］中井泉，“SPring-8学術成果集”，夢の光を使ってサイエンスの謎に挑むTopic 27，71-72（2010）．

4. 固体・分子集合体・コロイド粒子の化学

4.1 固体とは

固体（solid）は，大きく**結晶（crystal）**と**アモルファス（amorphous**，非晶質）に分けることができる．結晶では，原子や分子といった構成要素が規則正しく整列し，特定の周期構造を示すことから，X線構造解析によりその内部構造を突き止めることができる．このような結晶は，構成要素同士がどのような作用で結び付いているかにより，金属結晶，イオン結晶，共有結合結晶，分子結晶などに分類することができる．一方非晶質は，ガラスに代表されるように，原子レベルで眺めた構造には固体全体にわたる規則的な構造はみられず，結晶と同じ原子や分子から構成されていても，まったく異なる性質を示すことも多い．さらには，これまでの結晶や非晶質の定義からはどちらにも分類されない，準結晶という特異な物質や，固体と液体の中間ともよぶべき，液晶やゲルなどのさまざまな物質群が存在する．

本節では，このような固体とその周辺に位置する物質について理解を深めることを目的とする．

4.1.1 結晶性固体

本項では，結晶性固体の性質とその成り立ちについて紹介し，ミクロなレベルの相互作用が，我々が普段目にするマクロな性質に結び付いていることを学ぶ．

a. 金属結晶

結晶性固体の中でも，単純な構造をとるものの一つに**金属結晶（metallic crystal）**がある．金属結晶の構造は，多くの場合構成原子を剛体球とみなして，球体同士が接する形で周期的な構造をとると考えることで理解できる．このとき，最も密に剛体球を詰め込むことのできる構造は，現実には色々なパターンがあるが，常温常圧でよくみられる例として**六方最密充塡構造（hexagonal close-packed structure）**と**立方最密充塡構造（cubic close-packed structure）**が挙げられる．六方最密充塡構造は図 4-1(a)に示すように1層目の原子（緑）を密に詰めた後，そのくぼみに2層目の原子（薄緑）を配置し，さらにその上に3層目の原子（白）を配置する際，aの位置に原子を置くと，1層目の原子の真上に配置された構造をつくることができる．この構造は3層目で配置が1層目と同じになるため，2層で一つの周期構造を形成する．一方で，図 4-1(b)に示すように立方最密充塡構造では，1層目，2層目までは六方最密充塡の場合と同様に原子を重ねるが，3層目でbの位置に原子を置くと，1層目，2層目のいずれの直上にも配置されず，さらに4層目を積み重ねることにより1層目の真上に原子が配置することになる．よって，この場合は3層を一つの単位として周期構造が形成されていることになる．立方最密充塡構造の名前の由来は，この結晶構造が立方晶という類型に属することからきており，立方体の各頂点と各面の中心に原子が配置する，面心立方格子(face-centered cubic lattice)と同じ構造になる．図 4-2に面心立方格子を示したが，図 4-1(b)と対応する形で原子を色分けすると，図左下から対角線右上方向に向かって，1層目から3層目までが配置し，右上

(a)
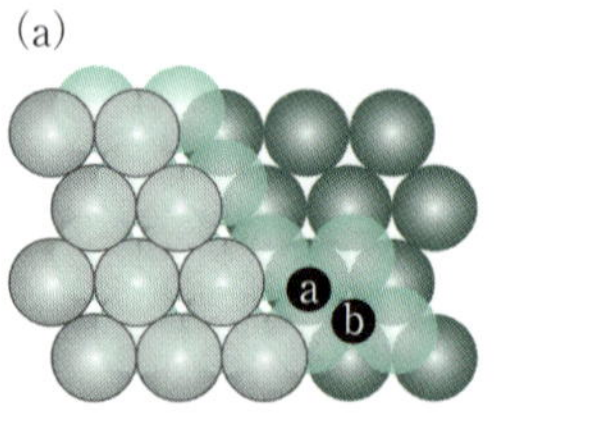

(b)
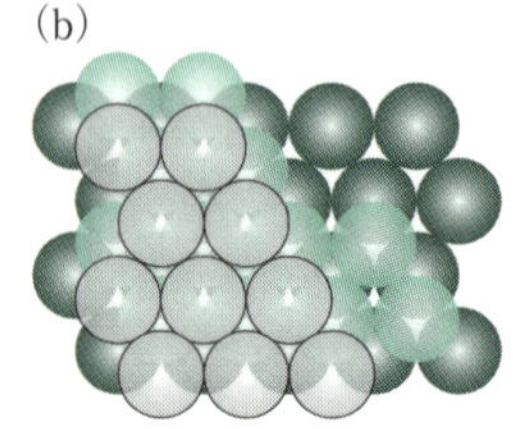

図 4-1　六方最密充塡構造(a)，立方最密充塡構造(b)

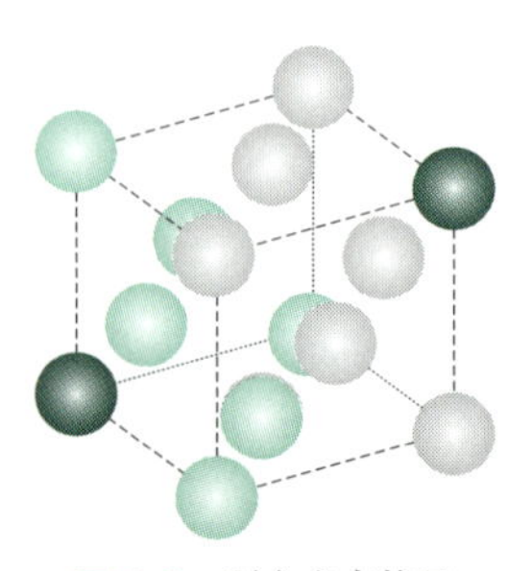

図 4-2　面心立方格子

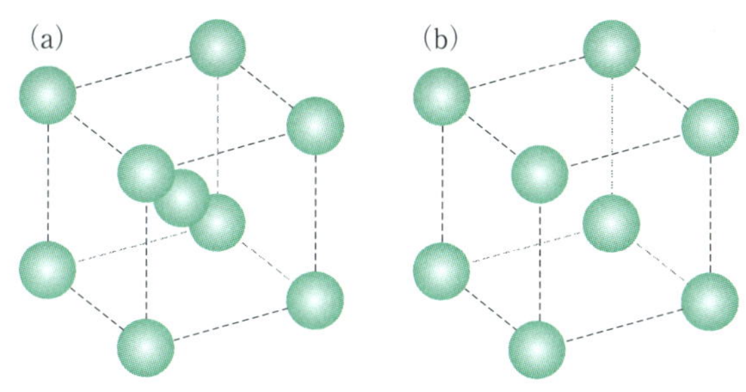

図 4-3 体心立方格子(a)，単純立方格子(b)

の頂点で1層目と同じ配置に戻るようすが理解できるだろう．

多くの金属結晶はこれらのような**最密充塡構造 (close-packed structure)** をとるが，中にはアルカリ金属などのように，常温常圧では最密に詰まった状態をとらない場合もある．その場合は，図 4-3(a)のように，立方体の各頂点と中心に原子が配置する**体心立方格子 (body-centered cubic lattice)** をとることが多い．またごくわずかに，図 4-3(b)に示すような，立方体の各頂点に原子が配置する**単純立方格子 (simple cubic lattice)** をとる場合もある．特に最密充塡構造と体心立方格子では，エネルギー的には互いに近い構造であり，温度や圧力条件を常温常圧から変化させると，構造相転移を起こす場合も多い．

[例題 4-1] 空間充塡率の計算

図 4-2，4-3 に基づき，原子を互いに接する剛体球だと仮定した場合の，面心立方格子，体心立方格子，単純立方格子の空間充塡率（一定の体積中で原子が占める割合）を計算し，この中では面心立方格子が最も充塡率が大きいことを確認せよ．

剛体球の半径を r，格子の一辺の長さを a とすると，面心立方格子では各面の対角線が半径四つ分に相当するので，r と a の関係は，

$$4r = \sqrt{2}a \tag{4-1}$$

立方体の体積 V_c は，

$$V_c = a^3 \tag{4-2}$$

原子一つあたりの体積は剛体球を仮定して球の体積から求められる．また単位格子中には，八つの頂点に各々 1/8 の球が，六つの面には各々 1/2 の球が存在することから，合計で $\frac{1}{8}\times 8+\frac{1}{2}\times 6 =$ 四つの原子があるので，原子が占める体積 V_a に式(4-1)を適用し，

$$V_a = \frac{4}{3}\pi r^3\times 4 = \frac{4}{3}\pi\left(\frac{\sqrt{2}}{4}a\right)^3\times 4 = \left(\frac{\sqrt{2}}{6}\pi\right)a^3 \tag{4-3}$$

求めるべき値は V_a/V_c なので，

$$\frac{V_a}{V_c} = \frac{\sqrt{2}}{6}\pi \approx 74\% \tag{4-4}$$

同様に，体心立方では r と a の関係が

$$4r = \sqrt{3}a \tag{4-5}$$

であり，立方体中に2個の原子があることを考えて同様に計算すると 68%．

さらに単純立方格子では

$$2r = a \tag{4-6}$$

となり，同様に 52% と計算されることから，これらの中では面心立方格子，すなわち立方最密充塡構造の充塡率が最も高いことがいえる．また，剛体球の詰め方であれば，74% があらゆる充塡の仕方の中で，最も密な詰め方であることが知られている．六方最密充塡構造も，充塡率は 74% である．

金属を特徴づける性質としては，融点，沸点が比較的幅広いこと，金ぱくをつくるときのように叩くと広がる性質（**展性 (malleability)**）や引っ張ったときにちぎれずに伸びる性質（**延性 (ductibility)**），光を反射して灰色～白色にみえる金属光沢，電圧を加えると容易に電流が流れる電気伝導性，また温度を伝えやすい高い熱伝導率などを挙げることができる．これらの性質は，主に**金属結合 (metallic bond)** の成り立ちから理解することができる．金属結合は，金属原子が互いに電子を放出し，その電子が整列した原子核（電子を放出した陽イオン）の隙間を満たすように自由に移動することで，陽イオン同士を結び付けることにより成り立っていると考えることができる（注：非常に多数の原子からなる単一の電子軌道に電子を配置するという考え方はバンド理論とよばれる．11 章参照）．このような自由に移動する電子という捉え方から，金属の多くの性質が理解できる．

金属の融点は，−40℃ 程度の水銀や 30℃ 程度のガリウムから，3000℃ を超えるタングステンまで幅広く，自由電子と陽イオンとの相互作用の強弱，原子から放出される**自由電子 (free electron)** の数などに応じて決まる．結合エネルギーは，多くの場合分子結晶より大きく，イオン結晶より小さい傾向を示す．

展性，延性は，陽イオン間の配置が変化しても金属結合が失われないことを示唆している．金属結合に寄与する自由電子は，陽イオン間を満たすように存在している．すると，図 4-4 に示すように，陽イオン間の相対的な配置が変化しても，自由電子がそれらを結びつける役割にほとんど変化がなく，金属結合は保たれる．そのため，陽イオン同士は比較的容易に位置を入

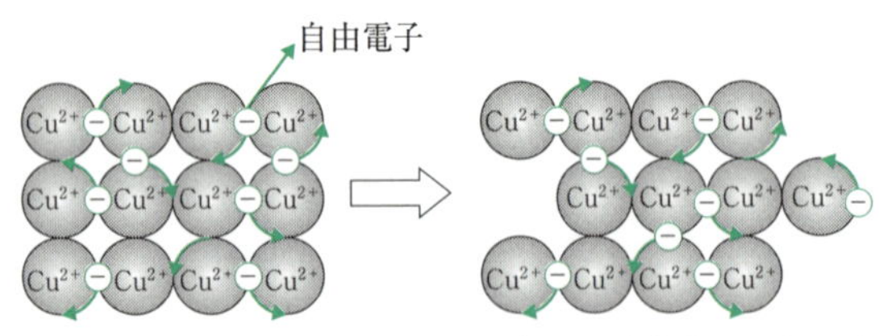

図 4-4　自由電子が陽イオン間を自由に移動することで結び付けているため，陽イオンが多少ずれても，結合の強さは変化しない．

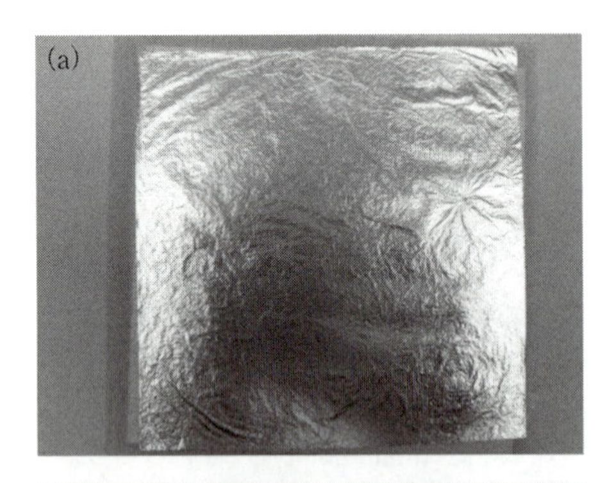

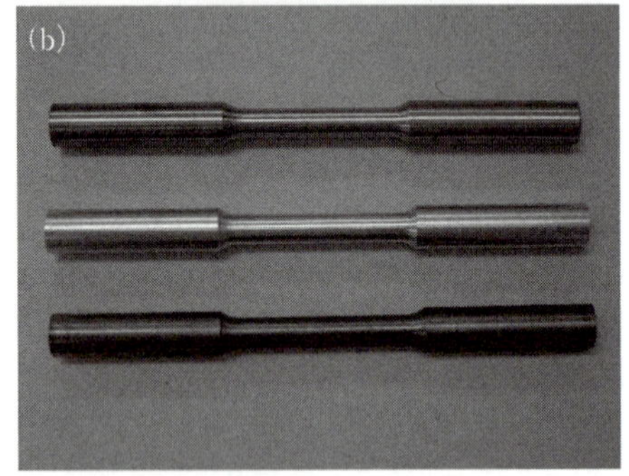

図 4-5　(a)金を叩くことで薄く延ばして金ぱくをつくる(展性の例)．(b)軟鋼の引張試験に用いられる試験片（延性の例）．

れ替えることができるので，広げたり伸ばしたりといった変形が可能になる．これは，金属結合は結合に方向性のない，**等方的（isotropic）**な相互作用を示していることに由来すると考えてよい．

またこの自由電子は，金属表面で光を反射する作用も担っている．可視光は電磁波の一種であるため，電場と磁場が振動しながら進行する波と考えることができるが，この電場や磁場の振動は，金属表面の自由電子を振動させ，この自由電子の振動が電磁波の侵入を妨げることで反射を起こし，広い波長範囲にわたって反射が起こると，白っぽいいわゆる金属光沢が現れる．図 4-6 に示すように，銀は特に可視領域全般で反射率が高く，輝いてみえる．例外的に銅は赤みを帯びた褐色，金は黄色に近い色のついた金属光沢を示す

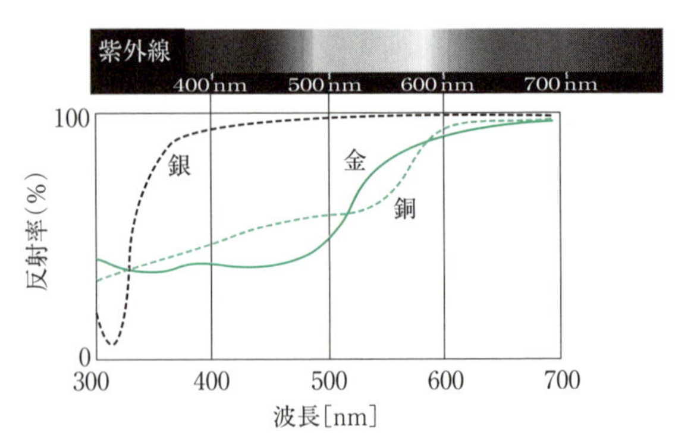

図 4-6　金，銀，銅の反射スペクトル．銀が可視光の全領域で光を反射して白く輝くことがわかる．一方で，金や銅は，高周波側の可視光の反射率が小さいため，銅で赤色近傍，金で黄色近傍の光を反射していることがわかる．

が，これは各々異なる理由により電子の束縛が他の金属に比べて強く，高周波の電磁波に対して電子が素早く応答できないことが原因である．

さらに，金属原子が出し合った自由電子は，陽イオン間を自由に移動することが可能であるため，金属結晶に電場を加えると，容易に陰極から陽極に向かって電子が移動する．電子の移動する方向と電流の向きは逆方向で定義されているので，電流は陽極から陰極に向かって流れることになる．金属に熱を加えると，このように自由に運動する電子がエネルギーを受けとり，物質中に速やかに拡散するため，熱伝導性が高いといえる．

このように，金属結晶の多くの性質は，金属結合を生じる自由電子の振る舞いから理解することができる．

b. イオン結晶

イオン結晶（ionic crystal）は，塩化ナトリウム（食塩）に代表されるように，電子を失いやすい元素（塩化ナトリウムの場合 Na）から，電子を受けとりやすい元素（同じく Cl）へと電子が受け渡され，結果として生じる陽イオン（Na^+）と陰イオン（Cl^-）がクーロン力で引き合うことによって生じる．このとき受け渡された電子は，イオンの間を自由に移動することなく，陰イオンに束縛されてしまうため，金属とはまったく異なる性質を示す．構造的には図 4-7 に示すように，陽イオンと陰イオンを 1：1 の割合で含む**塩化ナトリウム（岩塩）型（sodium chloride type）**や**塩化セシウム型（cesium chloride type）**などがよく知られており，同様の構造をもつ多くの物質が存在する．しかしながら，他にも 1：1 の塩でも構造の異

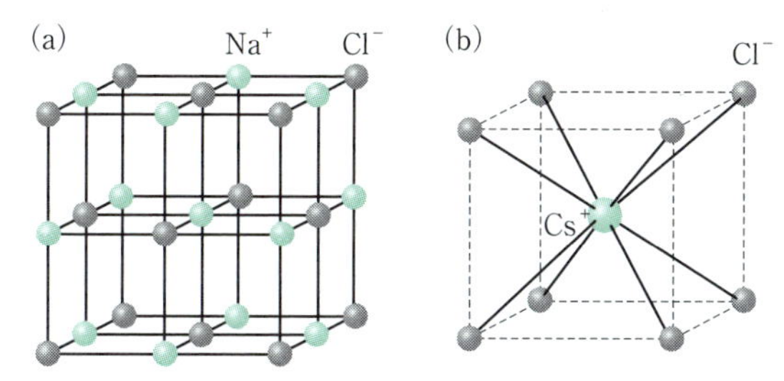

図 4-7 塩化ナトリウム型構造(a)，塩化セシウム型構造(b)

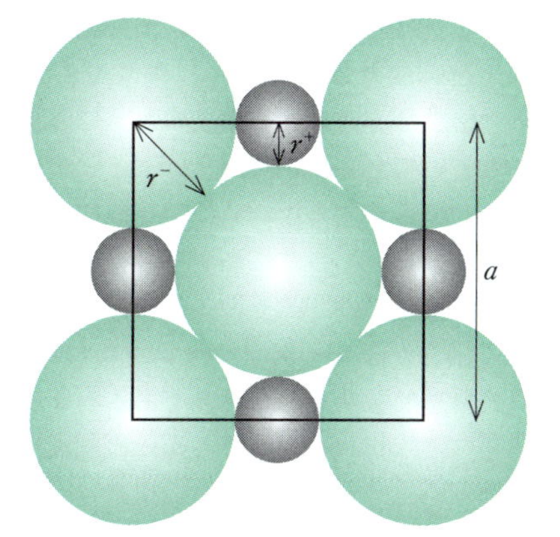

図 4-8 NaCl 型結晶において，陰イオン同士が接する場合の，最大の陽イオン半径を与える幾何配置

なるもの，あるいは両イオンの比率が 1：1 以外のものも数多く知られ，閃亜鉛鉱型やスピネル型，蛍石型など，その構造をとる典型的な鉱物の名称で結晶構造が分類されている．

あるイオン性化合物が，実際にどのような構造をとるのかを判断するためには，片方のイオンがもう一方のイオンいくつで取り囲まれるかを示す，**配位数(coordination number)** が重要となる．この配位数の見当をつける際に，両イオンの半径比を利用することができる．一般的には陽イオン半径の方が陰イオン半径よりも小さいため，図 4-8 に示すように，半径 r^- の陰イオンが互いに接する状況で，その隙間をぴったり満たす最大の半径 r^+ の陽イオンとの半径比 ρ を限界半径比とよび，

$$\rho = \frac{r^+}{r^-} \qquad (4\text{-}7)$$

で定義すると，六配位である NaCl 型構造の場合は ρ の値が 0.414 となり，もしこれ以上陽イオンの半径が小さくなるようであれば，陰イオン同士の接触を緩和するために配位数が小さくなる方が有利になると考えられる．同様に 4 配位となるような限界では ρ は 0.225，8 配位となる限界の ρ は 0.732 と計算することができ，まとめると表 4-1 のようになる．

表 4-1 理論上，特定の配位数をとる半径比 ρ の範囲

半径比 ρ	配位数	実際の例
0.225～0.414	4 配位	ZnS（閃亜鉛鉱）
0.414～0.732	6 配位	NaCl
0.732～	8 配位	CsCl

[例題 4-2] NaCl 型 6 配位の限界半径比の計算

図 4-8 に基づき，NaCl 型 6 配位の場合の限界半径比を計算せよ．

NaCl 型結晶格子の長さを a とすると，図 4-8 から，

$$2r^+ + 2r^- = a \qquad (4\text{-}8)$$

$$4r^- = \sqrt{2}a \qquad (4\text{-}9)$$

の関係が得られる．式(4-8)，(4-9)より，

$$\rho = \frac{r^+}{r^-} = \frac{\frac{2-\sqrt{2}}{4}a}{\frac{\sqrt{2}}{4}a} = 0.414 \qquad (4\text{-}10)$$

イオン結晶を特徴づける性質としては，高い融点や沸点を示すこと，固体状態では電流を通さないが，液体や水溶液では電流を流すことができること，硬いが脆いため，衝撃などで結晶面に沿って割れる**へき開(cleavage)** が起こることなどが挙げられる．

イオン結晶の結合力は，陽イオンと陰イオン間に働くクーロン力から成り立っていることから，イオン結晶を構成するイオンの電荷が大きく，また陽イオン-陰イオン間距離が短いほど，結合エネルギーが高くなる傾向にある．一般的なイオン結晶の結合エネルギーは，金属結晶より大きく，共有結合結晶より小さい傾向にある．

固体状態にあるときは，陽イオン，陰イオンともに結晶中で移動することができず，また互いにやりとりした電子も陰イオンに束縛されてしまうので，電流を流すことができない．しかし，融点を超えて溶融塩にしたり，水溶液にして陽イオン，陰イオンともに自由に移動することができるようにすると，電荷をもったイオンが移動することにより電流を流すことができるようになる．

また結合力が強いことから，固体自体は硬い性質を示すが，図 4-9 に示すように，衝撃などで結晶にずれを生じると，結晶面全体にわたって同符号の電荷をもつイオン同士が接近することになり，結晶面を露出さ

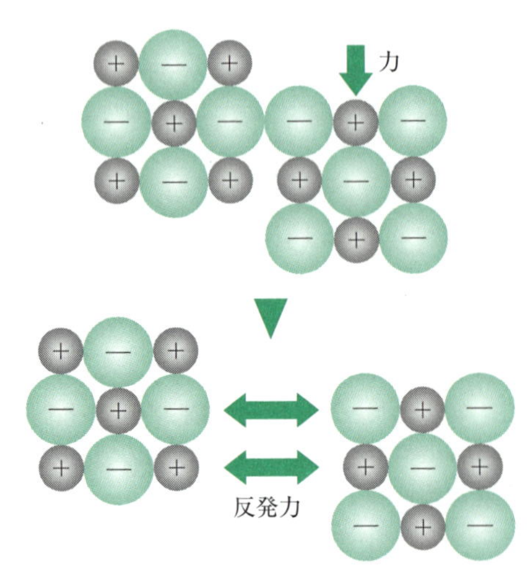

図 4-9　イオン結晶のへき開のようす

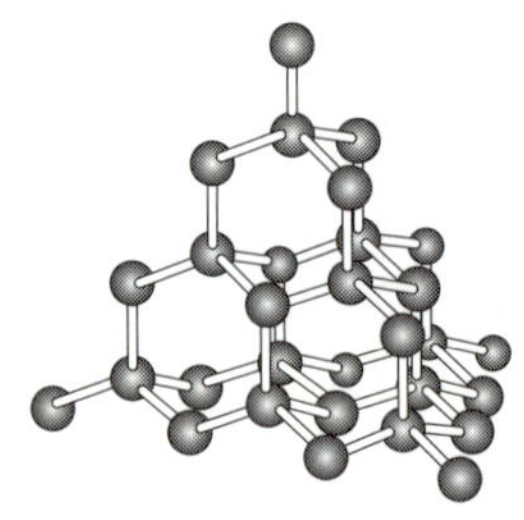

図 4-10　共有結合結晶の例としてのダイヤモンドの構造

せる形できれいに割ることができる．このような現象をへき開とよび，金属のように展性，延性を示す物質と大きく異なる点だといえる．

これらの性質は，電気的に偏った陽イオンと陰イオンの組合せと，クーロン力による引力および斥力相互作用によって説明でき，電子移動がもたらす性質だといえる．

c. 共有結合結晶

共有結合結晶（covalent crystal）は，ダイヤモンドや石英に代表されるように，物質全体にわたって成分原子が共有結合で結び付けられている結晶を指す．すなわち，結晶全体が一つの巨大分子であるとみなせる．例えば炭素の共有結合結晶であるダイヤモンドは，図 4-10 に示すように，各炭素原子の周囲を四つの炭素原子が正四面体型に取り囲み，この四面体が無限に整列する構造をとる．

共有結合結晶の一般的な特徴は，機械的には非常に硬く，またきわめて高温まで固体状態を保つこと，電流を通さず非常によい絶縁体となること，一方で熱伝導性はよく，温度を伝達しやすいことなどが挙げられる．

共有結合が非常に強い結合であるために，共有結合結晶は硬い性質をもつ．ダイヤモンドで典型的にみられるように，各結合は，中心の炭素に対して正四面体型に取り囲むように隣接炭素原子が配置し，この位置関係は結合性軌道の形成によって決まるので，このような配置を変形させるには非常に大きなエネルギーを必要とする．そのため，一般的に非常に硬い物質となる．

また共有結合結晶は，非常に高温に至るまで固体状態を保つ．固体の規則性を失うという観点から融点を定義することも可能だが，融点を超えて流動性を示したのちに，冷却すれば元の固体に戻りやすい金属結晶，イオン結晶あるいは分子結晶のように融点を定義するのは難しい場合も多い．例えばダイヤモンドであれば，常圧で酸素を含まない条件で高温にすると黒鉛に相転移してしまい，さらに高温では昇華する．するとこれは炭素原子なので，そのまま冷却しても不定形炭素になる場合が多く，ダイヤモンドには戻らない．もう一つの典型的な共有結合結晶である石英は，高温で溶融状態の二酸化ケイ素になるが，冷却速度に応じて無定形からいくつかの異なる結晶構造に至るさまざまな状態をとる．このように共有結合結晶の構造は，金属結晶，イオン結晶や分子結晶に比べて，温度や圧力などの外部条件がどのような過程で変化したかに依存しやすい．

共有結合は，隣接する原子同士を電子が結びつけており，電子は自由に結晶中を移動することができない．そのために電流を流すことができないが，一方でダイヤモンドは熱伝導性が高く，熱をよく伝えることで，鍋の材料にも使われる銅の5倍ほどの熱伝導率を示す．これは金属結晶のように，運動する自由電子が熱エネルギーを運んでいるのではなく，固体で熱を伝えるもう一つの重要な機構である，結晶全体が振動することによって熱を運ぶ作用を担うことによる．ばねを伸ばしておいて手を離すと，より硬いばねほど速く戻ることを思い浮かべると，より固い物質ほど原子の振動が速く伝わる，すなわち熱を伝えるということが理解できる．もちろん，共有結合結晶の中にはそれほど熱伝導性の高くないものも存在するが，その場合は不純物を含んでいることが多く，例えば強いばねと弱いばねを混ぜてしまうと，弱いばねの振動が強いばねの部分で止められてしまうなど，振動の伝達には均一な構造が有利に働くことを考えればよい．

これらの性質は，電子が隣接する原子同士を強固に結びつける結果として現れ，金属結晶やイオン結晶とは異なる働き方をしているといえる．

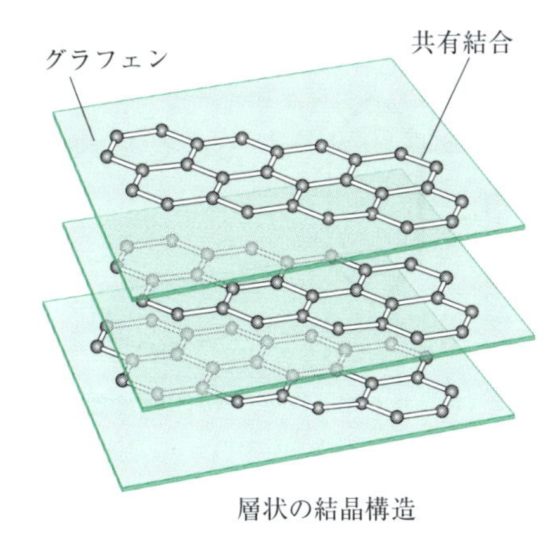

図 4-11 黒鉛の構造

共有結合結晶に分類される物質の中でも，黒鉛はダイヤモンドや石英と比較して，構造および性質の観点で特異な物質である．黒鉛は図 4-11 に示すように，グラフェンとよばれる炭素からできたハチの巣状のシート構造が，無数に重なってできている．シート内では炭素間が sp^2 混成軌道を基本とした共有結合で互いにしっかりと結びつけられていることから，一般的に共有結合結晶に分類される．一方で，シートとシートの間はファンデルワールス力で重なり合っており，シート内の結合に関与しない p 軌道を利用して，シート間の方向に電子が移動できる．そのため，同じ炭素からできていても，黒鉛はダイヤモンドと違って電気を流すことができる．黒鉛の弱いシート間結合は，層の間に力を加えることで容易に引きはがすことができ，へき開しやすいこともダイヤモンドと異なる点である．このような性質から，グラフェンを一つの分子と考え，グラフェン分子同士がファンデルワールス力で互いに結び付いているという点で，黒鉛を分子結晶と考える場合もある．さらにグラフェン 1 枚は，黒鉛と異なる新たな性質を示すことが理論的に予測されてきたが，アンドレ・ガイム，コンスタンチン・ノボセロフらによって簡単な方法で単離され，理論予想に従った性質が現れることが証明された．

アンドレ・ガイム/コンスタンチン・ノボセロフ

ロシア出身の物理学者（ガイムはのちにオランダ国籍を取得．ノボセロフはロシア，英国籍共に保持）．グラフェンシート 1 層の単離を行い，黒鉛とは異なる性質を示すことを明らかにした功績で，2010 年のノーベル物理学賞を受賞．（1958-/1974-）

d. 分子結晶

分子結晶（molecular crystal）として身近な例は，氷やドライアイス（二酸化炭素）が挙げられるだろう．これらの物質は，分子同士には結合がなく，さまざまな分子間力で結びつけられている．特に水素結合やファンデルワールス力などが働くことで分子間に引力が作用し，互いに凝集して結晶を形成するものを分子結晶という．もちろん分子結晶を構成する個々の分子内では共有結合が存在するが，結晶を形成する主な作用は分子間に働く力である．

分子結晶の結晶構造は，さまざまな力が働くことから類型化することは困難である．また，作用する力の大きさも，これまでに述べた結晶を形成する作用に比べて非常に弱く，分子同士の並び方が多少変化しても，エネルギー的な安定性がほとんど変わらないことがある．そのため，わずかな条件の違いで**結晶多形（crystal polymorph）**とよばれる，分子同士の並び方が異なる結晶が形成される場合がある．

分子結晶を形作る相互作用として比較的強いのは，**水素結合（hydrogen bond）**である．例えば水の水素結合を考えてみる．水分子内の O−H 共有結合を形成する，酸素原子と水素原子の電気陰性度（電子を引きつけやすいかどうかを示す値）の差を考慮すると，酸素の電子を引きつける能力が高いため，水素は結合電子を酸素に引きつけられるために電子が足りない状態になり，イオン結晶のように各々が陰イオン，陽イオンになるところまではいかないものの，酸素がやや負電荷が多く（δ− 性），水素がやや正電荷が多い状態（δ+ 性）になる．この電気的偏りにより，水分子中の水素原子は，他の水分子の酸素の負電荷に引き寄せられ，分子間で相互作用を示すことができる．このような作用が順次つながって，最終的に図 4-12 のような氷の結晶構造が形成されることになる．水素結合はその他の分子間力よりは強い結合だが，共有結合，イオン結合，金属結合のいずれよりも，かなり弱い結合である．

分子結晶では，水素結合以外にも分子の分極による作用で分子同士が凝集する場合がある．例えば NO_2 と表記される二酸化窒素分子は，N−O 結合において酸素側に電子が偏っていることに加え，水分子と同じように分子全体が折れ線構造をとっていることから，両側の N−O 結合から生じる分極が打ち消し合わず，分子一つ一つが電気双極子モーメントをもつ．この双極子モーメントは，分子固有であるため，**永久双極子モーメント（permanent dipole moment）**とよぶ．永久双極子モーメントをもつ分子同士では，互いの相対

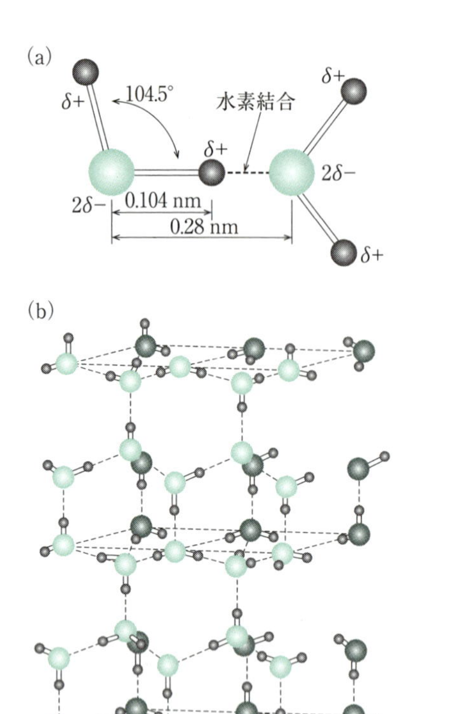

図 4-12　(a)水分子の電気的な偏り（分極）と隣接分子間の水素結合．(b)水の結晶構造

配向に基づいて，エネルギー的に安定な状態が決まるため，分子同士の配列を決定する要因となる．

また，永久双極子モーメントをもつ分子の近くに分極をもたない無極性分子が存在する場合，永久双極子の分極に基づく電場内に置かれた無極性分子内に電子的な偏りが現れ，双極子が誘起される．このようにして生じた双極子モーメントを**誘起双極子モーメント（induced dipole moment）**とよぶ．このような永久双極子-誘起双極子間にも相互作用が働く．

無極性の分子しか存在しない場合にも分子間に相互作用は働く．量子力学的な効果を考慮すると，無極性分子も常に電荷の偏りが存在しないわけではなく，波動関数が揺らいでいることによる電荷の偏りが誘起されて，一時的に誘起双極子モーメントが生じ，分子間に引力が働くことになる．このようにして生じる引力は**分散力（dispersion force）**とよばれる．

双極子の成り立ちから予想できるように，これらの相互作用の中では，永久双極子-永久双極子相互作用 > 永久双極子-誘起双極子相互作用 > 誘起双極子-誘起双極子相互作用の順で結合エネルギーが小さくなる．これらの作用をまとめて**ファンデルワールス力（van der Waals interaction）**とよび，多くの分子結晶を形作る作用となる．これらの相互作用は，総じて水素結合よりは弱い．

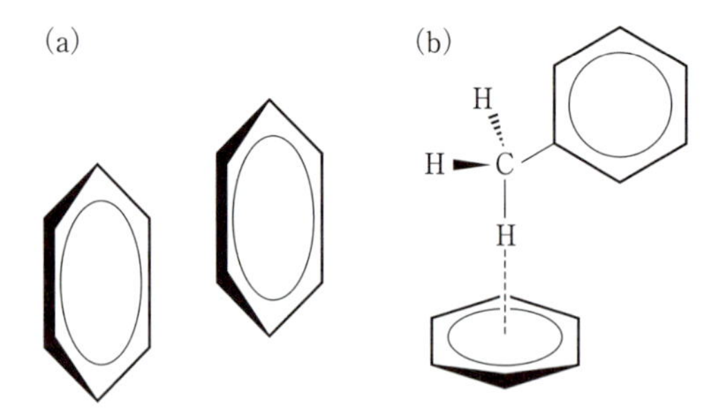

図 4-13　(a)π−π 相互作用と(b)CH−π 相互作用

有機分子による分子結晶では，図 4-13 に示すように，ほかにも芳香環同士が環状構造を重ね合わせることで安定化する π−π 相互作用や，アルキル基の末端 −C−H 部位が，他の分子の π 電子系に向かって配向する CH−π 相互作用などが現れ，分子間の配列を決めるのに大きな役割を果たしている．また一部の有機分子は，分子内の電荷を部分的に別の分子に渡す電子ドナーとして働き，その電子を受けとる電子アクセプターとともに電荷移動錯体を形成するものも存在する．このとき，ドナー，アクセプターは，形式的には数分子に 1 個の割合といった，中途半端な電子の授受を行い，イオン結晶とまではいかないものの，ある程度強い分子間相互作用を示すうえ，この中途半端な電子のやりとりにより，電気伝導性の固体を形成する場合もある．

分子結晶は比較的軟らかく，砕けやすい性質をもつ．融点，沸点は低い傾向にあり，物質によっては常圧下で昇華しやすいものもある．また，電気伝導性は示さないといった特徴をもつ．

これまでに述べたように，結晶内での分子間の相互作用は非常に小さい．金属結晶やイオン結晶のように原子，イオンが密に詰まっていたり，共有結合結晶のように隣接する原子間が強固な結合で支えられているわけではなく，分子間が弱く結び付いているために，外から力を加えると分子間距離を縮めることができることから，分子結晶は比較的軟らかい．さらに強い力を加えると，結合そのものを保てなくなり，簡単に壊れてしまうような脆い性質も示す．

分子結晶は，分子間の結合エネルギーが小さいために，高温にすると分子結晶から流動性をもった液体へ，さらに分子同士がばらばらに単独で空間を動き回る気体へといった相転移を容易に起こすことができ，融点や沸点は低い傾向になるといえる．ただし，その中でも比較的強い結合エネルギーを示す水素結合をもつ物質は，他の弱いファンデルワールス力による分子結晶よりも，高い融点を示す傾向にある．分子結晶の中でもドライアイスやヨウ素は，分子間力の中でもきわめて弱い，誘起双極子-誘起双極子相互作用で結晶が形成されており，液体状態を経由せず，固体から直接気体へと相転移する昇華現象を示す．

イオン結晶は結晶状態では電気を流さないが，高温で液体状態にしたり，水溶液にした場合には電気を流した．しかし分子間には通常電子のやりとりは起こらないため，分子結晶は固体状態だけでなく，高温で液体になっても，水溶液にしても，一般的に電気は流れない．

このように分子結晶では，水素結合や各種の双極子相互作用など，さまざまな原因による分子内の電気的な偏りにより結晶が構築されており，その弱い相互作用を原因として，他の要因による結晶ではみられない，軟らかく，分子に解離しやすい性質を示す．

4.1.2 非結晶性固体

通常の固体は大きく結晶と非晶質（アモルファス）に分けることが多いが，近年，結晶性ではない固体として，準結晶とよばれる物質群が見出されており，2011年ノーベル化学賞の対象となっている．

この項では，結晶性固体に分類されない固体としてよく知られるアモルファスと，第3の固体として，これまでの結晶ともアモルファスとも分類できない特殊な性質をもった準結晶の構造と性質について紹介する．

a. アモルファス（非晶質）

これまでに結晶性固体として金属結晶，イオン結晶，共有結合結晶，分子結晶を紹介してきたが，身の回りには結晶性ではない固体も多くみられ，アモルファス（非晶質）とよばれる．いわゆるガラスはアモルファス物質の代表例であり，ほかにも身のまわりでは半導体産業におけるアモルファスシリコンや，高機能材料としてのアモルファス金属など，結晶とは異なる性質を示すことから，現代産業で幅広く利用されている．

アモルファスは，結晶とは異なり，周期性のある繰り返し構造が存在しない．そのため，結晶では一般的に存在する，三次元的に異なる方向に対して異なる周期構造を示す**異方性（anisotropy）**が存在しない．つまり，大きい視野で観察すると，どちらの方向にも同じような構造が生じる等方性を示す．ただし，アモルファスの種類によって，局所的にみれば周期性に類似した構造をもつものの，物質全体をみると周期性がない場合がある．すなわち，**短距離秩序（short-range order）**はあるが**長距離秩序（long-range order）**が

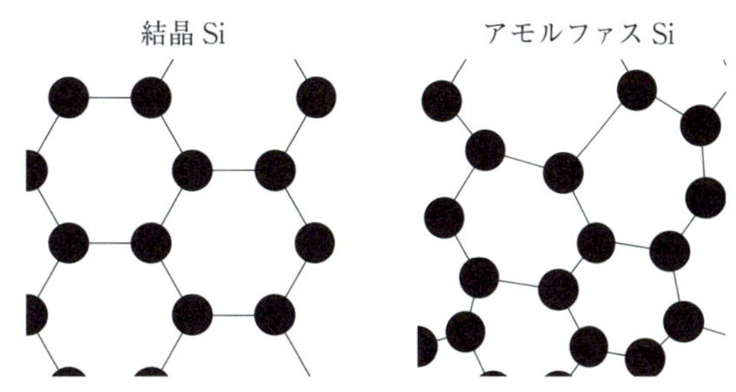

図 4-14 結晶と短距離秩序をもつアモルファス構造の模式図．アモルファスも，特定の原子の周辺だけをみると，配位数や結合距離が結晶と似た構造をとる場合がある．

ない場合（図 4-14）と，短距離秩序も存在せず，完全に周期構造がない場合がある．特に鉱物などの無機物の場合，アモルファス固体では，短距離秩序がみられることが多い．

結晶性の固体では，材料としてその融点が重要になるが，アモルファスでは多くの場合，**ガラス転移温度（glass transition temperature）**が重視される．図 4-15 に示すように，結晶性物質を高温にしていくと融点で溶解するが，アモルファス物質では溶解した状態から温度を下げた際に，先ほどの融点で固化することなく，液体のままさらに温度を下げることができる．そしてガラス転移温度で急激に粘性が高くなり，液体のように構成原子の位置関係が乱れたまま，結晶構造を形成せずに固まり，ガラス状態を形成する．このガラス状態の温度を上げていくと，ガラス転移温度で再び軟化するが，融点に向かって温度上昇する間，粘性が連続的に変化する非平衡状態を経由する．つまり，ガラス状態というのは，結晶にみられる平衡系の相転

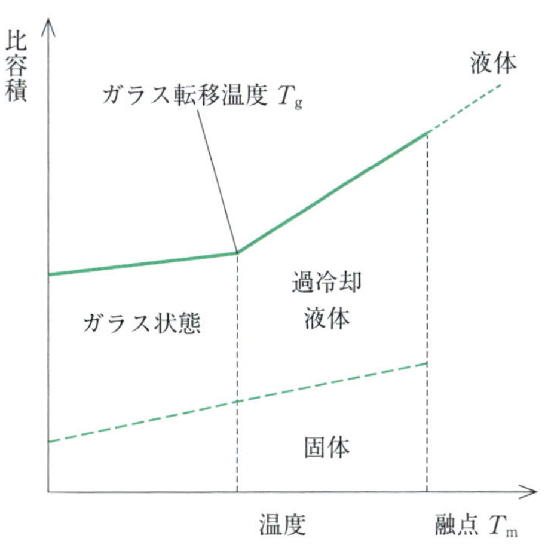

図 4-15 融点とガラス転移温度の関係

移とは異なる，準安定相の非平衡な振る舞いをみていることになる．このようなガラス状態を形成するかどうかは，冷却時の温度制御や，物質を構成する成分に依存するところが多く，広い範囲でガラス化可能な条件を求めて物質開発が行われており，透過光の波長特性や，屈折率の制御，曲げなどに対応可能な柔軟性の付与など，高機能性ガラスが生み出されている．

その他の重要なアモルファスとしては，アモルファスシリコンやアモルファス金属などがある．**アモルファスシリコン（amorphous silicon）**は，結晶性シリコンと異なり，化学気相成長法（CVD）などにより薄い柔軟性のある膜状材料を，安価にかつ大面積で生産することが可能であり，太陽電池基板などに利用されている．一方，**アモルファス金属（amorphous metal）**は，当初複数の金属元素混合物を急冷することで発見されたが，その後 3 種類以上の金属の成分選択および混合比の制御により，結晶相の分離を起こさずに安定なアモルファス相を構築できることが示され，結晶性金属よりも柔軟性があり，耐食性を備え，外部磁場に反応しやすい軟磁性という性質を示すことが明らかとなった．これらの性質は，アモルファスの一様性に由来している．例えば実際の結晶では，物質全体が完全な結晶であることはほとんどなく，結晶粒界とよばれる細かな結晶同士の境界が存在し，そういった構造の部分で破壊が起こるが，アモルファスシリコンやアモルファス金属では一様な構造をとるために，特に機械的に弱い部分と強い部分の違いが現れにくく，曲げに対して変形が全体に分散することで柔軟性を発揮する．また，アモルファス金属において，腐食の開始点ができにくいこと（耐食性），磁性が一斉に変わりやすいこと（軟磁性）も一様な構造をもつことから生じる性質といえる．

b. 準結晶

結晶が周期性をもつということは，空間を同じ構造の繰り返しで埋め尽くすことができることを意味する．正三角形，正方形，正六角形のみを使って，平面を覆い尽くすことは各々可能だが，正五角形では不可能であることから推測できるように，結晶の周期性にはある種の制約が存在する．そのため結晶でも，正五角形と同様の対称性は存在しないとされてきた．しかしながら，ダニエル・シェヒトマンにより，結晶学の常識では考えられない正五角形に類する対称性を明瞭に示す物質が，アルミニウム-マンガン合金の急冷により見出されたことをきっかけに，安定相として同様の対称性をもつ物質が次々と開発され，**準結晶（quasicrystal）**とよばれるようになった（図 4-16）．これらの物質は，正五角形に類似した対称性をもつものの，長周期の周期構造は示さないことから結晶には分類できず，一方で明瞭な対称性をもつことからアモルファスでもなく，それらのいずれとも異なる第 3 の固体状態とよぶべき物質群である．

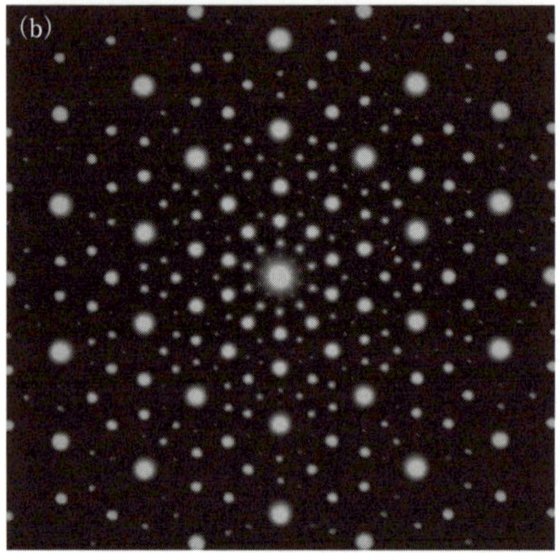

図 4-16　(a)準結晶の例．(b)10 回対称性を示す X 線回折パターン
(http://www.tagen.tohoku.ac.jp/labo/tsai/qc.html より引用)

準結晶は，常識から外れた特異な構造で注目されたが，合金（より厳密には，安定な準結晶は成分元素の組成比が連続的に変化することができず，特定の比率をとることから，金属間化合物とした方が適切）であ

ダニエル・シェヒトマン

イスラエルの化学者．結晶学の常識からは考えられなかった，5 回対称性をもつ物質を初めて見出した．その功績により，2011 年のノーベル化学賞を受賞した．(1941-)

るとはいえ，その性質も金属とは異なっている．金属の高い伝導性は，自由電子の存在と結晶全体にわたって整列する周期構造に由来するものであったが，準結晶では周期構造がないため，電気伝導率は金属結晶に比べて数桁低く，金属の場合とは逆に，温度が高くなるほど電気伝導度が上昇する．また，同様に熱伝導率も低い．また，周期構造がないために，外部からの力に対する作用が場所によって異なり，変形が広がりにくいため，機械的には普通の金属よりも粘り強い性質を示す．

このような性質は，原子が無秩序に並んだときの電子の振る舞いを用いて理解できるという研究もあるが，ここでは金属原子だけからなる物質で，通常の結晶性金属やアモルファス合金とはまったく異なる性質を示す物質として認識してほしい．

4.1.3 固体と液体の中間

現在のカラーディスプレイの多くは液晶により表示制御をしているが，この液晶は，細長い分子の向きを揃えたまま容易に回転させられる一方，分子の位置は相互に入れ替えられるなど，液体のような流動性ももつ．

また身近な食べ物であるこんにゃくや豆腐は液体というにはしっかりと形を保っており，一方で固体というには容易に壊れてしまうというように，形状にとらえどころがない．これらの食品や製品は化学的にはゲルとよばれる状態である．

物質の三態といった場合，気体，液体，固体に分ければよいが，このように固体と液体の中間にも，有用な状態がたくさん存在する．

本項では，このような固体の周辺に存在する物質について触れる．

a. 液晶と柔粘性結晶

結晶固体と液体は，原子や分子などの構成粒子が規則正しく揃って配列しているか，あるいはばらばらになっているかという観点で区別ができる．構成粒子として一般的な分子を仮定すると，分子がどのように揃っているのかは，分子が存在する場所（重心位置）と，分子の向き（分子配向）の両方を決めなければわからない．すなわち，重心位置がある間隔で規則正しく整列し，分子配向も互いに何らかの関係性をもって揃っていれば結晶固体，両方とも不規則に色々な間隔，向きをとっていれば液体であるといえる．

ここで，(1)分子配向はそろっているが，重心位置はばらばらの場合，(2)逆に重心位置はそろっているが，分子配向はばらばらの場合，を考えることができるだろうか．もちろん分子の向きを決めても，水平移動することで，重心位置は好きなように決めることができるし，逆もまた成り立つ．このような場合，一概に固体とも液体とも定義しがたい，新たな性質をもった物質群が存在し，(1)を**液晶（liquid crystal）**，(2)を**柔粘性結晶（plastic crystal）**とよぶ．一連の結晶固体，液体，液晶，柔粘性結晶を，重心位置の秩序構造，および分子配向の秩序状態の有無で分類すると，表 4-2 のようになる．液晶は次節で詳しく説明する．

表 4-2　重心位置および分子配向の秩序状態による物質の分類

		重心秩序	
		有	無
配向秩序	有	結晶性固体	液晶
	無	柔粘性結晶	液体

b. ゲル

ゲル（gel）は流動性を失ったコロイドとして定義される．コロイドは例えば牛乳のように，分散媒（例では水）に対して，微小な液滴あるいは微粒子（例では脂肪）が永続的に分散し，分離しない状態を指すが，分散質同士が互いにつなぎ合わされ，その隙間に分散媒を抱え込んで流動性を失う場合がある．こんにゃくの場合にはグルコマンナンという直鎖多糖類が，多量の水を保持する形でつくられる．豆腐は同様に，大豆タンパク質が網目状構造を形成し，その隙間に多量の水を保持する．人工的な高分子に基づくゲルもまた，高吸水性高分子として広く利用されている．

水を分散媒とするゲルは**ヒドロゲル（hydrogel）**とよばれるが，含まれている水分を乾燥させると，**キセロゲル（xerogel）**とよばれる状態になる．例えばシリカゲルは，水を含んだケイ酸ゲルを乾燥させて水分を除くことによって得られるキセロゲルの一種で，その空孔内に再度水分を吸着することができるために乾燥剤として用いられる．

さらに超臨界乾燥法とよばれる，ゲルの網目状構造を壊さないように分散媒を取り除く手法を用いることで，含んでいる水分を空気に置換して，元々の網目状構造を nm レベルで保持した**エアロゲル（aerogel）**といった物質も開発されている．水を含むゲルに対して，通常の方法で乾燥を行うと，乾燥の過程で水の表面張力による空孔構造の破壊が起きてしまい，ゲルのときの隙間構造をそのまま保持することはできないが，二酸化炭素を高圧にした超臨界液体であれば，ゲル化した後に空孔構造を壊さずに隙間を空気で満たすことができる．そのため，$2\ \mathrm{mg\ cm^{-3}}$ にも達するきわめて小さなかさ密度（隙間部分も体積に含んで換算した見かけの密度）を示し，高い透明性と断熱性をもつ物質も見出されている．当初のエアロゲルは，非常に微細な二酸化ケイ素骨格をもっていたため柔軟性に欠け，ある程度の応力で破壊されてしまったが，近年では弾力性の大きいケイ素（シリコン）樹脂を主体としたエアロゲルや，親水基や疎水基を付与して油層分離能をもったエアロゲルなども開発されており，機能性物質としても興味深い．

図 4-17　(a)エアロゲル上にあるマッチが，下からバーナーで加熱しても発火しないだけの断熱性．(b)2.5 kg のれんがを，たった 2 g のエアロゲルが支える．
（http://stardust.jpl.nasa.gov/photo/aerogel.html より）

4.1 節のまとめ

- **固体の中でも秩序だっているものを結晶性固体とよぶ．**
- **自由電子による金属結合の形成を通して，金属結晶の構造と性質が理解できる．**
- **クーロン力によりイオンが集合体形成をしたものをイオン結晶とよぶ．**
- **共有結合によって原子が結び付けられた結晶を共有結合結晶とよび，結晶全体を巨大分子とみなせる．**
- **さまざまな分子間力により決まる分子間の配列から，分子結晶の構造と性質について理解できる．**
- **結晶性ではない非結晶性固体の主なものとして，アモルファス（非晶質）や準結晶が知られている．**
- **アモルファスは特徴的な構造をもち，秩序構造が欠如していることから，幅広く利用されている．**
- **準結晶は周期構造をもたないにもかかわらず明瞭な対称性をもつ．**
- **固体と液体の中間に位置する物質である結晶や柔粘性結晶，ゲルには多様な応用例がある．**

コラム 4 金属クラスター

身のまわりにある物質は，原子の集合で成り立っている．例えば，金属は無限個に近い数の金属原子の集合体である．一方，数えられる程度の金属原子が集まった物質も存在する．それらは形が葡萄の房（cluster）に似ていることから，**金属クラスター**とよばれている．金属クラスターの明確な定義はないが，一般に 2 個から数百個までの金属原子の集合体を指し（図 1），その多くは 2 nm 以下（nm は 10^{-9} m）の極微細な大きさである．

金属クラスターは，表面原子の割合が通常の金属とは大きく異なっている．正二十面体構造をもつ金属クラスターを例にとると，55 個の原子で構成される金属クラスターは，76.3%に相当する 42 原子が表面に位置し，13 原子金属クラスターは，92.3%に相当する 12 原子が表面に位置している．通常の金属は，1 cm^3 の立方体の中に，わずか 0.000 01%程度の割合でしか表面原子は存在しない（図 1）．このように，金属クラスターは通常の金属と比べて，他の物質と反応しうる表面原子の割合が非常に高い．

このような幾何的な特徴に加え，金属クラスターは電子構造にも大きな特徴を有している．通常の金属は価電子帯と伝導帯が連なった電子構造をもつが，金属クラスターでは，構成原子数の減少に起因して，電子構造の離散化が生じる．

こうした幾何的・電子的な特徴ゆえに，金属クラスターは，通常の金属とは異なった物理的・化学的性質を発現する．例えば，通常の金は不活性な金属であるが，クラスター領域までサイズが小さくなると，さまざまな酸化反応・還元反応に対して高い触媒活性を示すことが明らかにされている．

また，クラスターの示すサイズ特異的な性質は，構成原子数によって大きく変化する．図 2 に，構成原子が 10 個から 39 個までの金クラスター（大きさ 1 nm 前後）の水溶液の写真を示す．構成原子数によって，クラスター溶液が大きく異なる色を呈する様子がみてとれる．このカラフルな色は，前述の離散的な電子構造に起因して生じている．

このように，金属クラスターは，同じ元素で構成されているにもかかわらず，通常の金属とは大きく異なった物理的・化学的性質を示す．また，構成原子数により，その性質は大きく変化する．サイズが非常に小さいため，その材料利用は，材料の微細化や省資源化にも貢献することが期待される．こうした特徴を併せもつ金属クラスターは，ナノスケールの新規機能性材料として，現在幅広い分野で大きな注目を集めている．

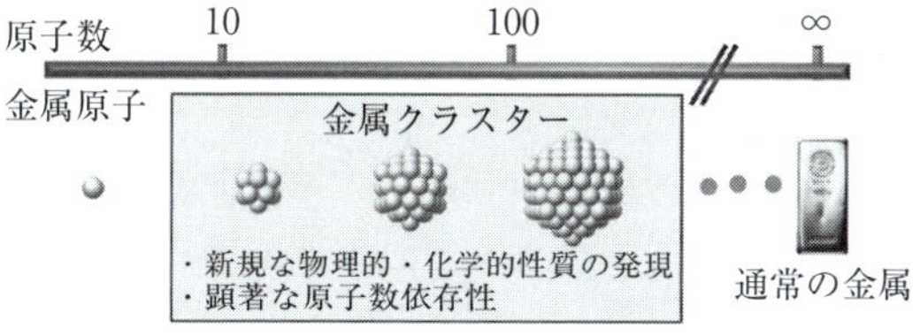

原子数 10 100 ∞
金属原子
金属クラスター
・新規な物理的・化学的性質の発現
・顕著な原子数依存性
通常の金属

図 1 金属クラスター．金クラスターを例にとると，13 個（左），55 個（中央），147 個（右）の原子で構成されるクラスターはそれぞれ，~0.6 nm，~1.2 nm，および~1.7 nm の大きさを有している．

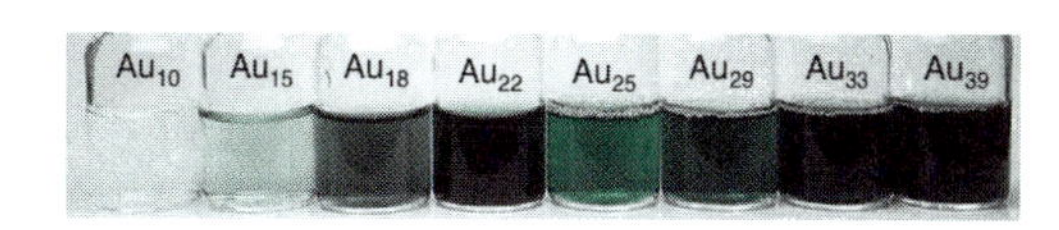

図 2 金クラスター水溶液の写真（口絵参照）．例えば，Au_{10} は，10 個の金原子からなる金クラスターを示す．近年ではこのように，金クラスターを原子精度にて精密かつ系統的に合成することが可能である．

4.2 液 晶

テレビ，スマートフォン，パソコン，時計，カメラ，カーナビやゲーム機のディスプレイなど，今日，我々の身のまわりには液晶ディスプレイが満ちている．薄くて軽量，消費電力が少なく鮮明でフルカラー表示もできる液晶ディスプレイは，それまでのブラウン管ディスプレイにとって代わってしまった．では，その液晶とはいったい何であろうか．**液晶（liquid crystal）**というのは本来は化合物の名称ではなく，物質の状態を表すものである．分子が集合して規則的な構造をつくり，細密に詰め込まれた状態は結晶である．加熱によって結晶が融解して分子がばらばらになり，流動性をもった状態が液体である．液晶とは，結晶と液体の中間の状態で，液体でありながら結晶の性質をもった状態のことである．流動性をもちながらも，各分子の向きがある程度定まっている．複屈折性などの結晶に特有な光学的性質をもっているにもかか

(a) サーモトロピック液晶

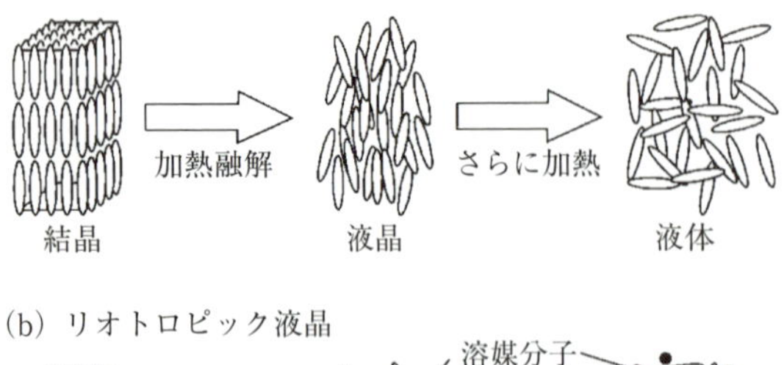

(b) リオトロピック液晶

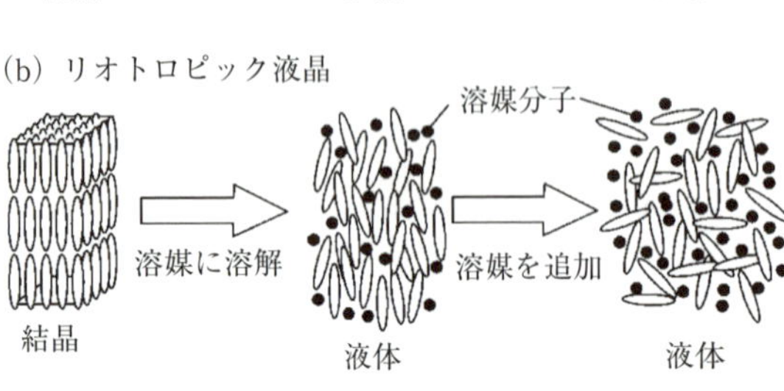

図 4-18　サーモトロピック液晶とリオトロピック液晶

わらず液体なので，電界を印加することで分子の配向状態を変化させることができる．そのためディスプレイに応用できるのである．結晶が融解したときに液晶になるものを**サーモトロピック液晶（thermotropic liquid crystal）**とよぶ（図 4-18(a)）．これ以外にも棒状の化合物の高濃度溶液で分子が並んだ状態になることがある．そのようなものを**リオトロピック液晶（lyotropic liquid crystal）**とよぶ（図 4-18(b)）．結晶の中にはある程度変形することのできる柔粘性結晶とよばれるものもある．液晶と柔粘性結晶との違いは各分子の位置が変わり得るかどうかである．分子の位置が変わり流動性をもっているものが液晶である．

4.2.1　液晶の歴史

液晶の発見は 19 世紀の終わり頃，プラハで研究を行っていたドイツの植物学者フリードリヒ・ライニーツァー（Friedrich Reinitzer）が，ニンジンに含まれる成分についての研究を行ったことに始まる．ニンジンから取り出したコレステロールを用いて，純粋なコレステリルベンゾエートを合成した．その結晶の融点を調べると，145.5℃ で濁った液体になった後，178.5℃ で透明な液体になることを見出した．これは奇妙な現象で，純粋な物質が二つの融点をもつように思われた．物理的にどう解釈するべきかわからなかったので，1888 年，ライニーツァーは結晶学の研究者であるドイツ人オットー・レーマン（Otto Lehmann）に協力を要請した．レーマンはこの物質について詳しい検討を行い，二つの融点の間の濁った状態が液体と結晶の両方の性質をもつことを確信し，これを「流れる結晶（Fliessende Kristalle）」とよぶ論文を発表した．しかし，彼らは，液晶の本質的な発見者は誰なのか，という問題で法廷闘争を繰り広げることになった．液晶の発見者について，書物によって見解が異なるのはこのあたりの事情による．その後，p-アゾキシアニソールなどの化合物も同様に「流れる結晶」の状態を示すことが見出され，液晶（liquid crystal）とよばれるようになった．液晶が何らかの実用的な価値をもつとは 20 世紀初頭の時点では想像すらされていなかった．1890 年から 1935 年の間に 1000 種類以上の新しい液晶性物質を合成したドイツのダニエル・フォーレンダー（Daniel Vorländer）は，「液晶の技術的利用の可能性はまったくない」と 1924 年に発表した論文に記述している．液晶に電界を印加するとその光学的性質に変化が生じることは 1918 年にスウェーデンの Y. ビョーンスタール（Y. Björnståhl）によって見出された．その後 1930 年頃まで液晶の物性研究はヨーロッパで盛んに行われていたが，実用化にはならないという認識に変化はなかった．しかし，第二次世界大戦後にテレビの実用化（高柳健次郎）がなされると，新しいディスプレイを目指した開発が盛んに行われた．1962 年に米国の RCA 社が液晶をディスプレイに応用する研究を始めた．同社の研究員だったディック・ウィリアムズ（Dick Williams）はある種の液晶に電界を印加すると，電界が印加された部分が濁る（光散乱を生じる）ことを見出した．そして同社の電子工学技士ジョージ・ハイルマイヤー（George Heilmeier）がこの現象を利用した小型の液晶ディスプレイを開発した．1973 年には日本のシャープが液晶ディスプレイを搭載した小型電卓を開発し発売した．当時の電卓としては消費電力がきわめて小さくヒット商品となった．液晶ディスプレイ開発はこの頃から爆発的に盛んになり，現在の液晶ディスプレイへの道筋がつくられていった．

4.2.2　液晶相の構造

棒状や板状などの異方性のある分子が集合すると，分子の並び方に規則性が生まれる（図 4-19）．棒状の分子がばらばらになっているよりも各分子が同じ方向に向きをそろえて集合した方が無駄な空隙が生じず体積を小さくできるので，安定になる．液晶分子が向きをそろえて集合するメカニズムは，分子間引力と分子同士がぶつかり合って互いを退け合う効果が大きな要因である．棒状の分子が，ファンデルワールス力などによって互いに引き合って安定化するためには，各分子が同じ方向を向いた方が有利である．そして，棒状の分子がなるべく衝突せずに小さな体積を占めるため

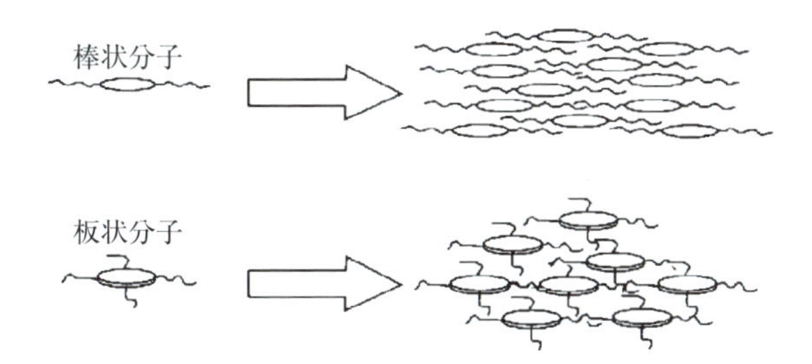

図 4-19 棒状分子と板状分子

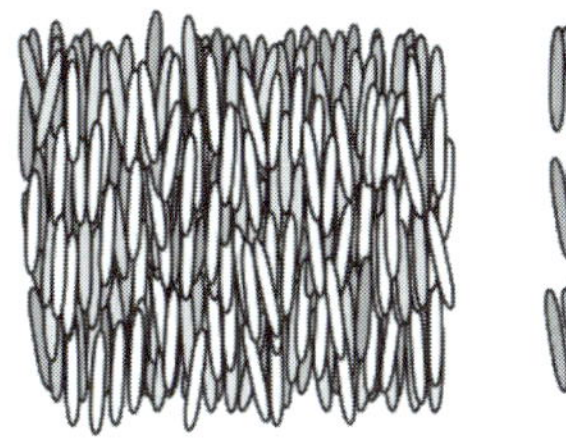

(a) ネマチック相

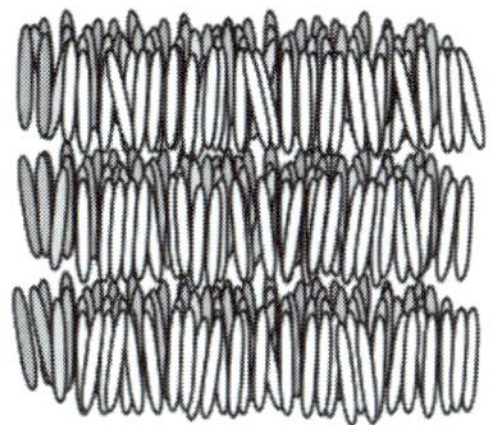

(b) スメクチック相

図 4-20 ネマチック相とスメクチック相の構造

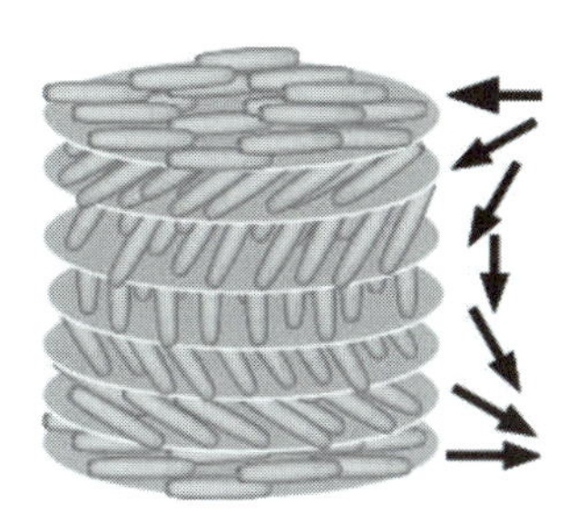

図 4-21 コレステリック相の構造

には，やはり一方向にそろっていた方が有利である．

液晶相にはさまざまな構造がある．棒状の分子からなる液晶相で最も単純な構造は**ネマチック相**（nematic phase，図 4-20(a)）とよばれるものである．これは，各分子の重心の位置に秩序性はないが，各分子の長軸の向きがだいたい同じ方向にそろっている状態である．構造が単純で粘性が低いので，液晶ディスプレイに用いられている．見た目は濁った液体である．そして液晶相に層状の構造が現れたものが**スメクチック相**（smectic phase，図 4-20(b)）である．これはネマチック相よりもより構造が複雑で結晶に近いものである．各層内にも秩序性が生じるため，微妙に異なる多くのスメクチック相が存在する．それらは対称性によって分類され，スメクチック A 相，スメクチック B 相，スメクチック C 相，……などと命名されている．最も単純なものがスメクチック A 相で，各層を上からみたときに各分子の位置は無秩序になっている．スメクチック相はネマチック相よりも結晶に近いために粘性が高く，ろうのような見た目である．液体的なネマチック相に比べて扱いが難しいのであまり実用化されていない．

液晶相は分子が相互作用を及ぼし合いながら秩序構造を形成しているものなので，分子の形が液晶相の構造に大きな影響を及ぼす．特に不斉（キラル）構造をもつ化合物を液晶物質に溶かした場合，その不斉構造が液晶相に伝わり，らせん構造が液晶相に現れる（図 4-21）．ネマチック液晶にらせん構造が生じたものは**キラルネマチック相**（chiral-nematic phase）または**コレステリック相**（cholesteric phase）とよばれる．らせん構造は，分子の向きが周期的に同じ方向になるので，光の回折が生じる．らせん構造をもつ液晶は，回折によって特定の波長の光を選択反射するので独特の見た目になる．玉虫やカナブンの緑色の光沢も翅の中にコレステリック液晶の成分をもっているためである．ゴキブリの翅もその構成成分は似たようなものであるが，液晶状態になっていないために選択反射がなく黒っぽい茶色であり，人々に好まれない．

4.2.3 液晶の分子構造

液晶相を形成する分子は，基本的には棒状のものか，板状のものである．地球上に存在する有機化合物の 5% くらいは液晶になるともいわれている．生体膜の中の脂質分子も液晶状態になっている．ある化合物が液晶相を形成するかどうかについては，今現在も理論的あるいは計算物理学的に正確に予測することは不可能である．実際に化合物を合成してみて，それが液晶相を形成するかどうかを調べるしかない．現在よく知られている液晶化合物の構造式を図 4-22 に示す．

C_5H_{11}–(benzene)–(benzene)–CN

C_5H_{11}–(cyclohexane)–(benzene)–(benzene)–F, F

C_4H_9–(benzene)–N=CH–(benzene)–CH=N–(benzene)–C_4H_9

$C_8H_{17}OCO$, $OCOC_8H_{17}$, $C_8H_{17}OCO$, $OCOC_8H_{17}$, $C_8H_{17}OCO$, $OCOC_8H_{17}$ (triphenylene)

図 4-22 代表的な液晶性化合物

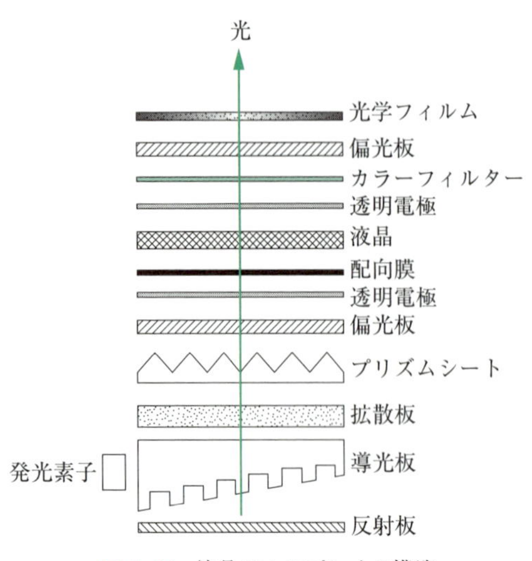

図 4-23　液晶ディスプレイの構造

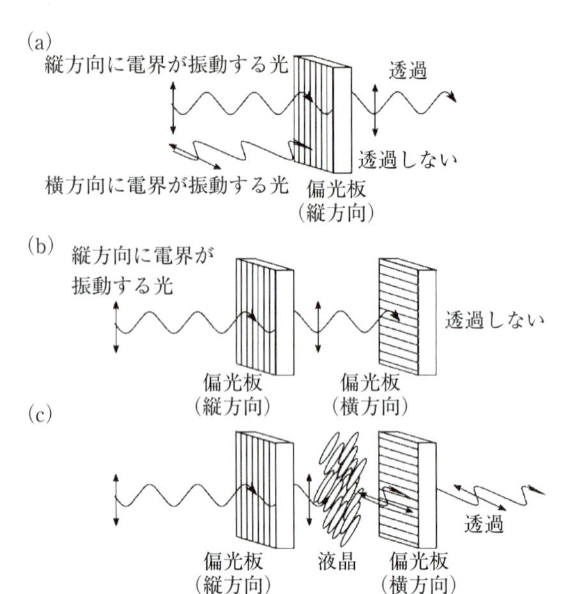

図 4-24　偏光と偏光板．(a)光の電界が振動する方向はさまざまであるが，偏光板を透過した光は一方向に振動する偏光になる．(b)2 枚の偏光板を直交させると光は透過できない．(c)直交した偏光板の間に液晶を入れると，複屈折性によって光の振動方向がねじれて透過できるようになる．

棒状化合物の場合，基本的な分子構造はまず，ビフェニルやフェニルベンゾエートのような剛直で棒状な構造に柔軟なアルキル鎖がついたものである．棒状で硬い分子に溶媒が結合した構造とみることもできる．板状の液晶性化合物についても，板状の分子に柔軟なアルキル鎖が結合した構造になっている．

4.2.4　液晶ディスプレイ

液晶という単語が身近に感じられるのは，何といっても液晶ディスプレイの影響が大きい．現在の液晶ディスプレイは，液晶とそれを挟む透明電極，偏光板，カラーフィルター，視野角を広めるための光学フィルムを組み合わせたものである（図 4-23）．電極，偏光板，フィルター，光学フィルム，それぞれに新しい技術が投入されながら今現在も発展を続ける最先端技術の一つである．液晶ディスプレイの原理において液晶と並ぶ重要なものは**偏光板**（図 4-24）である．光は電磁波であり，電界が振動しているものである（8.1 節参照）．光を偏光板に通せば，一方向に振動する光（偏光）を得ることができる．2 枚の偏光板を直交配置にすれば，光は透過することができない．しかし，それら 2 枚の偏光板の間に液晶を入れれば，複屈折によって光電界の振動（方向）がねじれるので，結果として 2 枚の直交偏光板を光が透過できることになる．液晶の複屈折性は，分子の並び方向によって異なる．そのため，液晶の分子の向きを変えれば，直交偏光板間の透過光の ON/OFF ができる（図 4-25）．シアノ基（$-$CN）やフッ素（$-$F）などの電子求引性の置換基を棒状骨格中に有する液晶は双極子モーメントを

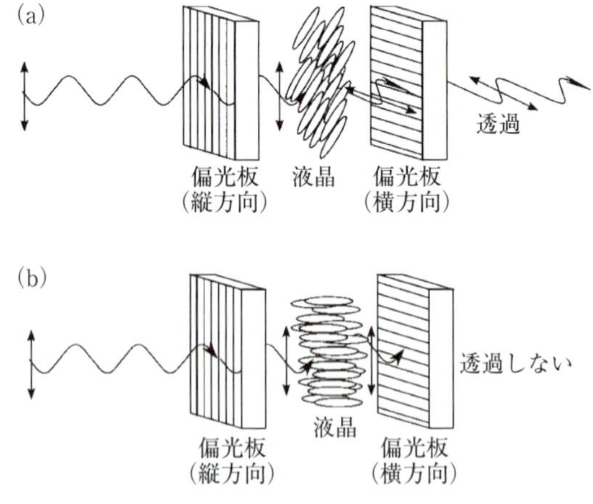

図 4-25　(a)直交した偏光板の間に，偏光板と水平に並んだ液晶を入れた場合は光電界の振動面がねじれて透過できる．(b)液晶分子の向きが偏光板と垂直になると複屈折性が失われて直交偏光板間を光が透過できなくなる．

もつので，電界を印加することで分子の向きを変えることができる．液晶に電界を印加して，液晶分子を基板に垂直方向に配向させれば，複屈折性が失われるので，偏光板間を光は透過できなくなる．これを利用して，光の ON/OFF を行い，ディスプレイとして利用して

いるのである．液晶ディスプレイ用の液晶性化合物は，光や湿度に対して安定でなければならず，さらに真冬の屋外や真夏の車内でも液晶状態になっていなければならない．単一の化合物でそのような条件を満たすことは不可能で，数種類から数十種類もの化合物の混合物が用いられる．液晶ディスプレイの重要なポイントは，消費電力である．液晶に電界を印加するだけでよく，電流を流す必要がないので，ほとんど電力を消費しない．液晶ディスプレイでの消費電力のほとんどは液晶画面を裏から照らすための照明に使われている．

4.2.5 強誘電性液晶

物質に電界を印加するとその物質は正負に分極する．多くの物質では電界を切れば分極は消失する．しかし物質の中には電界を切った後でも分極が保たれるものがある．電界を印加すると分極が生じ，電界の向きを反転させれば分極の向きも反転し，さらに電界を切っても分極が保たれる性質を**強誘電性（ferroelectricity）**とよぶ（図 4-26）．強誘電性は基本的に固体物質の性質である．分極した状態は熱力学的にはエネルギーの高い状態であるので，流動性のある液体では緩和が起こり分極は消失するはずなので，強誘電性は現れないと考えられていた．しかし 1973 年，ハーバード大学のロバート・メイヤー（Robert Meyer）は液晶相の対称性と分極との関係について考えていた．結晶の強誘電性では，対称性が重要である．結晶は対称性によって 32 の結晶系に分類されるが，そのうち対称中心をもたない 10 の結晶系が自発分極（外部電極がなくても分極している状態）を示す．液晶もスメクチック相をとり，その中で各分子の分子長軸の向きが層の法線からすべて同じ方向に傾いているものであれば，対称性からみて自発分極を生じるはずだと考えた．そのような構造を形成する液晶は不斉部位をもつスメクチック液晶（キラルスメクチック液晶）である．メイヤーは化学者たちの協力を得て，1975 年に DOBAMBC と命名された化合物（図 4-27）が強誘電性を示すことを報告した．理論的な予測と実験科学的な検証である．これは画期的な論文で，すぐに世界中で強誘電性液晶の研究が活発になった．実はキラルスメクチック液晶はらせん構造を形成するので，そのままでは安定な強誘電体にはなりえない．らせん構造中では各分子の双極子モーメントが渦を巻いているので，全体としては打ち消し合ってしまう．1980 年にスウェーデンのチャルマース工科大学のスヴェン・ラーガーバル（Sven Lagerwall）とハーバード大学のノエル・クラーク（Noel Clark）は，不斉構造をもつ液

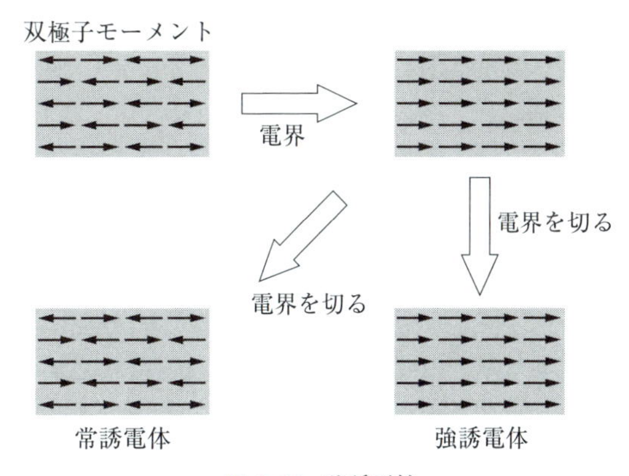

図 4-26 強誘電性

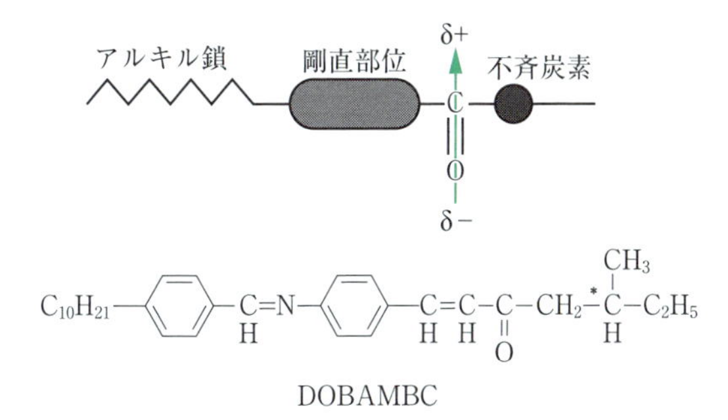

図 4-27 強誘電性液晶の分子構造と，最初に見出された強誘電性液晶 DOBAMBC

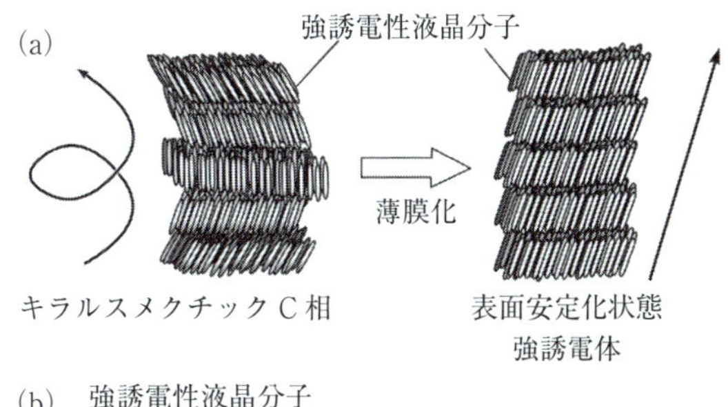

(b) 強誘電性液晶分子

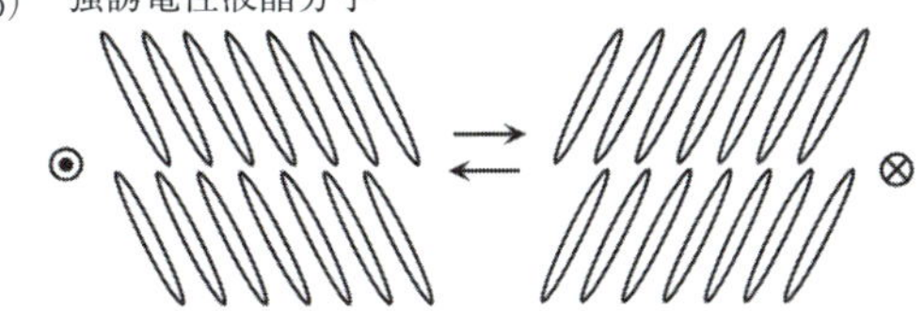

液晶に印加する電界の向きによって，液晶分子の向きが変わる

図 4-28 (a)強誘電性液晶の薄膜化，(b)薄膜化した強誘電性液晶に電界を印加すると分子の向きが変わる．薄膜化強誘電性液晶を 2 枚の直交した偏光板に挟み，片方の偏光板の向きを液晶分子に合わせておけば，液晶分子の向きの変化によって透過光の ON/OFF ができる．

晶分子が形成するキラルスメクチックC相を2μmという薄い膜状態にすれば強誘電体になり，さらにそれが電界に対して高速で応答する光のON/OFF素子になること，つまり新型の液晶ディスプレイとして応用できることを報告した（図4-28）．この報告から強誘電性液晶はディスプレイメーカーを巻き込んだブームとなり，非常に活発な研究が行われた．大きな自発分極を生じる液晶や高速に応答する液晶などが見出された．さらに単一の液晶分子からなる材料だけでなく，液晶中に不斉部位をもつ化合物を溶解させたものでも強誘電性が現れることが見出され，爆発的に多くの強誘電性液晶が開発された．しかし，強誘電性液晶はスメクチック液晶であるがゆえに粘性が高く，一様に配向させることが難しく，さらにそれを2μmという薄い膜状にしなければならず，大量生産には不向きなものであった．その困難を克服し，1995年には日本のキヤノンが強誘電性液晶ディスプレイを発売した．しかし，1980年から1990年の間に，液晶ディスプレイのためのパネル電極の作成技術も進歩し，TFT型パネルという，微細なトランジスタ回路を一面に並べたものが安価に生産できるようになった．これは瞬間的に大きな電界を液晶に印加することができるもので，ネマチック液晶でも早い応答を得ることができた．その結果，扱いが難しくディスプレイ作製にコストがかかる強誘電性液晶はディスプレイ分野から退くことになった．それでも，μsレベルという高速な応答性と大きな複屈折性という利点から，強誘電性液晶は新しい光制御デバイスのための材料として今もなお活発に研究されている．

4.2節のまとめ

- **液晶とは液体でありながら各分子が秩序をもった状態のことをいう．**
- **液晶相を形成する分子は棒状または円盤状の形状をしていることが多い．**
- **液晶相では各分子が一方向にそろっているので，複屈折性を示す．**
- **液晶は液体なので電界を印加することでその並びの方向を容易に変えることができる．これが液晶ディスプレイの作動原理である．**
- **ある化合物が液晶相を示すかどうかは，実際に合成してみないとわからない．**

4.3　表面張力とコロイド界面化学

我々が日常的に経験する事例の中には，表面張力によって引き起こされる現象が数多く存在する．その一例は，ハスの葉の上で水滴が丸くなったり，梅雨明けの水溜りでアメンボが水面を滑る現象であり，詳しくは5.4節で学ぶ．もっと身近には，ストローや細いガラス管を液体の中に立てると，液体がガラス管の中を上昇する現象をすぐにでも経験できる．この現象は毛管現象とよばれており，14世紀末にレオナルド・ダ・ヴィンチ（Leonardo da Vinci）によって最初に観察されたといわれる．これらの現象から表面張力という力の存在が明らかにされたのは，18世紀初めにトーマス・ヤング（Thomas Young）が発表した「液体の凝集に関する論文」といわれている．この中に図や式は皆無であった．表面張力が定式化によって説明されたのは18世紀終わりとされている．ここではその表面張力について数式も交えながら少し掘り下げた解説を行う．

4.3.1　表面張力とは

表面張力（surface tension）とは**界面張力（interfacial tension）**の一種であり，まずは界面張力から考える．物質はふつう固体，液体，気体のうちのどれかの状態で存在し，それぞれ固相，液相，気相という．界面とは互いに混ざり合わない2相の接触する面を意味する言葉であり，この界面を境にしてその両側の性質は異なったものになっている．よって，2相の界面とは ① 固相と気相，② 固相と液相，③ 固相と固相，④ 液相と液相，⑤ 液相と気相，の五つの組合せにおける界面である．気体はどのような種類のものでも混ざり合ってしまうので気相-気相間の界面は存在しない．液相と液相という組合せについては，水と油のように混ざり合わないものを想定している．これらの界面張力のうち，片側が気相である場合の別称として，表面張力が用いられる．すなわち，液体の表面張力は気相と液相の界面張力，固体の表面張力は気相と

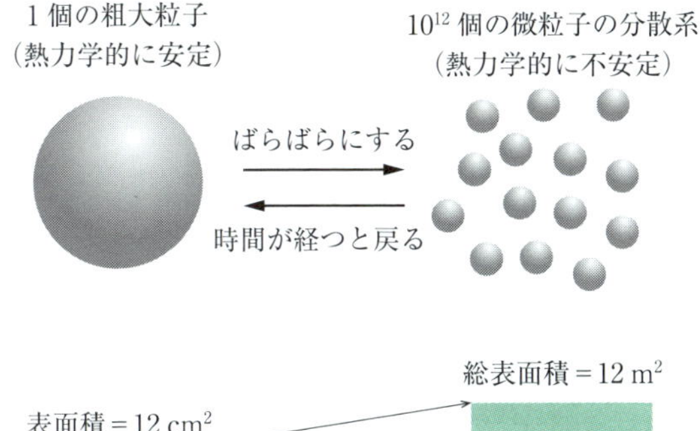

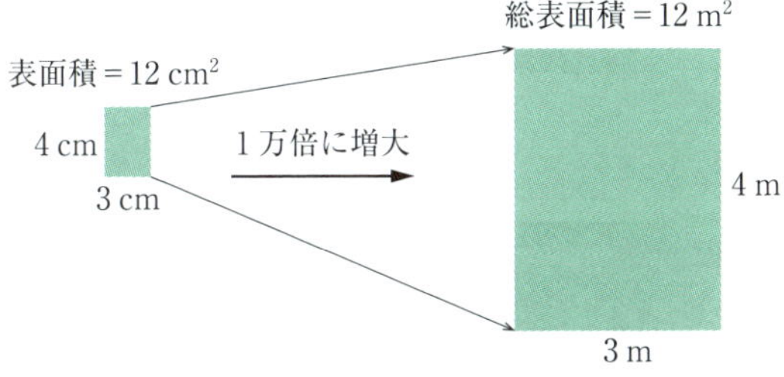

図 4-29　コロイド分散系では比表面積が急激に増大することを示した概念図

固相の界面張力をそれぞれ示している．界面張力のイメージは，「界面の面積をできるだけ小さくしようと働く力」と表現できる．例えば，水道の蛇口から水滴がぽとりぽとりと落ちるときの水滴形状は下が膨らんだ球状の塊になっている．水が塊となる原因は水滴を形成する水の分子同士が分子間引力で引き合っているからである．このように一般に，塊を作っている物質は自分自身の分子間引力が他分子との間の引力（つまり，塊と接する相を構成する分子との間に働く引力）に比べて強い．水と空気の境界面（界面）に存在する水分子（あるいは，空気分子）は異種分子と接触するため，内部の同種の分子から受ける引力に比べ弱い引力を受けていることになる．内部からの強い引力のため水は水滴の形状になる．これは分子間引力が総合として界面の面積を最小にする方向に働くためである．球は同じ体積をもつ形状の中で最小の面積をもつ形である．このように表面を最小にするように分子間引力の総和として界面に水平に働く力を界面張力という．空気と接触する場合には，前述したように同様の力を表面張力という．

物質系において全体積に対する界面の面積の割合が非常に大きい**コロイド分散系**（**colloidal dispersion**，後述）では，その界面の性質が物質系全体の性質を支配しまうこととなり，界面張力がとても重要な役割を果たしている．実際，界面の占める面積は我々の想像する以上に大きい．例えば，半径 1 cm の球状の粗大粒子を考えてみる．この粒子をばらばらにして半径 1 μm の微粒子の集団をつくる．いくつの微粒子ができるかは，微粒子集団全体の総体積が元の粗大粒子の体積（4.2 cm^3）と変わらないということから簡単に計算でき，10^{12} 個できることがわかる（図 4-29）．ところが，表面積は，粗大粒子のときは約 12 cm^2 で 3 cm×4 cm の手のひらサイズであるが，1 μm の微粒子までばらばらになると総表面積が 12 m^2 すなわち 3 m×4 m まで 1 万倍に増大する．このように，微粒子の集団は驚くほど大きな総表面積をもっている．これだけ総表面積が大きいと，微粒子（コロイド粒子）の集団の性質や挙動は，その表面の性質で決まってしまうことになる．コロイド粒子とは，物質の種類に関係なく分散した状態にあり，ただその大きさに制限があるだけで，通常 1 nm〜1 μm の範囲にある粒子とされている．

4.3.2　界面過剰エネルギーと表面張力

液体の表面張力の発現を具体的に分子レベルで理解してみることにする．図 4-30 は液体内部と表面（気体との界面）を表している．液体内部の最近接分子数を Z_{b}，分子間の対ポテンシャルエネルギーを $w_{\mathrm{AA}}(<0)$ とすると，液体内部における全エネルギー E_{b} は

$$E_{\mathrm{b}} = \frac{Z_{\mathrm{b}} w_{\mathrm{AA}}}{2} \qquad (4\text{-}11)$$

で与えられる．ここで，クーロンポテンシャルや万有引力ポテンシャルなどのように，二つの物質量の位置関係で決まる値のことを対ポテンシャルエネルギーという．一方，液体表面では気相中の分子による影響が無視できるので，表面分子の最近接分子数を Z_{s} とすると，表面における全エネルギー $E_{\mathrm{s}}(<E_{\mathrm{b}})$ は

$$E_{\mathrm{s}} = \frac{Z_{\mathrm{s}} w_{\mathrm{AA}}}{2} \qquad (4\text{-}12)$$

となる．したがって，溶液の表面状態と内部状態における単位面積 A あたりのエネルギー差，すなわちエネルギー過剰 ΔE_{e} は分子 1 個を液体内部から表面に移動させたときの内部エネルギー変化として表すと，

$$\Delta E_{\mathrm{e}} = \frac{E_{\mathrm{s}} - E_{\mathrm{b}}}{A} = \frac{E_{\mathrm{s}} - E_{\mathrm{b}}}{a_0} = w_{\mathrm{AA}} \frac{Z_{\mathrm{s}} - Z_{\mathrm{b}}}{2a_0} = \gamma \qquad (4\text{-}13)$$

となる．ここで，γ は表面張力，a_0 は図 4-30 における 1 分子あたりの単位表面積である．仮に $Z_{\mathrm{s}} = 5$，$Z_{\mathrm{b}} = 6$ として，クロロホルムの 25℃における気化熱 $E_{\mathrm{b}} = -4.88\times10^{-20}\ \mathrm{J\,mol^{-1}}$，密度 $d = 1.479\,93\ \mathrm{g\,cm^{-3}}$ の値から ΔE_{e} を求めてみる．式(4-13)より

$$\Delta E_{\mathrm{e}} = 30.9\times10^{-3}\ \mathrm{J\,m^{-2}} = 30.9\ \mathrm{mN\,m\,m^{-2}} = \gamma_{\mathrm{cal}}\ \mathrm{mN\,m^{-1}} \qquad (4\text{-}14)$$

となる．一方，25℃におけるクロロホルムの表面張力

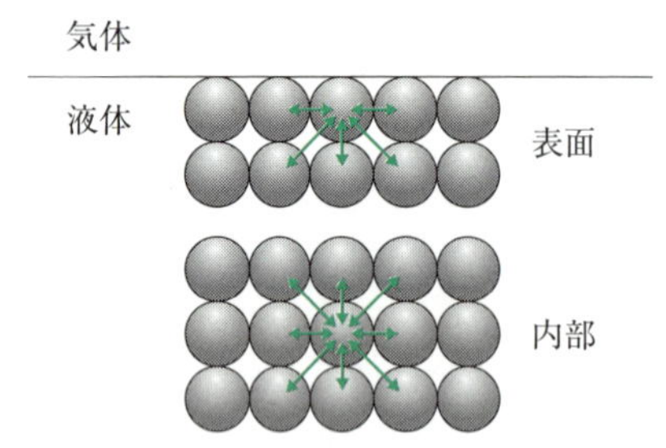

図 4-30　内部分子と表面（界面）分子に働く分子間力

の測定値は $\gamma_{obs} = 27.3\,\mathrm{mN\,m^{-1}}$ となり，計算値と比較的よく一致する．以上の理論によって得られる計算値と測定値とのよい一致からわかるように，表面（界面）張力は液体内部と表面（界面）領域において，「表面に現れる単位面積あたりのエネルギー差」と説明することができる．

4.3.3　膜の表面を広げる仕事

図 4-31 はU字型の針金枠とピストンの役をするもう1本の針金（長さ l [m]）に液膜が張っている様子を示している．液膜としてはせっけん水がイメージできる．このピストンは横方向（これを x 方向とする）に移動し，液膜の面積を増減させることができる．実験をしてみるとわかるように，ピストンに力を作用させないとピストンは左側に引っ張られるので（つまり，縮もうとする力に基づく位置エネルギーを有する），この膜を広げるためには，内側に向かって引く力（抵抗力）を上回る力が必要である．この抵抗力が平面膜表面の収縮力であり，このときの表面がもっている力が表面張力 γ [N m^{-1}] である．可動性の針金を引っ張って平衡に保つには，上下両面に表面が存在するために

$$2\gamma\,[\mathrm{N\,m^{-1}}]\times l\,[\mathrm{m}] = 2\gamma l\,[\mathrm{N}] = F\,[\mathrm{N}] \qquad (4\text{-}15)$$

の力を加えねばならない．さらに，面積をわずかに広げるため，dx の距離だけ針金を引っ張る．それには F にほぼ等しいが幾分大きい力 F' $(=F+\mathrm{d}F)$ を加えねばならない．ここで，dF は無視できるほど小さいとして F に抵抗して dx だけ針金を引っ張ると

$$\begin{aligned}\mathrm{d}w &= F\,\mathrm{N}\times\mathrm{d}x\,[\mathrm{m}] = F\mathrm{d}x\,[\mathrm{N\,m}]\\ &= 2\gamma\,[\mathrm{N\,m^{-1}}]\times l\,[\mathrm{m}]\times\mathrm{d}x\,[\mathrm{m}]\\ &= 2\gamma\,[\mathrm{N\,m^{-1}}]\times\mathrm{d}(lx)\,[\mathrm{m^2}]\\ &= \gamma\,[\mathrm{N\,m^{-1}}]\times\mathrm{d}\sigma\,[\mathrm{m^2}]\end{aligned} \qquad (4\text{-}16)$$

の仕事がなされる．σ を全膜面積とすると，$\mathrm{d}\sigma = 2\times\mathrm{d}(lx)$ である．つまり表面が dσ 広がったときの仕事であるので，単位面積あたりの仕事にすると

$$\frac{\mathrm{d}w\,[\mathrm{N\,m}]}{\mathrm{d}\sigma\,[\mathrm{m^2}]} = \frac{F\mathrm{d}x\,[\mathrm{N\,m}]}{2\mathrm{d}(lx)\,[\mathrm{m^2}]} = \gamma\frac{[\mathrm{N\,m}]}{[\mathrm{m^2}]} \qquad (4\text{-}17)$$

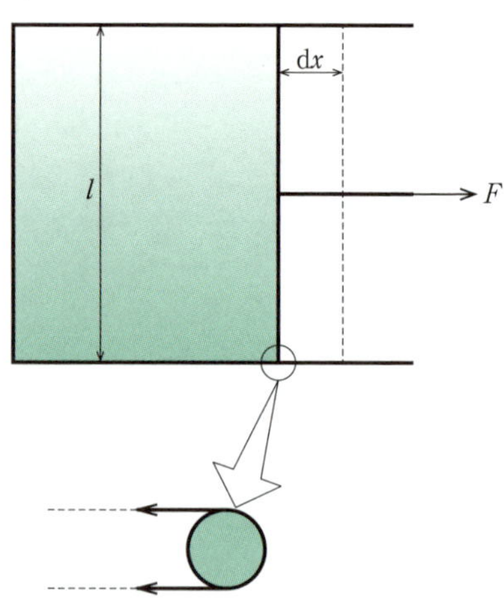

図 4-31　表面張力 γ とは収縮力であり，同時に単位面積あたりの仕事であることを示すモデル実験

すなわち，「表面張力 γ とは液体の表面を 1 m^2 増大させるときに必要な仕事の量」である，ということになる．

しかしながらこの場合は液体であり，対象を固体にまで広げると，この定義はあてはまらなくなる．したがって，液体，固体を区別せず同等に扱うことのできる概念の導入が必要となる．これが次に示す表面自由エネルギーである．

4.3.4　表面自由エネルギー

圧力，温度，体積が一定のもと，表面積のみ変化させたとすると，

$$\mathrm{d}E = \gamma\mathrm{d}\sigma \qquad (4\text{-}18)$$

第2章で導入したギブズ関数を用いて，上の条件から

$$\begin{aligned}\mathrm{d}G &= \mathrm{d}(H-TS) = \mathrm{d}(E+pV-TS)\\ &= \mathrm{d}E+\mathrm{d}(pV)-\mathrm{d}(TS) = \gamma\mathrm{d}\sigma\end{aligned} \qquad (4\text{-}19)$$

$$\gamma = \frac{\mathrm{d}G}{\mathrm{d}\sigma} \qquad (4\text{-}20)$$

すなわち「表面張力 γ とは，表面 1 m^2 あたりに存在するギブズ（の自由）エネルギー」である．したがって，表面張力の定義より（前項参照），分子間引力の大きい物質ほど表面張力は大きく，表面自由エネルギーも大きいことになる．

4.3.5　固体の表面張力，接触角

ギブズ（の自由）エネルギーとして定義した固体表面の表面張力は，**ぬれ（湿潤，wetting）**という日常的な現象であるのみならず，重要な界面現象と密接な関係をもっている．衣類の洗浄では繊維と汚れ粒子間への洗剤（界面活性剤）溶液の浸透ぬれが必要条件で

ある．ほかにも，接着剤が最適に作用するためには接着面への接着剤のぬれが前提となるなど，関係する対象はたくさんある．ぬれは固体表面と液体との相互作用である．

図 4-32 はある固体表面上に液滴を落とした際に，その液滴がどのような形状になるかを示している．(a)，(b) は液滴が球形に近い状態でぬれにくいようす，(c)，(d) が平坦に広がっている状態でよくぬれるようすをそれぞれ示している．液滴の形状は液体と固体表面と空気が接触する点を中心とし，気体/液体界面と固体/液体界面との間に形成される角度をパラメータとして表すことができる．このときの角度が**接触角（contact angle）**であり，ぬれにくい表面ほど，接触角が大きくなる．

次に，接触角を表面張力に関連づける．水の表面張力とは水平方向に働く収縮力で説明されたが，これは図 4-33 中では γ_L と示されている力である．水の表面は水と空気との界面であるとも表現できるので，気/液界面張力ともよばれる．また，固体と気体の間の界面張力，すなわち固/気界面張力を γ_S と表現する．残りの γ_{SL} は固体表面と水の間の界面張力である．液滴が静止する場合には三つの張力がつり合うことになる．θ_{SL} の安定条件（つり合いの条件）は次の**ヤングの式（Young equation）**で表される．

$$\gamma_S = \gamma_{SL} + \gamma_L \cos\theta_{SL} \qquad (4\text{-}21)$$

また，付着の仕事を考えると，付着仕事 W は固体/液体の界面を固体/気体，液体/気体の二つの界面に分割するのに必要な仕事であり，**デュプレの式（Dupré equation**，(4-22)）で定義され，これらの二つの式から**ヤング・デュプレの式（Young-Dupré equation**，式(4-23)）が導かれる．

$$W = \gamma_S + \gamma_L - \gamma_{SL} \qquad (4\text{-}22)$$

$$W = \gamma_L(1 + \cos\theta_{SL}) \qquad (4\text{-}23)$$

つまり，付着仕事 W が大きいほど接触角は小さくなり，固体表面はぬれやすく，または，付着仕事 W が小さいほど接触角は大きく固体表面はぬれにくいことを示している．ここで，W は固体と液体が付着する際の表面自由エネルギーの減少分である．

このように，θ_{SL} は液体の固体表面に対する接触角で，固体表面上の液滴に対する「ぬれ性」を表し，θ_{SL} が小さいほどぬれ性が大きい．つまり，液滴が水の場合には，θ_{SL} が小さいほど固体表面は水にぬれやすく「親水性」を示し，逆に θ_{SL} が大きいほど固体表面は水にぬれにくく「はっ水性（疎水性）」となる．一般的に，$\theta_{SL} > 90^\circ$ の場合に固体表面は「はっ水性」であるといい，いわゆる「超はっ水性」という表現

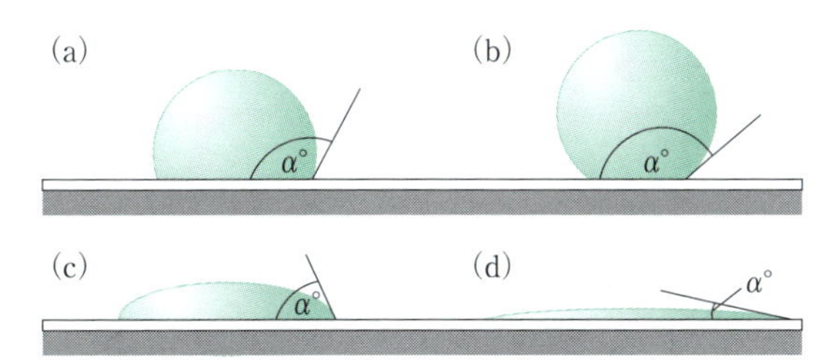

図 4-32　異なるぬれ性を有する固体表面上での液滴形状と接触角
(K. Koch, W. Barthlott, *Phil. Trans, R. Soc. A*, **367**, 1487-1509 (2009))

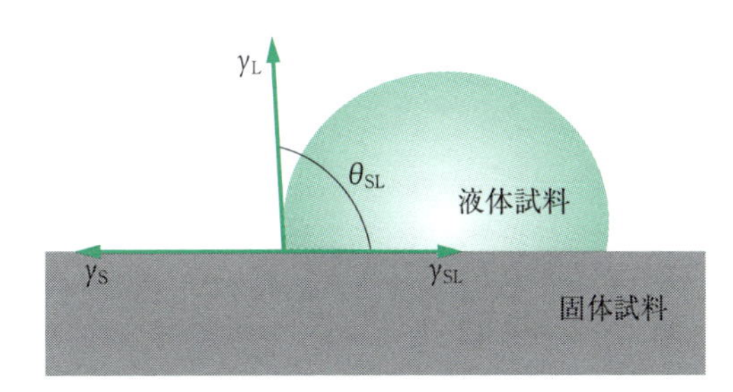

図 4-33　固体表面上の液滴における力のつり合い．γ_S：固体の表面張力（表面自由エネルギー），γ_L：液体の表面張力（表面自由エネルギー），γ_{SL}：固体/液体の界面張力（界面自由エネルギー），θ_{SL}：固体/液体の接触角．

は，厳密な定義はないようであるが $\theta > 150^\circ$ の場合に用いられることが多い．このように，固体表面のぬれ性は固体表面上の水滴に対する θ_{SL} を測定して評価され，この方法の必要性と有用性が広く認知されてきた．

4.3.6　ヤングの式の導出

表面張力はギブズ（の自由）エネルギーであるという立場でヤングの式を導いてみることにする．固/液界面の面積を A_{SL}，固体表面の面積を A_S，液体表面の面積を A_L とする．ここで，接触角が $\theta \to \theta + d\theta$ に変化すると，

固/液界面の面積は，dA_{SL} 増加する．
固体表面の面積は，dA_S（$= -dA_{SL}$）減少する．
液体表面の面積は，dA_L 増加する．

図 4-34 から明らかなように，dA_{SL} と dA_L の間には，次の関係がある．

$$dA_L = dA_{SL}\cos\theta \qquad (4\text{-}24)$$

したがって，ギブズ（の自由）エネルギーの増分は

$$\begin{aligned} dG &= (\gamma_{SL} - \gamma_S)dA_{SL} + \gamma_L dA_L \\ &= (\gamma_{SL} - \gamma_S)dA_{SL} + \gamma_L dA_{SL}\cos\theta \qquad (4\text{-}25) \end{aligned}$$

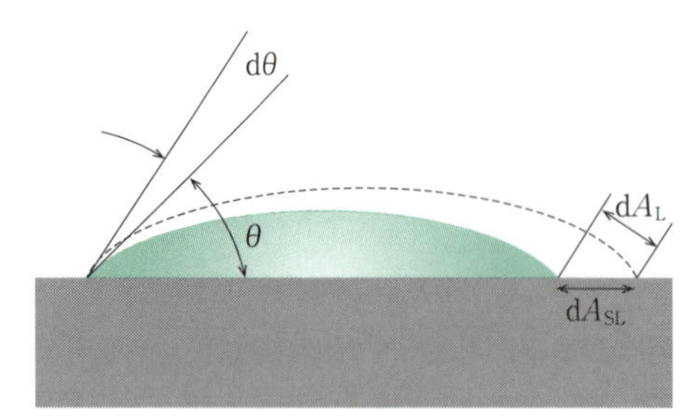

図 4-34　固体表面上での液滴の微小変化とヤングの式の導出

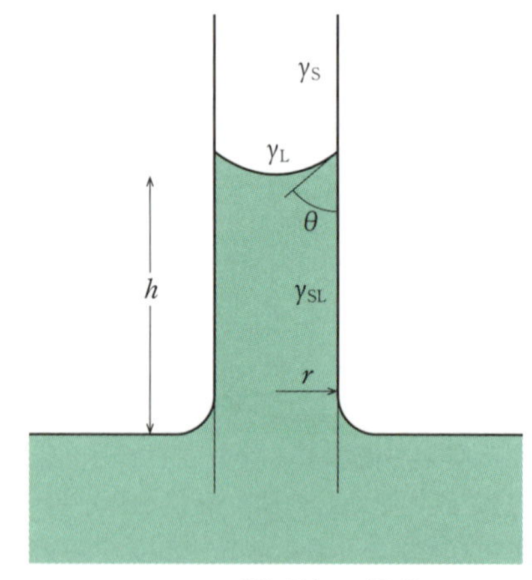

図 4-35　毛管現象の説明図

図 4-36　コップになみなみと注いだ水の表面

となる．ギブズ（の自由）エネルギーが減少する方向に変化が起こり，極小値になると平衡状態になるから，

$$\frac{\mathrm{d}G}{\mathrm{d}A_{\mathrm{SL}}} = \gamma_{\mathrm{SL}} - \gamma_{\mathrm{S}} + \gamma_{\mathrm{L}} \cos\theta = 0 \qquad (4\text{-}26)$$

となり，ヤングの式が導かれる．

冒頭に，毛管現象は液体の表面張力によって生じるものであると記した．このときの液体は，毛管壁をつくる固体との間の接触角が 90° より小さく，管壁をぬらす場合には，管内を上昇し，90° より大きく，管壁をぬらさない場合は下降する．接触角が 90° より小さい場合を例にとると，毛管内の面は図 4-35 のような曲面になり，液面が上昇するのは，この壁面に作用する表面張力のためである．

ほかには，コップになみなみと水を注ぐとコップの縁より上に水が盛り上がるような図 4-36 の例が身近である．

4.3 節のまとめ

- **2 相の界面を最小にするように分子間引力の総和として界面に水平に働く力を界面張力という．空気と接触する場合には，同様の力を表面張力という．**
- **表面（界面）張力は液体内部と表面（界面）領域において，「表面に現れる単位面積あたりのエネルギー差」と説明することができる．また，表面張力とは表面を 1 m^2 増大させるときに必要な仕事の量であり，表面 1 m^2 あたりに存在するギブズの自由エネルギーに等しい．**
- **ギブズの自由エネルギーとして定義した固体表面の表面張力は，ぬれというとても日常的な現象で説明でき，ヤングの式によって定式化される．**

4.4　単分子膜・コロイド粒子

表面，界面現象を議論するうえで，最も単純なモデルは二次元的な膜，とりわけ気水界面での水面単分子膜（Langmuir monolayer）とそれを基板に移しとったラングミュア-ブロジェット膜（Langmuir-Blodgett film, LB film）である．そこで本節では，これまでの界面現象に関する基本理論をもとに，主に単分子膜に焦点を置いた二次元膜の界面現象と，膜の界面現象を利用した応用展開例を紹介する．また，同様な化合物から得られる三次元的な分子集合体（ミセル，ベシクル，フィブリルなど）の特性についても概観する．

4.4.1 水面単分子膜

水面にまいた油が均一に広がり膜を形成するという現象を初めて科学的に解析したのは，1700 年代後半，フランクリン（Flanklin）である．彼は，スプーン 1 杯のオリーブオイルを池の表面に静かに落としその変化を観察した．オリーブオイルは水面上を広がり鏡のようになめらかな表面となった．オリーブオイルの量と広がった油膜の面積から厚みを求めると 1 nm 程度であった．この実験が行われた当時，原子や分子の概念はまだ確立していなかったが，後になってこの膜の厚みは分子 1 層（すなわち単分子膜）に相当することに気付くことになる．

さて，このように油が水面に均一に広がり膜を作るのはなぜか．前節で学んだように，表面張力とは，単位面積あたりのギブズエネルギー（表面自由エネルギー）と考えることができる．熱力学の基本原理から，種々の変化が自発的に進行するとき，ギブズエネルギーの減少を伴う．すなわち，水面に油滴を垂らしたとき，その油滴が自発的に拡がり膜をつくるとき，表面ギブズエネルギーは（すなわち表面張力は）低下する．もう少しわかりやすい表現をすれば，油が水面を均一に覆う方が，水面に凝集して浮いているより熱力学的に安定であれば，油滴は水面単分子膜を形成するのである．それでは次項で，水面単分子膜の基本的な理論背景について概観してみよう．

4.4.2 水面単分子膜の基礎理論

先述した熱力学的な理論に基づけば，水面単分子膜を形成する物質は何でもよいわけではなく，ある種の条件を満たす必要がありそうである．基本的に水面単分子膜を形成する化合物は，図 4-37 に示すように，親水基と疎水基とを併せもつ**両親媒性化合物（amphiphilic compound）**である．このような化合物は，図 4-37 に模式的に示すように，親水基を水側に疎水基を空気側に向けて水面単分子膜を形成しうる．安定な膜を形成するにはどのような条件が必要であろうか．もしも親水基が大きすぎれば，両親媒性化合物は

ベンジャミン・フランクリン

米国の政治家，物理学者，気象学者．雷雨の中で凧をあげるという命知らずの実験で，雷が電気であることを突き止めた．米国の 100 ドル札に肖像が描かれている．
(1706-1790)

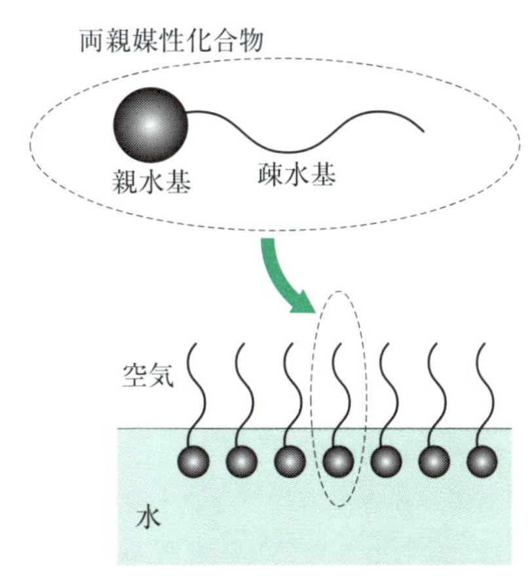

図 4-37　両親媒性化合物が形成する水面単分子膜の概念図

水の中に溶けてしまうであろう．逆に疎水基が大きすぎれば，両親媒性化合物同士が凝集して，水面に油滴をつくってしまう．このように，水面単分子膜を形成するには，親水性と疎水性のバランスがうまくとれていることが必要である．これについては，明確な分子設計指針があるわけではなく，例えば，親水基がカルボキシ基やヒドロキシ基の場合には，疎水基は炭素差が 16～22 くらいの飽和炭化水素が適当であることが経験的に知られている．うまくバランスがとれていれば，両親媒性化合物は自発的に水面に単分子膜を形成し，先の議論から表面張力は低下する．純水の表面張力は室温で約 72 $\mathrm{mN\,m^{-1}}$ であることが知られている．よって，水面に安定な単分子膜が形成されたときの表面張力は，72 $\mathrm{mN\,m^{-1}}$ よりも必ず小さくなる．

水面単分子膜は，分子レベルで膜の構造や性質を議論することができること，次で述べるように基板に移しとることにより精密な累積膜を作製できることから学術的意義は大きい．例えば，分子配列が精密に制御された膜中での化学反応挙動や膜の電気特性，光学特性を調べるといった類の研究では威力を発揮する．しかし，実用的にはもっと簡便な方法で膜が作製され，これについては 4.4.4 項で概観する．なお，水面単分子膜を，温度一定のもとで面積を広げたり圧縮したりしながら表面圧（二次元的な膜の圧力に相当する）を測定した結果（これを「π-A 等温線」という）より，単分子膜の状態や特性，安定性について多くの知見を得ることができるが，これの詳細については専門書に譲る．

4.4.3 LB 膜と累積膜

水面上に形成した単分子膜を何らかの方法で基板表面に移行させれば，界面研究の可能性はさらに広が

る．水面単分子膜を基板に移しとった膜のことを，**ラングミュア-ブロジェット膜（LB 膜，Langmuir-Blodgett film）**とよぶ．また，何層にも移しとることを「累積」とよび，これにより得られる膜を累積膜（built-up film）とよぶ．LB 膜は単分子膜研究において多大な業績を残したラングミュア（Langmuir）と，彼の研究室で，累積膜に関する研究で多くの実験を行ったブロジェット（Blodgett）にちなんだものである．

水面単分子膜を基板に移しとり，LB 膜を作製する方法は，通常，垂直浸漬法とよばれる手法で行われる．これは，移しとりたい基板を図 4-38 に示すような方法で垂直方向に上下させることにより移しとる．このとき，下降時のみ単分子膜が移しとられると，両親媒性化合物はすべて疎水基を基板側に向けて累積し，このような構造を X 型構造という（図 4-38(a)）．逆に上昇時のみ膜が移しとられれば，図 4-38(c)の Z 型構造のような累積膜となる．下降時にも上昇時にも単分子膜が移しとられると，図 4-38(b)の Y 型構造とよばれる膜になる．このように，基板を上下させる回数により累積膜の構造（層の数など）を制御することができるが，実際には，純粋な X 型や Y 型構造の累積膜が得られるとは限らず，途中で累積の型が変化することもある．これについても，詳細については専門書を参照にしてほしい．

アーヴィング・ラングミュア

米国の化学者，物理学者．界面科学の分野で多大な業績を残し，1932 年にノーベル化学賞を受賞．彼が行った界面科学に関する研究のうち，水面単分子膜を基板に累積する技術の多くは，同じ研究室で研究を行っていたブロジェットによって行われた．(1881-1957)

キャサリン・ブロジェット

米国の物理学者．ゼネラル・エレクトリック（GE）社に研究職として雇われた最初の女性．後に英国のキャヴェンディッシュ研究所で研究する機会を得て，1926 年にケンブリッジ大学から物理学の学位を得た．このときケンブリッジ大学から最初に学位を得た女性となった．(1898-1979)

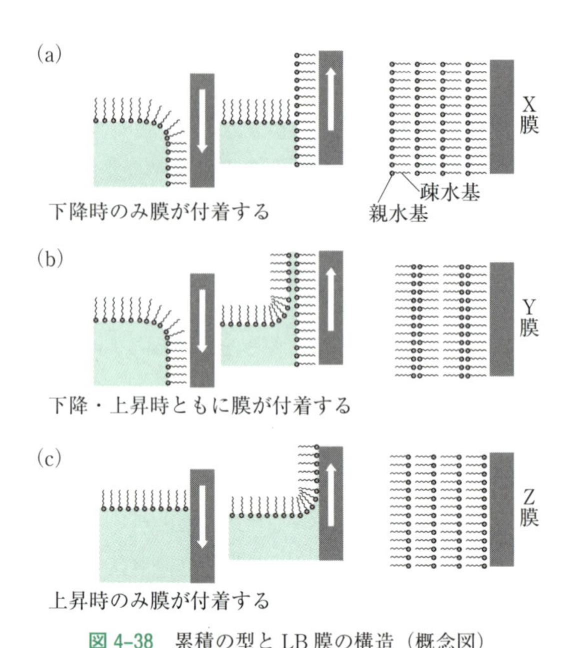

図 4-38　累積の型と LB 膜の構造（概念図）

4.4.4 その他の膜

概観してきたように水面単分子膜と LB 膜は，二次元膜における界面現象を解析するうえで最も理想的なモデルである．しかしながら，膜の調製が煩雑であり，大きな膜を得ることが困難であることから，実際の研究では別の手法で膜を形成することが多い．ここでは，自己組織化膜（SAM 膜，self-assemble monolayer）とスピンキャスト膜（spincast film）について簡単に述べる．

SAM 膜は，その名のとおり，基板表面の官能基と有機化合物とを物理的，あるいは化学的に自発的に吸着させ，表面に所望の官能基を有する単分子膜を調製するものである．この方法であれば，基板を表面修飾したい有機分子を含む溶液に浸漬するだけで，自発的に単分子膜が形成するため，先の LB 膜より簡便である．SAM 膜が形成するためには，当然のことながら基板表面の官能基と有機化合物の官能基との相性が重要である．具体的には，物理吸着であれば相補的に作用する水素結合対がよく利用される．ここで水素結合対とは，活性な水素原子をもつ化合物（ドナー）と，それを受容して相互作用する物質（アクセプター）との組合せを指す．化学吸着であれば，互いに良好な化学結合性をもった組合せが用いられる．例えば，金表面-チオール化合物，ガラス表面-シリル化剤などの組合せである．所望の官能基が基板の外側に向くように設計しておけば，基板表面の親水性/疎水性を制御したり，さまざまな機能性をもたせたりすることが可能となる．

スピンキャスト法は，工業的に用いられる簡便な膜調製方法である．その原理は簡単で，所望の基板の上に膜形成物質を含む溶液を垂らし，高速で基板を回転させ製膜する．これにより基板全面に塗布膜が形成し，その後乾燥させて溶媒を除去するだけで簡便に塗膜が得られる．このときの膜厚は，100 nm 程度から数 μm 程度になり，分子レベルとは程遠い厚い膜であるが，よく利用される製膜方法である．

4.4.5　膜の界面現象を利用した工業的利用の例

単分子膜であれ，スピンキャスト法により得られる厚膜であれ，膜の界面現象を支配するのはその最表面の官能基（functional group）の性質である．雨の日に，自動車の運転を安全に行えるように，フロントガラスにはっ水処理を施している人も多いのではないだろうか．これは水をはじく性質の官能基，すなわち疎水基がガラス表面に出るようコーティングがなされているためである．代表的な親水性官能基としてカルボキシ基（$-COOH$），ヒドロキシ基（$-OH$），アミノ基（$-NH_2$）などが，疎水性官能基としては炭化水素（$-(CH_2)_n-$）などが挙げられる．

さて，このように表面の親水/疎水性を制御することにより，我々の日々の生活に役立っている一例として印刷製版を取り上げよう．新聞の大量印刷は，どのように行われているのだろうか．

印刷製版には，平版，凸版，凹版，孔版の 4 種類がある．このうち印刷原理として最も分かりやすいのは凸版である．版の凸の部分に文字や図表が書かれており，印刷時には凸部にインキがつき紙に転写される．ちょうどハンコのような原理で印刷されるとイメージすればよい．しかし，現在の主流は平版印刷であり，

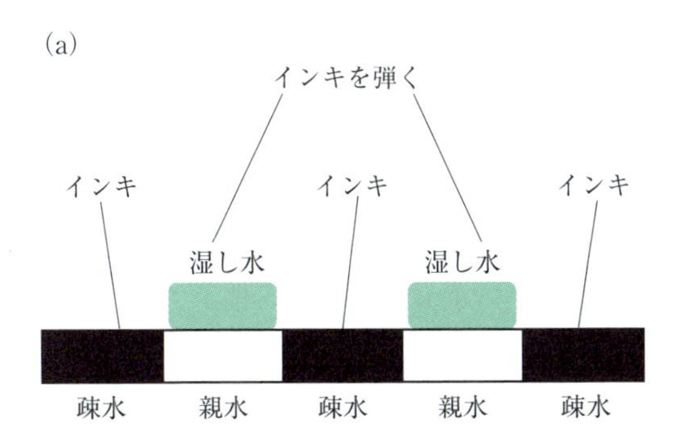

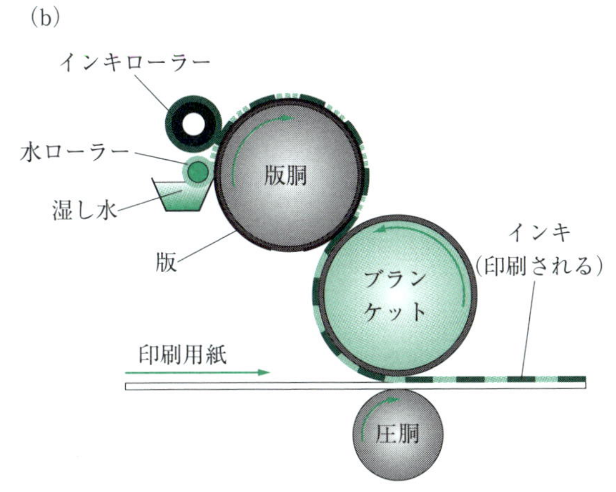

図 4-39　平版印刷の原理(a)，オフセット印刷の概念図(b)

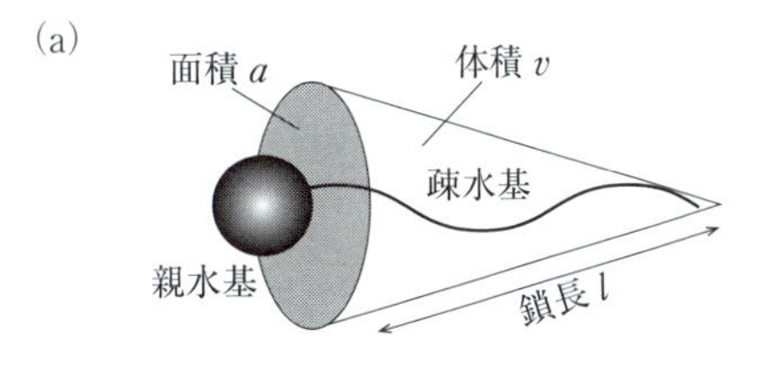

(b)

臨界充塡パラメーター $v/a_0 i_C$	臨界充塡形	形成される構造
<1/3	円錐	球状ミセル
1/3～1/2	切頭円錐	円筒状ミセル
1/2～1	切頭円錐	屈曲性 2 分子層ベシクル
～1	円筒	平面状 2 分子層
>1	逆転した切頭円錐またはくさび	逆ミセル

図 4-40　充塡パラメーターの概念図(a)，充塡パラメーターによる分子形状，およびその集合形態(b)

このような凹凸パターンは用いない．ではどのようにして，インキの付着を制御しているのだろうか．平版印刷では，図 4-39(a)に示すように，版の表面に親水/疎水のパターンがつくられており，疎水部に文字や図が描かれている．まずこの版の全面に水を塗る．これを湿し水（しめしみず）という．このとき，疎水部は水を弾くため，水は親水部にのみつく．この後疎水性であるインキを塗ると，水のついている部分はインキを弾き，疎水部にのみインキが付着する．これを紙に転写することにより印刷が行われる．実際には，大半の場合，図 4-39(b)に示すように，版についたインキを一度ブランケットとよばれる中間ドラムに移し（オフ），そのあとで紙に転写（セット）する，という手法がとられている．そのため，この技術はオフセット印刷とよばれる．

4.4.6　三次元的な分子集合とコロイド科学

両親媒性化合物は，溶媒中で特徴的な分子集合体を形成する．ミセルやベシクルなどとよばれる集積体がそれである．このような両親媒性化合物は，特に水系でどのような集合形態をとるだろうか．これまでの議論から，両親媒性化合物は親水部を水側に向け，疎水部を内側に包み込むように集合しそうだと予想するのは，それほど難しくないであろう．その結果，どのような集合状態をとるかは，以下の充塡パラメーター（packing parameter）P でうまく説明できる．充塡パラメーターは，図 4-40(a)に示すように，両親媒性化合物の親水基について，最も安定な状態における平均的な面積を a，疎水性部位の長さを l，1分子の占める体積を v としたとき，以下のように表される．

$$P = \frac{v}{al}$$

もし $P = 1$ であれば，$v = al$ となるため分子形状は円柱に近くなる．一方，$P < 1$ であれば $v < al$ となり，親水基の占める割合が大きくなり，$P = 1/3$ になれば，分子は円錐のような形になる．この様子を現したのが図 4-40(b)である．

このように，両親媒性化合物の水系での集合形態は，充塡パラメーターを用いれば，明瞭に予想し分類することができる．すなわち，個々の両親媒性分子を積み木のように見立てた場合，どのように組めば安定かを考えればよいのである．

このような分子集積を利用し，さまざまな応用展開がなされている．詳細は専門書に委ねるが，球状ミセルやベシクル内に薬理活性のある分子（抗がん剤など）を包接させ，所望の場所で分子集合状態を壊し放出させるというドラッグデリバリーシステム（DDS）などがその例である．また，有機分子がファイバー状に自己集積することにより，そのファイバーネットワーク内に溶媒分子が取り込まれ，流動性が喪失すると「ゲル化」とよばれる現象が起こる．このように，溶媒をゲル化することができる化合物をゲル化剤とよぶ．特に水をゲル化できるヒドロゲル化剤は，例えば紙おむつなどの吸水性材料として広く利用されている．

4.4 節のまとめ

- **界面現象のモデルとして，最もわかりやすいのは水面単分子膜とそれを基板に移しとった LB 膜である．**
- **両親媒性化合物は，自発的に水面に単分子膜を形成するとき，表面自由エネルギー（表面張力）が低下する．**
- **膜の親水/疎水性を制御する技術は，印刷製版や各種コーティングなどの分野で広範に利用されている．**
- **両親媒性化合物はまた，水系で特徴的な形状の分子集積体を形成するが，その集合形状は充塡パラメーターで明瞭に整理できる．**

参考文献

［1］北原文雄，“界面・コロイド化学の基礎”，講談社 (1994)．
［2］福田清成，加藤貞二，中原弘雄，柴崎芳夫，“超薄分子組織膜の化学—単分子膜から LB 膜へ”，講談社 (1993)．
［3］入江啓治，“有機超薄膜—分子エレクトロニクスへのいざない”，産業図書 (1992)．
［4］J. N. イスラエルアチヴィリ著，大島広行訳，“分子間力と表面力 第 3 版”，朝倉書店 (2013)．

5. 生活を豊かにする高分子材料

5.1 高分子化合物とは

高分子化合物は英語で**ポリマー（polymer）**とよばれるが，これはギリシャ語の polus（多くの）と merus（部分）が語源である．その名のとおり，多くの基本単位（モノマー）が連結（重合）したものが高分子化合物である．一体どれくらい重合しているのだろうか．一般的には，モノマー単位が 100 個以上連結し，分子量が 1 万程度以上になると高分子化合物と見なされる．これより小さな重合体は**オリゴマー（oligomer）**とよばれ区別される．オリゴマーの語源はギリシャ語の oligoi（いくつかの）＋merus（部分）である．つまり，分子量が 1 万程度以上になると，高分子化合物特有の性質が現れはじめるのである．これはなぜだろうか．最たる理由は，分子 1 個の大きさが非常に大きいため，分子同士が複雑に絡み合い，低分子化合物にはない特徴的な性質が発現するためである．ポリエチレン $(CH_2-CH_2)_n$ はポリ袋などの材料として広く利用されており，平均分子量は 10 万程度である．ポリエチレン 1 分子の直径は 0.4 nm，CH_2-CH_2 間の長さは 0.13 nm 程度なので，もしもポリエチレンの直径が 1 mm と仮定すれば，これをピンと伸ばせば長さ 1 m 以上の糸になる．ポリエチレン 1 g 中には 600 京本（6×10^{18} 本）のポリエチレン鎖が含まれ互いに絡まり合っていることを考えると，いかに複雑な状態かが想像できるだろう．これほどまでに複雑な状態の物性をうまく特徴づけるには，高分子化合物ならではの手法が必要である．そのため，巨大分子量の化合物を独立して分類し，「高分子化合物」と位置づけているのである．

5.1.1 高分子化合物の分類方法

ひと口に分類法といってもさまざまである．何を議論したいかによって，最適な分類方法を選択するのがよい．代表的な分類方法は以下のとおりである．

a. 産出の仕方による分類

高分子化合物は，その産出の仕方によって「天然高分子化合物」と「合成高分子化合物」，および「改質天然高分子化合物」の三つに分けることができる．天然高分子化合物とは，セルロース，デンプン，タンパク質など動植物の中に存在する高分子化合物のことである．一方，合成高分子化合物は，ポリエチレンやナイロンなど，ポリマー合成により人工的につくられた高分子化合物である．天然高分子化合物を人工的に改質したものが改質天然高分子化合物であり，セルロースをニトロ化したニトロセルロースやエボナイト（加硫により硬質化したゴム）などがその例である．

b. 合成方法による分類

主に合成高分子化合物の場合，どのように高分子量化するかによる分類法もある．高分子量化の仕方として代表的なものは，付加重合や縮合重合である．より専門的には，さらに細かく分類することもあるが，本書では紙面の都合上割愛する．

c. 分子構造による分類

1 本の高分子鎖をつくり上げている構成単位に着目すれば，モノマーが 1 種類なのか複数なのかで**単一重合体（ホモポリマー，homopolymer）**と**共重合体（コポリマー，copolymer）**に分類することができる．共重合体はさらに，それぞれのモノマー単位がどのように配列しているかで「交互」，「ランダム」，「ブロック」，「グラフト」共重合体などとよばれ，直観的にわかりやすく図示すると図 5-1 のようになる．

また，結合の仕方による分類も可能である．図 5-2 に示すように，同じモノマー単位を重合させても，直鎖状，分岐状，網目状などの構造をとり，この違いにより，同じモノマーからなる高分子化合物でも性状が大きく異なる．例えば，直鎖状ポリエチレンは不透明で硬い素材になるが，分岐状ポリエチレンは透明でしなやかな素材となる．そのため，同じポリエチレンでも前者は配管パイプなどの原料に，後者はポリ袋などの原料として利用され，用途が異なる．

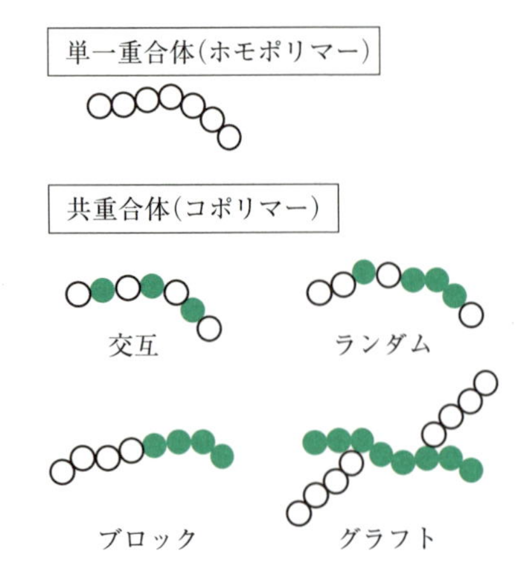

図 5-1　単一重合体と共重合体（概念図）

図 5-2　高分子の結合様式（概念図）

d. 機能・用途による分類

例えば，プラスチック，ゴム，繊維，接着剤などに分類されるが，これらは，高分子化合物の機能性，すなわち何に使うかによって分類したものである．応用展開にすぐれた高分子材料にとって，いかにも特徴的な分類方法といえるが，厳密な分類法があるわけではなく，各項目はあくまで便宜上のものである．

5.1.2　高分子化合物の特徴

高分子化合物が分子量 1 万以上の大きな分子であることは先に述べた．そのため，高分子化合物は独特な概念で特性を表現する必要がある．特に重要な概念を以下で概観してみよう．

a. 分子量と分子量分布

例えば，結合しているモノマーの数が 1000（これを重合度が 1000 であるという）の高分子だけで，重合度が 999 の高分子も 1001 の高分子も存在しない単一分子量の化合物を合成できれば，高分子化学，とりわけ高分子合成の世界では究極のゴールとなろう．しかし，そのような合成方法は実現できておらず，高分子化合物には程度に差はあるが，分子量に分布があるのが一般的である．またこれが高分子化合物の特徴の一つでもある．そのため，高分子化合物の分子量を表すときには，通常，平均分子量と分子量分布という二つの値を明記する必要がある．平均分子量には，**数平均分子量（number-average molecular weight）** M_n と**重量平均分子量（weight-average molecular weight）** M_w の 2 種類があり，両者の比 M_w/M_n が分子量分布の指標（**分散度，polydispersity index**）となる．数平均分子量 M_n と重量平均分子量 M_w は，それぞれ以下のように定義される．

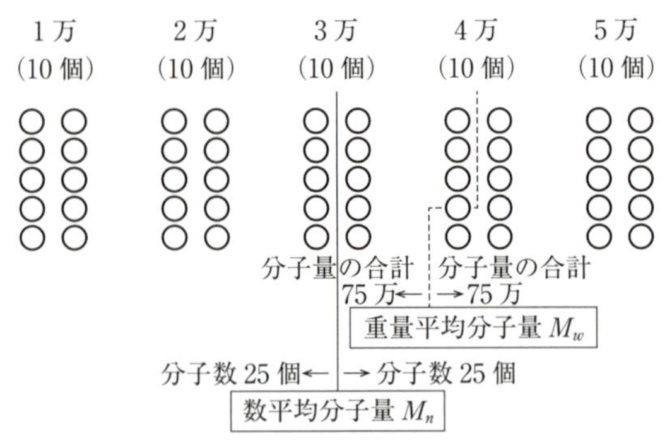

図 5-3　平均分子量の概念

$$\text{数平均分子量}\qquad M_n = \frac{\sum_i N_i M_i}{\sum_i N_i}$$

$$\text{重量平均分子量}\qquad M_w = \frac{\sum_i N_i M_i^2}{\sum_i N_i M_i}$$

ここで，M_i，N_i はそれぞれ，成分 i の分子量とその分子量を有する分子の個数である．それぞれどのような平均なのかを直感してイメージするために，図 5-3 を参考にしながら読み進めてほしい．数平均分子量 M_n は，我々が日常よく使っている平均である．一方，重量平均分子量 M_w は，分母と分子にそれぞれ分子量 M_i を乗じている．簡単なモデルとして，分子量が 1 万，2 万，3 万，4 万，5 万の高分子がそれぞれ 10 個ずつあるとしよう．数平均分子量 M_n は，その値を境として，前後の分子数が等しい位置での平均である．すなわち，上記のモデルでは 25 個ずつに分かれることになる．一方で，重量平均分子量 M_w は，その値を境として，分子量の合計が等しい位置での平均である．結果として，重量平均分子量 M_w は数平均分子量 M_n と比べて高分子量側に偏った値をとることになる．

上記のモデルを定義式に当てはめ，数平均分子量 M_n，および重量平均分子量 M_w の値を計算すると，それぞれ以下のように計算できる．

$$\begin{aligned} M_n &= (10\,000\times10+20\,000\times10 \\ &\quad +30\,000\times10+40\,000\times10 \\ &\quad +50\,000\times10)\div50 \\ &= 30\,000 \end{aligned}$$

$$M_w = (10\,000^2 \times 10 + 20\,000^2 \times 10 + 30\,000^2 \times 10 + 40\,000^2 \times 10 + 50\,000^2 \times 10) \div (10\,000 \times 10 + 20\,000 \times 10 + 30\,000 \times 10 + 40\,000 \times 10 + 50\,000 \times 10) \fallingdotseq 36\,667$$

よって，有効数字 3 桁で表すと，$M_n = 3.00 \times 10^4$，$M_w = 3.67 \times 10^4$ となり，両者の比 M_w/M_n は 1.22 と求まる．分子量分布が狭くなるにしたがって M_w と M_n の値の差も小さくなり，まったく分子量分布がないときは，ついに M_w と M_n の値は等しくなる．先に述べたように，分散度 M_w/M_n の値は分子量分布の程度を表す指標となり，1 に近づくほど分子量分布の狭い高分子化合物である．高分子化合物を合成し，学術論文などに分子量に関する情報を記載するには，M_w（または M_n）の値と M_w/M_n の値の両方を明記する必要がある．

b. 高分子化合物の構造

高分子化合物の構造には三つの概念がある．最も小さな領域に着目した場合から，大きな領域へと移るに従って，それぞれ，**一次構造（primary structure）**，**二次構造（secondary structure）**，**高次構造（higher order structure）**とよぶ．一次構造は，モノマー単位の連結のしかたを表したものである．先に述べたホモポリマーやコポリマーの連結状態を書き表したものは一次構造である．二次構造は，このようにしてできた高分子鎖 1 本のとりうる立体構造を表したものであり，コンフォメーションという．高次構造は，高分子鎖同士が集合した状態の立体構造を表したものである．生物化学の分野では，タンパク質の複雑な高次構造を解析し，そのタンパク質の機能性との相関を議論している．詳細は他章に委ねることとし，ここでは，最も単純な高次構造の例として，**結晶性高分子（crystalline polymer）**と**アモルファス（非晶性）高分子（amorphous polymer）**の特徴について，次の項で概観してみよう．

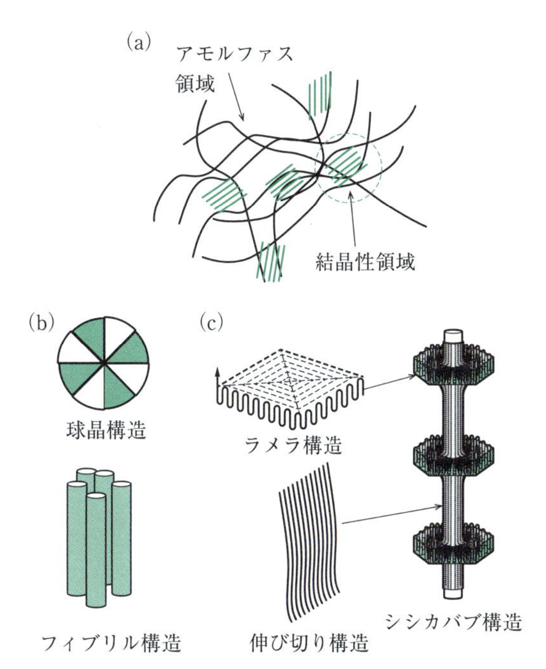

図 5–4 結晶性高分子の構造

c. 結晶性と非晶性

結晶と聞いて思い浮かべるのは，塩化ナトリウムの規則的な結晶構造や，ナフタレンなどの有機小分子の分子結晶であろう．高分子化合物のような巨大分子がこのような規則的な集合構造をとることは可能だろうか．直鎖状高分子 1 本 1 本をピンと伸ばして束ねる，そのような芸当は到底できそうにない．

一般に結晶性高分子とは，図 5–4(a)に示すように，非晶性（アモルファス性）領域の中に部分的な結晶構造が存在するような高分子のことである．そのため，結晶性高分子化合物では，全体に対し，結晶領域がどのくらいあるかを**結晶化度（degree of crystallinity）**として表記する．結晶部分には，図 5–4(b)に示すように，三次元的に球状に結晶化した**球晶（spherulite）**構造や繊維状に集積した**フィブリル（fibril）構造**などがある．また，部分的に伸び切った高分子鎖同士が束となり結晶化した部分と，高分子鎖が規則正しく折り畳まって結晶化した部分（これを**ラメラ（lamella）構造**という）がさらに集まると，図 5–4(c)に示すような**シシカバブ（shish-kebab）構造**を呈する．シシカバブとは，羊肉を串に刺して焼いたトルコ料理であり，ラメラ構造が肉（カバブ）の部分，伸び切り構造の部分が串（シシ）に相当する．一方，アモルファス高分子とは，規則的な部分がまったくない高

ヘルマン・シュタウディンガー

ドイツの化学者．ゴムやセルロース，タンパク質などが数多くの原子や分子が結びついた巨大分子（高分子）であることを提唱した．その後，高分子溶液の粘性と分子量との関係から高分子化合物の存在を証明した．1953 年にノーベル化学賞を受賞した．（1881–1965）

分子のことである．加熱溶融状態にある高分子鎖が液体状態（ランダムな状態）を保ちながら分子鎖が凍結した状態であり，ガラス状態とよばれる．結晶性高分子は一般に耐熱性にすぐれ硬い素材となるが不透明である．一方で，アモルファス高分子は，しなやかな素材で透明性の高い素材となる．

d. レオロジー特性

レオロジー（rheology）とは，**粘弾性（viscoelasticity）**を議論する学問である．**弾性（elasticity）**とは力を加えると変形し，力を除くと元の状態に戻る性質のことであり，ちょうどばねのような性質と考えればよい．一方で，**粘性（viscosity）**とは力を加えると流動的に変形して元には戻らない性質のことで，スライムや粘土などが示す性質と考えればよい．高分子化合物は，粘性と弾性という相反する性質を併せもち，高分子材料にどのような外部刺激を与えるかにより，どちらの性質が発現するか決まる．以下で述べる高分子化合物の熱物性や力学特性をみれば，その意味がよくわかるはずである．このように，高分子化合物には粘弾性に関するきわめて特異的な二面性が存在し，そのため高分子化合物は成形性にすぐれ，我々の生活の中でいろいろな形に加工され利用されているのである．

(i) 熱物性

通常，化合物の熱物性といえば，融点や沸点を思い浮かべるであろう．しかし分子量の大きな高分子化合物は，どんなに加熱してもさらさらの液体になることは少なく，気体になることもない．そのため，高分子化合物の熱物性はレオロジー特性と関連づけて議論するのが最もわかりやすい．

図 5-5(a)を参照しながら，アモルファス性高分子化合物の典型的な熱物性をみていこう．ここで，縦軸は高分子化合物の弾性率（大きいほど，弾性体としての性質が強い）を横軸は温度を表している．

十分に低い温度領域では，高分子鎖同士は凍結され動くことができない状態であるため大変硬く，弾性体としての性質を示す．これをガラス状態とよぶ．温度を上げていくと，高分子側鎖など高分子鎖の一部が熱運動できるようになる．しかし，高分子の重心が動いて大きく流れるほどに動くことはできない．これを**ミクロブラウン（micro-Brownian）運動**といい，これにより，硬いガラス状態であった高分子材料の弾性率は低下し，ゴム状態となる．このような変化が起こるときの温度を**ガラス転移（glass transition）温度** T_g とよぶ．ガラス転移温度からさらに温度を上げていくと，やがて高分子鎖同士の絡み合いが解け，各々の分子自体が大きく流動できるようになる．これを**マクロブラウン（macro-Brownian）運動**とよび，このときには高分子化合物はほぼ流動性液体，すなわち粘性体となる．温度を下げるとまたもとの弾性体の状態に戻すことができるため，高分子化合物は加工性にすぐれているのである．

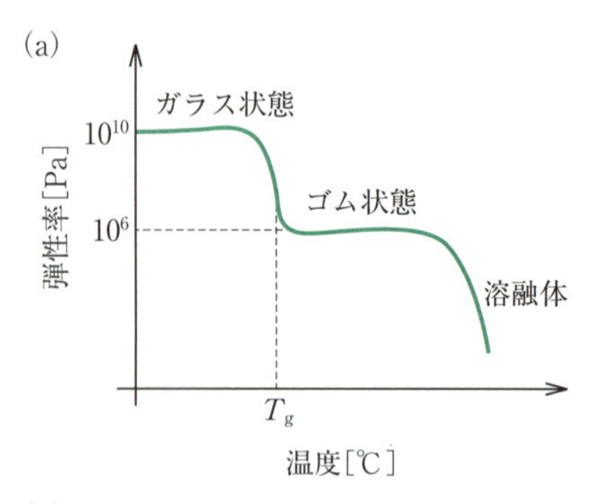

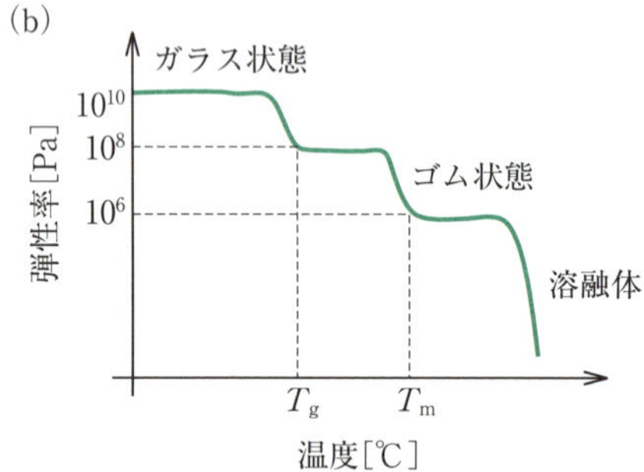

図 5-5　高分子化合物の熱物性：(a)アモルファス高分子化合物，(b)結晶性高分子

次に結晶性高分子化合物の場合についてみてみよう．アモルファス性高分子化合物の熱物性との違いは，図 5-5(b)に示すように，ガラス転移温度よりも高温側に融点 T_m が現れることである．先に述べたように，結晶性高分子はアモルファス領域の中に部分的な結晶領域がある状態である．昇温に伴い，まずミクロブラウン運動が起こり始めるが，このとき結晶領域が**架橋（cross linking）点**として機能する．そのため，結晶性高分子を加熱して，ガラス転移温度以上になってもアモルファス高分子ほどには柔らかな状態にはならない．ガラス転移温度を超えてさらに加熱すると，結晶部分の崩壊が起こる．これが融点であり，融点以上に昇温するとアモルファス高分子同様，ゴム状態を経て流動性液体へと変化する．同じ高分子化合物であれば，ガラス転移温度や融点は，ある程度以上の分子量以上であれば同じ温度になる．一方，流動性液体（溶融体）になる温度は，分子量に大きく依存し，

低分子＋低分子のとき

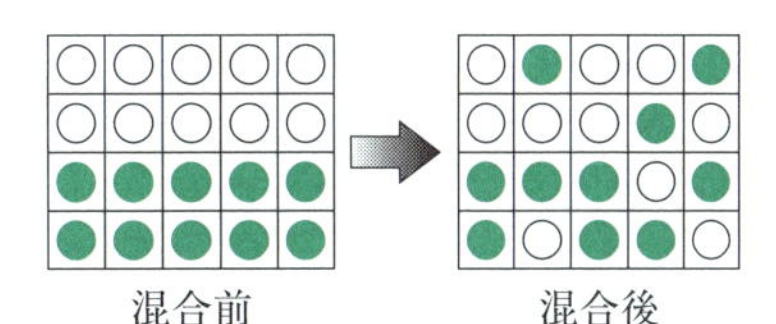

とりうる場合の数は大幅に増える

高分子＋高分子のとき

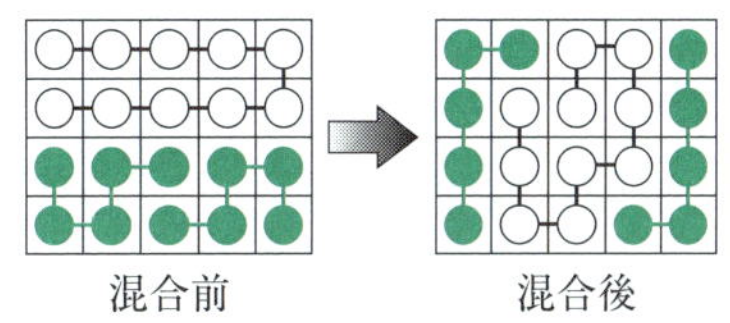

とりうる場合の数はあまり増えない

図 5–6　高分子同士の混合（概念図）

分子量が大きいほど高温になる．

(ii)　力学特性

高分子化合物は，力学特性においても粘性体として振る舞ったり弾性体として振る舞ったりする．外から加える力（外力）が十分にゆっくりであるときには粘性体の性質が，外力を速く加えると弾性体の性質が現れる．高分子材料を速い速度で叩くと，その力は跳ね返されるが，ゆっくりじわじわと力を加えると，高分子材料は変形し元には戻らなくなる，と考えるとイメージしやすいかもしれない．では，このような力を加える時間の違いは何を意味するのだろうか．

まず，速い力を加えた場合を考えよう．このとき，高分子化合物の内部では，高分子鎖の結合距離や結合角，鎖間距離などの変化が起こる．このような変化は力を除くと，ばねのように元の状態に戻ろうとする．これを**エネルギー弾性（energy elasticity）**という．もう一つの変化は，高分子鎖の伸長に伴うミクロブラウン運動の制限である．これは高分子鎖 1 本のとりうるコンフォメーションの数が減少するためであると解釈できる．この変化も力を除くとやはり元に戻ろうとする．なぜなら，元のぐにゃぐにゃの状態に戻って取りうるコンフォメーションの数を増やす方がエントロピー的に有利だからである．これを**エントロピー弾性（entropy elasticity）**という．以上のように，速い力を加えた場合には，エネルギー弾性とエントロピー弾性という二つの要因により弾性体としての性質が支配的となる．

それでは，ゆっくりと力を加えた場合はどうだろうか．強い外力を十分にゆっくり加えると，分子の絡み合いは次第に解けマクロブラウン運動が始まると考えられる．この場合，高分子材料は流動性を帯びた状態になり，高分子鎖の重心の位置が変わってしまうので，外力を取り除いても元には戻らない．すなわち，遅い力を加えたときには粘性体として振る舞うことになる．

このように，高分子化合物は巨大な分子であるがゆえに互いに複雑に絡み合い，結果として，他の物質では成しえないような特異的な粘弾性特性を示す．

e.　ポリマーアロイ

ポリマーアロイ（polymer alloy）とは，2 種類以上の高分子化合物の混合，あるいは 2 種類以上のモノマー単位をブロック単位で連結することにより，異種混合した高分子材料のことである．これにより，単一成分では成しえなかった新しい性質が発現したり，各成分の有用な物性を兼ね備えた高分子材料を構築したりできる可能性がある．このような多成分混合自体は，材料化学の分野ではしばしば行われるが，以下で述べるように高分子系に特有の現象がみられる．それは**相溶性（miscibility）**の問題である．異種高分子は分子レベルで均一に混合することが困難なのである．その理論背景は少し難解であるが図 5–6 に示すような格子モデルで説明するとわかりやすい．高分子同士の混合では，低分子系の混合と違い，混合に伴ってとりうる場合の数が劇的に増えることはない．すなわち，混合に伴うエントロピーの大幅な増大は望めないのである．結果として，多成分系高分子材料は，多くの場合分子レベルで混合せず，相分離した状態となる．しかし，このような相分離構造は有用であり，これらをうまく活かした材料設計が可能である．

以上のように，高分子材料では分子レベルの混合，すなわち相溶性は望めなくとも，**相容性（compatibility）**を高めることは可能である．また，それにより多成分の高分子化合物を互いに調和させ，新しい性質を生み出すことができる．具体例は，次章で示す．

5.1.3　高分子化合物の機能性

これまで概観してきたように，高分子化合物は特徴的なレオロジー特性を示し成形性にすぐれている．また，ポリマーブレンドなど異種高分子化合物を混合することによる物性制御も可能である．高分子の主鎖や側鎖にさまざまな官能基を導入すれば，その官能基に依存した特性が発現する．すなわち，高分子化合物はブロック玩具のように，さまざまなモノマーやブロックを組み合わせて連結することにより，多様な物性や機能性が発現する．高分子の研究では，他の化学分野の研究に比べて，「どのような特性が発現するか」「何に利用できるか」といった「機能性」に興味が向いているのは以上のような理由による．

次節では，高分子化合物の応用展開を高性能高分子材料と高機能高分子材料に分けて詳しく述べることにする．高性能と高機能，この二つの違いを説明できるだろうか．高性能高分子材料とは，外部刺激に対して高い抵抗性を示す高分子材料のことである．例えば，耐熱性や耐圧性，耐薬品性に優れた高分子材料のことである．これに対し，高機能高分子材料とは，外部に対し積極的な働きかけをする高分子材料のことである．例えば，導電性高分子や光応答性高分子，イオン交換樹脂などが挙げられる．

5.1 節のまとめ

- **高分子化合物：モノマー単位が重合して多数連なり，重合度が 100 以上，分子量が 1 万以上になった分子．**
- **分子鎖同士が複雑に絡み合い，低分子有機化合物や無機化合物にはない熱物性や粘弾性特性が発現する．そのため成形性にすぐれ，多くの素材として利用されている．**
- **異種高分子を混合すること（ポリマーアロイ）により，単一成分では成しえなかった性質を示す高分子材料や，各成分の有用な物性を兼ね備えた高分子材料を構築することができる．**
- **さまざまな機能性を有する官能基を高分子主鎖や側鎖に導入することにより，多様な機能性を有する高分子材料を構築することができる．**

5.2　汎用高分子材料と高性能化

前節で述べたように，高分子化合物は成形性にすぐれ，繊維，機械部品，容器やカバー，プラスチックレンズなどのさまざまな製品に加工され，日常生活で広範に利用されている．そこで本節では，代表的な高分子材料にはどのようなものがあり，どのように利用されているか概観する．また，それらを高性能化した例として，エンジニアリングプラスチック（エンプラ）について概観する．先に述べたように，高性能高分子とは外部刺激に対し高い抵抗性を示す高分子材料のことであり，その最たる例が耐熱性や強度にすぐれたエンプラである．ここでは，具体的なエンプラの種類と特性，利用例についてみていくとともに，ポリマーアロイによる高性能高分子材料の開発についても理解を深める．

5.2.1　汎用合成高分子

合成高分子材料は，プラスチック，合成繊維，ゴムなどに広く利用されているが，最も多く生産され，利用されているのは**プラスチック（plastic）**，すなわち熱可塑性樹脂であり，その性質を活かしてさまざまな形状に加工され利用されている．図 5-7 に示す**ポリエチレン（polyethylene：PE）**，**ポリプロピレン（polypropylene：PP）**，**ポリ塩化ビニル（polyvinyl chloride：PVC）**，**ポリスチレン（polystyrene：PS）**は汎用プラスチックとして，我々の身近で最もよく利用されている高分子材料である．

ポリエチレン（PE）はこれらの中でも最も多く生産されているプラスチックである．分子構造により性状が大きく変わるため利用方法も異なる．分岐構造の多いポリエチレンは結晶化度が低く，高分子鎖同士が緩く絡み合っているため，低密度ポリエチレン（LDPE）とよばれている．低密度ポリエチレンは，

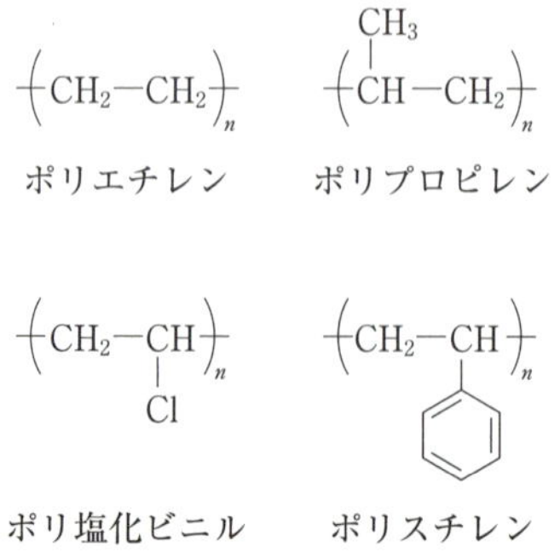

$-\!\!\left(CH_2-CH_2\right)\!\!-_n$　ポリエチレン

$-\!\!\left(CH(CH_3)-CH_2\right)\!\!-_n$　ポリプロピレン

$-\!\!\left(CH_2-CH(Cl)\right)\!\!-_n$　ポリ塩化ビニル

$-\!\!\left(CH_2-CH(C_6H_5)\right)\!\!-_n$　ポリスチレン

図 5-7　汎用高分子材料（例：プラスチック）の化学構造

強度や耐熱性はあまり高くないが，アモルファス高分子であるため透明性にすぐれている．そのため，ラミネートフィルムやごみ袋，食品の包装フィルムなどに利用されている．一方で，分岐構造の少ないポリエチレンは，結晶化度が高いため高密度ポリエチレン（HDPE）となり，固くて丈夫である．そのため，プラスチック容器やコンテナ，パイプなどの材料として利用されている．

ポリプロピレン（PP）は，ポリエチレンに次いでよく利用されているプラスチックであり，強度や耐熱性にすぐれているだけでなく，高い絶縁性を示すので，食品や薬品の容器のほか，電化製品の絶縁材料として利用されている．

ポリ塩化ビニル（PVC）は，塩化ビニルモノマーのラジカル重合により工業的に大量生産することができる．ポリ塩化ビニルはアモルファス高分子であるが，C－Cl 結合に由来する双極子モーメントにより，高分子鎖同士に強い分子間相互作用が働き丈夫である．そのため，水道管や建材として利用されている．また，添加物を加えて柔軟性をもたせることにより（このような添加物を可塑剤という），ビニールホースやフィルムシートとして利用されている．

ポリスチレン（PS）は，工業的にはスチレンモノマーのラジカル重合により得ることができる．硬く成型性にすぐれているため，食品トレイや飲料容器などに加工され利用されている．

5.2.2　エンジニアリングプラスチック

エンジニアリングプラスチック（エンプラ，engineering plastic）には，耐熱温度が 100℃ 以上，強度が 50 MPa 以上である汎用エンプラと，さらに性能を向上させ，耐熱温度が 150℃ 以上であるスーパーエンプラに分けられる．本項では，エンプラの理論背景をまず概観し，そのあと汎用エンプラ，スーパーエンプラの特徴と利用法についてみていくことにする．

a. エンプラの理論背景―分子設計に必要な知識―

多くのエンプラは結晶性高分子化合物である．結晶部分が架橋点となるため弾性率が上がるとともに，融点を上げることにより耐熱性を高められるためである．それでは，高分子化合物の融点を上げるにはどうすればよいかみていこう．融点とは，固体から液体へと融解するときの温度であり，熱力学的には以下のようにギブズエネルギーで説明できる．

液体のギブズエネルギーを G_{L}，固体のギブズエネルギーを G_{S} とすると，融解に伴うギブズエネルギー変化は $\Delta G = G_{\mathrm{L}} - G_{\mathrm{S}}$ であり，$G_{\mathrm{L}} < G_{\mathrm{S}}$，すなわち $\Delta G < 0$ であれば，融解は自発的に進行する．$\Delta G = 0$ となる点が融点である．

ギブズエネルギー変化量は以下のように定義される．

$$\Delta G = \Delta H - T\Delta S$$

ここで，ΔH は融解に伴うエンタルピー変化（融解熱），ΔS は融解に伴うエントロピー変化を示す．

そのため，融点（T_{m}）は，定義式の左辺が 0 に等しいとおくと，以下のように表すことができる．

$$T_{\mathrm{m}} = \frac{\Delta H}{\Delta S}$$

本式より，融点を高くするには，(1) ΔH を大きくする，または (2) ΔS を小さくする，という二つの方法が考えられる．

(1)に関しては，結晶部を溶解させるのに大きな熱量が必要となればよいのだから，高分子鎖間に強い分子間相互作用を働かせるのが有効である．すなわち，双極子モーメントや水素結合部位を高分子鎖内に導入するとよい．(2)について，ΔS に影響を及ぼす主な要因は，融解に伴う高分子主鎖の形状変化の乱れに由来するものが全体の 60～80％程度，融解に伴う体積増加の寄与が全体の 20～40％程度とされている．そのため，溶解に伴う高分子鎖の形状の乱れをできる限り抑えれば，ΔS を小さくすることができる．具体的には，高分子主鎖を剛直にし，たわみにくくすることが分子設計指針となる．

b. 汎用エンプラの種類と利用法

ナイロン，ポリエステル，ポリアセタール，ポリカーボナートそしてポリフェニレンエーテルが 5 大汎用エンプラとして知られている．それぞれ，どのような特徴があり，どのように利用されているか概観してみよう．

(i)　ナイロン

最もよく知られたナイロンであるナイロン 66（66-nylon）の融点は 260℃ である．ナイロン 66 は，主鎖に存在するアミド部位が，図 5-8(a)に示すように水素結合を形成している．そのため，上記の ΔH の寄与により融点が大幅に上昇する．ナイロン 66 は，衣類用の合成繊維材料に広く利用されている．

(ii)　ポリエステル

代表的なポリエステルであるポリブチレンテレフタラート（図 5-8(b)）の融点は 256℃ である．主鎖に

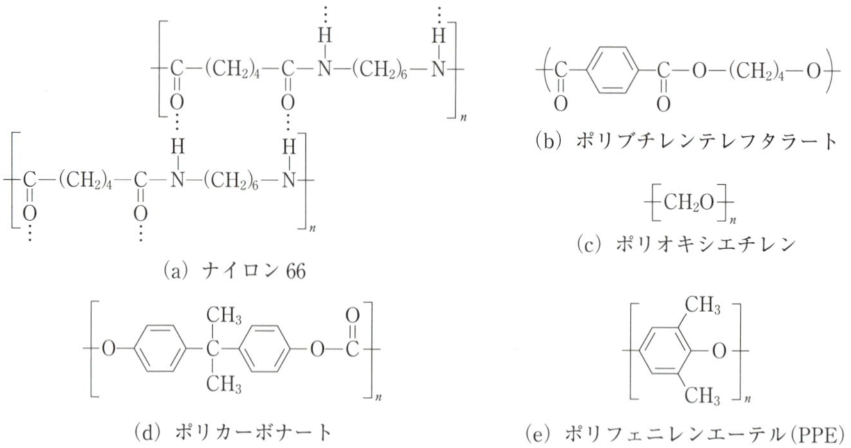

(a) ナイロン 66

(b) ポリブチレンテレフタラート

(c) ポリオキシエチレン

(d) ポリカーボナート

(e) ポリフェニレンエーテル(PPE)

図 5–8　汎用エンプラの化学構造

剛直な芳香環を導入することによりこのような高い融点が達成されている．ポリブチレンテレフタラートは，自動車部品や時計，カメラなど精密機器の部品の素材として広く利用されている．

(iii) ポリアセタール

ポリアセタール系の代表的なエンプラとして，図 5–8(c)に示すポリオキシエチレンが有名である．オキシメチレン部位の双極子モーメントにより分子同士が密に集積するため，結晶化度は 80%程度である．そのため，融点も 178℃と高温であり，耐熱性にすぐれている．ポリオキシエチレンは電子機器内にある多くの小型部品の素材として利用されている．

(iv) ポリカーボナートとポリフェニレンエーテル

ポリカーボナートは図 5–8(d)に示すように剛直な主鎖をもつがアモルファス高分子である．そのため，ガラス転移温度は 150℃と高く，透明性にすぐれている．このような利点から，CD や DVD などの光学ディスクの材料として広く利用されている．

図 5–8(e)に示すポリフェニレンエーテル（PPE）も剛直な主鎖をもつがアモルファス高分子である．ガラス転移温度は 210℃と高く耐熱性にすぐれていることから，OA 機器のシャーシなどの材料に広く利用されている．

c. スーパーエンプラの例

耐熱性と強度がさらにすぐれたスーパーエンプラの例として，3 種類の高分子材料を取り上げる．

図 5–9(a)に示した高分子化合物は，ケブラーとよばれるポリアミド系高分子化合物である．汎用エンプラであるナイロン 66 の主鎖をさらに剛直にした高分子であるため，融点は非常に高く（560℃），また，大変丈夫である．そのため，防弾チョッキの材料などにも使われている．

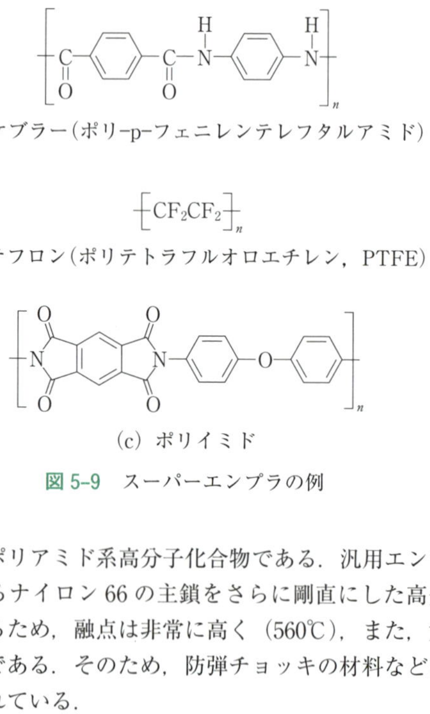

(a) ケブラー(ポリ–p–フェニレンテレフタルアミド)

(b) テフロン(ポリテトラフルオロエチレン，PTFE)

(c) ポリイミド

図 5–9　スーパーエンプラの例

ポリエチレンの水素をフッ素に置き換えたポリテトラフルオロエチレン（PTFE，図 5–9(b)）は「テフロン」として広く使われているスーパーエンプラであり，融点は 327℃である．耐熱性だけでなく，耐薬品性やはっ水性，非粘着性にもすぐれているため，表面コーティングやパッキン，チューブの材料として広く利用されている．

図 5–9(c)のポリイミドは，その剛直な主鎖構造から融点が 450℃以上であり，OA 機器の高温まわりの部品の素材やフレキシブルプリント回路などの原料と

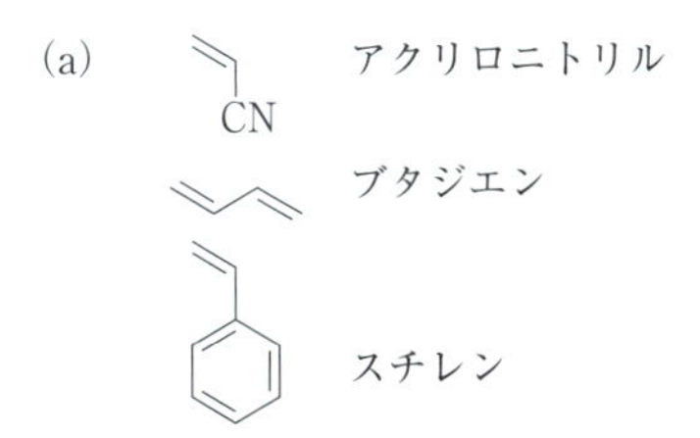

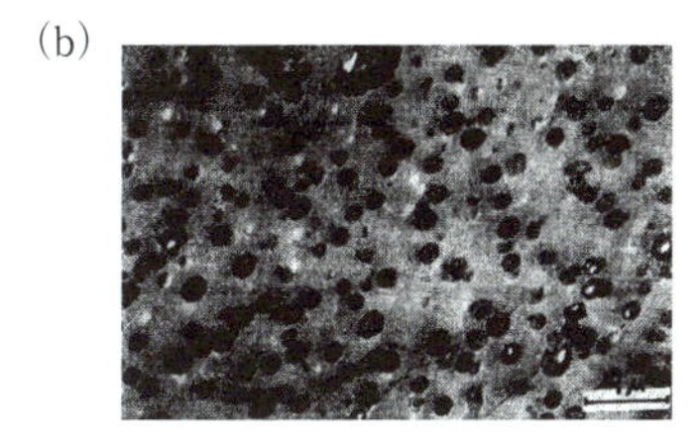

図 5-10 (a) ABS樹脂の原料となる3種類のモノマーの化学構造と(b) ABS樹脂の海島構造の電子顕微鏡写真

して利用されている.

5.2.3 ポリマーアロイによる高性能高分子の創製

前節では，ポリマーブレンドや共重合などにより異種高分子を相容させることにより，各成分の良好な性質を兼ね備えた高性能高分子になりうることを学んだ．このようなポリマーアロイを用いることにより，耐衝撃性や耐薬品性などにすぐれた高分子材料を得ることができる．

ABS樹脂は大変汎用性の高いポリマーアロイの例であり，図5-10(a)に示すアクリロニトリル，ブタジエンおよびスチレンの3種類のモノマーを共重合させた高分子化合物である．ABS樹脂は，図5-10(b)に示すような**海島構造（sea-island structure）**とよばれるミクロ相分離構造を呈することが知られている．ABS樹脂の特徴は，良好な耐衝撃性や難燃性を示すとともに，光沢にすぐれていることである．そのため，丈夫で外見的にもきれいな素材として，多くの電化製品のボディや洋式トイレの便座などに利用されている．ABS樹脂に汎用エンプラであるポリカーボナートをさらにブレンドすることにより，耐衝撃性をABS樹脂単独より良好な特性に，耐薬品性をポリカーボナート単独より良好な特性にすることができ，互いの利点を兼ね備えた高分子素材となる．

ペットボトルの原料であるポリエチレンテレフタラートとポリブチレンテレフタラート，およびポリカーボナートの3種類の高分子化合物をブレンドしたポリマーアロイも各成分の利点を兼ね備えた高分子材料となる．すなわち，耐衝撃性，耐薬品性，成形性いずれもすぐれた素材であり，ドアハンドルやバンパーなど自動車用部品などに広く利用されている．

5.2 節のまとめ

- **高分子材料，特にプラスチック（熱可塑性樹脂）は，さまざまな形に容易に成形することができ，生活で広く利用されている．**
- **分子設計を工夫し，融点やガラス転移温度を上げることにより，エンジニアリングプラスチック（エンプラ）とよばれる耐熱性，強度にすぐれたプラスチックをつくることができる．**
- **ポリマーアロイを用いて，異種高分子を相容することにより，強度や耐熱性，耐薬品性などの面で，個々の高分子のよいところを兼ね備えた高性能な素材をつくることができる．**

5.3 機能性高分子

高分子はモノマーを重合して得られるものであるため，特殊な機能をもつモノマーを用いたり，複数のモノマーを反応させること（共重合）で，さまざまな機能をもつ高分子をつくることができる．機能をもつ高分子としては，例えば，イオン交換樹脂や導電性高分子，半導体高分子，光分解性高分子，光硬化性高分子，形状記憶高分子など，さまざまなものがある．高分子は柔軟で可塑性があり，大面積のフィルムや棒状，ビーズ状などさまざまな形状に加工しやすいため，いろいろな場面で用いることができる．高分子素材を高分子とよんだり樹脂とよんだりするが，木のヤニが固まったもの（ゴムを含む）のイメージからきている名称が「樹脂」である．硬化する前の接着剤や塗料なども樹脂とよばれるが，これは最終的に固化するからであろう．

5.3.1 イオン交換樹脂

イオン交換樹脂とは，水中などの溶液中のイオンを別のイオンと交換する樹脂である．溶液中の陽イオンを水素イオンと交換する**陽イオン交換樹脂**と，水溶液中の陰イオンを水酸化物イオンと交換する**陰イオン交換樹脂**がある．これらは酸性または塩基性の反応性基をもつモノマーを重合して固定化したものである．イオン交換の原理は単純で，強酸が弱酸の塩と出合えば強酸の塩と弱酸になり，強塩基が弱塩基の塩と出合えば強塩基の塩と弱塩基になることを利用している．酸性基や塩基性基が高分子に固定化されており，溶液中に溶け出さず，簡単に取り出せることが重要な点である．

代表的な陽イオン交換樹脂はポリスチレンスルホン酸を架橋して不溶化したものである（図 5-11(a)）．スルホ基（$-SO_3H$）は酸性度が高いので，塩化ナトリウム水溶液に入れるとスルホ基の H^+ が Na^+ で置換される．架橋ポリスチレンスルホン酸を小さなビーズ状にしてカラムに充塡し，塩化ナトリウム水溶液を通せば，水溶液中の Na^+ が H^+ に置き換わり，HCl 水溶液が得られる（図 5-12(a)）．陰イオン交換樹脂の代表的なものはトリアルキルアンモニウム基の水酸化物（$-N^+R_3OH^-$）をもつ架橋ポリスチレン樹脂である（図 5-11(b)）．これは塩化ナトリウム水溶液中の塩化物イオンを水酸化物イオンに交換する．したがって，陰イオン交換樹脂のビーズを充塡したカラムに塩化ナトリウム水溶液を通せば水酸化ナトリウム（NaOH）水溶液が得られる（図 5-12(b)）．工業的には塩類を含まない純水が必要になることが多いが，陽イオン交換樹脂ビーズと陰イオン交換樹脂ビーズを混ぜてカラムに充塡し，そこに塩類を含む水溶液を通せば陽イオンは H^+ に，陰イオンは OH^- に置き換わるので，純水が得られる（図 5-12(c)）．これは長期間航行する船舶で飲料水をつくる場合にも利用されている．イオンを交換する能力は，一定量のイオンを交換した時点で失われるが，酸性水溶液または塩基性水溶液と反応させることで再生させることができる．

イオン交換樹脂が発明されたのは 1935 年で，フェノールとホルマリンの縮合重合で得られるフェノール樹脂を利用した陽イオン交換樹脂が Adams & Holmes 社で開発された．この樹脂は 4 年後の 1939 年には工業化されている．陰イオン交換樹脂は 1942 年 McBurney によって発明された．1930 年代は各国が巨大な戦艦の建造を競っていた時期である．当時の戦艦の動力は高出力ボイラーとタービンであった．それを駆動するには大量の純水が必要であったため，イオン交換樹脂の開発が盛んに行われた．2011 年に発生した東北地方太平洋沖地震では，福島県にある福島第一原子力発電所で炉心溶融などの被害が発生し，

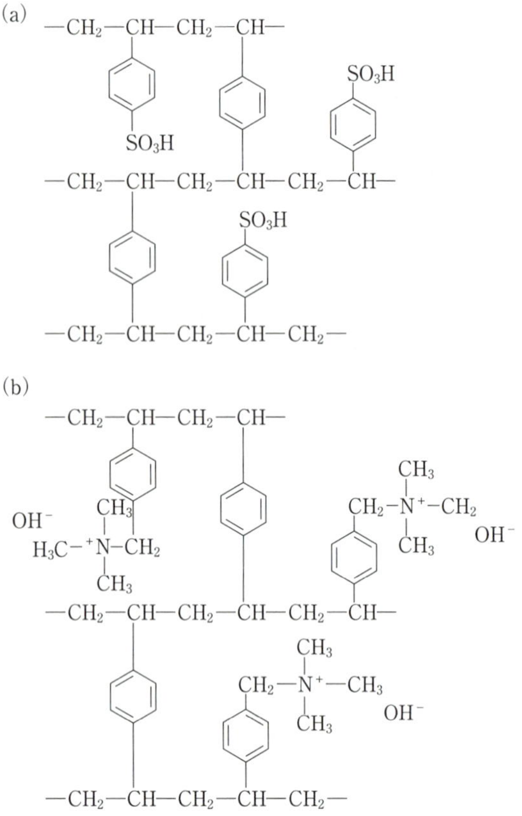

図 5-11　イオン交換樹脂の構造．(a) 陽イオン交換樹脂，(b) 陰イオン交換樹脂

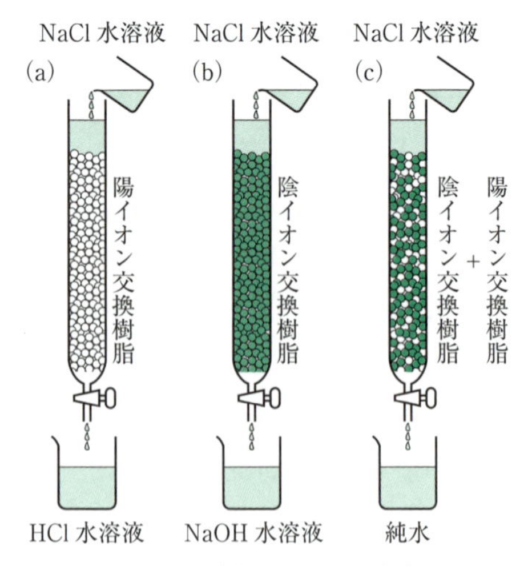

図 5-12　イオン交換樹脂による塩水の処理

^{131}I，^{134}Cs，^{137}Cs などの放射性核種のイオンを含む汚染水が流れ出すことになった．これらを除去するためにもイオン交換樹脂が用いられている．しかし，原理から明らかなように，イオン交換樹脂によって水溶

液中のすべてのイオンを交換することはできない．イオン交換は平衡反応であるため，どの程度除去できるかは熱力学的な吸着・脱着平衡によって決まる．

5.3.2 高吸水性高分子

水とよくなじむ性質（親水性）をもつモノマーを架橋重合して水に溶解しないようにしたものは，水を吸い込む高分子になる（図 5-13）．これを**高吸水性高分子（superabsorbent polymer : SAP）**とよぶ．架橋する部位を少なくして，なるべく柔らかい高分子ネットワークにしておけば，高分子はどんどん水を吸い込んで膨れる（膨潤する）．このような高分子材料は，乳幼児の紙おむつから，水に浸すと巨大化する玩具，コンタクトレンズ，生理用品，医療用止血帯，高齢者の紙おむつなど，生涯使うものの一つである．水などの溶媒によって膨潤した架橋高分子を**高分子ゲル（polymer gel）**という．高分子同士をつないで水中に溶けてしまわないようにするためには，共有結合による架橋だけでなく，強固な水素結合による高分子同士の結合も用いられる．特に水を吸収するゲルはヒドロゲルとよばれる．生物の体内にはヒドロゲル組織がたくさんあり，生命を維持するための機能を担っている．ゼリーや寒天，こんにゃくなどの食品もヒドロゲルである．紙おむつに高吸水性高分子が使用されたのは 1984 年で，これ以降，ほぼすべての紙おむつに高吸水性高分子が使用されている．紙おむつや生理用品に用いられている吸収体は主にポリアクリル酸塩の架橋体で，自重の数十倍から数千倍の重さの水を吸収することができる．ポリアクリル酸塩は水溶性の高分子であるが，これを架橋することで水中に溶けてしまわないようにしている．一度吸収された水は素材を押してもほとんど戻らないため，快適なおむつや生理用品となる．粉状にしたポリアクリル酸架橋体を土壌に散布し，土壌を乾燥から守る用途や，水に入れると巨大化する玩具としても用いられている（図 5-14）．ソフトコンタクトレンズは，いまや使い捨てとなり，大量生産されているが，この素材はポリビニルアルコールを主成分とするヒドロゲルである．

ポリアクリル酸ナトリウム架橋体

吸水前　　吸水後

図 5-13 高吸水性高分子の構造

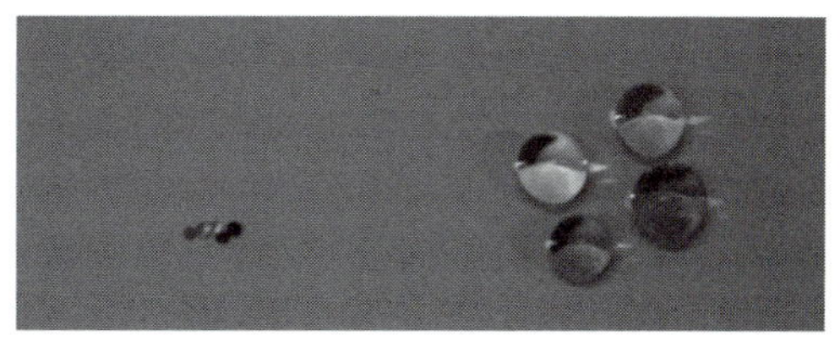

図 5-14 高吸水性高分子を用いた膨れる玩具

5.3.3 導電性高分子

もともと，高分子は電気を通さない代表的な物質と考えられていた．紙やテフロン，エポキシ樹脂，フェノール樹脂など電気回路の絶縁材料として用いられてきた．しかし，1967 年，東京工業大学の助手であった白川英樹は π 結合電子をたくさんもつポリアセチレン（図 5-15）のフィルムの作成に成功し，これに π 電子を引き抜く不純物をわずかに加えると導電性を示すことを発見した（1976 年）．この発見により白川はノーベル化学賞を受賞している（2000 年）．

金属と違い，軽量でフレキシブルなシート状にできる**導電性高分子（conductive polymer）**は，その後携帯電話機器をはじめとするさまざまな分野で実用化されている．導電性高分子は基本的に π 共役系高分子

白川英樹

日本の科学者．1976 年に米国のアラン・マクダイアミッド，アラン・ヒーガーとともにハロゲンを添加したポリアセチレンフィルムが導電性を示すことを見出した．筑波大学名誉教授．2000 年ノーベル化学賞を受賞．（1936-）

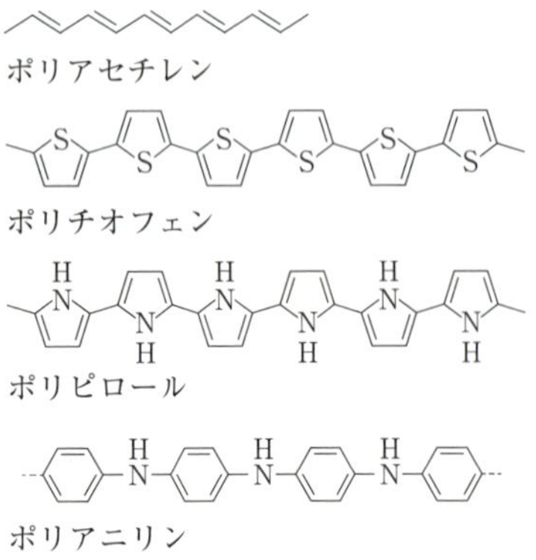

ポリアセチレン

ポリチオフェン

ポリピロール

ポリアニリン

図 5-15　導電性高分子の構造．これらのフィルムにハロゲンなどの電子受容分子を添加すると導電性になる

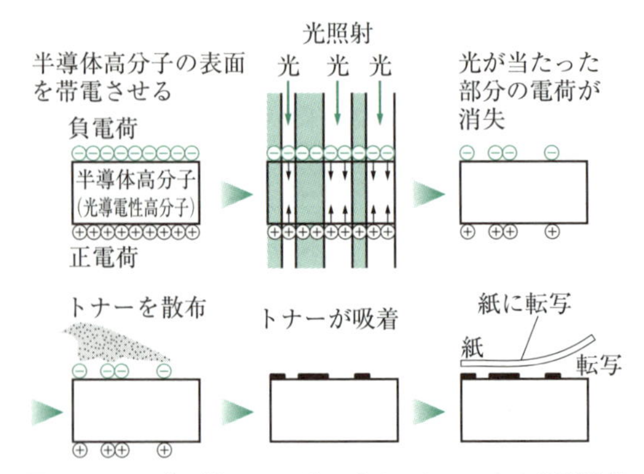

図 5-16　コピー機やレーザープリンターによる印刷過程

であるが，高分子そのものだけでは導電性を発現しない．π 電子を引き抜く分子を少量添加する必要がある．ある分子から電子が引き抜かれると，そこに別の分子からの電子が移動する．最初のステップで電子が引き抜かれなければ電気は流れない（不導体）が，電子が引き抜かれれば，他の分子から電子が移動し，全体として電気が流れることになる．ある分子から電子を引き抜くには，その分子の HOMO よりも低い LUMO をもつ分子を作用させればよい．ポリアセチレンの導電性が確認されて以降，導電性高分子の開発が活発に行われ，これまでにポリアニリンやポリチオフェン，ポリピロールをはじめとする多くの導電性高分子が知られている（図 5-15）．

5.3.4　半導体高分子

半導体特性をもつ高分子も開発され，実用化されている．**半導体高分子（semiconductive polymer）**は，普段は電気を通さないが，紫外線などの光を吸収すると電気を通す性質をもつ．これはコピー機やレーザープリンターの感光部に用いられる（図 5-16）．

半導体高分子の表面に電気を帯びさせておき（帯電），そこに光を照射する．すると，光が当たった部分は導電体になるので表面の電荷は失われる．ここにトナーとよばれる黒色樹脂粉末を振りかけると，光が当たらなかった部分（帯電したままの部分）に黒色樹脂粉末が吸い付けられる．これを紙に転写し，加熱して樹脂を融解させれば紙上に文字や絵が定着する．半導体高分子が示す半導体的性質は，光照射によって電子が高分子から別の分子に移動し，空いた軌道に別の電子が移動することを原理とする．π 共役系高分子にフラーレン誘導体などの電子受容性化合物を混合したものや，カルバゾールを側鎖にもつ高分子なども半導体になる．このような高分子を用いてフレキシブルなトランジスターや太陽電池，光センサーなどが開発されている．

5.3.5　光反応性高分子

現代社会はコンピューターなしでは成立しえないまでになっている．そしてそのコンピューターの心臓部である大規模集積回路（LSI）やメモリーを作るときに必要不可欠なのが**光反応性高分子（photopolymer）**である．光反応性高分子とは，光を吸収してその物性が大きく変化するものである．光が当たると硬化する高分子や，光で分解する高分子，光照射によって水への溶解性が変化する高分子などがある．**光架橋反応（photo cross-linking）**，**光分解反応（photodecomposition）**，**光解重合反応（photodepolymerization）**，**光重合反応（photopolymerization）**などを示す高分子が用いられる（図 5-17）．

ケイ皮酸は光によって二量化反応を生じるので，ケイ皮酸構造を分子内にもつ高分子は光照射によって架橋反応を生じ，硬化して溶媒に不溶となる．ジアゾナフトキノンは光照射後，水と反応することによってインデンカルボン酸に変化する．ノボラック樹脂にジアゾナフトキノンを組み込んだものは，そのままではアルカリ水溶液に溶けないが，光を照射すると溶けるようになる．この樹脂をシリコン基板表面に塗布し，そこに電子回路パターンを縮小投影してアルカリ水溶液で洗浄すれば，光が当たった部分の樹脂だけが取り除かれ，シリコン基板上に回路パターンが転写される（図 5-18）．その後エッチング処理やイオンドーピングなどを施すことにより，もともとは均質であったシリコン基板に微細な導線，抵抗器，コンデンサー，ダイオード，トランジスターなどがつくり込まれ，集積

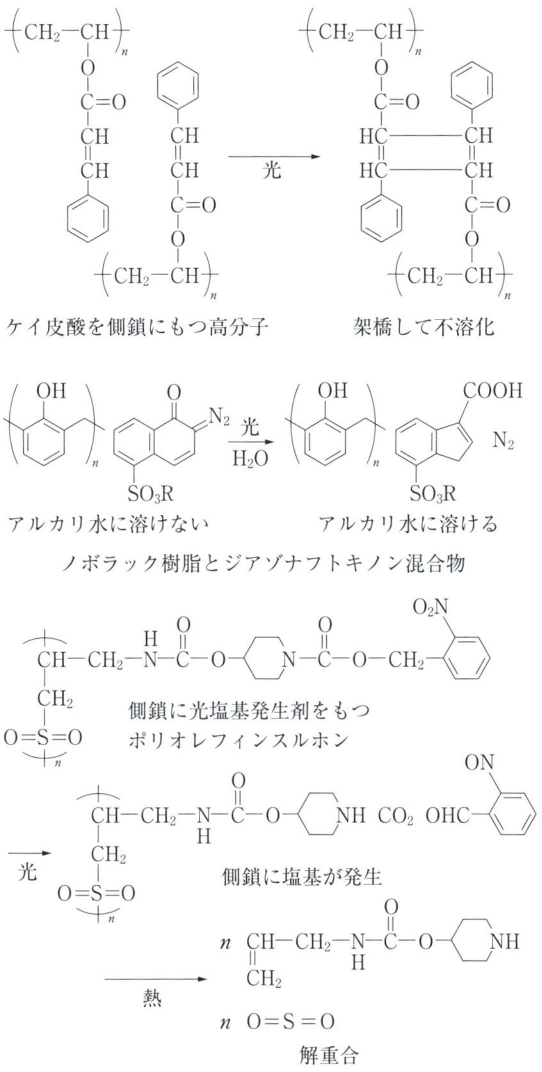

ケイ皮酸を側鎖にもつ高分子 → 光 → 架橋して不溶化

アルカリ水に溶けない → 光, H_2O → アルカリ水に溶ける

ノボラック樹脂とジアゾナフトキノン混合物

側鎖に光塩基発生剤をもつ
ポリオレフィンスルホン

→ 光 → 側鎖に塩基が発生

→ 熱 → 解重合

図 5–17 光反応性高分子の構造と光反応の例

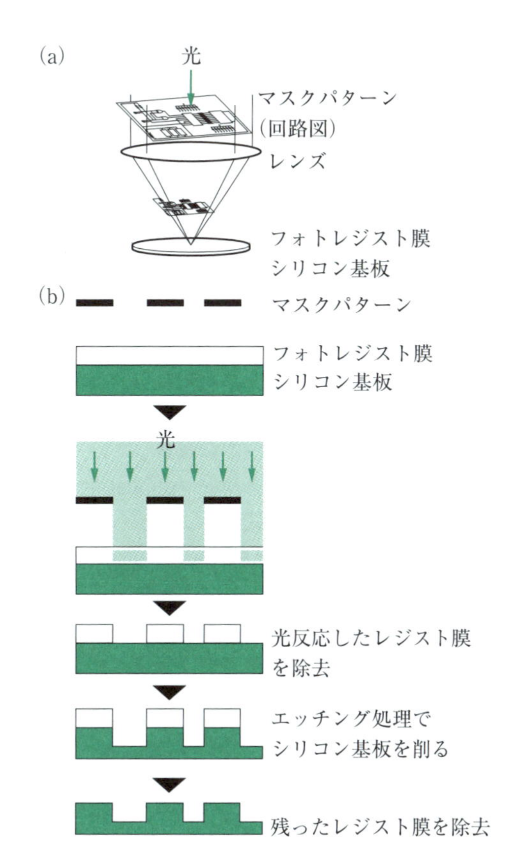

図 5–18 フォトレジスト膜を用いたシリコン基板の加工過程．(a)電子回路の縮小投影，(b)光可溶性フォトレジスト膜（ポジ型レジスト膜）を用いたシリコン基板の加工．

回路が形成される．このような用途に用いられる高分子は**フォトレジスト（photoresist）**とよばれる．現在では非常に多くの種類のフォトレジストが開発されている．また，光反応性高分子は現代の印刷の刷版づくりに不可欠のものになっている．さらに光で硬化する物質は光硬化性接着剤として工業用途から歯科医療などの身近なところでも用いられている．高分子はモノマーという低分子化合物を重合して得られるものである．重合の逆反応は**解重合**とよばれ，高分子がモノマーに戻る反応である．オレフィンモノマーと二酸化硫黄との交互共重合体であるポリオレフィンスルホンは，塩基と反応して連鎖的な解重合を示す（図 5–17）．したがって，光を吸収して塩基を発生する化合物（塩基発生剤）をポリオレフィンスルホンに混合しておけば，光照射によってばらばらのモノマーに分解する高分子材料が得られる．これを接着剤に用いれば，接着した後でも光照射によってはく離できる解体性接着剤になる．

光化学反応によって屈折率が変化する高分子は，**ホログラム（hologram）**を記録する材料としても用いられる．ホログラムとは，観賞用ホログラム絵画や真贋判定のシール（複製できないシール），高額紙幣の偽造防止などに用いられているもので，平面に書き込まれたものでありながら立体的な像がみえる不思議な記録物である．その原理は干渉縞を記録するもので，物体からの反射光と参照光とで生じる干渉縞を屈折率の高低や表面の凸凹として記録する．この干渉縞は物体の形状だけでなく，物体から感光体までの距離の情報も含んでいる．そのため，その干渉縞が光を回折した場合，その回折光が物体から反射された光であるかのようにみえるのである．光架橋性の高分子や，光で構造が変化する化合物を組み込んだ高分子フィルム中で光を干渉させれば，干渉縞が屈折率の高低として記録される．ホログラムを形成するためには電球や太陽光などの光では難しく，レーザーを用いる必要がある．したがって，ホログラムをつくるためにはそのための設備が必要となるため，ホログラム画像の複製は簡単にはできない．

光ファイバー

図 5-19　光ファイバーを用いた装飾品と，屈折率分布型（GI 型）光ファイバーの構造

5.3.6　光ファイバー用高分子

現代の情報化社会を支えているものの一つに光通信技術がある．情報を光信号に変えて遠いところに伝達する．そのためには光が通っても減衰しない，極度に透明な光ケーブル（**光ファイバー（optical fiber）**）が必要である．光は屈折率の低いところから高いところに進路をとろうとする性質があるので，断面が円い透明なガラス糸や高分子糸であれば，屈折率は真空あるいは空気よりも高いので，光は糸の中に閉じ込められる．その結果，光が遠いところまで伝達されるのである．光ファイバーの素材を工夫し，外側の屈折率が低く，中心部の屈折率が高いものをつくれば，光がファイバーの中だけを通っていくものができる（図 5-19）．基本的に光ファイバーはガラスのものが長距離伝達で用いられているが，屋内や家電機器内部の伝達は，より柔軟な高分子光ファイバーが適している．高分子光ファイバーには主にポリメチルメタクリラートが用いられ，これに屈折率を制御するための添加物が加えられている．高分子光ファイバーの開発は 1970 年代から行われてきたが，その後伝送損失がきわめて小さなものが開発された．これは無機ガラス製のものよりも高性能であり，今後，光ファイバーが我々の身のまわりに張り巡らされるときに，いわば毛細血管のような役割を果たすものになると考えられている．

5.3 節のまとめ

- **機能をもつモノマーを重合することで，さまざまな機能性高分子を得ることができる．**
- **光や熱，湿度，電流などの刺激によって性質が変化するモノマーを重合すれば，刺激応答性の高分子が得られる．**
- **高分子を架橋することで溶媒に不溶な材料にすることができる．**
- **透明な高分子材料の屈折率を制御することで，高性能光ファイバーが得られる．**

コラム 5　身のまわりのソフトなフォトニクス材料

プラスチックとよばれている高分子材料は，金属やセラミックスにはない柔軟性，軽量性，加工性などの特長を兼ね備えている．合成繊維，シリコーン樹脂，テフロン樹脂，合成ゴムという言葉はよく耳にするが，これらは高分子材料からできており，今日の我々の日常生活で必要不可欠な存在になっている．フォトニクス，すなわち光に関連した身近な高分子材料では，ソフトコンタクトレンズが挙げられる．高分子材料の加工性によって半球状のレンズとしてつくり出され，高分子の柔軟性によって傷つきやすい眼球の表面上に装着でき，さらに高分子の屈折率により視力を矯正することが可能となっている．しかも，酸素の膜透過性や水による膨潤性といった高分子材料の特長を最大限に活かすことで，ソフトコンタクトレンズは成り立っている．

柔軟性をもち，屈折率を調整できるソフトなフォトニクス高分子材料は，自然界でも目にすることができる．例えば，モルフォ蝶の羽根，玉虫の体の表面，クジャクの羽根，宝石のオパールには，美しい光沢のある色合いが現れている．これは色素による光の吸収ではなく，数百 nm（1 nm ＝ 10^{-9} m）の周期的な配列構造による光の反射が生じることで，ある特定の色として認識されるためである．すなわち，物質自体は着色していなくても，微細な周期配列構造を形成すれば発色できるしくみである．この発色現象は構造色とよばれている．

可逆的に構造色が変化する最たる例として，ルリスズメダイやネオンテトラなどの熱帯魚が挙げられる．これらの魚の表面は，鮮やかな青い色を示すが，体の皮膚表面にびっしりと並んだ虹色素胞が発色に起因している．虹色素胞の中には核が存在し，それを中心にして，わずか 5 nm の厚みをもった反射小板が積層し，その束が放射状に広がっている（図 1）．核と反射小板の周囲は，細胞質で満たされている．屈折率が 1.83 の反射小板と屈折率が 1.37 の細胞質には屈折率の差があり，反射小板の束があたかも鏡のような働きをして，ある特定の波長の光を反射する．この反射のメカニズムには解明されていない部分もあるが，反射波長はそれぞれの反射小板の間隔に依存しており，熱帯魚が通常の状態では青い構造色を観察することができる（図 1・上）．これらの熱帯魚が外敵などから刺激を受けると，反射小板の間隔が拡がり，それに伴って体の表面が青色から緑色へ急激に変化する（図 1・下）．刺激がなくなると体の表面は青色に戻るが，魚の種類によって構造色が元に戻る時間は異なる．

このような構造色は，人工的につくり出された製品にも認められる．DVD の記録面は鏡のようでありながら，鮮やかな虹色を観察することができる．これは，DVD 表面上に刻まれた約 740 nm の微細な凹凸が周期的に配列することによる虹色の構造色である．さらに，構造色はメタリックな色彩を再現できるので，化粧品，塗料，繊維などにも利用されている．最近では，ソフトな高分子材料を使い，構造色を活用したフレキシブルな反射ディスプレイやレーザー光源に関する研究開発が盛んになっている．

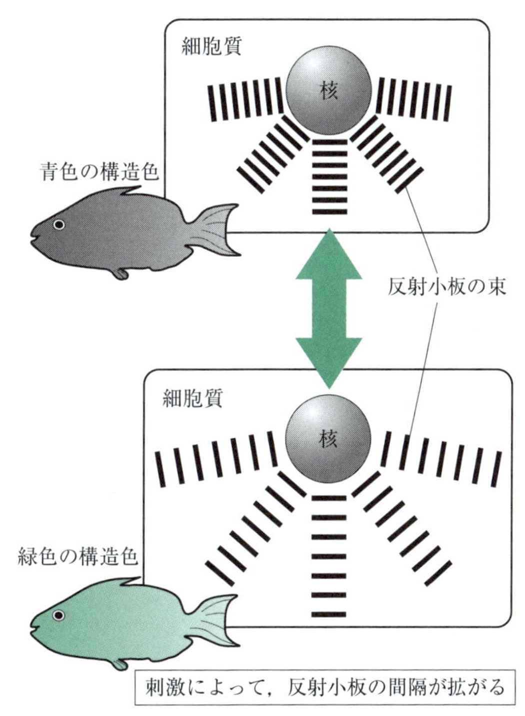

図 1　ルリスズメダイの虹色素胞による構造色の変化

5.4　バイオミメティクスと生物模倣材料

生物が進化の過程で獲得したすぐれた機能は，微細な表面形状や複雑な内部構造によって実現されていることが多く，しかもその機能発現機構は人間では到底及ばないほど，効率的である．我々の身のまわりには，このような生物のもつしくみを利用した技術がたくさん使われている．そのような技術を生物模倣技術（**バイオミメティクス**，**biomimetics**）とよび，その技術によって作り出された材料を生物模倣材料とよんでいる．生物の表面は多くの場合，nm から μm にいたる領域において階層的な構造を有しており，このナノサイズの世界では，我々の普段の生活とは異なる現象が起こることが知られている．生物が有するナノからマイクロに至る階層構造をヒントにして，類似の構造を有する材料を人工的に製造し，その構造に起因した機能を人工的に発現させつつある．特にナノテクノロジーの発展も相まって材料分野で著しい成果が生まれつつある．例えば，今世紀になって急速に発展した電子顕微鏡が広く普及してきたことで，生物のもつ微細構造とそこから発現する機能の解明が可能になり，その結果，それらを模倣した材料の開発が活発に進められてきた．一部はすでに商品化されており，実産業分野において応用が進んでいる．その代表例は，ハスの葉に学んだ超はっ水材料，サメ肌リブレットを真似た低流体摩擦表面や防汚塗装，蝶や玉虫の羽に学んだ構造色材料，ヤモリの足に学んだ接着材料，無反射性をもつモスアイ構造材料などである．

例えばサメの場合，ざらざらの皮膚（いわゆるサメ

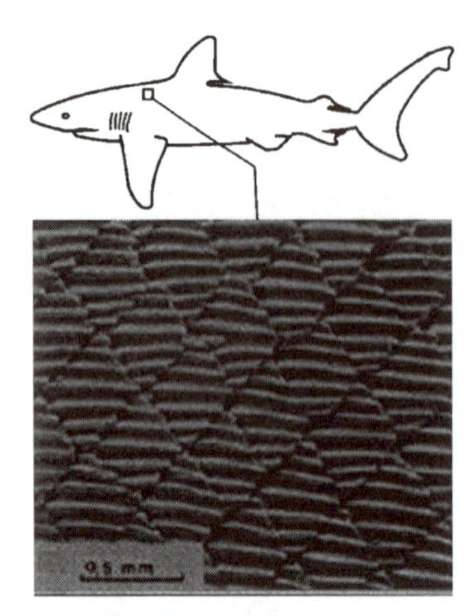

図 5-20　サメ肌の拡大図
(M. Nosonovsky, B. Bhushan, *Phil. Trans. R. Soc. A*, **368**, 4677-4694 (2010))

図 5-21　ハスの葉の表面

肌）に秘密がある．サメ肌はリブレットという，数十 μm からサブ mm 間隔の周期的で微細な凹凸形状で構成されており，このリブレットが乱流渦の発生を抑制して流体抵抗を弱める効果をもつ．2008 年に開催された北京オリンピックで話題になった競泳水着も，このリブレットをヒントにして水着の表面に微細な凹凸をつけたものである．最近では，防汚効果（anti-fouling effect）の観点からもリブレット構造に注目が集まっている．従来，船底などへの海洋生物（フジツボや藻類など）の付着を防止するために用いられてきたトリブチルスズ（TBT）は，毒性のため現在は使用が全面禁止されている．そこで表面構造を利用した TBT フリーの防汚対策が検討されている．25〜30 mN m^{-1} の表面張力を有する固体の表面が，物理的に生物付着抑制する効果があることに着目した技術として，ソフトシリコーン製リブレット構造をもつ表面（表面張力 25 mN m^{-1}）へのフジツボの付着が，平滑面に対して 7 割近く抑えられることが報告されている．

別の例では，ハスの葉の表面は水滴がコロコロと転がり落ち（図 5-21），汚れもつきにくく超はっ水表面

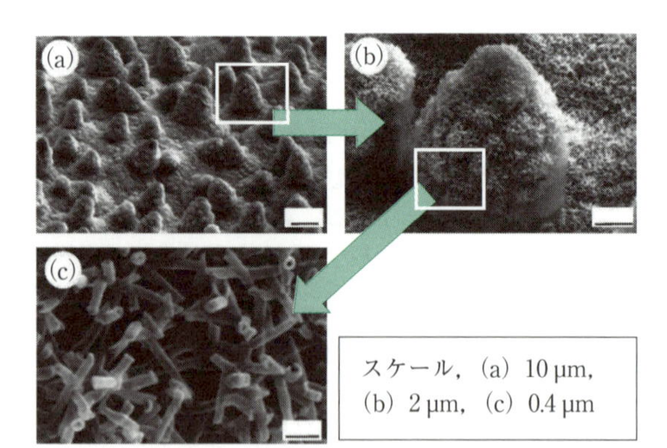

図 5-22　超はっ水性表面の有する階層的凹凸構造
(M. Nosonovsky, B. Bhushan, *Phil. Trans. R. Soc. A*, **368**, 4677-4694 (2010))

とよぶ．これは表面の微細構造に起因することがよく知られている．ハスの葉の表面には数 μm 程度の突起が配列しており，さらにその先端には葉から分泌された疎水性のワックスがサブ μm の微細な凹凸構造を形成している．このような階層性をもつ凹凸構造があると，実表面積は大きくなり（Wenzel 状態，後述），しかも微細な凹の部分には水が入り込みにくいため（Cassie-Baxter 状態，後述），表面はいっそう水にぬれにくくなる．

一般に，固体表面の液体に対するぬれ性は，物質がもつ固有の化学組成に基づく親水性や疎水性の強さ（表面自由エネルギー）と表面形状によって決まる．シリコーンやワックス，フッ素化合物などは表面自由エネルギーが低く，水との親和性が小さいので疎水的な性質を示す．ハスの葉はこうしたワックス状化合物の示す疎水性と微細構造の相乗効果により超はっ水性を示し，**ロータス効果（lotus effect）**とよばれている．そのバイオミメティクス応用としては，ロータス効果を利用したカップヨーグルトのフタが典型的であり，ヨーグルトが付着しない．また，はっ水性表面では水滴が転がり落ちるときに汚れを一緒に付着していくので自己清浄（セルフクリーニング）機能があるといわれている．ハスの葉以外にセルフクリーニング性にすぐれたサトイモの葉（159±2°），表面に μm と nm オーダーのワックス構造をもつインドカンナの葉（165±2°）などが知られている．ガラスの表面に応用すれば，雨が降るだけで表面についたほこりや汚れが水滴にくっついて流れ落ちてきれいになるので，掃除がいらない屋根や窓，汚れると効率が落ちる太陽電池パネルへの応用などが期待されている．

また，アメンボの足は疎水性のワックス成分を分泌する．さらに nm サイズの溝を有した微小な毛が生え

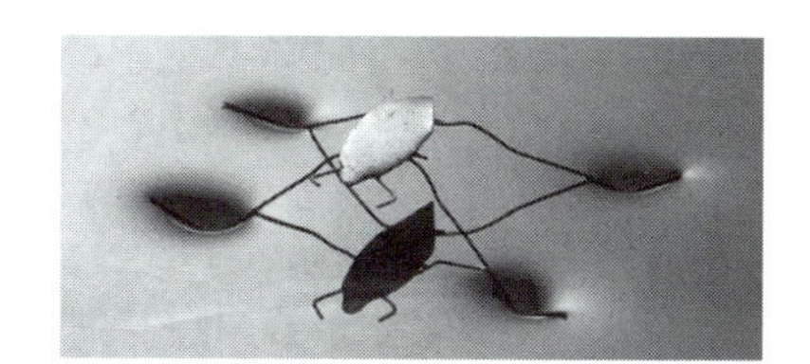

図 5-23 水面上に立つアメンボ．体長 28 mm.
(I. A. Larmour, Steven E.J. Bell, and Graham C. Saunders, *Angew. Chem. Int. Ed.*, **46**, 1710-1712 (2007))

ている．この相乗効果でアメンボの足は強く水をはじく．その結果，アメンボは水面上に浮いていられる（図 5-23）．実験結果によると 1 本の足で自分の体重の 15 倍の重量に耐えるほどのはっ水性を示す．

5.4.1 臨界表面張力

ここではロータス効果を題材に，超はっ水性表面に対する原理的説明を行う．一般に固体の表面張力は直接測定することは困難だが，こうした面のぬれを評価する量がジスマン（Zisman）らのグループが提唱した臨界表面張力 γ_c である．すなわち，ある固体表面への接触角を，既知の接触角をもち徐々に変化する同族体化合物液体（表面張力：γ）によって測定する．x 軸に表面張力を，y 軸に接触角の余弦関数値（$\cos\theta$）をプロットすると直線関係が得られる（ジスマンプロット）．この直線を外挿して，接触角が 0°，すなわち，$\cos\theta = 1$ の水平線との交点の γ をもってその固体表面の臨界表面張力とする（図 5-24）．この値は液体が完全にぬれ広がり始める液滴の表面張力に相当する．高分子の γ_c の値を表 5-1 に列挙した．テフロンは最もぬれにくいプラスチックである．炭化水素の水素をフッ素で置換するとぬれにくくなり，塩素で置換するとぬれやすくなるという特徴がある．

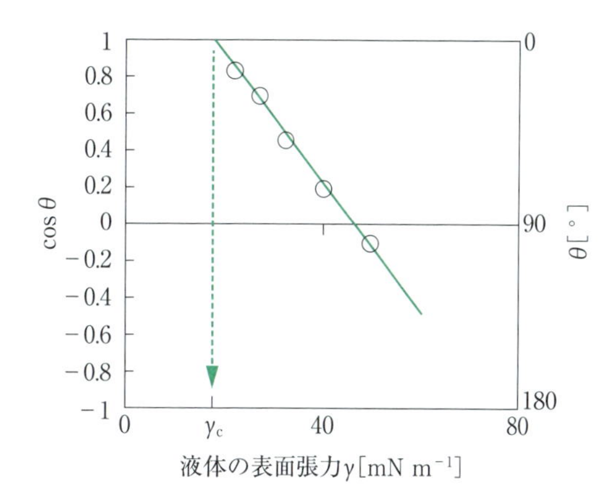

図 5-24 臨界表面張力の求め方

表 5-1 高分子の臨界表面張力 γ_c [mN m^{-1}] の例

高分子種類	γ_c
ポリテトラフルオロエチレン（PTFE）	18.5
ポリフッ化ビニル	25
ポリエチレン	31
ポリスチレン	33
ポリビニルアルコール	37
ポリメチルメタクリレート	39
ポリ塩化ビニル	39
ポリエチレンテレフタレート	43
ナイロン 66	46

5.4.2 超はっ水化へのアプローチ

平滑な固体表面において，フッ素加工などの表面修飾によって表面エネルギーを低下させることにより，到達可能な水の接触角の理論上の限界はおよそ 115～120° である．150° を超える接触角を示す状態は表面エネルギーの低下だけでは到達できない．しかし，自然界にはハスの葉などのように超はっ水性を示すものがみられる．これは，固体表面の γ_c が低いことだけでなく，それ以上に超はっ水性を示すための特異な表面モルフォロジーが深く関与している．つまり，表面粗さを付与してはっ水性を強調することが必要となる．このことは，複合表面における θ を表す Cassie 式や Wenzel 式で説明できる．すなわち，図 5-25 に示すように，ある固体表面が固体①および固体②からなる複合面で形成されており，それぞれの固体表面の表面積比を A_1 および A_2，それぞれの固体表面における接触角を θ_1 および θ_2 とすると，複合面における見かけの接触角 θ_0 は，Cassie 式(3-1)で表される．

$$\cos\theta_0 = A_1\cos\theta_1 + A_2\cos\theta_2 \qquad (3\text{-}1)$$

ここで，固体①の表面がはっ水性固体で固体②が空気（孔隙）とすると，孔隙には完全に空気が充填されるため，$\theta_2 = 180°$（$\cos\theta_2 = -1$）である．また，$A_1 + A_2 = 1$ の関係から式(3-2)が得られる．

$$\cos\theta_0 = A_1(1+\cos\theta_1) - 1 \qquad (3\text{-}2)$$

したがって，固体①の表面積比を可能な限り小さくする（$A_1 \to 0$）と，$\cos\theta_0 \to -1$ となって θ_0 は 180° に近づき，超はっ水性を示すことになる．すなわち，低表面自由エネルギーの固体表面のモルフォロジーが粗く大きな凹凸形状であり，多くの空隙をもつ表面である場合は，固体表面のはっ水性は大きく増大する．これまでに報告されている $\theta > 150°$ を示す超はっ水

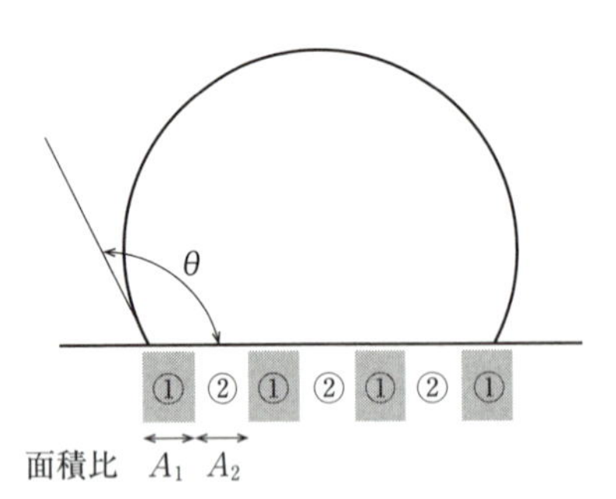

図 5-25　複合面（2 成分系）からなる固体表面上の水滴

膜（表面）の作製例はいずれも低エネルギー表面＋表面粗さの付与というコンセプトに基づいて実現されている．

表面粗さの付与方法にはシリカや PTFE，あるいはガラスビーズなどのフィラー粒子の添加，エッチング処理，切削や研磨といった機械加工，有機ガスのプラズマ重合，ワックス類の凝固，金属表面の陽極酸化，熱温水中での溶解再析出，溶解や昇華による特定物質の選択除去，自己組織化，スクリーン印刷などの事例が報告されている．

また低表面エネルギーの実現には，フルオロアルキルシラン，フルオロポリマー，有機ポリマー，ワックス，その他各種フッ素系化合物などの低表面エネルギー物質をコーティング，混合，あるいは重合などをすることにより行われている．

今後は，近年の情報技術の発展を受け，生物のもつ構造を手本にするバイオミメティクスにとどまらず，生物が行っている目にはみえない情報処理や制御のしくみを手本とするバイオミメティクスが活発化するものと期待されている．その一例として，魚群の泳ぎのルールを模倣した，ぶつからないロボットカーが開発されている．これは自動走行への応用を目指して開発された技術であり，車両が交通の流れに従って自動走行するためには，各車両が自律的に周囲の車両の挙動変化を認識し，柔軟に走行制御を行うことが必要になる．つまり，海中の障害物を回避しつつ，集団の中でも互いにぶつからずに泳ぐ魚群の習性に着目し，その三つの行動ルールを車両の走行制御に応用することを目的に開発された．魚の行動ルールは，衝突回避，並走（仲間の魚との距離を一定に保つために並走しようとし，そのために速度を合わせようとする），接近（仲間の魚と遠すぎるため，近づこうとする）という，異なるエリアに適合した三つの型で説明されている．そして魚は，側線感覚と視覚により周囲環境を認識し，三つの行動ルールに従って魚群を形成するという情報制御機構を有する．この側線感覚の役割をレーザーの反射光から障害物までの距離を計測するレーザーレンジファインダー（LRF）を用いて実現した．また視覚の役割を，パルス信号を送信して反射するまでの時間差から対象物の位置を計測する UWB（ultra wide band，超広帯域無線）通信技術により実現した．これらの二つの周囲環境認識技術と魚群走行の三つのルールを組み合わせてロボットカーに実装し，魚群のように自由に変形可能な群を形成して走行することを可能としたのである．

5.4 節のまとめ

- **生物のもつしくみを利用した技術を生物模倣技術（バイオミメティクス，biomimetics）とよび，その技術を応用して作られた材料を生物模倣材料とよぶ．**
- **固体上で液体の接触角が 0°となったときの表面張力を臨界表面張力という．接触角既知の液体の臨界表面張力を測定することにより，固体表面のぬれ性を評価することができる．**
- **超はっ水性は，表面エネルギーの低下と表面粗さの付与により実現される．**

参考文献

高分子の基礎知識を身につけたい人のための入門書

[1] 蒲池幹治，“高分子化学入門”，NTS（2006）．

[2] 渡辺順次編，“分子から材料までどんどんつながる高分子”，丸善（2009）．

やや程度が高いが，高分子の基礎から応用までよくまとまっている教科書

[3] 中浜精一ら，“エッセンシャル高分子科学”，講談社サイエンティフィク（1988）．

[4] 堤直人，坂井亙，“基礎高分子科学”，サイエンス社（2010）．

[5] 高分子学会編，“高分子科学の基礎”，東京化学同人（1994）．

トピックスごとにコンパクトに分かれていて読みやすい参考書
[6] 高原淳，根本紀夫，“高分子の力学物性（高分子サイエンス One Point 6)”，共立出版（1996）.
[7] 松重和美，船津和守，“高分子の熱物性（高分子サイエンス One Point 7)”，共立出版（1995）.
[8] 井上隆，市原祥次，“ポリマーアロイ（高分子新素材 One Point 12)”，共立出版（1988）.
[9] 高分子学会編，“エンジニアリングプラスチック（高分子先端材料 One Point 8)”，共立出版（2004）.

6. 生体高分子・食品・医薬品

6.1 生体と高分子

6.1.1 生物の構成要素

地球上のすべての生物は，主に水素（H），酸素（O），炭素（C）そして窒素（N）により構成されている．ヒトの場合，これら4種の元素の占める割合は98%以上であり，リン（P），カルシウム（Ca），硫黄（S）などがこれに続く．これらの元素は生体内でどのような形で存在しているのだろうか．カルシウムはリン，酸素，水素とともにヒドロキシアパタイトの形で骨の構成要素となっている．カルシウム以外の6種の元素は生体高分子として生物の構成要素となる．生体高分子は**タンパク質（protein）**，**核酸（nucleic acid）**，糖質（carbohydrate），脂質（lipid）の四つに分類され，いずれもすべての生物に共通な物質単位によって構成される．タンパク質は生体内のさまざまな反応の制御や構造の維持などに関わり，核酸は遺伝情報の保存と発現に関与する．糖質は細胞の栄養分子としてエネルギーの産生と貯蔵を行い，脂質はエネルギー源や細胞膜の構成要素として機能する．本節では，これら生体高分子のうちタンパク質と核酸について説明する．

6.1.2 タンパク質

a. アミノ酸

タンパク質はアミノ酸の重合体であり，図6-1に示す20種類のアミノ酸の組合せによって構成される．タンパク質を構成するアミノ酸を**α-アミノ酸（α-amino acid）**といい，カルボキシ基とアミノ基が同一の炭素原子（α炭素）に結合している（図6-2）．α炭素はまた，水素原子とその他の原子団（R：側鎖）と結合している．

20種類のアミノ酸のうちグリシンを除く19種類のアミノ酸は，α炭素に結合する四つの原子または原子団がすべて異なるため鏡像異性体をもつ．グリシンは側鎖（R）が水素原子であり，α炭素に二つの水素原子が結合しているため，鏡像異性体は存在しない．タンパク質中に存在するアミノ酸は，すべて鏡像異性体の一方であるL-アミノ酸である．図6-3にL-アミノ酸とD-アミノ酸の立体配置を示す．

アミノ酸はカルボキシ基とアミノ基をもっているため，図6-4に示すように水溶液中ではイオン化しており，溶液のpHによってイオンの状態が変化する．中性の溶液中では，カルボキシ基はプロトンが解離したCOO^-の形で存在し，アミノ基はプロトンが付加したNH_3^+の形で存在している．

このように分子として電気的に中性であるが，分子内に正負に荷電した基を有する分子を**両性イオン（zwitterion）**あるいは双極イオンという．側鎖に電離する基がない場合，アミノ酸は酸性溶液中では正の電荷を，塩基性溶液中では負の電荷をもっている．また，アミノ酸が電気的に中性になるときの溶液のpHを**等電点（isoelectric point）**といい，記号pIで表す．図6-5はアミノ酸の水溶液に塩基を加えたときの滴定曲線を示したものである．点Aがカルボキシ基のイオン化反応の中点（pH = pK_1），点Cがアンモニウム基のイオン化反応の中点（pH = pK_2）を表し，点Bがアミノ酸の等電点（pI）を表している．例えばグリシン（H_2N-CH_2-COOH）の場合，点Aでは正に荷電した状態（$^+H_3N-CH_2-COOH$）と分子として電気的に中性の状態（$^+H_3N-CH_2-COO^-$）が等量存在し，点Cでは分子として電気的に中性の状態と負に荷電した状態（$H_2N-CH_2-COO^-$）が等量存在する．等電点Bでは主に分子として電気的に中性の状態で存在する．このアミノ酸のpIは，二つの解離基のpK_aの平均値$(pK_1+pK_2)/2$で与えられる．

タンパク質を構成する20種類のアミノ酸は側鎖の構造によって異なる性質をもっており，大別すると極性アミノ酸と非極性アミノ酸に分けられる（図6-1）．極性アミノ酸は，中性溶液中で負電荷をもつ酸性アミノ酸，電荷をもたない中性アミノ酸，正電荷をもつ塩基性アミノ酸に分類され，非極性アミノ酸は，脂肪族側鎖をもつアミノ酸と芳香族側鎖をもつアミノ酸に分類される．酸性アミノ酸であるアスパラギン酸

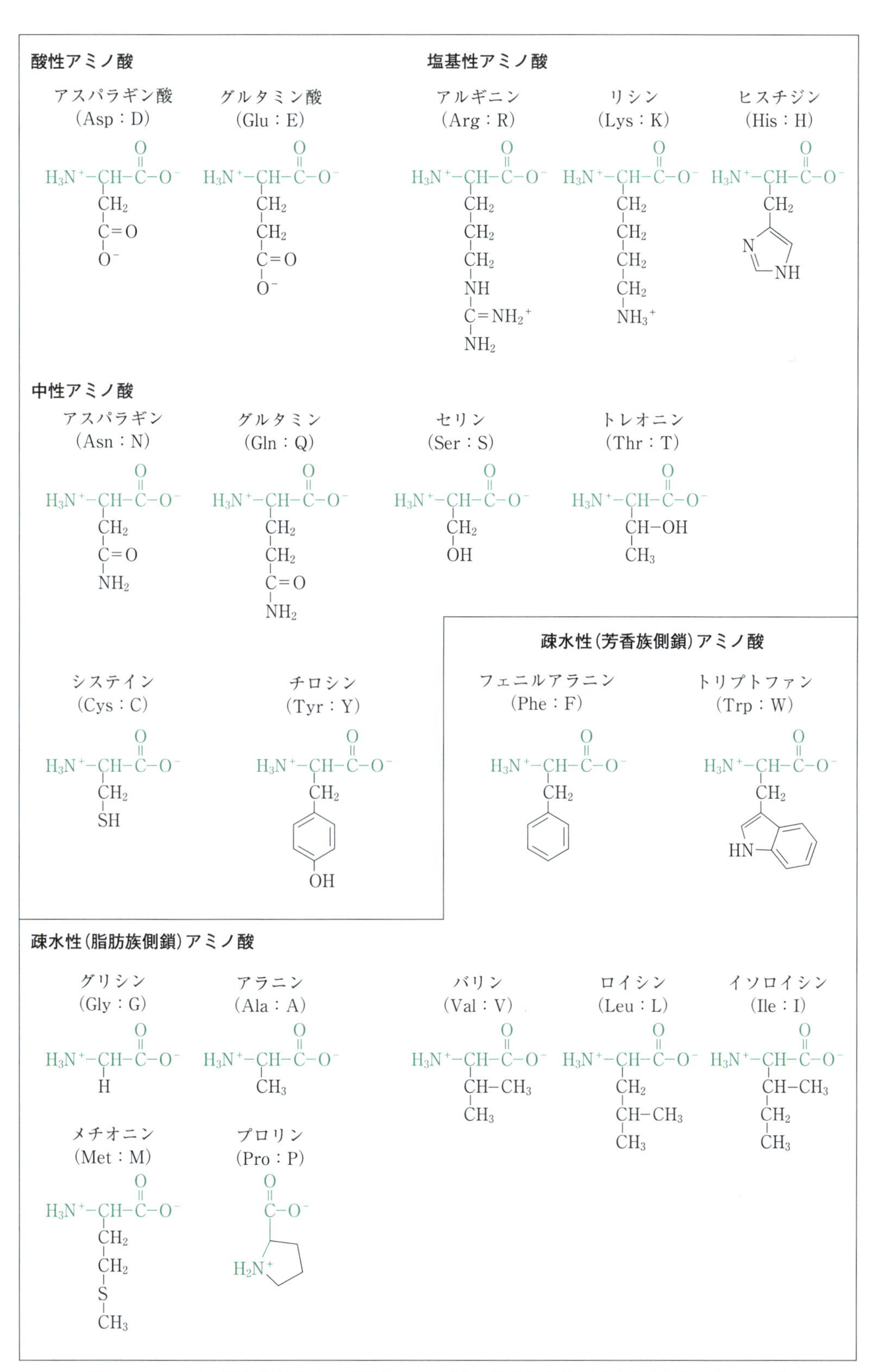

図 6-1 タンパク質を構成する 20 種類のアミノ酸の構造と略称（三文字表記と一文字表記）

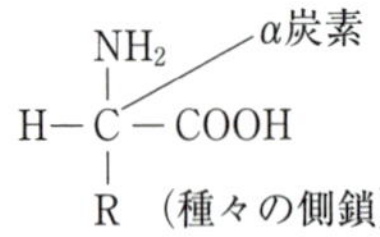

NH_2　α炭素
H−C−COOH
R（種々の側鎖）

図 6-2　α-アミノ酸の構造式

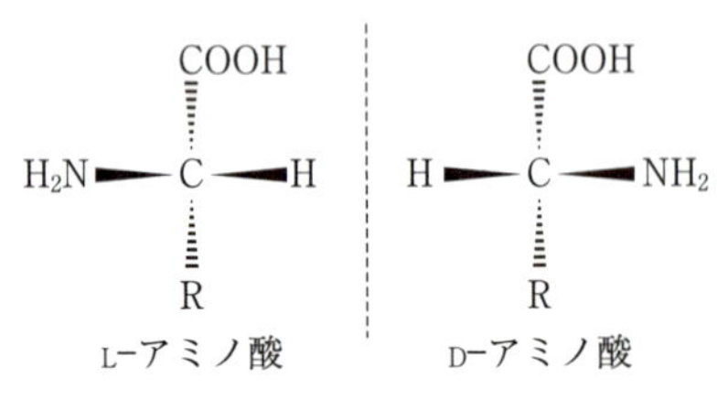

図 6-3　L-アミノ酸と D-アミノ酸

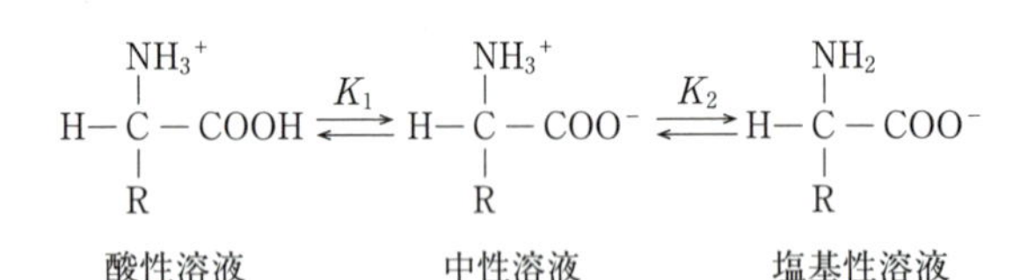

図 6-4　アミノ酸のイオン化

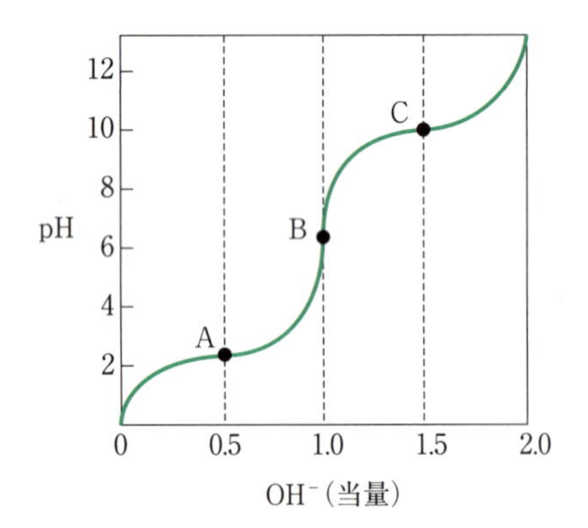

図 6-5　アミノ酸の滴定曲線

(Asp) とグルタミン酸 (Glu)，塩基性アミノ酸であるリシン (Lys)，アルギニン (Arg)，ヒスチジン (His) はいずれも電離可能な側鎖をもっている．システイン (Cys) は，タンパク質分子内において二つのシステイン間で側鎖同士が架橋され，**ジスルフィド結合 (disulfide bond)** を形成することがある．

b. ペプチド

一つのアミノ酸のカルボキシ基ともう一つのアミノ酸のアミノ基との脱水縮合によってアミノ酸同士が重

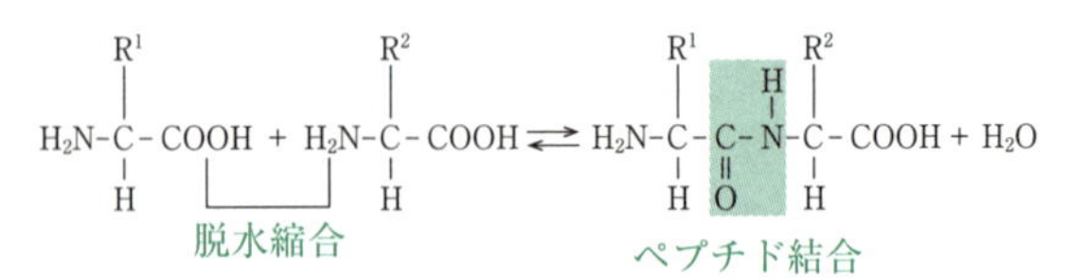

図 6-6　ペプチド結合の形成

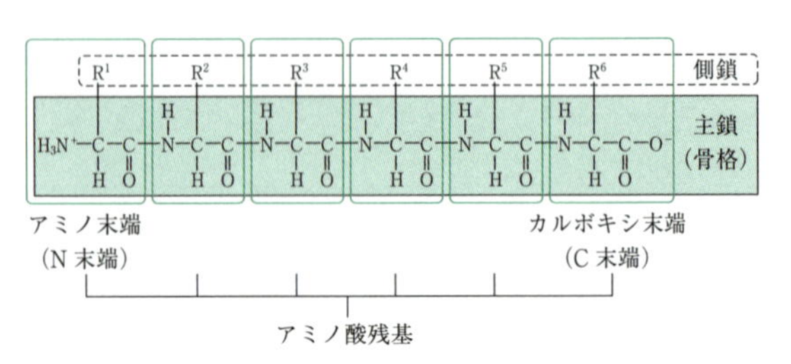

図 6-7　ペプチドの構造

合したものをペプチドといい，このようにして形成された結合を**ペプチド結合 (peptide bond)** という (図 6-6)．二つのアミノ酸が重合したものをジペプチド，三つのアミノ酸が重合したものをトリペプチドとよび，重合するアミノ酸の数が多くなるに従い，オリゴペプチド，ポリペプチド，タンパク質とよび方が変化する．

ペプチドにはペプチド結合に関わらない NH_3^+ 基を有する末端と，COO^- 基を有する末端があり，それぞれを**アミノ末端 (N 末端)**，**カルボキシ末端 (C 末端)** という．すなわちペプチドには方向性があり，表記する場合は N 末端を左側に書く (図 6-7)．Arg-Gly-Asp-Ser と Ser-Asp-Gly-Arg は，組成も結合順も同じではあるが異なるペプチドである．ペプチド中に取り込まれたアミノ酸単位を**アミノ酸残基 (amino acid residue)** といい，−NH−CH−CO− の繰り返しからなる配列部分を**主鎖 (backbone)** または骨格という．

タンパク質を構成するアミノ酸には，側鎖にカルボキシ基やアミノ基をもつものも存在するが，これらの基がペプチド結合の形成に関わることはないので，ペプチドは枝分かれをもたない直鎖状の構造をとる．

c. タンパク質の構造

タンパク質は生体由来のポリペプチドで，その多くは 50 から 2000 アミノ酸残基からなり，分子量も数千から数十万と多様である．タンパク質の中にはポリペプチド鎖以外の成分を含むものも存在する．ペプチド鎖のみからなるものを**単純タンパク質**，ペプチド鎖以外の成分を含むものを**複合タンパク質**という．複合タンパク質には糖鎖や脂肪酸が結合したもの，ヘムやビタミンなどの補因子を含むものなどがある．糖鎖や脂肪酸はアミノ酸残基と共有結合でつながっているが，補因子などはイオン結合や配位結合などでつながっている場合が多い．またタンパク質を形状によって分類すると，**球状タンパク質**と**繊維状タンパク質**に分けられる．球状タンパク質はコンパクトに折り畳まれた立体構造をとり，水に溶けやすいものが多い．繊維状タンパク質は重合して水に不溶な繊維を形成し，強度や弾性に富む．

タンパク質の構造と性質はそのアミノ酸配列に帰することができる．1953 年，サンガーは血糖値を調節するホルモンであるインスリンのアミノ酸配列を初めて決定した．このことから，すべてのタンパク質はそれぞれの遺伝子によって決められた固有のアミノ酸配列をもつことが明らかとなった．固有のアミノ酸配列をもち，特有の立体構造をとることにより，タンパク質はその機能を発揮することができる．アミノ酸配列が正しくても，引き伸ばされた構造のペプチド鎖には生理活性はない．タンパク質のアミノ酸配列をタンパク質の**一次構造**といい，一次構造がタンパク質の立体構造を決定する．

ペプチド鎖内の隣接する領域においてタンパク質は特徴的な立体構造をとることがあり，これを**二次構造**という．代表的な二次構造として**αヘリックス（α helix）**構造と**βシート（β sheet）**構造がある．αヘリックス構造は，円筒状のらせん構造であり，骨格が内側，側鎖が外側に向かって配置されている．骨格の C=O 基は四つ先のアミノ酸残基の N−H 基と**水素結合**を形成することで，らせん構造を安定化する．らせん構造の 1 巻きは 3.6 アミノ酸残基に相当し，軸方向に 0.54 nm 進む（図 6-8）．一方βシート構造は，伸びたひだおり状の鎖が層になって並んだ構造であり，隣り合う鎖の主鎖間で水素結合を形成し，構造を安定化する．隣り合う鎖が同方向に並ぶものを平行型，反対方向に並ぶものを逆平行型といい，逆平行型の方が構造的に安定である（図 6-9）．

フレデリック・サンガー

英国の生化学者．タンパク質のアミノ酸配列決定法を考案し，インスリンの全配列を決定した．その後核酸の塩基配列決定法の開発に携わり，1958 年と 1980 年，ノーベル化学賞を 2 度受賞した．（1918-2013）

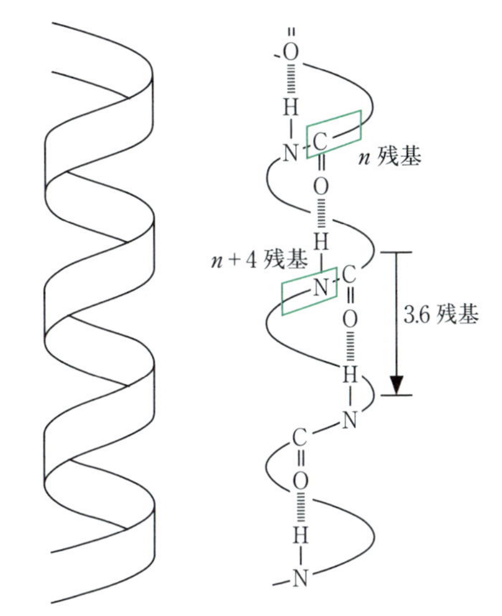

図 6-8 αヘリックス構造

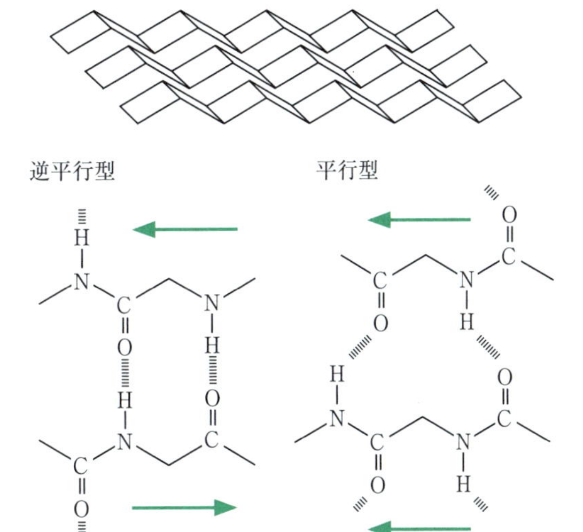

図 6-9 βシート構造

このような二次構造が互いに折り畳まれて形成された三次元的な構造を**三次構造**という．三次構造は分子内のさまざまな相互作用によって維持される．構造維持に関わる相互作用は主に非共有結合性の弱い力であり，イオン化した側鎖をもつアミノ酸残基間および N 末端と C 末端との間の静電引力，極性側鎖をもつアミノ酸残基間および主鎖のアミド部分との間の水素結合，非極性側鎖をもつアミノ酸残基間の疎水的相互作用などである．タンパク質によっては，システイン残基間で形成されるジスルフィド結合が構造維持に関わることがある（図 6-10）．これらの弱い結合は，結合に関わる原子および原子団が適切な位置関係にある

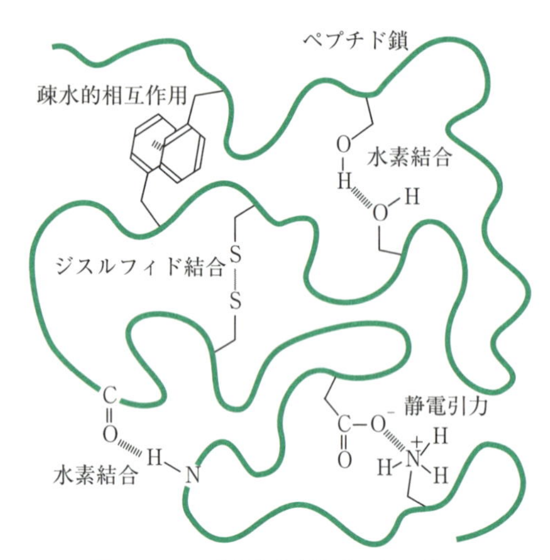

図 6-10　三次構造を維持する相互作用

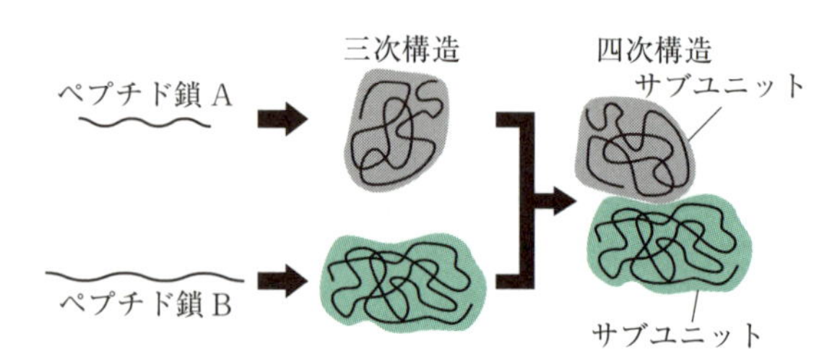

図 6-11　三次構造と四次構造の関係

場合のみその作用を発揮する．そのため，立体配置が最適状態からはずれるとこれらの相互作用は消失し，タンパク質の立体構造が壊れてしまう．

タンパク質の立体構造の崩壊は機能の喪失へとつながり，そのような状態になることを**タンパク質の変性**という．タンパク質を変性させる要因は多数あり，代表的なものに，強酸・強塩基（イオン化・脱イオン化により静電引力や水素結合が壊れる），有機溶媒（分子の中心部に配置されていた疎水性アミノ酸残基が表面に露出する），高塩濃度（分子表面上の電荷が中和され，分子同士が凝集しやすくなる），界面活性剤（分子内のほとんどの非共有結合性の相互作用が壊れる），高温（運動エネルギーの増加により非共有結合性の弱い相互作用が壊れる），物理的力（かくはんなどにより分子内の微妙な力のバランスが壊れる）などが挙げられる．

タンパク質の中には，複数のポリペプチド鎖からなるものも少なくない．それぞれのペプチド鎖が三次元的に折り畳まれたものが会合・結合して一つのタンパク質を構成するとき，各ペプチド鎖をサブユニットといい，サブユニットの構成とそれらの空間的配置を**四次構造**という（図 6-11）．四次構造を形成するタンパク質の各サブユニットはジスルフィド結合でつながれている場合とつながれていない場合がある．つながれていない場合は，サブユニットの接触面が空間的な相補性を有しており，非極性側鎖をもつアミノ酸残基間の疎水的相互作用や，極性アミノ酸残基間の静電引力や水素結合などでつなぎ止められている．実際のタンパク質は剛直で構造変化しない分子ではなく，柔らかくゆらぎをもった分子であり，立体構造を崩壊させることなく形態を変化させている．この形態変化は，タンパク質が機能の ON/OFF の制御を行うような場合にきわめて重要となっている．

d. タンパク質の機能

タンパク質は生体内できわめて多様な機能を表す．代表的な機能には以下のようなものが挙げられる．

生体触媒：この機能をもつタンパク質は**酵素（enzyme）**とよばれ，酸化還元反応や加水分解反応，異性化反応など，生体内のほとんどすべての化学反応の進行を助ける働きをもつ．消化酵素のペプシンや二酸化炭素を水に溶解させる炭酸デヒドラターゼなどがある．

輸送と貯蔵：イオンや低分子化合物，疎水性分子などに結合して血液中で輸送したり，細胞内で貯蔵したりする．酸素の運搬を行うヘモグロビン，酸素の貯蔵を行うミオグロビン，疎水性分子などの輸送に関わる血清アルブミンなどがある．

運動：筋肉の収縮や弛緩，有糸分裂時における染色体の移動，神経細胞における軸索輸送などに関わる．筋収縮に関わるアクチンとミオシン，神経細胞の軸索に沿って小胞などを輸送するキネシンなどがある．

構造維持：皮膚や骨の構成要素として生物を形作りその強度を保ったり，細胞の配置を制御することで組織の形態を保持する働きをもつ．皮膚や骨の主要成分であるコラーゲンや細胞接着に関わるカドヘリンなどがある．

生体防御：組織が損傷を受けた際に元どおりに修復するためや，ウイルスや細菌などが侵入した際にそれらを攻撃排除するために機能する．血液凝固反応に関わるフィブリノーゲンや外来分子を認識して排除する免疫グロブリンなどがある．

情報伝達：細胞が細胞外の信号に応答するため，さまざまな情報を細胞内に伝達したり，細胞間および細胞内で特異的な信号を伝達する．インスリンにによる信号を伝達するインスリン受容体や光受容体であるロドプシンなどがある．

このように機能によってタンパク質を分類することができるが，タンパク質には複数の機能をもつものも数多く存在する．例えば情報伝達に関与するタンパク質にはアデニル酸シクラーゼやプロテインキナーゼなどのように触媒能をもつものも少なくない．また，βカテニンのように構造維持と情報伝達に関わるタンパク質や，トロンビンやプラスミノーゲンのように触媒作用と生体防御作用をもつタンパク質などもあり，単純に分類することは難しい．以下に，生体触媒としての酵素について，消化酵素であるキモトリプシンを例に説明する．

e. 酵素

酵素は生体中で作用する触媒であり，ほとんどはタンパク質でできている．人工的に利用されている無機触媒と比べ，きわめて高い触媒能をもつ点，反応および反応に関わる物質に対し高い選択性をもつ点（**基質特異性**，substrate specificity）が特筆すべき特徴である．これは，反応がスムーズに進行するよう，酵素が反応物質である基質の分子を適切な位置と向きに配置すること，さらに反応中間体（**遷移状態**，transition state）を安定化し，基質の初期状態と遷移状態の自由エネルギーの差（**活性化エネルギー**，activation energy）を小さくすることにより達成される．

酵素と基質の関係は，**鍵と鍵穴モデル**（酵素と基質は相補的な立体構造をとり，ぴったりと結合することができる）や**誘導適合モデル**（基質が酵素に部分的に結合すると，酵素の立体構造が変化して基質がぴったりと結合できるようになる）で示されるように，酵素の活性部位（**触媒部位**）に基質が結合することが必要である．酵素は先に述べたように非常に高い触媒能をもつため，必要のないときや場所で作用したり，必要以上に作用すると，生体にとって大きなダメージを与える可能性がある．そのため生体内では，さまざまな方法で酵素活性が制御されている．その一つが阻害因子による制御である．生体内には酵素に結合して酵素反応を制御する物質が存在する．そのような阻害因子による制御機構は，**不可逆阻害**と**可逆阻害**に分けられる．

前者では，阻害因子が酵素に共有結合で結合して解離できなくなるため，消失した酵素活性は回復しない．それに対し後者では，阻害因子は非共有結合的に酵素に結合するので，条件によって解離し，酵素活性が回復する（図 6-12）．以下に示す**キモトリプシン**

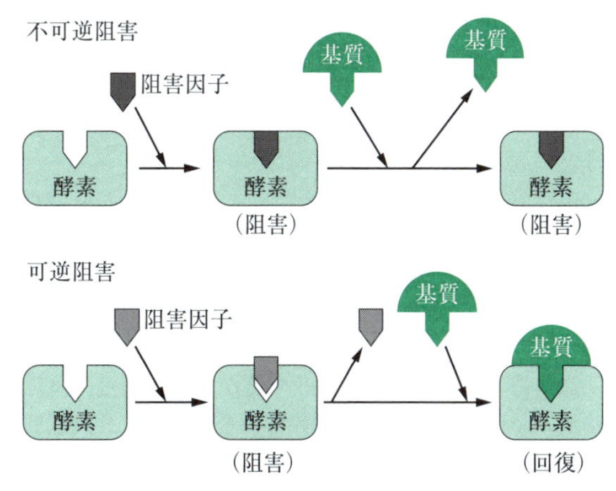

図 6-12 酵素活性の不可逆阻害と可逆阻害

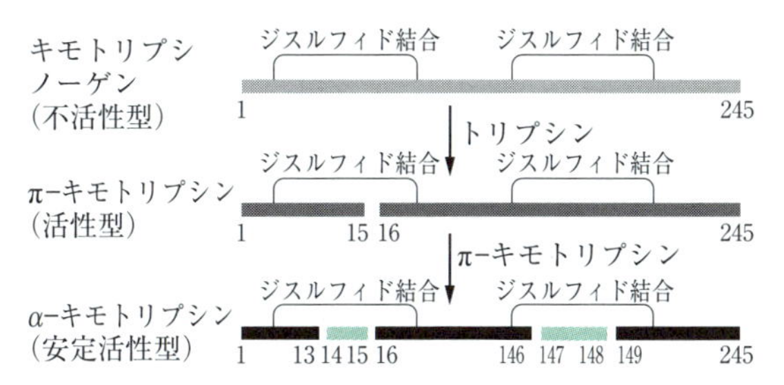

図 6-13 キモトリプシンのプロセシング．α-キモトリプシンの二つのジペプチド（14-15，147-148）は遊離するが，残り三つのペプチド鎖はジスルフィド結合によりつながっている．数字はN末端から数えたアミノ酸残基の番号を表す．

(chymotrypsin) のプロセシングは，阻害因子とは異なるタイプの制御機構である．

キモトリプシンは，小腸でタンパク質のペプチド結合を切断するタンパク質分解酵素，**プロテアーゼ (protease)** であり，分子量は約 25 000 である．疎水性で大きな側鎖をもつアミノ酸残基のカルボニル側のペプチド結合を切断する．不活性型の前駆体キモトリプシノーゲンとして膵臓から分泌された後，小腸でトリプシンによる限定分解を受け，活性をもったπ-キモトリプシンに変換される．続いて自身による限定分解を受け，安定な活性型であるα-キモトリプシンに変換される（図 6-13）．このように，分子内のペプチド鎖を切断することでタンパク質を活性化する機構を**タンパク質のプロセシング**という．

f. キモトリプシンの触媒機構

245個のアミノ酸からなるキモトリプシンにおいて，触媒作用に直接関与するアミノ酸残基は，Ser，His，Aspの三つである（図 6-14）．これらの残基は

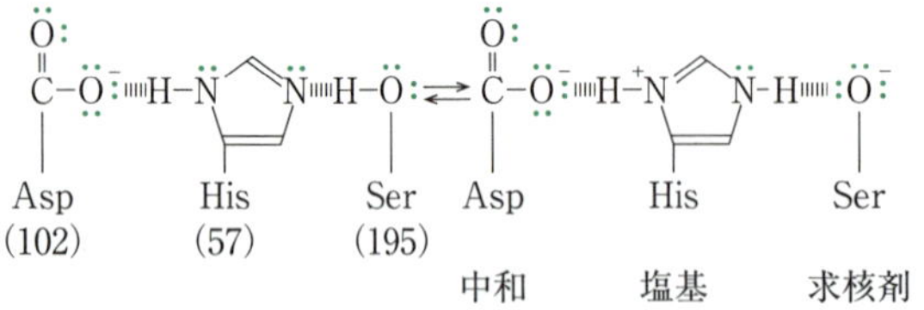

Asp (102)　His (57)　Ser (195)　⇄　Asp　His　Ser

中和　塩基　求核剤

図 6-14　キモトリプシンの触媒 3 残基. ( )内の数字は, N 末端側から数えた各アミノ酸残基の番号. : は, 酸素原子および窒素原子の非共有電子対

一次構造上離れた位置に存在するが, 三次構造上は近接する位置に配置されて触媒部位を形成し, 3 残基間での電子のやりとりにより, 基質となるタンパク質のペプチド結合の切断に関与する.

ここで主役となるのが Ser 残基である. 側鎖のヒドロキシ基の pK_a は 16 なので通常は電離しないが, キモトリプシンの触媒部位に存在する Ser 残基は非常に反応性に富み, 容易に電離する. プロトン (H^+) を放出してアルコキシドイオンとなった Ser 残基の側鎖は強力な求核剤として機能し, 酸素上の電子が標的タンパク質のペプチド結合のカルボニル炭素を攻撃することができる. このときに放出されたプロトンは His 残基が受けとり, その結果正に荷電した His 残基のイミダゾール環は, 隣接する Asp 残基のカルボキシイオンの負電荷により安定化される. プロトン受容体となる His 残基とそれを補佐する Asp 残基の存在が, Ser 残基のヒドロキシ基の反応性を高めているのである.

これら**触媒 3 残基 (catalytic triad)** によって進行する加水分解の反応機構を, 電子の動きに注目して表したのが図 6-15 である. 反応の第 1 段階はアシル化である (①→③). Ser 残基のアルコキシドイオンがペプチドのカルボニル炭素と結合すると, 電子はカルボニル酸素上に移動してオキシアニオンが生成する (①). この電子が押し戻されるときに基質タンパク質の C−N 結合が切断される (②). その結果, C 末端側は遊離するが, N 末端側は酵素の Ser 残基に共有結合でつながれたアシル化された状態となっている (③). 触媒部位に水分子が入ると, 2 段階目の脱アシル化反応が始まる (④→⑥). His 残基がプロトンを受けとると, H_2O は反応性の高い OH^- (水酸化物イオン) に変換され, これが Ser 残基とペプチドの N 末端側とで形成されたエステルのカルボニル炭素を攻撃する (④). 再びオキシアニオンが生じ, 以下同様の反応が進行し (⑤), ペプチドの N 末端側が Ser 残基から離れ, 加水分解が完結する (⑥).

このように, キモトリプシンによる加水分解反応

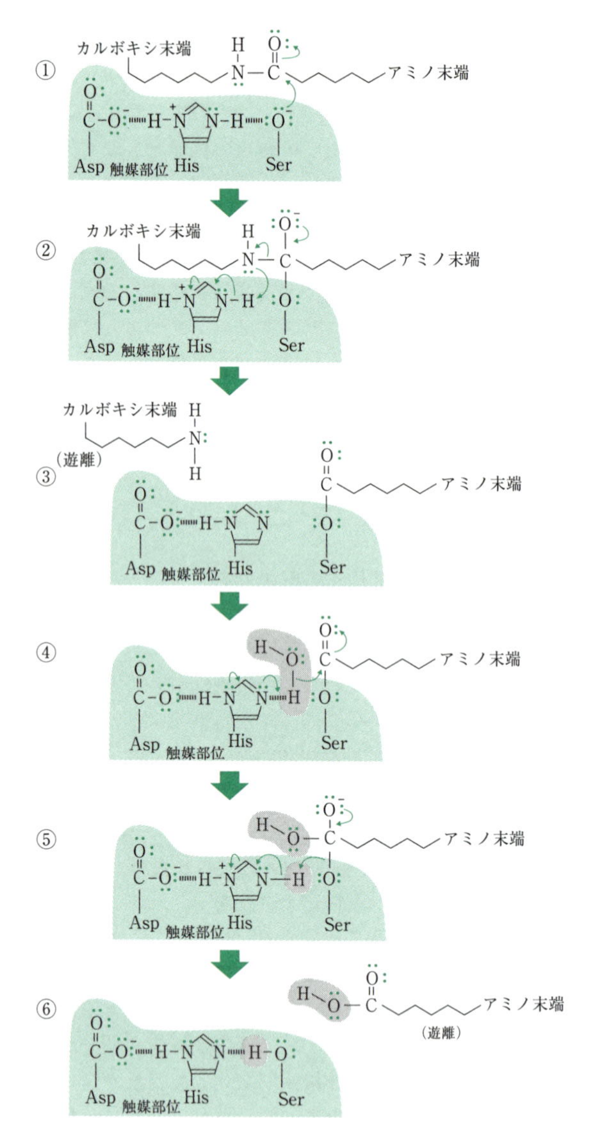

図 6-15　キモトリプシンの触媒機構

は, 有機化学の実験室で一般的に行われている求核置換反応である. 基質分子の反応性を高め, 反応がスムーズに進行するように, 基質分子を酵素上に的確に配置することにより, 酵素は非常に高い触媒能を発揮することができる. また, 反応が進行するためには高エネルギーの中間体を経なければならない. 中間体において基質タンパク質のカルボニル炭素は四面体型構造をとり, 電子が酸素原子上に局在化した不安定な状態となる. 初期状態で sp^2 混成軌道をとるカルボニル炭素が sp^3 混成軌道へと変わることにより, 酸素原子はわずかに位置を移動させる. 酸素原子が移動した場所を**オキシアニオンホール (oxyanion hole)** といい, 酵素の Gly 残基と Ser 残基の主鎖の二つの NH 基に

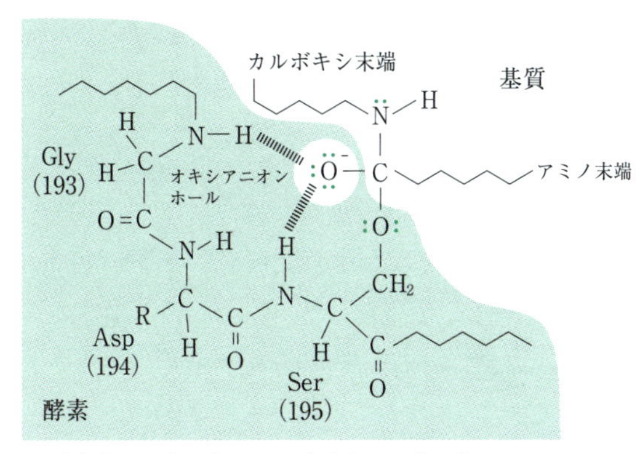

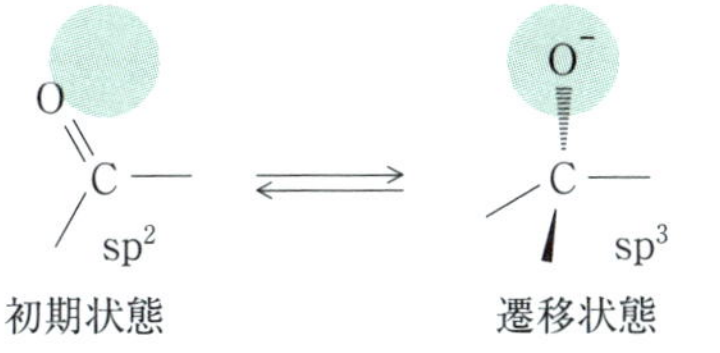

図 6-16 オキシアニオンホール

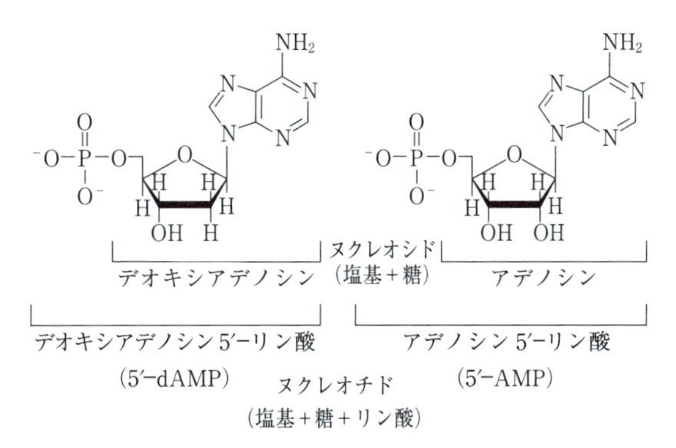

よりはさまれている（図 6-16）．二つの NH 基の水素が電子受容体として作用し，オキシアニオンとなった酸素原子上の電子を非局在化させる．その結果四面体型中間体の自由エネルギーは低下し，活性化エネルギーが低下する．酵素と基質の高エネルギー中間体との特異的な相互作用が反応を推進する力となり，その結果キモトリプシンは非常に高い触媒能を発揮することができるのである．

6.1.3 核酸：DNA と RNA

a．核酸の構造

生物の形質が親から子へ伝えられ，その結果すべての生物は祖先に似るという現象を遺伝という．遺伝は，すべての生物に存在する**遺伝子（gene）**とよばれる因子によって支配されており，その因子の正体が核酸である．タンパク質が生物の実働部隊であるのに対し，核酸は生物の設計図にたとえられる．

核酸は 4 種類の**ヌクレオチド（nucleotide）**が特異的な配列で直鎖状に重合したポリヌクレオチドであり，**DNA（デオキシリボ核酸，deoxyribonucleic acid）**と **RNA（リボ核酸，ribonucleic acid）**の 2 種類に分けられる．ヌクレオチドは塩基・糖からなる**ヌクレオシド（nucleoside）**にリン酸が結合したものである．DNA を構成するヌクレオシドは，糖としてデオキシリボース，塩基としてアデニン（A），シトシン（C），グアニン（G），チミン（T）のいずれかからなる．それに対し RNA では，糖としてリボース，

プリン　ピリミジン
プリン塩基　ピリミジン塩基
アデニン(A)　グアニン(G)　シトシン(C)　チミン(T)　ウラシル(U)

図 6-17 プリン塩基とピリミジン塩基の構造

図 6-18 ヌクレオチドとヌクレオシドの基本構造

塩基としてアデニン，シトシン，グアニン，ウラシル（U）のいずれかが構成要素となる（図 6-17）．

塩基のうちアデニンとグアニンはプリン誘導体，シトシンとチミン，ウラシルはピリミジン誘導体であり，デオキシリボースはリボースの 2′-ヒドロキシ基が水素に置換されたものである．各塩基とリボースからなるヌクレオシド誘導体はそれぞれ，アデニンがアデノシン，シトシンがシチジン，グアニンがグアノシン，チミンがチミジン，ウラシルがウリジンとよばれる．糖がデオキシリボースの場合は，接頭語としてデオキシがつけられるので，例えばアデニンの場合はデオキシアデノシンとよぶ（図 6-18）．

ポリヌクレオチドは，ヌクレオシドの糖の 5′-ヒドロキシ基にリン酸がエステル結合してできたヌクレオチドが，もう一つのヌクレオチドの糖の 3′-ヒドロキシ基とエステルを形成して重合したものである．このような結合を**ホスホジエステル結合（phosphodiester linkage）**といい，糖とリン酸からなる繰り返し構造を核酸の骨格という．ホスホジエステル結合の形成からもわかるように核酸には方向があり，一方の末端を **5′ 末端**，他方を **3′ 末端**という（図 6-19）．核酸の配列とは重合したポリヌクレオチドの**塩基配列**のことをいい，基本的に 5′ 末端を左側に書く．つまり

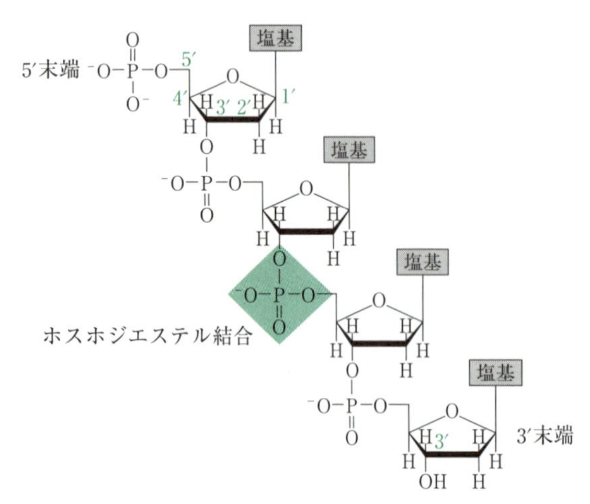

図 6-19　ポリヌクレオチド（DNA）の構造

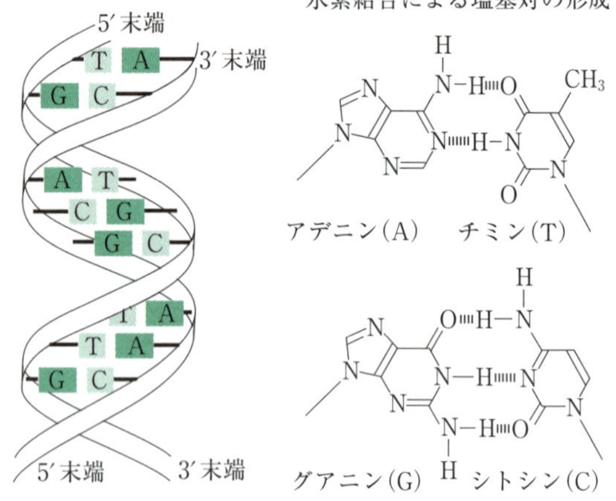

図 6-20　DNA の二重らせん構造と塩基対

ACGTG と GTGCA は異なる分子である．

b. DNA

DNA 分子は非常に長い鎖状で，生物ごとにそれぞれ固有の構造をもっている．大腸菌のような原核生物の DNA は環状で，ヒトなどの真核生物の DNA は直鎖状である．DNA の構造は，1953 年にワトソン（Watson）とクリック（Crick）により**二重らせんモデル（double helix model）**として報告された．このモデルは次のような特徴をもっている（図 6-20）．

(1)　右回りのらせん構造をとる 2 本のポリヌクレオチド鎖が共通の軸の周りを巻いている．
(2)　2 本の鎖の方向は逆向きである．
(3)　糖とリン酸からなる骨格は外側，塩基は内側に向かい，らせん軸に対しほぼ垂直に配置される．
(4)　らせんの直径は 2 nm で，らせんの 1 巻きは軸方向 3.4 nm，10 ヌクレオチド分に相当する．

そして，「二重らせんモデル」において最も重要な点が，次の特徴である．

(5)　2 本の鎖はアデニンとチミン，またはグアニンとシトシンの間の水素結合によって結びついている．

このような二つの塩基間の結合を**塩基対（base pair）**といい，ある塩基は決まった塩基とのみ対を形成する．このことは，二本鎖の一方の鎖の塩基配列が決まれば，もう一方の鎖の塩基配列は自動的に決まるということを意味している．このような 2 本鎖の関係を**相補的**という．DNA の 2 本の鎖を引き離して 1 本ずつに分離し，それぞれの鎖を鋳型として相補的な配列をもつ鎖を合成すると，2 組の二本鎖 DNA ができる．これらはどちらも最初にあった二本鎖 DNA とまったく同じ配列をもつものとなる．つまり DNA の構造自体に複製の機構が内包されていると考えられる．この方法で複製がなされると，新規に合成された DNA の二本鎖のうち，一方が元からあった DNA から引き継がれたもの，もう一方が新しく合成されたものの組合せとなっている（図 6-21）．このような複製の方法を**半保存的複製（semiconservative replication）**といい，DNA の複製が実際に半保存的に起こっていることは，1958 年にメセルソン（Meselson）とスタール（Stahl）によって確かめられた．

ジェームズ・ワトソン

アメリカの分子生物学者．クリックとともに DNA の二重らせんモデルを提唱，1962 年にノーベル医学生理学賞を受賞した．その後コールド・スプリング・ハーバー研究所の所長を務めた．(1928-)

フランシス・ハリー・コンプトン・クリック

イギリスの分子生物学者．ワトソンとともに DNA の構造を決定し，1962 年にノーベル医学生理学賞を受賞した．その後は脳科学の分野に移り，意識の形成機構の解明を目指して研究を行ってきた．(1916-2004)

c. RNA

DNA と違って RNA は基本的に 1 本鎖で，長さは 20 ヌクレオチド程度から数千ヌクレオチドまで，き

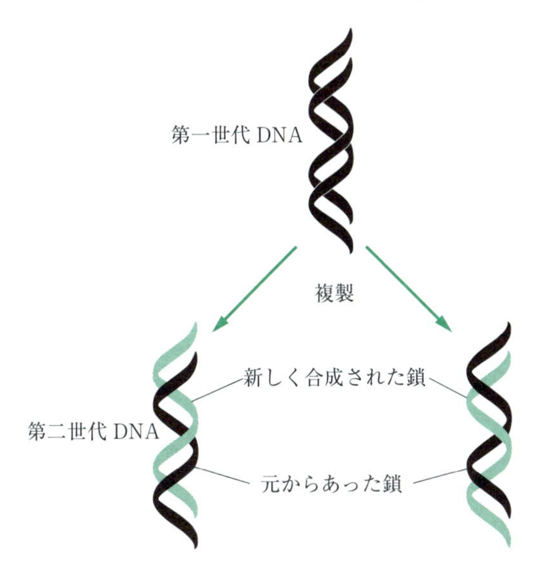

図 6-21 DNA の半保存的複製

わめて多様である．一本鎖構造ながら RNA は，分子内で相補的な配列をもつ領域で折り畳まれて塩基対を形成し，部分的な二重らせん構造をとっている（図 6-22）．

このとき，アデニン（A）は，チミン（T）ではなくウラシル（U）と塩基対を形成する．RNA は機能によって以下のように分類される．

(i) **メッセンジャー RNA**（messenger RNA：mRNA）：タンパク質合成の鋳型となる分子で，対応するタンパク質を合成する際に合成される．長さや塩基配列は，それを規定する DNA の塩基配列によって決まり，細胞内での寿命は非常に短い．タンパク質合成の際には一時的に**リボソーム（ribosome）**に結合する．

(ii) **トランスファー RNA**（transfer RNA：tRNA）（図 6-22）：アミノ酸と結合し，mRNA の情報に基づき適切なアミノ酸をタンパク質合成の場であるリボソームに運ぶ．平均長は約 75 ヌクレオチドと比較的小さく，3′ 末端のリボースのヒドロキシ基とアミノ酸のカルボキシ基とで結合する．分子内のアンチコドンループとよばれる特殊な領域で mRNA と相補的な対を形成する．

(iii) **リボソーム RNA**（ribosomal RNA：rRNA）：タンパク質合成を行うリボソームの主成分で，非常に大きく複雑な立体構造をとる．RNA の中で細胞内の量が最も多く，全体の約 80%を占める．

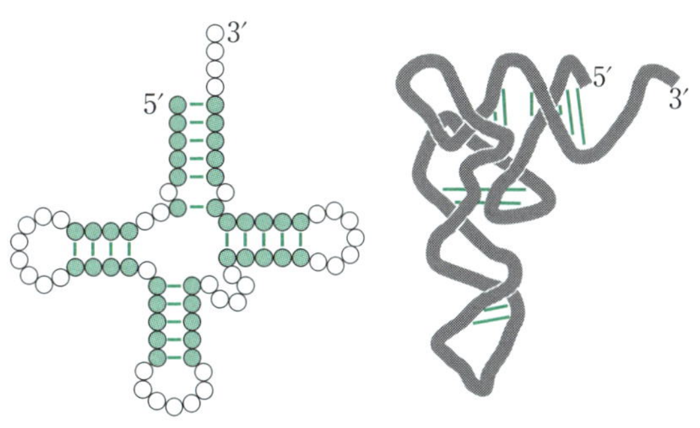

図 6-22 tRNA の配列（左）と立体的構造（右）

これらのほかにも，さまざまな機能をもつ低分子の RNA が存在する．

d. 遺伝情報の流れ

遺伝物質の正体を突き止めようという研究が精力的に行われていた 1940 年から 1950 年にかけて，核酸が遺伝物質であるという考えは，当時の研究者の間で簡単には受け入れられなかった．しかし 1952 年に行われたハーシー（Hershey）とチェイス（Chase）の実験や，1953 年のワトソンとクリックの DNA 二重らせんモデルの提唱などにより，DNA が遺伝物質であるという考えはようやく認められるようになった．遺伝物質としての DNA 上に存在し，DNA が伝達する主な情報としては，細胞内で合成されるすべての RNA の塩基配列情報，細胞内で合成されるすべてのタンパク質のアミノ酸配列情報，RNA やタンパク質をいつ・どこで・どれくらい合成するかという情報，などがある．DNA の遺伝情報がどのように変換され，実際に利用されるようになるかということを生物の一般原理として表したのが，1958 年にクリックによって提唱された**セントラルドグマ（central dogma）**である．それは，ほとんどすべての生物において，遺伝情報は DNA から RNA を経てタンパク質へと流れるというものである．DNA の塩基配列情報に従って RNA を合成することを**転写（transcription）**といい，RNA の塩基配列情報をアミノ酸配列情報に置き換えてタンパク質を合成することを**翻訳（translation）**という．転写と翻訳の活性は細胞内外のさまざまな要因の影響を受け，細胞内の他の成分と相互作用することで調節される．セントラルドグマは，ウイルスなどにおいて一部例外も認められるが，基本的にすべての生物に対してあてはまるものである．以下，転写と翻訳

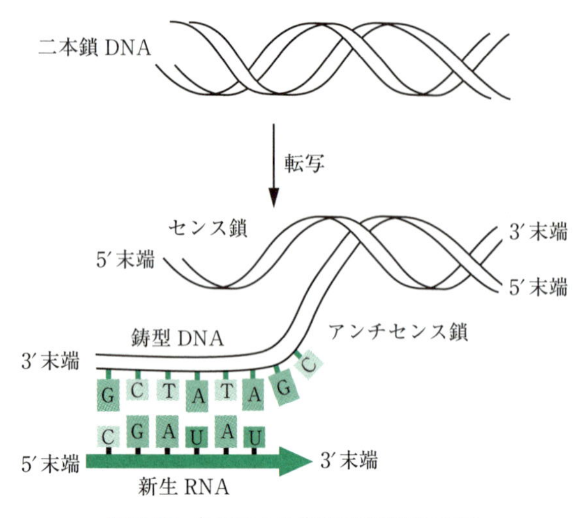

図 6–23　転写による塩基配列情報の変換

について簡単に説明する．

e．転写

DNA の複製は，DNA ポリメラーゼが DNA のそれぞれの鎖を鋳型にして，鋳型に相補的なヌクレオチドを一つずつ付加しながら 5′ 側から 3′ 側に向かって行われる．それに対し，転写は DNA 二本鎖のうちのどちらか一方の鎖を鋳型にして，RNA ポリメラーゼが相補的なヌクレオチドを付加することで行われる．転写により合成される RNA の塩基配列は，鋳型鎖に対し相補的な DNA の鎖の塩基配列と，T が U に置き換わっている点を除けば同じである．そのため，鋳型 DNA の相補鎖を**センス鎖（sense strand）**，鋳型 DNA 鎖を**アンチセンス鎖（antisense strand）**という（図 6–23）．また，複製では DNA のすべての配列がコピーされるのに対し，転写では DNA の配列中の特定の領域のみが RNA へと変換される．全 DNA 配列中のどこから転写を開始するかは，転写開始部位の上流，すなわちセンス鎖の 5′ 側に存在する**プロモーター（promoter）**とよばれる特定の配列領域によって規定されている．さらに，転写がどれくらいの頻度で行われるかについても，プロモーターの塩基配列や位置などに依存して決まる．

f．翻訳

翻訳は RNA の塩基配列情報をタンパク質のアミノ酸配列に置き換えることである．転写は核酸から核酸への変換なので，基本的に複製と同様な方法を用いればよいが，翻訳はヌクレオチドをアミノ酸に置き換えなければならず，その方法には工夫が必要である．

UUU	Phe	UCU	Ser	UAU	Tyr	UGU	Cys
UUC		UCC		UAC		UGC	
UUA	Leu	UCA		UAA	Stop	UGA	Stop
UUG		UCG		UAG		UGG	Trp
CUU	Leu	CCU	Pro	CAU	His	CGU	Arg
CUC		CCC		CAC		CGC	
CUA		CCA		CAA	Gln	CGA	
CUG		CCG		CAG		CGG	
AUU	Ile	ACU	Thr	AAU	Asn	AGU	Ser
AUC		ACC		AAC		AGC	
AUA		ACA		AAA	Lys	AGA	Arg
AUG	Met	ACG		AAG		AGG	
GUU	Val	GCU	Ala	GAU	Asp	GGU	Gly
GUC		GCC		GAC		GGC	
GUA		GCA		GAA	Glu	GGA	
GUG		GCG		GAG		GGG	

図 6–24　遺伝暗号表

RNA は 4 種類の塩基で構成されているが，タンパク質は 20 種類のアミノ酸によって構成されている．一つの塩基では 4 種類の情報しか伝達できないため，20 種類の情報を伝達するためには複数の塩基が必要となる．二つの塩基では 4×4 ＝ 16 種類，三つの塩基では 4×4×4 ＝ 64 種類の情報を伝達できる．つまり，20 種類の情報を伝達するためには，少なくとも三つの塩基の情報が必要となる．翻訳の過程では，**コドン（codon）**とよばれる RNA の三つの連続した塩基配列がアミノ酸を規定している．ここで，コドンとアミノ酸との対応を 1 対 1 にした場合 44 種類の配列情報は不要になってしまうが，実際は 64 種類の配列の組合せのうち 61 種類がコドンとしてアミノ酸に対応している．このように複数のコドンが一つのアミノ酸を規定することを，遺伝暗号の**縮重**という．残りの 3 種類の配列は，対応するアミノ酸のない，翻訳を終了させるための**終止コドン**である．図 6–24 は，コドンが規定するアミノ酸である**遺伝暗号（genetic code）**をまとめた表である．この中で，AUG は Met を規定するコドンであるが，同時に翻訳を開始させるための**開始コドン**でもある．翻訳は N 末端から C 末端側へと進んでいくので，合成されるタンパク質の N 末端のアミノ酸は常に Met ということになる．だがこれは，すべての天然のタンパク質の N 末端が Met であることを意味するわけではない．タンパク質の中には，翻訳後 N 末端側のいくつかの配列部分が除去されることで成熟型のタンパク質へと変換されるものが数多く存在するからである．

翻訳は rRNA とタンパク質からなるリボソーム上で行われる．リボソームに mRNA が結合すると，その mRNA のコドンが規定するアミノ酸と結合した tRNA（**アミノアシル tRNA**）がリボソームに運ばれてくる．tRNAは，アンチコドンループ内の三連続塩基である**アンチコドン（anticodon）**でmRNAのコドンを認識する．リボソーム上に二つのアミノアシルtRNAが並ぶと，ペプチド結合ができ，ジペプチドが結合したtRNA（**ペプチジルtRNA**）とアミノ酸を失ったtRNA（**脱アミノアシルtRNA**）とが生じる（図6-25）．脱アミノアシルtRNAはリボソームから離れ，次のコドンに対応した新たなアミノアシルtRNAがリボソームに運ばれてくる．この反応が繰り返されることでペプチド鎖が伸長していき，mRNA上に終止コドンが現れるまで連結反応が続く．終止コドンが現れると，合成されたポリペプチド鎖はリボソームから離れ，タンパク質合成は完了する．

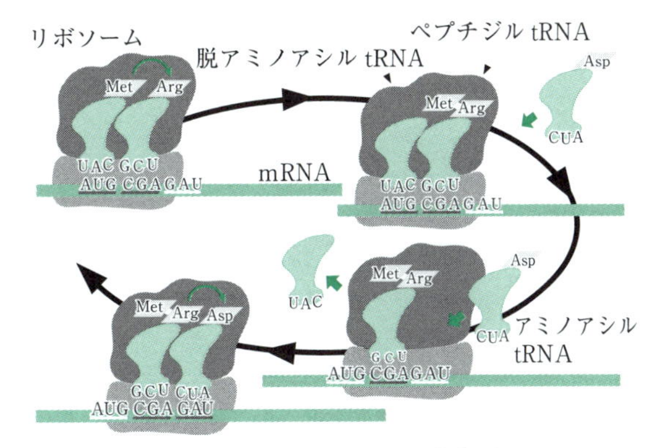

図6-25　リボソームでのペプチド鎖伸長サイクル

6.1節のまとめ

- タンパク質は20種類のα-アミノ酸がペプチド結合により重合したもので，枝分かれのない鎖状構造をもつ．
- タンパク質の立体構造は，一次構造，二次構造，三次構造，四次構造の四つの階層に分けて考える．
- タンパク質は，触媒，輸送と貯蔵，運動，構造維持，防御，情報伝達など，さまざまな機能をもっている．
- 加水分解酵素であるキモトリプシンの触媒作用にはSer残基を中心とした触媒3残基による電子の移動が重要である．
- キモトリプシンの触媒部位にはオキシアニオンホールが存在し，反応の遷移状態を安定化している．
- 核酸はヌクレオチドの重合体であり，DNAはアデニン，シトシン，グアニン，チミンの4種類の塩基からなり，RNAはチミンの代わりにウラシルが構成塩基となっている．
- DNAはアデニンとチミン，シトシンとグアニンとが塩基対を形成した相補的な2本のポリヌクレオチド鎖が二重らせん構造をとったものである．
- RNAには，mRNA，tRNA，rRNAのほか，さまざまな低分子RNAが存在する．
- 遺伝情報は，基本的にDNAからRNAを経てタンパク質へと変換される．
- DNAからRNAへの変換を転写，RNAからタンパク質への変換を翻訳といい，翻訳はリボソーム上で行われる．

6.2　食品に含まれている栄養素

我々が毎日食べている食品には，水分とともにさまざまな栄養素が含まれている．その中でタンパク質，炭水化物（糖質），脂質，無機質（ミネラル），ビタミンは5大栄養素とよばれる．最近では，これらに加えて食物繊維も栄養素の一つとされることがある．これらの栄養素のうち，炭水化物と脂質は主にエネルギー源として，タンパク質と鉄，リン，カルシウムなどの無機質は主に身体をつくるために使われる．ビタミンと食物繊維および亜鉛などのミネラルには主に身体の調子を整える作用がある（図6-26）．

6.2.1　アミノ酸とタンパク質

a. アミノ酸の構造と分類

分子内に酸性を示す官能基であるカルボキシ基$-COOH$と塩基性を示す官能基であるアミノ基$-NH_2$とをもつ有機化合物をアミノ酸という．その中でカルボキシ基とアミノ基が同じ炭素原子（α炭素原子）に結合したものを，α-アミノ酸という（図6-27）．タンパク質は，多数のα-アミノ酸がペプチド結合によってつながった基本構造をもつ高分子である．

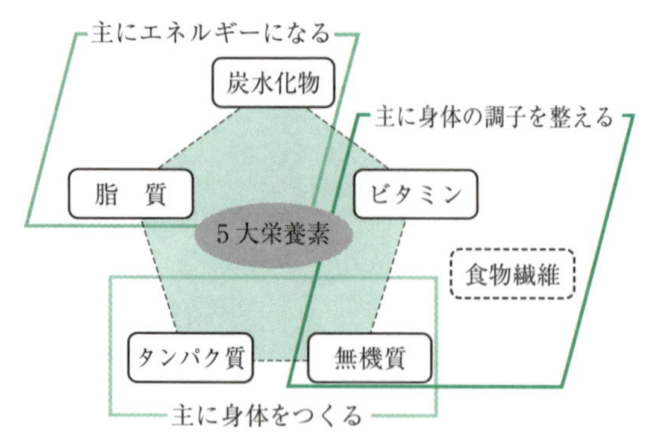

図 6–26　栄養素とそのはたらき

R–CH(NH₂)–COOH の構造：

$$H-\underset{NH_2}{\overset{R}{C}}-COOH$$

図 6–27　α–アミノ酸

表 6–1　人間の必須アミノ酸

名　称	略　号	R–
バリン	Val	$(CH_3)_2CH-$
ロイシン	Leu	$(CH_3)_2CHCH_2-$
イソロイシン	Ile	$CH_3CH_2CH(CH_3)-$
フェニルアラニン	Phe	$C_6H_5CH_2-$
トレオニン	Thr	$CH_3CH(OH)-$
メチオニン	Met	$CH_3-S-(CH_2)_2-$
トリプトファン	Trp	(インドール環構造式) N H
ヒスチジン	His	(イミダゾール環構造式) N N H –CH_2-
リシン	Lys	$H_2N-(CH_2)_4-$

α–アミノ酸の構造式における R の部分は，側鎖とよばれる．

自然界にあるタンパク質を加水分解すると，主に 20 種類のアミノ酸が得られる．これらのアミノ酸には人間の体内で合成できるものもあるが，フェニルアラニンなどの 9 種類のアミノ酸は食品から摂取する必要があり，人間の**必須アミノ酸**（**essential amino acid**）とよばれる（表 6–1）．

b. 調味料としての利用

食品中のアミノ酸は，味に深く関与する．例えば昆布にはグルタミン酸ナトリウムが含まれており，これが昆布だしのうま味の原因となっている．化学的に合成された L–グルタミン酸ナトリウムは，うま味調味料として，家庭で広く使われている．また L–アスパラギン酸と L–フェニルアラニンとを結合させてフェニルアラニンのカルボキシ基をメチルエステルにした化合物（アスパルテーム）には強い甘みがあるが人体ではエネルギー源となりにくい．この物質は低カロリーの甘味料として用いられている（図 6–28）．タンパク質の分解によって生じたアミノ酸は食材に特有の風味を与え，豊かな味の源となる．

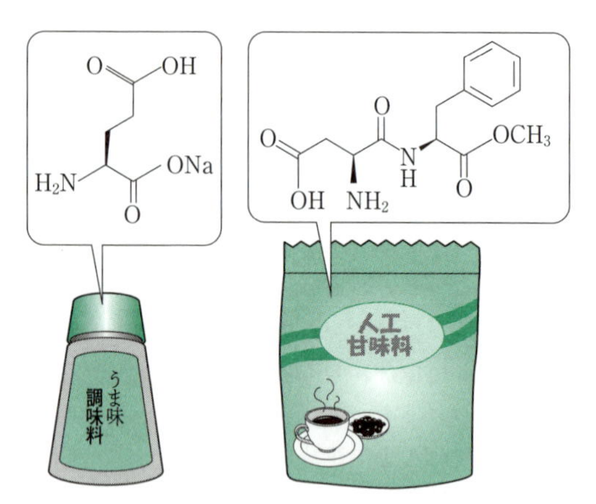

図 6–28　うま味調味料とアミノ酸系甘味料

c. タンパク質の構造

タンパク質は肉，卵，魚などの食品に多く含まれている．また動物の皮膚，体毛，爪などもタンパク質からできている．タンパク質は多数のアミノ酸がペプチド結合によってつながった構造をもつ**ポリペプチド**（**polypeptide**）である．

タンパク質を加熱したり，酸性の水溶液と接触させたりすると，タンパク質の性質が変わる．これをタンパク質の**変性**（**denaturation**）という．例えば卵を加熱すると卵白や卵黄が流動性を失うのは，熱によるタンパク質の変性が起こるためである．また魚を酢で処理して調理する場合にも，タンパク質の変性が起きている．

6.2.2　炭水化物（糖質）

a. いろいろな炭水化物

炭水化物は糖質あるいは糖類ともよばれ，その化学式は $C_n(H_2O)_m = C_nH_{2m}O_m$ と表される．グルコース（ブドウ糖）$C_6H_{12}O_6$ やフルクトース（果糖）$C_6H_{12}O_6$ のように，それ以上簡単な糖に加水分解さ

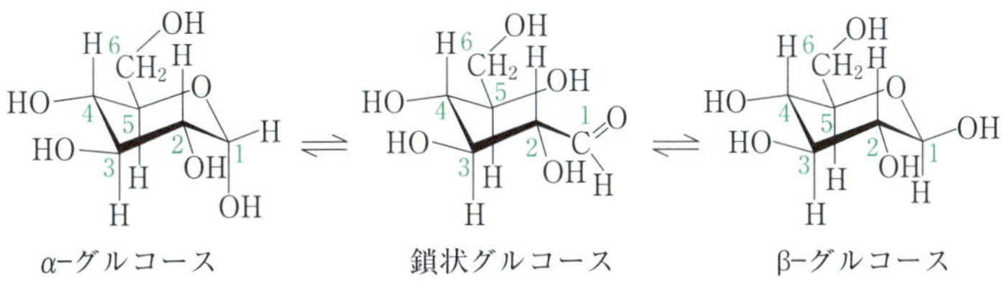

α-グルコース　鎖状グルコース　β-グルコース

図 6-29 水溶液におけるグルコースの平衡

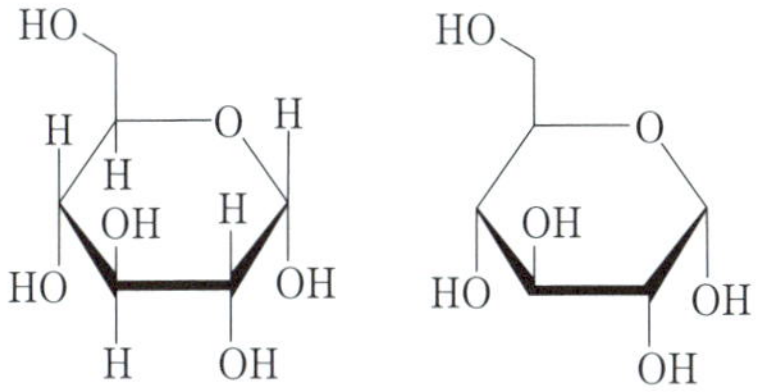

図 6-30 ハース式による α-グルコースの構造
右側は省略形である.

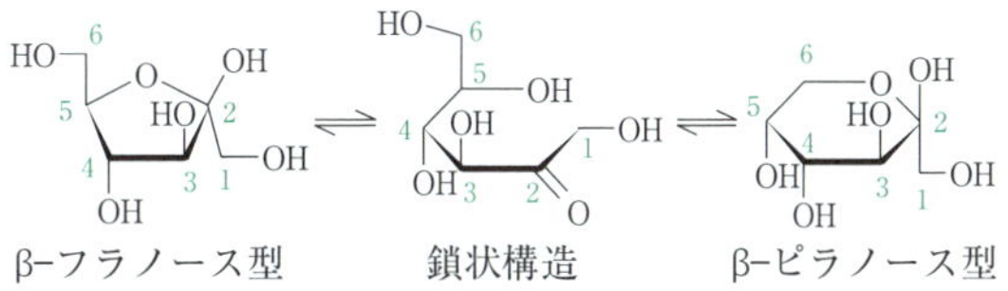

β-フラノース型　鎖状構造　β-ピラノース型

図 6-31 フルクトースの平衡. フルクトースの環状構造には五員環のフラノース型と六員環のピラノース型があり, それぞれに α 型と β 型がある.

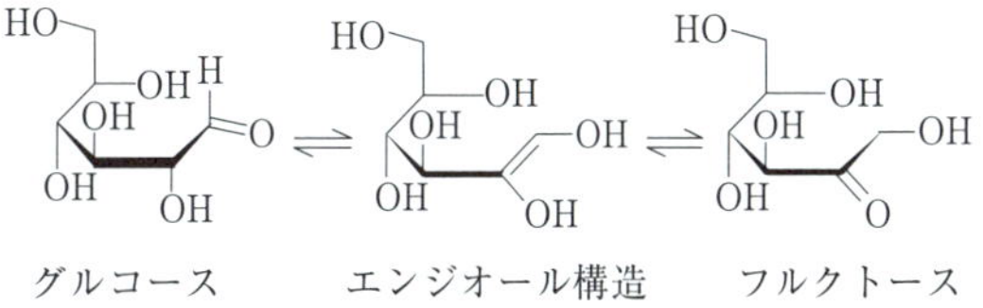

れないものを**単糖（monosaccharide）**という. またマルトース $C_{12}H_{22}O_{11}$ のように, 加水分解によって 2 分子の単糖が生成するものを**二糖（disaccharide）**という. デンプンやセルロースを加水分解すると, 多数の単糖が生成する. このような糖は**多糖（polysaccharide）**とよばれる. また加水分解によって数個から数十個程度の単糖が生成するものをオリゴ糖という.

b. 単糖

自然界の単糖には, 分子内に 5 個の炭素原子をもつ**ペントース（pentose, 五炭糖）**と 6 個の炭素原子をもつ**ヘキソース（hexose, 六炭糖）**が多く存在する. グルコースは生物のエネルギー源となり, 自然界に最も多く存在する単糖である. グルコースの水溶液中には, 環状構造の α 型, β 型と鎖状構造とが平衡状態で存在する（図 6-29）. 鎖状構造の 1 位の炭素原子はホルミル基（アルデヒド基）に含まれる. このような糖は, **アルドース（aldose）**とよばれる. 糖の構造式として, 図 6-30 のような簡略化したものが用いられることが多い. これを**ハース式**という.

フルクトースは果実の甘味の成分であり, グルコースの構造異性体である. フルクトースの水溶液中にも鎖状構造と環状構造の平衡が存在する（図 6-31）. フルクトースの鎖状構造には, ケトン型のカルボニル基が存在する. このような糖は**ケトース（ketose）**とよばれる.

鎖状構造のグルコースとフルクトースは, ともに塩基性水溶液中でエンジオール（enediol）構造に変化しやすい（図 6-32）. この構造は酸化されやすく, こ

グルコース　エンジオール構造　フルクトース

図 6-32 エンジオール構造への変化

図 6-33 銀鏡反応

のとき反応相手を還元する. この性質を糖の**還元性**といい, 還元性を示す糖を**還元糖（reducing suger）**とよぶ. 例えば, 清浄なガラス容器中でジアンミン銀（Ⅰ）イオン $[Ag(NH_3)_2]^+$ を含む塩基性水溶液にグルコースやフルクトースの水溶液を添加すると, 銀（Ⅰ）イオンが還元されて容器の内壁に銀が鏡状に析出する（図 6-33, **銀鏡反応**）. また銅（Ⅱ）イオンとクエン酸イオンとの錯イオンを含む炭酸ナトリウム塩基性水溶液（ベネジクト液）と反応させると, 酸化銅（Ⅰ）の赤橙色沈殿が生成する（**ベネジクト反応**）. 銅（Ⅱ）イオンと酒石酸イオンとの錯イオンを含む水酸化ナトリウム塩基性の水溶液は**フェーリング液（Fehling's solusion）**とよばれる. フェーリング液が還元糖と反応す

ると，酸化銅(Ⅰ)の赤色沈殿が生成する（**フェーリング液の還元**）.

c. 二糖

二糖は二分子の単糖が縮合した構造をもつ．例えばマルトース（麦芽糖）$C_{12}H_{22}O_{11}$ は，α型グルコースの1位のヒドロキシ基と4位のヒドロキシ基との間で水分子がはずれて，エーテル結合を形成した構造をもつ（図 6-34）．糖の分子間で生じるエーテル結合は，特に**グリコシド結合**とよばれる．図 6-34 のマルトース分子では右側のグルコースが鎖状構造になるため，マルトースは還元性を示す．マルトースは希硫酸または酵素マルターゼの作用によって加水分解される．このとき1分子のマルトースから2分子のグルコースが生成する（式 6-1）.

$$\underset{\text{マルトース}}{C_{12}H_{22}O_{11}} + H_2O \longrightarrow \underset{\text{グルコース}}{2C_6H_{12}O_6} \qquad (6\text{-}1)$$

スクロース（ショ糖）$C_{12}H_{22}O_{11}$ はグラニュー糖の成分である．マルトースの構造異性体で，α型グルコースとα-フラノース型フルクトースが各々の1位のヒドロキシ基と2位のヒドロキシ基との間でグリコシド結合した構造をもつ（図 6-35）．グルコースの1位とフルクトースの2位は，ともに還元性の主要因となる部分であるが，スクロースではこの部分の構造が互いに結合して変化している．このためスクロースは還元性を示さない．スクロースは希硫酸中または酵素スクラーゼあるいはインベルターゼを含む水溶液中で加水分解され，グルコースとフルクトースを等モル量含む混合物（転化糖）となる（式(6-2)）.

$$\underset{\text{マルトース}}{C_{12}H_{22}O_{11}} + H_2O \longrightarrow \underset{\text{グルコース}}{C_6H_{12}O_6} + \underset{\text{フルクトース}}{C_6H_{12}O_6} \qquad (6\text{-}2)$$

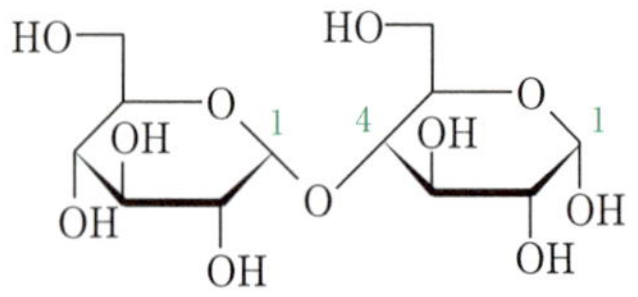

d. 多糖

多糖は，多数の単糖が縮重合した構造をもつ．代表的な多糖には，**デンプン（starch）**と**セルロース（cellulose）**とがある．デンプンはα型グルコースが1位と4位の部分で縮合重合した構造をもち，分子全体としてはらせん形になっている（図 6-36）．ところどころにグルコースの6位のヒドロキシ基の部分で枝分かれした構造があり，この枝分かれが少ないものを**アミロース（amylose）**，多いものを**アミロペクチン（amylopectin）**という（図 6-37）．アミロースやアミロペクチンにヨウ素-ヨウ化カリウム水溶液を加えると，このらせん構造に I_2 や I_3^-，I_5^- などの分子やイオンが取り込まれ，青紫色を呈する（**ヨウ素デンプン反応**）.

図 6-34　マルトースの構造

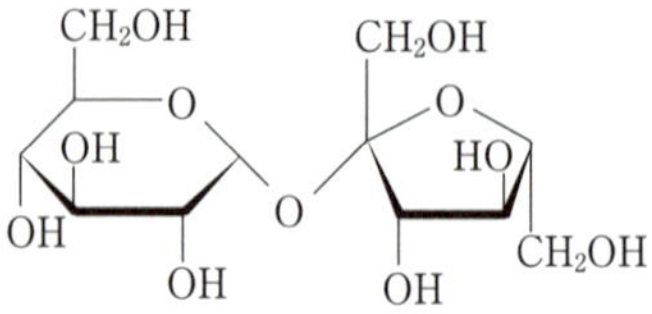

図 6-35　スクロースの構造

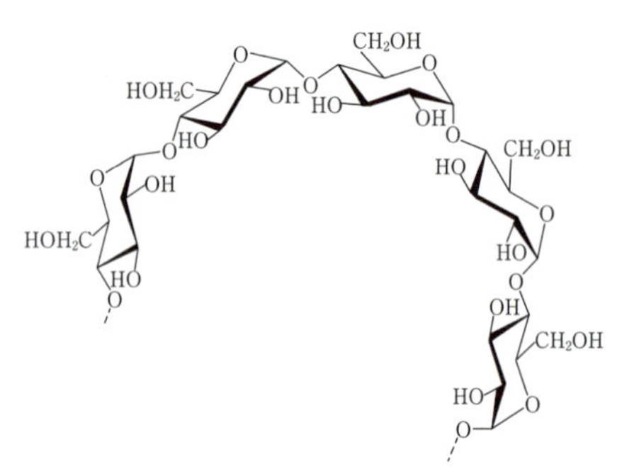

図 6-36　デンプン分子の立体的構造（一部）

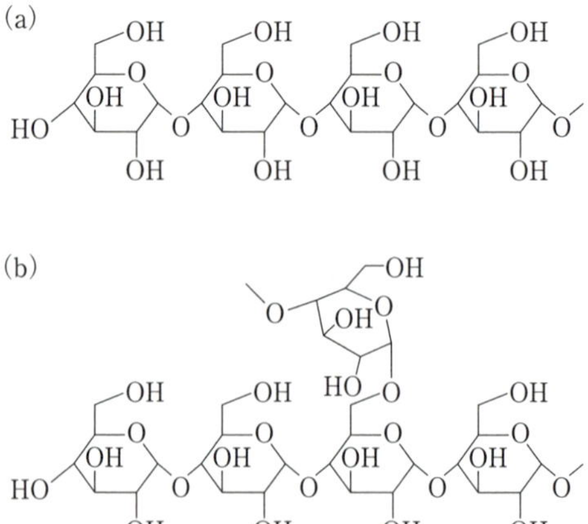

図 6-37　アミロース(a)とアミロペクチン(b)．グルコース分子のつながりを直線的に表現してある.

食品から摂取されたデンプンは，酵素による加水分解によってマルトースを経由してグルコースになり，吸収される．動物の肝臓に含まれるグリコーゲンも，アミロペクチンと同様に枝分かれの多い構造をもつ多糖であるが，分子量がアミロペクチンよりも小さい.

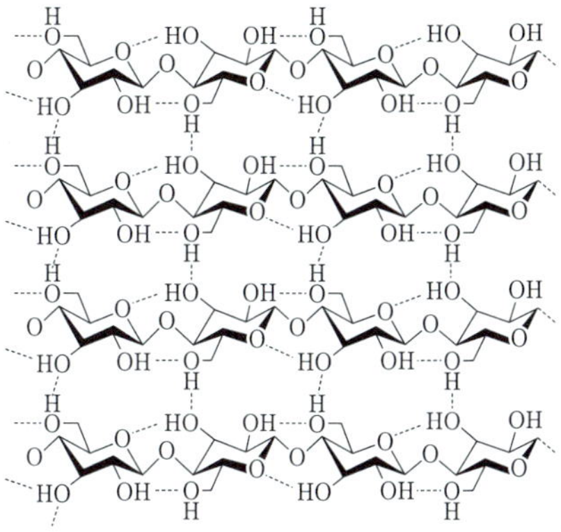

図 6-38 セルロース分子間の水素結合

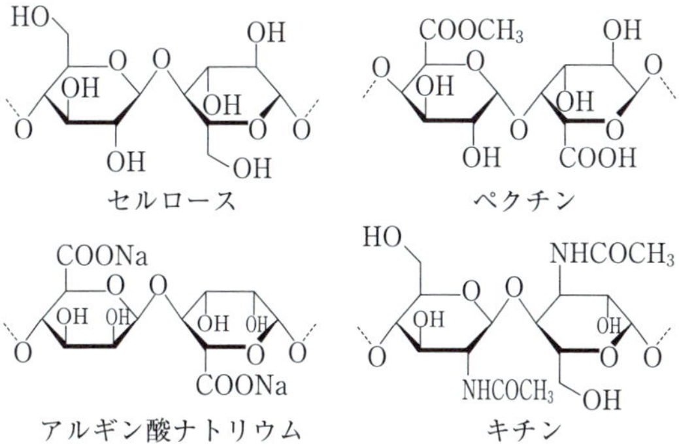

セルロース　ペクチン　アルギン酸ナトリウム　キチン

図 6-39 食物繊維の例．それぞれの構造の一部を表す．

セルロースはβ型グルコースが1位と4位の部分で縮重合した構造をもち，デンプンと異なりまっすぐな分子構造をとる．このため分子同士が接近して水素結合を形成し，丈夫な繊維となる（図 6-38）．人間はセルロースを加水分解する酵素セルラーゼをもたないので，セルロースを摂取しても消化されることなく排出される．セルロースのように食品から摂取しても消化・吸収されない天然高分子を，一般に**食物繊維**という．この他の食物繊維として，果実に含まれるペクチン，昆布に含まれるアルギン酸ナトリウム，カニやエビの外皮骨格に含まれるキチンなどが知られている（図 6-39）．

6.2.3 脂質（油脂）

a. 油脂の構造

動物や植物などの生物から得られる水に溶けない有機化合物を，総称して脂質という．代表的な脂質である油脂は高級脂肪酸（分子内の炭素数が多い1価カルボン酸）と3価アルコールであるグリセリンとのエステルであり（図 6-40），常温で固体のものを**脂肪（fat）**，液体のものを**脂肪油（fatty oil）**という．油脂

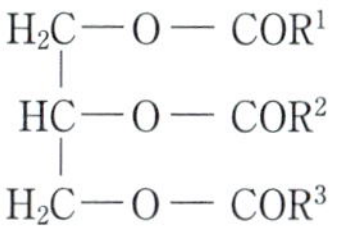

$$
\begin{array}{l}
H_2C-O-COR^1 \\
\;|\\
HC-O-COR^2 \\
\;|\\
H_2C-O-COR^3
\end{array}
$$

図 6-40 油脂の基本構造．R^1〜R^3 は炭化水素基を表す．

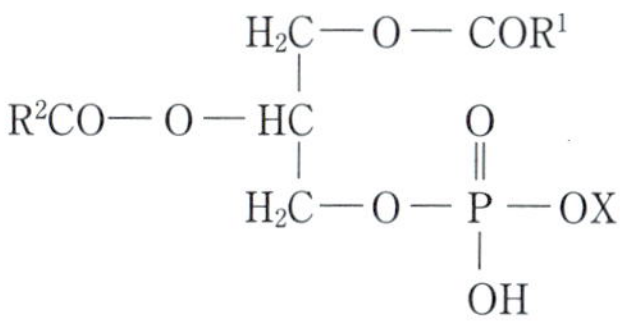

$$
\begin{array}{l}
\qquad\qquad\quad H_2C-O-COR^1 \\
R^2CO-O-HC \qquad\quad O \\
\qquad\qquad\quad H_2C-O-\overset{\|}{P}-OX \\
\qquad\qquad\qquad\qquad\quad |\\
\qquad\qquad\qquad\qquad\; OH
\end{array}
$$

図 6-41 リン脂質．X は $-CH_2-CH_2-N^+(CH_3)_3$ などの構造を表す．

表 6-2 油脂を構成する代表的な脂肪酸

脂肪酸名	分子式	C=C の数	多く含まれる油脂の例
ラウリン酸	$C_{11}H_{23}COOH$	0	ヤシ油
パルミチン酸	$C_{15}H_{31}COOH$	0	ヘット，ラード
ステアリン酸	$C_{17}H_{35}COOH$	0	パーム核油
オレイン酸	$C_{17}H_{33}COOH$	1	ベニバナ油
リノール酸	$C_{17}H_{31}COOH$	2	ダイズ油
リノレン酸	$C_{17}H_{29}COOH$	3	アマニ油

のように脂肪酸とアルコールのみを成分とする脂質を**単純脂質**，これらに加えてリン酸や糖などを含む油脂を**複合脂質**という．例えば動物の細胞膜は，リン酸を含むリン脂質という複合脂質からできている（図 6-41）．油脂を構成する代表的な脂肪酸の例を表 6-2 に示す．

b. 油脂の反応

(i) 加水分解

油脂を水溶液中で加熱しながら水酸化ナトリウムと反応させると，エステルの加水分解が起こり，グリセリンと高級脂肪酸のナトリウム塩（**セッケン（soap）**）が生じる．この反応を**けん化（saponification）**という．

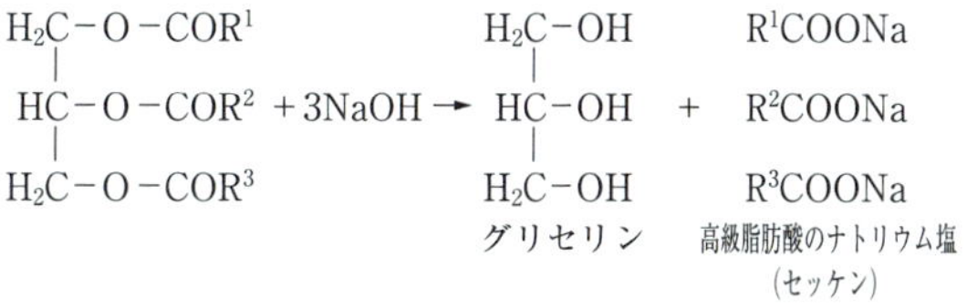

$$
\begin{array}{l}
H_2C-O-COR^1 \\
HC-O-COR^2 \\
H_2C-O-COR^3
\end{array}
+3NaOH \rightarrow
\begin{array}{l}
H_2C-OH \\
HC-OH \\
H_2C-OH
\end{array}
+
\begin{array}{l}
R^1COONa \\
R^2COONa \\
R^3COONa
\end{array}
\qquad (6\text{-}3)
$$

グリセリン　高級脂肪酸のナトリウム塩（セッケン）

セッケン分子に含まれる炭化水素基は水と親和性が低く（疎水性），逆に有機化合物と親和性が高い（親

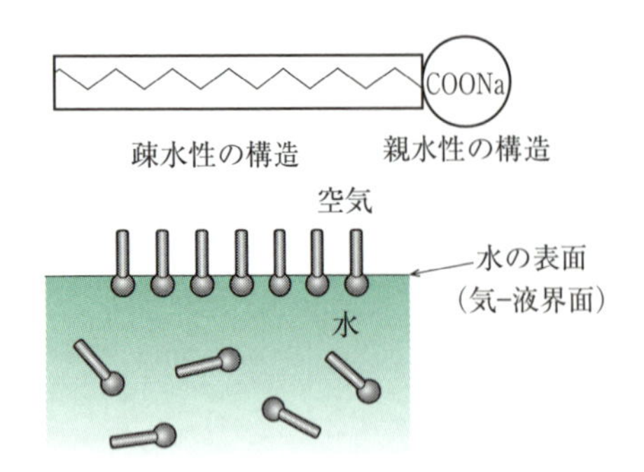

図 6-42　水面におけるセッケン

図 6-43　油脂の乾燥．油脂の表面に特有のしわができる．

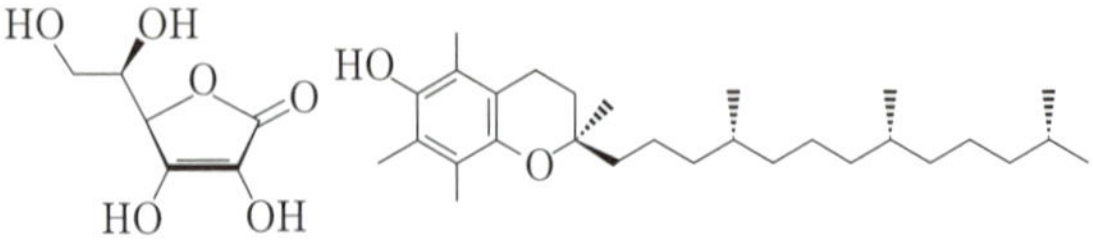

HO　OH　O　O　HO　OH　HO　O

アスコルビン酸（ビタミン C）　α-トコフェロール（ビタミン E）

図 6-44　ビタミン C とビタミン E

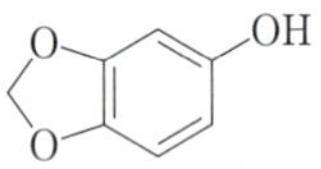

O　O　OH

図 6-45　セサモール

油性）．一方，カルボキシ基の陰イオンの部分 $-COO^-$ は水と親和性が高い（親水性）．そこでセッケンを水に溶かすと，セッケン分子が図 6-42 のように水の表面に並び，水が凝集して球状になろうとする表面張力を低下させる．このためセッケン水は，細かい繊維の間にしみこみやすい．このような性質をもつ物質を，**界面活性剤**という．油脂の加水分解によって得られるグリセリンは，保湿剤や浣腸液などに利用される．

(ii)　油脂の酸化

油脂に含まれる高級脂肪酸の多くは，炭化水素基の炭素原子間に *cis* 形の二重結合をもつ．このような脂肪酸は**不飽和脂肪酸**とよばれる．その中で，2 個の二重結合に挟まれた炭素原子には，特に酸化されやすい性質がある．熱，光あるいは油脂中に含まれる微量な金属イオンなどがきっかけとなり空気中の酸素と反応すると，過酸化脂質が生成する．

$+ O_2 \longrightarrow$　OOH　(6-4)

過酸化脂質

過酸化脂質がさらに反応するとアルデヒドやエポキシドなどが生成する．これらの反応が食品中の油脂で進行すると異臭が発生し，また酸化された油脂を摂取すると腹痛などの体調不良の原因となる．さらに反応が進むと油脂の分子同士が結合し，油脂の表面から硬化が進む．この現象は一般に油脂の乾燥とよばれる（図 6-43）．アマニ油のような炭素原子間の二重結合を多くもつ油脂では酸化による硬化が進行しやすく，このような油脂は**乾性油（drying oil）**とよばれる．乾性油は油絵の具や塗料に利用される．一方，ヤシ油のように分子内の炭素原子間の二重結合が少ない油脂では酸化による硬化が起こりにくく，このような油脂は**不乾性油（nondrying oil）**とよばれる．

人間の体内では，呼吸によって取り込まれた酸素 O_2 がヒドロキシルラジカル HO· や過酸化水素 H_2O_2 のような酸化力が強い化学種に変化する．これらは活性酸素とよばれ，体内の脂質を酸化する．脂質の酸化が進行すると，動脈硬化などの疾患の原因となる場合がある．また老化に伴って脂質の酸化が進行し，組織の柔軟性が失われる．一方，ビタミン C（アスコルビン酸）やビタミン E（トコフェロール）などのビタミン類（図 6-44）には，体内で進む酸化の原因となる活性酸素を除去する性質がある．このような物質は抗酸化物質とよばれる．ゴマ油やダイズ油などの植物油には抗酸化物質が多く含まれ，酸素による酸化を受けにくい．我が国では，これらの植物油を天ぷらなどの加熱調理に用いてきた．ダイズ油にはビタミン E，ゴマ油にはセサモール（図 6-45）などの抗酸化物質が多く含まれる．また油脂を多く含む食品の中には，酸化を防ぐ目的でビタミン E を添加しているものがある．

(iii)　水素付加反応

油脂に含まれる不飽和脂肪酸の分子は，*cis* 形の炭素原子間二重結合の部分で折れ曲がった構造をもつ．したがって不飽和脂肪酸を多く含む油脂では分子同士が接近しにくく，分子間力が弱いため融点が低くなる．このような油脂は常温で液体であるが，ニッケルなどの触媒を用いて二重結合に水素を付加反応させると分子の折れ曲がりが解消され，融点が高い油脂が生

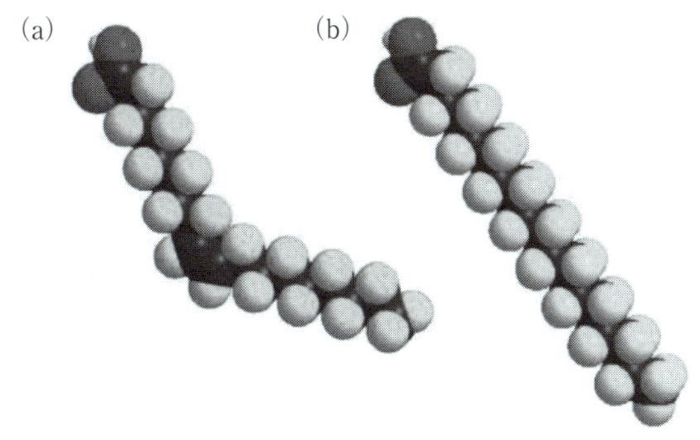

図 6-46 オレイン酸(a)とステアリン酸(b)
不飽和脂肪酸であるオレイン酸に水素を付加反応させると，飽和脂肪酸であるステアリン酸になる.

成して常温で固体となる（図 6-46）．このように二重結合の一部に水素を付加させた油脂は**硬化油**とよばれ，マーガリンやショートニングなどに利用される．硬化油を製造する過程で，*cis* 形の二重結合の一部が *trans* 形に変化したトランス脂肪酸を含む油脂が生成する．トランス脂肪酸は健康への悪影響をもたらすとして，米国などのように食品中の含有量に規制が設けられている国がある．

6.2.4 無機質（ミネラル）

a. 無機質とは

我々人間の体を構成する元素のうち炭素，水素，酸素，窒素を除くものを総称して無機質（ミネラル）という．無機質は主に食事から摂取する必要があるが，我が国ではナトリウム（Na），マグネシウム（Mg），リン（P），カリウム（K），カルシウム（Ca），クロム（Cr），マンガン（Mn），鉄（Fe），銅（Cu），亜鉛（Zn），セレン（Se），モリブデン（Mo），ヨウ素（I），の 13 元素について，健康増進法において摂取量の基準が定められている．

表 6-3 主な無機質

無機質	作 用	食 品
リン(P)	骨，歯の形成．ATP，核酸などの成分となる．	卵黄，レバー，タラコ
カリウム(K)	心臓機能，筋肉機能の調節．	パセリ，サトイモ，納豆
カルシウム(Ca)	骨，歯の形成．神経興奮を抑制．血液凝固に関与．	桜エビ，小魚，乳製品
鉄(Fe)	赤血球のヘモグロビンに含まれ酸素運搬に関与．	ホウレンソウ，レバー，ノリ
亜鉛(Zn)	種々の酵素に含まれる．ホルモンの作用を助ける．	牡蠣，ゴマ，アーモンド
ヨウ素(I)	甲状腺ホルモンの主要成分．	昆布，ワカメ，イワシ

b. 無機質の働き

無機質は骨，歯や血液などに含まれるほか，酵素にも含まれその働きを助けている．不足すると障害が現れるが，過剰に摂取しても身体に害を及ぼす場合がある．例えばマグネシウムイオンやカルシウムイオンを多く含む水（硬水）は，人間に下痢を誘発する場合がある．主な無機質の働きと，それがどのような食品に含まれるかを表 6-3 にまとめる．

6.2 節のまとめ

- **食品中に含まれる 5 大栄養素として，糖質，タンパク質，脂質，無機質，ビタミンが知られている．これらのほかにも，食物繊維が重要な役割を果たしている．**
- **タンパク質の構成成分であるアミノ酸には，食品の味に影響を及ぼすものがある．タンパク質は熱や酸の作用によって変性を起こす．この現象は調理に利用される．**
- **糖質は，分子の構造によって単糖，二糖，多糖に分類される．糖質は主にエネルギー源となる．**
- **食品中に含まれる主な脂質は，高級脂肪酸とグリセリンとが結合した油脂である．油脂はエステルの一種であり，塩基性の水溶液中で加水分解（けん化）されて高級脂肪酸の塩であるセッケンを生じる．また油脂は空気中の酸素によって酸化され，過酸化脂質となる．ビタミン E には油脂の酸化を防ぐ作用がある．同じく酸化防止作用があるビタミンとして，ビタミン C が知られている．**
- **無機質には，骨や歯の主要成分となるカルシウムのほかに，酵素などに含まれて身体の調子を整える金属元素や，ATP や核酸の構成元素であるリンなどがある．**

6.3　農業に関わる化学薬品

6.3.1　肥料

a. 植物の生育に必要な元素

我々が口にする食品の多くは，農作物とよばれる植物の葉や茎，根，実などである．一般に植物の生育には炭素（C），水素（H），酸素（O），窒素（N），マグネシウム（Mg），カルシウム（Ca），カリウム（K），硫黄（S），鉄（Fe），リン（P），マンガン（Mn），ホウ素（B），銅（Cu），亜鉛（Zn），モリブデン（Mo），塩素（Cl）の16元素が必須である．植物の種類によっては，この他の元素が必要な場合もある．例えばイネ科の植物の生育にはケイ素（Si）が必要である．植物はこれらの元素を主に水や土壌から根を通して吸収する（炭素，酸素，水素は二酸化炭素や水蒸気の形で葉からも吸収される）．

b. 肥料の役割

植物の生育を助け農作物の収穫量を増すためには，植物が必要とする元素を積極的に補う必要がある．これが肥料の役割である．肥料には，不足する元素を補う目的で与えられる**直接肥料**と，植物の生育環境を改善する目的で与えられる**間接肥料**とがある．土壌の酸性化を防ぐために用いられる間接肥料として，炭酸カルシウム（$CaCO_3$）や水酸化カルシウム（消石灰，$Ca(OH)_2$）などがある．

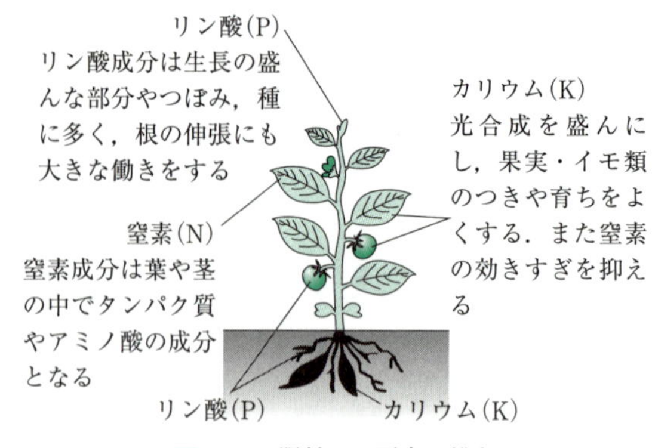

図 6-47　肥料の3要素の働き

植物が必要とする上記の主要16元素のうち，窒素，カリウム，リンの3元素は特に不足しやすく，肥料として補う必要性が高い．これらを**肥料の3要素**という．3要素の各元素が，植物の生育にどのように作用するかを図 6-47 に示す．

c. 天然肥料と化学肥料

古くから肥料として動物の骨粉や排泄物，枯れ草や海藻あるいはこれらを燃やした草木灰などが利用されてきた．これらは自然界にある有機物を利用した有機肥料である．このように自然界にある有機物や鉱石な

コラム6　糖アルコール

グルコースのホルミル基を水素で還元すると，分子内に6個のヒドロキシ基をもつソルビトールが得られる（図1）．

このような糖を原料とする多価アルコールは，一般に糖アルコールとよばれる．ソルビトールにはグルコースより弱い甘味があるが，グルコースよりも人間の体内に吸収されにくく，摂取しても血糖値の上昇が小さい．これらの性質は糖アルコールに一般的に共通した性質であり，糖アルコールは低カロリーの甘味料として用いられることがある．またキシリトールには，虫歯の原因となる口腔内のミュータンス菌の代謝を阻害する性質があり，虫歯予防の効果があるとされている（図2）．なお糖アルコールは，人間が多量に摂取すると，下痢を誘発するといわれている．

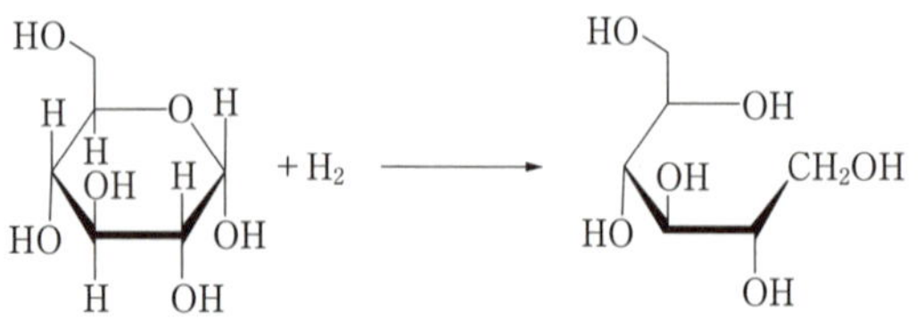

グルコース　$+H_2$ ⟶ ソルビトール

図1

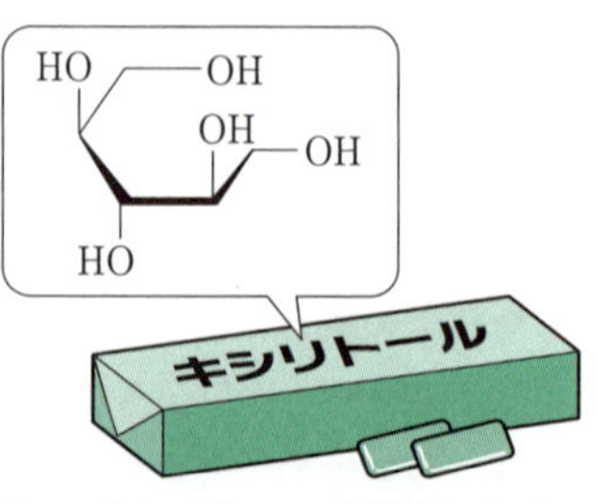

図2　キシリトールを配合したガム

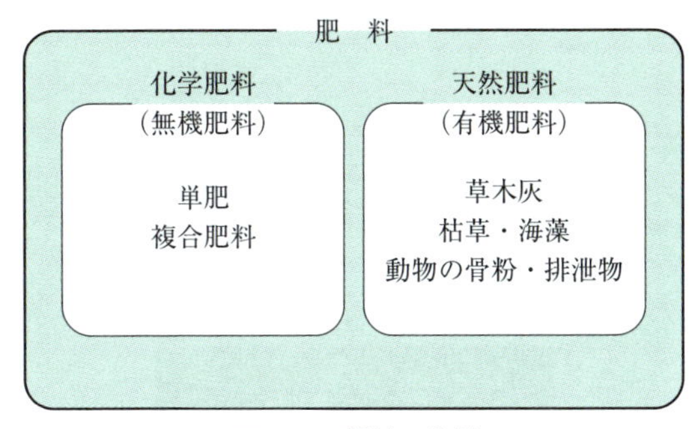

図 6-48　肥料の分類

どを利用した肥料を**天然肥料**という．19 世紀半ばまでは有機物だけが肥料になると考えられてきたが，リービッヒはこの考えを改め，カリウムなどの水溶性の無機物も肥料となるという説を提唱した．リービッヒの提唱は，その後の肥料の発展に大きく寄与した．

産業革命以降の急速な人口の増加に伴って，食糧の不足が深刻な問題となり，農作物の増産のために肥料の需要が増加した．このような社会的な背景と化学技術の進歩によって，化学的に合成された**化学肥料**が用いられるようになった．化学肥料には 3 要素のうちの 1 元素のみを含む単肥と，2 元素以上を含む複合肥料とがある（図 6-48）．

d. カリウム肥料

カリウムは主に細胞液中に存在し，pH や浸透圧の調整，糖類やタンパク質の合成に関与する．カリウムの不足は植物の下部の葉に起こりやすく，葉の先端が黄色くなるなどの症状が現れる．またカリウムの不足によって植物の成熟が遅れ，病気に対する抵抗力が低下する．

カリウム肥料（カリ肥料）の主要な原料は，岩塩鉱床に含まれる塩化カリウム（KCl）などの鉱物である．また天然肥料として古くから用いられてきた草木灰には，炭酸カリウム（K_2CO_3）が含まれている．

ユーストゥス・フォン・リービッヒ

ドイツの化学者．“植物の生育や収量は，必要とする栄養素のうち最も量が少ないものにだけ影響される”というリービッヒの最少律を提唱した．有機化学分野での功績が大きく，リービッヒ冷却器にその名を残している．（1803-1873）

e. リン酸肥料

リンは核酸，リン脂質，ATP などの成分元素である．リンが不足すると葉や根の成長が阻害され，開花や結実が悪くなる．また葉の色が，紫がかった青緑色になる．

自然界に存在するリンの化合物はリン酸塩である．リンを補う肥料にもリン酸塩が用いられ，リン酸肥料とよばれる．リン酸塩を含む鉱石として最も多く産出するものはリン灰石（主成分：リン酸カルシウム $Ca_3(PO_4)_2$）である．しかしリン酸カルシウムは水に難溶であり，そのまま土壌に与えても植物が根から有効に吸収することができない．そこで水への溶解度が大きいリン酸二水素カルシウム（$Ca(H_2PO_4)_2$）を肥料の成分とする．リン酸カルシウムをリン酸二水素カルシウムにするためには，式(6-4)のように硫酸と反応させる方法がある．

$$Ca_3(PO_4)_2 + 2H_2SO_4 \longrightarrow Ca(H_2PO_4)_2 + 2CaSO_4 \qquad (6\text{-}4)$$

この反応の生成物であるリン酸二水素カルシウムと硫酸カルシウムの混合物は，分離することなく肥料として用いられ，**過リン酸石灰**とよばれる．過リン酸石灰では水に難溶である硫酸カルシウムが土壌に残りやすく，多量に用いると土壌の質が低下する．そこで式(6-5)のようにリン灰石をリン酸と反応させて得られる**重過リン酸石灰**も用いられている．

$$Ca_3(PO_4)_2 + 4H_3PO_4 \longrightarrow 3Ca(H_2PO_4)_2 \qquad (6\text{-}5)$$

現在，リン灰石の枯渇が懸念されており，水質汚濁の原因の一つとなっている水中のリン酸塩を有効に濃縮・回収する方法の開発が進められている．

f. 窒素肥料

窒素は主にタンパク質，核酸，クロロフィルに含まれる．窒素が不足するとクロロフィルの量が減り，葉が黄色くなったり矮小化したりする．

単体の窒素（N_2）は空気中に多量に含まれるが，植物はこれを吸収して利用することができない．空気中の窒素単体を窒素化合物に変換して利用することを，**窒素固定（nitrogen fixation）**という．マメ科の植物には，根の根粒に窒素固定を行う細菌を共生させ，この細菌が生産するアンモニウム塩を利用するものがある（図 6-49）．また根から窒素が十分に吸収できない植物には，昆虫を捕食してそのタンパク質から窒素を補うものもあり，これらは食虫植物とよばれる（図 6-50）．

炭化カルシウム（CaC_2）と窒素を反応させて得られるカルシウムシアナミド（$CaCN_2$）は石灰窒素と

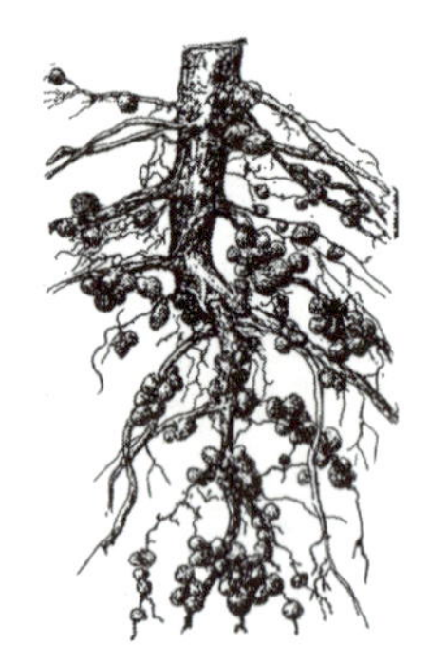

図 6-49　根粒

図 6-50　食虫植物（ハエトリグサ）

よばれる窒素肥料として用いられている．

$$CaC_2 + N_2 \longrightarrow CaCN_2 + C \qquad (6\text{-}6)$$

カルシウムシアナミドは，土壌中の微生物の作用によって，尿素（$CO(NH_2)_2$）を経由して炭酸アンモニウム（$(NH_4)_2CO_3$）に変えられ，植物に吸収される．

$$CaCN_2 + 5H_2O \longrightarrow (NH_4)_2CO_3 + Ca(OH)_2 \qquad (6\text{-}7)$$

広く使われている窒素肥料は，工業的な空気中の窒素固定法であるハーバー・ボッシュ法によって得られたアンモニアを原料としている．例えばアンモニウム塩である塩化アンモニウム（塩安，NH_4Cl）や硫酸アンモニウム（硫安，$(NH_4)_2SO_4$）などが用いられる．しかしこれらの塩が土壌中で水に溶けると，加水分解によって土壌が酸性化する．このような問題点がない窒素肥料として，アンモニアと二酸化炭素との反応で得られる尿素が用いられる．

$$2NH_3 + CO_2 \longrightarrow CO(NH_2)_2 + H_2O \qquad (6\text{-}8)$$

尿素は土壌中の微生物の作用によって加水分解され，炭酸アンモニウムに変えられて植物に吸収される．

$$CO(NH_2)_2 + 2H_2O \longrightarrow (NH_4)_2CO_3 \qquad (6\text{-}9)$$

6.3.2　農薬

a．農薬とは

農作物に害をもたらす生物（昆虫，カビ，微生物，ウィルスなど）から農作物を保護したり，農作物の生育を促進あるいは制御したりする目的で用いられる薬剤を総称して**農薬（pesticide）**という．主な農薬として殺虫剤，殺菌剤，除草剤および成長調整剤がある．

b．殺虫剤

農作物の栽培において，昆虫による食害は深刻な問題である．例えば幼虫がキャベツの葉を主食とするモンシロチョウ，柑橘類の葉を主食とするアゲハチョウ，果実を主食とするミバエ，幼虫および成虫がイネなどの葉を食すコバネイナゴなど，その例はきわめて多い．このような昆虫は農業害虫とよばれることがある．殺虫剤は，このような昆虫を駆除するための農薬である．殺虫剤には昆虫の神経伝達を阻害するもの，内呼吸によるエネルギー代謝を阻害するもの，外皮骨格の主要成分であるキチンの生合成を阻害するもの，脱皮などに関わるホルモンの作用を阻害するものなどがある（図 6-51）．

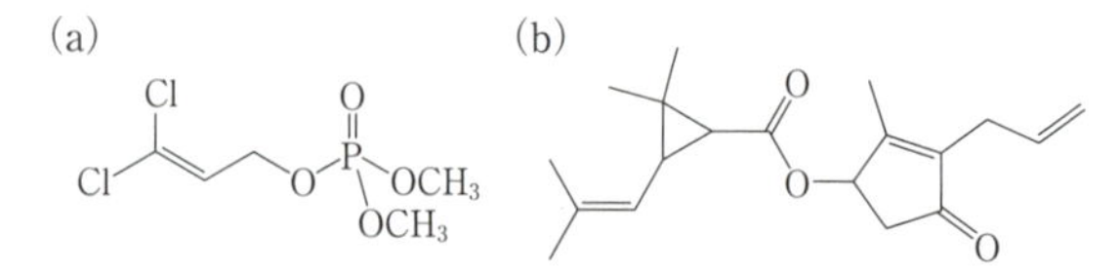

図 6-51　殺虫剤の例．(a)有機リン系，(b)ピレスロイド系．

図 6-52　フェロモンによるトラップ．中央部のシートに，昆虫のフェロモンがしみ込ませてある．

農業害虫の駆除法として昆虫のメスがオスを，あるいはオスがメスを誘引するために分泌する性フェロモンを使ってオスまたはメスを集めて駆除し，繁殖を妨げる方法が実用化されている（図 6-52）．あるいは性フェロモンを使って昆虫の異性間の交信を混乱させ，繁殖を妨げる方法も実用化されている．このような性フェロモンには，化学的に合成されたものが用いられる．

c．殺菌剤

ある種の微生物は，農作物の生育を阻害する病気をもたらす．イネに発生するいもち病（図 6-53）は，いもち病菌とよばれるカビの繁殖によって起こる．またブドウに発生する黒とう病（図 6-54）も，カビの繁殖によって起こる．このような微生物の発生や繁殖を抑制する目的で，殺菌剤が用いられる．例えば硫酸銅(Ⅱ)水溶液と水酸化カルシウムとを混合したボルドー液は，古くから用いられている殺菌剤である．ボルドー液はいもち病や黒とう病の原因となるカビに効果

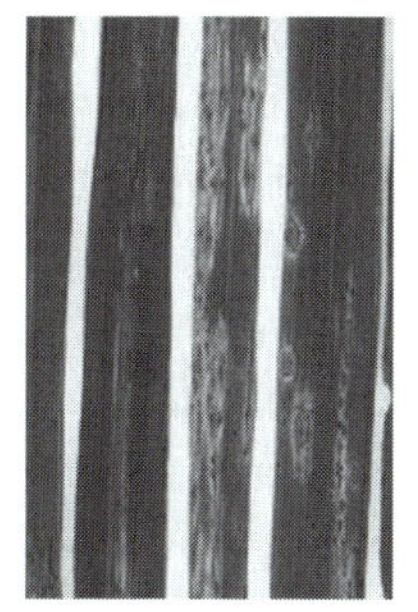

図 6-53 いもち病

図 6-54 黒とう病

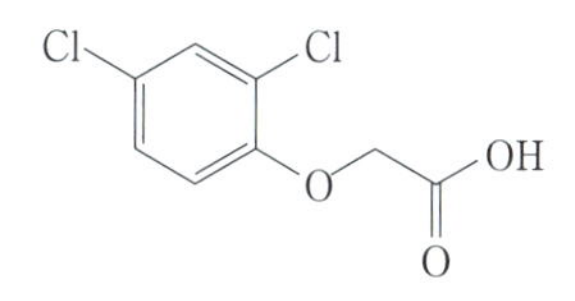

図 6-55 2,4-ジクロロフェノキシ酢酸（除草剤）

図 6-56 石灰窒素

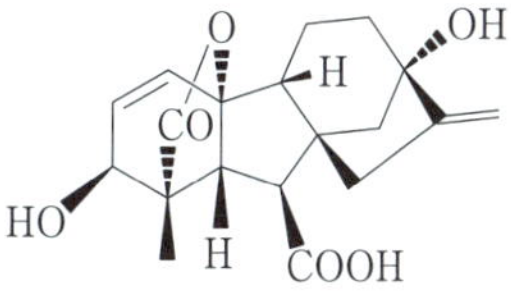

があり，カビのもつ酵素分子内の硫黄原子を銅(Ⅱ)イオンが酸化して，酵素を失活させることで殺菌作用を示す．

d. 除草剤

田畑に雑草が生育すると，土壌中の栄養を吸収して農作物の生育に支障をきたす．これを除去するための除草剤を用いる場合は，栽培している農作物に悪影響を与えないものを選ぶ必要がある．例えば 2,4-ジクロロフェノキシ酢酸（図 6-55）は，双子葉植物の生育を阻害するが単子葉植物への影響は少ない．イネは単子葉植物であるから，この化合物を含む除草剤は水田の除草に適している．また窒素肥料として用いられている石灰窒素にも除草作用がある（図 6-56）．

e. 成長調整剤

成長調整剤は，発根を促したり果実における種子の成長を抑制したりする目的で用いられる．成長調整剤として用いられる物質は植物ホルモンや，植物ホルモンの作用を妨げるものが多い．例えばジベレリンは植物の成長を促進するホルモンであるが，未成熟のブドウの花に与えると受粉および受精の前に果肉の形成を促し，種なしブドウができる（図 6-57）．

O OH H CO HO H COOH

ジベレリン A_3

図 6-57 ジベレリン

肥料や農薬は農作物の増産に大きく寄与している．一方で肥料を過剰に使用することによる海水や湖沼水の富栄養化，農薬を過剰に使用することによる農作物への残留などの問題がある．

6.3 節のまとめ

- **植物が生育するために必要な元素のうち，不足しがちなものを肥料として与える．肥料には，土壌の成分を調整するために与えられるものもある．**
- **農作物に害をもたらす昆虫や微生物，雑草を駆除したり，農作物の成長をコントロールしたりする目的で農薬が用いられている．**

6.4 医 薬 品

医薬品による治療は病気・けがに応じる人間の対抗措置の一つであり，一生涯医薬品を利用しない人はこの世に存在しないであろう．また病気の治療後の状況（予後）に応じて再発を避ける目的でも医薬品は使用されている．では，我々が普段口にするあるいは注射などで投与を受ける医薬品とはどのような形をしているのであろうか．本節では代表的な医薬品を紹介し化学との関わりをみる．

6.4.1 生体の機能を整える化合物：解熱鎮痛剤

生物の恒常性は，生物がもともともっている体調を安定化させる力で保たれている．ところが，生物が病気になるとこのバランスが崩れて熱が出たり，痛みを

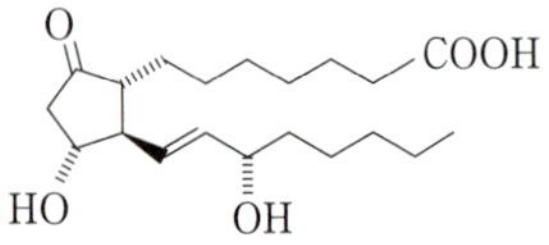

プロスタグランジン類
［局所ホルモン］

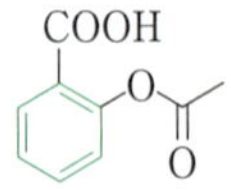

アスピリン［解熱鎮痛剤］
（アセチルサリチル酸）

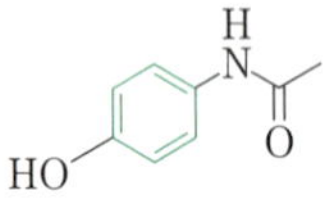

アセトアミノフェン
［解熱鎮痛剤］

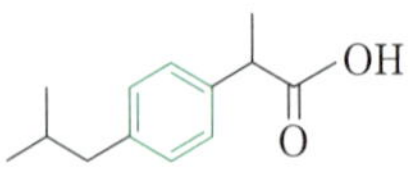

イブプロフェン［解熱鎮痛剤］

図 6-58　プロスタグランジンといくつかの解熱鎮痛剤の化学構造

感じたりする．例えば人間の体内に病原菌が侵入すると，これを駆逐・排除するために人体の免疫系が活発に働き，局所的または全身的な発熱を伴う．かぜをひいたときにはプロスタグランジンというホルモンが体内でたくさんつくられ，この増産が細胞増殖を促す指令となって発熱に結びつく．プロスタグランジン類は図 6-58 に示す 20 個の炭素原子からなるヒドロキシカルボン酸（分子内にヒドロキシ基とカルボキシ基を含む有機化合物）で，2 本の長鎖の置換基が環状ケトンに結合した構造を有している．

本来，発熱は侵入者に対する人体の防御手段なのでそのまま放っておいてもよいのであるが，40℃に近い度を超した発熱は患者の体力を奪い脱水症状を引き起こす恐れもあり，状況をみて解熱剤が使用される．最も広く使われている解熱剤の一つがアスピリンで，アスピリンに含まれる有効成分はアセチルサリチル酸（図 6-58）である．アセチルサリチル酸の構造上の特徴はベンゼン環とそれに結合しているカルボキシ基の存在である．すなわち，アセチルサリチル酸は芳香族カルボン酸の一種で，高校の化学で学んだ「安息香酸」の置換体と見なすことができる．アスピリンは体内でプロスタグランジン合成酵素に働き，プロスタグランジンの産生を抑制することで発熱を抑える役割を果たしている．歴史的には，柳の樹皮から単離された抗炎症成分（サリチル酸）がアスピリンの元になったことは有名である．この抗炎症成分の服用上の問題である胃への負荷を低減する改良が試みられ，サリチル酸をアセチル化した誘導体であるアスピリンが発明された．アスピリンはおよそ 120 年前に上市された医薬品であるが，今でも現役の解熱鎮痛剤として世界中で活用されている．

一方で，幼児や児童の場合は副作用が生じることがあるため，子供の解熱用にアセトアミノフェン（図 6-58）が開発されている．アセトアミノフェンはアスピリンと同様なメカニズムで解熱作用を示すが，穏やかに効くのでアスピリンに過敏な大人にも適している．また，アスピリンが体質に合わない人向けにはその他のさまざまな非ステロイド性抗炎症薬（non-steroidal anti-inflammatory drug : NSAID）が処方されることもある．中でも有名なものがイブプロフェン（図 6-58）である．イブプロフェンには不斉炭素が一つ含まれているため鏡像異性体が存在し，人体に薬効を示すのはそのうちの一つである *S* 型化合物である．イブプロフェンの人工的な合成法，ならびにイブプロフェンの鏡像異性体の関係については後述する．

アスピリン，アセトアミノフェンならびにイブプロフェンがすべてベンゼン環をもつ芳香族化合物であることは興味深く，似た構造を有する分子が同様の生物活性を発現させることを示すよい例である．分子の形の微細な違いがプロスタグランジン合成酵素の作用に異なった影響を与えている．これらのことからも，医薬品は化学式ならびに構造式で書き表せる化学物質であることが実感できる．

6.4.2　外敵（病原体）から人間の身を守る化合物：抗生物質

病原菌の侵入によって体調が悪くなったり高熱が発生すると病院に駆け込むが，そこで処方される医薬品は多くの場合，解熱剤と抗生物質である．解熱剤は先述のように体調を整えるものであったのに対し，抗生物質は病原菌そのものを攻撃して病気の原因を取り除く薬である．抗生物質にはさまざまなタイプのものが知られているが，中でもベータラクタム系抗生物質とマクロライド系抗生物質が有名である．

前者に属するペニシリン（図 6-59）は人類が最初に手に入れた抗生物質である．ペニシリンは病原菌を構成する細胞壁（ペプチドグリカン）の合成を阻害する力をもっており，病原菌はペニシリンとの共存下で細胞の形を保っていられず死滅する．ペニシリンに含まれるベータラクタムとよばれる四員環のアミド（4 個の原子が環状になった構造のアミド）が細胞壁の合成を阻害する鍵であることが知られている．

もう一つ古くから用いられている抗生物質としてエリスロマイシン（図 6-59）がある．エリスロマイシンはマクロライド系抗生物質に分類される．マクロライドという総称は「大きな（＝マクロ）環状構造をもつエステル（＝ライド）」という意味からきてい

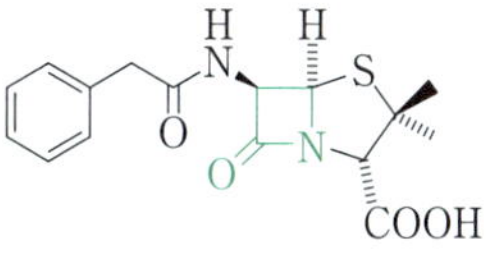

ペニシリン G
[抗生物質]

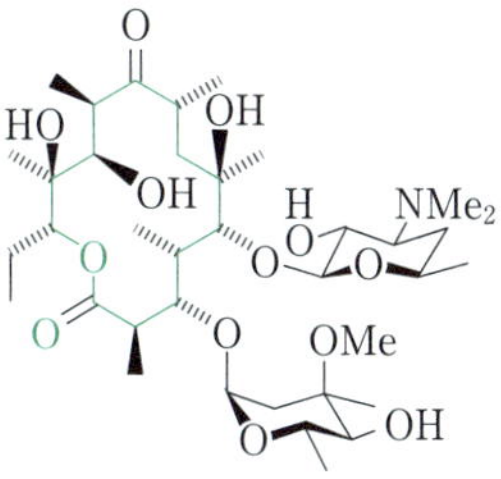

エリスロマイシン A
[抗生物質]

図 6-59 ペニシリンとエリスロマイシンの化学構造

る．先のペニシリンでは環状アミドの別称であるラクタムという一般名が使われたが，エリスロマイシンのような環状エステルではラクトンという別称がよく用いられる．すなわち，マクロライド = マクロラクトンである．マクロライド系抗生物質は病原菌が生存するために不可欠なタンパク質合成酵素の働きを阻害して病原菌を死滅させる．四員環ラクタムであるペニシリンや，マクロラクトンであるエリスロマイシンのように，特徴的な構造をもった有機化合物が今日も人間を病原菌から守る砦として世界中で広く利用されている．

6.4.3 自分自身の不要な細胞（悪性腫瘍）の増殖を抑える化合物：抗がん剤

がんとよばれる悪性腫瘍の増殖が原因で亡くなる人の割合が日本でも増えている．加齢とともにがんになる確率も上がるので，高齢化が進む日本では避け難い問題であるが，医薬品を使ってがんの進行を抑制する治療法も発展してきている．がん細胞の増殖を止める効果をもつ医薬品は抗がん剤と称され，抗がん剤を利用したがんの治療法を化学療法とよんでいる．図 6-60 には，構造の大きく異なった三つの抗がん剤を例に挙げる．

タキソール（成分名パクリタキセル）はセイヨウイチイの木から単離された，とても複雑な構造からなる天然有機化合物である．発見当初は自然界からの供給量が少なく医薬品への展開が困難だったが，近年になって似た構造の化合物の大量入手が可能となり，それを人工的に誘導体化することでタキソールの生産も需要に見合うようになった．タキソールは，がん細胞が増殖するために必要な核内の変化を異常なほど促進させてがん細胞の成長を止めてしまう，いわば，増殖能力のあり余るがん細胞をオーバーヒートさせて死滅へと追いやる抗がん剤である．

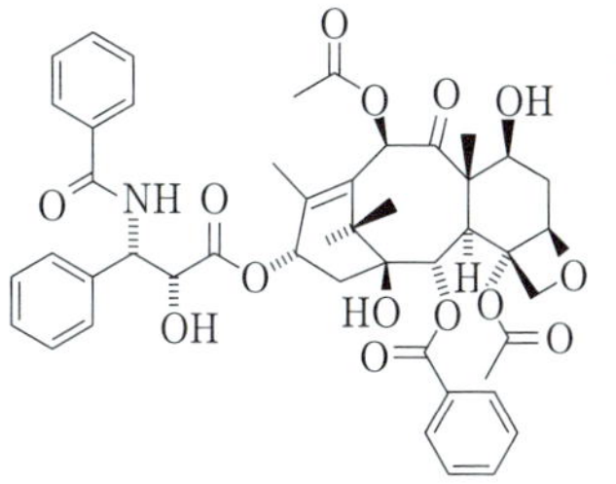

タキソール［抗がん剤］
（パクリタキセル）

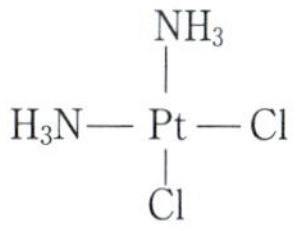

シスプラチン［抗がん剤］

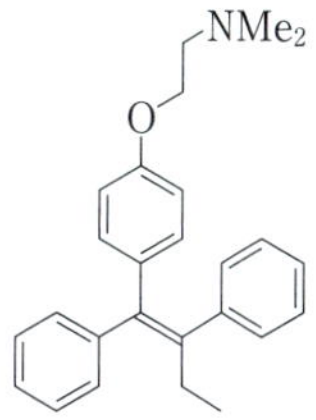

タモキシフェン
［抗乳がん剤］

図 6-60 いくつかの抗がん剤の化学構造

タキソールとは対照的に，非常に小さな金属錯体であるシスプラチン（図 6-60）も抗がん剤として働くことが知られている．シスプラチンは白金を中心金属とする無機化合物であり，炭素原子を含まないめずらしい医薬品といえる．同様に白金を成分とする金属錯体のいくつかが化学療法で利用されており，これらの抗がん剤はがん細胞が増殖する際の DNA 複製過程を阻害し，細胞周期を停止させることでがん細胞を縮小させる．現在，タキソールとシスプラチンの併用化学療法はきわめて効果の高いがんの治療法として広く臨床で用いられている．

図 6-60 に示したタモキシフェンという化合物は抗乳がん剤であり，およそ 50 年前に開発された．女性ホルモンの一つであるエストラジオールというホルモンは女性の体調維持に必須な物質であり体内で生産されているが，エストラジオールの過剰生産はがん細胞の増殖も促してしまう．特に閉経後の女性では，エストラジオールの過剰分泌による乳がんの発症リスクが高まる．タモキシフェンは女性ホルモンに骨格が似ているため細胞増殖を司る受容体タンパク質に結合するものの，女性ホルモンではないため受容体タンパク質は機能を発現しない．したがって乳がんの患者にタモキシフェンを投与するとエストラジオールが受容体タンパク質へ結合できなくなり，がん細胞の増殖が抑えられる．このように，ホルモンなどがもつもともとの働きをブロックして病状を改善する化合物をアンタゴニストとよぶ．一方，ホルモンなどと同様に働き，ホルモンの不足を補う目的で使用される医薬品も存在し，そのような化合物をアゴニストとよぶ．タモキシフェンはエストラジオールのアンタゴニストを探索す

る途上で見つかった医薬品である．この化合物は有機合成によってつくられた最も古い抗がん剤の一つであるが，現在でも乳がん治療の第一選択薬として医療の現場で活用されている．

6.4.4 体の防護力を弱める化合物：免疫抑制剤

近年臓器移植の実施例が我が国でも増え，新聞やテレビのニュースでたびたび取り上げられている．医療関係者以外からみた場合，外科手術の進歩に重点が置かれて論じられるが，それだけでは臓器移植は成功しない．人体は自分の臓器以外は本来受け入れられないので，他人から譲り受けた臓器の細胞を排除しようとする．このとき，患者の免疫系が働いて，患者本人の白血球が移植された臓器への攻撃を試みている．したがって，外科手術の実施後には移植された臓器を守るために，患者の免疫機能を抑制する医薬品を投与する必要性が生じる．ここで使われる化合物が免疫抑制剤で，有名なものとしてタクロリムス（開発時の化合物名としてFK-506ともよばれる）（図6-61）がある．

タクロリムスは筑波山に生息する土壌菌から抽出された天然有機化合物で，前述のエリスロマイシンと同様にマクロライドの構造をもった大環状分子である．たくさんの官能基が混在しているためわかりづらいが，よくみるとエステル結合が含まれていることが確認できる．また，二つのカルボニル基が並んだ部分の隣にはアミド結合も存在する．したがって，タクロリムスはマクロラクトンであると同時に，マクロラクタムでもある．ところで，免疫系は体を守る目的で働くものであるから，免疫機能を抑制する化合物の投与は体の防護力を損なうことにもなる．つまり，タクロリムスは弱い毒として臓器移植後の患者に作用していることになる．拒絶反応を和らげることで臓器の融合は促されるが，その一方で感染症などへの抵抗力は落ちるので，慎重な投薬が求められることはいうまでもない．現在，タクロリムスはアトピー性皮膚炎の治療にも塗布剤の形で使用されている．

6.4.5 脳細胞を活性化する化合物：認知症治療薬

高齢化の進む日本では，脳神経疾患の問題がクローズアップされている．その中でアルツハイマー型認知症とパーキンソン病がよく報じられている．極端に単純化していうと，前者は脳内にしみのような不要物が溜まりそれに伴って神経細胞が機能不全に陥ることで物忘れがひどくなってしまう病気である．後者は加齢に応じて脳の神経細胞が減っていき隙間ができて，いわば脳内に「す」が入ってしまうような病気である．その結果，パーキンソン病の罹患者は神経伝達物質であるドーパミンの生産量が足りなくなり，脳が体を制御し切れず手足の震えを生じる．あるいは，体の動きが鈍くなりついには寝たきりになってしまうこともある．パーキンソン病の治療には体内でドーパミンに変換する前駆体（レボドパというアミノ酸），またはドーパミンのアゴニストなどが処方される．

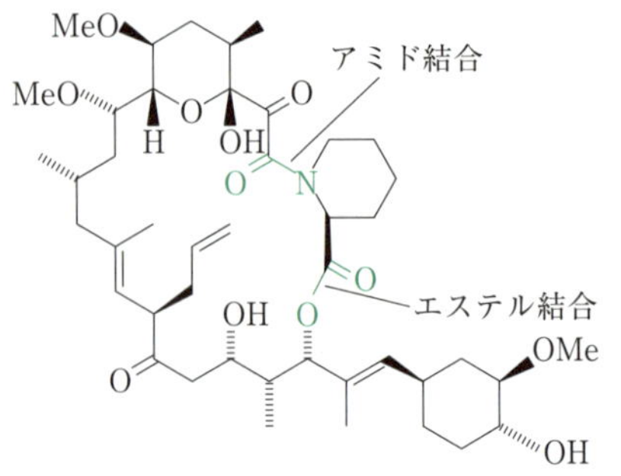

図6-61　タクロリムス［免疫抑制剤］の化学構造

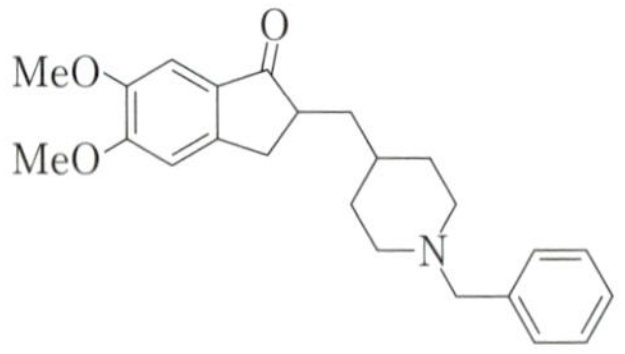

図6-62　アリセプト［認知症治療薬］の化学構造

アルツハイマー型認知症に効果がある医薬品としては図6-62に挙げたアリセプト（成分名ドネペジル）が開発されている．

アリセプトは神経伝達物質であるアセチルコリンの減少を食い止めて脳の機能を維持・回復させる医薬品である．アリセプトは脳内に存在するアセチルコリン分解酵素に結合し，この分解酵素の働きを阻害する．しかしながら，アセチルコリンの過剰分泌はパーキンソン病の悪化の原因にもなるため，もう一つの神経伝達物質であるドーパミンの量を調節する必要も時に生じる．

6.4.6 有機合成による医薬品の製造

アリセプトは天然物資源から見つかった医薬品ではなく，ランダムスクリーニングという手法で得られた完全に人工の産物である．最初に，アセチルコリン分解酵素に作用する物質を手持ちの有機化合物群の中からしらみつぶしに探していき，その中で特に効果が高

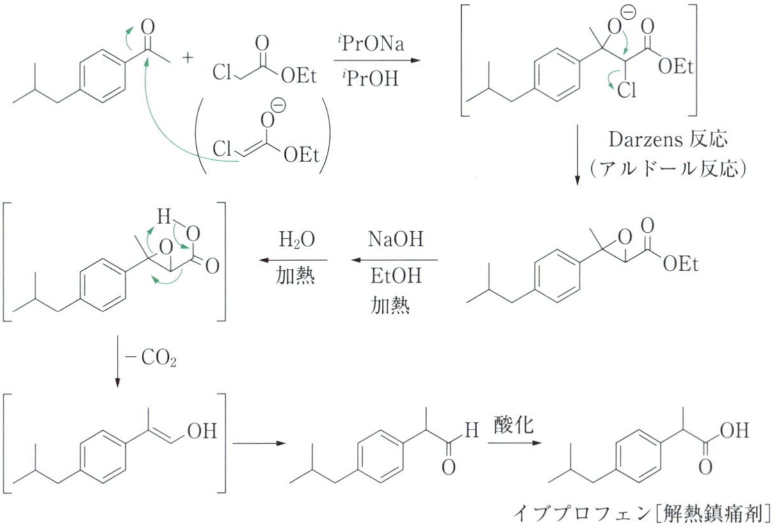

^{i}PrONa
^{i}PrOH
Darzens 反応
(アルドール反応)
H_2O
加熱
NaOH
EtOH
加熱
$-CO_2$
酸化

イブプロフェン[解熱鎮痛剤]

図 6–63 イブプロフェンの合成法

かった物質をアルツハイマー型認知症治療の用途に最適化することによって医薬品開発が進められた．生物活性をもつ天然有機化合物を原料としてさまざまな誘導体を得る際や，アリセプトの場合のようにきっかけとなる構造を改良していく過程では，有機合成が実験室での欠かせない技術となる．

現在ではこれまでに述べたペニシリン，エリスロマイシン，タキソールならびにタクロリムスなどの複雑な構造を有する天然有機化合物を合成することも可能になっているが，その一つ一つの構造変換技術を理解するには大学院で有機合成化学を学ぶ必要があり，この教科書の範疇を超える．比較的簡単な例として，図 6–63 にイブプロフェンの合成過程を示す．

最初の工程は Darzens 反応というもので，アルドール反応とエポキシド形成反応を連続的に行う実用性の高い方法である．次いでアルカリ加水分解を行った後に二酸化炭素の脱離（脱炭酸）で不要な炭素原子を除去している．最後にアルデヒドを酸化してカルボン酸とし，6.4.1 項で紹介した NSAID の一つである解熱剤イブプロフェンが人工的に生産されている．

6.4.7 有機化合物のもつキラリティーと生物活性

医薬品に使われる有機化合物には，右手と左手のように互いに鏡像の関係にあって，重ね合わせることができない構造をもつものがある（図 6–64）．

これらを鏡像異性体とよび，「鏡像異性体はキラリティーをもつ」と表現する．鏡像異性体の片方には薬効がないものが多いが，合成の過程でその両方が半分

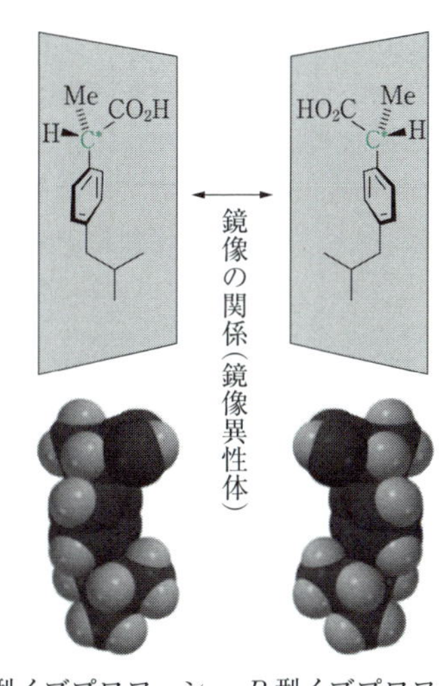

S 型イブプロフェン（活性な鎮痛剤）　*R* 型イブプロフェン（不活性な化合物）

（化学式中の C* は不斉炭素）

図 6–64 イブプロフェンの鏡像異性体

ずつ同時にできてしまう問題があった．実際に，抗炎症薬の NSAID の製造では鏡像異性体の等量混合物（ラセミ混合物）が合成されていて，有効成分は半分しか得られない．従来から処方されているイブプロフェンも左手型（*S* 型）と右手型（*R* 型）のラセミ混合物で，有効成分の純度は 50% である．

近年では不斉合成技術とよばれる新しい手段を用いて，半分の不純物を含む NSAID を純粋にする方法も開発されている．例えば，鏡像異性体の一方を他方に変化させる反応（*R* 型 ⇄ *S* 型の変換反応）を組み合

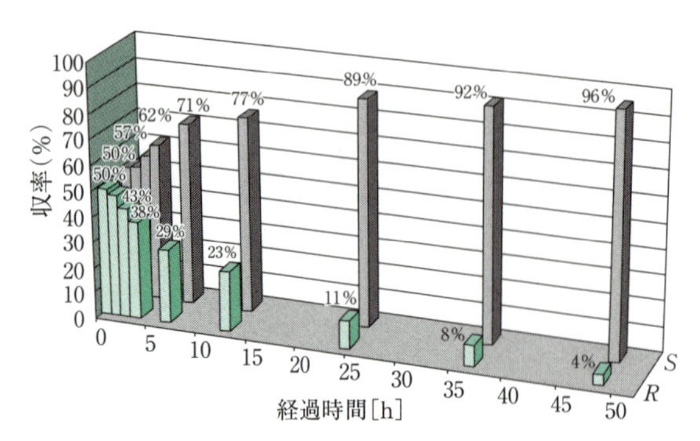

図 6–65　触媒反応の進行により，ラセミ混合物（左手型（*S* 型，灰色）と右手型（*R* 型，緑色）の 50：50 の混合物）の原料から不純物（*R* 型）が減って有効成分（*S* 型）が増えていくようす．（椎名勇，中田健也，小野圭輔，光学活性カルボン酸エステルの製造方法，特願 2013-519521（WO-A1-2012169575））．

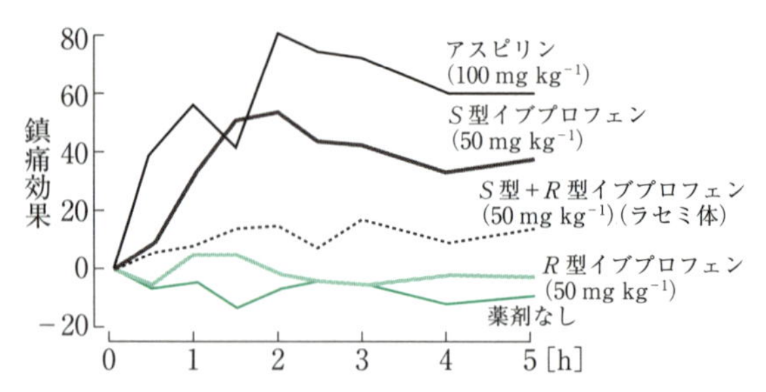

図 6–66　鎮痛効果の比較（アカゲザルによる鎮痛効果実験）．左手型（*S* 型）の鎮痛効果（黒色太線）は非常に高く，不純物（*R* 型）の鎮痛効果（薄緑色実線）は鎮痛効果がない．ラセミ混合物（左手型（*S* 型）と右手型（*R* 型）の 50：50 の混合物）（灰色破線）は左手型（*S* 型）の鎮痛効果（黒色太線）の 1/3〜1/4 程度である．（特開昭 63-146815（EP-A1-267321））

わせることにより，ラセミ混合物から 100%に近い収率で *S* 型化合物を取り出すことも可能になっている（図 6–65）．この技術によれば，もともと *S* 型化合物と *R* 型化合物が 50：50 で含まれていた薬剤を用いても，時間の経過とともに *R* 型化合物が減少し，それに伴い *S* 型化合物が増加していくので有効成分である *S* 型化合物の比率を大幅に増幅させることができる．（図 6–65 では *S* 型化合物の成分量が灰色の棒で示され，*R* 型化合物の成分量が緑色の棒で示されている．）

この一連の工程の確立により，従来と比べて純度が 2 倍になった NSAID の合成も達成されている．今までは分離したとしても捨てなければいけなかった不純物（*R* 型）が，有効成分（*S* 型）に変換できるため，純度は 2 倍になり，不純物の副作用がなくなるので鎮痛効果は 3〜4 倍にも上昇することが判明している（図 6–66）．

今後，*S* 型化合物のみを含むさまざまな NSAID が製品化され，頭痛薬などの形で販売されるようになれば少量の消炎鎮痛剤で治療が行えると期待されている．

6.4 節のまとめ

- **医薬品はすべて化合物であり，化学式ならびに構造式で書き表すことができる．**
- **化合物の構造上の違いから物性や生物に対する作用の違いが生まれ，効果の高いものが医薬品（解熱鎮痛剤，抗生物質，抗がん剤，免疫抑制剤あるいは認知症治療薬など）として用いられている．**
- **医薬品は天然有機化合物であることもあれば，人工的に合成して得られることもある．**
- **キラリティーをもつ化合物の場合は，鏡像異性体間で生物に与える影響が異なるものが存在する．**

コラム 7　不斉自己触媒反応と生命のホモキラリティー

生体分子のホモキラリティー

L-アミノ酸と D-アミノ酸は，左右の手のひらのように実像と鏡像の関係にあって重ね合わせることができない鏡像異性体（光学異性体，エナンチオマー）であり，不斉炭素原子をもつキラル（不斉）化合物である（グリシンを除く）．不思議なことに地球上の生物を構成するアミノ酸には，L 型が圧倒的に多く存在している．L-アミノ酸が縮合して形成するタンパク質に D-アミノ酸が不規則に混ざると，タンパク質が異なる構造になり，酵素作用などの正常な発現ができない．これは，握手するとき右手同士では正常にできるが，右手と左手で行うとうまくできないのと類似している．またDNAを構成するデオキシリボースはD型であり，これにL型が混入すると正常ならせん構造が形成できず生物にとって重要な遺伝情報の伝達ができない．このほかにも多くの生体物質には一方のみの鏡像異性体が存在することが知られており，しかも微生物から哺乳類まですべての生物で同一のL-アミノ酸やD-糖類という鏡像異性体を用いている．これは，生命のホモキラリティーとよばれる生命の大きな特質の一つである（図1）．

いつ，いかにして生体物質はホモキラリティーに至ったのだろうか．これまでに，円偏光や水晶などのキラルな無機結晶，絶対不斉合成などがキラル有機化合物の不斉起源として提唱されているが，これらにより，実際にキラル化合物に生じる鏡像異性体の偏りはごくわずかであり，生命のホモキラリティーとの隔たりを結ぶ化学プロセスの解明は，生命の起源にも関連する長年に渡る未解決の謎とされてきた．近年，不斉自己触媒反応が見出され，ごくわずかな不斉の偏りが，高い鏡像体過剰率へ増幅することを用いて，ホモキラリティーの起源を検証することが可能になった．

不斉自己触媒反応

キラルな化合物を不斉合成するには，不斉触媒を用いる．通常の不斉触媒反応では，触媒の構造は生成物とは異なる．これに対し，不斉自己触媒反応は，不斉触媒と生成物が同一構造で，生成物が自己を合成する不斉自己触媒として作用し，鏡像異性体が自己増殖するものであり，従来と全く異なる原理に基づく．しかも，初めにきわめて低い不斉しかもたない鏡像異性体を不斉自己触媒として用いた場合，鏡像体過剰率（*R*体と*S*体の混合状態を示す尺度，% eeと略す）の著しい増幅がみられ99.5% ee以上というほぼ純粋な鏡像異性体に至る反応である．通常の不斉触媒反応と比べると不斉自己触媒反応は，自己増殖なので効率がよい，生成物が触媒となるので触媒量が増えて劣化しない，反応後に触媒と生成物の分離が不要であるなどの特徴がある（図2）．では，実際の反応をみてみよう．

不斉自己触媒反応とキラリティーの増幅

不斉自己触媒として窒素原子とヒドロキシ基をもつピリミジルアルカノール（P*）を用いて，含窒素アルデヒドであるピリミジンカルバルデヒド（A）にジイソプロピル亜鉛（B）を作用させると，不斉自己触媒P*と同一構造および絶対配置をもつ生成物P*が得られる．しかも，鏡像体過剰率が低いP*を不斉自己触媒に用いた場合，P*が不斉自己増殖しながら鏡像体過剰率が著しく向上する．最初に鏡像体過剰率がわずか約0.000 05% eeの不斉自己触媒（*S*）-P*を用いて不斉自己触媒反応を行うとP*は57% eeとなり，つぎの不斉自己触媒反応で99% eeに，さらにつぎの反応で99.5% ee以上に不斉が増幅する．他方，（*R*）-P*を用いれば不斉自己増殖で*R*体が増殖する．最初の極微小不斉P*のみが元になり，ほかの不斉化合物の力を借りずに，63万倍に不斉自己増殖しながらほぼ純粋な鏡像異性体に至る（Soai反応，図3）．

水晶を不斉の起源とする不斉自己触媒反応

水晶は二酸化ケイ素（SiO_2）の単結晶であり，ケイ素-酸素結合がらせんを形成して右または左水晶として広く天然に存在するキラルな鉱物である．右水晶

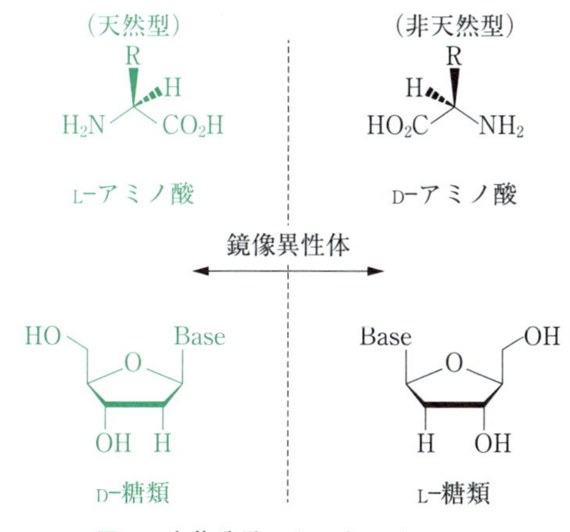

図1 生体分子のホモキラリティー

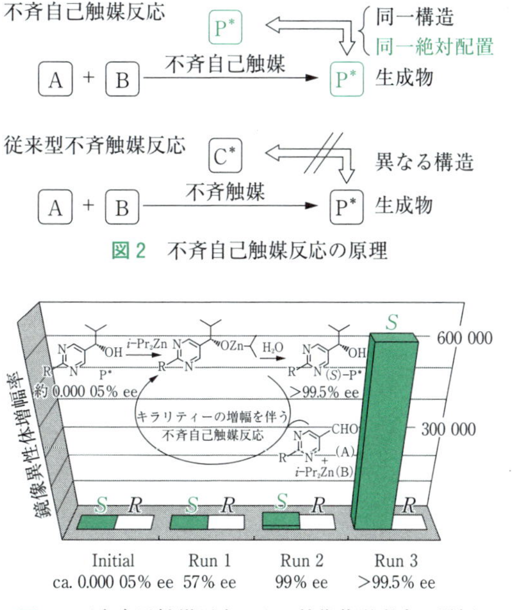

図2 不斉自己触媒反応の原理

図3 不斉自己触媒反応による鏡像体過剰率の増幅

存在下でアルデヒド（A）にBを反応させると，右水晶の影響でわずかに不斉が偏ったP*が生じる．P*は引き続く不斉自己触媒反応により不斉が増幅し，高い鏡像体過剰率の鏡像異性体(*S*)-P*に至る．一方，左水晶存在下では，逆の絶対配置をもつ(*R*)-P*が生成する．これにより水晶がキラルな有機化合物の不斉の起源として作用し得ることがわかる（図4）．

円偏光を不斉起源とする不斉自己触媒反応

円偏光は光の進行に伴い振動面が回転するものである．ラセミ体のP*に右円偏光を照射すると，(*S*)-P*が光分解され残ったP*にわずかに不斉の偏り(*R*)が生じる．引き続き不斉自己触媒反応を行うと，(*R*)-P*が高い鏡像体過剰率で生成する．一方，左円偏光を照射すると(*S*)-P*が生成する．これにより，円偏光が不斉の起源として作用し，不斉自己触媒反応

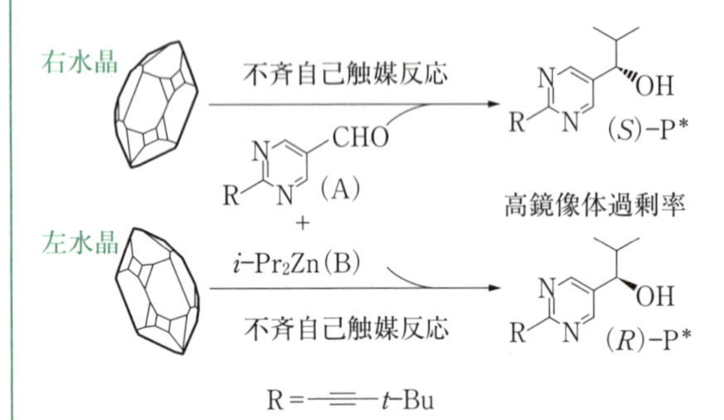

図4　水晶を不斉の起源とする不斉自己触媒反応

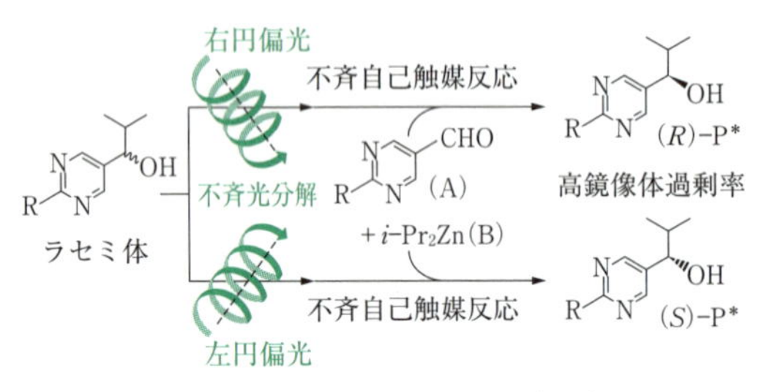

図5　円偏光を不斉起源とする不斉自己触媒反応

と組み合わせることで，有機化合物が高い鏡像体過剰率に至ることがわかる（図5）．

自発的な絶対不斉合成

一般に，不斉源を用いずにピリミジンカルバルデヒド（A）とBとを反応させると，*R*体と*S*体のP*が同じ確率で生成するが，両者の分子数の統計的揺らぎにより，自発的にP*にわずかに不斉の偏りが生じる（例えば100回コイントスした場合，表と裏がちょうど50回ずつになる確率は約8%で，92%の確率で表裏の回数は異なる）．この仕組みにより生じるわずかな不斉の偏りを，引き続く不斉自己触媒反応により増幅させることが可能ならば，統計的揺らぎによる自発的な絶対不斉合成が可能となる．実際，不斉源を加えないで（A）と（B）を反応させると，鏡像体過剰率が検出限界以上に向上した(*R*)および(*S*)-P*がほぼ同じ確率で生成する（図6）．

以上のとおり，不斉自己触媒反応はキラル化合物が自己増殖しながら不斉を増幅させるので，初めにごくわずかな不斉の偏りが生じると最終的にほぼ純粋な一方の鏡像異性体（ホモキラリティー）に到達する化学プロセスである．不斉自己触媒反応と組み合わせることにより，不斉の起源として提唱されている水晶などの不斉無機結晶，円偏光および自発的絶対不斉合成により高い鏡像体過剰率の有機化合物に至る反応が存在する．生命の起源においては自己増殖する分子の出現が重要とされている．不斉自己触媒反応は生命の特質である自己増殖とホモキラリティーの機能を兼ね備えた現象であり，原始地球上において生命の起源となったのは，このような自己増殖する分子であったのかも知れない．

参考文献

日本化学会編，硤合憲三，松本有正 著，不斉自己増殖とホモキラリティーの起源，“キラル化学”，pp. 148-155，化学同人（2013）．

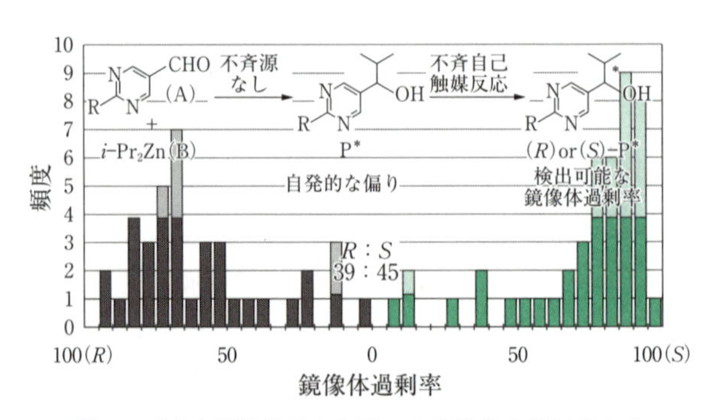

図6　不斉自己触媒反応を用いる自発的絶対不斉合成

コラム 8 テロメアと細胞の老化・がん化

生物の体は細胞からできている．細胞内には核があり，核には親から受け継いだ遺伝情報が蓄積されているとともに，その生物が生まれてから死ぬまでの遺伝情報が収納されている．ヒトの細胞の核には，23 対 46 本の染色体があり（図 1），父親から受け継いだ 1 本の染色体と母親から受け継いだ 1 本の染色体が対を構成している．ヒトの 23 対の染色体のうち，22 対 44 本の染色体を常染色体といい，同様の形状をした，父親由来の染色体と母親由来の染色体が対を構成している．残りの 1 対 2 本の染色体は性染色体といい，ヒトの性別を決定する．X 染色体 2 本が対を構成している場合には女性となり，X 染色体と Y 染色体が対を構成している場合には男性となる．

染色体を構成する化学物質は，二重らせん構造の DNA とこれに結合するタンパク質である．ヒトの全染色体のうち，1 番染色体が最も長い染色体であり，2 億 7900 万塩基対の DNA で構成されている．21 番染色体は 4500 万塩基対の DNA で構成され，ヒトの全染色体のうち，最も短い染色体である．

染色体 DNA 上の，ある長さをもった特定の DNA 領域を遺伝子という．遺伝子から mRNA が合成され，さらにタンパク質が合成され，タンパク質が体の中で生物学的機能を果たす．ヒトの全染色体のうち，1 番染色体が遺伝子数の最も多い染色体であり，2610 個の遺伝子が点在する．Y 染色体には 255 個の遺伝子が点在し，ヒトの全染色体のうち，遺伝子数が最も少ない染色体である．

染色体の末端領域はテロメアといい，この領域には遺伝子が存在しない（図 2）．二本鎖 DNA 領域と突出した一本鎖 DNA 領域からなるテロメア DNA と，これに結合するテロメア結合タンパク質からテロメアは構成されている．テロメアが欠失すると染色体が不安定になり，染色体同士の融合などが起きてしまうことから，テロメアは染色体の安定性維持に重要であると考えられている．

また，細胞が分裂する度に，テロメアは短縮する．体細胞では，テロメアの短縮が進行し，限界の長さに達すると，細胞が分裂を停止し，細胞老化に至る（図 3）．一方，がん細胞や生殖細胞では，体細胞と異なり，テロメアを伸長する酵素であるテロメラーゼが働いているため，テロメアが伸長する．テロメアが限界の長さまで短縮することはなく，永続的な細胞分裂が可能になる．このため，がん細胞は無限に増殖を続けることが可能である．このように，テロメアは，細胞の老化・がん化と密接に関連している．

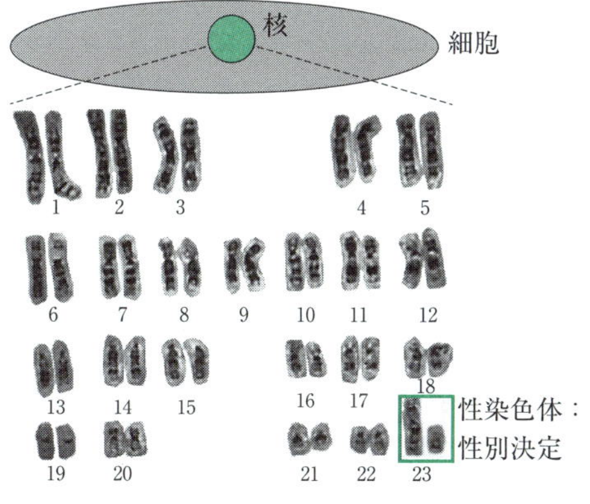

図 1 ヒトの細胞の核にある 23 対 46 本の染色体

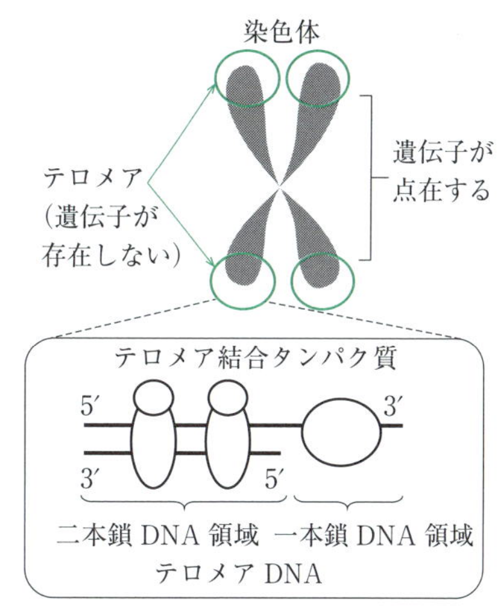

図 2 染色体の末端領域にあるテロメア

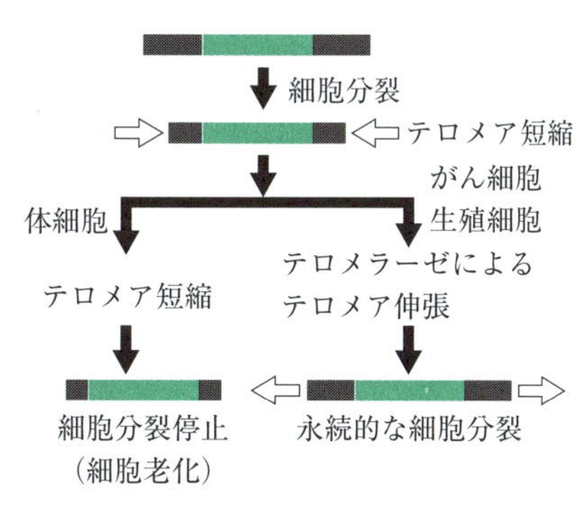

図 3 細胞の老化・がん化に伴うテロメア長の変化

第Ⅱ部
電子の振る舞いから理解する化学

7. 電子配置と周期表

7.1 原子の構造

先に原子核はどのようにつくられているか，その構造モデルについて学んだ．次に原子の構造をみていくことにしよう．原子は原子核と異なり，光によって電子の構造を「みる」ことができる．原子では，原子核の周りの**電子軌道（orbital）**に沿って，電子が動いている．また，電子は，K 殻，L 殻，M 殻，N 殻……のエネルギー準位の低い軌道から順に詰まっていく．そして，各軌道に入った電子は四つの規則（量子数）に基づいてつくられており，その軌道に電子が入った時点で原子になるのである．この章では，各原子核が周期的にいくつかの電子を各軌道に取り込んで，原子がつくられていくようすをみていく．さらに，ここで学ぶ四つの量子数（n, l, m_l, m_s）は，各元素を構成している電子を表し，また電子配置によって各元素が表せることを学んでいく．また，通常の量子論から始まる電子軌道の成り立ちをあえて使わないで説明を試みる．電子軌道が量子力学からどのように導出されるかは，本書の 8 章を参照してほしい．

7.1.1 電子殻の構造

原子は原子核と電子からつくられている．主に静電気的な相互作用によって，負電荷をもつ電子と正電荷をもつ原子核が引き合っているからである．それでは，どのような規則によって各原子が電子軌道をつくり，電子が原子核の周りを回っているのかみていくことにしよう．

原子には**電子殻（electron shell）**とよばれる球形の電子の通り道があり，これに沿って電子が通る道筋が決められている．この電子殻は，原子核に近いものから順に K 殻，L 殻，M 殻，N 殻……となり，この順番に軌道が大きくなり，エネルギーも増大して，より外側を電子が回れるようになる（図 7–1）．このとき，それぞれの**殻（shell）**に対応する量子数を**主量子数（principal quantum number）**n とよび，$n=1$（K 殻），$n=2$（L 殻），$n=3$（M 殻），$n=4$（N 殻）……と表される．それぞれの殻に入る電子数は決まっており，K 殻（2 個），L 殻（8 個），M 殻（18 個），N 殻（32 個）……と電子殻が大きくなるにつれて，より多くの電子を入れることができる．また，この殻の中には，それぞれ決まった数の**副殻（sub-shell）**が存在する（図 7–2）．各副殻も電子の入る個数が決まっており，s 軌道（2 個），p 軌道（6 個），d 軌道（10 個），f 軌道（14 個）となっている．ある原子を表すには，電子がどの軌道に何個入っているのかを示す**電子配置（electron configuration）**を使う．図 7–3 に示したように $_8$O の電子配置は，「主量子数 n を含

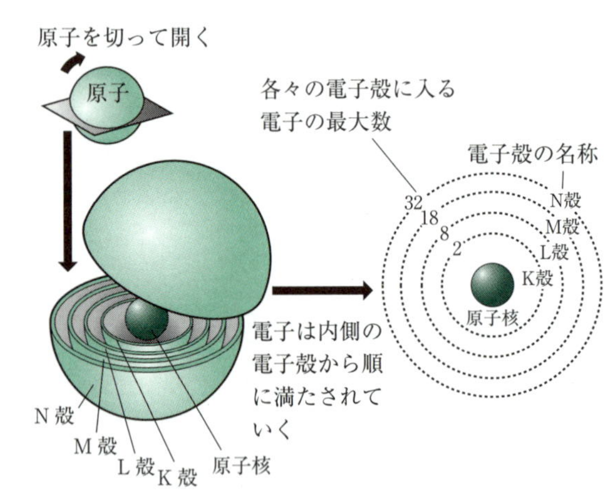

図 7–1 原子の電子軌道の殻構造（K 殻，L 殻，M 殻…）

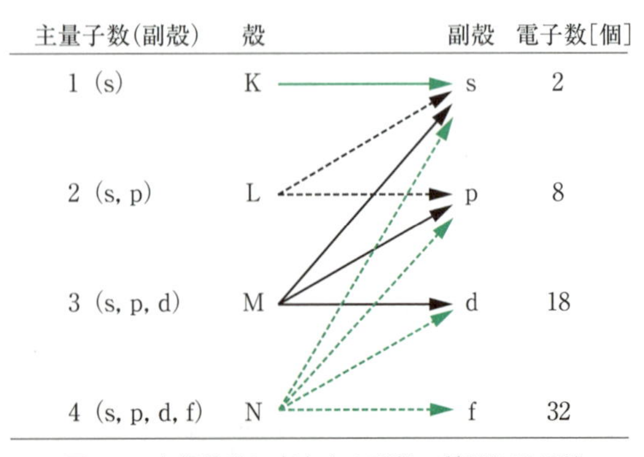

図 7–2 各殻軌道に存在する副殻の種類と電子数

む副殻軌道の右上」に，その副殻に含まれる電子数を書く．エネルギー準位の低い軌道から順番に，左から右へ並べていく．また，閉殻構造をもつ貴ガスの電子配置は，まとめて書いた方が便利なので，例えば $1s^2$ = [He]，$1s^22s^22p^6$ = [Ne]，$1s^22s^22p^63s^23p^6$ = [Ar] のように貴ガスの元素記号を［ ］で囲んで，その元素より大きな電子配置を $_3$Li = [He]$2s^1$，$_{11}$Na = [Ne]$3s^1$，$_{19}$K = [Ar]$4s^1$ のように記述する．

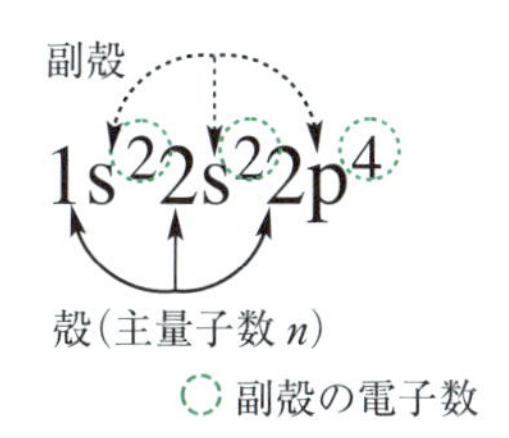

図 7-3 $_8$O の電子配置の表記法

副殻軌道は，**方位量子数（azimuthal quantum number）** l で表すことができる．それぞれ $l = 0$（s 軌道），$l = 1$（p 軌道），$l = 2$（d 軌道），$l = 3$（f 軌道）……のように表す．すると，表 7-1 に示したようにそれぞれの殻軌道が K 殻（s 軌道），L 殻（s 軌道，p 軌道），M 殻（s 軌道，p 軌道，d 軌道），N 殻（s 軌道，p 軌道，d 軌道，f 軌道）……の副殻軌道をもつことがわかる．

電子の副殻軌道への入り方で重要なことは，p 軌道が L 殻（$n = 2$）から，d 軌道が M 殻（$n = 3$）から，f 軌道が N 殻（$n = 4$）からしか現れないことである．そのため，1p 軌道や 2d 軌道，3f 軌道などは存在しない．それぞれの副殻内では，軌道がすべて同じエネルギー準位をもつことになる（これを**縮退（degenerate）**という）．表 7-2 には周期表の $_1$H から $_{20}$Ca までの各電子軌道に入った電子配置を載せた．電子殻ごとに，副殻にどのように電子が入っていくのかがわかる．それぞれ L 殻，M 殻，N 殻には，$2p^0$，$3d^0$，$4f^0$ の電子が入っていない空の軌道があり，原子の化学的な性質が，この空の軌道を使うことによって決められる場合がある．

一方，磁場などをかけたとき，p 軌道，d 軌道，f 軌道の副殻にある各軌道の縮退が解け，エネルギーの異なるそれぞれ三つ，五つ，七つの軌道に分裂する．これは**磁気量子数（magnetic quantum number）** m_l とよばれる量子数によって各副殻軌道が分かれるためである．すなわち，s 軌道（$m_l = 0$），p 軌道（$m_l = -1, 0, +1$），d 軌道（$m_l = -2, -1, 0, +1, +2$），f 軌道（$m_l = -3, -2, -1, 0, +1, +2, +3$）のそれぞれの軌道に，副殻の軌道エネルギーが分裂する（表 7-1）．

さらに，軌道に入る各電子にも，**スピン量子数（spin quantum number）** m_s が存在する．これは上向きのスピンが +1/2，下向きのスピンが −1/2 として，一つの電子軌道に上向きおよび下向きのスピンをもつ電子が二つまで入ることができる．二つのスピンの軌道への入り方は上向きと下向きのスピンのどちらから入ってもよい．

また，ある原子が一番エネルギーの低い安定な電子配置をとるものとして，原子核に陽子を加えていくとし，同時に軌道には電子を加えていくとすると，電子配置で各原子を表すことができる．そして，三つの量子数（n，l，m_l）の組合せは，各原子軌道を表現できる．また，パウリの排他律より各電子配置に入る電子は四つの量子数（n，l，m_l，m_s）で表すことができる．

$_1$H 原子は 1s 軌道に電子がすでに 1 個入っており，この電子が +1/2 と −1/2 のどちらも同じ確率で 1s 軌道に入れることから，この電子の四つの量子数（n，l，m_l，m_s）は（1，0，0，±1/2）となる．$_2$He 原子では，三つの量子数（n，l，m_l）が H 原子と同じため，最後に入る二つ目の電子は，パウリの排他律によって一つ目の電子と反対向きのスピンをもたねばならない．その二つ目の電子の四つの量子数も（1，0，0，

表 7-1 各電子軌道の殻に存在する副殻の種類と電子配置

殻	n	l	m_l*	閉殻電子配置	最外殻電子数
K	1	0	0	$1s^2$	2
L	2	0，1	−1，0，1	[He] $2s^22p^6$	8
M	3	0，1，2	−1，−2，0，1，2	[Ne] $3s^23p^63d^{10}$	18
N	4	0，1，2，3	−1，−2，−3，0，1，2，3	[Ar] $4s^24p^64d^{10}4f^{14}$	32

* m_l は l が最大のときのみを示した．

表 7-2　$_{20}$Caまでの各電子軌道の電子配置

原子	電子配置									
	K殻	L殻		M殻			N殻			
$_1$H	$1s^1$									
$_2$He	$1s^2$									
$_3$Li	$1s^2$	$2s^2$	$2p^0$							
$_4$Be	$1s^2$	$2s^2$	$2p^0$							
$_5$B	$1s^2$	$2s^2$	$2p^1$							
$_6$C	$1s^2$	$2s^2$	$2p^2$							
$_7$N	$1s^2$	$2s^2$	$2p^3$							
$_8$O	$1s^2$	$2s^2$	$2p^4$							
$_9$F	$1s^2$	$2s^2$	$2p^5$							
$_{10}$Ne	$1s^2$	$2s^2$	$2p^6$							
$_{11}$Na	$1s^2$	$2s^2$	$2p^6$	$3s^1$	$3p^0$	$3d^0$				
$_{12}$Mg	$1s^2$	$2s^2$	$2p^6$	$3s^2$	$3p^0$	$3d^0$				
$_{13}$Al	$1s^2$	$2s^2$	$2p^6$	$3s^2$	$3p^1$	$3d^0$				
$_{14}$Si	$1s^2$	$2s^2$	$2p^6$	$3s^2$	$3p^2$	$3d^0$				
$_{15}$P	$1s^2$	$2s^2$	$2p^6$	$3s^2$	$3p^3$	$3d^0$				
$_{16}$S	$1s^2$	$2s^2$	$2p^6$	$3s^2$	$3p^4$	$3d^0$				
$_{17}$Cl	$1s^2$	$2s^2$	$2p^6$	$3s^2$	$3p^5$	$3d^0$				
$_{18}$Ar	$1s^2$	$2s^2$	$2p^6$	$3s^2$	$3p^6$	$3d^0$				
$_{19}$K	$1s^2$	$2s^2$	$2p^6$	$3s^2$	$3p^6$	$3d^0$	$4s^1$	$4p^0$	$4d^0$	$4f^0$
$_{20}$Ca	$1s^2$	$2s^2$	$2p^6$	$3s^2$	$3p^6$	$3d^0$	$4s^2$	$4p^0$	$4d^0$	$4f^0$

表 7-3　元素の電子配置と最後に加えた電子の(n, l, m_l, m_s)

	電子配置	(n, l, m_l, m_s)
$_1$H	$1s^1$	$(1, 0, 0, \pm 1/2)$
$_2$He	$1s^2$	$(1, 0, 0, \pm 1/2)$
$_3$Li	$1s^2 2s^1$	$(2, 0, 0, \pm 1/2)$
$_4$Be	$1s^2 2s^2$	$(2, 0, 0, \pm 1/2)$

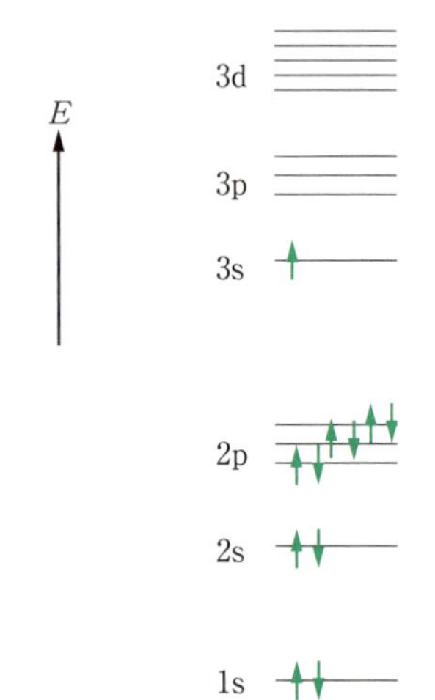

図 7-4　$_{11}$Na の電子軌道のエネルギー準位図

±1/2）と表すことができる．しかし，この He 原子内の二つの電子が同じ四つの量子数になる意味は，一つ目の電子が（1, 0, 0, +1/2）なら，$_2$He 原子の二つ目の電子は（1, 0, 0, −1/2）でなければならず，反対に（1, 0, 0, −1/2）なら（1, 0, 0, +1/2）でなければならない．例えば表 7-3 は，$_1$H から $_4$Be までの各原子を電子配置で表し，一番最後に入る電子の（n, l, m_l, m_s）と比較したものである．電子配置に最後に入る電子は，パウリの排他律に基づいて（n, l, m_l, m_s）によって表すことができ，全電子数を決定づけるため，その元素を特徴づけるものと考えることができる．

また，それぞれの原子はエネルギーの異なる電子を入れた軌道（エネルギー準位図）を使って表すことができる．例として図 7-4 のように $_{11}$Na の副殻の電子軌道を下からエネルギーの低い順に直線で表している．そして，エネルギー準位の低い軌道から順に電子を入れていく．1s 軌道の下は原子核になることが暗黙の了解となっており，上にいくほどエネルギーレベルの高い軌道になる．

7.1 節のまとめ

- **各電子軌道は主量子数 n，方位量子数 l，磁気量子数 m_l，によって決められる．**
- **主量子数 n は，n=1, 2, 3, 4, ……となり，それぞれは順に電子殻の K 殻，L 殻，M 殻，N 殻……に相当する．**
- **方位量子数 l は，l=0, 1, 2, 3, ……となり，それぞれは副殻の s 軌道，p 軌道，d 軌道，f 軌道……に対応する．**
- **磁気量子数 m_l は，それぞれ副殻が縮退している電子軌道の数だけ存在し，その総数は（2l+1）個になる．**
- **原子をつくる電子配置の各電子を表すためにはさらにスピン量子数 m_s が必要であり四つの量子数（n, l, m_l, m_s）が必要である．**

7.2 周期表と原子

元素を原子番号の小さい順に並べると，原子への電子の入り方によって，同じような性質をもつ元素が現れる周期性をもつことが知られている．1865 年に**周期律（periodic law）**を発表したメンデレーエフによって，元素を原子量の順に並べて提案された．これがはじめて**周期表（periodic table）**を作成したこととされている．周期表発見にまつわる歴史的な競争は非常に面白い出来事であるが，ここでは取り扱わない．

現在の周期表は，元素の電子配置に基づいて原子番号の順に並べてある．周期表では原子番号が増えるに従って左から右へ移動するが，各電子殻が電子ですべて満たされると（閉殻構造），殻軌道が一つ大きなものへ改行する．ランタノイド系列やアクチノイド系列を除けば，周期表の最外殻の電子数は同じで，同じ性質をもつ 18 個の縦列に分けられ，これを**族（group）**とよぶ．一方，周期表の横列は**周期（period）**とよび，現在第 7 周期までの元素が見出されている．それぞれの周期は，最外殻軌道の電子殻（主量子数）に相当する．すなわち，周期と最外殻軌道の関係は，K 殻（第 1 周期），L 殻（第 2 周期），M 殻（第 3 周期），N 殻（第 4 周期），O 殻（第 5 周期），P 殻（第 6 周期），Q 殻（第 7 周期）である．

7.2.1 典型元素と遷移元素

周期表の 1 族と 2 族元素は，常に電子が ns 軌道に入る元素（s ブロック元素），そして 13 族～18 族元素は電子が np 軌道に入る元素（p ブロック元素）である．この二つのブロック元素は常に最外殻の軌道に電子が入る系列であり，**典型元素（typical elements）**とよばれている．これに対して，3 族～11 族の元素では nd 軌道（d ブロック元素）や nf 軌道（f ブロック元素）の内殻軌道に電子が入るので，**遷移元素（transition elements）**といわれている．ただし 12 族はどちらにも含まれることがある．

遷移元素の単体はすべて金属であり，$_{80}$Hg を除いてすべて固体である．しかし，典型元素の単体は常温常圧で，いろいろな状態のものが存在する．例えば，常温常圧付近で液体である元素の単体は，$_{55}$Cs（mp =

28℃), $_{87}$Fr (mp = 27℃), $_{31}$Ga (mp = 30℃), $_{35}$Br (mp = −7.3℃), $_{80}$Hg (mp = −39℃) の 5 元素だけである．気体になると H_2, N_2, O_2, F_2, Cl_2 や貴ガス ($_{4}$He, $_{10}$Ne, $_{18}$Ar, $_{36}$Kr, $_{54}$Xe, $_{86}$Rn) などが知られている．このうち，空気より軽いものは，H_2, N_2, He, Ne の 4 元素だけである．空気の平均分子量は，28.8 なので，これより分子量や原子量が小さな気体は空気より軽くなる．

7.2.2　金属と半金属

金属 (metal) と**半金属 (semi-metal)** という元素の分類は，電気の通しやすさに由来する．通常，周期表の 118 個の各元素は，金属と**非金属 (non-metal)** に分けられる．このうち，放射性同位体ではない安定な元素はほぼ 90 元素あり，このうち大部分の 70 元素あまりが金属に属する．しかし，周期表で金属元素から非金属元素に至る際に，半導体的な性質をもつ元素がある．これを半金属 ($_{5}$B, $_{14}$Si, $_{32}$Ge, $_{33}$As, $_{43}$Se, $_{51}$Sb, $_{52}$Te, $_{83}$Bi, $_{84}$Po) とよぶ．これらの元素の単体は金属が示す三つの性質（電気を通す性質，金属光沢をもつ性質，延性・展性をもつ性質）が欠けているものや，弱いものがある．なお，この半金属の性質は，すべて常温常圧での性質である．例えば H_2 や He などからつくられる太陽系の惑星の木星内部では，巨大な重力によって発生する高圧と高温により，H が固体になり，金属のように振る舞っている．このように条件を変えれば，非金属である H が高温高圧では金属として振る舞うことができる．これは木星に地磁気があることから予測されていることである．また，地球上でも爆圧を利用して，高圧を発生させ，H_2 を金属にしたという報告もある．

7.2.3　周期表への電子の入り方

周期表では元素を原子番号の順に並べたとき，ある一定の周期ごとに，最外殻の電子数の同じ族が出現し，化学的性質が似てくる．このような周期表をつくるためには，次の三つの約束で軌道に電子を入れなければならない (図 7–5)．

(a)　**構成原理 (Aufbau principle)**：電子は最も低いエネルギー準位の軌道から入っていく．

(b)　**フントの規則 (Hund's rule)**：同じエネルギー準位をもつ縮退している軌道には，はじめに同じ方向のスピンをもつ電子が各軌道に一つずつ入ってから（半閉殻），次に反対向きのスピンをもつ電子が順次入っていく．

(c)　**パウリの排他律 (Pauli exclusion principle)**：一つの軌道には互いに反対向きの二つの電子しか入らない．

この三つの原理・原則によって，電子を順番にエネルギー準位の低い軌道から詰めていくと似たような性質をもつ元素が周期的に現れる周期律が説明できる．第 3 周期からは，何も電子が入っていない 3d 軌道が使えること，また第 4 周期でも何も入っていない 4d と 4f 軌道が使えることが特徴である．

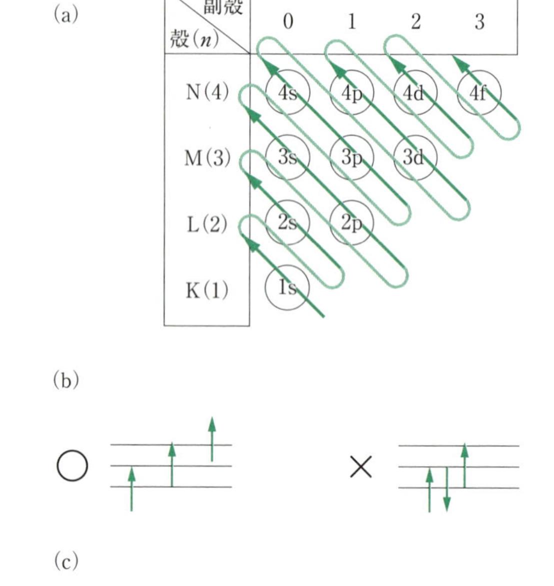

図 7–5　(a) 構成原理，(b) フントの規則，(c) パウリの排他律

7.2.4　典型元素の周期表

表 7–4 には第 4 周期までの，最外殻電子が s 軌道に入る 1 族と 2 族の s ブロック元素と，p 軌道に最外殻電子が入る 13 族〜18 族の p ブロック元素の典型元素の周期表と電子配置を示した（3 族から 11 族の最外殻電子が d 軌道に入る d ブロック元素の遷移金属元素および 12 族元素は除いてある）．第 1 周期の $_{1}$H と $_{2}$He では 1s 軌道にのみ電子が入る．第 2 周期の $_{3}$Li から $_{10}$Ne は，すでに 1s 軌道が電子で満たされており，最外殻の電子軌道である 2s 軌道と 2p 軌道に，順次電子が入っていく．第 3 周期の $_{11}$Na から $_{18}$Ar までは，最外殻の電子軌道である 3s 軌道と 3p 軌道

表 7-4 第4周期までのsブロックとpブロック元素の周期表と電子配置

1族	2族	13族	14族	15族	16族	17族	18族
sブロック元素		pブロック元素					
${}_{1}H$ $1s^1$							${}_{2}He$ $1s^2$
${}_{3}Li$ [He] $2s^12p^0$	${}_{4}Be$ [He] $2s^22p^0$	${}_{5}B$ [He] $2s^22p^1$	${}_{6}C$ [He] $2s^22p^2$	${}_{7}N$ [He] $2s^22p^3$	${}_{8}O$ [He] $2s^22p^4$	${}_{9}F$ [He] $2s^22p^5$	${}_{10}Ne$ [He] $2s^22p^6$
${}_{11}Na$ [Ne] $3s^13p^03d^0$	${}_{12}Mg$ [Ne] $3s^23p^03d^0$	${}_{13}Al$ [Ne] $3s^23p^13d^0$	${}_{14}Si$ [Ne] $3s^23p^23d^0$	${}_{15}P$ [Ne] $3s^23p^33d^0$	${}_{16}S$ [Ne] $3s^23p^43d^0$	${}_{17}Cl$ [Ne] $3s^23p^53d^0$	${}_{18}Ar$ [Ne] $3s^23p^63d^0$
${}_{19}K$ [Ar] $4s^13d^04p^0$ $4f^04d^0$	${}_{20}Ca$ [Ar] $4s^23d^04p^0$ $4f^04d^0$	${}_{31}Ga$ [Ar] $3d^{10}4s^24p^1$ $4f^04d^0$	${}_{32}Ge$ [Ar] $3d^{10}4s^24p^2$ $4f^04d^0$	${}_{33}As$ [Ar] $3d^{10}4s^24p^3$ $4f^04d^0$	${}_{34}Se$ [Ar] $3d^{10}4s^24p^4$ $4f^04d^0$	${}_{35}Br$ [Ar] $3d^{10}4s^24p^5$ $4f^04d^0$	${}_{36}Kr$ [Ar] $3d^{10}4s^24p^6$ $4f^04d^0$

に，電子が入っていく．このとき，3d 軌道は存在するが空の状態であり，電子配置には使われていない．第4周期の ${}_{19}K$ から ${}_{36}Kr$ では，2族の ${}_{20}Ca$ まで電子が 4s 軌道に詰まった後，3族から12族元素まで 3d 軌道に順次10個の電子が入る．さらに，13族から18族元素では，3d 軌道に10個の電子が入った状態で閉殻になり，4p 軌道に六つの電子が順次入っていく．第4周期元素の場合には，4f 軌道や 4d 軌道を使えるが，これらの軌道に電子は詰まらず，空のままである．

7.2.5 多電子原子の電子の入り方

多電子原子の電子軌道のエネルギー準位を低い方から示すと式(7-1)になる．

$$1s < 2s < 2p < 3s < 3p < 4s < 3d < 4p < 5s < 4d < 5p < 6s < 4f < 5d < 6p < 7s < 5f < 6d < 7p \quad (7\text{-}1)$$

多電子原子の電子殻の軌道エネルギーを考えると，M殻とN殻の違いで 3p < 3d < 4s < 4p の順に低いエネルギーになりそうだが，実際は 3p < 4s < 3d < 4p と 3d 軌道のエネルギー準位が 4s 軌道よりも高くなっており，4s 軌道のエネルギー準位が逆転している．この理由を次のように考えることができる．

第4周期の元素では，電子殻は 3d 軌道より 4s 軌道の方が大きいが，4s 軌道と原子核との相互作用（**貫入効果**（**penetration effect**））により，エネルギー準位では，3d 軌道より 4s 軌道が低くなっている．そのため，4s 軌道に電子がないとき，3p < 4s < 3d < 4p のエネルギー準位になっている．構成原理により ${}_{19}K$ と ${}_{20}Ca$ では，エネルギー準位の低い 4s 軌道から順に二つの電子が入っていく．いったん，4s 軌道に電子が入ると，3d 軌道と 4s 軌道のエネルギー準位は，3p < 3d < 4s < 4p と逆転するのである．これは 3d 軌道が 4s 軌道より内側に位置しているために，4s 軌道に入った電子が増えた原子核の正電荷を 3d 軌道に対して相殺することができないためである．すなわち，外側にある 4s 軌道の電子はより内側にある 3d 軌道を，直接しゃへいすることができない（**しゃへい効果**（**shield effect**，原子核からの正電荷を電子との相互作用で相殺すること）．そのため，3d 軌道は増えた陽子による大きな**有効核電荷**（**effective nuclear charge**，他の電子によってしゃへいされた後に受けとる正味の原子核からの正電荷）を直接受けることによって，3d 軌道のエネルギーが安定化し，4s 軌道よりも準位が下がるのである．

一般に，第4周期の遷移金属元素は，まずエネルギー準位の低い 4s 軌道へ電子が入る．これによって 3d 軌道のエネルギー準位が 4s 軌道より下がるため，4s 軌道が満たされると次に 3d 軌道に電子が入ることになる．一般に，3d 軌道に電子が入った遷移金属ではイオン化するとき，エネルギー準位の高い 4s 軌道の二つの電子から先に放出されるために M^{2+} イオンになりやすい．このように多電子原子の電子軌道のエネルギー準位は，しゃへい効果や有効核電荷のような，電子同士の相互作用（**電子相関**，**electron correlation**）により，エネルギー準位が決まってくるのである．

表 7-5　副殻軌道に対する三つの効果の影響

貫入効果	s > p > d > f
しゃへい効果	s > p > d > f
有効核電荷	s < p < d < f

ここでは ns 軌道や np 軌道の最外殻に電子が入る原子を典型元素に分類した．また，nd 軌道や nf 軌道に電子が入る原子は，内殻の軌道に電子が入るため，遷移元素に分類される．これは，nd 軌道や nf 軌道に入った電子は有効核電荷の影響を大きく受けて，ns 軌道や np 軌道にある電子よりも，原子核の陽子に静電的に強く引きつけられる．そのため，nd 軌道や nf 軌道はより内殻の軌道へと縮むことになる．

一般に貫入効果によって s 軌道に入った電子が最も原子核に近づけるため，静電相互作用が大きくなり安定化する．p 軌道，d 軌道，f 軌道に入った電子の順に原子核へ近づけなくなるため，原子核との相互作用は小さくなっていく．また，しゃへい効果は軌道電子によって原子核の正電荷をどれくらい相殺できるかを現しており，貫入効果が大きければ，電子によるしゃへい効果はより大きくなる．有効核電荷は，しゃへいされた原子核の正電荷をその電子がどれくらい感じるかを意味する．しゃへい効果はしゃへいする電子の効果であり，有効核電荷はそのしゃへいされた正電荷を別な電子が受けとる効果なので注意が必要である．しゃへい効果を副殻で比較すると，貫入効果と同じような傾向をもつが，有効核電荷はしゃへい効果と互いに反対の傾向がある（表 7-5）．

7.2.6　しゃへい効果と有効核電荷

図 7-6 に He の構造を示した．原子核（中性子 2 個と陽子 2 個）の周りには，1s 軌道に入った静電的に安定な二つの電子 1 と電子 2 が示されている．いま，しゃへい効果が全く存在しないもの（しゃへい定数 $\sigma = 0$）とすると，電子 1 と電子 2 は，それぞれ原子核から +2 の有効核電荷を受けることになる．一方，電子 1 の有効核電荷を考える場合，電子 2 から 100% のしゃへい効果（$\sigma = 1$）を受けるものとすると，電子 1 は，+1 の有効核電荷を原子核から受けることになる．それではしゃへい効果とはどのようなものだろうか．実は電子 1 と電子 2 の間には，電子同士の負電荷の反発が存在する．このような電子同士の反発効果が，しゃへい効果の源であり，電子数が多くなるほど複雑化するため電子相関とよばれている．He の場合，電子 1 と電子 2 の相互作用は 0.30（$\sigma = 0.30$）な

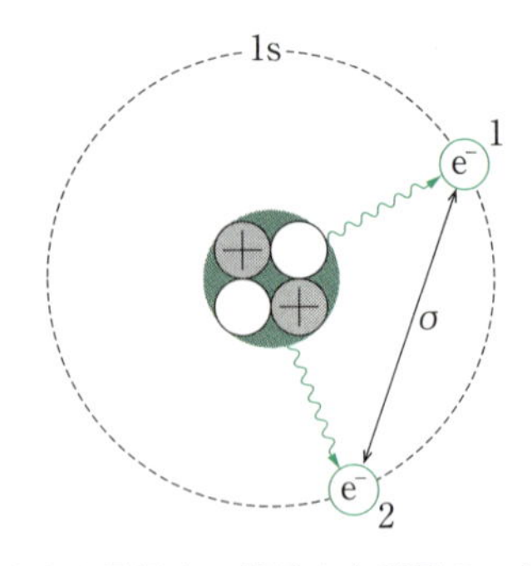

図 7-6　ヘリウム原子内の電子 1 と電子 2 のしゃへい効果と有効核電荷

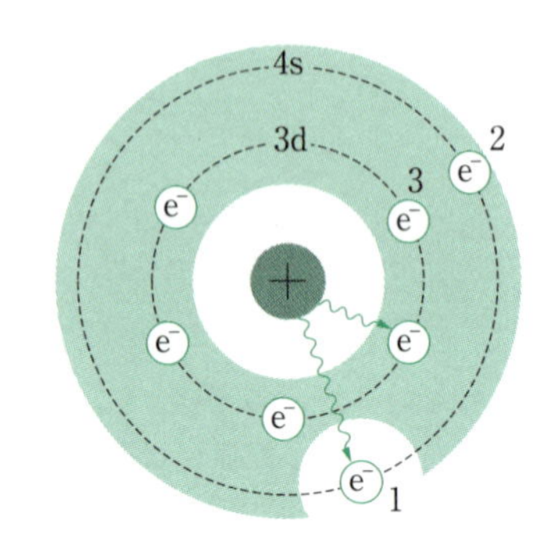

図 7-7　ある多電子原子の電子 1 が受ける有効核電荷

ので，有効核電荷は 1.7 になる．

一方，図 7-7 にはある多電子原子の電子構造を示している．電子 1 は有効核電荷として原子核から正電荷を受けとることができる．そして，この有効核電荷の値は，電子 1 を除いたほかのすべての電子によって原子核からの正電荷をしゃへいする薄緑色領域で決まってくる．この薄緑色の領域のことをしゃへい定数 σ というのである．そして，有効核電荷としゃへい効果の関係はスレーターの規則（Slater's rule）とよばれ，式(7-2)に示した．

$$\text{有効核電荷}\quad Z_{\text{eff}} = Z - \sigma \qquad (7\text{-}2)$$

有効核電荷 Z_{eff} は原子のもつ陽子の数 Z からしゃへい定数 σ を差し引いたものに相当する．このしゃへい定数 σ は，次のような規則に基づいて求めることができる．

(1) 電子 1 と同じ電子殻の軌道にある電子 2 からは σ が 0.35 として計算する．
(2) 電子 1 より，一つ内側の電子殻にある電子 3 では，σ が 0.85 として計算する．
(3) 電子 1 より，二つ以上内側の電子殻にある電子は，すべて σ が 1.0 として計算する．

(4) 電子1より外側の電子殻にある電子はしゃへいに寄与しないため，$\sigma = 0$ として計算する．
(5) d軌道とf軌道に電子1があるとき，一つ内側の電子殻にある電子3でも σ が1.0として計算する．
(6) 電子1が1s軌道にある場合には，電子2の σ を0.30として計算する．

7.2.7　第2と第3周期の対角関係

さて，周期表の第2周期の元素は，一つ下の第3周期の右隣りの族の元素と同じ化学的な性質をもつ対角関係が成立する（図7-8）．これは，1s軌道は小さく，原子核に最も近いため，電子二つで原子核の正電荷を完全にしゃへいできないことが一つの理由である．さらに，一つ右隣になると陽子が一つだけ増えるため，イオンになるとき＋1価の電荷分だけ有効核電荷が増えることも原因である．そのため，イオンになったときに第3周期の2s・2p軌道が原子核に強く引きつけられ，そのイオン半径が対角方向でほぼ同じになる．元素の化学的性質は，ほぼイオンの性質に等しい．そのため，対角関係によってイオン半径が同じ元素なら，化学的性質が似てくるのである．例えば，Liはアルカリ金属の中で異色な存在であり，空気中で燃焼させるとMgと同じく窒化物を生じる．しかし，ほかのアルカリ金属は酸化物を生じる．LiもMgも，どちらも水に難溶性の炭酸塩やリン酸塩を生じる．これはどちらもイオンの大きさが同等であり，イオンの化学的性質が似ているからである．

周期＼族	1	2	13	14	15	16	17	18
2	$_{3}$Li	$_{4}$Be	$_{5}$B	$_{6}$C	$_{7}$N	$_{8}$O	$_{9}$F	$_{10}$Ne
3	$_{11}$Na	$_{13}$Mg	$_{14}$Al	$_{14}$Si	$_{15}$P	$_{16}$S	$_{17}$Cl	$_{18}$Ar

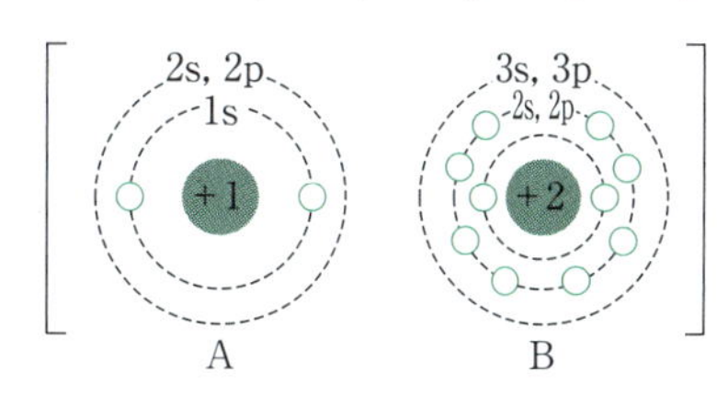

図7-8　化学的性質が類似した対角関係と周期性

7.2節のまとめ

- **周期表の縦列を族，横列を周期とよぶ．**
- **周期表では，典型元素と遷移元素，および非金属と金属と半金属という分け方がある．**
- **周期表への電子の入り方の三つの規則には，電子が最も低いエネルギーから満たされていく構成原理，縮退している軌道でなるべく自由度を上げるように入るフントの規則，および一つの電子軌道には反対向きの二つの電子しか入らないパウリの排他律がある．**
- **多電子原子の副殻にある電子軌道のエネルギーは，貫入効果によって決められている．この軌道に電子を入れるためには電子同士の相互作用（電子相関）を考慮したしゃへい効果と有効核電荷が必要である．**
- **しゃへい効果と有効核電荷は，スレーターの規則によって関係づけられるが，有効核電荷を受ける電子は，原子核の正電荷をしゃへいする電子（しゃへい効果）と異なるので注意が必要である．**
- **第2周期と第3周期の元素は，その化学的性質が第2周期の元素の下の第3周期の1つ右隣にある元素と似ている．これは増えた有効核電荷と不完全な1s軌道のしゃへい効果により，イオン半径の大きさが似るためである．**

7.3　原子の性質

原子の軌道では，電子殻が大きくなればなるほど，すなわち原子核から外側の電子軌道にいくほど，そのエネルギー準位が高くなる．ある原子の電子軌道では，電子が満たされて最もエネルギー準位の高い軌道（highest-occupied atomic orbital：HOAO）と，電子が空で最もエネルギー準位が低い軌道（lowest-unoccupied atomic orbital：LUAO）が存在する．本節では，これらのHOAOとLUAOが各原子の性質に密接に関わっていることを学ぶ．特に，原子半径や原子に特有な四つの性質（イオン化エネルギー I_1，電子

親和力 A_e，電気陰性度 χ_M，軟らかさと硬さ η）を，HOAO と LUAO の電子軌道を通して学んでいく．

7.3.1 原子半径

原子半径は原子がイオン化していないときの半径である．図 7-9 に原子番号 Z が 20 までの元素の原子半径の変化を示した．周期の左から右にいくにつれて原子核の陽子が増えるため，有効核電荷が大きく効いてくる．そのため，一般に原子半径は減少することになる．そして，貴ガスで極小となる．これは，貴ガスは同じ周期の中で最も大きな有効核電荷を受け，さらに閉殻構造のため核電荷を効果的にしゃへいできるからである．次にくるアルカリ金属は，貴ガスの閉殻構造によって最外殻電子の有効核電荷が小さくなり，最も大きな原子半径をとるようになる．また，この図から，原子半径が原子番号の増加に伴って周期的に変化していることがわかる．

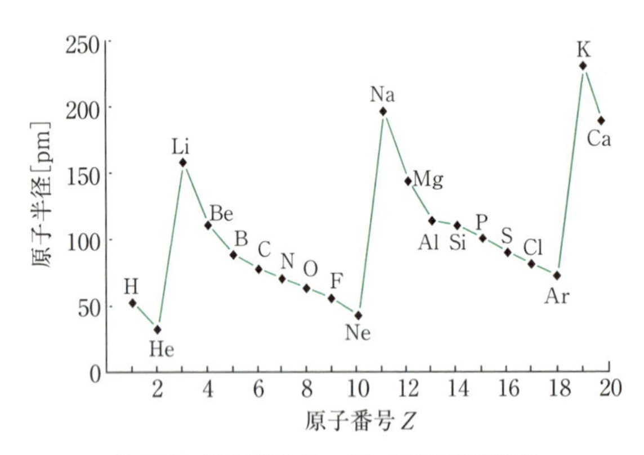

図 7-9　原子番号 $Z = 20$ までの原子半径

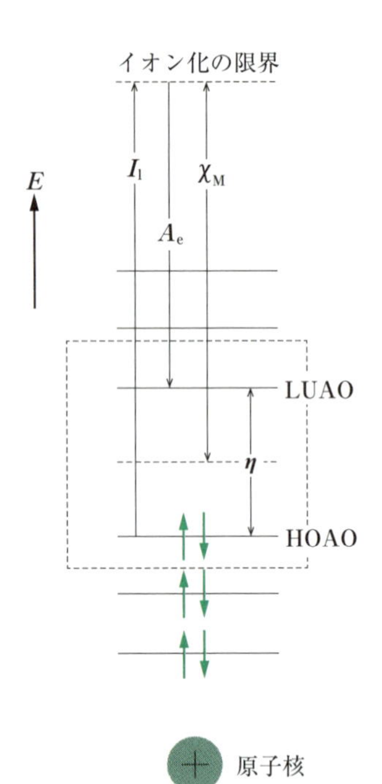

図 7-10　原子のフロンティア軌道と四つの原子の性質

7.3.2 イオン化エネルギーと電子親和力

電子の軌道エネルギー E の大きさは，

$$E\,(\text{K 殻}) < E\,(\text{L 殻}) < E\,(\text{M 殻}) < \cdots\cdots \quad (7\text{-}3)$$

の順に大きくなる．原子では，一番エネルギー準位の低い K 殻から順に電子が入っていく．原子の性質を決めるには，HOAO と LUAO の二つの軌道が最も重要になってくる（この HOAO と LUAO は**原子のフロンティア軌道（atomic frontier obitals）**とよぶことにする（図 7-10））．

例えば**イオン化エネルギー（ionization potential）**I_1

$$\mathrm{X} \rightarrow \mathrm{X}^{+} + \mathrm{e}^{-} \quad (\Delta E = I_1) \qquad (7\text{-}4)$$

は，原子から一つの電子を取り去って陽イオンにするときに必要なエネルギーに相当する．この反応は，すべてエネルギーを与えなければならない吸熱反応（$I_1 > 0$，正値）である．すなわち，イオン化エネルギーは，真空中に置かれた原子の HOAO にある一つの電子をイオン化の限界（無限に遠いところ）まで遠ざけるためのエネルギーに相当する．この I_1 が小さくイオン化しやすい原子は，アルカリ金属やアルカリ土類金属の原子などであり，その中でも $_{55}$Cs が最も I_1 が小さく，陽イオンになりやすい．周期表の同一周期内で比べると I_1 が最も大きい元素は貴ガスであり，$_2$He があらゆる元素の中で最も大きなイオン化エネルギーをもつ．これは最も原子核に近い K 殻の 1s 軌道の閉殻電子を取り除くため，大きなエネルギーが必要になるからである．また，周期表の左から右にいくに従って，有効核電荷が大きくなるため原子半径は徐々に小さくなる傾向がある．これに伴って I_1 も大きくなる．しかし，$_4$Be などの 2 族と $_5$B などの 3 族，および $_7$N などの 15 族と $_8$O などの 16 族の間では，I_1 がこの傾向からはずれてくる（図 7-11）．これは，$_4$Be の副殻が閉殻（[He]2s^2）であり，$_7$N が半閉殻（[He]2s^{2}2p^3，例えば縮退している 2p 軌道に三つの電子が入っていると，$2p_x{}^1 2p_y{}^1 2p_z{}^1$ のようにフントの規則によりスピンが同じ向きに一つずつ入る．この状態は閉殻構造と同じように電子軌道が球状にな

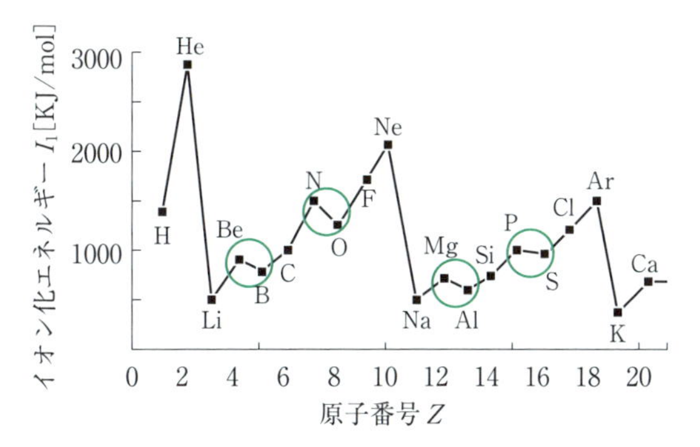

図 7-11 原子番号 $Z = 20$ までの第一イオン化エネルギー

り，安定化する）の電子配置であるため，I_1 は安定化した閉殻・半閉殻の電子配置から電子を一つ取り除くのに相当する．ところが，$_5B$（$[He]2s^2 2p^1$）と $_8O$（$[He]2s^2 2p^4$）では一つ電子を取り除くと，それぞれ閉殻と半閉殻の電子配置になるため安定化する．そのため，より小さい I_1 でイオン化することが可能である．

一方，**電子親和力（electon affinity force）** A_e

$$X + e^- \rightarrow X^- \quad (\Delta E = -A_e) \qquad (7\text{-}5)$$

は一つの電子を原子に与えて陰イオンにするときのエネルギーに相当する．このエネルギーは吸熱だったり，発熱だったり，各元素によってまちまちである．すなわち，元素の電気的な陽性や電気的な陰性の性質により異なる．これはイオン化の限界から一つの電子を LUAO に加えたときのエネルギーに相当する．ハロゲンの A_e は大きな負の値をとり，陰イオンになると発熱して安定化する．このようにハロゲンは最も陰イオンになりやすい族である．しかし，フッ素 $_9F$ よりも塩素 $_{17}Cl$ の方が $|A_e|$ の値が大きくなる．逆に最も陰イオンになりにくいものは $_2He$ などを含む貴ガスであり，A_e の値が大きく正の値をとる．

7.3.3 電気陰性度と軟らかさ・硬さ

さて，高校の化学で学習した電気陰性度は，ポーリング（Pauling）が考案したものでポーリングの電気陰性度として知られている．ポーリングの電気陰性度以外にもいろいろな電気陰性度が考案されている．ここでは，そのうちの一つであるマリケン（Mulliken）の**電気陰性度** χ_M $\left(= \frac{1}{2}(I_1 + |A_e|)\right)$ について説明する．この電気陰性度は，I_1 と A_e の絶対値の和を平均

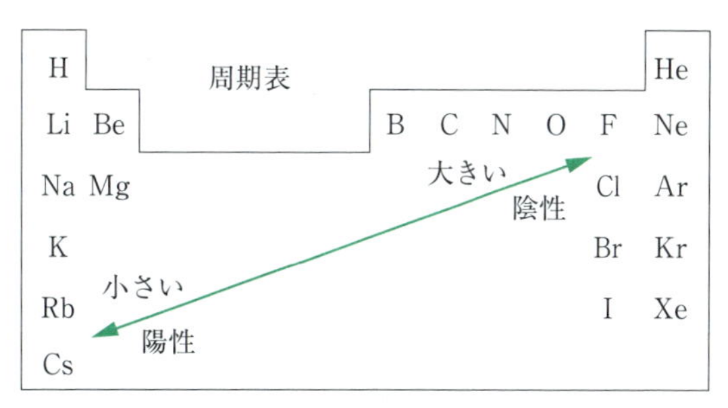

図 7-12 周期表の電気陰性度 χ_M の傾向

化したものであり，この値は原子が電子を引きつける程度を表す．このうち，電気的陽性の元素とは，χ_M が小さいもので，I_1 が小さく，$|A_e|$ が小さなものになる．陽イオンになりやすく，陰イオンになりにくい元素のことである．逆に，電気的陰性な元素とは，χ_M が大きなもので，I_1 が大きく，$|A_e|$ が大きなものである．陽イオンになりにくく，陰イオンになりやすい元素である．χ_M の値は，最も大きな $_9F$ を最大値として，周期表の右上にいくほど大きくなり，左下の $_{55}Cs$ に近づくほど小さくなる（図 7-12）．この χ_M は，原子の陽イオンが二つの電子を受けとって，陰イオンになる容易さとして定義される（$X^+ + 2e^- \rightarrow X^-$）．

一方，原子には**軟らかさと硬さ（softness and hardness）**という指標がある．この性質の指標である η $\left(= \frac{1}{2}(I_1 - |A_e|)\right)$ は，LUAO と HOAO の間のエネルギー差の半分に相当する．もちろん，LUAO と HOAO のエネルギー差と考えても差し支えない．電子をたくさんもっている原子は，電子を原子から出し入れしやすく，電場などによって変形しやすいため，η は小さくなる．すなわち，原子の分極率 α が大きく，軟らかい原子になる．逆に，LUAO と HOAO の間のエネルギー差が大きな原子は，電子が少ない原子であり，分極率 α が小さいため，η が大きな硬い原子になる．例えば周期表の下部に位置する元素で，電子をたくさんもつ $_{53}I$ や $_{55}Cs$ などは η が小さくなる．周期表の上部に位置する $_{11}Na$，，$_3Li$，$_9F$，$_8O$ などは η が大きな原子になる．この η は，二つの中性な原子の一つが相手に電子を与えて，陽イオンと陰イオンになるものとして定義される（$2X \rightarrow X^+ + X^-$）．このような原子の四つの性質が原子の電子軌道のエネルギー準位で表されることは，**クープマンズの定理（Koopmans' theorem）**として知られている．

7.3 節のまとめ

- 原子半径は周期表の右にいくにつれて有効核電荷 Z_{eff} が大きくなるため小さくなる．
- 第一イオン化エネルギー I_1 は，原子のフロンティア軌道の HOAO から，一つの電子を取り除くエネルギーとして定義され，すべて吸熱反応である．周期表を右にいくにつれて Z_{eff} が増加し，I_1 は大きくなるが，電子配置の閉殻・半閉殻の影響から，それぞれ 2 族と 3 族，15 族と 16 族の間で逆転が起こる．
- 電子親和力 A_e は，原子のフロンティア軌道の LUAO へ，一つ電子を加えるときのエネルギーとして定義される．吸熱反応や発熱反応は原子の電気的陽性や電気的陰性の性質によってまちまちである．
- マリケンの電気陰性度 χ_M は，I_1 と A_e を加えて平均化した値であり，電子を引きつける程度を表す．周期表の右上の ${}_9F$ が最も大きく，逆に左下の ${}_{55}Cs$ にいくほど小さくなる．この χ_M は原子の陽イオンが二つの電子を受け取り，陰イオンになりやすさとして定義される．($X^+ + 2e^- \rightarrow X^-$)
- 軟らかさと硬さ η は，I_1 から A_e を引いたものを平均化した値とされ，電場によって分極しやすいかの目安になる．周期表下部の電子を沢山もつ元素では，η が小さく分極率が大きくなる．この η は二つの中性な原子の一つが，相手の原子へ電子を与えて，陽イオンと陰イオンに分かれるものとして定義される．($2X \rightarrow X^+ + X^-$)
- 原子の四つの性質である第一イオン化エネルギー I_1，電子親和力 A_e，電気陰性度 χ_M，軟らかさと硬さ η は，すべて原子のフロンティア軌道で説明できる（クープマンズの定理）．

7.4　周期表の族と元素の性質

周期表は，200 年前にメンデレーエフによって考案されたものであり，化学を志すものにとって，現在でもバイブルのような存在である．同じような化学的な性質をもつ元素が，原子番号の順に繰り返し現れて「族」を形成するのが特徴である．この節では，同族元素の類似した化学的性質を各論でみていく．周期表では 18 族元素まで存在している．そのうち，典型元素は 1 族（アルカリ金属）と 2 族（アルカリ土類金属），および 12 族（亜鉛族）から 18 族（貴ガス）までをいう．また，遷移元素は，3 族（スカンジウム族）から 11 族（銅族）までの金属元素である．

7.4.1　典型元素

a. アルカリ金属・アルカリ土類金属

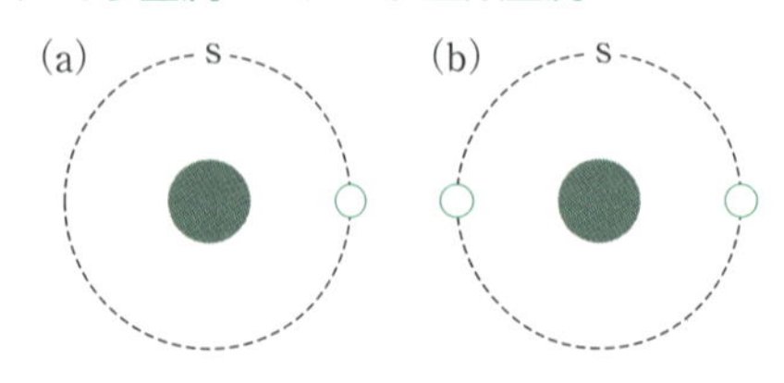

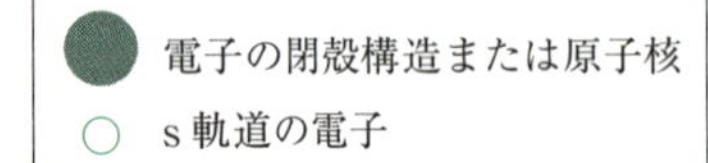

周期表の同族元素のうち，特に類似した性質をもつ部分に，それぞれ名前がつけられている．例えば，1 族元素はアルカリ金属（alkali metal, (a)）とよばれ，${}_3Li$，${}_{11}Na$，${}_{19}K$，${}_{37}Rb$，${}_{55}Cs$ が属している．アルカリ金属は比重が小さく，カッターでも切れる軽金属である．Cs の融点は 28℃ であり，夏の暑い日には融解する．このアルカリ金属の名称の由縁は，水と反応すると OH^- を生じて，アルカリ性（塩基性）の水溶液が得られることからきている．また，H がアルカリ金属に属さないのは内殻軌道がなく，金属に属さないためである．H は宇宙の中で最も多く存在する元素であり，その単体の H_2 は燃料電池自動車をはじめとするクリーンな燃料として注目を集めている．

${}_4Be$ と ${}_{12}Mg$ を除く 2 族元素はアルカリ土類金属（alkaline earth metal, (b)）とよばれ，${}_{20}Ca$，${}_{38}Sr$，${}_{56}Ba$ が属している．土類（earth）の由縁は，Ca が地殻中で 5 番目に多い元素であり，セメントの主成分だからである．アルカリ土類金属も軽金属であり，常温で水や O_2 と反応し，炎色反応を示す（炎色反応：Ca 黄色，Sr 赤色，Ba 緑色）．2 族元素はすべて金属だが，Be と Mg は性質が違うのでアルカリ土類金属に含めない．この二つの元素は，加熱しないと水や O_2 とは反応せず，炎色反応も示さない．

b. 12 族元素（亜鉛族）

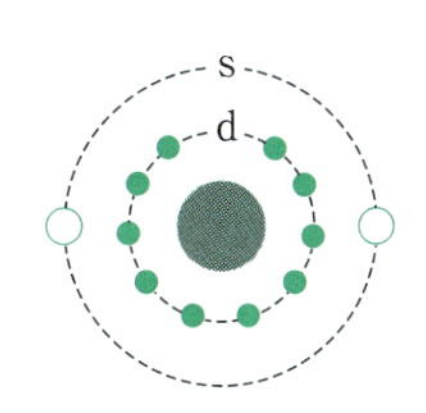

電子の閉殻構造または原子核
s 軌道の電子
d 軌道の電子

12 族元素（$_{30}Zn$，$_{48}Cd$，$_{80}Hg$）は亜鉛族ともよばれる．すべて金属元素で，2 価の陽イオンになる．Zn は青色を帯びた銀白色の金属である．Fe を Zn でめっきした屋根材のトタンや金色の黄銅（真ちゅう）などは Cu と Zn の合金でつくられている．また，Zn は生体にとって重要な元素で，不足すると味覚障害や免疫不全，生殖障害になる．最近では Zn を含む化合物が，糖尿病の薬になることも知られている．一方，Cd は人体に多量に摂取されると，骨の Ca と置き換わり，骨が折れやすくなる．富山県で発生した公害によるイタイイタイ病の原因にもなった．日本の土壌には，Cd が比較的多く含まれているので，米などの穀物の Cd による汚染が，社会問題となっている．また，Cd は中性子などをよく吸収するため，B とともに原子炉の制御棒に含まれる中性子吸収剤として使われる．Hg は融点が −39℃で，常温常圧で唯一の液体金属である．水銀の合金であるアマルガムは昔から歯の治療に使われてきた．しかし，熊本県の水俣湾で発生した無機 Hg による公害は，Hg を取り込んだ微生物が，神経毒になるメチル水銀 $[MeHg]^+$ などの有機水銀化合物を生成し，魚などに蓄積したことが原因の一つである．この魚を人間が食べることで，神経毒による水俣病が引き起こされたといわれている（アセチレンの水和反応の過程で生じたメチル水銀が原因という説も有力である）．12 族元素の亜鉛属は，内殻の d 軌道に電子が入っているので，典型元素に属さないという教科書もある．しかし，遷移金属元素の特徴は d 軌道の空きで決まるもので，閉殻構造をとる亜鉛属は，遷移金属元素ではなく典型金属として扱う場合が多い．

c. 13 族元素（ホウ素族）

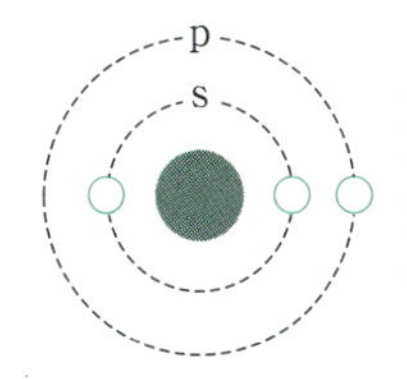

電子の閉殻構造または原子核
s 軌道または p 軌道の電子

13 族元素（$_{5}B$，$_{13}Al$，$_{31}Ga$，$_{49}In$，$_{81}Tl$）はホウ素族ともいう．B は半金属元素であるが，ほかは金属元素に属する．B の単体は融点の高い黒色固体であり，単体ではダイヤモンドに次いで硬い．酸化ホウ素 B_2O_3 を 15%ほど含んだガラスは，パイレックスガラスとよばれ，加熱による膨張率が低く，ガラス細工が容易である．また，ホウ酸 $B(OH)_3$ を含むホウ酸団子はゴキブリの殺虫剤として知られており，borax（ホウ酸塩）は木材の防虫剤として使われている．欧米では洗濯せっけんにホウ素化合物を加えて，光沢を引き出している．ボラン（水素化ホウ素）B_nH_m は，非常に燃焼熱が大きく，次世代のロケット打ち上げ燃料として期待されている．このうち，ジボラン（B_2H_6）は，爆鳴気（O_2+2H_2）286 kJ mol^{-1} より，10 倍程度大きな燃焼熱 2160 kJ mol^{-1} をもつ．現時点では，このような大きな燃焼熱に耐えられる材料が存在しないため，ロケット燃料として実現していない．Al は地殻中で 3 番目に多い元素であり，金属 Al は空気中ですぐに表面が酸化されてアルミナ Al_2O_3 による緻密な被膜を形成し，不動態膜をもつアルマイトになる．Al は酸や塩基の両方と反応する両性金属の一つである．両性元素は，$_{13}Al$，$_{30}Zn$，$_{50}Sn$，$_{82}Pb$ の 4 元素のみである．Al_2O_3 の結晶に，Cr，Fe，Ti などを不純物として混ぜたものは，ルビーやサファイヤなどの宝石になる．また，酸性雨によって土中から植物に有毒な Al^{3+} イオンが溶け出し，大きな環境問題となっている．アルツハイマー病患者の脳内には Al の割合が多く含まれているといわれている．原因が Al ではないかと疑われたときもあったが，現在では β-アミロイドの脳内への沈着が原因として有力である．In は電子機器などによく使われる透明な ITO 電極の原料になる．Tl は強い神経毒性をもち，殺鼠剤に使われ，その塩は強力な脱毛剤としても知られている．

d. 14 族元素（炭素族）

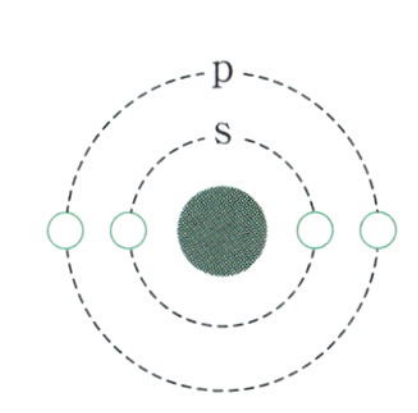

電子の閉殻構造または原子核
s 軌道または p 軌道の電子

14 族元素（$_{6}C$，$_{14}Si$，$_{32}Ge$，$_{50}Sn$，$_{82}Pb$）は炭素族とよばれる．イオン結合をつくらないで，共有結合性の化合物をつくる．この族では，C が非金属元素，Si や Ge が半金属元素，Sn や Pb が金属元素に分類される．また，C は多重結合性（単結合（sp^3 混成），二重結合（sp^2 混成），三重結合（sp 混成））を形成する性質）をもつ．これは C−C 単結合でも強い結合を形成し，大きな結合エネルギー（366 kJ mol^{-1}）をもつからである．そのため，高分子のようなC−C長鎖でも安定化できる．ダイヤモンド，グラファイト，すす，C_{60}，カーボンナノチューブ，グラフェンなど，多くの**同素体（allotrope）**が存在する．地球上にはC化合物を中心とした数多くの有機物が存在する．天然ガスや石油などは，メタンCH_4をはじめとする炭化水素からなり，エネルギー源として産業・生活を支えている．しかし，石油などを使うときに放出されるCO_2の温室効果による地球の平均気温の上昇が問題となっている．一方，日本の大陸棚にはCH_4を含んだ氷（メタンハイドレート）が大量に存在しており，次世代のエネルギー源として期待されている．火星の極冠には，CO_2の固体であるドライアイスが存在している．Siの単体は灰色の堅い半金属であり，ダイヤモンドと同形の結晶構造をもつ．Siは地殻中で2番目に多い元素であり，Siの酸化物の二酸化ケイ素SiO_2は石英や水晶として析出するが，非晶質になるとガラスになる．SiとAlの酸化物を連結した物質はナノサイズの空孔をもち，ゼオライト（zeolite）として触媒やガス貯蔵に役立っている．Siの単結晶は半導体として電子部品に使われ，非晶質のSiは太陽電池などの電子材料に使われている．Snの単体は銀白色の金属である．Snを主成分とするSbやCuとの合金のピューター（puta）は，食器や酒器に用いられている．また，Cuを主成分としてSnを含む合金は青銅（ブロンズ）である．鋳造に適した融点となり，古代の鏡や道具・武器など青銅器時代を担った．缶詰などには，FeをSnでめっきした錆びにくいブリキが使われている．Snの単体は常温常圧で金属であるβ-Sn（白色スズ）として存在する．しかし，低温（13℃）でα-Sn（灰色スズ）へ転移すると膨張して崩れやすくなる（スズペスト）．これらのSnは同素体である．ナポレオンがロシアとの戦争で遠征したとき，フランス兵の防寒用の上着のボタンがSnからつくられていた．これが，寒さによってα-Snに転移し，上着のボタンがボロボロに崩れて役に立たなくなり，寒さで負けたという逸話がある．また，金属Snを無理矢理に力で曲げるとその変形によって，結晶構造が変化し「スズ鳴き」といわれる現象がみられる．Pbの単体はやや灰色がかった金属光沢をもつ．原子核が最も安定な元素であり，多数の同位体をもつ．そのため，Pbの原子量の精度は，全元素中で最も低く207.2(1)と小数点1桁までしか信頼できない．逆に最も正確に原子量が求められる元素はFであり，同位体もなく18.998 403 2(5)と小数点以下7桁まで正確に求められる．

Pbの生体への蓄積による障害はPb中毒として知られている．多くの体内作用が阻害され，神経障害を引き起こす．例えば散弾銃の弾で負傷した動物などを食べた猛禽類がPb中毒になり，生殖異常を引き起こす．かつて，有鉛ガソリンとして，オクタン価を上げるため，自動車用のガソリンに$Pb(C_2H_5)_4$（テトラエチル鉛）などが添加されていた．しかし，排気中の鉛汚染が問題となり使用されなくなった．

e. 15族元素（ニクトゲン）

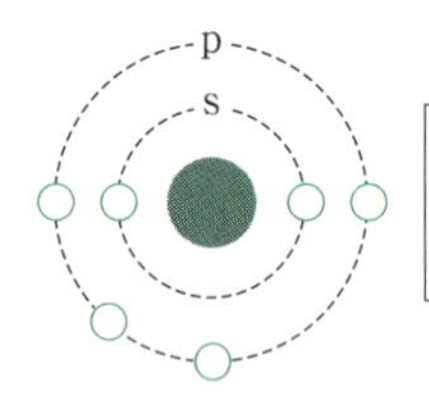

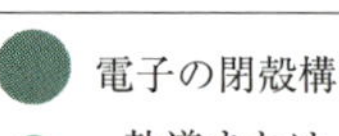

15族元素（$_7N$，$_{15}P$，$_{33}As$，$_{51}Sb$，$_{83}Bi$）は窒素族または**ニクトゲン（pnictogen）**とよぶ．空気の体積の80%はN_2であり，N_2は液体空気の分留によって得られる．N_2の三重結合は，非常に安定な結合である．そのため，ほとんどの生物は空気中のN_2を化合物に変えて利用することができない．N_2の三重結合を切断し，生物に使えるようにNH_3やNO_3^-などの形にすることを，**窒素固定（nitrogen fixation）**とよぶ．窒素固定は，自然界では稲妻などでも進行するが，大部分は根粒細菌などの**ニトロゲナーゼ（nitrogenase）**による生物由来のものによって行われている．一方，人工的な窒素固定として，高温高圧下でFe触媒を用いて，空気中のN_2とH_2からNH_3を合成するハーバー・ボッシュ法が有名である．また，NH_4NO_3（硝安）は肥料として重要であるが，同時に爆薬にもなるため，取扱いに注意が必要である．Pの単体には白リン，紫リン，黒リンなどの多くの同素体が知られている．それらの混合物として黄リンや赤リンがある．黄リン（白リン）には毒性があり，水に溶けず空気中で自然発火するため水中で保存されている．赤リンはマッチの側薬として使われている．Pは生体にとって重要であり，ATPやDNAの核酸，骨（リン酸カルシウム）などに含まれている．Pは植物が不足しやすい三大栄養素の一つであり，肥料によって補うことが必要である．Asの単体は，銀白色の非金属の固体であり，GaAsなどの半導体に用いられている．Asの化合物は強い毒性をもち，例えば三酸化二ヒ素（As_2O_3，この物質を亜ヒ酸とよぶときもある）は，白アリやネズミ退治の毒として用いられてきた．As_2O_3は昔から要人の暗殺にも使われた薬品であり，

ナポレオンも As_2O_3 で毒殺されたといわれている．最近では1998年に和歌山毒物カレー事件に使われたものとして有名になった．Sbの単体は銀白色の硬くて脆い半金属である．冷えると体積が膨張するため，昔は活字合金に使われた．古くは化粧品のアイシャドウとして灰色の Sb_2S_3 が使われた．SbF_5 と CF_3SO_3H の混合物は，マジック酸（超強酸）として酸触媒に使われる．Biの単体は赤みがかった金白色の軟らかい金属である．Biとの合金ではPbフリーのはんだや100℃以下で融解するウッド合金などがある．また，Biの化合物は毒性が少なく，医薬品になるものが多い．例えばクエン酸のビスマス塩などは胃潰瘍の薬になり，ピロリ菌などを殺菌する治療薬である．一方，BiTeの合金は熱電素子として使われている．

f. 16族元素（カルコゲン）

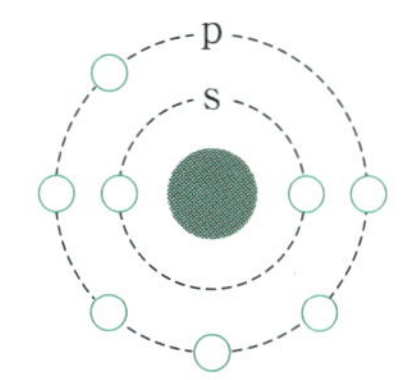

電子の閉殻構造または原子核
s軌道またはp軌道の電子

16族元素（$_{8}O$，$_{16}S$，$_{34}Se$，$_{52}Te$，$_{84}Po$）は**カルコゲン（chalcogen）**または酸素族とよばれる．カルコゲンとは，「石をつくるもの」という意味であり，はじめはS，Se，Teの三つの硫黄族のことを示していた．Poの単体は放射性の半金属で，全元素の中で最も人体に対する毒性が強い．2006年に発生したロシアの要人暗殺やPLOのアラファト議長の暗殺にも使われたといわれる毒薬で，～10 ngが致死量（毒性はKCNの37万倍）である．体内に入ると非常に強い α 線を放射し，多臓器不全で死に至る．また，たばこなどの肥料に含まれる放射性物質には微量のPoが含まれ，喫煙による肺がん要因の一つになっている．Oは F に次いで電気陰性度が大きいため，酸化力が強く，ほとんどの元素と酸化物をつくり，貴ガスのXeとも XeO_3 などの酸化物をつくる．地殻には，酸化物，ケイ酸塩，炭酸塩として最も多く含まれている元素である（49.5%）．O_2 分子は，二重結合性をもち，常磁性であり，液体酸素は青白色を呈する．大気中の O_2 は，太古からシアノバクテリアなどの生物によってつくられてきた．人体には，高濃度の O_2 は毒として働く．そのため，特に深い水深へのダイビングでは O_2 の摂取が促進されるため注意が必要である．同素体には O_3（オゾン）があり，非常に強力な酸化剤である．O_3 は地球の上空でオゾン層を形成し，有害な紫外線を吸収して生物を保護している．しかし，このオゾン層はフロンなどの冷媒用化合物によって減少しており，地球の極冠の上空に**オゾンホール（ozone hole）**（オゾン層の孔）が出現し，有害な紫外線を通すために問題になっている．Sの単体は環状分子をつくる性質を有し，30以上もの同素体が存在する．天然のものは王冠型の S_8 硫黄である．この S_8 硫黄は高温で開裂し，直鎖状の分子構造をもつ無定型（ゴム状）硫黄に変化する．H_2S は火山性ガスに含まれ，腐った卵の臭いがする猛毒のガスである．一方，深海の熱水噴出孔などでは，H_2S をエネルギーの基盤とする生物圏が存在する．遷移金属イオンは H_2S によって硫化物の不溶な沈殿を生じ，定性分析などの実験に用いられる．H_2SO_4 は無機化合物の工業製品の中で最も多くつくられている物質であり，合成には V_2O_5 を触媒とする接触法が用いられている．SO_2 は，酸性雨や大気汚染の原因物質である．Seの単体は半金属で毒性の強い元素である．Seは生体に必須な微量元素の一つであるが，接種しすぎると毒になる．Seが不足すると心不全やがん，白内障を引き起こす．Seは絶縁体だが，光が当たると良導体になるため，コピー機などに用いられている．Teの単体は金白色の半金属で，ニンニク臭がする．Teの化合物は熱電素子（ペルチェ素子），ゴムの加硫促進剤，酸化触媒として使用されている．

g. 17族元素（ハロゲン）

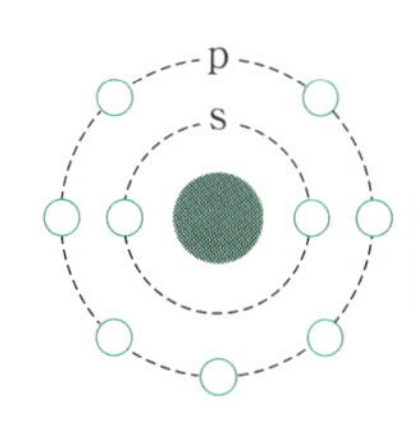

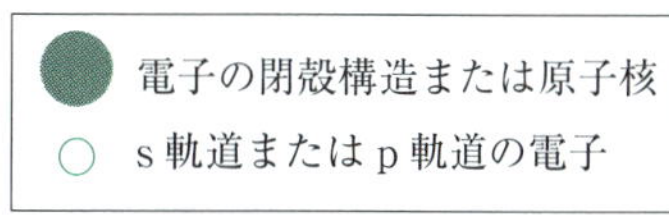

17族元素（$_{9}F$，$_{17}Cl$，$_{35}Br$，$_{53}I$，$_{85}At$）は**ハロゲン（halogen）**Xとよばれ，同周期の元素のうちで最も原子半径が小さく，電気陰性度が大きい．そのため，一般にHXは強酸をつくる（ただし，HFは水素結合のため弱酸に分類されている）．また，Atの単体は放射性元素であり，半減期が数時間程度である．Fはハロゲンの中でも特殊な性質をもち，F_2 分子は常温常圧で淡黄色の気体で，非常に強い酸化作用をもつ猛毒な気体である．HeとNe以外の元素を酸化して化合物をつくる．UF_6 は，気化しやすくUの放射性同位体の遠心分離に使われる．また，HF水溶液はガラスに含まれる SiO_2 と反応して H_2SiF_6 となり，ガラスを溶かす．そのため，HFの水溶液はポリエチレ

ンなどのプラスチック製の容器中で保存される．HFは皮膚浸透性があり，骨を侵して体内のCa^{2+}と反応し，難溶性のCaF_2（蛍石）をつくる．そのため，細胞はCa不足になり細胞壊死に至る．フッ化物イオンF^-が体内に多く摂取されると，すぐに不溶性のCaF_2の結晶をつくるため，重篤な低カルシウム血症を引き起こす．一方で，NaFなどは虫歯予防として，歯に塗布して使われる．フライパンなどの表面加工材料であるテフロンは，ポリエチレンのHをすべてFに置き換えた物質である．耐熱性・耐摩耗性があり，HFにも侵されない．しかし，テフロンは350℃以上で分解する．Clは地球では主にマントルの中に99.6%が保有されている．Cl_2は淡緑色の猛毒の気体である．第一次世界大戦では，毒ガス兵器として使われた．一方，有機塩素化合物には，農薬やDDT，PCBなど自然界で分解されにくい有毒なものが多く，使用が規制されつつある．Fを含むサリン（sarin）やClを含むマスタードガス（perite，図7-13）などの毒ガスも有機リン系殺虫剤を開発する過程で発見されている．しかし，あまりに毒性が強いため，原料段階でも製造が規制されている．塩素酸系化合物は，強い漂白・殺菌作用をもつため，洗濯の漂白剤や水道水，プールの殺菌剤にも使われる．NaClO水溶液は塩基性で漂白剤として用いられるが，酸性のトイレ用洗剤と混ぜると有毒なCl_2を発生する．Brは常温常圧でBr_2の暗褐色の液体として存在する．Brも生体に必須の微量元素である．AgBrは写真の感光剤でありブロマイド写真の語源になっている（ブロマイドは臭素化合物を意味する）．消火剤に用いるハロン$CBrClF_2$，$CBrF_3$などはオゾン層の破壊など環境に与える影響が大きいため，使用が規制されている．臭化物イオンが存在している海水に，酸性でCl_2を吹き込むとBr_2が遊離する．IはI_2分子として昇華性のある紫黒色の結晶として存在する．I_2は脂溶性であるが，KIの水溶液にはI_2がI_3^-となって溶け，ヨウ素溶液をつくる．この溶液はヨウ素デンプン反応によるデンプン検出に利用される．消毒薬のヨードチンキは，I_2のアルコール溶液のことであり，殺菌性をもつ．Iは甲状腺ホルモンを合成するための必須元素である．昆布などの海藻類は海水からIを濃縮する．関東平野の地下には，堆積した海藻に由来するI_2が多量に存在する．そのため，I_2の生産量は日本で多く，6500 t/年であり，チリに次いで世界第2位の生産量がある．原発事故の際には，放射性I_2の体内への摂取を避けるため，内服用の安定ヨウ素剤を飲むことが義務づけられている．Atは，放射性元素であり，最も安定な同位体^{210}Atでも半減期が8.1時間しかないため，詳細な性質はわかっていない．

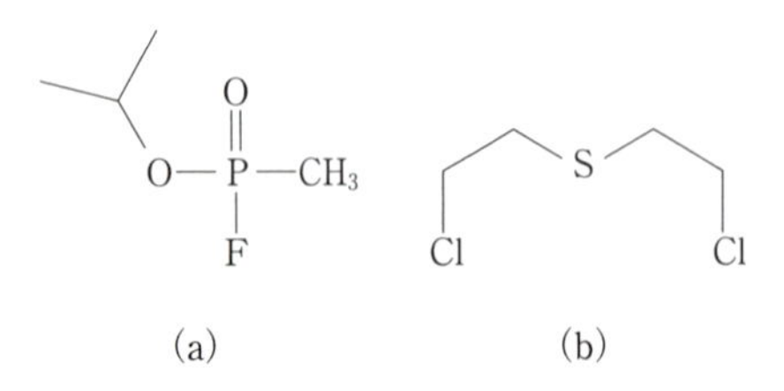

図7-13　サリン(a)とマスタードガス(b)

h. 18族元素（貴ガス）

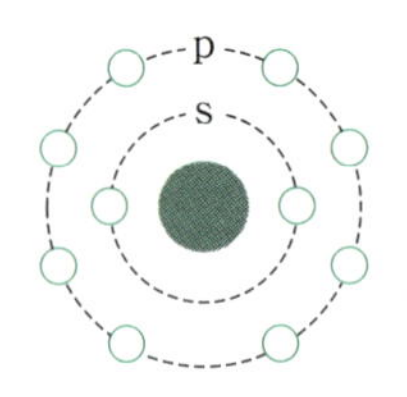

18族元素（$_2He$，$_{10}Ne$，$_{18}Ar$，$_{36}Kr$，$_{54}Xe$，$_{86}Rn$）は，**貴ガス（noble gas）**，**不活性ガス（inert gas）**あるいは**希ガス（rare gas）**ともよばれ，最外殻電子が閉殻になっているため，いずれも安定な単原子分子からなる気体として，空気中に存在している．Heは最も軽い貴ガスだが，宇宙ではHに次いで2番目に多い．低温の冷媒や浮遊用のガスとして使用されるが，大気中には0.0005%と少なく，天然ガスとともに産出する．^4Heの原子核は放射性壊変で放出される放射線の一種であるα粒子としても知られている．同位体の^3Heは超流動を示す．Neは電圧をかけると放電し，赤色（ネオンサイン）で発光する．Heとの混合気体はHe-Neレーザーの光源として使われる．Arは大気中で3番目に多い気体（0.93%）であり，液体空気の分留によって得られる．^{40}Arが大気中に多いのは，自然界にある^{40}Kの放射性壊変によって得られるからである．Krはフィラメントの昇華防止剤のガスとして白熱電球に加えられる．貴ガスの中でXeは化合物をつくりやすく，最初に発見された貴ガス化合物である$XePtF_6$をはじめ，XeF_2やXeF_6，XeO_6なども見出されている．他の貴ガス元素にもKrF_2，HArFなどが知られている．Xeは，H_2Oと安定なXeハイドレート（水和物）を形成する．また，Xeの麻酔作用には，体内でこのハイドレートをつくる性質が関与しているものと考えられている．

7.4.2 遷移金属元素

遷移金属元素の原子では最外殻の 4s 軌道がすでに二つの電子で満たされている．内殻の 3d 軌道に電子を入れても，原子の性質には大きな差はない．さらに，族ごとにも明確な性質の違いはない．一方，第 4 周期に属する第一遷移系列の $_{21}Sc$ から $_{29}Cu$ の遷移金属元素は，有効核電荷の大きな 3d 軌道に順次電子が入るために原子半径は，原子番号が進むにつれてほとんど変化しない．これを**スカンジノイド収縮（scandinoid contraction）**という．ホウ素族の $_{5}B$ と $_{13}Al$，$_{31}Ga$ の原子半径を比較してみると，第 3 周期に属する Al（130 pm）は，第 2 周期に属する B（83 pm）より，大きくなっているが，この収縮を受け継いだ Ga（130 pm）は，ほとんど Al と同じ大きさになる．

a. スカンジウム族元素

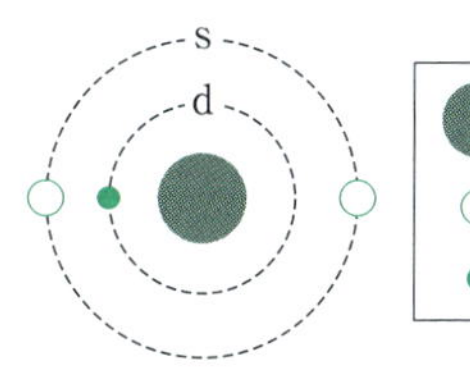

電子の閉殻構造または原子核
s 軌道の電子
d 軌道の電子

3 族元素の $_{21}Sc$，$_{39}Y$，Ln（ランタノイド）を希土類（rare earth）といい，アクチノイドは希土類に含めない．3 族元素では酸化数が +3 価，+2 価の状態をとりやすく，化学的性質もよく似ている．特に $_{39}Y$ の共有結合半径もイオン半径も Ln の $_{66}Dy$ や $_{67}Ho$ とほぼ同じであり，水酸化物の塩基性もよく似た性質をもっている．Sc の単体は熱水や酸に溶け，空気中で酸化され，ハロゲンと反応する．ScI_3 を Hg 蒸気と混合したものはメタルハライドランプに使用される．また，Sc を Al に添加すると，溶接作業の加熱部分での再結晶化が大幅に抑制される．$Sc(O_3SCF_3)_3$(trifluoromethanesulfonate scandium(III)) は，ルイス酸触媒として用いられる．Y は安定同位体の一つである ^{89}Y のみ天然の鉱物中に存在する．Y の単体は空気中で Y_2O_3 の不動態膜が金属表面を覆うため比較的安定である．Y は赤色蛍光体であり，ブラウン管や LED に使われている．$YBa_2Cu_3O_7$ は 1987 年に見出された超伝導体である．この超電導転移温度は約 93 K であり，液体窒素の沸点（77 K）より高い．

b. チタン族元素

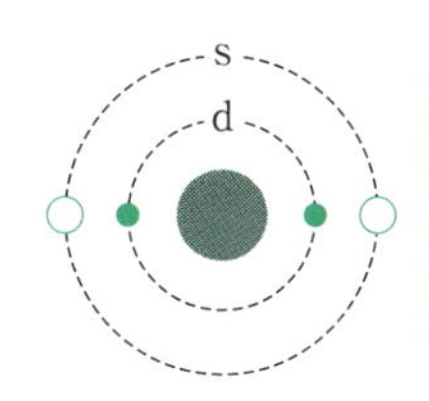

電子の閉殻構造または原子核
s 軌道の電子
d 軌道の電子

4 族元素（$_{22}Ti$，$_{40}Zr$，$_{72}Hf$，$_{104}Rf$）はチタン族とよばれる．いずれの金属も銀白色の金属光沢をもち，融点が 1800℃以上と高い．常温で表面に酸化被膜を形成して不動態となり，H_2S，SO_2，H_2CrO_4 でも腐食されない．いずれの元素も +4 価の状態が最も安定だが，Ti のみ +3 価の低酸化数もとる．Ti は熱した塩酸に溶けて $TiCl_3$ を生成するが，アルカリとは反応しない．Ti は地殻中で，9 番目に多い金属元素である．Ti は軽くて硬い金属であり，めがねフレームなどに使われる．また，生体との親和性がある金属で，骨と結合するためインプラントなどに用いられる．一方，Ti 合金は軽くて強いため戦闘機などの機体に使われる．TiO_2 には，光触媒作用があり，光が当たると H_2O や O_2 から悪臭物質や細菌などを分解するヒドロキシラジカル（·OH）などの活性酸素を発生する．Zr は原子炉材料に使われ，中性子を透過する性質をもつ．合金のジルカロイは，燃料棒の被覆材料として用いられる．ZrO_2 は白色顔料や機能性材料，宝飾品に使われる．Hf は Zr と化学的性質がよく似ているが，反対に中性子を吸収する性質が Zr より大きくなる．Hf 合金の中には，超強力耐熱合金などがある．

c. バナジウム族元素

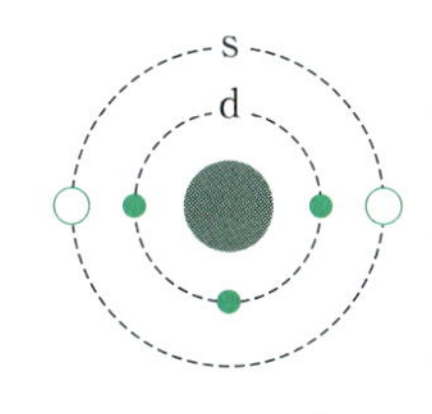

電子の閉殻構造または原子核
s 軌道の電子
d 軌道の電子

5 族元素（$_{23}V$，$_{41}Nb$，$_{73}Ta$，$_{105}Db$）はバナジウム族とよばれる．単体は硬く強靱で不動態被膜を形成する．常温では耐食性があり，酸にも侵されにくい．V の単体は軟らかく延展性がある．酸やアルカリとは反応しないが，濃硫酸や濃硝酸，HF 水溶液には溶ける．海洋生物であるホヤには V を濃縮する性質がある．石油にも V が含まれ，石油の生物起源説の証拠の一つとされている．V は生体必須元素ではなく，その化合物の多くは毒性をもつ．したがって，副作用も大きいが，$VOSO_4$ は薬としてインスリンの代用として使われている．Nb は 10～20 K の超伝導転移温度をもち，金属では比較的高温まで超伝導を維持できるため，超伝導磁石の材料になる．$LiNbO_3$ は圧電素子になる．Ta の単体は耐酸性が強く，灰色の金属で王水にも溶けない．反射率が低いので黒っぽくみえる．TaC は融点が 3985℃であり，非常に硬くカーバイド（炭化物）の中で最も高い融点をもつ．Ta の単体は毒性がなく，コンデンサやインプラントなどにも用いられる．

d. クロム族元素

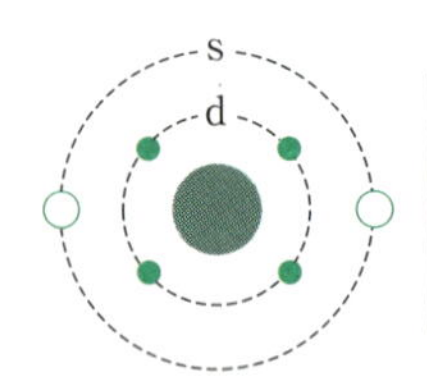

6 族元素（$_{24}Cr$，$_{42}Mo$，$_{74}W$，$_{106}Sg$）は，クロム族とよばれる．Cr と Mo の電子配置は例外であり，それぞれ Cr[Ar]$3d^5 4s^1$ と Mo[Kr]$4d^5 5s^1$ となる．これは d 軌道が半閉殻をとって安定化するためである．単体は融点と沸点が高く，硬い金属である．Cr，Mo，W は地殻の 0.02%，1.5×10^{-3}%，1.6×10^{-3}%をそれぞれ占め，酸化数も －2 価～＋6 価をとる．Cr は塩酸や硫酸にゆっくりと溶けるが，濃硝酸と王水には不動態となるため溶けない．また，空気中でも酸化皮膜を形成するため，めっき金属などに使われる．Cr と Ni，Fe の合金は，錆びにくいステンレスである．Cr^{3+} イオンは生体にとって必須であるが，Cr^{6+} イオンをもつ化合物は「六価クロム」とよばれきわめて生体に有毒である．Mo の単体は金白色の硬い金属で，NH_3 水，熱濃硫酸，濃硝酸，王水にも溶ける．窒素固定で知られるニトロゲナーゼの活性中心にも FeMo クラスターとして Mo が含まれている（図 7-14）．この FeMo クラスター構造は，中心元素や構造がまだはっきりとわかっていない．また，MoS_2 は摩擦係数が少ないため，潤滑剤として使われる．W の単体は全元素の中で最も高い融点（3380℃）をもつ金属で，大きな電気抵抗をもつため電球のフィラメントに使われる．WC は超硬合金（硬度 9）で切削工具などに用いられる．

図 7-14　ニトロゲナーゼ FeMo クラスター

e. マンガン族元素

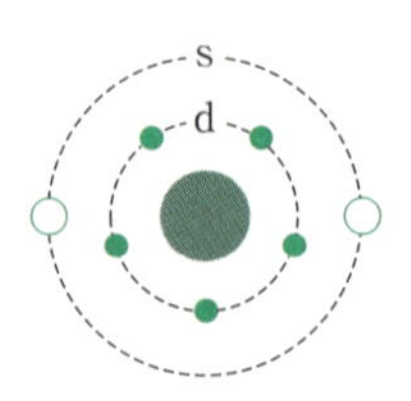

7 族元素（$_{25}Mn$，$_{43}Tc$，$_{75}Re$，$_{107}Bh$）は，マンガン族とよばれる．Tc の単体は最も軽い金属の放射性元素であり，人工元素として初めて Mo に重陽子を照射して得られた．Mn は地殻に 0.085%含まれており，5 種類の酸化物のうち，4 種類が天然に産出する．Tc と Re の化学的性質は似ており，＋4 価の K_2ReCl_6 や ＋5 価のオキソレニウム(V)化合物，および ＋7 価の Re_2O_7 などの酸化状態をとる．Mn は ＋2 価，＋3 価，＋4 価，＋5 価，＋6 価，＋7 価の酸化状態をとり，海底では MnO_2 を含むマンガン団塊（マンガンノジュール）として堆積している．この MnO_2 はマンガン乾電池やアルカリ乾電池，リチウムイオン二次電池の正極材料として使われる．Mn の単体は脱酸素剤として，強い O_2 吸着作用がある．そのため，鉄鋼材の脱酸素・脱硫黄剤として添加される．また，Tc はトレーサーとして使われている．Tc は放射性元素であり，最も半減期が長い ^{98}Tc では 420 万年になる．$_{43}Tc$ や $_{61}Pm$ が比較的原子量が小さいのに放射性元素であるのは，中性子数が陽子に比べて少ないためである．Tc は放射性医薬品として使われるために，必要なときに原子炉で合成される．Re の単体は最も硬い金属で，融点は W に次いで高い（3182℃）．ロケットノズルや高温測定用の熱電対に使われる．安定同位体は ^{185}Re であるが，最も多いものは天然放射性同位体で 62.6%を占める半減期 412 億年の ^{187}Re である．

f. 鉄族元素

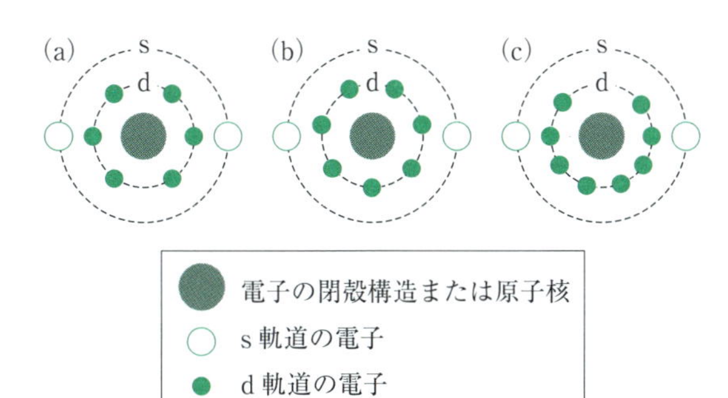

8 族(a)，9 族(b)，10 族(c)元素の第 4 周期にある遷移金属 $_{26}$Fe，$_{27}$Co，$_{28}$Ni は鉄族に属する．また，第 5 周期，第 6 周期の $_{44}$Ru，$_{76}$Os，$_{45}$Rh，$_{77}$Ir，$_{46}$Pd，$_{78}$Pt は白金族とよばれる．また白金族に 11 族の $_{47}$Ag，$_{79}$Au を含めたものは貴金属とよばれる．鉄族元素の単体はすべて強磁性があり，磁石につく．イオン化傾向も類似し，+2 価と +3 価のイオンになりやすい．Fe は地殻の 5%を占め，大部分は地球内部の外殻と内殻に存在する．空気中では容易に錆びるが，高純度の Fe（99.9999%）は塩酸や王水などの酸に侵されないばかりか，4 K でも可塑性を失わない特殊な Fe になる．Fe は生体必須元素で，人間の赤血球のヘモグロビンにあり，O_2 輸送に関わる．動物性起源のヘム鉄の方が，植物性のものより人の腸から吸収されやすい（図 7-15）．腸で吸収されるものは，Fe^{2+} イオンだけである．Fe の単体は常温常圧ではフェライト構造が安定であるが，他の多形としてはオーステナイト構造やデルタフェライト構造もある．Co は耐摩耗性，耐食性，高強靱性の合金材料をつくる．SmCo 磁石は強い保磁力をもつ．$CoSiO_4$ はガラスを青色に着色し，$LiCoO_2$ はリチウムイオン二次電池の正極材料である．ビタミン B_{12} は，Co を含む補酵素であり，シアノコバラミンとよばれ，コリン環とヌクレオチドからつくられる（図 7-16）．$CoCl_2$ の無水塩は青色であるが，水に触れると赤色に変化する．この性質を利用したものが塩化コバルト紙である．また，$CoCl_2$ をシリカゲルに混ぜると，青色からピンク色になることで吸湿の程度を知ることができる．コバルト

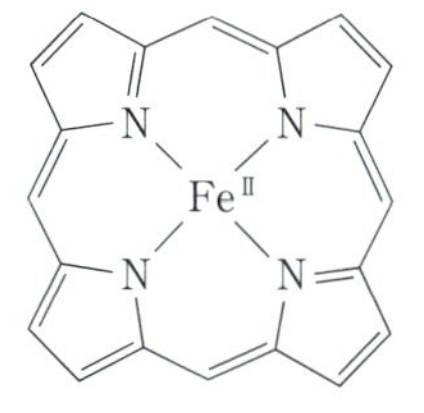

図 7-15　ヘム鉄

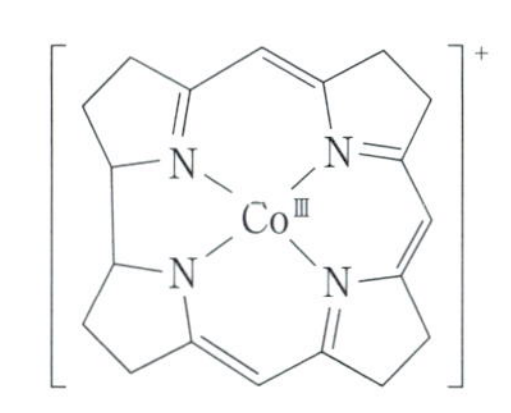

図 7-16　Co-コリン環

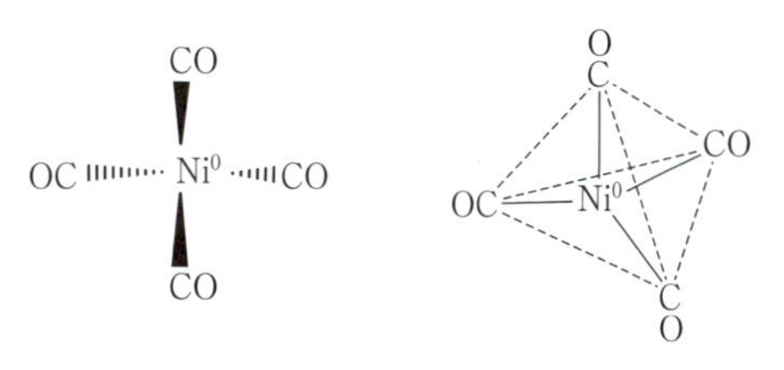

図 7-17　$[Ni(CO)_4]$

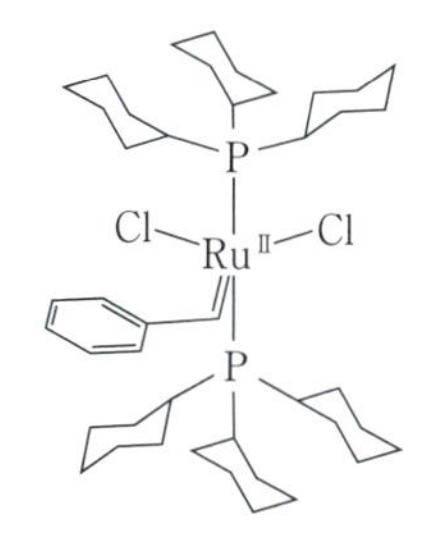

図 7-18　グラブス触媒

爆弾は，核爆弾の周りを Co の単体で覆ったものである．通常 ^{59}Co の質量数をもつが，核爆弾の爆発時に中性子を取り込み半減期 5.4 年の ^{60}Co になって，γ 線を出す放射線兵器になる．Ni の単体は空気中では錆びにくいが，微粒子状のものは自然発火する．Co は希硝酸に溶解するが，濃硝酸には不動態となって溶けない．また，酸や塩基に対して耐食性がある．$[Ni(CO)_4]$ は Ni^0 と CO ガスを常温に保つことで得られる液体である（図 7-17）．Na_2CO_3 を製造するソルベー法で NH_3 ガスを通す Ni 製のパイプが，CO_2 ガス（わずかに CO が含まれる）で洗浄したときに腐食されることから発見された．Ni と Cu との合金は白銅とよばれ，日本の 50 円や 100 円の硬貨に使われている．Ni の単体および化合物は装飾品の金属アレルギーを起こす原因物質であり，発がん性が認められるため世界保健機構（WHO）から注意が呼びかけられている．

g. 白金族元素

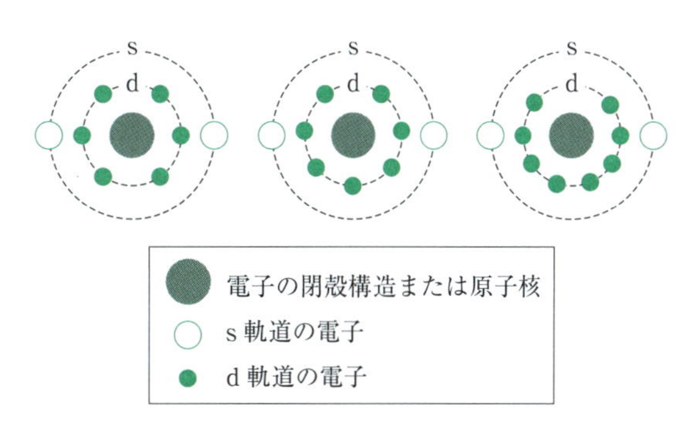

白金族元素（$_{44}$Ru，$_{76}$Os，$_{45}$Rh，$_{77}$Ir，$_{46}$Pd，$_{78}$Pt）

図 7-19　色素増感型太陽電池（Grätzel cell）の代表的な色素

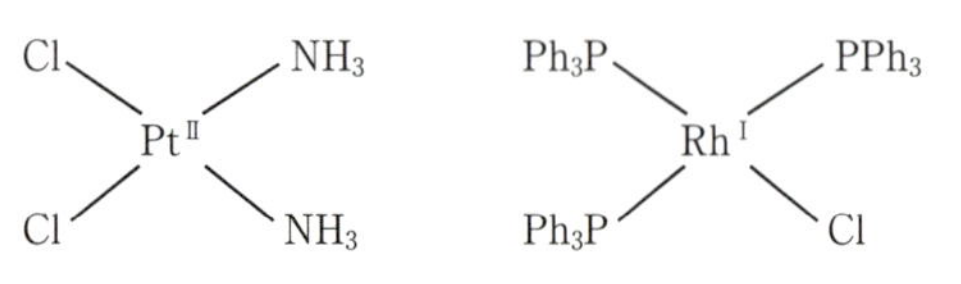

図 7-20　シスプラチン　図 7-21　ウィルキンソン錯体

のうち，Ru の単体は王水にゆっくり溶ける．Ru は触媒に用いられ，キラルな分子触媒で 2001 年に野依らが，2005 年にカルベン錯体のメタセシス反応でグラブス（Grubbs）がノーベル化学賞を受賞した（図 7-18）．また，Ru のビピリジン錯体は色素増感型太陽電池（Grätzel cell）の色素部位に，また分子性光触媒の光捕集部位に使われる（図 7-19）．Os の単体は青灰色の金属で密度（22.59 g cm^{-3}）が全元素中で一番大きい．化合物における酸化数は +1 価から +8 価までとるが，+4 価が安定である．また，Os の単体は王水に溶けにくい．Os の粉末を空気中に放置すると猛毒の OsO_4 を生じる．Ir と Os の合金はイリドスミンとよばれ，強靱で万年筆のペン先などに使われる．Pd の単体は硝酸などの酸化力のある酸に溶ける銀白色の金属である．Pd は自身の体積の 935 倍も H_2 を吸収する水素吸蔵合金をつくる．歯科治療に用いられる銀歯は，Au-Ag-Pd の合金で 20%以上 Pd を含んでいる．Pd 触媒では 2010 年に根岸と鈴木らがノーベル化学賞を受賞している．Pt は酸に対して強い耐性をもち，Au と同じく王水に溶ける．排ガス触媒や装飾品，電極，るつぼ，燃料電池などに使われている．シスプラチン *cis*-$[Pt^{II}(NH_3)_2Cl_2]$ は，抗がん剤として有名である（図 7-20）．Rh の単体は王水にさえ溶けにくく，三元触媒（Rh/Pd/Pt）の材料である．この三元触媒は自動車の排ガス触媒に使用され，CO を CO_2 へ，NO_x を N_2 へ分解する．Rh 化合物の酸化数は +1 価～+6 価をとる．Rh 錯体は C=C 不飽和結合を水素化するウィルキンソン触媒として知られている（図 7-21）．Ir の単体は腐食に最も強い金属であり，密度（22.56 g cm^{-3}）は全元素中で 2 番目に大きい．Pt と Ir の合金は，腐食に強くメートルやキログラム原器として使われていた．また，Ir は隕石の中に多く含まれており，恐竜などが巨大な隕石の衝突によって絶滅した隕石説の有力な証拠になっている．Ir^{3+} のフェニルピリジル錯体は，発光性で有機 EL 素子としても使われている（図 7-22）．

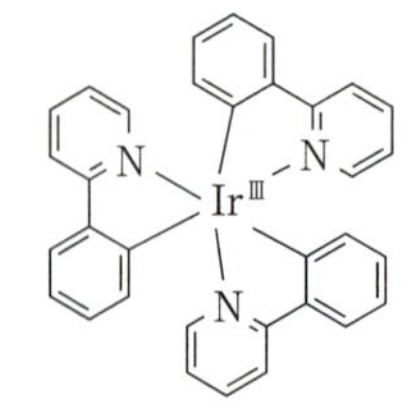

図 7-22　フェニルピリジル錯体

h. 銅族元素

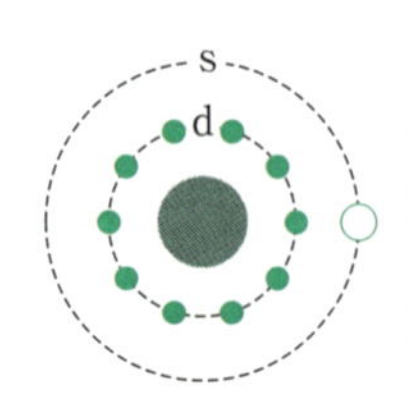

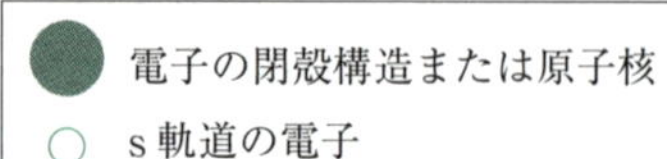

11 族元素の $_{29}Cu$，$_{47}Ag$，$_{79}Au$，$_{111}Rg$ は，銅族あるいは貨幣金属ともよばれている．Cu，Ag，Au は貴金属に属する．1 族元素と同じ最外殻電子配置をもち，+1 価の酸化数をとりやすい．d 電子をもつため，有効核電荷が大きくなり，原子半径・イオン半径が 1 族元素より小さく，イオン化エネルギーは 1 族元素より大きくなる．地殻の存在比は，Cu，Ag，Au で，それぞれ 7×10^{-3}%，2×10^{-5}%，5×10^{-7}% となり，Au はほとんど単体で産出する．Cu や Ag は +1 価や +2 価の酸化数をとることができ，Au は +1 価と +3 価をとれるが，+2 価をとれない．Au はランタノイド収縮により金属半径が Ag とほとんど変わらない．Cu の単体は軟らかく，電気伝導性が高く，延展性が大きい赤色を帯びた金属である．Cu は金属の中で，2 番目に高い電気伝導性（59.6×10^6 S m^{-1}）と熱伝導性（386 W m^{-1} K^{-1}）をもつ．空気中では O_2 と反応して黒褐色の CuO 膜を生じる．これが保護膜として働き，錆を防ぐ．CO_2 の存在下，湿った条件で緑青（塩基性炭酸銅）を生じる．Cu^{2+} を含むベネジクト液やフェーリング液は還元糖の検出に用いられ，Cu_2O の赤い沈殿を生じる．$[Cu^{II}(NH_3)_4]^{2+}$ を含むシュバイツァー溶液は，セルロースなどを溶かし，この溶液から再生繊維をつくる．青銅は Cu と Sn の合金である．Ag は金属の中で電気伝導性

(63.0×10^6 S m^{-1}) と熱伝導性 (429 W m^{-1} K^{-1}) および反射率 (98%) が最も高い．延展性は Au に次いで大きく，1 g あたり 2200 m の線に伸ばすことができる．溶融 Ag は，973 ℃で 20 倍以上の体積の O_2 を吸収し，凝固の際に放出するスピッティング現象がみられる．As などの毒物を見分けるため Ag は昔から食器として用いられてきた．As の毒物である As_2O_3 (亜ヒ酸) などは，硫ヒ鉄鉱から精製するため，一部硫化物も混入した．また，毒薬として使用される Hg や Sb 化合物も硫化物から精製されるものが多く，この硫黄分が Ag を Ag_2S として黒変させ，毒物の混入を見抜くからである．また，Ag^+ はバクテリアなどに対して強い殺菌作用を示す．Au の単体は軟らかく，最大の延展性 (1 g で 3000 m の線になる) をもち，黄色味を帯びた金属である．金ぱくの厚さは透けてみえるぐらい 200～300 nm まで薄くなる．Au はナノクラスターになると Au 表面の特有な振動 (プラズモン吸収) によって着色し，赤色，黒色，紫色などの発色を示す．Au の単体はアルカリと反応しないが，王水やヨードチンキには溶ける．Au^+ は水中で Au^0 と Au^{3+} に不均化する．Au^{3+} は錯体としてのみ安定に存在する．Au のイオン化傾向は金属の中で最小であり，通常化学反応に対して不活性である．しかし，2 nm 以下のナノクラスターにすると触媒として使用できる．また，Au^{III} 錯体の中には自己免疫疾患を抑えて，リウマチなどの症状に効く薬に使用されたり，$[Au(CN)_2]^-$ は結核菌の増殖を抑えたりする．Au の純度を表す単位 Karat は Au の純度を 24 分率で表す．純金は K 24 と表記される．

i. ランタノイド元素

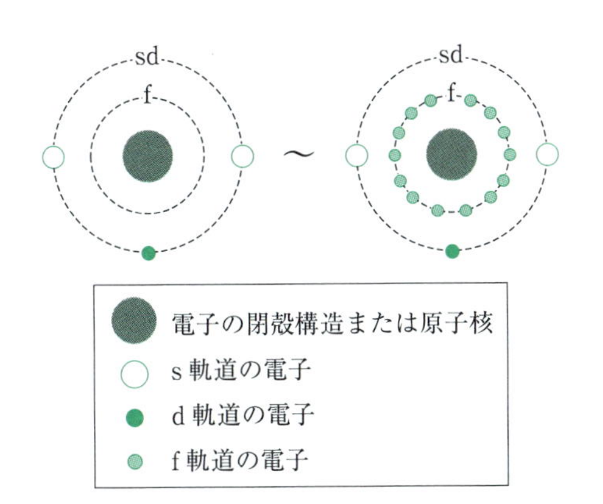

ランタノイドは 3 族元素であるが，$_{57}La$，$_{58}Ce$，$_{59}Pr$，$_{60}Nd$，$_{61}Pm$，$_{62}Sm$，$_{63}Eu$，$_{64}Gd$，$_{65}Tb$，$_{66}Dy$，$_{67}Ho$，$_{68}Er$，$_{69}Tm$，$_{70}Yb$，$_{71}Lu$ の 15 種類の元素をさす．原子番号が増えるにつれて 4f 軌道に順次電子が収容される f-ブロック元素である．これらの原子では最外殻にある 5d 軌道と 6s 軌道の電子が，ほぼ 3 個と同じであるため，+3 価のイオンをとりやすく，化学的性質がよく似ている．ランタノイドのうち，$_{61}Pm$ のみ安定同位体をもたない．また，単体はすべて不対電子をもつ常磁性の金属である．**希土類元素 (rare earth elements)** はランタノイドに Sc と Y を加えたものであり，**ランタニド (lanthanide)** はランタノイドから La を除いたものである．

4f 軌道は，主量子数が二つも大きな 6s 軌道の完全に内側にあるが，6s 軌道は貫入効果により 4f 軌道の内側までかなり広がっている．そのため，6s 軌道，5s 軌道，5p 軌道に対する 4f 軌道のしゃへい効果は，不完全になる．その結果，有効核電荷の大きな 4f 軌道に電子が入るたびに，ランタノイドの原子半径が小さくなる**ランタノイド収縮 (lanthanoid contraction)** がみられる．

ランタノイドの単体は，すべて銀白色の金属で，毒性は少なく融点 800～1500℃，沸点 1200～3500℃である．塩化物やフッ化物を Ca や Mg で還元することで単体が得られる．アルカリ土類金属と同程度の還元性があり，標準還元電位は −2.5 ～ −2.3 V と負側に大きくシフトしている．H_2O との反応では H_2 を出して水酸化物を生じる．ランタノイドは +3 価の酸化数が安定であり，+4 価の化合物は Ce^{IV} 化合物のみ安定であるが，強力な 1 電子酸化剤として使われる．一方，+2 価の酸化数をもつ化合物は $4f^7$ の電子配置をもつ Eu によくみられる．ランタノイドの化合物は内殻に 4f 軌道が入り込んでいるため，外からの影響を受けにくく，可視から近紫外部に多数の鋭い吸収スペクトルを示す．

ランタノイドは機能性材料として，発光材料，磁性材料，水素吸蔵材料，光ファイバーなどに用いられる．特に発光・磁性材料は 4f 軌道に電子が入る特性を活かしたものである．ランタノイド酸化物と金属酸化物の 1：1 の焼結物は，ペロブスカイト型の複合酸化物を形成し，電子工学セラミックス材料として注目されている．例えば $(Y, Nd)_3Al_3O_{12}$ は，YAG レーザーとして使われている．磁性材料は，$SmCo_5$ (サマリウムコバルト磁石) や $Nd_2Fe_{14}B$ (ネオジム磁石) が，強力な永久磁石となる．$LaNi_5$ は水素吸蔵合金であり，水素ボンベの代わりになる．また，医療では MRI 画像診断に Gd 錯体が用いられる．Gd 錯体付近の H_2O は，常磁性の影響を受けて通常の H_2O とは異なった磁気的性質を示すからである．

j. アクチノイド元素

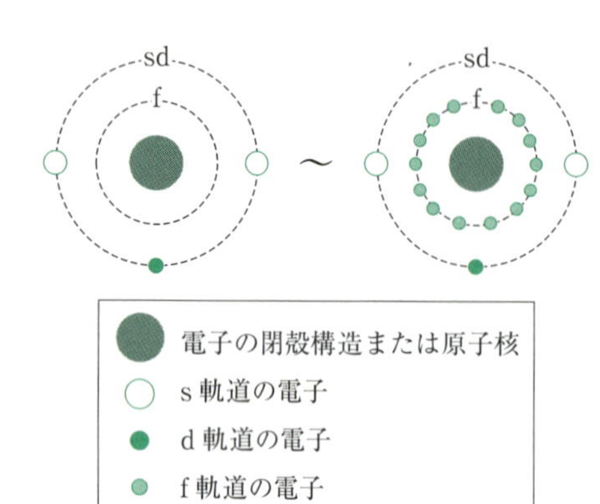

アクチノイドは $_{89}$Ac，$_{90}$Th，$_{91}$Pa，$_{92}$U，$_{93}$Np，$_{94}$Pu，$_{95}$Am，$_{96}$Cm，$_{97}$Bk，$_{98}$Cf，$_{99}$Es，$_{100}$Fm，$_{101}$Md，$_{102}$No，$_{103}$Lr までの 15 元素である．アクチノイドもランタノイドと同様に性質がよく似ているが，+5 価以上の高酸化数をとりやすい傾向にある．ここでは，アクチノイドの性質の詳細には触れない．すべて放射性元素であり，半減期が短いものが多い．$_{89}$Ac～$_{92}$U までは半減期が長いため地殻中に存在する．$_{92}$U より原子番号が大きいものは，自然界に存在せず人工的につくられ，**超ウラン元素（superuranium element）**とよばれる（$_{93}$Np と $_{94}$Pu は $^{238}_{92}$U の崩壊物としてウラン鉱石中に微量に存在する）．この超ウラン元素の中で $_{103}$Lr より重い元素は**超重元素（superheavy element）**とよばれている．この超重元素は人工的に重イオンを用いた原子核反応で合成される．アクチノイドの原子では 5f 軌道に電子が占有されるが，5f 軌道と 6f 軌道のエネルギー準位が接近しているため，ランタノイドよりも化学的性質が不規則である．そのため，d-ブロック元素に近い化学的性質を示し，$_{90}$Th～$_{95}$Am は +3 価～+7 価までの多くの酸化数をとり，結晶場の影響を受けやすい．+3 価の酸化数をとる化合物が安定である．$_{91}$Pa は +5 価，$_{92}$U は +6 価の酸化数をもつ化合物が安定である．

k. おわりに

周期表は 2015 年の段階で，すでに 118 番元素まで見つかっているといわれている（図 7-23）．メンデレーエフの周期表では，118 番元素は第 7 周期の最後の元素であり，周期表でも最後の元素である．それで

元素周期表(Periodic Table)

族

周期	1	2	3	4	5	6	7	8	9	10	11	12	13	14	15	16	17	18
1	$_{1}$H																	$_{2}$He
2	$_{3}$Li	$_{4}$Be											$_{5}$B	$_{6}$C	$_{7}$N	$_{8}$O	$_{9}$F	$_{10}$Ne
3	$_{11}$Na	$_{12}$Mg											$_{13}$Al	$_{14}$Si	$_{15}$P	$_{16}$S	$_{17}$Cl	$_{18}$Ar
4	$_{19}$K	$_{20}$Ca	$_{21}$Sc	$_{22}$Ti	$_{23}$V	$_{24}$Cr	$_{25}$Mn	$_{26}$Fe	$_{27}$Co	$_{28}$Ni	$_{29}$Cu	$_{30}$Zn	$_{31}$Ga	$_{32}$Ge	$_{33}$As	$_{34}$Se	$_{35}$Br	$_{36}$Kr
5	$_{37}$Rb	$_{38}$Sr	$_{39}$Y	$_{40}$Zr	$_{41}$Nb	$_{42}$Mo	$_{43}$Tc	$_{44}$Ru	$_{45}$Rh	$_{46}$Pd	$_{47}$Ag	$_{48}$Cd	$_{49}$In	$_{50}$Sn	$_{51}$Sb	$_{52}$Te	$_{53}$I	$_{54}$Xe
6	$_{55}$Cs	$_{56}$Ba	Ln	$_{72}$Hf	$_{73}$Ta	$_{74}$W	$_{75}$Re	$_{76}$Os	$_{77}$Ir	$_{78}$Pt	$_{79}$Au	$_{80}$Hg	$_{81}$Tl	$_{82}$Pb	$_{83}$Bi	$_{84}$Po	$_{85}$At	$_{86}$Rn
7	$_{87}$Fr	$_{88}$Ra	An	$_{104}$Rf	$_{105}$Db	$_{106}$Sg	$_{107}$Bh	$_{108}$Hs	$_{109}$Mt	$_{110}$Ds	$_{111}$Rg	$_{112}$Cn	$_{113}$Uut	$_{114}$Fl	$_{115}$Uup	$_{116}$Lv	$_{117}$Uus	$_{118}$Uuo

Ln	$_{57}$La	$_{58}$Ce	$_{59}$Pr	$_{60}$Nd	$_{61}$Pm	$_{62}$Sm	$_{83}$Eu	$_{64}$Gd	$_{65}$Tb	$_{66}$Dy	$_{67}$Ho	$_{68}$Er	$_{69}$Tm	$_{70}$Yb	$_{71}$Lu
An	$_{89}$Ac	$_{90}$Th	$_{91}$Pa	$_{92}$U	$_{93}$Np	$_{94}$Pu	$_{95}$Am	$_{96}$Cm	$_{97}$Bk	$_{98}$Cf	$_{99}$Es	$_{100}$Fm	$_{101}$Md	$_{102}$No	$_{103}$Lr

非金属（典型元素）
金属（典型元素）
半金属

気体　放射性元素

$_{31}$Ga，$_{35}$Br，$_{55}$Cs，$_{80}$Hg，$_{87}$Fr は 30℃以下に融点がある．

図 7-23　2016 年 6 月現在の周期表．2016 年 6 月に，$_{113}$Nh（ニホニウム），$_{115}$Mc（モスコビウム），$_{117}$Ts（テネシン），$_{118}$Og（オガネソン）の名称が提案された．

周期 →

族 ↓

族＼周期	1	2	3	4	5	6	7	8	9	10	ブロック
2	$_{2}$He	$_{4}$Be	$_{12}$Mg	$_{20}$Ca	$_{38}$Sr	$_{56}$Ba	$_{88}$Ra				s-ブロック元素
1	$_{1}$H	$_{3}$Li	$_{11}$Na	$_{19}$K	$_{37}$Rb	$_{55}$Cs	$_{87}$Fr				
18			$_{10}$Ne	$_{18}$Ar	$_{36}$Kr	$_{54}$Xe	$_{86}$Rn	$_{118}$Uuo			
17			$_{9}$F	$_{17}$Cl	$_{35}$Br	$_{53}$I	$_{85}$At	$_{117}$Uus			
16			$_{8}$O	$_{16}$S	$_{34}$Se	$_{52}$Te	$_{84}$Po	$_{116}$Lv			p-ブロック元素
15			$_{7}$N	$_{15}$P	$_{33}$As	$_{51}$Sb	$_{83}$Bi	$_{115}$Uup			
14			$_{6}$C	$_{14}$Si	$_{32}$Ge	$_{50}$Sn	$_{82}$Pb	$_{114}$Fl			
13			$_{5}$B	$_{13}$Al	$_{31}$Ga	$_{49}$In	$_{81}$Tl	$_{113}$Uut			
12					$_{30}$Zn	$_{48}$Cd	$_{80}$Hg	$_{112}$Cn			
11					$_{29}$Cu	$_{47}$Ag	$_{79}$Au	$_{111}$Rg			
10					$_{28}$Ni	$_{46}$Pd	$_{78}$Pt	$_{110}$Ds			
9					$_{27}$Co	$_{45}$Rh	$_{77}$Ir	$_{109}$Mt			
8					$_{26}$Fe	$_{44}$Ru	$_{76}$Os	$_{108}$Hs			d-ブロック元素
7					$_{25}$Mn	$_{43}$Tc	$_{75}$Re	$_{107}$Bh			
6					$_{24}$Cr	$_{42}$Mo	$_{74}$W	$_{106}$Sg			
5					$_{23}$V	$_{41}$Nb	$_{73}$Ta	$_{105}$Db			
4					$_{22}$Ti	$_{40}$Zr	$_{72}$Hf	$_{104}$Rf			
3					$_{21}$Sc	$_{39}$Y	$_{71}$Lu	$_{103}$Lr			
							$_{70}$Yb	$_{102}$No			
							$_{69}$Tm	$_{101}$Md			
							$_{68}$Er	$_{100}$Fm			
							$_{67}$Ho	$_{99}$Es			
							$_{66}$Dy	$_{98}$Cf			
							$_{65}$Tb	$_{97}$Bk			
							$_{64}$Gd	$_{96}$Cm			
ランタノイド・アクチノイド							$_{63}$Eu	$_{95}$Am			f-ブロック元素
							$_{62}$Sm	$_{94}$Pu			
							$_{61}$Pm	$_{93}$Np			
							$_{60}$Nd	$_{92}$U			
							$_{59}$Pr	$_{91}$Pa			
							$_{58}$Ce	$_{90}$Th			
							$_{57}$La	$_{89}$Ac			
											g-ブロック元素

図 7-24　ジャネットの新周期表

は，これ以上新しい元素は存在しないのだろうか．それに対して，**ジャネットの周期表（Janet's periodic table）**という未来の周期表が提案され，最近注目を集めている（図 7-24）．この周期表では 118 番元素の次の 119 番と 120 番元素が見つかると予想されている．この周期表が正しければ，いよいよ 200 年続いてきたメンデレーエフの周期表の理論が更新されるときがくるかもしれない．このジャネットの周期表では，第 8 周期を電子が埋めていく g-ブロック元素を考えることができる．すると新たに第 9 周期と第 10 周期が加わることで，計 218 個の元素の存在が可能になり，メンデレーエフの周期表と比較して，100 個の新しい元素を加えることができる．

7.4 節のまとめ

- 典型元素は，アルカリ金属，アルカリ土類金属，ホウ素族，炭素族，ニクトゲン，カルコゲン，ハロゲン，貴ガスからなり，主に周期表の s-ブロック元素と p-ブロック元素のものからなる．亜鉛族の元素は典型元素として分類しているが，遷移元素に入れる場合もある．
- 遷移元素は，スカンジウム族，チタン族，バナジウム族，クロム族，マンガン族，鉄族，白金族，銅族，ランタノイド，アクチノイドからなる．主に周期表の d-ブロック元素と f-ブロック元素の金属元素である．
- 現在のメンデレーエフの周期表では，118 番元素までしかないが，ジャネットの周期表といわれる 118 番元素以上の元素を予測した周期表も現れている．

参考文献

[1] 齋藤勝裕，“マンガでわかる無機化学　原子の構造がわかれば化合物の性質が見えてくる！（サイエンス・アイ新書）”，SB クリエイティブ（2014）．
[2] F. A. コットン，G. ウィルキンソン，P. L. ガウス著，中原勝儼訳，“基礎無機化学”，培風館（1998）．
[3] F. A. コットン，G. ウィルキンソン共著，中原勝儼訳，“無機化学”，培風館（1987）．
[4] W. L. Jolly 著，小玉剛二訳，“非金属の化学（現代化学の基礎 3）”，東京化学同人（1968）．
[5] P. Atkins ほか著，田中勝久，平尾一之，北川進訳，“シュライバー・アトキンス無機化学”，東京化学同人（2008）．
[6] 学研教育出版編，“美しい元素：世界をかたちづくる「基本」がわかる！（学研の図鑑）”，学研教育出版（2013）．
[7] 若林文高監修，“元素のすべてがわかる図鑑：世界をつくる 118 元素をひもとく”，ナツメ社（2015）．
[8] 桜井弘編，“元素 111 の新知識：引いて重宝，読んでおもしろい（第 2 版増補版）”，講談社（2013）．
[9] 山本喜一監修，“最新図解元素のすべてがわかる本：レアメタルから放射能まで”，ナツメ社（2011）．

8. 光と原子

我々の周りは光で満ち溢れている．そもそも太陽からの光は，我々人類を含む多種多様な生命活動の源である．蛍光灯や最近では発光ダイオード（LED）のような人工の光が，太陽が沈んだ後の暗黒の世界を明るく照らしてくれる．視覚とは眼を受容器とする感覚のことであるが，これは脊椎動物の網膜にあるロドプシン中の色素分子が光を吸収することで異性化反応を起こすことから始まる一種の化学反応である．また昨今，再生エネルギー利用の観点から，光エネルギーの電気エネルギーへの変換，つまり太陽電池の高効率化への関心は高い．

人間生活を快適に，そして豊かなものとしている光が関わるさまざまな現象は「光と物質」の相互作用に基づくものである．そして原子や分子，分子集合体や機能性材料などと光との相互作用によって生じるさまざまな現象を理解しようとする学問領域が「光化学」である．本章では，まず「光」についてその性質や特徴などを学習する．次に「物質」として最も簡単な系である水素原子を取り上げ，その構造や電子の動きを理解し「光と物質」の相互作用の基礎について学習しよう．

8.1 光とは何か

8.1.1 光とは波，つまり電磁波である

電磁波（electromagnetic wave）とは，図 8-1 に示されるように電場とそれに直交する磁場が振動しながら進行する波である．波の頂点（最大の振幅）間の長さ，つまり電場（あるいは磁場）が 1 回振動する距離を**波長（wavelength）**λ という．また 1 秒間に電場が振動する回数を**振動数（frequency）**ν という．波長および振動数の単位はそれぞれ m および s^{-1} である．Hz という単位は s^{-1} と同じである．東日本における交流電圧の振動数は 50 Hz であるが，これは 100 V の電圧が 1 秒間に 50 回振動しているということである．

電磁波の波長 [m] に振動数 [s^{-1}] を掛けると，1 秒間に電磁波が進行する距離すなわち光速となるので，波長 λ [m]，振動数 ν [s^{-1}] と光速 c [$m\,s^{-1}$] の間には次の関係式が成り立つ．

$$c = \lambda\nu = 3.0\times10^{8}\ \mathrm{m\,s^{-1}} \qquad (8\text{-}1)$$

電磁波は波長によって，図 8-2 のように名前がつい

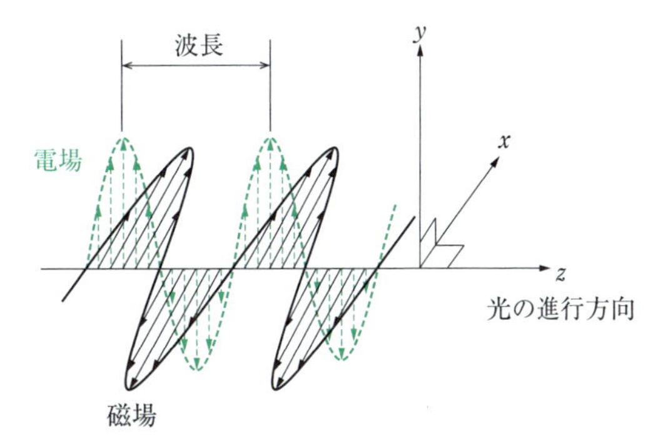

図 8-1　電磁波の伝搬

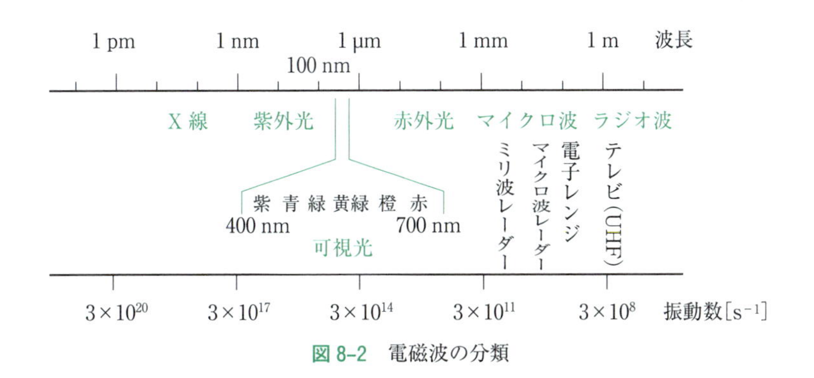

図 8-2　電磁波の分類

表 8–1　10 のべき乗を表す接頭語

	記号	英語表記	日本語表記
10^{15}	P	peta	ペタ
10^{12}	T	tera	テラ
10^{9}	G	giga	ギガ
10^{6}	M	mega	メガ
10^{3}	k	kilo	キロ
10^{2}	h	hecto	ヘクト
10^{-1}	d	deci	デシ
10^{-2}	c	centi	センチ
10^{-3}	m	milli	ミリ
10^{-6}	μ	micro	マイクロ
10^{-9}	n	nano	ナノ
10^{-12}	p	pico	ピコ
10^{-15}	f	femto	フェムト
10^{-18}	a	atto	アト

ている．人間が感知できる電磁波すなわち可視光はおよそ 400 nm（紫）から 700 nm（赤）であり，400 nm より短波長および 700 nm より長波長側をそれぞれ**紫外（ultraviolet）**および**赤外（infrared）**とよぶ．**X 線（X-ray）**は 1 nm より短い電磁波で，飛行場における手荷物検査や胸部透視画像の撮影などに用いられている．一方波長 1 mm より長い電磁波はマイクロ波やラジオ波とよばれ，レーダーや通信に広く利用されている．

家庭用電子レンジは強力なマイクロ波によって水を温めているが，そのマイクロ波の振動数は約 2450 MHz である．M は 10^6 を表す記号で，2450 MHz（メガヘルツ）は 2850×10^6 Hz のことである．したがってその波長は

$$\lambda = \frac{c}{\nu} = \frac{3.0\times10^8\ \mathrm{m\ s^{-1}}}{2450\times10^6\ \mathrm{s^{-1}}} = 1.22\times10^{-1}\ \mathrm{m} \approx 10\ \mathrm{cm} \tag{8-2}$$

と計算される．波長と振動数は反比例するので，波長が決まれば振動数は一義的に決まる．

M のように 10 のべき乗を表す接頭語としては**表 8-1** のものがよく用いられる．

［例題 8-1］　携帯電話に使用されている電波の振動数はおおよそ 1.0 GHz である．この電波の波長を計算せよ．

$$\lambda = \frac{c}{\nu} = \frac{3.0\times10^8\ \mathrm{m\ s^{-1}}}{1.0\times10^9\ \mathrm{s^{-1}}} = 3.0\times10^{-1}\ \mathrm{m} = 30\ \mathrm{cm}$$

8.1.2　光とは粒子，つまり光子である

光が干渉や回折を起こすことは，光が波であることを証明している．一方で光電効果（光を物質表面に照射すると表面から電子が飛び出す現象）などの検証の結果，光が波としての性格をもつだけでなく，粒子的な側面をもつことがわかってきた．この質量をもたない粒子のことを**光子（photon）**とよぶ．光子は電磁波の振動数 ν に比例したエネルギー E［J］をもつ．

$$E = h\nu \tag{8-3}$$

上式の比例定数 h は**プランク定数（Planck constant）**（$h = 6.626\times10^{-34}$ J s）とよばれ，電磁波が関わる諸現象を理解するうえで大変重要な定数である．またプランク定数を 2π で割った値は，量子化学で頻出する定数であるので，

$$\hbar = \frac{h}{2\pi} \tag{8-4}$$

と表記する．

古典力学では，質量 m の粒子が速さ v で運動しているとき，**運動量（momentum）**p と**運動エネルギー（kinetic energy）**T はそれぞれ

$$p = mv\ [\mathrm{kg\ m\ s^{-1}}] \tag{8-5}$$

$$T = \frac{1}{2}mv^2\ [\mathrm{kg\ m^2\ s^{-2}} = \mathrm{J}] \tag{8-6}$$

である．特殊相対性理論によると，エネルギー E と運動量 p の間には

$$E = \sqrt{m^2c^4 + p^2c^2} \tag{8-7}$$

という関係がある．光子の質量は 0 であり，式(8-3) で表される電磁波のエネルギー E を代入すると，電磁波の運動量として

$$p = \frac{h\nu}{c} = \frac{h}{\lambda} \tag{8-8}$$

マックス・プランク

ドイツの物理学者．量子力学の創始者の一人であり，量子論の父ともよばれる．ドイツを代表する学術研究機関であるマックス・プランク研究所は，彼の偉大なる業績にちなんで命名された．1918 年にノーベル物理学賞を受賞した．（1858–1947）

アーサー・コンプトン

米国の物理学者．コンプトン効果（金属に X 線を照射したときに，その X 線よりも長い波長の X 線が発生する現象）の発見によって，1927 年にノーベル物理学賞を受賞した．（1892–1962）

が得られる．実際に電磁波が上式で与えられるような運動量をもつことは，1920年代にコンプトン効果の発見によって検証された．

［例題 8-2］ レーザーポインターに用いられる緑色の光の波長はおおよそ 500 nm である．500 nm の光子 1 個のエネルギーを計算せよ．

$$E = h\nu = 6.626\times10^{-34}\ \mathrm{J\,s}\times\frac{3.0\times10^{8}\ \mathrm{m\,s^{-1}}}{500\times10^{-9}\ \mathrm{m}}$$
$$= 3.97\times10^{-19}\ \mathrm{J}$$

［例題 8-3］ 有機化合物における炭素水素結合の結合エネルギーは 400 kJ mol^{-1} 程度である．一つの C－H 結合を切るために必要なエネルギー $E_{\mathrm{C-H}}$ を計算しなさい．また $E_{\mathrm{C-H}}$ に等しい電磁波の波長を求めよ．

$$E_{\mathrm{C-H}} = \frac{400\times10^{3}\ \mathrm{J\,mol^{-1}}}{6.02\times10^{23}\ \mathrm{mol^{-1}}} = 6.64\times10^{-19}\ \mathrm{J}$$

光子 1 個のエネルギーは式(8-3)であるので，$E_{\mathrm{C-H}}$ に等しいエネルギーをもつ光子の電磁波としての振動数は

$$\nu = \frac{E_{\mathrm{C-H}}}{h} = \frac{6.64\times10^{-19}\ \mathrm{J}}{6.626\times10^{-34}\ \mathrm{J\,s}} = 1.00\times10^{15}\ \mathrm{s^{-1}}$$

であり，対応する波長は

$$\lambda = \frac{c}{\nu} = \frac{3.0\times10^{8}\ \mathrm{m\,s^{-1}}}{1.00\times10^{15}\ \mathrm{s^{-1}}} = 3.0\times10^{-7}\ \mathrm{m} = 300\ \mathrm{nm}$$

と計算され，紫外線に相当する．つまり紫外線のエネルギーがほぼ結合エネルギーと同程度ということである．この事実は紫外線によって結合が切れる，すなわち分子が壊れる可能性があるということを示している．

8.1 節のまとめ

- **光は波である．波長 λ [m]，振動数 ν [s^{-1}] と光速 c [m s^{-1}] の間には次の関係式が成り立つ．**

$$c = \lambda\nu = 3.0\times10^{8}\ \mathrm{m\,s^{-1}}$$

- **光は粒子である．光子は電磁波の振動数 ν に比例したエネルギー E [J] をもつ．**

$$E = h\nu$$

8.2 水素原子の構造：ボーアの理論

8.2.1 運動エネルギーと位置エネルギー

水素原子（hydrogen atom）は一つの電子（質量 $m = 9.11\times10^{-31}$ kg，電荷 $= -1.60\times10^{-19}$ C）と一つの陽子（質量 $m_{\mathrm{p}} = 1.67\times10^{-27}$ kg，電荷 $= 1.60\times10^{-19}$ C）から構成されている．陽子は電子より約 1700 倍重いので静止していると仮定し，図 8-3 に示されるように電子が陽子の周りを半径 r，速さ v で周回しているというボーア模型を考える．水素原子のもつ全エネルギー E は，電子の運動による運動エネルギー T と，電子と陽子の間の**位置エネルギー（potential energy，この場合クーロンエネルギー）** V の和である．

$$E = T + V = \frac{1}{2}mv^{2} - \frac{e^{2}}{4\pi\varepsilon_{0}r} \qquad (8\text{-}9)$$

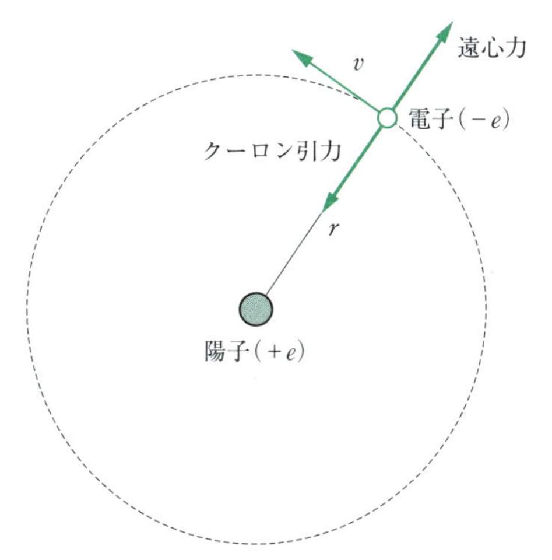

図 8-3 水素原子におけるボーア模型

ニールス・ボーア

デンマークの理論物理学者．1911 年にコペンハーゲン大学から物理学の博士号を得る．大学時代アマチュアサッカー選手として活躍した．「原子の構造の研究および原子から放射される電磁輻射の研究」で 1922 年にノーベル物理学賞を受賞した．(1885-1962)

ここで位置エネルギー V が負の値をもっていることに注意しよう．ε_0 は真空の誘電率とよばれる物理定数である．量子論から離れて，次の例を考えてみよう．海水面の高さを 0 m とすると，富士山頂の高さは +3776 m である．逆に富士山頂を基準とすると，海水面は −3776 m となる．海水面は富士山頂より 3776 m 低い位置にある，ということである．同様に電子と陽子が無限に離れている状態を位置エネルギー V の基準（= 0 J）とすれば，電子と陽子が近づくと位置エネルギーは低くなるということである．位置エネルギーは基準をどこに設定するかによって，正の値も負の値もとりうることを理解しておこう．

陽子と電子の間にはクーロン力

$$F = \frac{e^2}{4\pi\varepsilon_0 r^2} \tag{8-10}$$

が働いており，電子が半径 r の周回軌道を維持するためには，このクーロン力が遠心力とつり合っていなければならない．

$$F = \frac{e^2}{4\pi\varepsilon_0 r^2} = \frac{mv^2}{r} \tag{8-11}$$

式(8-9)～(8-11)より水素原子の全エネルギーとして

$$E = -\frac{e^2}{8\pi\varepsilon_0 r} \tag{8-12}$$

を得る．ここで全エネルギーが負の値となっているが，このことは，電子と陽子が無限に離れていてどちらも静止しているという仮想の状態（位置エネルギーも運動エネルギーも 0，したがって全エネルギーも 0）という状態と比較すると，図 8-3 のように半径 r で等速円運動をしている水素原子の全エネルギーが低くなるということを意味している．離ればなれになっている陽子と電子が水素原子を形成することによってエネルギーが低下する，すなわち安定化するからこそ，水素原子は安定に存在できるのである．

［例題 8-4］　式(8-9)～(8-11)から式(8-12)が得られることを確認せよ．

8.2.2 物質波の概念

電磁波は波であるが，同時に粒子としての性格ももつことを前述した．逆に，電子の運動が波動としての性格ももつ，と考えたのがド・ブロイ（de Broglie）である．すなわち式(8-8)によって表される電磁波の運動量

$$p = \frac{h\nu}{c} = \frac{h}{\lambda}$$

が電子などの質量がある粒子の運動にも適用できると考え，その運動に付随する波の波長 λ が

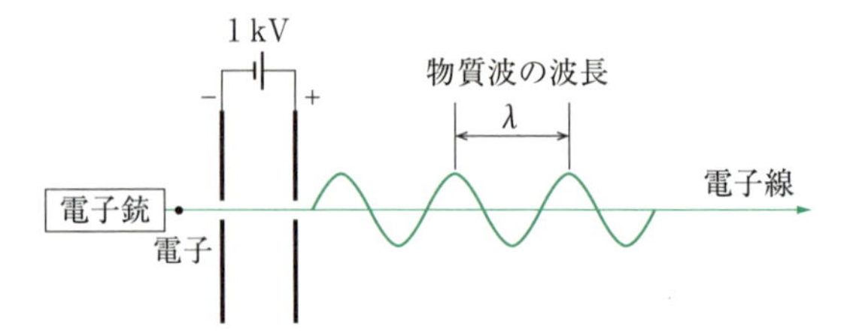

図 8-4　高速電子線に付随する物質波

$$\lambda = \frac{h}{p} = \frac{h}{mv} \tag{8-13}$$

で与えられると仮定した．粒子の運動に伴って発生する波動のことを**物質波（matter wave）**とよぶ．

図 8-4 に示すように真空中で 1.0 kV の電圧で電子を加速し電子線を発生した場合，この電子線の物質波としての波長を求めてみよう．電子の運動エネルギー T［J］は電圧 V［V］と電子の電荷 q［C］の積で与えられる．したがって運動エネルギーは

$$T = qV = (1.60\times10^{-19}\,\mathrm{C})(1.0\times10^{3}\,\mathrm{V}) = 1.60\times10^{-16}\,\mathrm{J} \tag{8-14}$$

と計算され，電子の速さは

$$v = \sqrt{\frac{2T}{m}} = \sqrt{\frac{2\times1.60\times10^{-16}}{9.11\times10^{-31}}} = 1.87\times10^{7}\,\mathrm{m\,s^{-1}} \tag{8-15}$$

となるので，その波長は

$$\lambda = \frac{h}{mv} = \frac{6.63\times10^{-34}\,\mathrm{J\,s}}{9.11\times10^{-31}\times1.87\times10^{7}\,\mathrm{kg\,m\,s^{-1}}} = 3.89\times10^{-11}\,\mathrm{m} \approx 40\,\mathrm{pm} \tag{8-16}$$

となり，X 線の領域となる．

8.2.3 ボーアの量子条件

ボーア模型に従えば電子は高速で陽子の周りを周回しており物質波を伴っている．波は重ね合わせることができるので，波の**位相（phase）**，つまり波の高い場所と低い場所，がずれてくると，電子が円軌道を何度も通る間に物質波の振幅はだんだんと小さくなってついには消えてしまう．物質波が消滅しないためには，位相はいつも同じ繰り返しでなければならず，物質波の波長がちょうど円軌道の円周長の整数倍となる

ルイ・ド・ブロイ

フランスの理論物理学者．1924 年にソルボンヌ大学から物理学の博士号を得る．「電子の波動性の発見」で 1929 年にノーベル物理学賞を受賞した．量子力学の礎を築いた一人．（1892-1987）

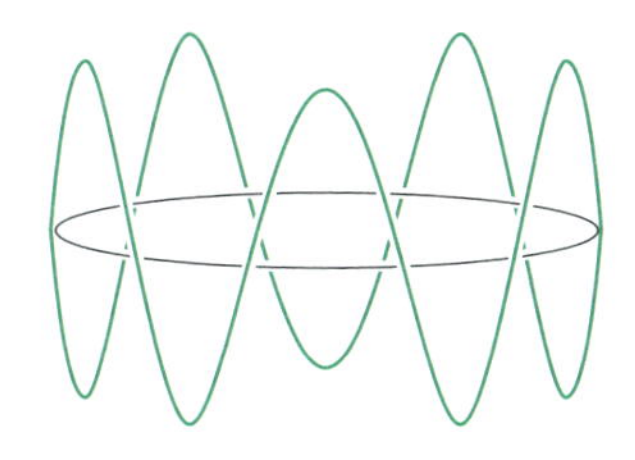

図 8-5 水素原子内の電子の運動に付随する物質波

ことが必要である．これをボーアの量子条件といい，

$$2\pi r = n\lambda \quad (n = 1,\ 2,\ 3,\ \cdots\cdots) \qquad (8\text{-}17)$$

と表すことができる．n を**量子数（quantum number）**という．n が 5 の場合の物質波の様子を図 8-5 に示す．

式(8-12)，(8-13)，(8-17)より，以下の関係式を導くことができる．

$$r_n = \frac{\varepsilon_0 h^2 n^2}{\pi m e^2} \quad (n = 1,\ 2,\ \cdots\cdots) \qquad (8\text{-}18)$$

$$E_n = -\frac{me^4}{8{\varepsilon_0}^2 h^2 n^2} \quad (n = 1,\ 2,\ \cdots\cdots) \qquad (8\text{-}19)$$

$n = 1$ のとき，円軌道の半径は最も短く，全エネルギーは最も低くなり，それぞれ

$r_{n=1} = 5.29\times10^{-11}$ m，$E_{n=1} = -2.18\times10^{-18}$ J

と計算される．同様に $n = 2$ のとき

$r_{n=2} = 2.12\times10^{-10}$ m，$E_{n=2} = -5.45\times10^{-19}$ J

である．半径が 2 倍ではなくて，4 倍になることに注意してほしい．$n = \infty$ では $r_{n=\infty} = \infty$，$E_{n=\infty} = 0$ J であり，これはイオン化状態に対応している．

［例題 8-5］ 式(8-18)と式(8-19)を導出せよ．

［例題 8-6］ ヘリウムイオン（He^+）は原子核の電荷が $+2e$[C]であり，その周りを 1 個の電子が周回している．ヘリウムイオンにボーアの理論を適用して，軌道の半径および対応するエネルギーを求め，水素原子の場合と比較せよ．

式(8-9)に対応する全エネルギーが

$$E = T + V = \frac{1}{2}mv^2 - \frac{2e^2}{4\pi\varepsilon_0 r}$$

となり，同じ手順を踏むと，水素原子と比べて半径は半分，エネルギーは 4 倍安定化することがわかる．

8.2.4 エネルギー準位構造

ボーアの量子条件を適用しなければ，半径はどんな値でもとることができ，したがって全エネルギーは 0（$r = +\infty$）から $-\infty$（$r \fallingdotseq 0$）までのどんな値でもとることができる．つまり半径もエネルギーも任意で連続な値をとることができる．一方ボーアの量子条件を適用すると，n の値が整数でなければならないという制限がかかるため，ある特定の半径しかとることができない．n が 1 と 2 の間の値に対応する半径（5.29×10^{-11}〜2.12×10^{-10} m）の軌道を電子は周回することができないということである．半径の制限に伴い，全エネルギーも連続の値をとることが許されなくなる．このように半径およびエネルギーがある特定の値しかとることができないことを，「半径およびエネルギーが飛び飛びの値をもつ」や「半径およびエネルギーは離散的である」と表現する．

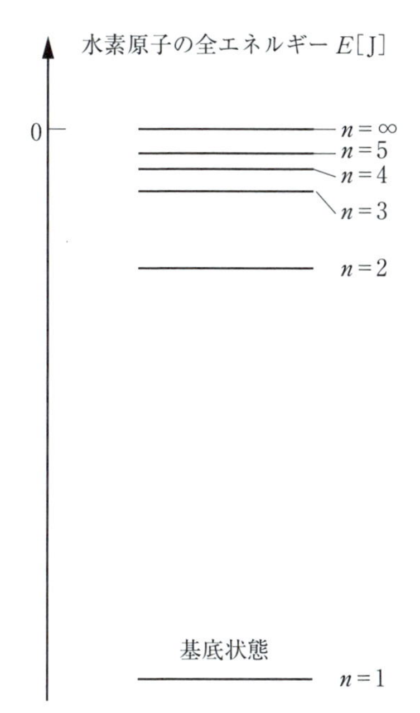

図 8-6 水素原子のエネルギー準位構造

特定のエネルギーをもった電子の軌道のことを，**エネルギー準位（energy level）**という．図 8-6 は離散的な水素原子のエネルギー準位を n の値に対して描いた図であり，これをエネルギー準位図とよぶ．$n = 1$ のとき半径は最も小さく，エネルギーは最も低い．最低エネルギー準位を，**基底準位（ground level）**あるいは**基底状態（ground state）**とよぶ．

基底状態から次に高いエネルギーをもつ準位は $n = 2$ であり，その半径 $r_{n=2}$ は基底状態に比べて 4 倍となることはすでに示した．一方，そのエネルギー $E_{n=2}$ は $E_{n=1}$ に比べて $E = 0$ からの深さが 4 分の 1 となっている．n がさらに増えると全エネルギーはそれに伴って増加するが，その増加分はだんだんと小さくなり，準位間のエネルギー差は減少していく．基底状態より高いエネルギーをもつ軌道のことを，**励起準位（excited level）**あるいは**励起状態（excited state）**

とよぶ．通常基底状態は一つしかないが，励起状態は無数に存在する．

8.2.5　光の吸収と放出

水素分子を放電すると，少し赤みがかった白い発光が観察されるが，この発光にどのような光が含まれているのかを調べてみると，図 8-7 に示されるように約 656，485，430，410 nm に鋭い発光が観測される．横軸に発光の波長，縦軸に発光の強度を表した図を発光スペクトルという．これらの鋭い発光線は水素原子に由来するものであり，「水素原子は可視全域で発光するのではなくて，ある特定の波長のみを発光する」ことがわかる．

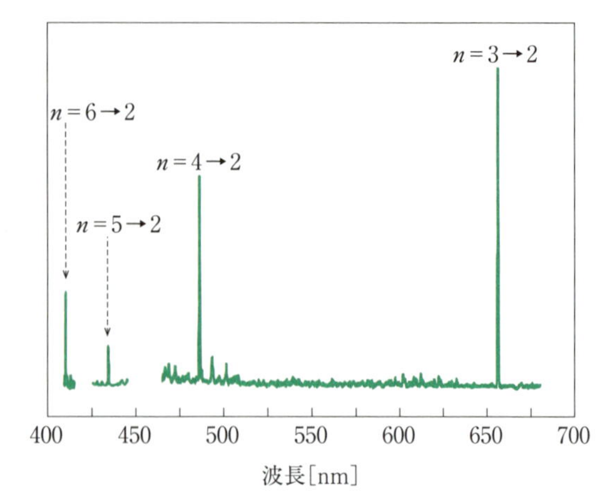

図 8-7　放電中の水素原子からの発光スペクトル

光の吸収と放出について，その基本原理をこれまで学習してきた水素原子のエネルギー準位図を用いて説明しよう．通常水素原子は，一番エネルギーの低い状態つまり基底状態にある．基底状態の水素原子は，外部からエネルギーを供給されることによって，励起状態に移ることができる．エネルギー源としては熱や電子の衝撃などがあるが，光がエネルギー供給源となることもできる．すなわち水素原子は光を吸収して，エネルギーが低い準位から高い準位へ移ることができる．逆にもともと水素原子が励起状態にあったとすると，水素原子は光を放出して，低いエネルギー準位に移ることができる．このように光の吸収や放出によって原子や分子のエネルギー準位が変化することを，**光学遷移（optical transition）**あるいは単に**遷移（transition）**という．

遷移に際してはエネルギー保存則が成立しなければならないので，二つの準位間のエネルギー差 ΔE は，吸収や放出される光子のエネルギーと等しい．すなわち

$$\Delta E = h\nu = \frac{hc}{\lambda} \tag{8-20}$$

が成立しなければならない．実際に水素原子において基底状態（$n = 1$）から第一励起状態（$n = 2$）への遷移の際に吸収される光の波長を求めてみよう．$n = 1$ の軌道から $n = 2$ の軌道に遷移するのに必要な光のエネルギーを $E_{n=1\to2}$ とするとエネルギー保存則から

$$\Delta E = E_{n=2} - E_{n=1} = E_{n=1\to2} = \frac{hc}{\lambda_{n=1\to2}} \tag{8-21}$$

となり，これより $\lambda_{n=1\to2} = 1.22\times10^{-7}$ m $= 122$ nm を得る．

一般に水素原子において，n と $n'(> n)$ の準位間の光の吸収あるいは発光については，そのエネルギー差は式(8-19)から

$$\Delta E = E_{n'-n} = -\frac{me^4}{8\varepsilon_0{}^2h^2}\left(\frac{1}{n'^2} - \frac{1}{n^2}\right) \tag{8-22}$$

と書くことができる．

[例題 8-7]　$n = 1$ の軌道にある電子をイオン化させるのに必要な光の波長を計算せよ．$n = 2$ の場合はどうか．

イオン化状態は $n = \infty$ に相当する．したがってイオン化に必要なエネルギーは

$\Delta E = E_{n=\infty} - E_{n=1} = 0 - E_{n=1} = 2.18\times10^{-18}$ J

であり，このエネルギーが光子のエネルギー $h\nu(= hc/\lambda)$ に等しい．これより $\lambda = 9.12\times10^{-8}$ m $= 91.2$ nm と計算される．

同様に $n = 2$ からのイオン化に必要なエネルギーは

$\Delta E = E_{n=\infty} - E_{n=2} = 0 - E_{n=2} = 5.45\times10^{-19}$ J

であり，対応する波長は 365 nm である．この波長は上で求めた $n = 1$ からのイオン化に要する波長の 4 倍である．遷移エネルギーが 4 倍になると，対応する波長は 1/4 倍に，そして式(8-1)に従って振動数は 4 倍になることに注意しよう．波長は長ければ長いほど，エネルギーは低い．

[例題 8-8]　$n = 3$ から $n = 2$ への発光波長を計算し，図 8-7 と比較せよ．

$n = 3$ の軌道から $n = 2$ の軌道に遷移（発光）する場合の光のエネルギーを $E_{n=3\to2}$ とするとエネルギー保存則から

$$\Delta E = E_{n=3} - E_{n=2} = E_{n=3\to2} = \frac{hc}{\lambda_{n=3\to2}}$$

となり，これより $\lambda_{n=3\to2} = 6.56\times10^{-7}$ m $=656$ nm と計算され，発光スペクトルとよく一致する．

8.2 節のまとめ

• 水素原子の中の電子の運動：ボーアの理論による取り扱い

(1) 物質波の波長 λ：

$$\lambda = \frac{h}{p} = \frac{h}{mv}$$

(2) 軌道半径 r とエネルギー E：

$$r_n = \frac{\varepsilon_0 h^2 n^2}{\pi m e^2} \quad (n = 1,\ 2,\ \cdots\cdots)$$

$$E_n = -\frac{me^4}{8{\varepsilon_0}^2 h^2 n^2} \quad (n = 1,\ 2,\ \cdots\cdots)$$

(3) 光の吸収と放出；二つの準位間のエネルギー差 ΔE は，吸収あるいは放出される光子のエネルギーと等しい．

$$\Delta E = h\nu = \frac{hc}{\lambda}$$

コラム 9　宇宙電波分光学：宇宙に存在している分子を光で観測しよう

ここでは，宇宙に広がる化学の世界を紹介する．天文学は宇宙を対象にし，化学は地球上の物質を対象にしてきた．しかし，光を検出することを通じて，宇宙でも化学的な観点から研究をすることが可能になってきている．例えば，1963 年には電波望遠鏡により星間空間において OH が発見され，次いでアンモニアも発見されている．これらは星間分子とよばれ，現在では 170 種を超えている．さらに，この数は毎年増え続けている．

発見のほとんどは，電波（図 8-2 においておおむね波長 1 mm 以上の領域）の分光観測で行われる（赤外や可視の分光観測で発見される星間分子もある）．電波では，分子の回転を捉えることができる．分子は，ある回転状態からより低い回転状態に移る（回転遷移）ときに電波を放射し，その電波の周波数（振動数）はその分子に固有である．宇宙空間で分子を発見するためには，まずその固有の周波数を知る必要がある．そのために，地球上の実験室で，宇宙空間に存在が予想される分子を生成する．そして，人工の電波光源からの電波を分子に照射し，吸収の周波数をミリ波からサブミリ波の領域できわめて高精度に決定する．次に電波望遠鏡により，その周波数の信号を宇宙空間で探す．もしその周波数に信号が現れれば，その分子を宇宙空間で発見したことになる．

宇宙空間は地球上に比べてきわめて低密度で，また 3〜100 K 程度ときわめて低温（星周雲を除く）であるため，宇宙空間の化学組成は地球上とは大きく異なる．それゆえ，イオンやラジカル（不対電子をもつ分子）などの地球環境では安定に存在できない不安定分子も存在する．イオンは陽イオン（HCO^+, H_3^+ など）だけでなく，負イオン（$C_{2n}H^-$($n=2,\ 3,\ 4$), $C_{2n+1}N^-$ ($n=0,\ 1,\ 2$)）も発見されている．さらに，直線炭素鎖分子とよばれる分子種も多数発見されている．例えば，HC_5N である（おうし座分子雲で観測された HC_5N の回転遷移を図 1 に示す）．直線炭素鎖分子は，黒鉛，ダイヤモンドに続く炭素の第 3 の存在形態といわれている．このシリーズの長いものは $HC_{11}N$ で，13 個の原子からなる．

日本国内での星間分子の観測は，国立天文台の野辺山宇宙電波観測所の 45 m 電波望遠鏡で行われている（図 2）．これまでにこの望遠鏡を用いて発見された星間分子は，C_2S, C_2O, 直線状 C_3H, C_3S, C_4Si, H_2COH^+, HNC_3, CH_2CN, HC_2NC, HC_3NH^+, 直線状 H_2C_4, HCCCOH, C_6H, 環状 C_2H_4O, $HCOOCH_3$

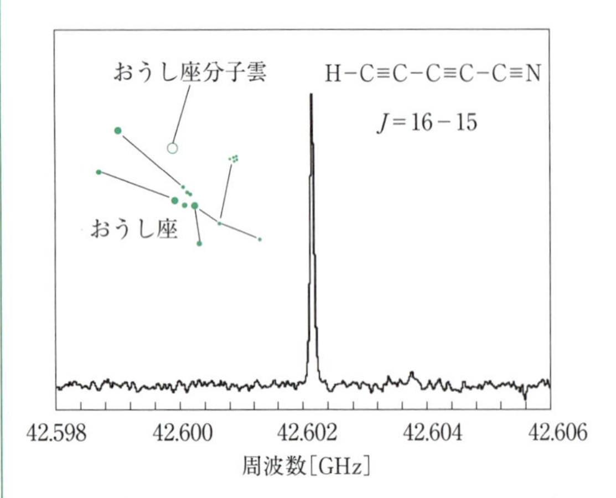

図 1　おうし座分子雲から地球に届く HCCCCCN 分子の電波放射スペクトル

図 2　野辺山にある電波望遠鏡

の 15 個である（2015 年時点）.

このような活況を背景に，生体分子，特に最も簡単なアミノ酸であるグリシンの宇宙空間での発見に期待が高まっている．現在，原始地球の最初の有機物は，地球上で合成されたのではなく宇宙から降り注がれた可能性が強く指摘されている*．すなわち，生命の起源は宇宙にあると考えられるようになってきている．そこで，彗星や隕石のような運搬者ではなく，分子の生成現場でアミノ酸を発見することが期待されていて，グリシンを電波望遠鏡で探す試みが世界各地で行われている．

電波観測のすばらしい成果を紹介してきたが，実は大きな弱みがある．それは，分子が大きくなると，回転遷移の数はどんどん増えていき，1 本 1 本の遷移の強度が弱くなっていくことである．そのため，発見される星間分子は，小さいものが多い．直線構造の分子はもともと回転遷移の数が少ないために，比較的大きなものまで測定することができるが，前述の $HC_{11}N$ が現状での限界である．

では，大きな分子は存在するのだろうか．星周雲では，赤外領域の振動遷移の観測により，フラーレン C_{60} や C_{70} が発見されている．さらに，多環芳香族化合物の振動遷移と考えられるものも発見されている．すなわち，実際には大きな分子が大量に存在していると考えられている．現在発見されている星間分子は，全体からみれば，まだ氷山の一角といえる．今後，電波望遠鏡の進歩や赤外・可視の観測，そして実験室分光との連携によって，さらに多くの星間分子が宇宙空間で続々と発見されるはずである．新奇な分子が新しい化学をみせてくれることに期待したい．

* P. Ehrenfreund, W. Irvine, L. Becker, J. Blank, J.R. Brucato, L. Colangeli, S. Derenne, D. Despois, A. Dutrey, H. Fraaije, A. Lazcano, T. Owen, F. Robert, an International Space Science Institute ISSI-Team, “Astrophysical and astrochemical insights into the origin of life,” *Rep. Prog. Phys.*, **65**（2002）1427–1487.

コラム 10　蛍光 X 線分析：考古試料の謎を解く

炎色反応では元素を炎の中に入れると，元素の種類に応じた特有の色の発光を示す．ボーア模型では原子の軌道電子は，原子核を中心として，内側から K 殻，L 殻，M 殻と名づけられた電子軌道を運動している（図 1）．原子内の電子は外部からエネルギーが加わらない限り，特定の軌道を永久運動している．炎色反応では外部から原子に熱エネルギーが与えられると，基底準位にあった電子が，熱エネルギーを吸収して高いエネルギー準位へと励起される．励起された電子が，もとへ戻るとき，エネルギー差に相当する光が放出される．熱エネルギーによる励起は，エネルギーが小さいので，関係する電子遷移は外殻の軌道間で起こり，発生する光のエネルギーは可視光となり，炎色反応として観測される．原子の中の電子のエネルギー準位は量子化され，元素の種類によって決まっているので，元素に固有の波長（色）の光が発生し，その光の波長をはかることで，発光した元素の種類がわかり，炎色反応として元素の識別に利用できる．また発光強度は

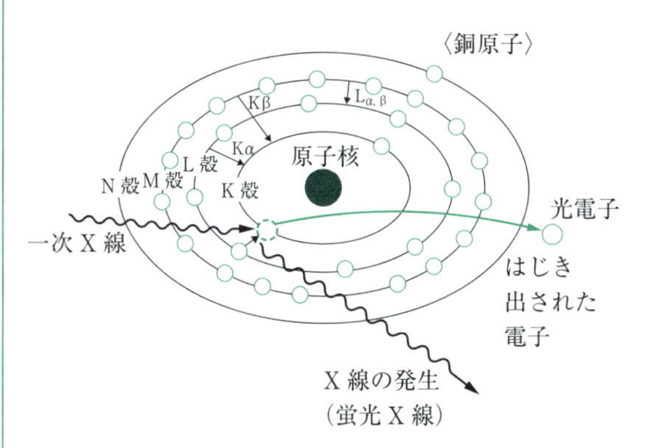

図 1 蛍光 X 線の発生原理と電子遷移

図 3 エジプト古王国の壁画のその場蛍光 X 線分析

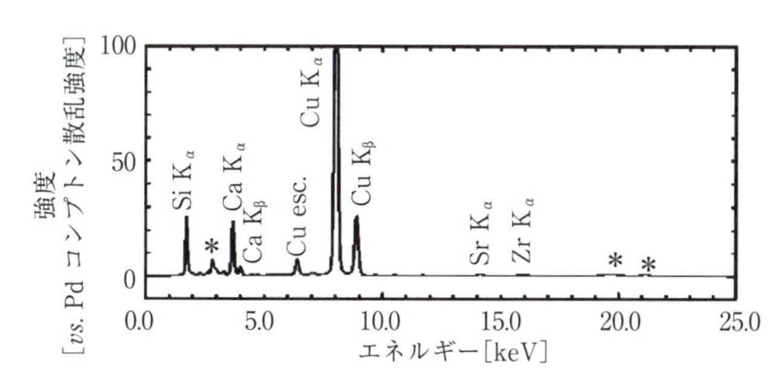

図 2 合成顔料エジプシャンブルー（$CaCuSi_4O_{10}$）の蛍光 X 線スペクトル（*は装置由来のピーク）

元素の量に比例するので，定量分析もできる．このように，原子を励起させて元の状態に戻るとき，その試料の構成元素に応じた発光が，発光スペクトルとして得られる．この原理を利用した元素の定量分析法は，フレーム分析として，環境試料の分析などに広く用いられている．

発光は，原子の熱による励起のほか，X 線や電子線を原子に照射しても発生する．原子に X 線や電子線を照射すると，内殻電子は光電子として原子からはじき飛ばされ，その結果，図 1 のように，例えば K 殻の軌道電子が空位となる．その状態はエネルギー的に不安定なため，外側の軌道，例えば L 殻（エネルギー E_L）から，電子が空の軌道に遷移する．そのとき二つの軌道のエネルギー差（$\Delta E = E_K \sim E_L$）に相当する波長の光が発生する．K 殻と L 殻のエネルギー差は，ちょうど X 線領域であるため X 線が発生し，そのエネルギーは ΔE に等しい．発生した X 線のエネルギーと強度を測定し図示したものが図 2 に示す X 線スペクトルである．ピークのエネルギーは元素に固有なので定性分析が，またピーク強度は，試料に含まれる元素の量に比例するので，定量分析ができる．

電子線を照射して発生する X 線を特性 X 線といい，X 線を照射した時発生する蛍光 X 線と区別される．どちらも分析に用いられ，電子線を照射する分析は，電子顕微鏡と組み合わせて EPMA や SEM-EDX として用いられている．一方，X 線を照射する方法は蛍光 X 線分析とよばれる．

蛍光 X 線分析では，X 線を試料に照射しても，試料は損傷を受けないので，非破壊分析が可能である．そこで，蛍光 X 線分析は，考古試料や文化財などの貴重な試料の分析に適している．蛍光 X 線分析装置はポータブル化が可能で，文化財の発掘現場で分析ができる．ポータブル蛍光 X 線分析装置の写真を図 3 に示す．エジプトの古代遺跡で 4000 年前の壁画をオンサイト分析している写真である．写真の青色の壁画の顔料を分析して得られた蛍光 X 線スペクトルが図 2 である．Si，Ca，Cu のピークが認められ，世界最古の合成顔料エジプシャンブルー（$CaCuSi_4O_{10}$）で描かれたものであることがわかった．

8.3 水素原子の構造：量子力学

ボーアの理論は，水素原子から発せられる光の波長をうまく説明することができた．ボーアの理論によれば，水素原子中の電子は一定の半径をもって等速で円周運動をしていることになるが，この電子の動きはあまりに単純すぎるようにみえる．実際，水素原子の中の電子の運動を記述するには，**波動関数（wave function）**とよばれる量子力学的概念を導入しなければならない．波動関数とは，電子が運動することによって生じる波を数学的に記述したものである．量子力学の本格的な取り扱いは本書の程度を大きく超えるので，水素原子の波動関数を求める方法についてはここでは【発展】とし，その詳細はより高学年になってから学習すればよい．ここではボーアの理論と量子力学という二つの異なる取り扱いによって，水素原子の中の電子の動きを理解しようとするときに，どのような類似点と相違点があるのかを知っておくだけで十分である．

8.3.1 【発展】波動関数の登場

質量 m の粒子（例えば電子）が等速度 v で x 軸正方向に進行する場合，その電子に付随する物質波（図8-4）は周期関数，つまり sin あるいは cos で表記することができそうである．波の高さを**振幅（amplitude）**という．最大の振幅を A，波長を λ とすると，物質波を

$$f(x) = A\cos\frac{2\pi x}{\lambda} \tag{8-23}$$

あるいは

$$g(x) = A\sin\frac{2\pi x}{\lambda} \tag{8-24}$$

と表現することができる．式(8-23)と(8-24)は，波の位相がずれているだけであって，本質的な違いはない．ここでオイラーの公式

$$e^{\pm ix} = \cos x \pm i\sin x \quad (\text{i は虚数単位}) \tag{8-25}$$

を用いると，$f(x)$ は

$$F(x) = Ae^{+i\frac{2\pi x}{\lambda}} = A\cos\frac{2\pi x}{\lambda} + iA\sin\frac{2\pi x}{\lambda} \tag{8-26}$$

の実数部分と等しい．このように波動の様子を記述する数式には，虚数単位が含まれていてもまったく差し支えない．

ためしに $F(x)$ を座標 x で微分してみよう．

$$\frac{d}{dx}F(x) = \frac{d}{dx}Ae^{+i\frac{2\pi x}{\lambda}} = \left(i\frac{2\pi}{\lambda}\right)Ae^{+i\frac{2\pi x}{\lambda}}$$

$$= \left(i\frac{2\pi}{\lambda}\right)F(x) \tag{8-27}$$

この式は

$$\left(\frac{\hbar}{i}\right)\frac{d}{dx}F(x) = \left(\frac{\hbar}{i}\right)\left(i\frac{2\pi}{\lambda}\right)Ae^{+i\frac{2\pi x}{\lambda}} = \left(\frac{h}{\lambda}\right)F(x) \tag{8-28}$$

と書き換えることができる．質量 m の粒子が速度 v_x で x 軸に沿って運動しているとき，運動量 p_x と物質波の波長 λ の間には

$$\lambda = \frac{h}{p_x} = \frac{h}{mv_x} \tag{8-29}$$

の関係があるので，式(8-28)は

$$\left(\frac{\hbar}{i}\right)\frac{d}{dx}F(x) = p_x \cdot F(x) \tag{8-30}$$

と書くことができる．

上式は非常に重要な情報を含んでいる．波動を表す数式 $F(x)$ を座標で微分して，$\hbar/i$ を乗ずるという数学的処理を施すと元の数式 $F(x)$ の定数倍となり，その定数は粒子の運動量を与えるということである．

運動エネルギー T は

$$T = \frac{1}{2}mv^2 = \frac{1}{2}mv_x^2 = \frac{m^2v_x^2}{2m} = \frac{p_x^2}{2m} \tag{8-31}$$

なので，運動エネルギーを求めるための数学的処理は

$$\frac{p_x^2}{2m} = \frac{1}{2m}\left(\frac{\hbar}{i}\frac{d}{dx}\right)^2 = -\frac{\hbar^2}{2m}\frac{d^2}{dx^2} \tag{8-32}$$

となることが予想される．実際にこの数学的処理を行うと，

$$-\frac{\hbar^2}{2m}\frac{d^2}{dx^2}F(x) = -\frac{\hbar^2}{2m}\left(i\frac{2\pi}{\lambda}\right)^2Ae^{+i\frac{2\pi x}{\lambda}}$$

$$= \left(\frac{4\pi^2\hbar^2}{2m\lambda^2}\right)F(x) = \frac{{p_x}^2}{2m}F(x) = T\cdot F(x) \tag{8-33}$$

となり，確かに粒子の運動エネルギーが求められる．

8.3.2 【発展】演算子と固有関数

前項では物質波を表す数式が既知である場合，それに数学的演算を行うことによって，エネルギーや運動量といった重要な物理量を求められるということがわかった．原子や分子を取り扱う量子の世界では，物理量に対応する演算処理（**演算子（operator）**）が決まっている．上述のように x 軸方向の運動量に対しては

$$\hat{p}_x \equiv \frac{\hbar}{i}\frac{d}{dx} = -i\hbar\frac{d}{dx} \tag{8-34}$$

であり，これを運動量演算子という．また運動エネルギーに対しては

$$\hat{T} \equiv -\frac{\hbar^2}{2m}\frac{d^2}{dx^2} \tag{8-35}$$

という演算処理を行えばよい．演算子にはハット（＾）

を付して，それが演算子を表すことを強調する．

これまで一次元の運動，つまり変数が一つの関数を考えてきたが，次に取り扱うような水素原子中の電子は3次元空間内を運動しており，演算子を3次元仕様に拡張しなければならない．まず運動量演算子について，y 軸および z 軸方向の運動量に対しては，式(8-34)との比較から

$$\hat{p}_y \equiv \left(\frac{\hbar}{\mathrm{i}}\right)\frac{\partial}{\partial y}$$

$$\hat{p}_z \equiv \left(\frac{\hbar}{\mathrm{i}}\right)\frac{\partial}{\partial z} \qquad (8\text{-}36)$$

であることは容易に理解されるであろう．三つの座標軸のうちの一つの座標軸に対する微分なので，偏微分を用いている．

運動エネルギーについては

$$T = \frac{1}{2}mv^2 = \frac{1}{2}m(v_x^2+v_y^2+v_z^2) = \frac{(p_x^2+p_y^2+p_z^2)}{2m} \qquad (8\text{-}37)$$

であるので，対応する運動エネルギー演算子は

$$\hat{T} \equiv -\frac{\hbar^2}{2m}\left(\frac{\partial^2}{\partial x^2}+\frac{\partial^2}{\partial y^2}+\frac{\partial^2}{\partial z^2}\right) \qquad (8\text{-}38)$$

となる．全エネルギー E は，運動エネルギー E と位置エネルギー V の和である．位置エネルギー V は x, y, z の関数 $V(x, y, z)$ で与えられるので，全エネルギーに対応する演算子は

$$\hat{H} \equiv -\frac{\hbar^2}{2m}\left(\frac{\partial^2}{\partial x^2}+\frac{\partial^2}{\partial y^2}+\frac{\partial^2}{\partial z^2}\right)+V(x, y, z) \qquad (8\text{-}39)$$

となる．全エネルギーに対応する演算子のことを，特にハミルトン演算子とよぶ．

8.3.3 【発展】波動関数を表示する座標系

水素原子の電子の運動についてボーアの理論を用いて議論したが，実際には電子は単純な円運動をしているわけではない．したがって物質波も図8-5に示されているような単純なものではない．それでは水素原子内の電子の運動に伴う波はどのように数式化できるのであろうか．原子や分子中の電子や原子核などの粒子の運動に付随する波を数式で表したものを，特に波動関数といい，通常ギリシャ文字の Ψ，φ，Φ，ϕ などを用いて表記する．波動関数は空間における波の高さを示すものなので，座標の関数である．一次元の電子の並進運動については座標は x だけでよいが，水素原子中の電子は3次元空間中の運動であるので，その波動関数は座標 x, y, z の関数 $\Psi(x, y, z)$ である．

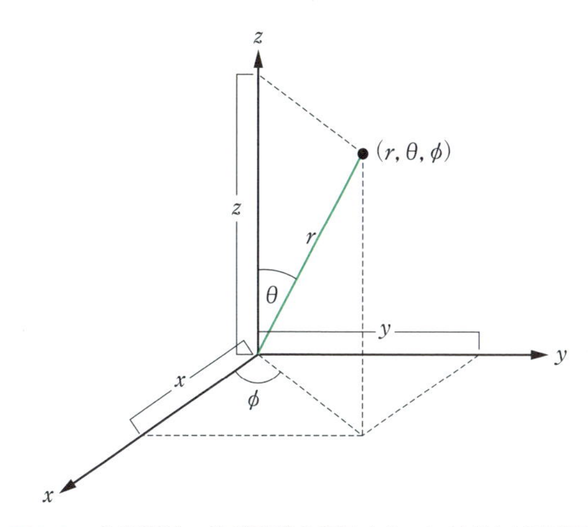

図8-8　水素原子の波動関数を記述するのに便利な極座標系

ただ原子核の周りを廻っている電子を取り扱う場合には，デカルト座標系，つまり x, y, z 座標系よりは，図8-8に示すように原子核から電子までの距離（これを動径という）を変数とした方がずっとイメージが取りやすい．これを**極座標系（polar coordinates system）**という．極座標では動径 r のほかに，z 軸からどのくらいの傾いているかを示す角度 θ と x 軸からどのくらい回転しているかを示す角度 ϕ の組み合わせ (r, θ, ϕ) で空間中の一点を決定し，波動関数を r, θ, ϕ の関数 $\Psi(r, \theta, \phi)$ で表示する．図8-8よりデカルト座標系と極座標系の間には次のような関係がある．

$$x = r\sin\theta\cos\phi$$

$$y = r\sin\theta\sin\phi$$

$$z = r\cos\theta \qquad (8\text{-}40)$$

8.3.4 【発展】水素原子の波動関数を求める方法

水素原子の位置エネルギーは，電子と原子核との間のクーロンエネルギー

$$V(r) = -\frac{e^2}{4\pi\varepsilon_0 r} \qquad (8\text{-}41)$$

であるので，水素原子の波動関数が満たすべき式は

$$\left[-\frac{\hbar^2}{2m}\left(\frac{\partial^2}{\partial x^2}+\frac{\partial^2}{\partial y^2}+\frac{\partial^2}{\partial z^2}\right)-\frac{e^2}{4\pi\varepsilon_0 r}\right]\Psi(r, \theta, \phi) = E\Psi(r, \theta, \phi) \qquad (8\text{-}42)$$

となる．上式にはデカルト座標系と極座標系が混在していて，このままではこの方程式を解くことはできない．この障害は，デカルト座標系における2次微分を，式(8-40)を用いて極座標系に変換することによって取り払うことができる．途中経過は参考書に譲ることにして，結果のみを示すと

$$\left[\left\{-\frac{\hbar^2}{2m}\left(\frac{1}{r^2}\right)\left(\frac{\partial}{\partial r}r^2\frac{\partial}{\partial r}\right)+\left(\frac{1}{r^2\sin^2\theta}\right)\left(\frac{\partial^2}{\partial\phi^2}\right)+\left(\frac{1}{r^2\sin\theta}\right)\frac{\partial}{\partial\theta}\sin\theta\frac{\partial}{\partial\theta}\right\}-\frac{e^2}{4\pi\varepsilon_0 r}\right]\Psi(r,\theta,\phi)=E\Psi(r,\theta,\phi) \quad (8\text{-}43)$$

となる．上式を極座標系で表した水素原子の中の電子のシュレディンガー方程式という．これを解いて波動関数とエネルギーを求めるのはかなり厄介な作業であり，数学者に任せることにしよう．

8.3.5　水素原子の波動関数とエネルギー

最もエネルギーの低い軌道である 1s 軌道と，2 番目にエネルギーの低い 2s，$2p_x$，$2p_y$，$2p_z$ 軌道の波動関数は以下のとおりである．

1s 軌道　$\dfrac{1}{\sqrt{\pi}}\left(\dfrac{1}{a_0}\right)^{\frac{3}{2}}e^{-\frac{r}{a_0}}$

2s 軌道　$\dfrac{1}{4}\dfrac{1}{\sqrt{\pi}}\left(\dfrac{1}{a_0}\right)^{\frac{3}{2}}\left(2-\dfrac{r}{a_0}\right)e^{-\frac{r}{2a_0}}$

$2p_x$ 軌道　$\dfrac{1}{4}\dfrac{1}{\sqrt{\pi}}\left(\dfrac{1}{a_0}\right)^{\frac{5}{2}}xe^{-\frac{r}{2a_0}}$　(8-44)

$2p_y$ 軌道　$\dfrac{1}{4}\dfrac{1}{\sqrt{\pi}}\left(\dfrac{1}{a_0}\right)^{\frac{5}{2}}ye^{-\frac{r}{2a_0}}$

$2p_z$ 軌道　$\dfrac{1}{4}\dfrac{1}{\sqrt{\pi}}\left(\dfrac{1}{a_0}\right)^{\frac{5}{2}}ze^{-\frac{r}{2a_0}}$

上式に含まれる定数 a_0 は，ボーアの理論で導出した $n=1$ の場合の半径

$$a_0 = r_{n=1} = \frac{\varepsilon_0 h^2}{\pi m e^2} \quad (8\text{-}45)$$

に相当する．コンピュータで 1s，2s および $2p_z$ 軌道の波動関数の値を計算し，それを図示したものが図 8-9 である．1s 軌道はどの場所でも正の振幅をもっていて，中心（原子核の位置）で最も振幅が大きく，原子核から離れるにつれて振幅は単調に減少していく．2s 軌道は 1s 軌道と類似しているが，原子核から少し離れたところで負の振幅をもつ．一方 $2p_z$ 軌道は，原子核を中心として振幅の符号が逆転している．

これらの波動関数に対応するエネルギーは，式(8-43)から計算され，1s 軌道については，

(a)

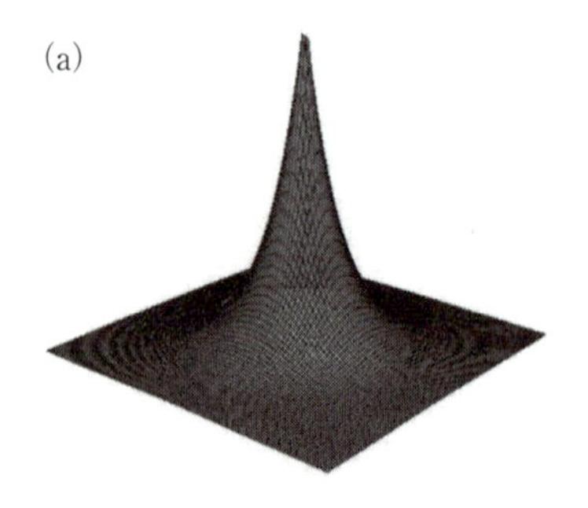

(b)

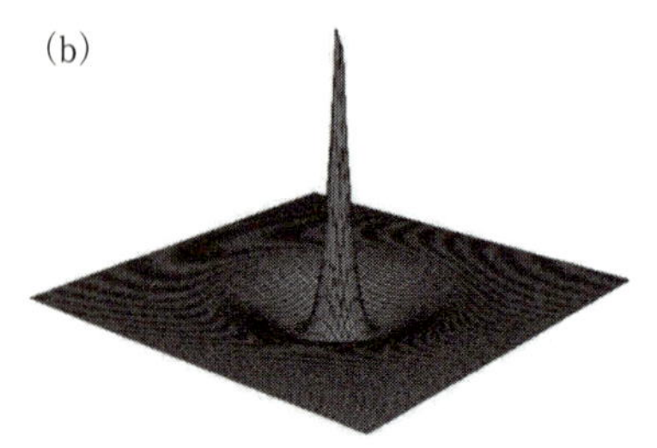

(c)

図 8-9　1s (a)，2s (b)，$2p_z$ (c) 軌道の波動関数の振幅の様子

$$E_{1s} = -\frac{me^4}{8{\varepsilon_0}^2 h^2} \quad (8\text{-}46)$$

2s，$2p_x$，$2p_y$，$2p_z$ 軌道については，

$$E_{2s}=E_{2p_x}=E_{2p_y}=E_{2p_z}=-\frac{me^4}{32{\varepsilon_0}^2h^2} \quad (8\text{-}47)$$

である．シュレディンガー方程式から得られた上記エネルギーを，ボーアの理論から導出されたエネルギーの式(8-19)

$$E_n = -\frac{me^4}{8{\varepsilon_0}^2h^2n^2}$$

と比較すると，まったく同じ式であることに気がつく．つまり 1s 軌道のエネルギーは，ボーアの式の $n=1$ の場合に相当し，2s，$2p_x$，$2p_y$，$2p_z$ 軌道のエネルギーは $n=2$ の場合に相当する．ボーアの時代には量子論はまだ完成されてはおらず，電子は粒子として考えられていた．にもかかわらずボーアの理論はシュレディンガー方程式，つまり量子力学から得られるエネルギー値とまったく同じ値を導くことができたのである．

エルヴィン・シュレディンガー

オーストリアの物理学者．ブレスラウ大学，チューリッヒ大学，ベルリン大学教授等を歴任し，1956 年オーストリアに帰国，ウィーン大学教授を務めた．1933 年英国の物理学者ポール・ディラックとともにノーベル物理学賞を受賞した．(1887-1961)

8.3.6　電子はどこにいるのか

粒子の運動を波動関数として表すと，数学的処理を施すことによって運動量やエネルギーといった物理量を計算できることを示した．これらに加えて重要な情報として，粒子の位置がある．もちろん水素原子中の電子は狭い空間を高速で動き回っているので「一瞬一瞬に電子が原子核からどのくらい離れているところにいるのか逐一決定する」のはあまり意味がなさそうである．それよりは「平均して電子が原子核からどのくらい離れたところに存在しているのか」を調べた方が直感的にも理解しやすい．つまり，電子の存在確率が原子核からの距離によってどのように変化するかを議論した方が合理的である．

ボーアの理論によれば，$n = 1$ の軌道では電子は半径 a_0 の円周上を周回しているので，半径 $r = a_0$ 以外の場所（内側であっても外側であっても）には電子は存在しない．つまり $r = a_0$ 以外の場所で電子を見出す確率は 0 であり，これを図で示すと図 8–10(a)のようになる．

電子の運動が波動関数で示されているときに，電子の存在確率 $P(r)$ を求める方法は次のように定式化されている．

$$P(r)\mathrm{d}r = \Psi(r, \theta, \phi)^2 4\pi r^2 \mathrm{d}r \qquad (8\text{-}48)$$

量子力学では波動関数の 2 乗 $\Psi(\mathrm{r}, \theta, \phi)^2$ は粒子の存在確率に対応する．半径 r の球面の表面積は $4\pi r^2$ であるので，$4\pi r^2 \mathrm{d}r$ は半径 r，厚さ $\mathrm{d}r$ の球殻の体積に相当する．したがって式(8-48)は半径 r，厚さ $\mathrm{d}r$ の球殻の体積中に電子を見出す確率を表している．

1s 軌道について考えてみよう．1s 軌道の波動関数を式(8-48)に代入すると，

$$P(r) = \frac{1}{\pi}\left(\frac{1}{a_0}\right)^3 \mathrm{e}^{-\frac{2r}{a_0}} 4\pi r^2 = \text{定数} \times r^2 \mathrm{e}^{-\frac{2r}{a_0}} \qquad (8\text{-}49)$$

(a)

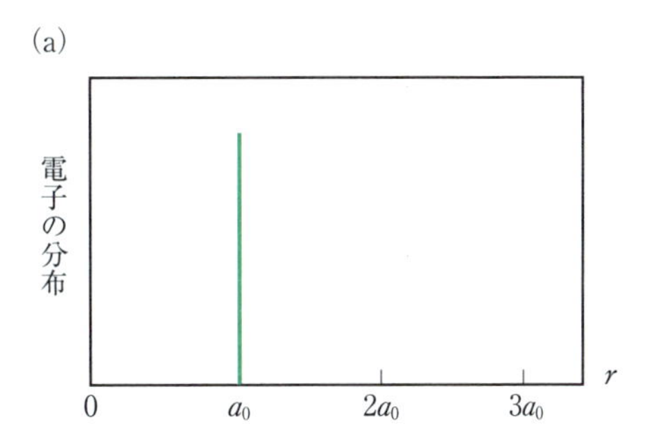

(b)

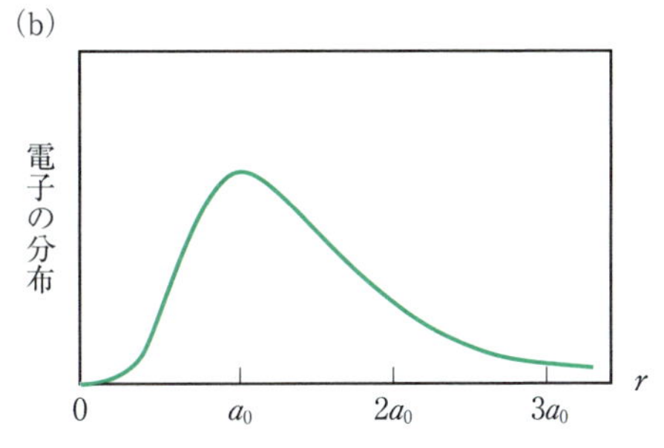

図 8–10　水素原子中における電子の分布．(a) ボーアのモデルにおける $n = 1$ の軌道，(b) 量子論における 1s 軌道．

がえられ，図 8–10(b)のようになる．横軸は r，つまり原子核から電子までの距離である．この図から，1s 軌道の電子は原子核から離れるにつれて存在確率が増大していき，半径が a_0 のところで最大値をとり，さらに離れるにしたがって存在確率は単調に減少していく．つまり電子は空間全領域に分布している．一方存在確率が最大となる半径が，ボーアの理論で求められた軌道半径になっていることが注目される．このことは電子が空間中に一様に分布しているのではなく，半径 a_0 の円周上に多く分布していることを示している．

8.3 節のまとめ

・水素原子の中の電子の運動：量子力学による取り扱い

(1)　波動関数による電子の運動の表現．例えば 1s 軌道は

$$\Psi = \frac{1}{\sqrt{\pi}}\left(\frac{1}{a_0}\right)^{\frac{3}{2}} \mathrm{e}^{-\frac{r}{a_0}}$$

(2)　ボーアの理論と同じエネルギー準位構造を与える．

$$E_n = -\frac{me^4}{8\varepsilon_0{}^2h^2n^2} \quad (n = 1,\ 2,\ \cdots\cdots)$$

(3)　電子はボーアの理論のような半径一定の円周運動ではなく，より広い領域に分布していることが示される．

参考文献

初等量子化学に関して

［1］中田宗隆，“量子化学—基本の考え方 16 章”，東京化学同人（1995）．

［2］井上晴夫，“量子化学 I—波動方程式の理解”，丸善（1996）．

［3］真船文隆，“量子化学—基礎からのアプローチ”，化学同人（2007）．

量子化学・光化学の標準的な参考書として

［4］D.A. McQuarrie, J.D. Simon 著，千原秀昭，江口太郎，齋藤一弥訳，“マッカーリ・サイモン物理化学（上・下）”，東京化学同人（1999，2000）．

［5］P.W. Atkins, J. de Paula 著，千原秀昭，中村亘男訳，“アトキンス物理化学 第 8 版（上・下）”，東京化学同人（2009）．

［6］David W. Ball 著，田中一義，阿竹徹監訳，“ボール物理化学 第 2 版（上・下）”，化学同人（2015）．

コラム 11 光化学と環境科学の深い関係：オゾン層とオゾンの消滅

原子や分子が光を吸収し，それらがエネルギーの低い状態（通常は基底状態）から高い状態（励起状態）へ遷移できることを学んだ．励起状態にある原子や分子は不安定であり，長時間そこにとどまることはできない．光子から得たエネルギーを再び光子として放出する現象が発光である．発光は**蛍光（fluorescence）**と**りん光（phosphorescence）**に大別されるが，通常私たちが目にする発光の多く，例えばこれまで述べてきた水素原子の発光や，蛍光灯からの白色光などは文字どおり蛍光である（蛍光は同じスピン多重度をもつ状態間の発光であり，りん光はスピン多重度が異なる状態間の発光と定義される）．蛍光のほかに，励起状態における重要なエネルギー発散過程として化学結合の切断（光解離や光分解とよばれる）がある．そしてこの光分解反応が地球上における我々人類の生存に直接関わっているのである．

地表から高度約 13 km までの領域を対流圏，その上空約 50 km までの領域を成層圏という．地球大気は O_2 約 20%，N_2 約 80%の混合気体である．O_2 は太陽光のうち紫外線（おおよそ 190〜240 nm）を吸収し励起状態となるが，励起状態の O_2 はただちに二つの酸素原子に分解する．

$$O_2 + h\nu\ (\text{紫外線}) \longrightarrow O + O \qquad (1)$$

この光分解反応で生成した酸素原子は，周辺の O_2 と反応し O_3 を生成する．

$$O_2 + O + M\ (O_2,\ N_2\ \text{など}) \longrightarrow O_3 + M \qquad (2)$$

式(2)で生成した O_3 は O と反応し，O_2 に戻る．

$$O_3 + O \longrightarrow 2O_2 \qquad (3)$$

オゾン（ozone）は 200 nm から 320 nm にかけて強い吸収帯（Hartley bands とよばれ，おおよそ 250 nm に吸収ピークをもつ）がある．オゾンは紫外線を吸収して励起状態となり，励起状態はただちに分解して酸素分子を生成する．

$$O_3 + h\nu\ (200\sim320\ \text{nm}) \longrightarrow O_2 + O \qquad (4)$$

このように O_3 と O は反応式(1)〜(4)により生成と消滅を繰り返し，その結果 O_3 の濃度は一定に保たれ，上空約 20 km（成層圏）でオゾン濃度が最大となる**オゾン層（ozone layer）**を形成する．ここで重要なことは，太陽光に含まれる 300 nm 以下の紫外線はオゾンによってほぼ 100%吸収され，対流圏には到達しないということである．地球上の生命体を構成する DNA は波長 300 nm 以下の紫外光を吸収して破壊されるので，この紫外光の存在下では生命を維持することはできない．つまり我々が地表で生命活動を営むことができるのは，オゾン層のおかげであるといってもよい．

1974 年 Molina と Rowland は，クロロフルオロカーボン（CFC）から成層圏に多量の塩素原子（Cl）が供給されることによって，オゾン層の破壊がもたらされる可能性を指摘した．CFC とは分子内に塩素とフッ素を含む分子（$CFCl_3$，CF_2Cl_2 など）であり，はじめ家庭用冷蔵庫の冷媒として開発されたもので，すべて人為起源物質である．CFC，例えば CF_2Cl_2 は非常に安定な化合物であり，対流圏では光分解されず，すべて成層圏に到達して光分解の結果 Cl 原子を生成する．

$$CF_2Cl_2 + h\nu\ (\sim200\ \text{nm}) \longrightarrow CF_2Cl + Cl \qquad (5)$$

Cl はオゾンとただちに反応し，ClO という反応活性種を生成する．

$$Cl + O_3 \longrightarrow ClO + O_2 \qquad (6)$$

ClO の反応としては次式が重要である．

$$ClO + O \longrightarrow Cl + O_2 \qquad (7)$$

反応式(6)と(7)を足し算すると，正味の反応として

$$O + O_3 \longrightarrow 2O_2 \qquad (8)$$

のオゾン消失サイクルを形成し，成層圏におけるオゾン濃度は劇的に減少する．

実際に 1985 年南半球においてオゾン密度が通常の約 3 分の 1 にまで低下しているということが報告された．この現象は南極大陸全体を覆うスケールで起こっていることが衛星観測からも判明し，南極オゾンホールと命名された．

このような人類の生存に関わるような地球規模での環境破壊を食い止めるため，1987 年オゾン層を破壊する恐れのある物質を指定し，これらの物質の製造，消費および貿易を規制することを目的とした「オゾン層を破壊する物質に関するモントリオール議定書」が採択された．

コラム12　レーザー：その仕組みと発振の原理

レーザー（laser）は，発表や会議の際に使うレーザーポインターや眼の手術など，今や我々の身のまわりの生活において普通に使われている光発生器，つまり光源である．普段見慣れている光源，例えば太陽や蛍光灯などと異なり，レーザー光は直進性にすぐれている．ではなぜレーザー光は広がらずにまっすぐ伝搬するのであろうか．

物質は光子を吸収して励起状態を生成する．励起状態は低いエネルギー準位に移り，そのときに物質は蛍光（自然放射）を発する．これまで学んできたこれら基本的な二つの過程のほかに，もう一つ誘導放射過程とよばれる特殊な発光過程が存在する．誘導放射過程とは，励起状態が生成しているときに，外部から加えた光子によって励起状態がより低いエネルギー準位に移り，その分のエネルギーを光子として放出する現象である．図1にその様子を示した．左は光子の吸収によって励起状態が生成する様子を，中央は蛍光，つまり励起状態が光子を放出して低いエネルギー状態へ移る様子を表している．一方，右側が誘導放射過程を表したものであって，励起状態に蛍光と同じ波長の光子が外部から導入されると，それに誘導されて同じ波長の光子を放出する．誘導放射過程では，物質に入射する1個の光子に対して，物質から2個の光子が射出するとみなすことができる．つまり見かけ上光子の数は2倍となり，光の強度が2倍に増幅されることになる．

レーザー発振の原理を単純化して示すと図2のようになる．レーザー装置は図2(a)に示されるように，レーザー結晶とその左右に配置された2枚の鏡，そしてランプから構成される．ランプは写真を撮るときに用いるフラッシュランプのようなものを想像すればよい．またレーザー結晶の中にある○は，レーザー結晶を構成する原子などを表している．さてここでフラッシュをたくことによってレーザー結晶に光を照射（図2(b)）すると，レーザー結晶は光を吸収して，エネルギーの高い状態すなわち励起状態（●）となる（図2(c)）．ここで結晶中央にある励起原子が低いエネルギー準位に移ることによって，蛍光を発したとしよう．この光が右隣りに位置する励起原子に当たると，図1に示したような誘導放射過程の結果光の増幅が起こり，光の強度は倍増する．この光が右方向に進行し，右隣りの励起原子に当たると，ここで同じく誘導放射過程が起こり，光はさらに増強される．このように光は右方向へ伝搬するとともに，その光強度は増幅されていく．さて，光がレーザー結晶の右端を越え右側に設置されている鏡に突き当たると，鏡上で光は反射され左へ方向転換する．そして同じように誘導放射過程によって光増幅を繰り返しながら，左方向へ伝搬する（図2(d)）．光がレーザー結晶の左端を越え左側の鏡に突き当たると，鏡上で光は反射され今度は右へ方向転換し（図2(e)），誘導放射過程によって光増幅

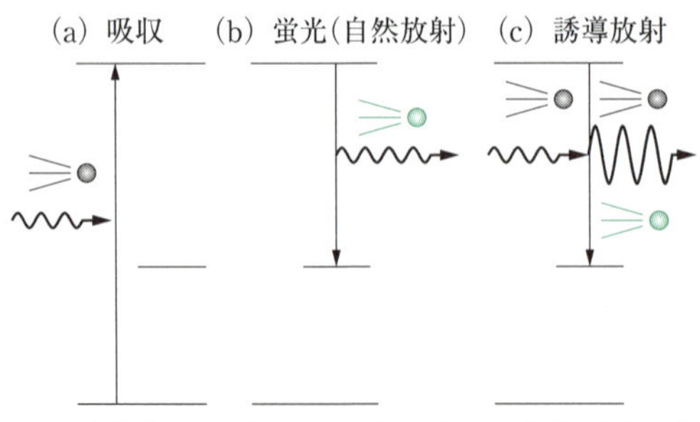

図1　電磁波（光子）が関与する三つの過程．(a)吸収，(b)自然放射，(c)誘導放射．

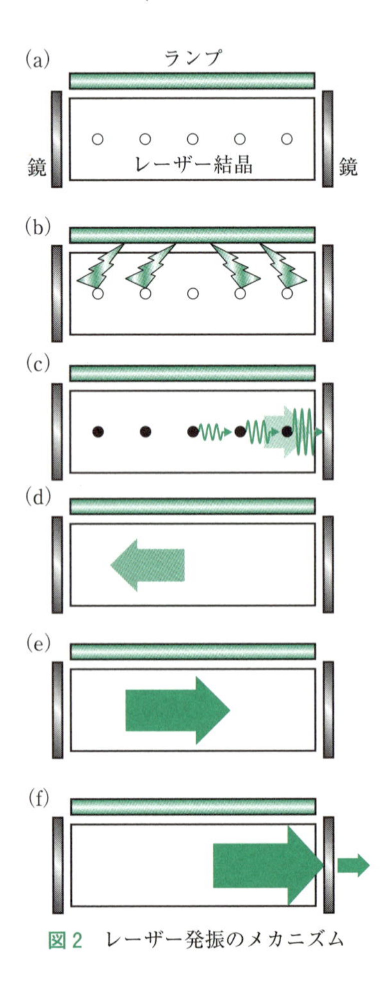

図2　レーザー発振のメカニズム

を繰り返しながら右方向へ伝搬する．このように原子から発せられた光は，両端の鏡の間で行ったり来たりを繰り返しながらその強度を増していく．光の増幅は，励起原子が消失するまで継続する．2 枚の鏡によって囲まれた空間（これを光共振器とよぶ）に電磁波は閉じ込められることになるが，このままでは光を外部に取り出すことはできないので，実際には右側の鏡の反射率を例えば 90%として，増幅された光の一部（10%）を鏡の外に取り出すという作業を行う（図 2(f)）．光の増幅が行われるのは左右の伝搬方向においてだけであって，光の往復がない紙面上下方向では増幅は起こらない．この発振原理によって，レーザーから射出する光が指向性をもって直進することが理解できるであろう．

レーザーは英語では LASER と記載するが，これは Light Amplification by Stimulated Emission of Radiation（電磁波の誘導放射による光増幅）の頭文字をとったものである．

9. 分子の構造と電子

我々の身のまわりの物体はすべて何らかの物質でできているが，より細かく分類するならば，気体は**分子**，液体や固体は，分子や分子の集合体，**イオン**，**金属**から成り立っていることに気付くであろう．原子の成り立ちや電子の振る舞いについては前章で学んできたが，ここでは原子が複数集まって構成される分子がどのような結合から成り立ち構造をつくっているか，また，分子の性質がどのような要因（**電子配置（electron configuration）**，**電子密度（electron density）**，**官能基**（9.2 節参照）など）によって決まってくるかについて述べる．一見，多様で複雑な分子でもその構造や性質を類推できるようになれば，化学物質をみる目が変わってくるのでないだろうか．そこで，本章ではミクロな視点から物質の性質（個性）を考え，原子 → 分子 → 集合体中での分子の振る舞いもしくはほかの物質や熱・光など外部因子との相互作用 = 物質の性質へとアプローチするために，分子の成り立ちとその性質を概観することとする．

9.1 物質の構成：分子・イオン・金属など

物質がどのようなもので構成されているかを考えると，単原子分子（ネオン（Ne），アルゴン（Ar）），水素分子（H_2），酸素分子（O_2），ダイヤモンド（C，巨大分子），鉄（Fe，金属）のような単一元素からなるものや，水（H_2O，分子），メタン（CH_4，分子），塩化ナトリウム（NaCl，イオン性化合物），ポリエチレン（高分子），タンパク質（生体高分子），液晶（分子集合体），ドライアイス（CO_2，分子性結晶）など，複数の原子から構成される分子やその集合体のように複雑な組成をもつものがあり，それぞれ違った性質（個性）を示すことが想像される．これらの物質は，加工することでさまざまな材料として利用できるものもあれば，混ぜると反応が起こる組合せや，熱や光，圧力，電圧などの外部刺激に応じて何らかの物性（色の変化，発光性，電気伝導性，磁性など）を示すものもある．また，生体や自然環境とも大きく関わるものもあるだろう（**図 9-1**）．

では，これらの物質の性質（個性）を決めているのは何であろうか．マクロな視点から物質を眺めると，大まかな分類としては，分子のつくりが単純か複雑か，分子量が小さいか大きいか，どのような状態（気体，液体，固体など）で，どのような構造か（単分子的，高分子的，鎖状，膜状，球状，三次元充塡構造など），電荷を帯びているか中性に近いか，疎水性か親水性か，などで分類できる（**図 9-2**）．もちろん一つ

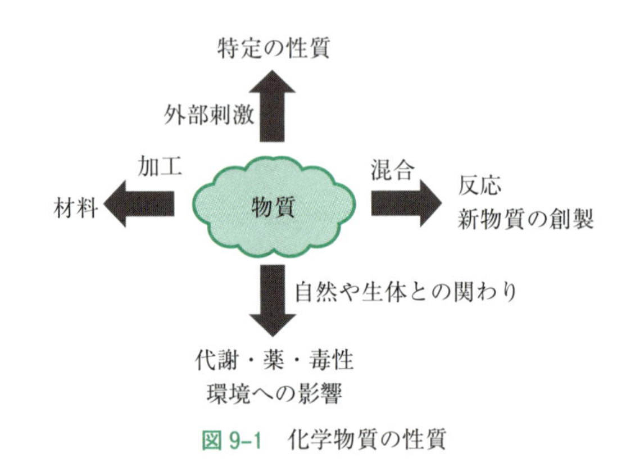

図 9-1 化学物質の性質

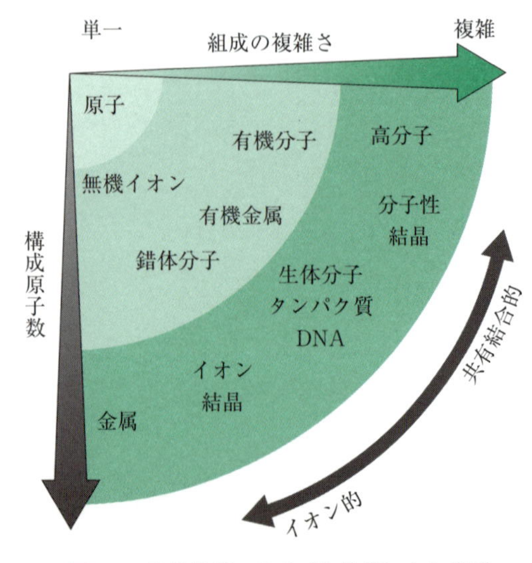

図 9-2 化学物質のサイズと性質による分類

の分子においても気体や溶液中に存在するときと，互いに密に相互作用した分子性結晶中での振る舞いとではその性質は大きく異なる．さらに複雑な組成をもつ物質では，複数の性質（**官能性（functionality）**ともいう）を併せもっており，より詳細に構造を見る必要があることはいうまでもない．それでも，その物質の中で電子がどのような状態にあるか，どのような振る舞いをしやすいかが，物質の性質を決定づける大きな要因となっている．その電子の振る舞いを規定する枠組みとなるのが原子，そしてその原子の結び付きによって形成される分子，あるいは金属の構造である．どのような元素がどのような結合で結び付いているかを理解することで，分子の中での電子の振る舞い，ひいては，集合体の中や外部因子に対する分子の性質を説明できる．

原子がいくつか結び付いたものを**分子**といい，物質としての特性をもつ最小の構成単位となる．本章では主に分子を形づくる原子間の共有結合および分子の性質のもととなる官能基を理解し，分子中で電子がどのような役割を担っているのかを概観する．なお，分子とは対照的に，分子という単位をもたずに原子がそのまま集まって物質を形づくる金属も物質の性質を考えるうえで重要であるが，11 章で詳しく述べられるので，ここでは定義を示すことにとどめる．

金属結合（metallic bond）：ナトリウムなどの金属原子は最外殻電子（価電子）を放出して陽イオンになりやすい．放出された電子は自由電子となって規則正しく並んだ金属イオン間を自由に動き回ることができる．この自由電子を金属原子全体で共有することで原子と原子が強く結び付けられている．この自由電子の振る舞いが金属の性質（電気伝導性など）に深く関わってくる（11 章参照）．

また，元素の種類によっては，電子を放出することで陽イオン（カチオン）になりやすい元素や電子を受けとることで陰イオン（アニオン）になりやすい元素があり，これらが静電引力的に引き合って結び付いた**イオン結合**性化合物として存在する．NaCl や $MgCl_2$ のような単原子イオン（Na^+，Mg^{2+}，Cl^-）からなるものだけでなく，分子全体が電荷を帯びた多原子イオン（アンモニウム $NH_4{}^+$，酢酸イオン $CH_3CO_2{}^-$）もあることに注意してほしい．

9.1.1 分子の成り立ち：共有結合

分子においては，隣り合う原子が不対電子を出し合うことで**共有結合（covalent bond）**とよばれる結合をつくり，原子同士が強く結び付く（9.1.4～9.1.6 項）．

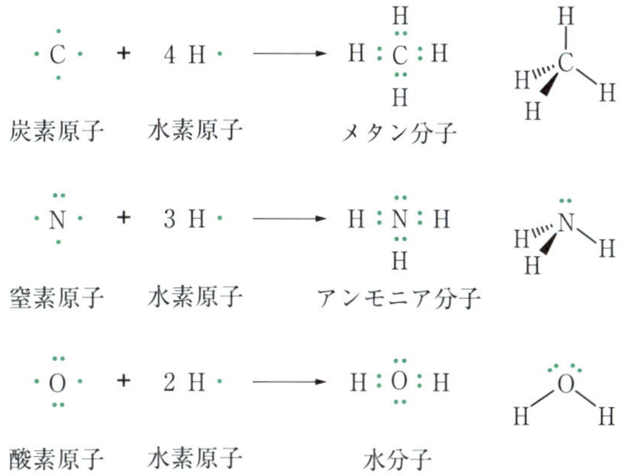

図 9-3 原子間での電子共有による分子の形成

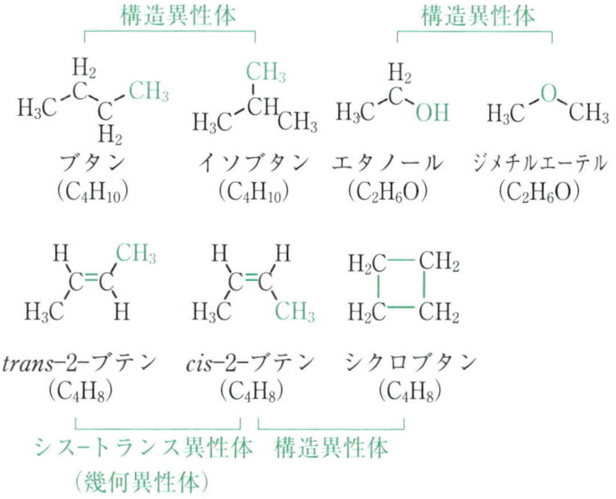

図 9-4 有機分子の構造異性体，幾何異性体

元素の違いにより結合をつくるために供出される電子数（**価電子数（number of valence electron）**，9.1.3 項）は異なり，それにより何本の結合が形成可能か決まる（図 9-3）．炭素であれば価電子数 4 で 4 本の結合，窒素は価電子数 5 で 3 本の結合，酸素は価電子数 6 で 2 本，といった具合である．なお水素は 1 本のみ結合が可能である．このような各原子の組合せで分子が形成されるが，どのような結合で結ばれるか（**単結合（single bond）**，**二重結合（double bond）**，**三重結合（triple bond）**），どのような配列で連結されているかによってもその構造は変わってくる（図 9-4）．例えば，等しい元素組成からなる分子においても，結合順序が異なる構造異性体が存在する場合がある．また，二重結合や環構造に対しては，同じ側に置換基が位置するシス体や反対側に位置するトランス体のような幾何異性体も存在する（9.1.5 項）．なお，このようにして形成された分子においては，元素の種類や結合

の種類により，電子が分子の中のどこに偏りがある（局在化）か，偏りがないか（非局在化），分子として電子を放出しやすいか，受けとりやすいか，どこで反応しやすいか，などの分子固有の性質が決まってくる．

9.1.2　分子構造式と電子分布

分子の構造式では，二つの電子からなる結合を 1 本の線（価標ともいう）で表記する．二重結合には四つの電子が関わるため 2 本の価標（=），三重結合には六つの電子が関わるため（≡）で表す（図 9-4）．また，各炭素に結合されている水素を表記することは煩雑で構造式を見づらくしてしまうため，多くの場合これを省略するが，炭素の結合数に見合う数の水素がついていると考える．しかし，窒素や酸素など炭素以外についた水素は省略してはいけない．また，炭素を表す C も省略が可能であり，線構造式の屈曲点や末端部には炭素（と必要十分な数の水素）があると考える．構造式は紙面上では 2 次元的に表記されるが実際には立体的であり，その立体構造が重要な場合，くさび形結合で表記する場合もある（図 9-5）．アラニンのように 4 種類の置換基が結合した炭素原子（不斉炭素という）をもつ分子では鏡像異性体（エナンチオマー）とよばれる立体異性体が存在する．また，不斉炭素を複数もつ酒石酸のような分子では，鏡像異性体以外にもジアステレオマーやメソ体といった立体異性体が存在する．

このような表記法の一方で，自然界に存在している分子は電子雲を意味する球が連結した構造をとっており，これを表した 3 次元的な図を**空間充塡モデル（space-filling model）**もしくは **CPK モデル**（C，P，K はそれぞれ考案者である R. Corey，L. Pauling，W. Koltun に由来する）という．また，**静電ポテンシャル（electrostatic potential）**マップでは，分子中における電荷分布が色分けされて表示されており，電子の多い部分（δ−）と少ない部分（δ+）がわかりやすくなっている（図 9-6）．窒素や酸素，ハロゲンなど電気陰性度が高い原子では**非共有電子対（lone pair，孤立電子対）**の存在により電子豊富である一方，それらの根元の炭素では電子不足になっていることがみてとれる．また，二重結合や三重結合部位も電子豊富になっており，これらの電子的構造が分子の物性および反応性を説明するうえで重要な意味をもつことが予想される．

ライナス・ポーリング

米国の量子化学者，生化学者．量子力学を化学に応用し，化学結合性に関する業績で 1954 年にノーベル化学賞を受賞．1962 年に地上での核実験反対運動に関する業績でノーベル平和賞を受賞．（1901-1994）

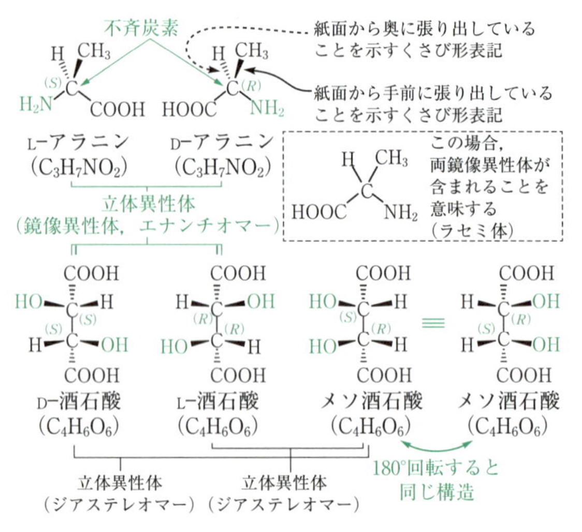

図 9-5　有機分子の立体異性体

表 9-1　原子の電子配置

	K 殻	L 殻		価電子数
	1s	2s	2p	
$_1$H	1			1
$_2$He	2			0
$_3$Li	2	1		1
$_4$Be	2	2		2
$_5$B	2	2	1	3
$_6$C	2	2	2	4
$_7$N	2	2	3	5
$_8$O	2	2	4	6
$_9$F	2	2	5	7
$_{10}$Ne	2	2	6	0

9.1.3　価電子数とオクテット則

ここまでの項において，有機化合物の分子が比較的少数の元素の原子から構成されているにもかかわらず，さまざまな結合と配列のおかげで，多様な構造が形成されうることが理解できたと思う．そこでここからは，各原子がどのような法則で結合を形成し，それぞれの結合がその原子からどのような方向性をもって伸びているのかについて詳しく述べることとする．

第 1 周期から第 2 周期の原子の電子配置を表 9-1 に

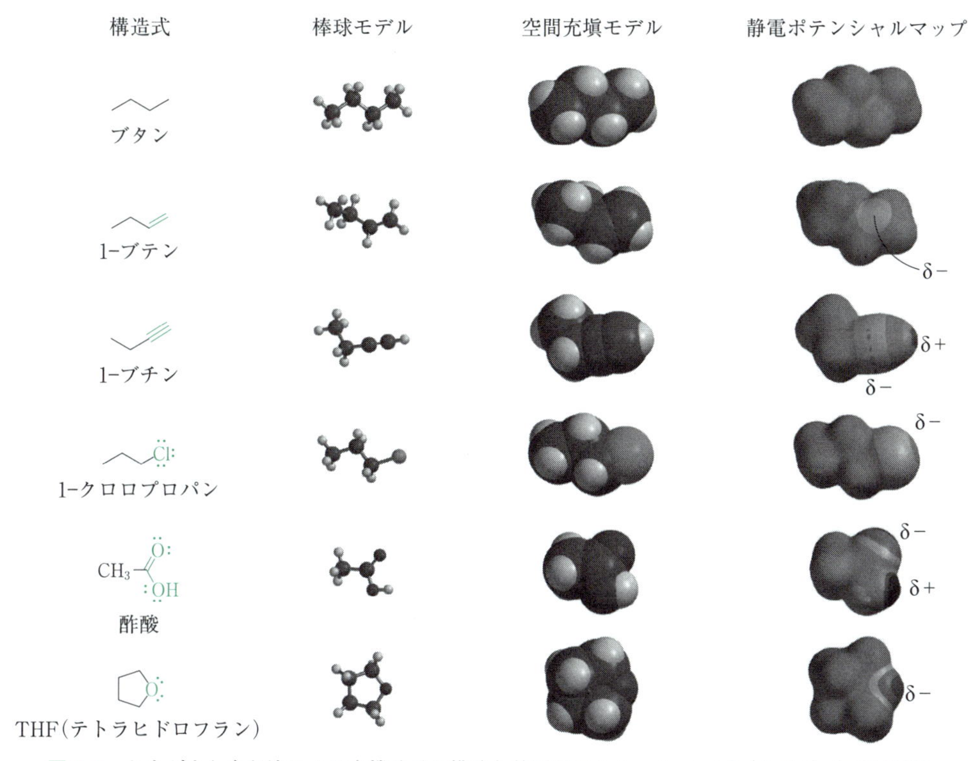

図 9-6　さまざまな表記法による有機分子の構造と静電ポテンシャルマップ（その 1）（口絵参照）

示した．K 殻および L 殻に収容できる電子の最大数はそれぞれ 2 個および 8 個で，電子は K 殻から順に入っていく．最外殻にある 1〜7 個の電子は**価電子（valence electron）**とよばれる．K 殻が満たされた状態にあるのがヘリウムであり，L 殻まで満たされているのがネオンである．ヘリウムやネオンといった貴ガスは単原子分子として安定に存在し，ほかの原子と結合することはまれである．貴ガスの最外殻電子の数は 8 個（ヘリウムは 2 個）で，その電子配置が特別に安定であるため，これらの原子はほかの原子と結合することなく単独で存在する．貴ガス以外の非金属の原子は，同周期の貴ガスと比較すると電子の数が不足した状態にあり，電子の授受や共有によって貴ガスと同じ電子配置をとろうとする傾向にある．9.1.1 項で例示したメタン分子，アンモニア分子，水分子はいずれも安定に存在する分子であるが，炭素原子，窒素原子，酸素原子の最外殻は，水素原子と電子を共有することによって 8 個の電子で満たされている（図 9-3）．原子の最外殻電子の数が 8 個あると分子が安定に存在するという経験則を**オクテット則（octet rule）**という．

ここで原子の価電子数と共有結合の数の関係について考えてみよう．炭素原子の価電子数は 4 個であり，L 殻を 8 個の電子で満たすには電子が 4 個不足している．水素原子は価電子を 1 個もち，ヘリウムと同じ電子配置になるには電子がもう 1 個必要である．どちらの原子も最外殻が満たされた状態で分子をつくるには，炭素原子は 4 個の水素原子と電子を共有しなければならない．したがって，炭素原子は 4 個の水素原子と 4 本の共有結合でつながってメタン分子をつくる．同様に，窒素原子は価電子を 5 個もち，最外殻を満たすには電子が 3 個必要であるため，3 個の水素原子と共有結合でつながりアンモニア分子をつくる．このとき共有結合に使われない価電子が 2 個余り，**非共有電子対**となる．酸素原子は 2 個の水素原子と 2 本の共有結合でつながり水分子をつくる．水分子の酸素原子上には非共有電子対が 2 対存在する．このように，ある原子の共有結合の本数は，その原子がもっている価電子数と最外殻を満たすのに必要な電子の数で決まる．

9.1.4　炭素原子間の単結合：sp^3 混成軌道と σ 結合

分子の立体的な形はさまざまであるが，有機分子によくみられる構造は，四面体形，平面三角形，直線形である．メタン，エタン，エチレン，アセチレンを例に有機分子の構造とその成り立ちをみてみよう．

メタン（CH_4）は，1 個の炭素原子を中心に 4 個の

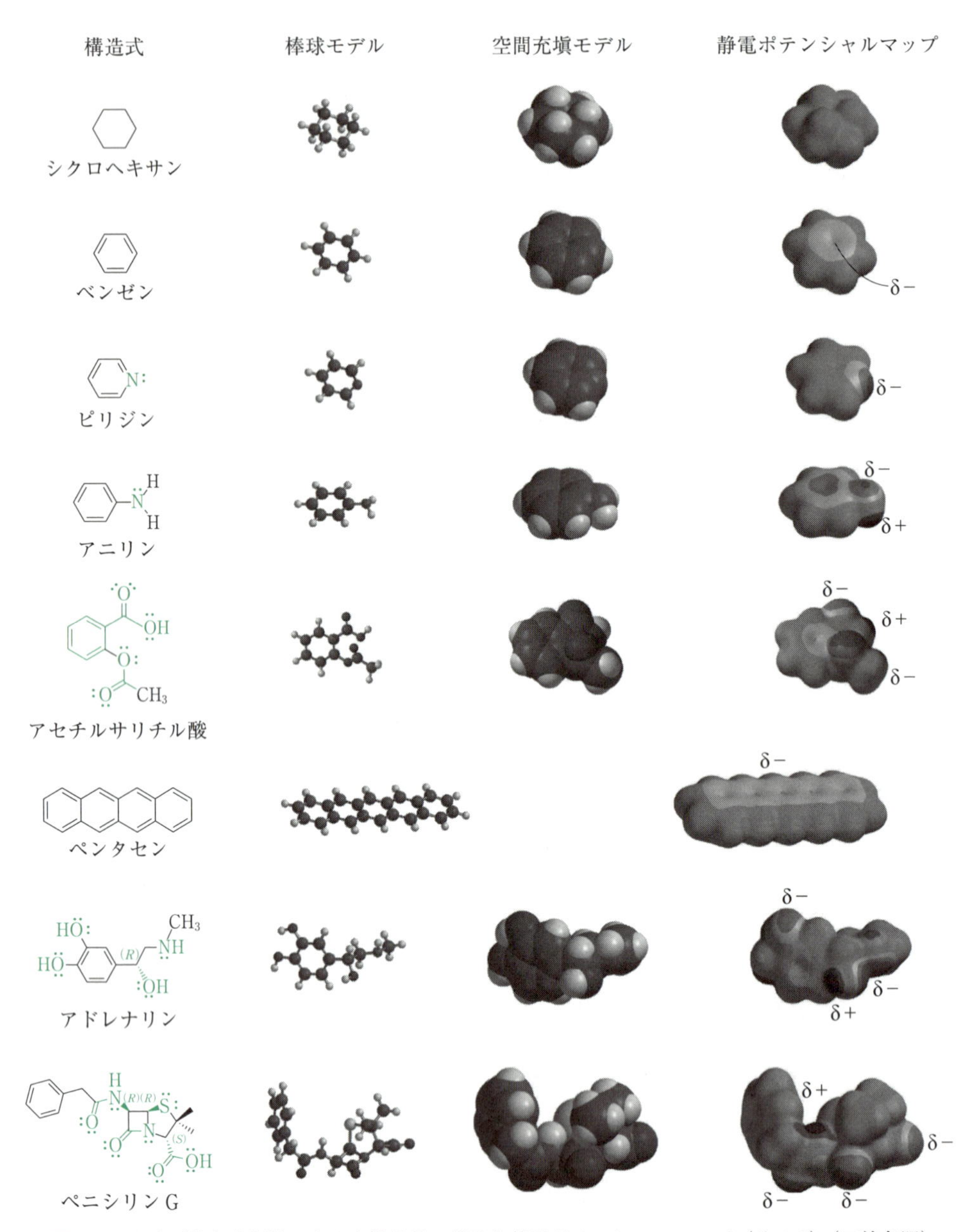

図 9-6　さまざまな表記法による有機分子の構造と静電ポテンシャルマップ（その 2）（口絵参照）

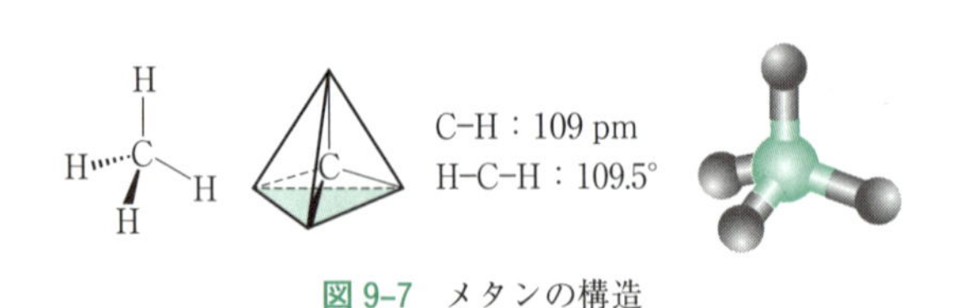

図 9-7　メタンの構造

水素原子が共有結合でつながった分子である．メタン分子は，炭素原子が四面体の中心を占め，4 個の水素原子が四面体の各頂点に位置した正四面体構造をしている（図 9-7）．四つの炭素-水素結合距離は等しく，H−C−H 結合角はすべて 109.5° である．

炭素原子の電子配置は，$(1s)^2(2s)^2(2p)^2$ である．この電子配置からメタン分子の構造を説明することは難しいが，混成軌道の概念を導入するとメタン分子の四面体構造をうまく説明することができる．炭素原子が 4 個の原子と結合するときは，2s 軌道と 3 個の 2p 軌道を混成して，4 個の等価な軌道をつくる．これを **sp^3 混成軌道（sp^3 hybridized orbital）**という（図 9-8）．sp^3 混成軌道には，位相が異なる大きな広がりと小さな広がりがある．4 個の sp^3 混成軌道は，原子核

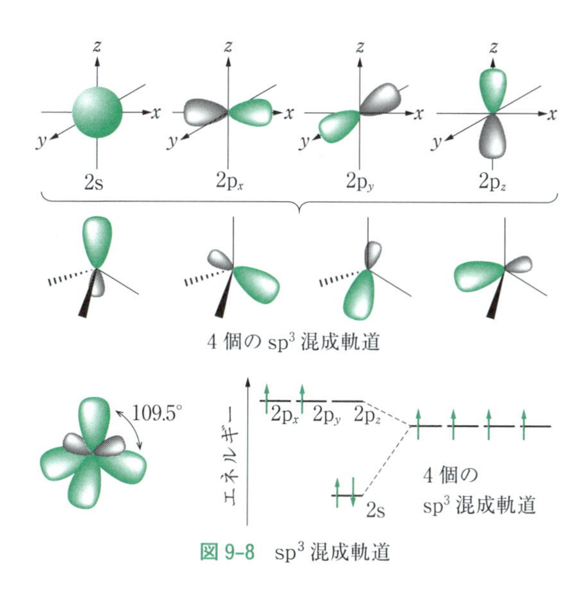

図 9-8　sp^3 混成軌道

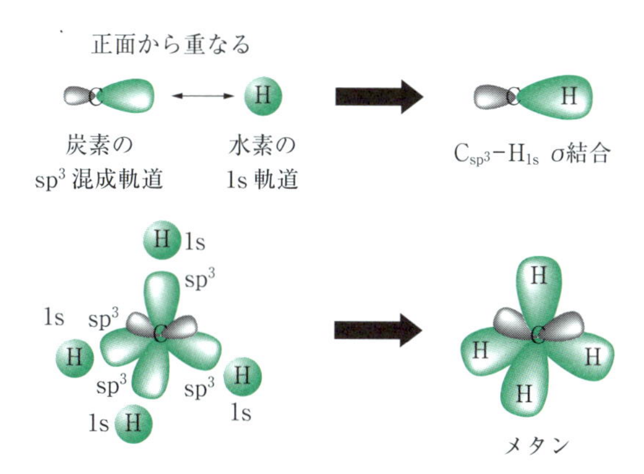

図 9-9　$C_{sp^3}-H_{1s}$ σ 結合とメタン分子の軌道

図 9-10　エタンの構造

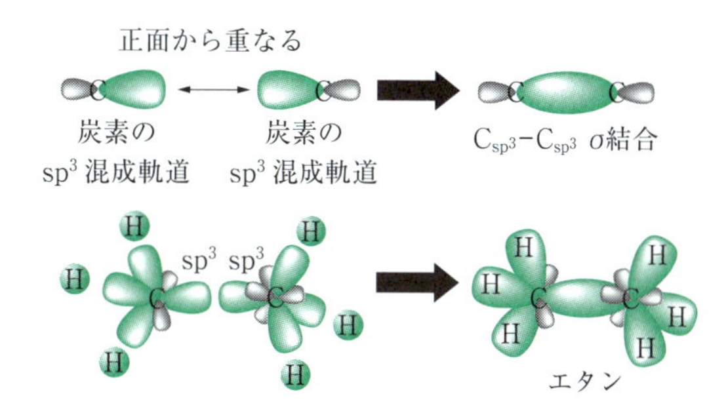

図 9-11　$C_{sp^3}-C_{sp^3}$ σ 結合とエタン分子の軌道

を中心にして正四面体の各頂点方向に広がっている．炭素原子には価電子が 4 個あるので，エネルギーが等しい四つの sp^3 混成軌道に電子が 1 個ずつ入る．

共有結合は，ある原子の電子が 1 個入った軌道と，別の原子の電子が 1 個入った軌道が重なり合って生成する．メタン分子の場合，炭素原子の sp^3 混成軌道の大きい広がりと水素原子の 1s 軌道が重なり合うことで炭素-水素結合がつくられる（図 9-9）．このように，二つの軌道が正面から重なり合って生成する軸対称の結合を **σ 結合（σ bond）** という．軌道同士は，真正面から重なると最も効率がよいため，メタン分子は，sp^3 混成軌道の大きい広がりが張り出している四つの方向に炭素-水素結合をもつ．

エタン（H_3C-CH_3）は炭素-炭素単結合をもつ化合物である．炭素-炭素結合距離は 154 pm（1 pm = 10^{-12} m），炭素-炭素結合を切断するのに必要なエネルギー（結合解離エネルギー）は 366 kJ mol^{-1} である．炭素原子まわりの結合角は 109.5° に近い．すなわち，エタン分子は四面体構造を二つ連結した立体構造をしている（図 9-10）．

エタン分子は，2 個の sp^3 混成炭素原子と 6 個の水素原子からできていると理解すればよい（図 9-11）．2 個の炭素原子の sp^3 混成軌道が重なり合って炭素-炭素 σ 結合がつくられる．あとはメタン分子と同様に，それぞれの炭素原子に残った 6 個の sp^3 混成軌道と水素原子の 1s 軌道との重なりから 6 個の炭素-水素結合がつくられエタン分子となる．

9.1.5　炭素原子間の二重結合：sp^2 混成軌道と π 結合

エチレンは，炭素-炭素二重結合をもつ最も単純な化合物である．エチレン分子を構成する六つの原子は同一平面上に存在する（図 9-12）．炭素原子まわりの結合角はおよそ 120° であり，炭素-炭素結合距離は，エタンよりも 20 pm 短い．また炭素-炭素二重結合の結合解離エネルギーは 719 kJ mol^{-1} である．

9.1.4 項では，2s 軌道と三つの 2p 軌道から等価な 4 個の sp^3 混成軌道をつくったが，エチレンの炭素原子は 2s 軌道と二つの 2p 軌道を混成して 3 個の等価な軌道をつくる．これを **sp^2 混成軌道**という（図 9-13）．このとき $2p_z$ 軌道は変化せずにそのまま残る．3 個の sp^2 混成軌道は，炭素原子を中心として正三角形の各頂点方向に広がった形をしており，張り出した軌

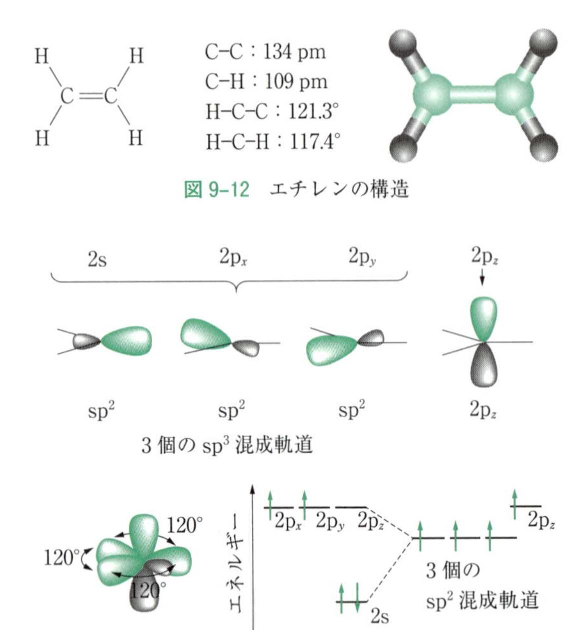

図 9-12　エチレンの構造

図 9-13　sp^2 混成軌道

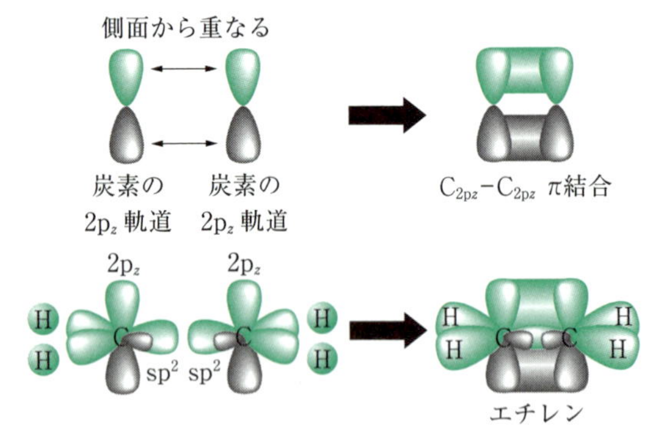

図 9-14　C_{2p}−C_{2p} π 結合とエチレンの軌道

道のなす角は 120° である．残った $2p_z$ 軌道は sp^2 混成軌道の平面に対して垂直方向に位置する．炭素原子の 4 個の価電子のうち，3 個がエネルギーの等しい三つの sp^2 混成軌道に 1 個ずつ入り，残りの 1 個が $2p_z$ 軌道に入る．2 個の sp^2 混成炭素原子が互いに sp^2 混成軌道を向き合わせて接近した場合，エタンのときと同様に炭素-炭素 σ 結合が形成される（図 9-14）．その際，平行に並んだ二つの $2p_z$ 軌道が側面から重なり合う．このように二つの軌道が側面から重なり合うことによりつくられる結合を **π 結合（π bond）** とよぶ．残った四つの sp^2 混成軌道と四つの水素原子の 1s 軌道が重なり合って炭素-水素 σ 結合をつくるとエチレン分子ができあがる．

σ 結合と π 結合からなる炭素-炭素二重結合は，σ 結合のみの炭素-炭素単結合よりも強く短い．しかし，炭素-炭素二重結合の結合解離エネルギーは，炭素-炭素単結合の 2 倍よりは小さい．これは，p 軌道同士の側面からの重なりにより生じる π 結合が，正面からの重なりにより生じる σ 結合ほど強くないためである．分子平面の上下に分布している π 結合の電子は，原子核間の領域を占めている σ 結合より反応性が高く，アルケンの求電子付加反応において重要な役割を果たす．

エタンのような飽和炭化水素では，炭素-炭素単結合のまわりの回転が自由に起こる．一方，アルケンの炭素-炭素二重結合のまわりの回転は起こらない．もし二重結合まわりの回転を起こさせようとすると，π 結合を切断しなければならないためである．したがって，2-ブテンのような 1,2-二置換アルケンにはシス-トランス異性体とよばれる幾何異性体が存在する（図 9-4）．

9.1.6　炭素原子間の三重結合：sp 混成軌道と 2 本の π 結合

アセチレン分子 H−C≡C−H は，2 個の炭素原子と 2 個の水素原子からなる．オクテット則を満たすべく 2 個の炭素原子が原子間で 6 個の電子を共有して三重結合をつくっている．アセチレン分子を構成する 4 個の原子は一直線上にある（図 9-15）．炭素-炭素結合距離は 120 pm で，エチレンの炭素-炭素結合距離よりもさらに短い．また結合解離エネルギーは 957 kJ mol^{-1} である．

sp^3 混成軌道，sp^2 混成軌道に続く三つ目の混成軌道が **sp 混成軌道**である（図 9-16）．2s 軌道と $2p_x$ 軌道を混成すると，2 個の等価な sp 混成軌道ができる．2 個の sp 混成軌道は同軸上にあり，炭素原子を中心に 180° 反対の方向に広がっている．残された $2p_y$ 軌道と $2p_z$ 軌道は，sp 混成軌道に直交している．

2 個の sp 混成炭素原子が互いに近づくと，sp 混成軌道同士の正面からの重なり合いにより炭素-炭素 σ 結合がつくられる（図 9-17）．エチレンの π 結合と同様に，$2p_y$ 軌道と $2p_z$ 軌道は隣りの炭素原子の $2p_y$ 軌道と $2p_z$ 軌道とそれぞれ側面から重なり合って 2 本の π 結合をつくる．それぞれの炭素原子に一つずつ残った sp 混成軌道と水素の 1s 軌道の重なりから C−H 結

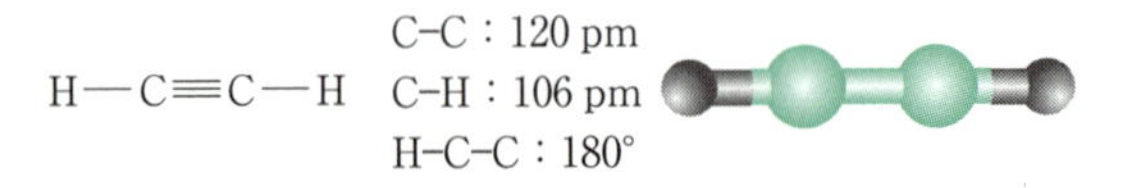

図 9-15　アセチレンの構造

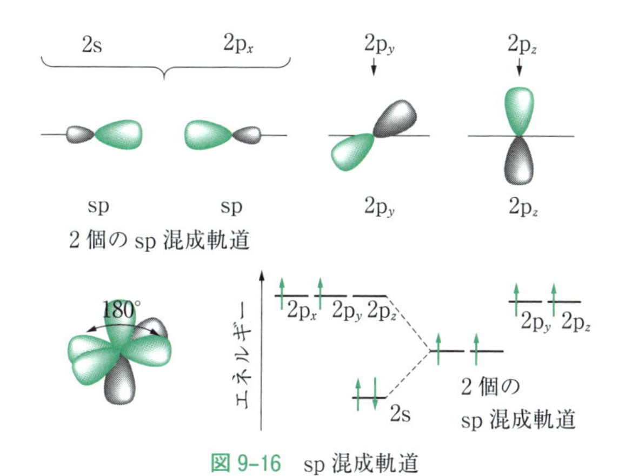

図 9-16 sp 混成軌道

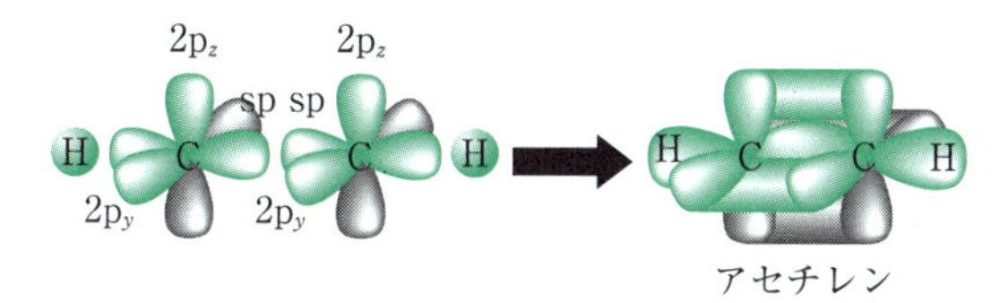

図 9-17 アセチレンの軌道

合をつくると，アセチレン分子が完成する．

9.1.7 極性共有結合

エタン分子の炭素-炭素結合のように同種の原子間でつくられる結合では，2 個の結合電子が 2 個の等価な原子の原子核から等しく引き寄せられるため，電子は対称に分布する（図 9-18）．異種原子間の共有結合では，結合に関与する電子はどのように分布するだろうか．共有結合中の電子を引きつける能力は元素によって異なり，この電子を引きつける能力を数値で表したものが**電気陰性度**である．電気陰性度は，貴ガスを除いて周期表の右上に位置する原子ほど大きく左下に位置する原子ほど小さい（最大値は F の 4.0，最小値は Cs の 0.7）．炭素の電気陰性度は 2.5 である．電気陰性度が異なる原子間の結合では，電子は電気陰性度が大きい原子の方に引き寄せられ電子の分布は非対称になる．このとき電子を引きつける原子はわずかに負電荷（δ−）を，相手の原子は正電荷（δ+）を帯びる．このように結合に極性が生じることを**分極する (polarize)** といい，このとき結合に極性があるという．おおまかな目安として，電気陰性度の差が 0.5～2.0 となる原子の組合せからなる結合は**極性共有結合 (polar covalent bond)** とみなされる．結合の極性の方向は矢印で表され，矢印の先端の原子が電子豊富である．クロロメタン（Cl の電気陰性度は 3.0）とメチルリチウム（Li の電気陰性度は 1.0）の部分電荷と極性の方向を示す矢印を図 9-18 に示した．多原子分子の場合，分子全体の極性は，個々の結合の極性と非共有電子対の寄与のベクトル和によって得られる．

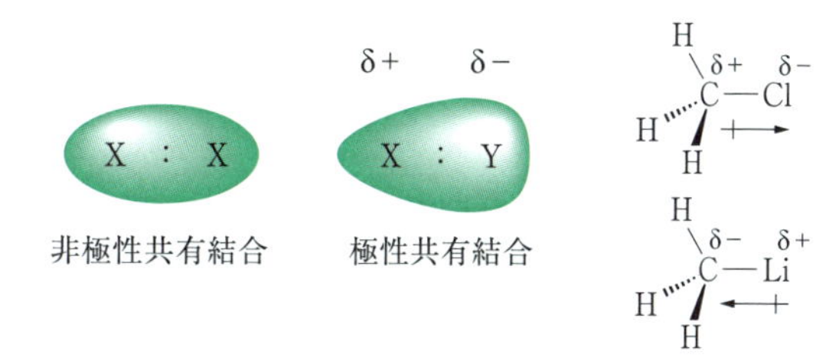

図 9-18 極性共有結合

9.1 節のまとめ

- **分子は，原子が共有結合で連結したものであり，物質の最小構成単位である．二つの原子間で一つずつ電子を出し合うことで共有結合が形成され，一つの単結合あたり 2 電子で構成される．**
- **元素によって最外殻電子（価電子）数は異なり，炭素は 4，窒素は 5，酸素は 6 である．**
- **最外殻電子数が 8 となることで安定化するため，一般的に炭素は 4 本，窒素は 3 本，酸素は 2 本の結合をつくることで安定化する（オクテット則）．**
- **これらの元素においては原子の s 軌道と p 軌道が混成した sp^3 混成軌道や sp^2 混成軌道，sp 混成軌道を形成し，それぞれ単結合，二重結合（σ 結合＋π 結合），三重結合（σ 結合＋π 結合×2）を形成することが可能となる．**
- **これらの結合の組合せにより分子は多様な構造が可能となる．**
- **電気陰性度の異なる元素間の結合では電子が偏った極性結合が形成され，分子の分極や反応性の原因となる電子の偏りを生み出す．**

9.2 官能基による分類

有機化合物の種類は膨大であるが，性質の似たものとして整理すると，比較的少数のグループに分類できることがわかる．**官能基**（**functional group**，置換基の一種）とは，特定のつながり方をした原子の一団のうちで，それをもっている分子に特有の化学特性（官能性）が現れるものを意味する．ここでは最も重要な官能基のいくつかを説明する（図 9-19）．なお，構造式ではしばしば炭素原子と水素原子とからなる炭化水素基をRと略記することがある．例えばROHはアルコールの一般式であり，メタノール（CH_3OH）やエタノール（CH_3CH_2OH）などを一般化した表示である．また，C，H，金属以外の原子は**ヘテロ原子**（**heteroatom**）とよばれ，ヘテロ原子と結合することで極性共有結合となった部位が官能基になっていることが多い．いずれの官能基も電子が豊富に存在する部位や電子不足な部位が特徴的な性質や反応性を示す．

a. アルカン（alkane）

飽和炭化水素（**saturated hydrocarbon**）であるアルカンには特別な官能基がない（図 9-20）．一般に反応性が低く安定な化学種である．そのためしばしば溶媒として用いられる．燃料としても重要な化合物群である．

b. アルケン（alkene）

不飽和炭化水素（**unsaturated hydrocarbon**），オレフィンなどともよばれる（図 9-21），C=C 結合をもつことで置換基の付加や開裂，重合などさまざまな反応性をもつ．複数の二重結合が単結合と隣り合って連結した化合物を**π 共役分子**ともいう（1,3-ブタジエンなど．9.2.1 項）．

c. アルキン（alkyne）

不飽和炭化水素であり，C≡C 結合の反応性はアルケンと類似しているが，反応によってはまったく異なる反応性を示す（図 9-22）．また，末端アルキン C≡CH は弱酸としての性質を示し，塩基によって H を引き抜くことでアセチリドとなる．アセチリドはしばしば C−C 結合形成に用いられる．

d. アレーン（arene）

芳香族化合物（**aromatic compound**）（図 9-23）は，π 電子が環状に非局在化した**π 共役分子**（**π conjugated molecule**）（9.2.1 項）であり，芳香族安定性の効果によりアルケンと比べ安定である．

e. 有機ハロゲン化物（organohalogen compound）

ヨウ化アルキル，臭化アルキル，塩化アルキルは反応性が高い一方で，C−F 結合は解離エネルギーが大きくフッ化アルキルは反応性が低い（図 9-24）．さまざまな基質と反応することでアルキル化剤として働く．また，ハロゲン化アリールは有機金属カップリング反応により置換基の導入が可能である．

f. アルコール（alcohol）

メタノールやエタノールは天然に広く存在し，工業的にも重要である（図 9-25）．OH 基をもつことから，プロトン性極性溶媒（解離しやすい H 原子をもつ極性溶媒）として用いられる．酸や塩基，さらには酸化剤とも反応する．OH 基はさまざまな原子や基へと変換できるため有用な官能基である．ほぼ中性〜弱い酸であり，プロトン（H^+）を放出したアルコキシド（RO^-）は強塩基として用いられる．OH 基がベンゼン環に直接結合した化合物はフェノールとよばれ，アルコールより高い酸性度を示す．

g. エーテル（ether）

ジエチルエーテルや環状エーテルであるテトラヒドロフランはさまざまな化合物を溶解し，アルコールと異なり非プロトン性であり反応不活性であることから有機溶媒として広く用いられる（図 9-26）．一般にエーテルは引火性が高く，空気中で酸化され爆発性のある過酸化物になりやすいため注意が必要である．三員環の環状エーテルであるエポキシドは反応性が高く，さまざまな合成反応に利用される．エーテルの酸素原子を硫黄原子で置換した構造をもつ化合物はチオエーテルもしくはスルフィドとよばれる．なお，石油エーテルは，エーテルという名がつくものの酸素原子は含まないアルカンの混合物である．

h. アミン（amine）

アミンは**塩基性化合物**（**basic compound**）であり，生体を構成する化合物の中で最も豊富に存在する官能基の一つである（図 9-27）．窒素上の非共有電子対が求核性（電子不足の原子に電子対を供与する性質）をもつことにより，ルイス塩基として多くの反応に関わる．また，置換基としてのアミノ基は**電子供与基**（**electron donating group**）として重要である（9.2.3 項）．プロトン化あるいはアルキル化されアンモニウム塩となる．

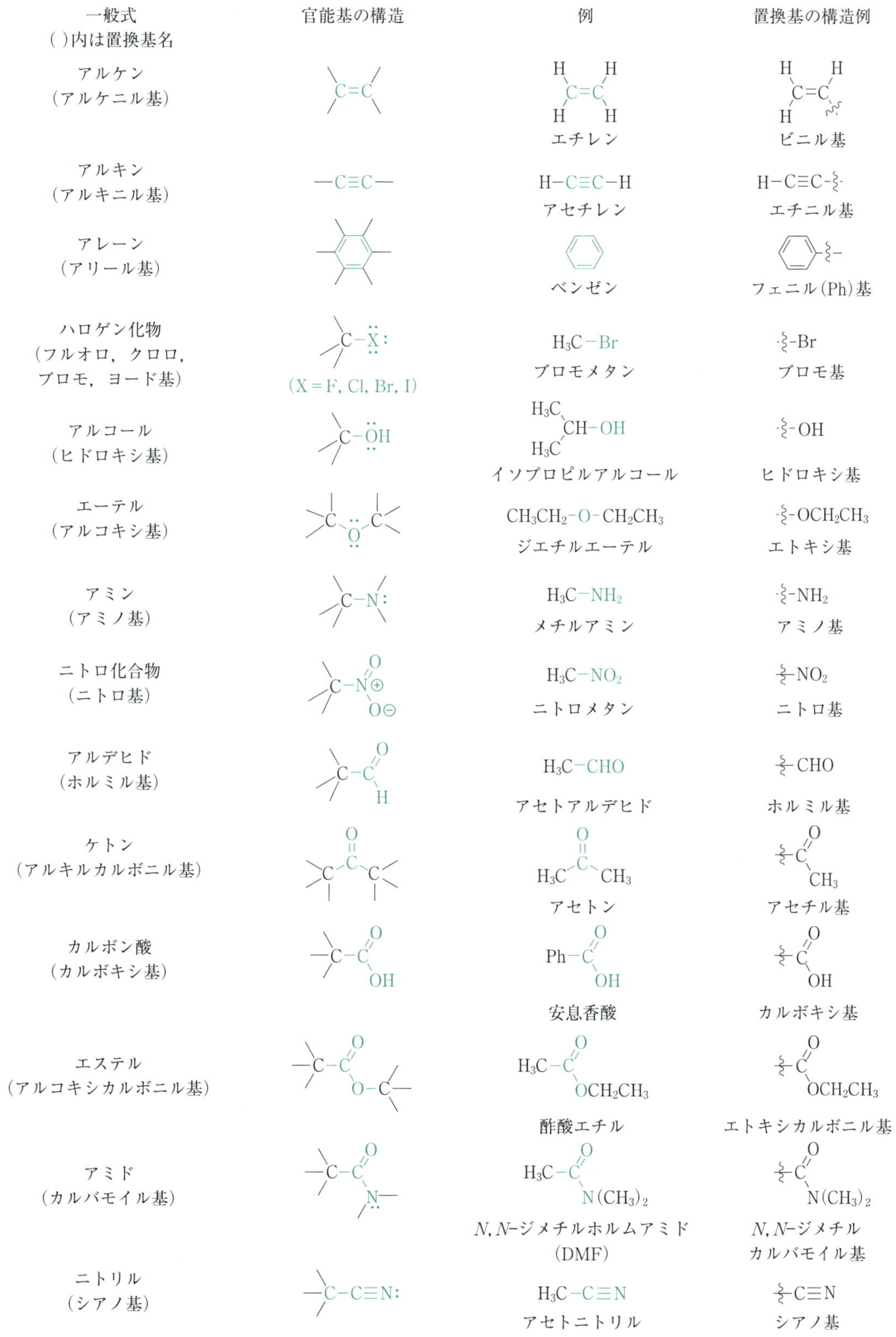

一般式 ( )内は置換基名	官能基の構造	例	置換基の構造例
アルケン (アルケニル基)	$C=C$	$H_2C=CH_2$ エチレン	$H_2C=CH-$ ビニル基
アルキン (アルキニル基)	$-C\equiv C-$	$H-C\equiv C-H$ アセチレン	$H-C\equiv C-$ エチニル基
アレーン (アリール基)	ベンゼン環	ベンゼン	フェニル(Ph)基
ハロゲン化物 (フルオロ，クロロ，ブロモ，ヨード基)	$C-X$: (X = F, Cl, Br, I)	H_3C-Br ブロモメタン	$-Br$ ブロモ基
アルコール (ヒドロキシ基)	$C-OH$	$(H_3C)_2CH-OH$ イソプロピルアルコール	$-OH$ ヒドロキシ基
エーテル (アルコキシ基)	$C-O-C$	$CH_3CH_2-O-CH_2CH_3$ ジエチルエーテル	$-OCH_2CH_3$ エトキシ基
アミン (アミノ基)	$C-N$:	H_3C-NH_2 メチルアミン	$-NH_2$ アミノ基
ニトロ化合物 (ニトロ基)	$C-N^{\oplus}(=O)O^{\ominus}$	H_3C-NO_2 ニトロメタン	$-NO_2$ ニトロ基
アルデヒド (ホルミル基)	$C-C(=O)H$	H_3C-CHO アセトアルデヒド	$-CHO$ ホルミル基
ケトン (アルキルカルボニル基)	$C-C(=O)-C$	$H_3C-C(=O)-CH_3$ アセトン	$-C(=O)CH_3$ アセチル基
カルボン酸 (カルボキシ基)	$C-C(=O)OH$	$Ph-C(=O)OH$ 安息香酸	$-C(=O)OH$ カルボキシ基
エステル (アルコキシカルボニル基)	$C-C(=O)-O-C$	$H_3C-C(=O)OCH_2CH_3$ 酢酸エチル	$-C(=O)OCH_2CH_3$ エトキシカルボニル基
アミド (カルバモイル基)	$C-C(=O)-N$	$H_3C-C(=O)N(CH_3)_2$ *N*,*N*-ジメチルホルムアミド (DMF)	$-C(=O)N(CH_3)_2$ *N*,*N*-ジメチル カルバモイル基
ニトリル (シアノ基)	$C-C\equiv N$:	$H_3C-C\equiv N$ アセトニトリル	$-C\equiv N$ シアノ基

図 9-19 官能基による分類

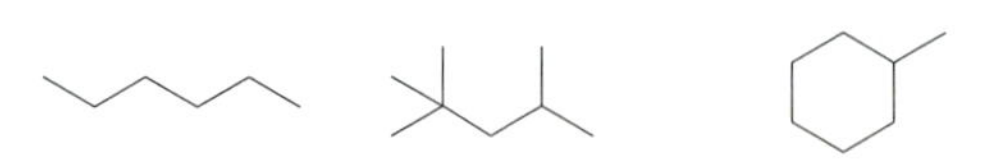

ヘキサン
イソオクタン
メチルシクロヘキサン

図 9-20　アルカンの例

アミレン
(C5H10 の
アルケンの総称)
1, 3-ブタジエン
シクロヘキセン
α-ピネン

図 9-21　アルケンの例

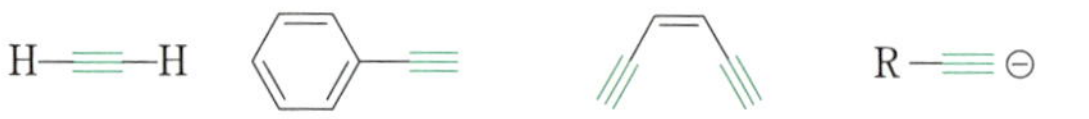

H—≡—H
R—≡⊖
アセチレン
フェニル
アセチレン
3-ヘキセン-1, 5-ジイン
(エンジイン構造)
アセチリド

図 9-22　アルキンの例

CH3
CH3
CH3
O
S
N
ベンゼン
トルエン
p-キシレン
フラン
チオフェン
キノリン
フェナントレン
ピレン

図 9-23　アレーンの例

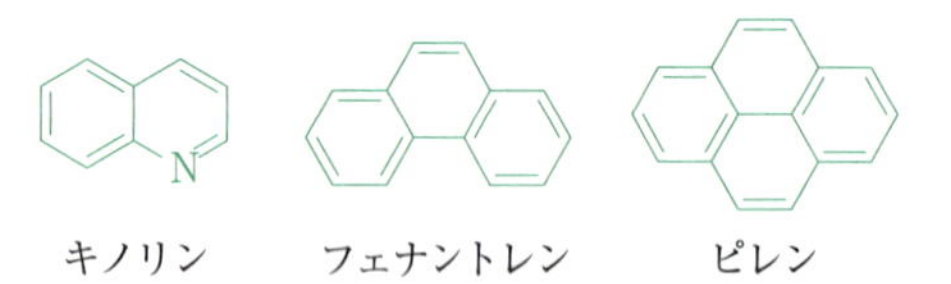

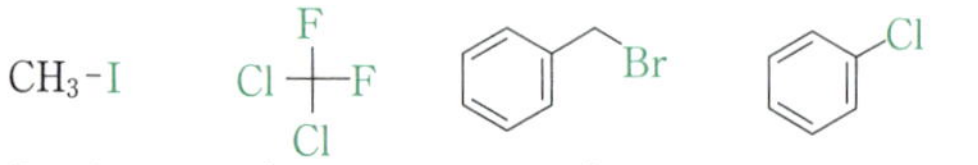

CH3-I
F
Cl
F
Cl
Br
Cl
ヨードメタン
(ヨウ化
メチル)
ジクロロ
ジフルオロメタン
(フロンの一種)
ベンジル
ブロミド
クロロベンゼン
(ハロゲン化
アリールの例)

図 9-24　有機ハロゲン化物の例

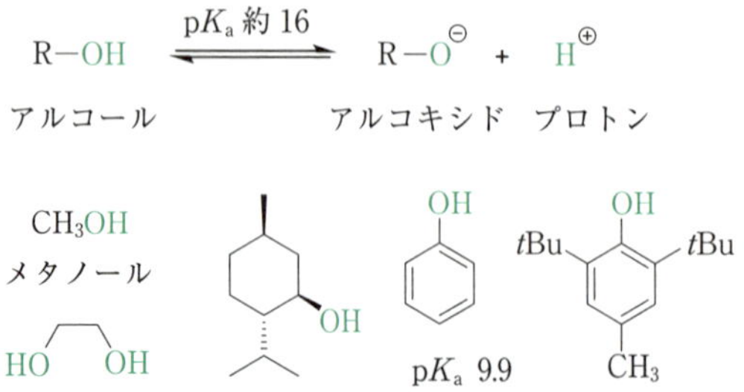

R—OH
pKa 約 16
R—O⊖
+
H⊕
アルコール
アルコキシド
プロトン
CH3OH
メタノール
HO
OH
エチレン
グリコール
OH
l-メントール
OH
pKa 9.9
フェノール
OH
tBu
tBu
CH3
BHT

図 9-25　アルコールの例

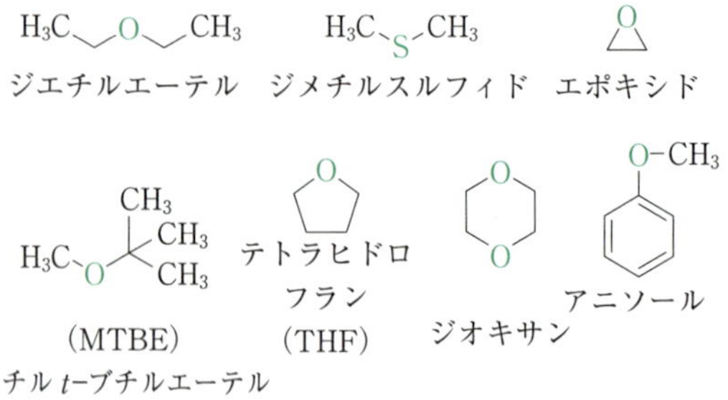

H3C
O
CH3
ジエチルエーテル
H3C
S
CH3
ジメチルスルフィド
O
エポキシド
CH3
CH3
H3C
O
CH3
(MTBE)
メチル t-ブチルエーテル
O
テトラヒドロ
フラン
(THF)
O
O
ジオキサン
O-CH3
アニソール

図 9-26　エーテルの例

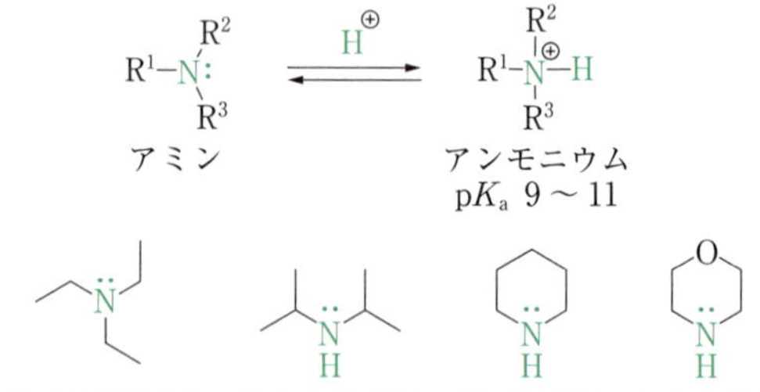

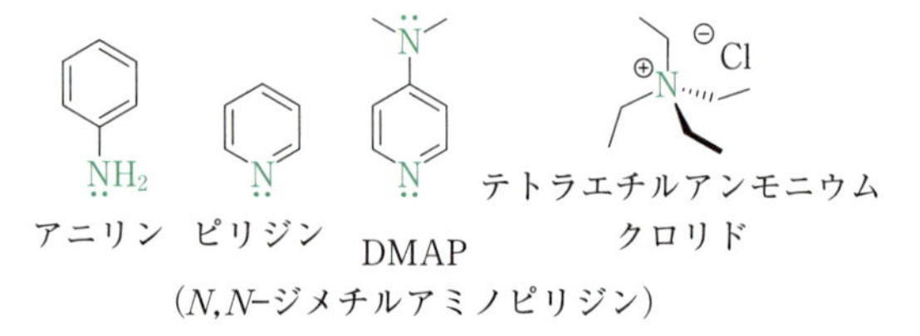

R2
R1-N:
R3
アミン
H⊕
R2
R1-N⊕-H
R3
アンモニウム
pKa 9～11
N
トリエチルアミン
N
H
ジイソプロピル
アミン
N
H
ピペリジン
O
N
H
モルホリン
NH2
アニリン
N
ピリジン
N
N
DMAP
(N, N-ジメチルアミノピリジン)
⊖Cl
⊕N
テトラエチルアンモニウム
クロリド

図 9-27　アミンとアンモニウム塩の例

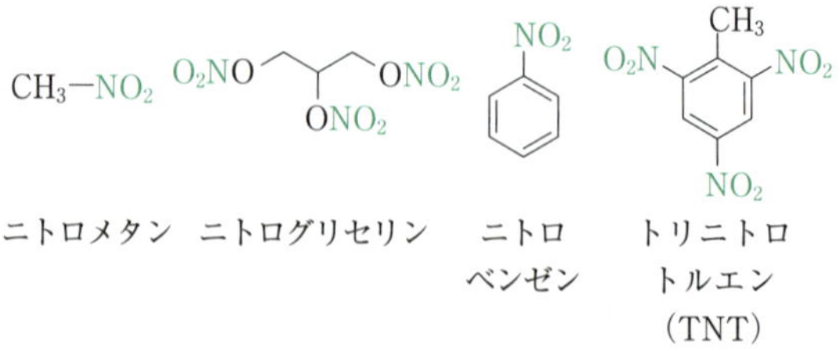

CH3—NO2
ニトロメタン
O2NO
ONO2
ONO2
ニトログリセリン
NO2
ニトロ
ベンゼン
CH3
O2N
NO2
NO2
トリニトロ
トルエン
(TNT)

図 9-28　ニトロ化合物の例

i. ニトロ化合物（nitro compound）

ニトロ化合物は NO_2 基（ニトロ基）をもつ化合物である．ニトロ基は強い電子求引基である．ニトロ基を複数個もつ化合物では爆発性を示すことが多い（図 9-28）．

j. アルデヒド（aldehyde）

カルボニル基（carbonyl group）（C=O）は $C^{\delta+}-O^{\delta-}$ に分極した構造をもち，有機反応においてきわめ

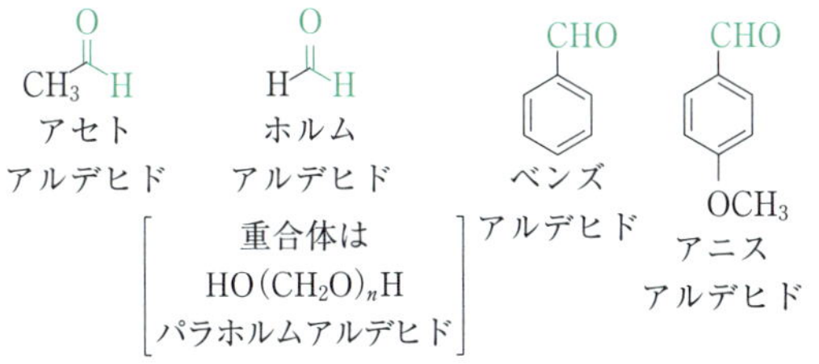

CH_3CHO アセトアルデヒド　$HCHO$ ホルムアルデヒド［重合体は $HO(CH_2O)_nH$ パラホルムアルデヒド］　ベンズアルデヒド　アニスアルデヒド

図 9–29　アルデヒドの例

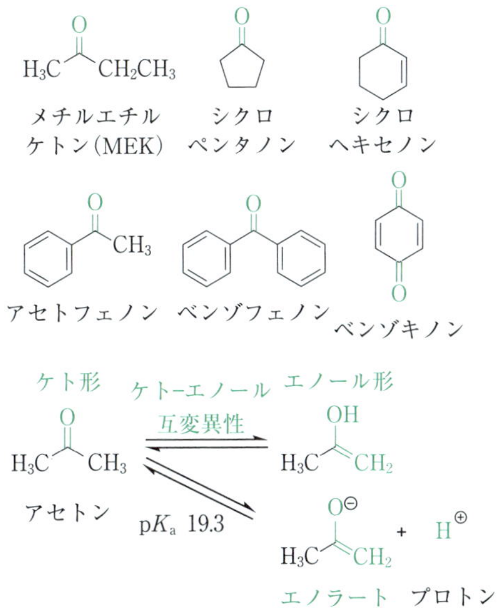

H_3C–CO–CH_2CH_3 メチルエチルケトン（MEK）　シクロペンタノン　シクロヘキセノン

アセトフェノン　ベンゾフェノン　ベンゾキノン

ケト形　ケト–エノール互変異性　エノール形

アセトン　pK_a 19.3　エノラート　プロトン

図 9–30　ケトンの例

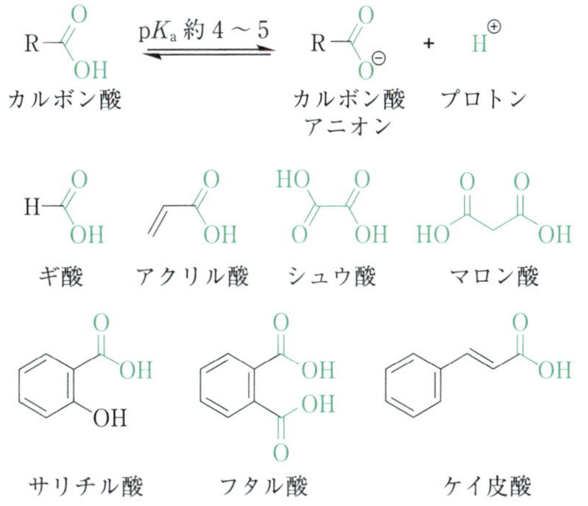

pK_a 約 4～5

カルボン酸　カルボン酸アニオン　プロトン

ギ酸　アクリル酸　シュウ酸　マロン酸

サリチル酸　フタル酸　ケイ皮酸

図 9–31　カルボン酸の例

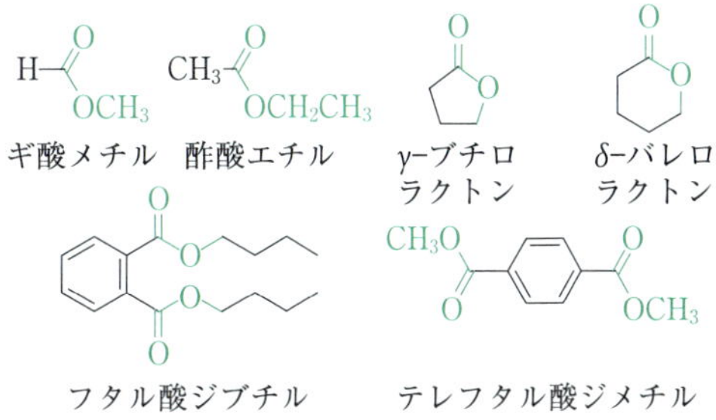

ギ酸メチル　酢酸エチル　γ–ブチロラクトン　δ–バレロラクトン

フタル酸ジブチル　テレフタル酸ジメチル

図 9–32　エステルの例

て重要な官能基である（図 9–29）．カルボニル基をもつ化合物は，カルボニル基にどのような基が連結するかで性質が異なり，それぞれを区別して分類することが多い（アルデヒド，カルボン酸，エステル，アミドなど）．中でもカルボニル基の一端に H 基がついたアルデヒドは反応性が高い還元性官能基であり，酸化されてカルボキシ基をもつカルボン酸になりやすい．また，アルデヒドを還元することでアルコールへも誘導可能である．また，カルボニル基は**電子求引基（electron withdrawing group）**としても働く（9.2.3 項）．

k．ケトン（ketone）

ケトンは，カルボニル基の両端に炭化水素からなる基がついた化合物である（図 9–30）．還元することでアルコールへ誘導可能である．カルボニル基は酸素原子上の非共有電子対を使ってプロトンや種々の金属イオンと配位結合を形成するルイス塩基としての性質をもつ．最も簡単な構造をもつアセトンは有機化合物をよく溶かす非プロトン性極性有機溶媒であり，水とも混和することから広く用いられる．また，カルボニル基の隣（α 位）の炭素上の水素は弱い酸性をもち，塩基で引き抜くことでエノラートイオンとなる．アルキルケトン（ケト形）では，この位置の水素が酸素上に移動したエノール体（エノール形）との平衡混合物となっている（ケト-エノール互変異性）．

l．カルボン酸（carboxylic acid）

カルボン酸は，カルボニル基の一端に OH 基がついた化合物であり，塩基と反応することで容易にプロトンを放出する**酸性化合物（acidic compound）**である（図 9–31）．生体にはアミノ基と並んで豊富に含まれ，さまざまな反応性のもととなる重要な官能基の一つである．酸塩化物，酸無水物，エステル，アミドなどへと誘導可能である．ベンゼン環をもった安息香酸（図 9–6）は工業的にも重要な化合物である．

m．エステル（ester）

エステルは，カルボニル基の一端に OR 基がついた化合物であり，主にカルボン酸とアルコールから生成される（図 9–32）．脂肪酸エステルなどとして生体内

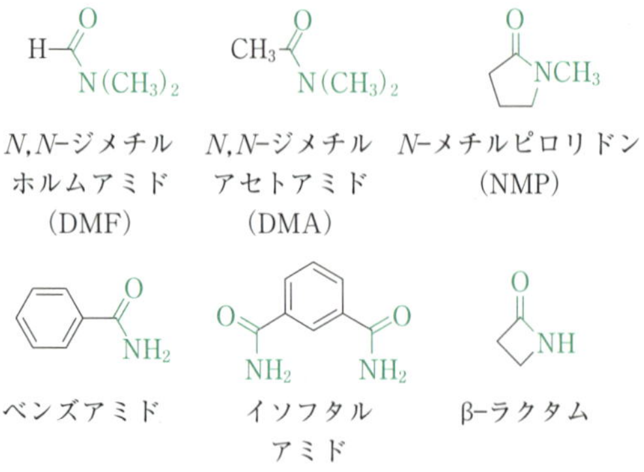

H
O
N(CH3)2
CH3
O
N(CH3)2
O
NCH3
N,N-ジメチル
ホルムアミド
(DMF)
N,N-ジメチル
アセトアミド
(DMA)
N-メチルピロリドン
(NMP)
O
NH2
O
NH2
O
NH2
O
NH
ベンズアミド
イソフタル
アミド
β-ラクタム

図 9-33 アミドの例

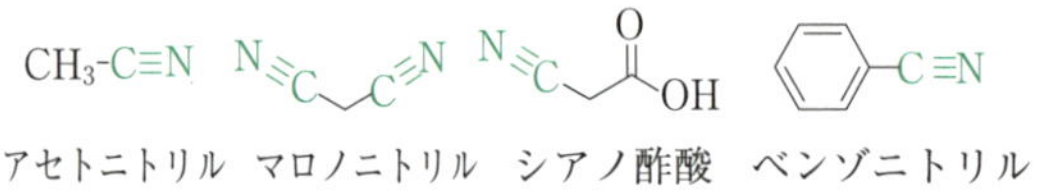

CH3-C≡N
N≡C
C≡N
N≡C
O
OH
C≡N
アセトニトリル
マロノニトリル
シアノ酢酸
ベンゾニトリル

図 9-34 ニトリルの例

でも広く含まれ，さまざまな反応の原料や中間体として有用な化合物である．エステル基（-COOR）は，比較的反応性の低い電子求引基としても用いられる．酢酸エチルは非プロトン性で弱い極性をもつ溶媒として広く用いられる．環状エステルはラクトンとよばれる．

n. アミド（amide）

アミドは，カルボニル基の一端に NH_2，NHR，NRR′ 基のいずれかがついた化合物であり，主にカルボン酸とアミンから生成される（**図 9-33**）．生体内ではアミノ酸が縮合してできたアミド結合（CO-NH，ペプチド結合ともいう）として存在し，タンパク質の構造や機能を司る重要な化合物（結合）である．アミド結合は，ナイロンなどの繊維や樹脂を形成する際にも重要な結合である．NH 基が含まれる場合，水素結合能が高く固体となるが，ジメチルホルムアミドのような NH 基のない化合物は液体のものが多く，非プロトン性極性溶媒としてしばしば用いられる．

o. ニトリル（nitrile）

ニトリルは CN 基をもつ化合物であり，シアン化物ともよばれるが，高い毒性をもつ無機シアン化物とは性質が大きく異なる（**図 9-34**）．窒素上に非共有電子対をもつがアミンのような塩基性はなく，むしろカルボニル化合物と類似した反応性を示す．CN 基は電子求引基として働く（9.2.3 項）．

アレーン
カルボン酸
O
OH
O
エステル
O
CH3
(アセチルサリチル酸)
フェノール
HO
HO
CH3
NH
アミン
OH
アレーン
アルコール
(アドレナリン)
アミド
H
N
チオエーテル
S
アレーン
O
O
N
OH
O
(ペニシリン G)
β-ラクタム
カルボン酸

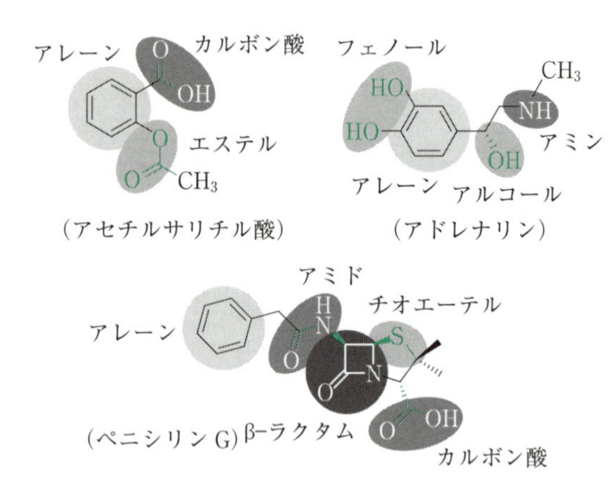

図 9-35 複数の官能基をもつ化合物の例

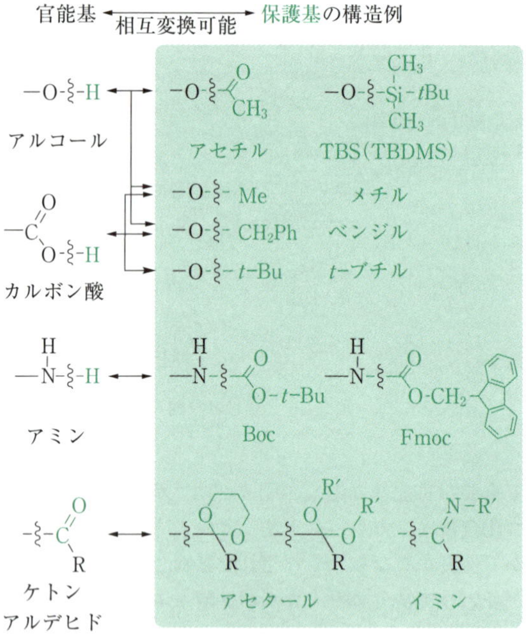

官能基
相互変換可能
保護基の構造例
—O-H
アルコール
O
—C
O-H
カルボン酸
H
—N-H
アミン
O
—C
R
ケトン
アルデヒド
—O
O
CH3
アセチル
CH3
—O-Si-tBu
CH3
TBS(TBDMS)
—O- Me
メチル
—O- CH2Ph
ベンジル
—O- t-Bu
t-ブチル
H
—N
O
O-t-Bu
Boc
H
—N
O
O-CH2
Fmoc
O
O
R
R′
O
R′
O
R
N-R′
C
R
アセタール
イミン

図 9-36 保護基の例

また，**図 9-6** のアセチルサリチル酸やアドレナリン，ペニシリン G のように複数種の官能基を併せもつ化合物も多く存在する．これらにおいては，例外的な組合せもあるが基本的にはそれぞれの官能基の特性を併せもった性質をもつことが多い（**図 9-35**）．

p. 保護基（protecting group）

複数の官能基を有する場合において，反応性の高い（活性な）官能基の反応性を抑え，別の官能基のみを反応させたい，あるいは電子的な特性を緩和したい場合がある．このような場合，特に特定の反応に対し不活性にさせるための官能基を**保護基**とよび，保護基の導入と除去は有機分子の合成や性質改善において非常に重要な技術である（図 9–36）．特にアルコールやカルボン酸の OH 基は塩基に対して速やかに反応してしまうため，OH の H 部分をメチル基（CH_3−）やベンジル基（$PhCH_2$−），アセチル基（CH_3CO−），TBS 基（*t*-$BuMe_2Si$−）で置き換えておくと，別の反応を行った後に OH 基に戻すことも可能であり便利である．アミンに対しては，Boc 基（*t*-BuOCO−）や Fmoc 基（FluorenylCH_2OCO−）などの保護基がよく用いられる．ケトン，アルデヒドのカルボニル基（C=O）に対しては，アセタール化やイミン化が用いられる．

9.2.1　共役と芳香族性：π 共役系化合物，ベンゼン

二重結合では σ 結合に加えて二つの p 軌道中にある二つの電子で π 結合が形成されることを学んだ（9.1.5 項）．1,3-ブタジエンのように二つの二重結合が単結合を挟んで並んだ場合，**共役二重結合**あるいは二重結合が**共役（conjugate）**している，とよばれる状態になる（図 9–37）．このとき四つの炭素は sp^2 混成であり，それぞれ p 軌道が平行に揃った状態として並び，電子が一つずつ入っている．そのため表記上は二重結合の間は単結合であるが，二重結合性を帯びた単結合となっている．逆に二重結合として表記された結合はやや二重結合性が少なくなっている．すなわち二重結合と単結合の区別がややあいまいになった状態といえる．一方，二つの二重結合の間に sp^3 混成炭素がある場合，二重結合の p 軌道間の相互作用は小さく，共役としての性質を示さない．

共役二重結合が環状に連なったベンゼンでは，この状況がより顕著になり，もはや二重結合と単結合の差は完全になくなり，すべての結合が同じ長さとなる（図 9–38）．この際，構造式としては二重結合と単結合の関係が逆転した二つの**共鳴構造（resonance structure）**として描きうる（ケクレ構造）が，真実の構造はその中間となる**共鳴混成体（resonance hybrid）**である．特にベンゼンのように二重結合の数が $2n+1$ 個（π 電子数が $4n+2$ 個）環状に連なっているとき**芳香族性（aromaticity）**が現れる（ヒュッケル則（Hückel rule））．芳香族性をもつ化合物の特徴としては，同じ数の二重結合をもつ化合物と比べかなり安定である（壊れにくく，反応しにくい）ということが挙げられる．ピロールやチオフェンのように非共有電子対（2 個の電子）をもつヘテロ原子が二重結合とともに環状に連なった場合，ヘテロ原子上の非共有電

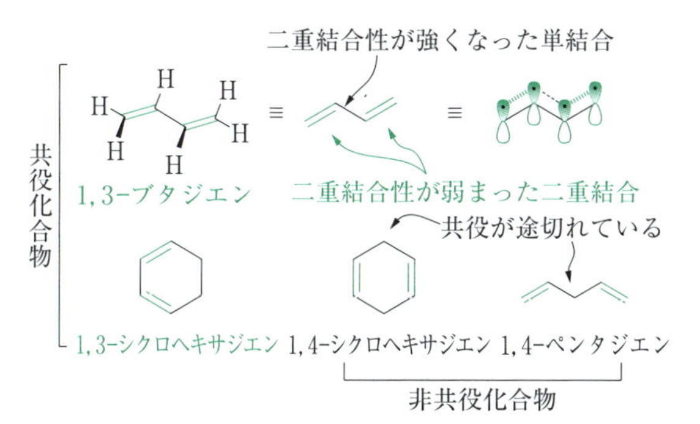

図 9–37　共役アルケンと非共役アルケンの例

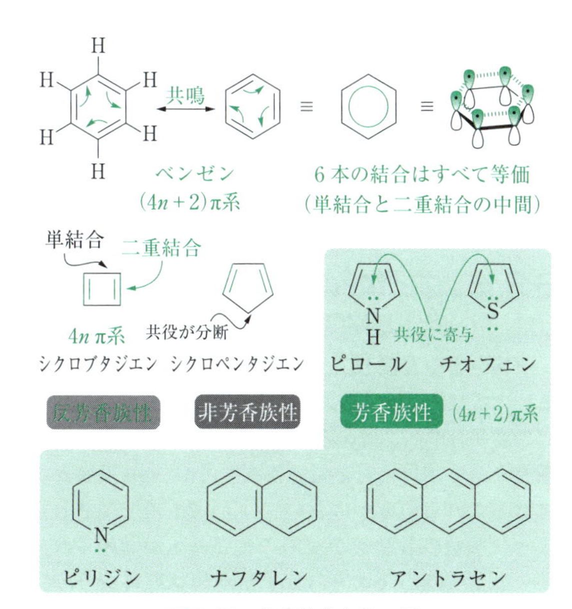

図 9–38　芳香族化合物の例

アウグスト・ケクレ

ドイツの有機化学者．メタンの四面体構造から炭素の原子価が 4 であることを提唱した．また，ベンゼンが二重結合と単結合が交互になった六員環構造であることを提唱した．（1829–1896）

エーリッヒ・ヒュッケル

ドイツの化学者，物理学者．芳香族性に関するヒュッケル則を提唱．分子軌道法の理論であるヒュッケル法やイオンの相互作用に関するデバイ・ヒュッケル式でも知られる．（1896–1980）

子対と π 結合の電子を加えて $4n+2$ 個の電子があれば芳香族性を満たす．ただしピリジンの窒素はほかの炭素原子と同じく二重結合を形成し芳香族性を満たす（非共有電子対は環平面上に張り出し，共役に参加していない）．また，六員環が連なったナフタレン（10π：$n=2$）やアントラセン（14π：$n=3$），ペンタセン（22π：$n=5$）も芳香族性を示す．一方，二重結合の数が $2n$ 個（π 電子数が $4n$ 個）で環状に連なったシクロブタジエンのような化合物は，**反芳香族性（anti-aromaticity）**となり著しく不安定になる．

なお，このような二重結合が連なった化合物では，静電ポテンシャルマップからみてとれるように，p 軌道が位置する面の上下では電子豊富（δ−）となり，水素が張り出す側面では電子不足気味（δ+）となる（図 9-6，ベンゼンと同様に六角形構造をもつシクロヘキサンと比較せよ）．このことは複数の分子が集まって集合体を形成する際に重要な（静電引力的）効果をもたらすとともに，電子が分子内だけでなく分子間で移動しやすい環境をつくり出すことにつながる．

9.2.2　共役化合物と分子軌道：HOMO と LUMO

有機色素や有機 EL，有機太陽電池など，色や光あるいは電気的特性と関連するような有機分子では，主に二重結合やベンゼン環などが連なった長く共役した構造をもっている．**π 電子系**もしくは **π 共役系**とよばれるこれらの分子においては，9.2.1 項で示されたように複数の p 軌道が並ぶことで電子が励起されやすい状態となっており（分子が励起状態になりやすい），π 電子（p 軌道の配列）が分子の主役として働く．

分子中における電子状態を理解するために**分子軌道法（molecular orbital theory）**を用いた電子軌道のエネルギー準位について説明する（図 9-39）．エチレンのように二つの p 軌道が並ぶと，両者の位相の組合せにより，p 軌道のエネルギー準位は（位相が揃った）より安定な**結合性 π 分子軌道（bonding π orbital）**と，（位相が揃ってない）より不安定な**反結合性 π 分子軌道（antibonding π orbital）**に分裂し，二つの電子は結合性 π 軌道に入る．電子の詰まった軌道のうち最も高いエネルギー準位の軌道を **HOMO（最高被占軌道（highest occupied molecular orbital））**とよぶ．一方，電子が詰まっていない軌道のうち最も低いエネルギー準位の軌道を **LUMO（最低空軌道（lowest occupied molecular orbital））**とよび，これらのエネルギー準位が π 電子系化合物における電子

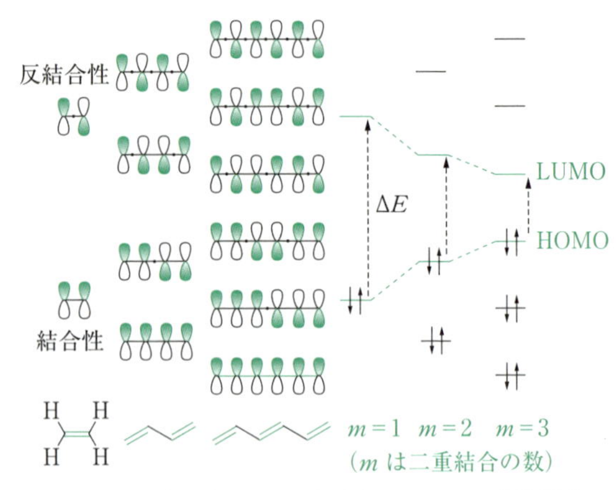

図 9-39　共役アルケンの分子軌道

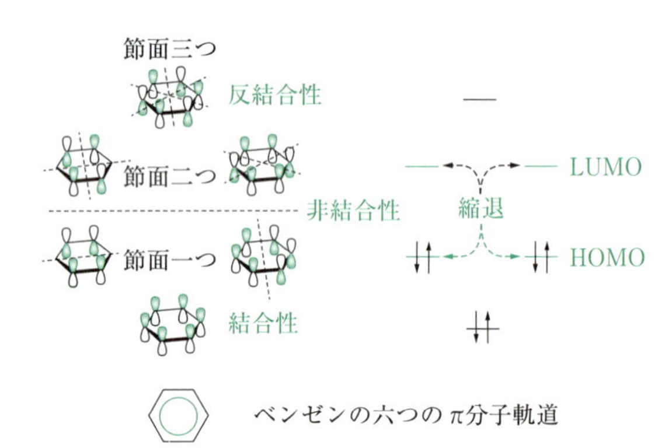

図 9-40　ベンゼンの分子軌道

的特性に非常に重要な意味をもつ．1,3-ブタジエンのように四つの p 軌道が並ぶと位相の組合せにより四つのエネルギー準位が生じ，下から二つ目の軌道まで電子が入る．このとき HOMO と LUMO 間のエネルギーギャップ（ΔE）は，エチレンのときよりも小さくなっていることがわかる．これはより小さなエネルギー（ΔE）で電子を励起状態に遷移する（HOMO の 1 電子を LUMO に移す）ことができることに相当する．二重結合がさらに連結していくと，より **HOMO-LUMO ギャップ**は小さくなり，二重結合が 8 個（$m=8$，p 軌道が 16 個）連結するくらいになると可視光で励起可能になり，分子が（黄色く）着色するようになる．

芳香族性をもつベンゼン（6π）の場合，環状に共役しているため位相の組合せは複雑であるが，HOMO，LUMO ともにそれぞれエネルギー準位が等しい（縮退した）二つの軌道をもち，4 電子が HOMO に入ることとなる（図 9-40）．ナフタレン，アントラセンと $4n+2$π 系を保ったまま環を拡張すると共役も伸びて

いき，低いエネルギーでの励起が可能になる．芳香族化合物は，鎖状のポリアルケン（＝ポリエン）と比べ平面性が高いためp軌道の重なりが保たれやすく，また，芳香族性に伴う安定化効果もあるため，機能性材料としては芳香族性π共役分子が頻用される．

9.2.3　有機分子における電子の授受（酸化還元）

前項で述べたように分子のHOMO-LUMOギャップが狭いほど励起に必要なエネルギーは小さくなる．また，ほかの分子（や電極）との電子の授受について考えると，LUMOへ電子を受け入れるとアニオンラジカルになり，HOMOから電子を放出するとカチオンラジカルになる（図9-41）．

電子が詰まっていないLUMOのエネルギー準位が低いほど**電子受容能（electron accepting ability）**が高く，還元されやすい（ほかの分子を酸化する能力が高い，図9-42）．このとき電子親和力および還元電位はより小さくなる（負に小さい，もしくは，正に大きいほど還元されやすい）．例えばジクロロジシアノベンゾキノン（DDQ）やテトラシアノキノジメタン（TCNQ）は，代表的な**電子受容体（electron accepter）**であり，これらは1電子を受けとる（還元される）と**アニオンラジカル（anion radical）**，2電子を受けとると**ジアニオン（dianion）**となる．電子受容能の強い分子においては，電子求引基であるシアノ基やカルボニル基を有するものが多い．

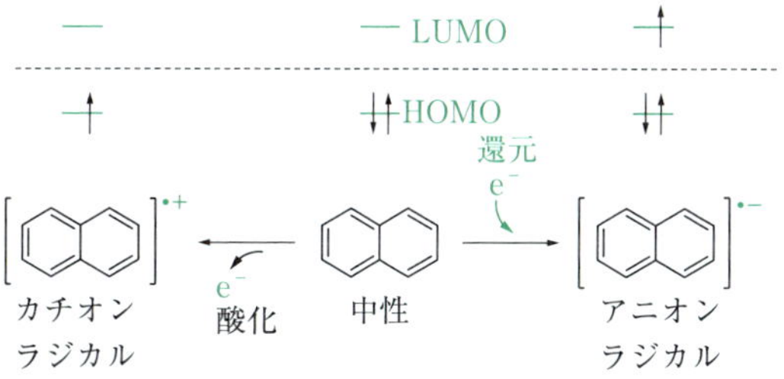

図9-41　π電子系の電子的酸化還元によるイオンラジカルの生成

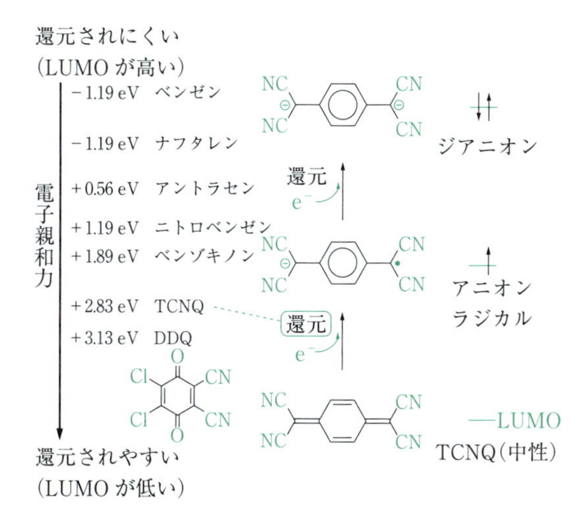

図9-42　代表的な電子受容体と電子の授受

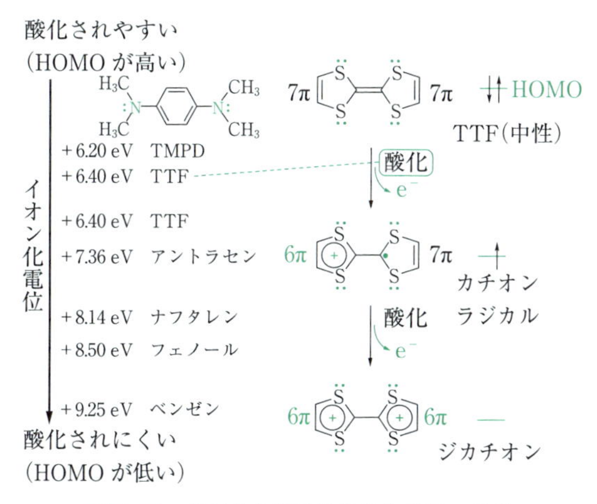

図9-43　代表的な電子供与体と電子の授受

一方，電子が詰まったHOMOのエネルギー準位が高いほど**電子供与能（electron donating ability）**が高く，酸化されやすい（ほかの分子を還元する能力が高い）（図9-43）．このときイオン化電位および酸化電位はより小さくなる（値が正に小さいほど，もしくは，負に大きいほど酸化されやすい）．例えばテトラメチルフェニレンジアミン（TMPD）やテトラチアフルバレン（TTF）は，代表的な**電子供与体（electron donor）**であり，これらは1電子を放出する（酸化される）と**カチオンラジカル（cation radical）**，2電子放出すると**ジカチオン（dication）**となる．電子供与能の強い分子においては電子供与性置換基である硫黄原子や窒素原子をもったものが多い．

なお，ドナーであるTTFとアクセプターであるTCNQを混合すると部分的な電子移動が起こり，**電荷移動錯体（charge transfer complex，CT錯体）**が形成される．このTTF-TCNQ錯体は有機物ながら電気伝導性をもつ**分子性導体（molecular conducter）**として最初に発見された．

9.2 節のまとめ

- 多重結合や極性結合からなる特定の原子団は官能基とよばれ，有機分子を特徴づける性質や反応性を示す．
- 官能基によって膨大な有機化合物を分類することができる．
- 多重結合が単結合と交互に並んだ構造は共役とよばれ，π 電子が活性化されたエネルギーの高い状態となる．
- 特に環状に連結したベンゼンでは $4n+2$ 個の電子をもつことで芳香族性が生じ安定化する（ヒュッケル則）．
- π 共役が長い化合物では，電子が詰まった最も高いエネルギー準位にある分子軌道（HOMO）と電子が詰まっていない最も低いエネルギー準位にある分子軌道（LUMO）の関係が重要となる．
- LUMO が低い分子は，電子を受けとりやすく還元されやすい電子受容体として働き，HOMO が高い分子は，電子を放出しやすく酸化されやすい電子供与体として働く．

10. 化学反応と電子

化学における反応とは，ある分子がほかの分子へと変化することを指す．反応が進行することにより，エネルギー的に不安定な分子が安定な分子へと変換される．

有機化合物が反応する際には必ず共有結合の生成/開裂を伴う．では，結合（本章では共有結合のことを結合と表記する）はどのようにして生成し，また開裂するのだろうか．本章では反応について，三つの分類法を示しつつ，具体的な反応について考えてみることとする．

10.1 反応の分類

10.1.1 反応様式に基づいた反応の分類

まず，反応様式に基づいて反応の分類を行ってみよう．有機反応は四つの形式に分類することができる．

a. 付加反応（addiction reaction）

二つ，あるいはそれ以上の分子から一つの分子が生成する反応を指す（図 10-1）．

b. 脱離反応（elimination reaction）

一つの分子から二つ以上の分子が生ずる反応を指す．付加反応の逆反応である（図 10-2）．

c. 置換反応（substitution reaction）

分子を構成する一部の原子（団）が異なる原子（団）に置き換わる反応を指す．下記の例では A−B という分子の一部である B という原子（団）が C という原子（団）に置き換わっている（図 10-3）．

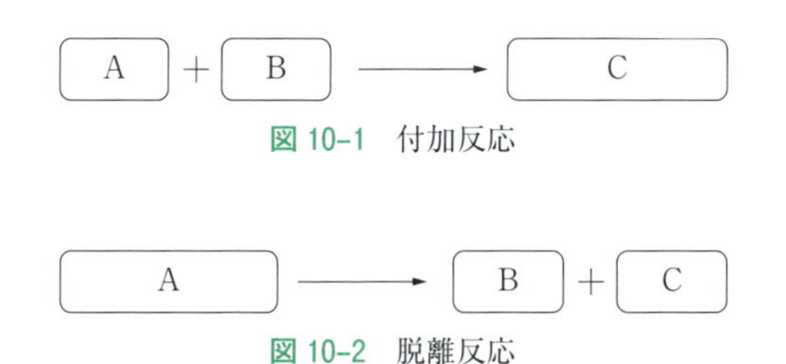

図 10-1　付加反応

図 10-2　脱離反応

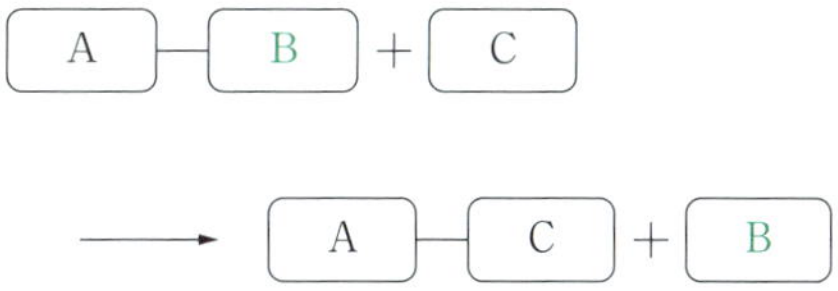

A−B + C ⟶ A−C + B

図 10-3　置換反応

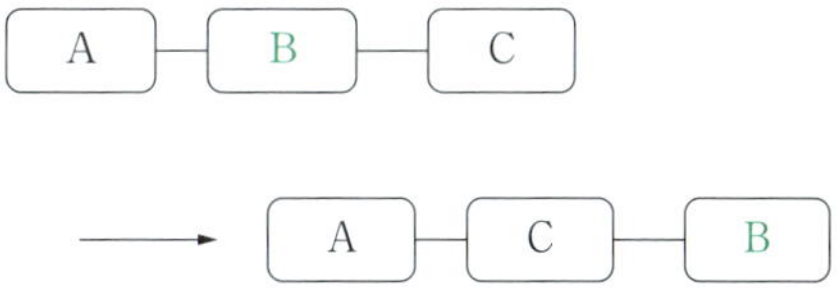

A−B−C ⟶ A−C−B

図 10-4　転位反応

d. 転位反応（rearrangement reaction）

分子内で原子の結合順序のみが変化し，付加反応，脱離反応，置換反応にみられるような分子を構成する原子の変化を伴わない反応を指す（図 10-4）．

次に，具体的な反応の例について考えてみよう．

e. 付加反応の例

炭素原子間の二重結合を分子内に一つ含む化合物は**アルケン**とよばれる．アルケンに対する付加反応の例は数多く知られている．例えば，プロペン（プロピレン）は臭化水素と反応し 2-ブロモプロパンを与える（式(10-1)）．また，プロペン（プロピレン）を臭素と反応させた場合には 1,2-ジブロモプロパンが生ずる（式(10-2)）．

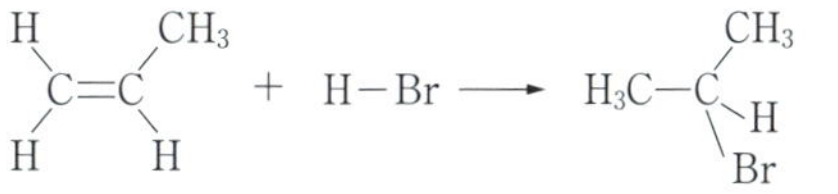

$$(H)_2C{=}C(H)(CH_3) + H{-}Br \longrightarrow H_3C{-}C(CH_3)(H)(Br) \qquad (10\text{-}1)$$

プロペン（プロピレン）　　2-ブロモプロパン

$$(H)_2C{=}C(H)(CH_3) + Br{-}Br \longrightarrow BrH_2C{-}C(CH_3)(H)(Br) \qquad (10\text{-}2)$$

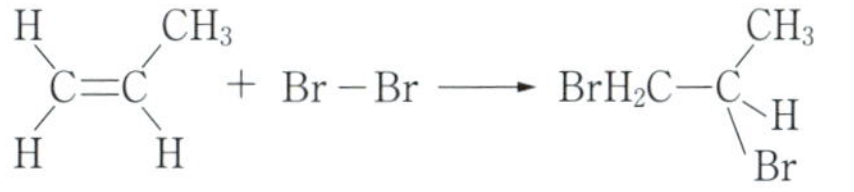

1,2-ジブロモプロパン

f. 脱離反応の例

エタノールからエチレンと水が生成する反応は脱離反応である．この反応は強酸の存在下，高温において進行する（式(10-3)）．

$$CH_3CH_2OH \xrightarrow[\text{（酸触媒）}]{H^+} CH_2{=}CH_2 + H_2O \qquad (10\text{-}3)$$

g. 置換反応の例

塩化ブチルはヨウ化物イオンと反応し，ヨウ化ブチルへと変換される．この反応においては塩素原子がヨウ素原子に置換されている（式(10-4)）．

$$CH_3CH_2CH_2CH_2Cl + NaI \longrightarrow CH_3CH_2CH_2CH_2I + NaCl \qquad (10\text{-}4)$$

h. 転位反応の例

転位反応はある反応の1段階に含まれることが多く，また脱離反応を伴って進行することも多い．例として，クメン法におけるフェノールの生成が挙げられる（式(10-5)）．クメン法においてはクメンを酸化し，クメンヒドロペルオキシドとした後にフェノールへと変換する．その際，炭素原子に結合していたフェニル基が酸素原子に移動する，すなわち転位反応が進行する．その後さらに反応が進行することによりフェノールが生成する．

クメン $\xrightarrow{O_2}$ クメンヒドロペルオキシド $\xrightarrow{H^+}$ $(CH_3)_2C(C_6H_5)\text{–}O^+H_2$ $\xrightarrow[\text{転位反応}]{\text{（脱離反応を伴う）}}$ $(CH_3)_2C^+\text{–}OC_6H_5 + H_2O$ $\xrightarrow{H_2O}$ $CH_3COCH_3 + C_6H_5OH$（フェノール）　(10-5)

10.1.2 電子移動の様式に基づく反応の分類

a. ラジカル反応（radical reaction）

結合の生成と開裂には電子と軌道が関わっている．例えば水素分子について考えてみよう．2個の水素原子が結合することにより水素分子ができる．このとき，二つの1s軌道を組み合わせることにより二つの新しい軌道が生成する．軌道は「電子が走る道路」，電子は「軌道の上を走る車」として考えるとイメージしやすい．二つの水素原子に由来する二つの電子が水素分子の結合性軌道（よりエネルギー準位の低い軌道）に存在している．2番目の道路（反結合性軌道）には電子が存在していない（図 10-5）．

式(10-6)に示した例では結合ができる際に，結合に関わる二つの原子から一つずつ電子をもち寄っている（1電子移動）．その様子は片フックの矢印（⌒）を用いて表現される．反応の結果，1本の共有結合が生成しており，その結合は1本の線で表現されている．この線は二つの電子から成り立っていることを認識してほしい．こうした形の反応は，**ラジカル反応**とよばれる．

$$H\cdot \;\; \cdot H \longrightarrow H{:}H \;\; (H\text{–}H \text{ 水素分子}) \qquad (10\text{-}6)$$

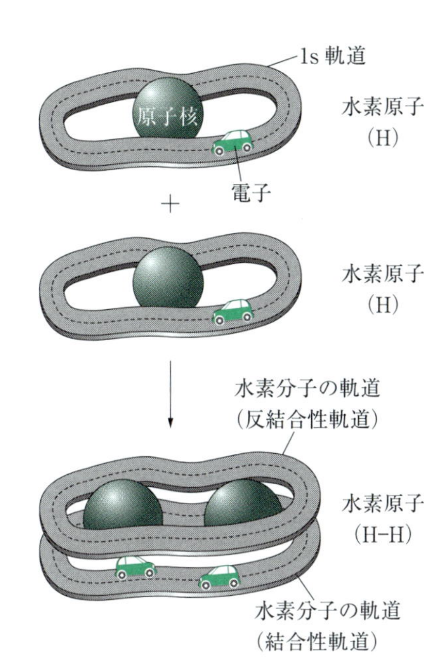

図 10-5 水素原子，水素分子のイメージ図

b. ラジカル反応の例：オゾン層の破壊

ここで，ラジカル反応の例を取り上げてみよう．オゾン層は地球の大気に存在する，オゾン（O_3）濃度の高い部分のことである．オゾン層は太陽から地球に届く光（電磁波）のうち，有害な紫外線 UV-B（$\lambda = 315 \sim 280$ nm）を吸収することが知られているが，近年このオゾン層がフロンをはじめとする各種の化合物により破壊されることが問題となっている．オゾンとフロンの反応はラジカル反応の一種である．オゾン層に達したフロン（CFC-11）が紫外線により分解され，塩素ラジカルが発生する（式(10-7)）．塩素ラジカルはオゾンと反応し，酸素分子と新しいラジカル ClO• が生じる．新しいラジカルもさらに反応し，塩素ラジカルが再生する（式(10-8)）．このようにしてオゾンが次から次へと酸素分子に分解されていく（図 10-6，連鎖反応）．

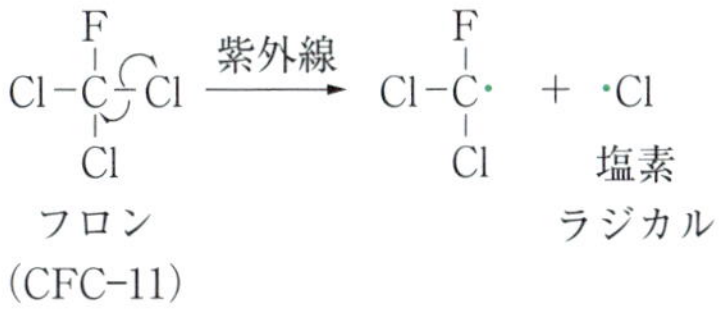

$$\mathrm{CFCl_3} \xrightarrow{\text{紫外線}} \mathrm{\cdot CFCl_2} + \mathrm{\cdot Cl} \quad (10\text{-}7)$$

フロン（CFC-11）　　塩素ラジカル

$$\mathrm{Cl\cdot} + \mathrm{O_3} \longrightarrow \mathrm{Cl{-}O\cdot} + \mathrm{O{=}O} \quad (10\text{-}8)$$

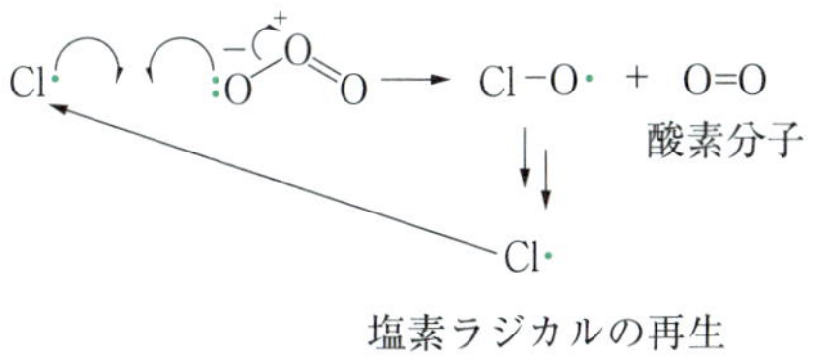

酸素分子

Cl–O• → Cl•（塩素ラジカルの再生）

$$\mathrm{Cl\cdot} \xrightarrow{\mathrm{O_3}\ \to\ \frac{3}{2}\mathrm{O_2}} \mathrm{Cl\cdot} \xrightarrow{\mathrm{O_3}\ \to\ \frac{3}{2}\mathrm{O_2}} \mathrm{Cl\cdot} \Longrightarrow$$

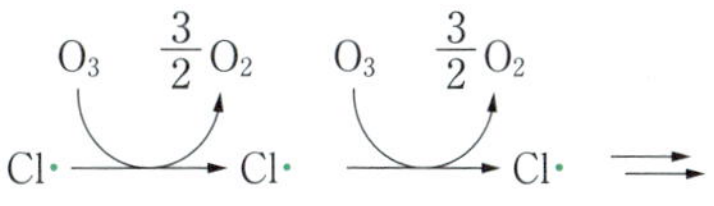

図 10-6 オゾンの分解における連鎖反応

c. 極性反応（polar reaction）

ラジカル反応以外の反応様式も存在することが知られている．水素分子はプロトン（水素原子から電子を取り除いた化学種，H^+）とヒドリドイオン（水素化物イオン，H^-）が反応することによっても生成しうる（式(10-9)）．この場合にはヒドリドイオン由来の二つの電子が結合に関与することになる．こうした反応は**極性反応**とよばれる．極性反応により結合ができる場合には電子対の移動があると考えることができる．電子対の移動はくさび形の曲がった矢印（⌒）を用いて示すのが一般的である．このとき電子対をもっている出発物である分子（原子，イオン）から，電子対が移動し，結合ができるところに矢印を書くのが慣例となっている．なお，この矢印（2 電子移動）は，ラジカル反応で用いた矢印（⌒）とは異なっていることに注意してほしい．有機化合物の反応においては極性反応の例が非常に多く知られており，ラジカル反応の例の方が少ない．

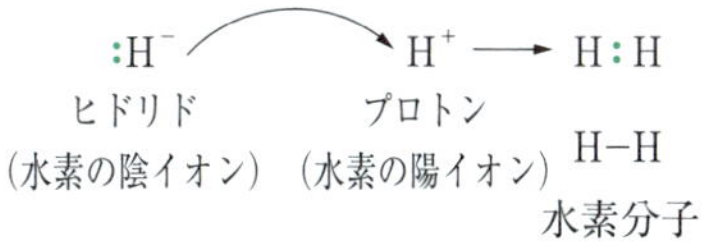

$$:\mathrm{H^-} + \mathrm{H^+} \longrightarrow \mathrm{H:H} \quad (10\text{-}9)$$

ヒドリド（水素の陰イオン）　プロトン（水素の陽イオン）　H–H 水素分子

実際の極性反応の例について学んでみよう．先ほど記した例とは異なり，ほとんどすべての反応においては電子対の移動が複数回行われ，生成物が得られる．

d. 極性反応の例：ヨウ化アルキルの合成

まず，簡単な極性反応について考えてみよう．式(10-4)で記したように，塩化ブチルはヨウ化物イオンと反応し，ヨウ化ブチルへと変換される．この反応はフィンケルシュタイン反応とよばれており，以下のような**反応機構（reaction mechanism）**にて進行する（式(10-10)）．本来ヨウ化物イオンや塩化物イオンには四つの非共有電子対が存在するが，ここでは一つの非共有電子対のみ記載している．

$$Na^+\ I^- : \quad n\text{-}Pr\text{-}CH_2\text{-}Cl \longrightarrow$$

$(n\text{-}Pr = CH_3CH_2CH_2\text{-})$ (10-10)

$$n\text{-}Pr\text{-}CH_2\text{-}I + Na^+\ Cl^- :$$

同じ反応をもう少し省略した形で記述すると以下のようになる（式(10-11)）．ナトリウムイオンは反応に直接関与しないので記載していない．

$$I^- : \quad n\text{-}Pr\text{-}CH_2\text{-}Cl \longrightarrow n\text{-}Pr\text{-}CH_2\text{-}I + Cl^- :$$

(10-11)

電気陰性度の大きいハロゲン原子が結合した炭素原子は電子密度が低下し，電子豊富な化学種（イオンや分子）と反応しやすくなる．この反応ではヨウ化物イオンに存在する非共有電子対が移動し，新しい結合（炭素-ヨウ素結合）が生成すると同時に炭素-塩素結合が切断される．切断される結合の共有電子対（二つの電子）は塩素原子へと移動し，塩化物イオンが生成する．

この反応において塩化ブチルは電子対を受け入れることができる分子である．このような化学種のことを**求電子剤**（**electrophile**，あるいは求電子試薬），とよぶ．一方，ヨウ化物イオンのように，電子対を与えることができる化学種のことを**求核剤**（**nucleophile**，あるいは求核試薬）とよぶ．

10.1.3　結合の切断，生成の順序による反応の分類

先ほどの例にも示したように，有機反応は結合の切断，生成を伴いながら進行する．電気陰性度が大きい原子 X と結合して電子密度が低下した炭素原子と求核剤（Y^-）が反応する場合を考えてみよう．このとき結合が切断され，形成される順序として以下の 3 通りが考えられる．

(1)　結合の切断と生成が同時に進行する(式(10-12))．

切断しつつある結合　形成しつつある結合

$$X\text{-}C \xrightarrow{Y^-} [X\cdots C\cdots Y]^- \longrightarrow C\text{-}Y + X^-$$

(10-12)

(2)　結合が切断されてから新しい結合が生成する（式(10-13)）．

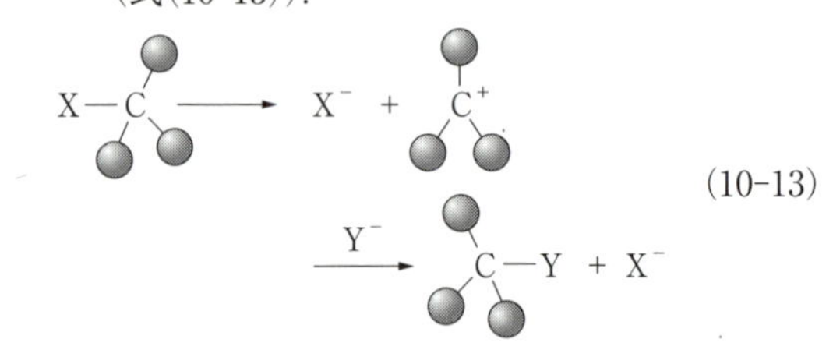

$$X\text{-}C \longrightarrow X^- + C^+ \xrightarrow{Y^-} C\text{-}Y + X^-$$

(10-13)

(3)　結合が生成した後に切断される（式(10-14)）．

$$X\text{-}C \xrightarrow{Y^-} X\text{-}C^-\text{-}Y \longrightarrow C\text{-}Y + X^-$$

誤った構造！ (10-14)

実際の反応においては以上の 3 パターンのいずれについても反応例が知られているが，炭素原子では主に(1)と(2)のパターンで反応が進行する．(3)の場合，反応途中に生ずる化学種の構造をとることができないので，このような反応は一般的ではない．

具体的な例について考えてみよう．

(1)の例（S_N2 反応）

前述した塩化ブチルとヨウ化物イオンの反応はこの反応の一例である．この反応においては電子移動の矢印が二つ同時に描かれているが，このことは結合切断と形成が同時に進行することを意味している．こうした反応は **S_N2 反応**とよばれる．

(2)の例（S_N1 反応）

このタイプの反応は本章には出てきていない．具体的な反応例を以下に記す．以下の反応においては臭化 *t*-ブチルが水と反応し，*t*-ブチルアルコールと臭化水素が生じる（式(10-15)）．

$$(H_3C)_3C\text{-}Br \xrightarrow{①} (H_3C)_2C^+\text{-}CH_3 + Br^- : \xrightarrow[②]{H_2O}$$

臭化 *t*-ブチル　カルボカチオン

(10-15)

$$(H_3C)_3C\text{-}O^+H_2 \xrightarrow[③]{-H^+} (H_3C)_3C\text{-}OH + HBr$$

t-ブチルアルコール

① 炭素-臭素結合の切断により，カルボカチオン（炭素陽イオン）が生成する．このとき共有電子対は電気陰性度が大きい臭素原子に移動し，臭化物イオンも生成する．
② 正電荷をもつ炭素原子が電子豊富な化学種である水分子と反応し，炭素-酸素結合が生成する．
③ 酸素-水素結合が切断され，プロトンが放出される．最終的に *t*-ブチルアルコールと臭化水素が生じる．

臭化 *t*-ブチルが水と反応する際には最初に炭素-臭素結合が開裂する．このとき，結合に使われていた二つの電子はより電気陰性度が大きい臭素原子に移動する．その結果，臭素は負の電荷を帯びた臭化物イオンに，炭素は正の電荷を帯びたカルボカチオン（炭素陽イオン）になる．このカルボカチオンに対し，水分子が反応し，プロトンが脱離することによりアルコールが生成する．このように結合が切断されてカチオンが生じた後に新しい結合ができる反応は **S_N1 反応**とよばれる．

この反応に伴うエネルギーの変化を図 10-7 に示した．臭化 *t*-ブチルから生成するカルボカチオン（と臭化物イオン）は出発物よりもエネルギー的には不安定ではあるが，それでも比較的安定な化学種である（図 10-7 では R^+ と表記されている）．このような，反応の途中で一時的に生成する化学種のことを**中間体**

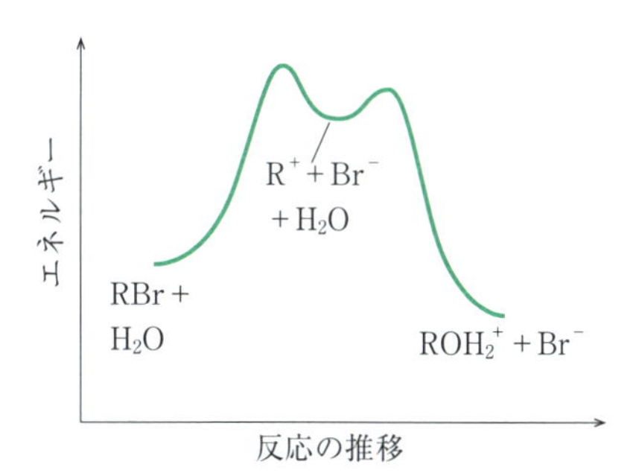

図 10-7 臭化 *t*-ブチルが水と反応する際のエネルギー変化．R は *t*-ブチル基を示す．

(intermediate) とよぶ．その後結合形成反応が進行することによりアルコールが生成する．

[例題 10-1] なぜ式(10-14)に示された中間体の構造をとることができないのか説明せよ．

式(10-14)のような反応様式で反応が進行した場合，5 本の結合をもった炭素原子を含む中間体が生成することになる．この構造は**オクテット則**に反するため，炭素原子上ではこのような反応は進行しない．なお，式(10-12)では結合の形成，切断が同時に進行するため，炭素原子が 5 本の結合をもっているわけではない．

10.1 節のまとめ

- **有機化合物が反応する際には必ず共有結合の生成/開裂を伴う．その際の反応様式は付加反応，脱離反応，置換反応，転位反応の四つに分類される．**
- **結合の生成，開裂が行われる際には 1 電子の移動（ラジカル反応），あるいは電子対（2 電子）の移動（極性反応）を伴う．**
- **一つの結合が生成，開裂する際には結合生成/開裂の順序が異なることもあり，このことによっても反応を分類することができる．**
- **反応によっては反応の途中に中間体とよばれる比較的安定な化学種が生ずることもある．**

10.2　さまざまな反応例

10.2.1　エステルの合成

より複雑な反応に目を向けてみよう．酢酸とブタノールを硫酸などの酸触媒の存在下で反応させると酢酸ブチルと水が生ずる．これはエステルの一種である．酢酸ブチルはバナナの香りがする液体である．反応式は以下のとおりである（式(10-16)）．

$$\mathrm{CH_3COOH}\ (酢酸) + \mathrm{HO\text{-}CH_2CH_2CH_2CH_3}\ (ブタノール) \xrightarrow[\text{(酸触媒)}]{\mathrm{H^+}} \mathrm{CH_3COOCH_2CH_2CH_2CH_3}\ (酢酸ブチル) + \mathrm{H_2O} \tag{10-16}$$

この反応はフィッシャーエステル合成反応とよばれている．一見単純な置換反応であるが，反応機構は意外に複雑な過程を含んでいる．この反応においては複数回の極性反応が進行している（式(10-17)）．

$$\mathrm{H_3C{-}C({=}O){-}O{-}H} \xrightarrow[①]{\mathrm{H^+}} \mathrm{H_3C{-}C({=}O^+{-}H){-}O{-}H} \xrightarrow[②]{\mathrm{H{-}O{-}R}} \mathrm{H_3C{-}C(O{-}H)(O{-}H)(O^+HR)} \xrightarrow[③]{\mathrm{H^+}} \mathrm{H_3C{-}C(O^+H_2)(O{-}H)(OR)} \xrightarrow[④]{-\mathrm{H_2O}} \mathrm{H_3C{-}C(=O^+{-}H){-}O{-}R} \xrightarrow[⑤]{-\mathrm{H^+}} \mathrm{H_3C{-}C(=O){-}O{-}R}$$

$(\mathrm{R=CH_3CH_2CH_2CH_2-})$

(10-17)

① 酢酸のプロトン化．酸素原子の非共有電子対とプロトンが反応し，結合が生成する．その際，隣接する炭素原子の電子密度が低下する．

② 電子密度が低下した炭素原子が電子豊富な化学種（求核剤）であるアルコール（ブタノール）と反応し，新しい結合が生成する．その際に炭素-酸素二重結合のπ電子が酸素原子に移動する．

③ 酸素-水素結合が切断され，プロトンが放出される．また，新たにプロトンが結合し，酸素-水素結合が生成する．

④ 炭素-酸素結合が切断され，水分子と新しいカチオンが生ずる．

⑤ 生じたカチオンからプロトンが放出され（酸素-水素結合の切断），エステルが生ずる．この最後の過程で，プロトンが再生される．

上記の例からわかるように，有機反応は多段階反応であることが多く，そのために反応のすべてを理解するのは難しい．

エステル合成反応は非常に有用な反応である．例えば，ポリエチレンテレフタラート（PET）は国内では年間50万tほど生産されており，これは対応するカルボン酸（テレフタル酸）とアルコール（1,2-エタンジオール，エチレングリコール）から合成することができる．エステル結合を介して数多くのカルボン酸とアルコールが結合した構造ができ，分子量がきわめて大きい分子（高分子）が得られる（(式10-18)）．PETはポリエステルとよばれる高分子の一種であり，飲料用容器（いわゆるペットボトル）の材料とされるほか，繊維としても用いられる．

$$n\ \mathrm{HOOC{-}C_6H_4{-}COOH}\ (テレフタル酸) + n\ \mathrm{HO{-}CH_2CH_2{-}OH}\ (1,2\text{-}エタンジオール) \longrightarrow \mathrm{\left(OC{-}C_6H_4{-}CO{-}O{-}CH_2CH_2{-}O\right)_n}\ (\mathrm{PET}) + 2n\ \mathrm{H_2O} \tag{10-18}$$

エミール・フィッシャー

ドイツの化学者．フィッシャー投影式の考案者，インドールやエステルの合成反応にもその名を残している．複素環化合物（窒素原子を含む環状化合物）や糖の研究に関する業績で1902年にノーベル化学賞を受賞．(1852-1919)

10.2.2　二日酔いの化学：エタノールの酸化

エタノールは酒類に含まれるので酒精ともよばれ，また消毒などに広く用いられている有機化合物である．エタノールは酸化されてアセトアルデヒド，さらには酢酸へと変化することが知られている．酸化剤としては，例えば酸性条件下で二クロム酸カリウム

($K_2Cr_2O_7$) が用いられる．この反応機構について考えてみよう．

a. クロム酸の生成

酸性条件下では二クロム酸カリウムから二クロム酸が生ずる．二クロム酸はクロム酸や酸化クロム(Ⅵ)との平衡状態にある．これらが酸化反応に関与する(図 10-8)．

$$K_2Cr_2O_7 \xrightarrow{H_2SO_4} H_2Cr_2O_7 + K_2SO_4$$

二クロム酸カリウム

$$H_2Cr_2O_7 + H_2O \rightleftharpoons 2\ CrO_2(OH)_2$$

クロム酸

$$CrO_2(OH)_2 \rightleftharpoons CrO_3 + H_2O$$

クロム酸　　酸化クロム(Ⅵ)

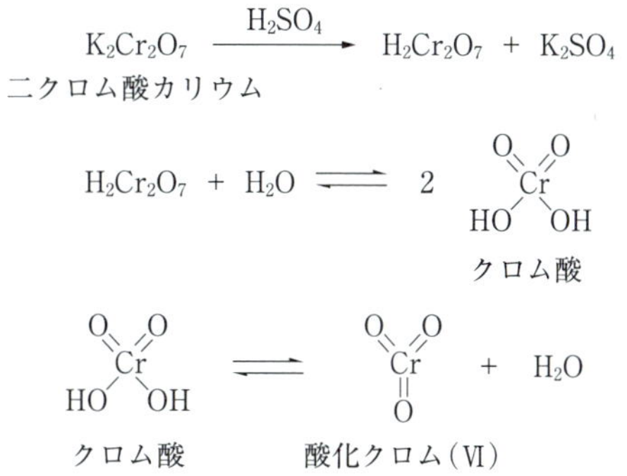

図 10-8　酸性条件下における二クロム酸カリウムの変換

b. エタノールと酸化クロム(Ⅵ)の反応によるアルデヒドの生成

最初は 10.2.1 項に記した反応と似たような反応が進行する（式(10-19)）．すなわち酸化クロム(Ⅵ) がエタノールと反応しクロム酸エステルが生ずる．生成したエステルが分解することにより，アルデヒドが生成する．このとき，クロム原子まわりの結合の数に注意してほしい．出発原料である酸化クロム(Ⅵ) では 6 本の結合が存在するが，反応終了後のクロム化合物において，クロム原子まわりには 4 本の結合しかない．電子移動の矢印をよくみると，最後の反応段階において 1 組の電子対がクロム原子に取り込まれている．この結果，もともと酸化数が +6 であったクロムが酸化数 +4 のクロムに変化している．すなわち，クロム原子は還元されている．

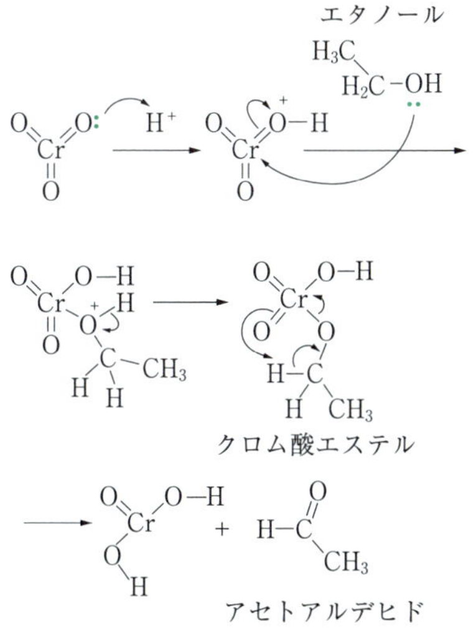

エタノール

$$CrO_3 \xrightarrow{H^+} O_2Cr{=}\overset{+}{O}{-}H \xrightarrow{CH_3CH_2OH} O_2Cr(OH){-}\overset{+}{O}(H){-}CH_2CH_3 \longrightarrow O_2Cr(OH){-}O{-}CH_2CH_3$$

クロム酸エステル

$$\longrightarrow OCr(OH)_2 + CH_3CHO$$

アセトアルデヒド

(10-19)

[例題 10-2] エタノールの酸化によるアセトアルデヒドの合成（式(10-19)）において用いられている試薬を求電子剤，求核剤に分類せよ．

求電子剤は水素イオン（プロトン，H^+），プロトン化された酸化クロム(Ⅵ) である．反応機構を考えてみると，いずれも電子対を受けとる化学種となっている．一方，求核剤は酸化クロム(Ⅵ)，エタノールが該当する．

c. アルデヒドとクロム酸の反応によるカルボン酸の生成

アセトアルデヒドには水溶液中で（式(10-20)）に示したような平衡が存在する．酸化クロム(Ⅵ) は水和された（水分子が付加した）アセトアルデヒドと反応し，酢酸が生成する（式(10-21)）．この反応は式(10-19)に記した反応とほぼ同一の機構により進行する．

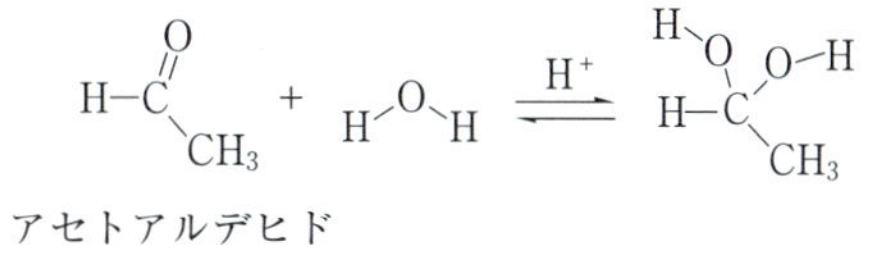

$$H{-}C(=O){-}CH_3 + H_2O \underset{}{\overset{H^+}{\rightleftharpoons}} H{-}C(OH)_2{-}CH_3$$

アセトアルデヒド

(10-20)

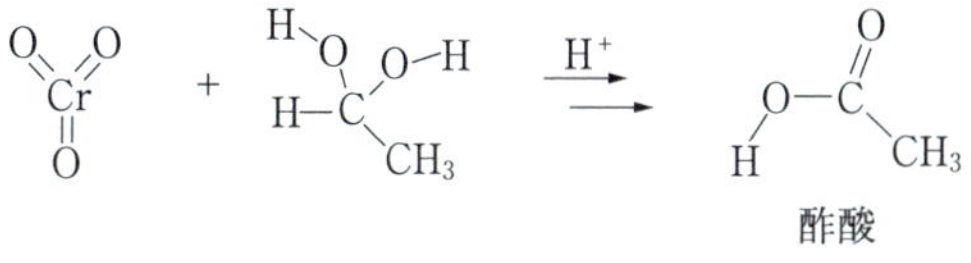

$$CrO_3 + H{-}C(OH)_2{-}CH_3 \xrightarrow{H^+} HO{-}C(=O){-}CH_3$$

酢酸

(10-21)

[例題 10-3] アセトアルデヒドの酸化反応について，反応機構を記せ．

以下のとおりである．

クロム酸エステル

酢酸

酒を飲んでエタノールを摂取すると中枢神経が抑制されることにより酔った状態となる．体内でもエタノールはアセトアルデヒド，さらには酢酸へと変換されることが知られているが，これらの反応においては酵素が触媒として働いており，クロム酸などの強力な酸化剤は使用されていない．

アセトアルデヒドはいわゆる二日酔いの原因物質とされる，有毒な化合物である．アセトアルデヒドは大気汚染物質でもあり，またシックハウス症候群の原因物質とされている．一方，酢酸は食酢に含まれる酸味成分であり，毒性をもたない．

アセトアルデヒドを酢酸へと変換する酵素の活性が低い，あるいは酵素をもたない人はアセトアルデヒドが体内に蓄積し，二日酔いの症状が強く現れる．

10.2.3 アルケンへの臭化水素の付加反応

次に，身近ではないがもう少し単純な反応について考えてみよう．プロペンに臭化水素が付加する反応についてすでに式(10-1)にて記した．この反応はどのように進行しているのだろうか．アルケンの **π 結合**に含まれる電子（**π 電子**）はほかの結合（**σ 結合**）に含まれる電子よりも反応性（求核性）が高い．そのためアルケンは強い求電子剤であるプロトンと反応し**カルボカチオン（carbocation）**が生ずる．そしてこのカルボカチオンに対して臭化物イオンが反応し，2-ブロモプロパンが得られる（式(10-22)）．

カルボカチオン

2-ブロモプロパン

この反応は進行しやすい

(10-22)

しかしながら，この反応では他の生成物が得られる可能性がある．プロペンがプロトンと反応（プロトン化）されることにより式(10-23)に記したカルボカチオンが生成し，その後臭化物イオンと反応すれば 1-ブロモプロパンが得られる．しかしながらこのような反応は進行しにくい．

カルボカチオン

1-ブロモプロパン

この反応は進行しにくい

(10-23)

式(10-22)と式(10-23)の大きな違いは，中間体であるカルボカチオンの構造とその安定性である（図 10-9）．プラスの電荷をもった炭素原子により多くのアルキル基が結合している場合，そのカチオンはより安定化する．式(10-22)に記されているカルボカチオンには二つのアルキル基が結合している．一方，式(10-23)に記されているカルボカチオンには一つのアルキル基のみ結合している．より安定なカルボカチオンを中間体として経由する反応の方においては活性化エネルギーが低下するため，より速やかに進行する（図 10-10）．そのため，式(10-22)に記した反応が優先的に進行する．式(10-22)に記されている反応の選択性

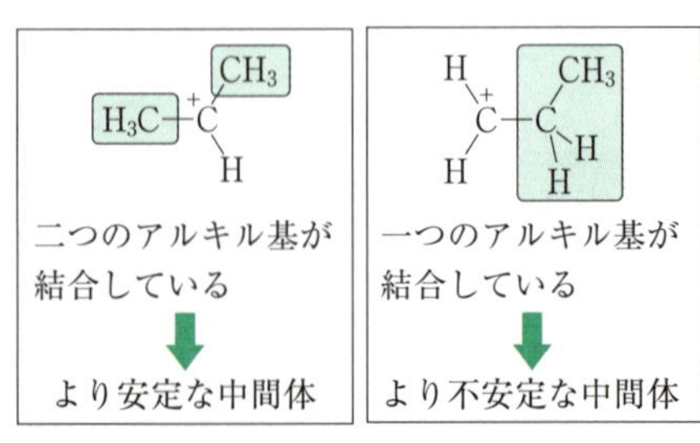

図 10-9 カルボカチオンの安定性の比較

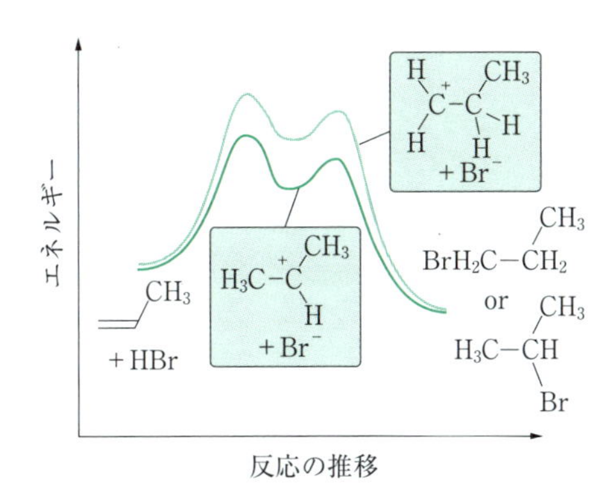

図 10-10　プロペンが臭化水素と反応する際のエネルギー変化

に関する規則はマルコフニコフ則とよばれている．

10.2.4　ベンゼンに対する置換反応

最後に，芳香族化合物における反応について考えてみよう．すでに学んだように，ベンゼンは**芳香族性**を有しているため，アルケンよりも反応性が低い．しかしながらベンゼンに存在する π 電子系は弱い求核性を示すため，強い求電子剤と反応することが知られている．

例えば，ベンゼンは臭素と反応し，ブロモベンゼンを与える（式(10-24)）．

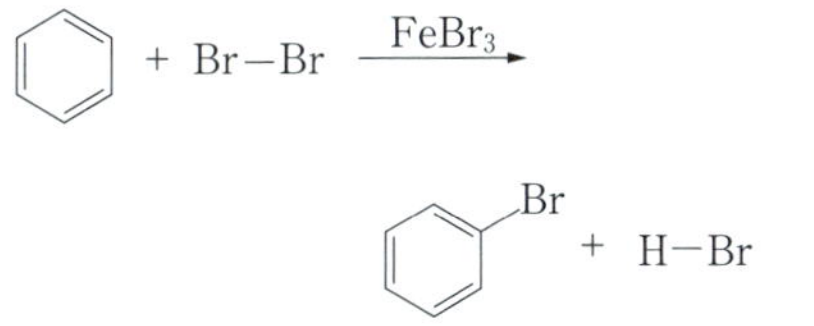

$$+\ Br-Br \xrightarrow{FeBr_3}\ (Br)\ +\ H-Br \qquad (10\text{-}24)$$

アルケンと臭素の反応についてはすでに式(10-2)において論じたが，アルケンとベンゼンとでは反応の様相がかなり異なることがわかる．生成物に関して比較してみよう．アルケンにおいては付加反応が進行し，ジブロモ体を与える．一方，ベンゼンにおいては置換反応が進行し，水素原子と臭素原子が置き換わる．なぜこのような差がみられるのだろうか．

前述のとおり，ベンゼンはその芳香族性により安定化された分子である．そのため，ベンゼンが反応する

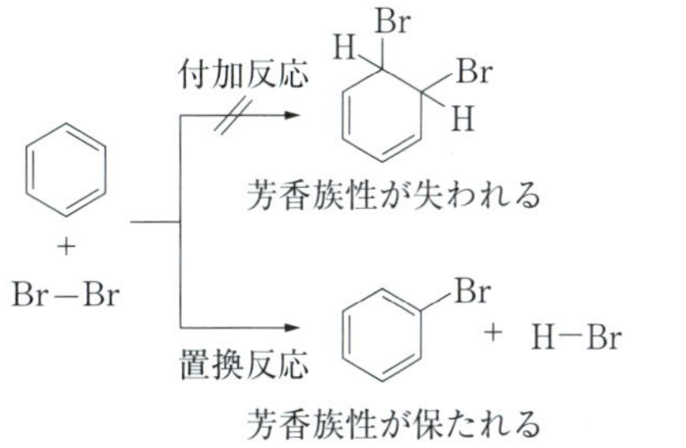

付加反応　H Br Br H
芳香族性が失われる
\+ Br−Br
置換反応　Br ＋ H−Br
芳香族性が保たれる

図 10-11　ベンゼンと臭素の反応における生成物

際には最終的にベンゼン環の構造が保たれた生成物のほうがより安定である．ベンゼン環に対して付加反応が進行した場合には図 10-11 に記したような生成物が得られると考えられるが，この化合物においては芳香族性が失われてしまう．一方，置換反応が進行した場合にはベンゼン環の芳香族性が保たれるため，より安定な分子が生成物となる．そのため，ベンゼンの反応においては置換反応が進行することが多い．

次に，反応機構について考えてみよう（式(10-25)）．ベンゼンと臭素が反応する場合には臭化鉄(Ⅲ)などの酸触媒が必要である．これはベンゼンの反応性（求核性）がアルケンよりも低いためである．酸触媒は最初に臭素と反応し，その電子密度を低下させることにより求電子剤としての反応性を高めている．新たに生じた求電子剤はベンゼンと反応し，カルボカチオンが中間体として生成する．最後にプロトンが脱離することによりベンゼン環が再生し，ブロモベンゼンが得られる．

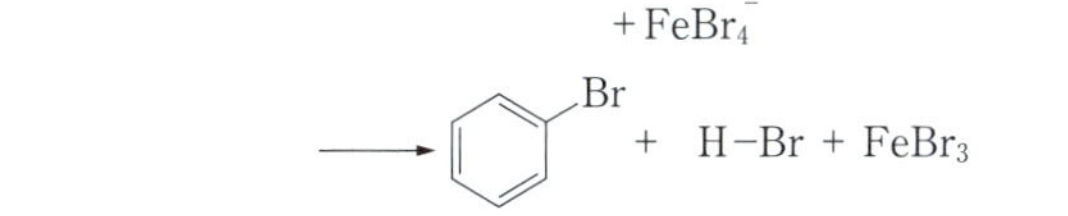

$$Br-Br\ +\ FeBr_3 \longrightarrow Br-Br\cdots FeBr_3$$

より強い求電子剤

$$+\ Br-Br\cdots FeBr_3 \longrightarrow$$

カルボカチオン（H，$\overset{+}{C}$，C，Br，H）

$$+FeBr_4^-$$

$$\longrightarrow\ (Br)\ +\ H-Br\ +\ FeBr_3 \qquad (10\text{-}25)$$

10.2 節のまとめ

- カルボン酸とアルコールを酸触媒の存在下で反応させるとエステルが生ずる．また，エタノールをニクロム酸カリウムにより酸化すると，アセトアルデヒドや酢酸が生成する．プロペンと臭化水素を反応させると付加反応が進行し，2-ブロモプロパンが選択的に生成する．プロペンと臭素の反応においても同様の付加反応が進行するが，ベンゼンと臭素の反応においては置換反応が進行する．また，反応の際には触媒が必要となる．
- これらの反応においては複数回の結合の生成，開裂が起こっており，そのために反応機構は複雑になっている．また，反応の途中で中間体が生成することもあり，中間体の安定性が反応の選択性を左右することもある．ある化合物においてどのような反応が進行するのかは，出発物の構造や反応性に大きく左右される．

10.3　固体表面と化学反応

『広辞苑』で「表面」という言葉を調べると，「① 物の外面．おもて．② 他人の目につく所．外見．うわべ．」と説明されている．「表面をとりつくろう」「表面的な見方」などという言い回しがあるように，表面という言葉には，何だか浅薄な，どちらかというとネガティブな響きを感じるかもしれない．しかし，物理の学問分野では，表面の研究が表面科学として独立した専門領域を構成している．化学，特に物理化学や触媒化学でも，表面が主要な研究対象になっている．その理由は，表面それ自体がユニークな特性をもち，ときにはモノの性質を支配するからである．

旧来の化学教育においては，表面の重要性が強調されることはあまりなかった．しかし，21 世紀に入り飛躍的に進歩したナノテクノロジーにおいては，表面の問題を避けることはもはや不可能となっている．なぜなら，物体が小さくなればなるほど，全体に占める表面の割合が大きくなるからである．例えば直径 2 nm の金の粒子では，表面に露出している原子の割合が，全体の数十%になっている．また，2010 年のノーベル物理学賞の対象となった単層のグラファイトであるグラフェンは，究極的に表面しかもたない物質である．

一方で，化学産業を支える固体触媒や情報産業を支える半導体デバイスの研究・開発においては，古くから表面の重要性が強く認識されてきた．とりわけ，触媒の性能は，反応物と接触する触媒の表面の特性に左右されることが明白だからである．しかし，触媒の表面を直接研究することは，従来も現在も，非常に難しい．そこで，金属や半導体の単結晶の表面を原子レベルで清浄化して構造を制御して触媒の表面を模し，そこで起こる分子の化学反応を調べる，表面化学の研究が行われている．

1980 年代に**走査トンネル顕微鏡（scanning tunneling microscope : STM）**が発明され，固体表面上の原子・分子一つ一つを直接観察できるようになった．これにより，表面での原子・分子の奇想天外な振る舞いが次々と明らかとなった．また，光学顕微鏡や電子顕微鏡では決してみることのできなかったデオキシリボ核酸（DNA）も，金属単結晶の上に載せれば，STM でみることができる．STM から派生した原子間力顕微鏡（AFM）では，細胞膜やタンパク質の動きをリアルタイムで観察するまでに至っている．このように，表面の研究は生命科学などでも今後ますます貢献し続けることであろう．

上記のように表面はさまざまな分野で重要性を増している．表面が関わる分野は多岐にわたるが，本節では，固体表面の構造と表面での反応の基礎概念に絞って概説する．

10.3.1　固体の表面とは

本章で扱う**表面（surface）**は固体の表面であり，固体と気体（真空を含む），あるいは固体と液体の界面である．**界面（interface）**とは，液体と気体，液体と固体，固体と固体，固体と気体など，二つの異なる物質または相が接する境のことである．したがって，表面は界面のうちの一部のよび名である．

固体の表面に対して，固体の内部のことを**バルク（bulk）**とよぶ．“bulk”という英語は，「船荷」を意味する古期北欧語を語源にもつ．塊になってかさばった大きなものを表しているといえよう．固体表面は，

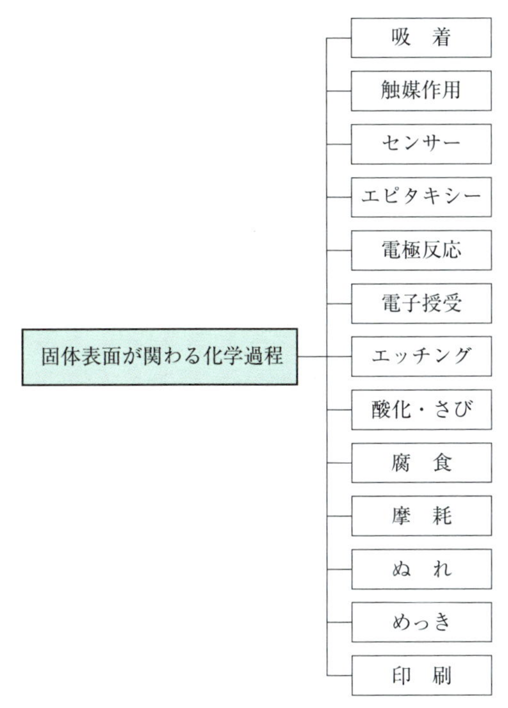

図 10–12　固体表面が関わる化学過程

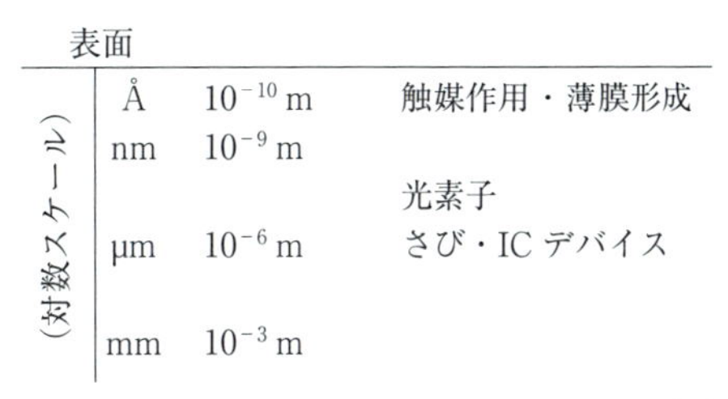

図 10–13　表面の機能とその機能に関与する深さ方向の厚みについてのいくつかの例

以下のように，バルクにない特有の構造，性質，および機能をもつ．

固体を切り出してつくった表面にある原子は，固体内部（バルク）の原子に比べて配位不飽和，すなわち，化学結合の相手が不足している．したがって，表面の原子は化学的に活性であり，外部から飛来する気体分子などと容易に化学結合をつくる．さらに表面原子同士の結合の切断や組替えが起こることも少なくない．

表面ではバルクとは原子配置や対称性が異なったり，原子層間距離の変化（緩和）や配列の変化（再配列，再構成）が起こったりする．当然，表面とバルクとでは構造だけでなく電子状態も異なる．表面の構造と電子状態は，固体結晶を切り出す方向によって変化する「結晶面」によっても違っている．系が2成分あるいは3成分以上を含む場合には，一般に表面とバルクとで組成が異なることも多い．また，構造と組成は雰囲気や温度によっても変化する．したがって，このような活性でダイナミックな性質をもつ固体表面では，さまざまな興味深い化学過程が生じる．

表面で起こる化学過程には，図 10–12 に示すようにさまざまなものがあり，現代の重要な工業プロセスの基盤となっている．さらに表面での化学過程は磁性や電気伝導，物質輸送などの現象とも関連する．したがって，先進的触媒・材料・デバイスの創成・開発のためにも，固体表面のプロセスを支配する化学を明らかにし理解することはきわめて重要である．

一口に固体表面といっても，それが指し示す範囲は対象とする過程や現象によって異なる．固体表面の機能とその機能に関与する深さ方向の厚みについての関係を図 10–13 に示した．触媒作用や薄膜形成では，最表面の一原子層の性質が大きく影響する．一方で，光素子では，光の波長程度の深さまでの領域が関与する．さびや IC デバイスは数 μm までに及ぶ．

10.3.2　固体表面の構造

a．共有結合固体の表面

最も固い物質であるダイヤモンドは炭素原子が共有結合により正四面体構造をとった固体である．シリコンの結晶もダイヤモンドと同様の構造をもつ．正四面体構造を図 10–14 に示す．

このような正四面体構造をもつダイヤモンドやシリコンの結晶を切断すると，理想的な切断面上の原子は，結合の手を外側に伸ばした形をとる．このような結合のことをダングリングボンド（dangling bond）とよぶ．ダングリングとは，ぶらぶらしている，という意味である．図 10–15 は，切出し面によって異なるダングリングボンドの外形図を示している．真空側に対して1本のダングリングボンドを張り出している3回対称の構造は，水素原子などと結合をつくることに

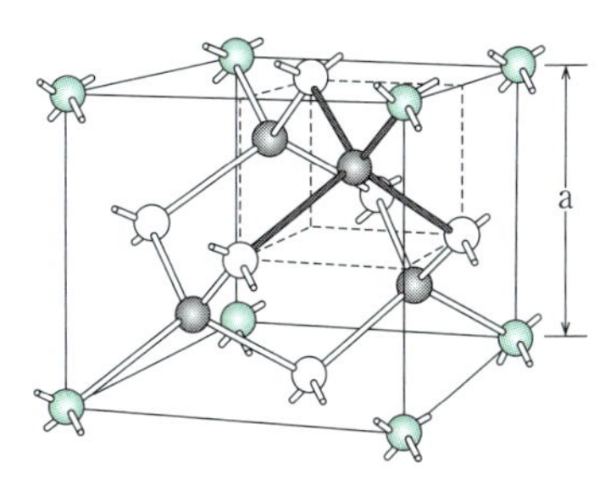

図 10–14　正四面体構造

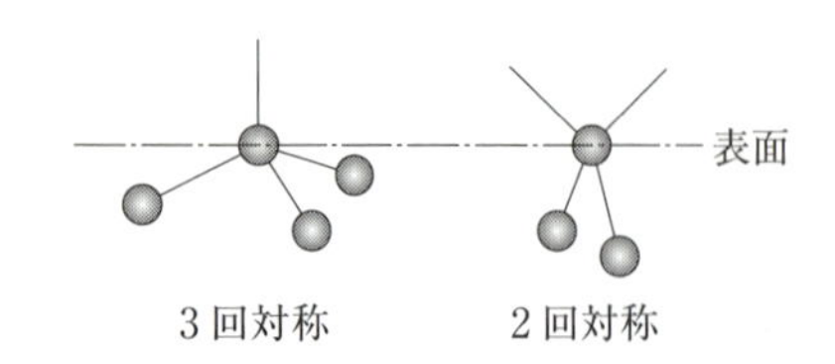

図 10-15　正四面体構造の切り出し面におけるダングリングボンドの向き（対称性）の違い

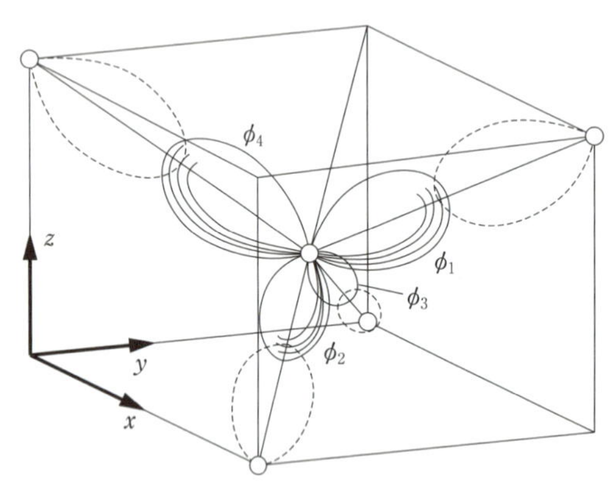

図 10-16　sp^3 混成軌道

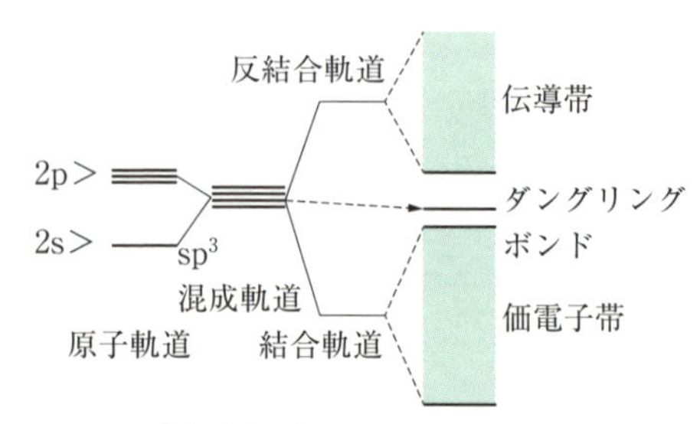

図 10-17　sp^3 混成軌道のエネルギー準位とバンド構造

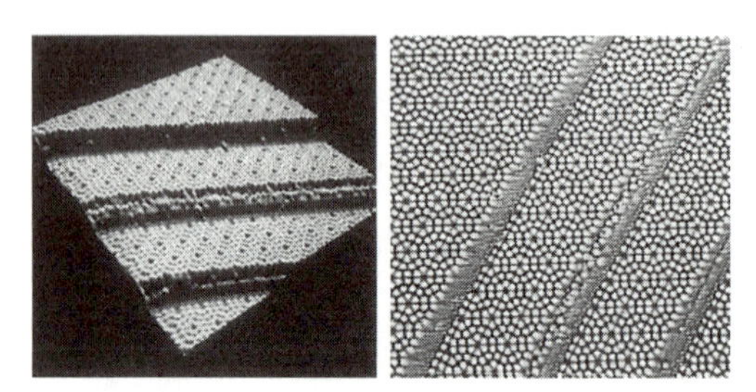

図 10-18　Si(111)7×7 構造の STM 像（領域の大きさ 32 nm×32 nm）．（R. Wiesendanger, *et al., Europhys. Lett.*, **12**, 57（1990）より引用）

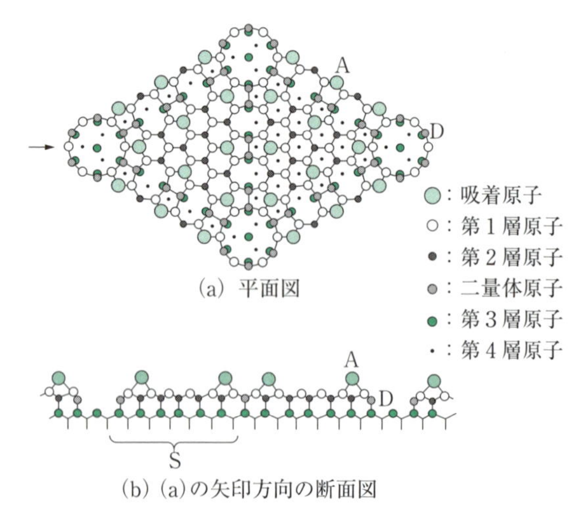

図 10-19　Si(111)7×7 面の DAS 構造．超構造の単位胞には，12 個の吸着原子，9 個の二量体が含まれる．

よって安定化する．一方，2 本のダングリングボンドをもつ 2 回対称の構造は，隣の原子のダングリングボンドと結合をつくって安定化しようとする．この現象は，表面の構造がバルクの構造から変化する表面再構成の一つである．

不飽和な表面原子は不安定なため，構造変化や化学反応によって安定化しようとする．その結果，固体内部（バルク）とは異なる表面特有の構造と性質が現れる．

炭素，シリコン，ゲルマニウムは 14 族元素に属し，同じダイヤモンド構造をとる．炭素の場合を例にとると，2s 軌道と 2p 軌道が混成して sp^3 混成軌道を形成する．sp^3 混成軌道 ϕ_1～ϕ_4 は，一つの炭素原子を中心に正四面体の頂点方向に張り出し，隣の炭素原子と σ 軌道をつくる（図 10-16）．

二つの原子が結合をつくることにより，低いエネルギー位置に結合軌道が，高いエネルギー位置に反結合軌道ができる．さらに多数の原子が結合すると，それぞれがエネルギー的に広がったバンド構造を形成する．結合軌道からは価電子帯が，反結合軌道から伝導帯が形成される．価電子帯と伝導帯の隙間がバンドギャップである．その様子を図 10-17 に示す．ダングリングボンドのエネルギーはバンドギャップ中に位置している．

ダイヤモンド構造をもつシリコン（Si）の結晶を切断してできた表面も化学的に活性で，表面再構成を起こす．シリコン結晶をミラー指数が（111）の面方位（後述）で切断した場合，Si(111)7×7 とよばれる構造が現れる．図 10-18 にその STM 像を示す．図 10-19 は，この表面超構造（結晶の内部とは異なる周期・間隔をもつ表面特有の原子配列）の単位胞の構造を示す．

シリコン結晶をミラー指数が（100）の面方位で切

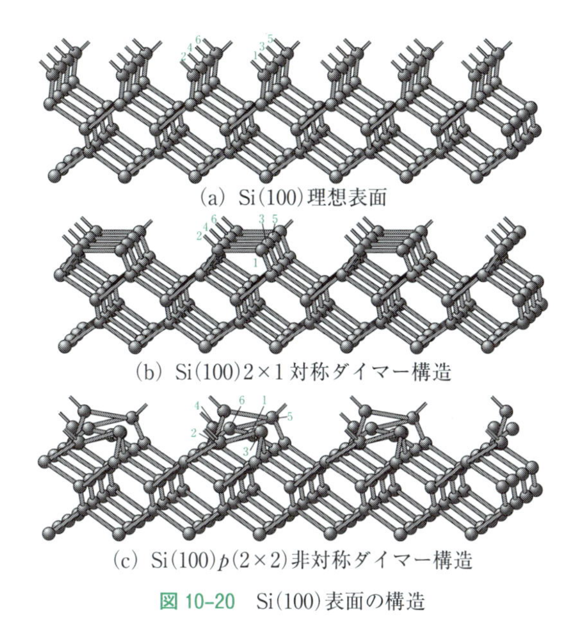

図 10-20　Si(100)表面の構造

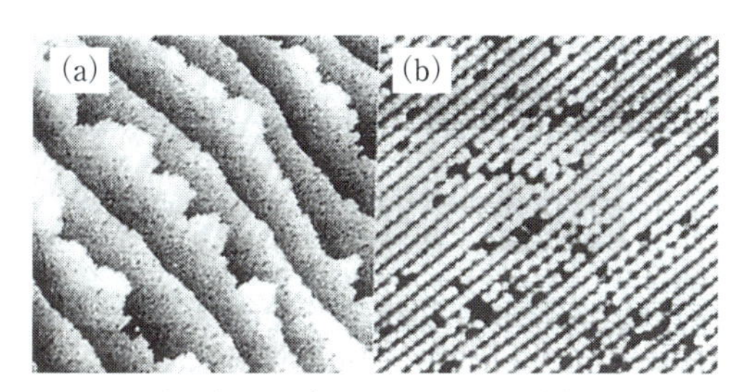

図 10-21　Si(100)2×1 表面の STM 像．(a)ステップとテラス，(b)ダイマー列．
(川合真紀，堂免一成，“表面科学・触媒科学への展開（岩波講座 現代化学への入門 14）”，岩波書店（2003）より引用)

断すると，図 10-20(a)のように，2 回対称のダングリングボンドが一列に並んだ構造ができる．これらダングリングボンドをもつ表面 Si 原子は，隣の列と二量体（ダイマー（dimer））をつくることによって安定化しようとする．図 10-20(b)は，隣の列同士（1-2, 3-4, 5-6）で Si 原子が左右対称なダイマー構造をつくった様子を表している．現実には，図 10-20(c)のような非対称ダイマー構造がより安定である．ここでは，ダイマー結合が列の中で交互に逆向きに傾くことで，立体障害が小さくなる．

Si(100)表面の STM 像を図 10-21 に示す．図 10-21(a)は広い領域の画像で，**テラス（terrace）**とよばれる平らな領域と**ステップ（step）**とよばれる段差が交互に現れているのがわかる．図 10-21(b)は狭い領域の画像で，図 10-20 で示したダイマー列が左下から右

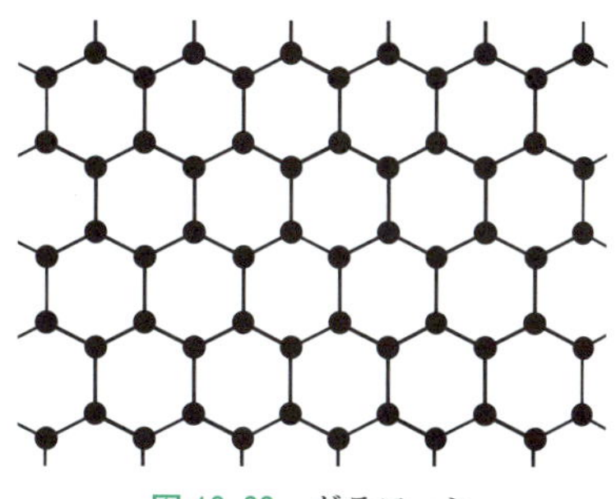

図 10-22　グラフェン

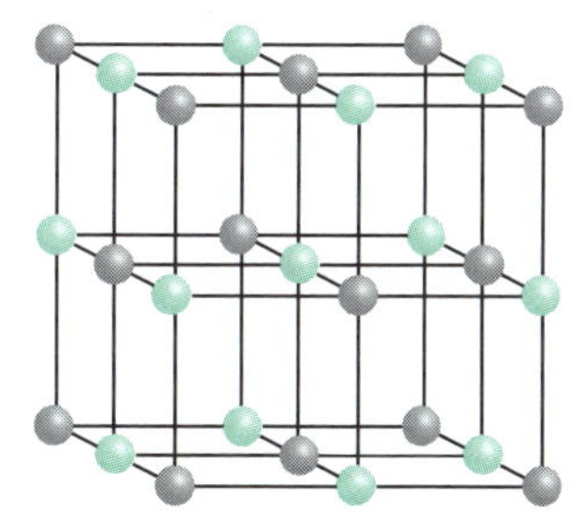

図 10-23　岩塩構造

上に向けて並んでいる．暗い点は Si 原子が欠損した欠陥サイトである．図 10-21(a)のステップの形状に注目すると，比較的滑らかなステップと凹凸の激しいステップが交互に繰り返されているのがわかる．これは，それぞれが終端となっているテラスのダイマー列の方向の違いによる．ダイマー列の方向に沿ったステップは滑らかに，ダイマー列に直交する方向のステップはジグザクになる．

炭素原子の sp^2 混成軌道によって形成された正六角形構造をもつシートが**グラフェン（graphene）**である．グラフェンが分子間力で積み重なったのがグラファイトである．現在グラファイトは化学的に合成されるようになっているが，2010 年ノーベル物理学賞を受賞したノボセロフ（Novoselov）とガイム（Geim）らは，粘着テープでグラファイトの薄片を剝がすことを繰り返してグラフェンを得ることに初めて成功した．図 10-22 にグラフェンの構造の模式図を示す．

b. イオン結晶の表面

イオン結晶 NaCl や MgO などは図 10-23 に示す岩塩構造をもつ．岩塩構造を切断した表面では，陽イオンと陰イオンが交互に現れる．この表面では，表面の電荷の偏り（分極）を小さくする方向に緩和が起こる．この場合，表面の陽イオンがバルク側に引き寄せられる**ランプリング（rumpling）**とよばれる構造変化を起こす（図 10-24）．

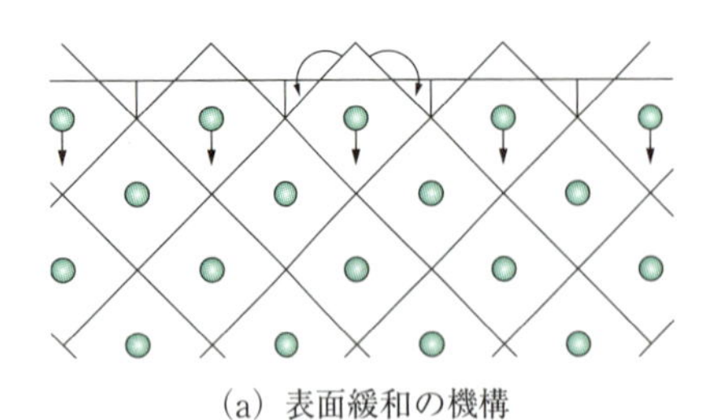

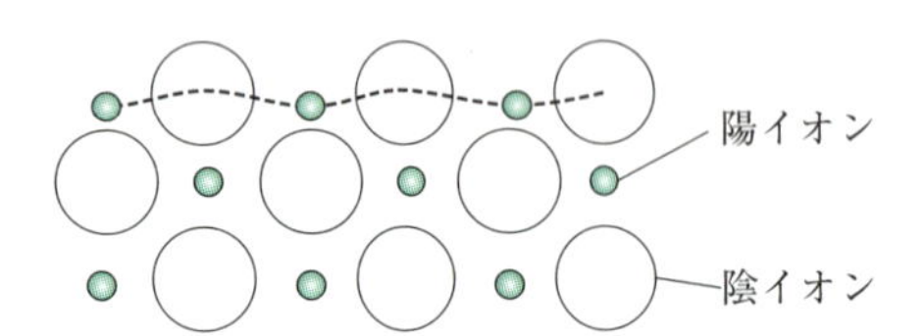

図 10-24　イオン結晶の表面でみられるランプリング構造
(塚田捷, "表面物理入門", p. 62, 東京大学出版会 (1989))

図 10-25　金(111)表面の STM による原子像
(http://www2.eng.cam.ac.uk/～cd229/STM.html より引用)

c. 金属の表面

多くの金属が面心立方構造，体心立方構造，六方最密構造をとる．表面の金属原子はシリコン原子のような異方性の高いダングリングボンドをもたない．しかし，表面金属原子も電子的に満たされていない結合不飽和であることには変わりない．後述するようにさまざまな金属における**表面再構成（surface reconstruction）**が知られている．

ここでは面心立方構造をもつ金の（111）面を紹介する．図 10-25 は STM による金（111）表面の原子像を示す．このように狭い範囲（ここでは 4 nm）ではハニカム状の原子配列が観察される．

ところが，数十 nm の範囲の STM 像では，図 10-26 に示すようなヘリンボーン構造とよばれる表面再構成の構造がみられる．ヘリンボーンとはニシンの骨を意味する．

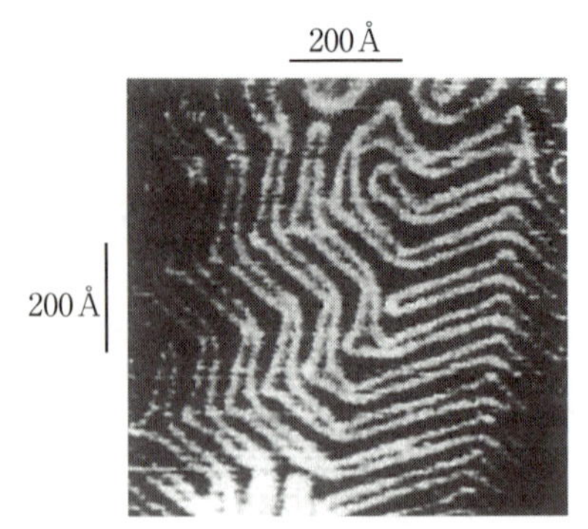

図 10-26　金(111)表面のヘリンボーン構造
(J.V. Barth, *et al.*, *Phys. Rev. B*, **42**, 9307 (1990) より引用)

10.3.3 固体表面構造の多様性

前項でみたように，固体表面の原子は不飽和であるために，固体の表面はバルクとは異なった構造や性質を示す．現在では表面の構造が原子・分子レベルで解明されてきているが，表面分析手法が未発達だった時代では，表面現象は複雑すぎて手に負えないように思えたほどであったことであろう．物理学者パウリはかつて，「固体は神が創り給うたが，表面は悪魔が創った」といった．

図 10-27 に固体表面の構造の模式図を示す．原子が規則正しく平坦に並んだテラスが広がっている．その境界がステップとよばれる段差で隣りのテラスに続く．テラスには，表面原子が欠損した場所（サイト）である空孔（あるいは欠損）や，逆に単独の余剰表面原子である付加原子もみられる．ステップには，キンクとよばれるへこみがあり，ステップの平坦部に比べ配位数（周りの原子の個数）が異なるため，化学的に異なった性質をもつことが多い．このように，固体表面は多様な構造をもっている．

結晶の周期構造は，**ブラベ格子**とよばれる 14 種類の格子のいずれかで表される．そのうち，表面物理化学の分野でよく扱われるのは図 10-28 に示すような単純立方格子（sc），体心立方格子（bcc），面心立方格子（fcc），六方最密格子（hcp）である．

固体表面はこのような固体結晶を切り出すことによって現れるが，その切り出す向きによって，表面の原子の配列が異なることは，すでにみたとおりである．固体表面の切り出された方向は面方位とよばれ，通常ミラー指数によって表される．図 10-29 は，ミラー指数を決定する方法を示している．ここで，グレーで示された面と a，b，c 軸との切片の値が 2，2，1 となっている．図 10-29 中に示された手順により，面指数

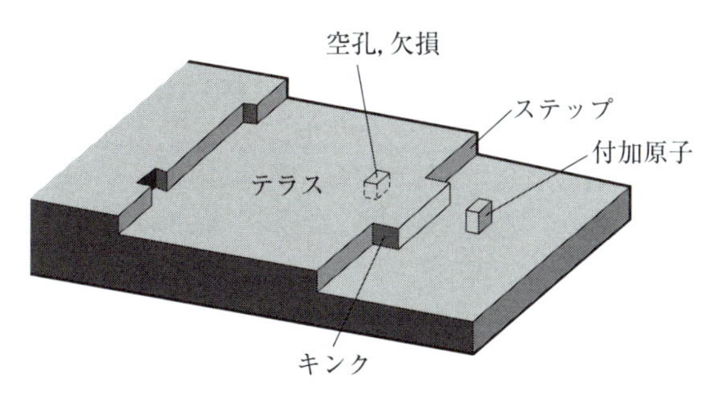

図 10-27 固体表面構造の模式図

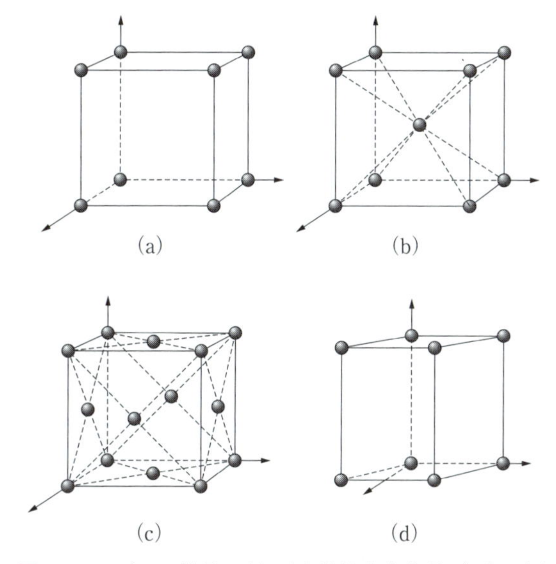

図 10-28 ブラベ格子の例. (a)単純立方格子 (sc), (b)体心立方格子 (bcc), (c)面心立方格子 (fcc), (d)六方最密格子 (hcp).

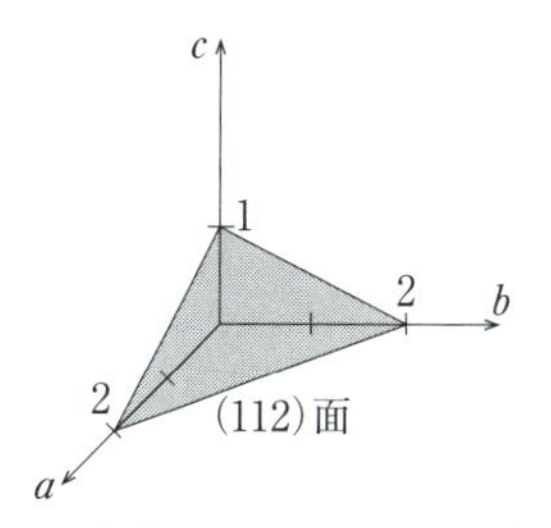

① 結晶の三つの方位ベクトル a, b, c の軸(結晶学的方向)と面との交点(切片)の値を見つける. ある軸と平行で交点をもたない場合は∞とする
② 得られた三つの値についてそれぞれの逆数をとる
③ その結果に, 分母の最小公倍数を掛けて整数とする. 得られた(h, k, l)がミラー指数である

図 10-29 ミラー指数

(h, k, l) は (1,1,2) と得られる. 通常, カンマ (,) を省略して (112) と表す.

図 10-30, 10-31 は, 面心立方格子および体心立方格子における代表的な低指数面を示している. ここで, 例えば (100) はミラー指数を, [001] は面上での方位を示す. また, 数字の上のバーは負号を表している.

面心立方格子の (111) 面および (100) 面は, 表面原子の密度が比較的高いので, 安定な構造である. これに対して, (110) 面では原子列の間に隙間があり原子密度が低いため不安定で, 再構成が起こりやすい.

面心立方格子の (111) 面および (100) 面は金属ナノ粒子においても比較的安定な表面構造であり, 安定構造をとる金属ナノ粒子 (ナノ粒子は直径がおよそ

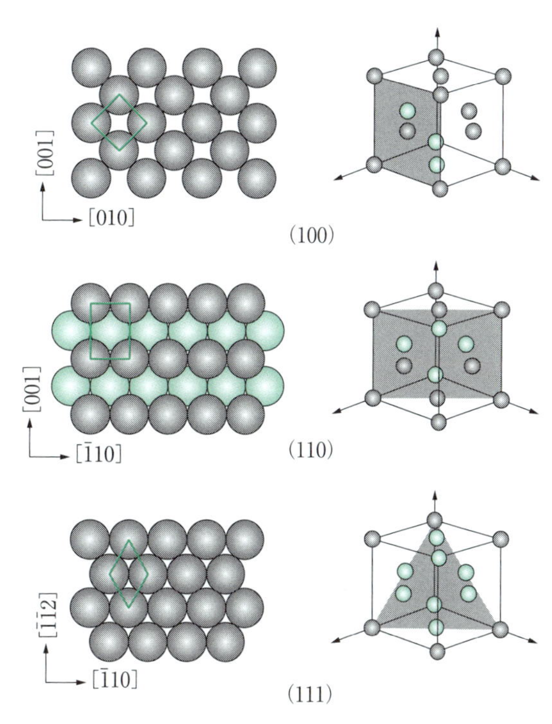

図 10-30 面心立方格子の低指数面

1～100 nm の球形の微粒子のこと) はこれらの面を露出することが多い. 図 10-32 に面心立方構造をもつ金属微粒子の典型的構造を示す.

金属単結晶表面と同様, 金属ナノ粒子でも表面原子がむき出しになったままでは化学的活性が高いため, 粒子同士で塊をつくってしまいやすい. しかし表面をチオール分子やポリビニルピロリドン (PVP) などの高分子で保護すると安定に存在できる. (111) 面と (100) 面での化学的性質の違いを利用して保護基を選

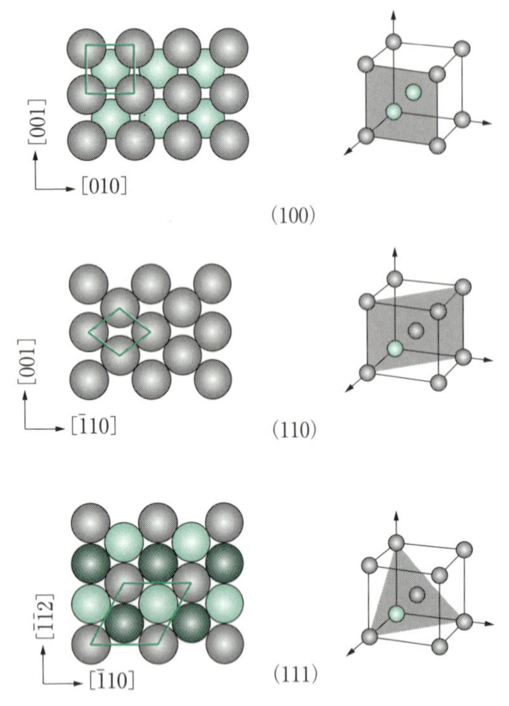

図 10-31　体心立方格子の低指数面

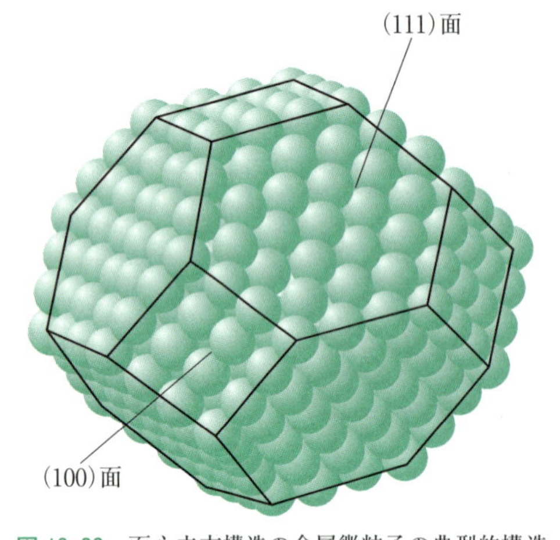

図 10-32　面心立方構造の金属微粒子の典型的構造

択的に吸着（後述）させることにより，粒子を異方的に成長させることが可能で，ロッド型やピラミッド型，金平糖型の粒子などがつくられている．

10.3.4　表面研究のための超高真空の必要性

前述のとおり，原子レベルで清浄な固体表面は化学的活性が高い．したがって，特別な工夫をしない限り，表面はたちまち不純物で覆われてしまう．このことを示すために以下のような見積もりをしてみよう．簡単のため，空気の代わりに窒素気体で計算する．

20℃で1気圧の窒素の気体中には1 cm^3 あたり 2.5 $\times 10^{19}$ 個の窒素分子が存在し，平均 510 $m\,s^{-1}$ の速度であらゆる方向に運動している．圧力 P[Torr]（Torr は気圧の単位で 1 Torr ≈ 133 Pa），温度 T[K] の気体の分子（分子量 M）が固体表面の単位面積（1 cm^2）に単位時間（1 s）あたりに衝突する数 f は

$$f = 3.51\times 10^{22}\frac{P[\mathrm{Torr}]}{\sqrt{T[\mathrm{K}]M\,[\mathrm{g\,mol^{-1}}]}}\quad[\mathrm{cm^{-2}\,s^{-1}}] \tag{10-26}$$

という式で見積もられる．これより 20℃，1 気圧（$= 1.013\times 10^5$ Pa = 760 Torr）では窒素分子が 1 秒間に 1 cm^2 あたり 2.9×10^{33} 個飛来することになる．一方で，固体表面の単位面積（1 cm^2）あたりには約 1.0×10^{15} 個の原子がある．すなわち 1 個の表面原子は 1 秒間に約 3 億回の窒素分子との衝突を経験することになる．これより，大気圧下では固体表面原子のありのままの様子を観察することが不可能であることは明らかであろう．

そこで，固体表面の研究は多くの場合，気体の密度を下げるために真空下で行われる．清浄な固体表面の観察や測定を行うためには，超高真空とよばれる圧力 10^{-9} Torr 程度以下の真空が必要になる．この圧力では，表面が気体分子で覆い尽くされるのにかかる時間は約 50 分と見積もられる．通常は 10^{-10} Torr 台で実験が行われる．ちなみに地上 250 km の宇宙空間の圧力は約 7.5×10^{-8} Torr である．固体表面の実験のためには宇宙空間のような真空を地上でつくることが必要なのである．

超高真空を実現するための排気ポンプとしては，例えばターボ分子ポンプが用いられる．これはジェットエンジンと同じような多くの羽根が付いたタービンを高速回転させて気体を容器外に排出するものである．ただし高性能なポンプがあるだけでは不十分で，真空容器の材料や内壁の表面処理などさまざまな技術が要求される．真空技術については本書の範囲を超えるため割愛する．

10.3.5　化学反応の速度と触媒の関係

ここまでは固体表面の詳細な構造をみてきたが，ここからはややおおまかな視点で表面での化学反応をとらえよう．図 10-12 に示した表面が関わる化学過程の中で，特に重要である触媒に注目する．触媒は，「反応速度を増大させるが，自分自身は何も正味の化学変化を受けない物質」である．ただし，触媒の話の前に

まず，化学反応の速度について述べる必要がある．

物質 A と物質 B を混ぜると物質 C になる化学反応

$$\mathrm{A+B \longrightarrow C} \qquad (10\text{-}27)$$

について，物質 A と B を混ぜた時刻を $t=0$ とし，その後の時刻 t における物質 A，B，C の濃度を［A (t)］，［B (t)］，［C (t)］とする．なお，これらは，(t) を省略して［A］，［B］，［C］とも表す．それぞれの濃度の時間変化を計測した結果が図 10-33 になったとしよう．

ある時刻 t でのこれらの曲線上の位置における接線の勾配，すなわち変化の度合いが，反応速度に比例する．図 10-33 では，$t=0$ 付近では変化が急速であり，反応速度は大きい．一方，t が大きな場所では濃度の変化が小さく，すなわち反応速度が小さくなっている．

微小な時間 Δt の間に増加する C の濃度 Δ[C] を考えると，勾配は $\Delta[\mathrm{C}]/\Delta t$ で与えられる．ここで，時間幅 Δt を無限に小さくした極限を考えると，［C］の勾配は数学的には $\mathrm{d[C]/d}t$ のように［C］の時間微分で表される．

式(10-27)の反応では，A と B の濃度が高いほど，C の生成する速度は増すので，$\mathrm{d[C]/d}t$ は［A］と［B］に比例すると考えると，

$$\frac{\mathrm{d[C]}}{\mathrm{d}t}=k_1\mathrm{[A][B]} \qquad (10\text{-}28)$$

と書ける．ここで，k_1 は比例定数であり，反応速度定数とよばれる．

式(10-27)の逆反応

$$\mathrm{C \longrightarrow A+B} \qquad (10\text{-}29)$$

も起こるとすると，C が単位時間あたりに減少する量は C の濃度に比例するので，逆反応の反応速度定数を k_{-1} とすると

$$-\frac{\mathrm{d[C]}}{\mathrm{d}t}=k_{-1}\mathrm{[C]} \qquad (10\text{-}30)$$

で表すことができる．ここで，k_{-1} の添字 -1 の負号は逆反応ということを表すために便宜的に用いている．

式(10-28)と式(10-30)を組み合わせると，C の濃度の勾配は

$$\frac{\mathrm{d[C]}}{\mathrm{d}t}=k_1\mathrm{[A][B]}-k_{-1}\mathrm{[C]} \qquad (10\text{-}31)$$

と表される．時間が経過し反応が平衡に達した場合，$\mathrm{d[C]/d}t=0$ となるので，式(10-31)より

$$k_1\mathrm{[A][B]}-k_{-1}\mathrm{[C]}=0 \qquad (10\text{-}32)$$

となる．ここで，可逆反応 $\mathrm{A+B \rightleftarrows C}$ の平衡定数 K は

$$K=\frac{\mathrm{[C]}}{\mathrm{[A][B]}}=\frac{k_1}{k_{-1}} \qquad (10\text{-}33)$$

と表される．

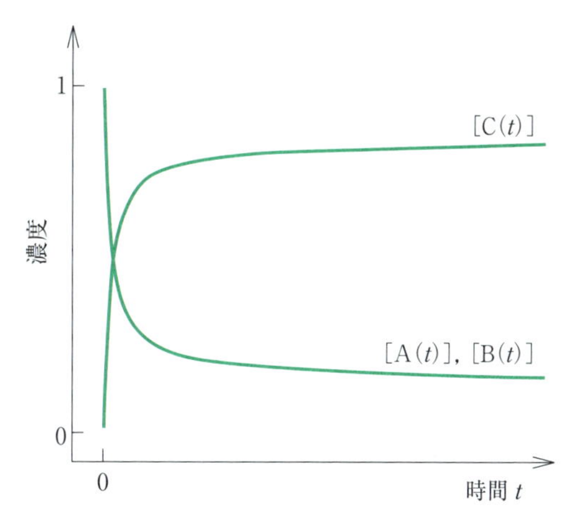

図 10-33　反応 A＋B → C における各物質の濃度の時間変化

さて，反応速度定数は，定数とよばれるものの温度を変えると変化する．アレニウスは，反応速度定数 k が，温度 T に対して

$$k=k_0\mathrm{e}^{-E_\mathrm{a}/RT} \qquad (10\text{-}34)$$

で表せることを見出した．式(10-34)は**アレニウスの式（Arrhenius equation）**とよばれる．ここで，R は気体定数，k_0 と E_a は反応によって異なる定数である．k_0 は反応に関与する分子の単位時間あたりの衝突回数に関係する．E_a は**活性化エネルギー（activation energy）**とよばれ，反応が起こるために必要なエネルギーである．

気相中の分子 A と分子 B の反応で分子 C の生成が起こる場合を考えよう．分子 A と分子 B はさまざまな速度で飛び回り衝突を繰り返しているが，衝突すれば必ず反応を起こすわけではない．衝突したときにそれぞれの分子がもっていた運動エネルギーや互いの角度などによって衝突のエネルギーが異なるが，衝突のエネルギーがあるレベルを超えると反応が起こると考える．これが活性化エネルギーである．この様子を模式的に示したのが図 10-34 である．縦軸は反応に関わる分子のエネルギー，横軸は反応の進み具合を表す反応座標とよばれる量を示している．反応が左から右に進む場合を考える．出発地点 I における分子 A と B が山の頂上を経て分子 C に移り変わる．この山頂での状態 T を遷移状態とよぶ．山頂を過ぎることができれば反応は最終地点 F まで進む．地点 I からみた山の高さ（エネルギー差）が，活性化エネルギー E_a である．

衝突のエネルギーが図 10-34 中の E_1 のように $E_1 < E_\mathrm{a}$ の場合は，A と B が衝突しても反応は起こらず

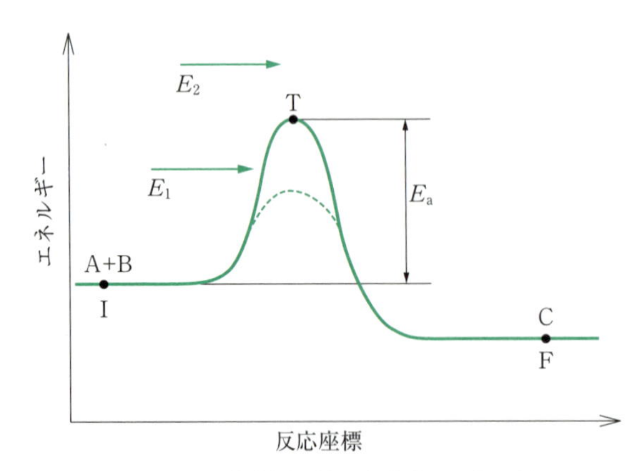

図 10-34　反応座標に沿った分子のエネルギー

地点Iに戻る．図 10-34 中 E_2 のように $E_2 > E_a$ の場合は遷移状態 T を経て反応が起こり C が生成される．

さて，触媒に話を戻そう．触媒は「反応速度を増大させるが，自分自身は何も正味の化学変化を受けない物質」であるが，触媒はどのように反応速度を増大させるのであろうか．

その一つは，活性化エネルギーを下げることである．図 10-34 で考えると，触媒が，破線で示したような，活性化エネルギーが E_a より低い別の反応経路を提供することにより，小さな衝突エネルギーでも反応が起こるようになり，C の生成速度が増大する．

もう一つは，式(10-34)中の k_0 が表す反応分子同士の時間あたりの衝突の回数（衝突頻度）を増やすことである．

触媒は，均一系触媒と不均一系触媒に大きく分類される．気相や液相中で作用する触媒は均一系触媒である．一方，固体表面が気体や液体の分子に作用する触媒は不均一系触媒である．

固体表面が作用する触媒では，自由に飛び回っていた気体分子が固体表面にくっつき（吸着），元の状態から変化する．これにより，気相中とは異なった反応が可能になり，結果として活性化エネルギーが低下する．また，分子が表面上に捕らえられることにより，分子同士が気相中より高密度で存在することになれば，分子同士の衝突頻度がより高くなるであろう．

なお，触媒は反応速度を増大させて，反応をより早く平衡に到達させることができるが，平衡そのものを移動させることはないことに注意が必要である．

10.3.6　原子・分子の吸着と脱離

固体表面が触媒として作用するためには，気体分子が表面に吸着する必要がある．分子 A が固体表面に吸着することをしばしば

$$\mathrm{A(g)} + * \longrightarrow \mathrm{A(a)} \tag{10-35}$$

と表す．ここで，A(g)は気相中の分子 A，＊は分子が表面上で吸着できる場所（吸着サイト），A(a)は吸着された分子 A を示す．( ) 内の g，a はそれぞれ**気体（gas）**および**吸着（adsorption）**を意味する．表面の吸着サイトの総数に対する，吸着している分子の総数の割合を被覆率という．式(10-35)とは逆に，A(a)が表面から離れて A(g)になることを，**脱離（desorption）**という．

ある温度 T での，圧力 P と分子の吸着量の関係を吸着等温式とよぶ．ラングミュアの吸着等温式として知られる関係式は，被覆率を θ とすると，

$$\theta = \frac{KP}{1+KP} \tag{10-36}$$

で表される．ここで，K は吸着と脱離の速度がつり合ったときの吸着・脱離平衡の平衡定数である．圧力 P が高く K が大きいほど，θ は大きくなり，1 に近づく．すべての吸着サイトが埋まると $\theta = 1$ となり，このとき吸着が飽和したという．

10.3.7　表面反応の機構

固体表面の上で分子 A と分子 B が反応し分子 C が生成する反応の機構として，**ラングミュア-ヒンシェルウッド（LH）機構（Langmuir-Hinshelwood mechanism）**と**イーレイ-リディール（ER）機構（Eley-Rideal mechanism）**が提案されている．

LH 機構では，化学反応式と反応速度式はそれぞれ，

$$\mathrm{A(a)+B(a)} \longrightarrow \mathrm{C(g)} \tag{10-37}$$

$$r_{\mathrm{LH}} = k_{\mathrm{LH}}\theta_{\mathrm{A}}\theta_{\mathrm{B}} \tag{10-38}$$

と表される．図 10-35(a)のように，分子 A と分子 B がともに表面上を移動し，衝突して反応し分子 C が生成する．

一方，ER 機構では，図 10-35(b)のように，表面に吸着した分子 B に気相から飛来した分子 A（圧力 P_{A}）が直接衝突してただちに反応して C が生成する．

$$\mathrm{A(g)+B(a)} \longrightarrow \mathrm{C(g)} \tag{10-39}$$

$$r_{\mathrm{ER}} = k_{\mathrm{ER}}\theta_{\mathrm{B}}P_{\mathrm{A}} \tag{10-40}$$

ほとんどの表面反応は，LH 機構で起こることが知られている．代表的な例が，白金の表面での一酸化炭素と酸素原子の反応による二酸化炭素の生成である．

$$\mathrm{CO(a)+O(a)} \longrightarrow \mathrm{CO_2(g)}$$

一方，ER 機構によると確認された反応例は数少ないが，例えばルテニウム表面上の水素原子の引き抜き反応

$$\mathrm{H(g)+H(a)} \longrightarrow \mathrm{H_2(g)}$$

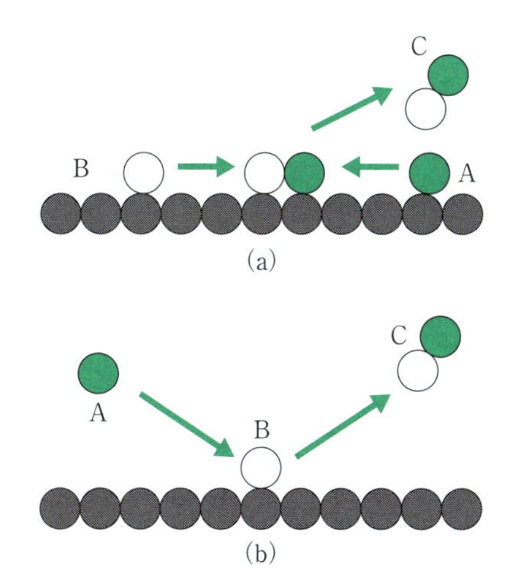

図 10-35 (a)ラングミュア-ヒンシェルウッド機構と(b)イーレイ-リディール機構

が見出されている．ER 機構では，飛来する反応物のエネルギーがとても高いか，反応の活性化エネルギーが小さくなくてはならない．

10.3.8 触媒作用の解明に向けて

触媒反応の多くは図 10-35(a)の LH 機構のように，表面上で反応物同士が出合って起こるといわれている．しかしその反応速度は，必ずしも式(10-38)のように反応物の量（被覆率）に単純に比例するとは限らない．なぜなら，多くの場合，触媒反応が起こるのは触媒表面上の活性サイトとよばれる特定の場所に限られ，また吸着分子同士の相互作用や競合も起こるからである．

現実の表面の構造は図 10-27 で示したように，一様ではない．表面での反応を理解するためには，表面の構造を調べ，そこでの分子や原子の状態や振る舞いを明らかにしなければならない．そのためには超高真空下での表面研究が有効であり，さまざまな分析手法が開発され，多くの知見が得られてきた．2007 年にはノーベル化学賞が，固体表面における化学過程の研究の功績によりゲルハルト・エルトル（Gerhard Ertl）に贈られている．

人類が直面するエネルギー問題・環境問題の解決の鍵となるのが触媒である．そして，現実の触媒の表面は，本節でみてきた固体の表面よりもはるかに複雑で不均一である．触媒が作用する反応条件は，高温高圧であることが多く，分析手段がきわめて限られる．このように，触媒の研究と表面の研究の間には，まだ大きなギャップが横たわっているが，これを乗り越える努力が現在も続けられている．

10.3 節のまとめ

- **固体表面は，固体の内部とは異なる，構造・性質・機能をもつことが多い．**
- **化学反応の速度は，反応物の濃度と速度定数からなる速度式で表される．**
- **固体表面での化学反応を原子・分子レベルで調べることは，固体触媒が化学反応の速度を増大させる仕組みを理解するための基礎となる．**

参考文献

[1] 川合真紀，堂免一成，“表面科学・触媒科学への展開（岩波講座 現代化学への入門 14）”，岩波書店（2003）．

[2] 岩澤康裕，中村潤児，福井賢一，吉信淳，“ベーシック表面化学”，化学同人（2010）．

[3] 松本吉泰，“分子レベルで見た触媒の働き—反応はなぜ速く進むのか”，講談社（2015）．

コラム 13　日本人が発見した重要な有機化学反応

科学の世界には古くから新しい法則，元素に人名をつける習わしがある（アボガドロの法則，キュリウムなど）．有機化学の分野においても，新しい反応にその発見者の名前をつけてよび表されることが多い（人名反応）．その数は 500 を優に超え，合成反応として頻繁に利用されている．

日本人の名前がついた人名反応も数多く存在する．とりわけ，**クロスカップリング反応（cross-coupling reaction）**に対する日本人の寄与は顕著なものがあり，根岸カップリング（有機亜鉛化合物を用いる），鈴木・宮浦カップリング（有機ホウ素化合物），熊田・玉尾・コリューカップリング（有機マグネシウム化合物），右田・小杉・スティルカップリング（有機スズ化合物），檜山カップリング（有機ケイ素化合物），溝呂木・ヘック反応（アルケン），薗頭カップリング（アルキン）が挙げられる．

2010 年のノーベル化学賞は，「有機合成におけるパラジウム触媒クロスカップリング」を受賞理由として根岸，鈴木，ヘックの 3 氏に贈られた．

ビアリール（biaryl）は，二つのベンゼンが単結合で結合した構造を有する化合物の総称である．8CB（液晶分子），バルサルタン（降圧剤），ボスカリド（農薬）など多くの有用なビアリール化合物は非対称な構造を有している（図 1）．

対称なビアリール化合物を合成する方法（ホモカップリング）は 100 年以上前から知られていたが，非対称なビアリール化合物を効率的に合成する方法は図 2 に示すようなクロスカップリングの発明まで待たなくてはならなかった．

非対称ビアリールを生成物として与えるクロスカップリング反応の例として，**根岸カップリング**をとりあげる．根岸カップリングは，ハロゲン化アリールとアリール亜鉛化合物を，パラジウムなどの触媒によって炭素–炭素結合を形成させ，ビアリールを得る反応である（図 3）．

反応機構は次のとおりである（図 4）．まず臭化アリール 1 の炭素–臭素結合間に 0 価パラジウム A が挿入（酸化的付加）することによりアリールパラジウム種 B が生成する．続いて，B のパラジウム–臭素結合とアリール亜鉛化合物 2 の亜鉛–炭素結合との間で結合の組替え（トランスメタル化）が起こり，ビスアリールパラジウム種 C を与える．最後に，パラジウムが脱離することによって炭素–炭素結合が生成（還元的脱離）し，ビアリール 3 を与えるとともに 0 価パラジウム A が再生する．

なお，本書では触れてはいないが，図 4 に示されている「酸化的付加」をはじめとする反応はパラジウムなどの遷移金属を用いた場合に速やかに進行することが知られている．

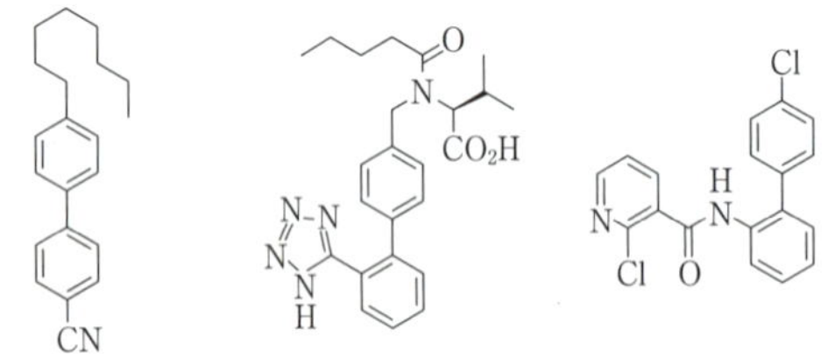

図 1　有用なビリアール化合物（非対称構造）の例

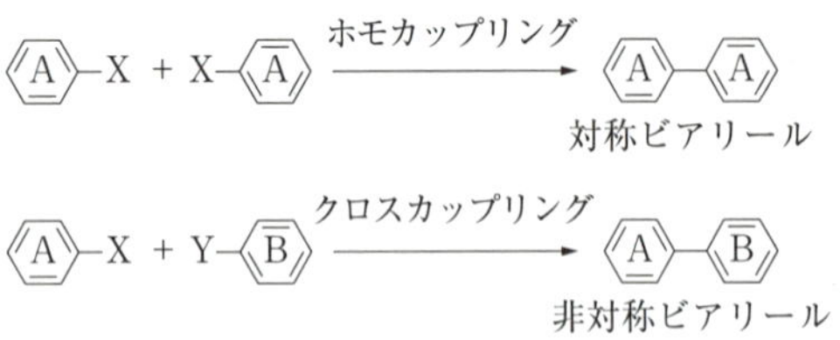

図 2　ビアリールを与えるカップリング反応

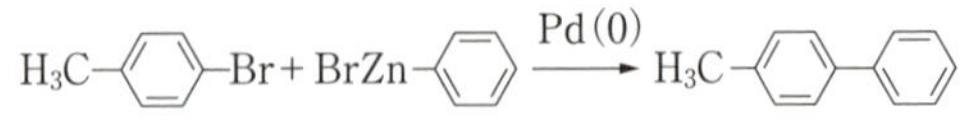

図 3　根岸カップリング

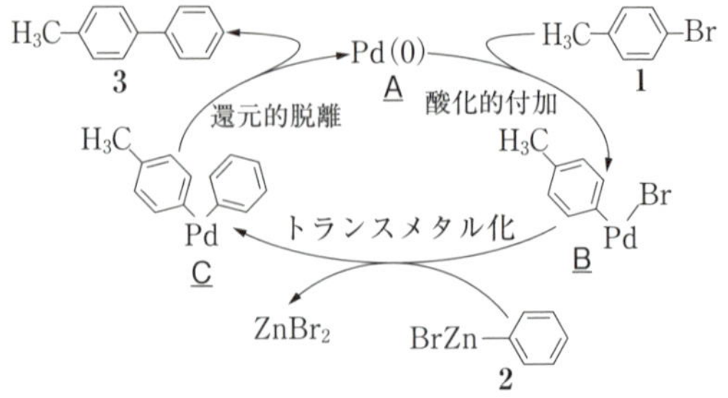

図 4　根岸カップリングの反応機構

11. 電子と正孔の振る舞いから理解する金属と半導体

11.1 固体結晶中の電子の振る舞い

電気エネルギーと化学エネルギーの交換である電池や電気分解，運動エネルギーとの交換であるモーターや発電機，熱エネルギーへの変換であるフィラメント型の照明など，近代に入って電気エネルギーの利用が広がりをみせてきた．さらに現代では，光とのエネルギー交換として太陽電池や発光ダイオード，また情報処理やデバイス制御などの目的で電気が使われ，現代生活を送るうえで，電気はなくてはならないものになっている．

本章では，身のまわりにある電子機器の基本原理を理解するため，電気が流れるということはどのようなことなのかを入口として，現代の半導体産業を形成する主要な半導体素子を紹介する．

11.1.1 金属と半導体：バンド理論の入口

物質に電流が流れるということは，電荷を運ぶものが物質内部で動いていることになる．多くの場合，金属や半導体などの固体中では電子や正孔が，鉛蓄電池の電解質溶液といった液体中では陽イオンや陰イオンが，蛍光灯などの気体中の放電ではイオンと電子が混ざり合ったプラズマが電荷を運ぶ作用をする．本節では，身のまわりにおいて，持ち運びなどの点で最も扱いやすく，さまざまな形態で利用されている固体中で電流が流れるということは，どういう現象なのかについて説明する．

11.1.2 電気を運ぶもの：電子と正孔

物質に流れる電流の大きさは，単位時間中に単位断面積を通過する電荷の量として定義されるので，電荷を運ぶものの量（**キャリア密度（carrier density）**）と，電荷各々の移動のしやすさ，つまり移動速度の平均値（**移動度（mobility）**）の二つの要素によって決まる．このとき電流は，電位の高い側から低い側に向かって流れるものとする．

固体として典型的な金属では，金属結合に伴う**自由電子（free electron）**が存在するため，通常はこの**電子（electron）**が電荷を担っている．電場をかけない状態では，図 11-1(a)に示すように，自由電子はさまざまな方向に向かって運動しており，平均するとある断面積を通過する電荷の数は差し引き 0 になってしまい，電流は流れない．一方で金属に電場をかけると，図 11-1(b)に示すように，負電荷をもっている電子は，平均的には電位の高い側（V^+ 側）に向かって引きつけられ，やがて電極に到達すると電極から金属の外に去ってしまう．もちろん金属自身は電気的に中性なので，不足した電子は電位の低い側（V^- 側）から供給され，電流が流れ続けることになる．このように電子を受けとって金属外にもち出す V^+ 側の電極を**陽極（anode）**，金属の外から電子を供給する V^- 側の電極を**陰極（cathode）**とよぶ．先ほど電流は電位の高い側から低い側に向かって流れると定義したが，この定義に従えば図 11-1(b)の図で，電流は V^+ 側から V^- 側に流れることになるため，電子が移動する向きと電流が流れる向きは逆になる．

中性の分子からなる固体やイオン結晶では，電子は束縛されていて動けないが，もし図 11-2 のように，電子が抜けた後に現れる陽イオンが，物質中に取り残されていると考えてみると，どういうことがいえるだろうか．この状態に電場をかけると，やはり先ほどと同じように電子は V^+ 側に引きつけられるので，陽イオンの左隣の原子から電子が右へ飛び移ると同時に，電子が飛び出した原子が陽イオンとなる現象が起こる．これが連続的に起こると，まるで陽イオンが図の右から左へと移動していくようにみえる．このような

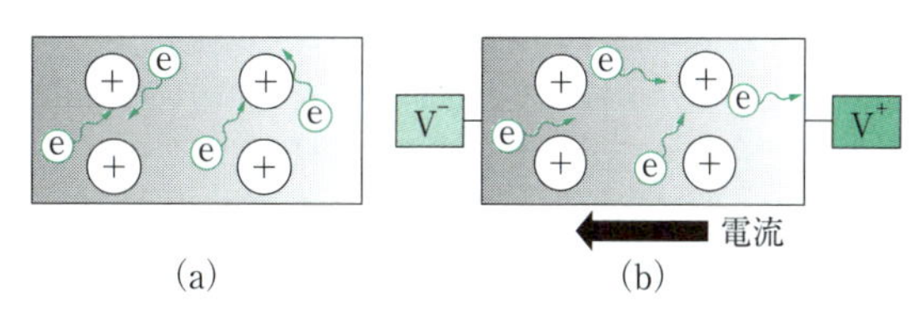

図 11-1　(a)陽イオン（⊕）が整然と並んだ金属内の自由電子（ⓔ），(b)電場中に置いた金属の自由電子の運動と電流の向き．

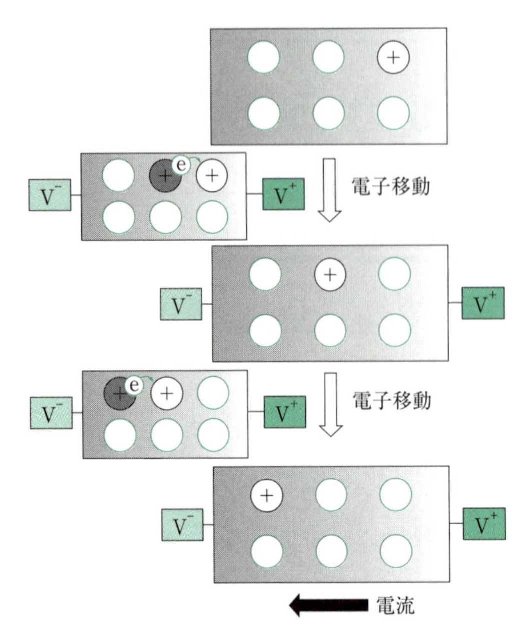

図 11-2　電子が抜けた陽イオン（⊕）に，左隣の原子から電子（ⓔ）が移動してきて，あたかも陽イオンが左に移動していくようにみえる．

状況は，次節で述べる半導体でよく生じるが，電子が抜けて生じた正電荷をもつ部分を**正孔（hole）**とよび，電子とは逆の性質をもつ粒子として，正孔が移動していくと考えると便利である．この場合でも電流はやはり V^+ 側から V^- 側に流れると定義されるので，正孔が移動する向きと電流が流れる向きは同じ方向になる．

このように物質中では，電荷を電子や正孔が運ぶことによって電流が流れると考えることができる．そのため，電子や正孔をまとめて電荷担体あるいは**キャリア（carrier）**とよぶ．

11.1.3　エネルギーバンド

これまでにみてきたように，物質をミクロにみた場合，整列した陽イオンの間を自由電子が結び付けて金属結晶になるというモデルは，原子同士が電子を出し合って互いに結び付くという共有結合のイメージの延長で捉えれば直感的に理解しやすい．一方で，原子が寄り集まって分子になるときに，各々の原子の波動関数を混ぜ合わせて分子全体の波動関数をつくり上げ，エネルギーが低いほうから順に電子を詰めていくという考え方も，固体全体に適用することができる．例えば，図 11-3 に示すように，水素原子を二つ集めて水素分子をつくると，二つの原子軌道から結合性軌道と反結合性軌道の分子軌道が生成され，もともと各原

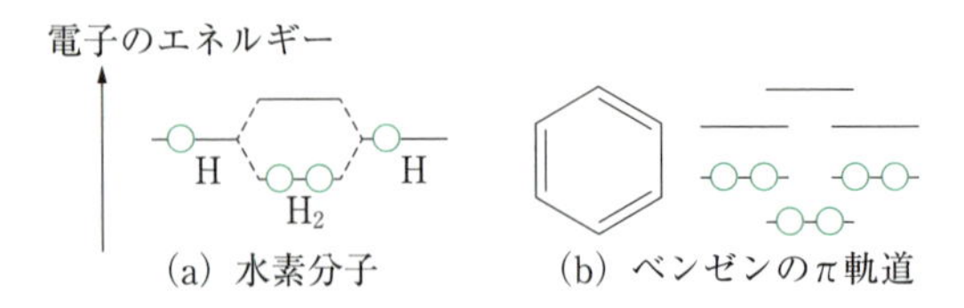

図 11-3　(a)水素原子からの水素分子形成，(b)炭素 p 軌道からなるベンゼンの π 軌道

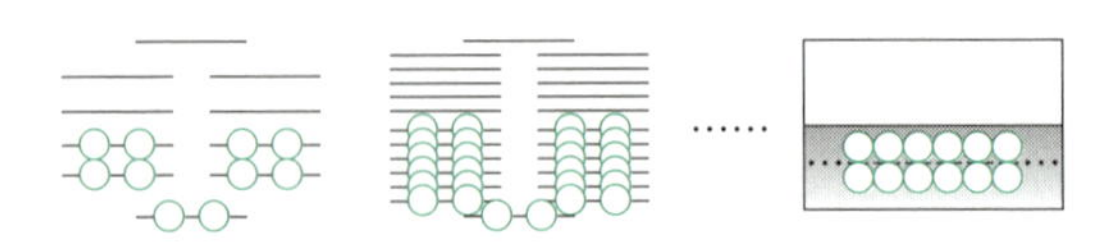

図 11-4　π 電子系を拡張していった極限としてのバンド構造

子が一つずつもっていた電子をともに結合性軌道に入れることで，水素分子として安定化することを第 10 章で学んだ．またベンゼンでは，六つの炭素の p 軌道から六つの π 軌道をつくることができ，ヒュッケル法でエネルギーを計算すると，図 11-3 のように分子軌道のエネルギー準位が得られ，エネルギーの安定な三つの分子軌道に，炭素の p 軌道がもたらす六つの電子を全て収容することができ，芳香族の安定化がもたらされる．同様に図 11-4 のように，たくさんの炭素原子からなる π 電子構造を考えると，エネルギーの上限と下限は決まっているにもかかわらず，p 軌道をもつ原子の数が増加すれば，間に存在する分子軌道のエネルギー準位の数が増加するため，飛び飛びのエネルギーをもつ分子軌道ではなく，連続したエネルギー準位に電子を詰めていく状態とみなせるようになる．こうして，やがて分子軌道が一体化した，電子を入れることのできる帯状の構造が現れ，その中に半分まで電子が詰まった状態が生じる．このようにできる帯状の構造を**エネルギーバンド（energy band）**とよび，物質全体に広がったバンドを基礎として，固体中の**伝導性（conductivity）**について理解する方法を**バンド理論（band theory）**とよぶ．

この例では，p 軌道からできる π 軌道の拡張により形成されるバンドについて示し，ベンゼンでは分子軌道の半分が電子で満たされるのと同様に，バンドの半分が電子で満たされるようすについて触れた．この場合，金属伝導について後述するように，半分まで電子が詰まったバンドが伝導性に関与するため，このバンドは**伝導帯（conduction band）**とよばれる．また，その他の軌道から形成されるバンドも存在する．例えば分子軌道でいえば，電子で完全に満たされた最高被占軌道（HOMO）同士がバンドを形成することで，

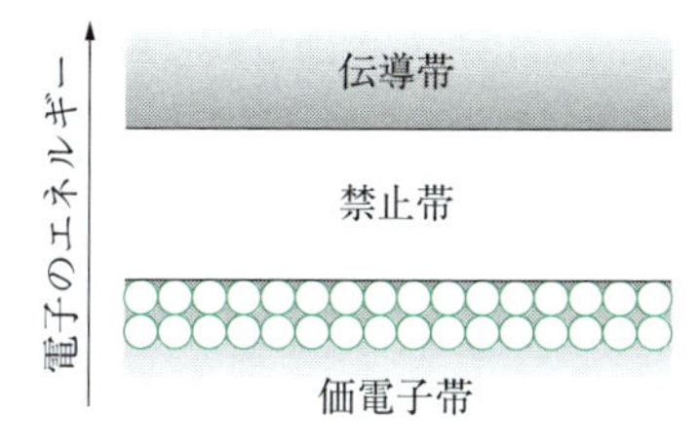

図 11-5 バンド構造における価電子帯，禁止帯，伝導帯の関係

図 11-5 に示すような，エネルギー的に安定で電子が完全に詰まっているバンドを形成することができる．このようなバンドを**価電子帯（valance band）**とよぶ．一方，分子軌道で最低空軌道（LUMO）に対応する準位によって形成されるバンドは，もともとのLUMO に電子が入っていないことから，電子が入ることは可能だが電子が存在しない状態となる．このようなバンドは，11.1.4 項で述べるように，別のバンドから電子を受け入れることで伝導に関与するため，半分まで詰まったバンドと同様に伝導帯とよぶ．また，分子では HOMO と LUMO の間には電子が入ることのできる軌道準位は存在しないが，多くの場合，バンド理論でも価電子帯と伝導帯の間には電子が存在できない領域があり，これを**禁止帯（band gap）**という．

分子が結合をつくる際に，構成要素となる原子の最外殻に存在する価電子が最も重要な役割を果たしているのと同様に，物質中を電子が移動するときには価電子帯近傍のバンド構造が重要となる．

11.1.4 金属と半導体

金属（metal）は電気を流しやすく，**絶縁体（insulator）**は電気を流さず，**半導体（semiconductor）**は両者の中間くらいの伝導性を示すなど，金属，半導体および絶縁体は，伝導性の違いによって分けられているように思われるかもしれない．

伝導性の観点からそのような傾向があるのは確かであるが，バンド理論の観点からいえば，比較的電気を流しにくい金属もあれば，そのような金属より電気を流しやすい半導体もある．それでは，金属と半導体，および絶縁体は，どのように区別することができるのだろうか．

金属結晶の場合，図 11-6 で示したように，バンドが部分的に電子で満たされた構造をとる．このような構造に電場を加えてほんのわずかでも電子にエネルギーを与えると，バンド内の少しエネルギーの高い状態に移った電子は，他の電子と運動量が相殺されず，キャリアとして自由に物質中を移動することができるようになる．このようなバンド構造をもつ物質は，一般的に小さな電場をかけるだけで電流が流れるが，このような伝導機構を**金属伝導（metallic conduction）**という．

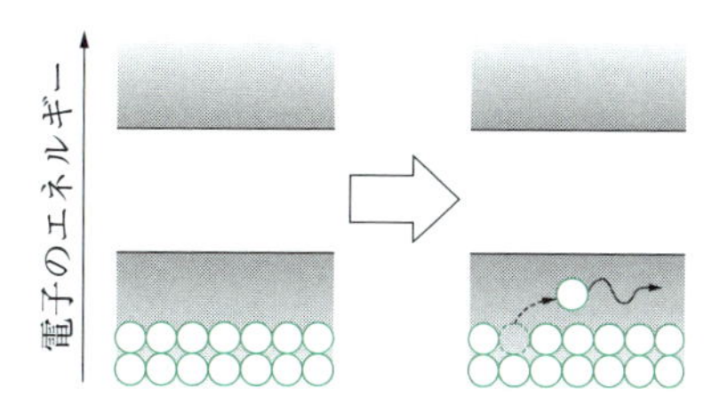

図 11-6 部分的に電子が詰まったバンド構造の模式図．(左) バンドの途中まで電子が詰まった構造．(右) ほんのわずかでもエネルギーを与えると，電子は自由に動くことができる．

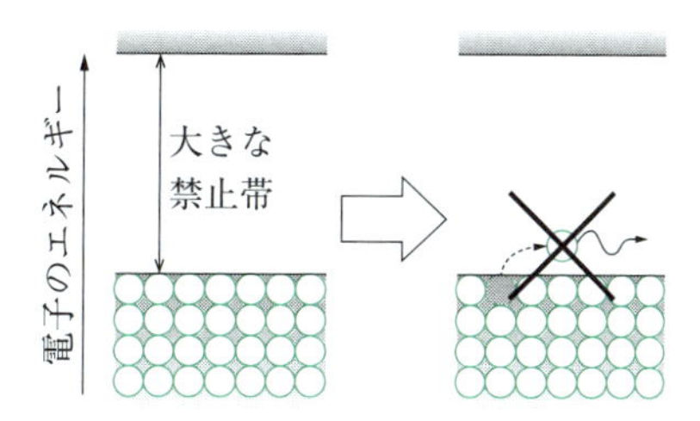

図 11-7 絶縁体の場合には，価電子帯が密に詰まっているため，わずかなエネルギーでは禁止帯までしか届かず，そこには電子は存在できないので，結局電流は流れない．

一方，図 11-7 に示したように，電子で満たされた価電子帯の直上に幅の大きな禁止帯がある場合に，同様に電場を加えるとどうなるだろうか．この場合は，わずかなエネルギーでは電子は禁止帯までしか押し上げられず，実際は禁止帯まで電子が届かないので，電子の自由な運動が妨げられる．その結果として，このようなバンド構造の物質ではほとんど電流が流れず，絶縁体となる．

もし絶縁体と同様に，満たされた価電子帯の直上に禁止帯があるものの，その幅はそれほど大きくない場合にはどのようなことが起こるだろうか．図 11-8 に示すように，非常に低い温度など，電子が大きなエネルギーを得ることができない状況の場合は，やはり電場によるわずかなエネルギーでは，価電子帯の電子は禁止帯までのエネルギーしか得ることができず，絶縁体と同様に電流は流れない．しかしながら，もっと大きなエネルギーが与えられれば，禁止帯の大きさが小さい分，禁止帯を乗り越えて伝導帯に達する電子を生じることができる．一般的には室温程度の熱エネルギ

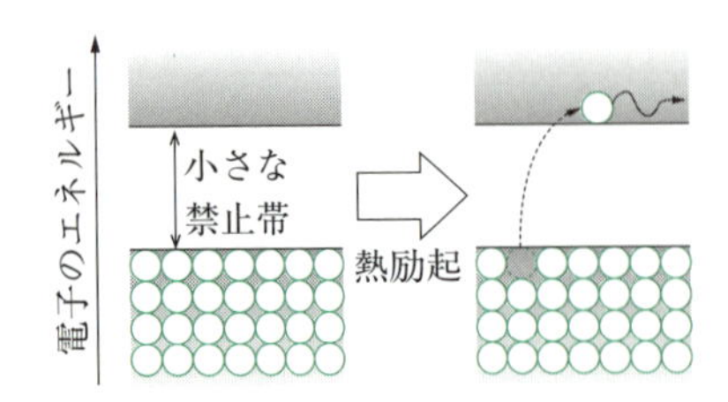

図 11-8　半導体の場合には，室温程度の熱励起でも，禁止帯を越えるエネルギーを得ることができ，電子が伝導帯へ移って電荷を運ぶため，電流が流れる．

ーを受けとって，電子が価電子帯から伝導帯へ飛び移ることができるほど禁止帯が小さければ，電流を流すことができる．このようなしくみで半導体は絶縁体よりも高い伝導性を達成しているのである．ここで，もう一度図 11-8 をみると，価電子帯から電子が抜けた後には，正孔ができていることがわかる．この正孔には，同じ価電子帯にある電子が陽極に向かって次々と移動できることから，逆に正孔が陰極に向かって移動していくものとみなせる．このように半導体では，何らかの励起によって電子と正孔のペアが発生し，各々が逆方向に動くことで，総合的に同じ方向に電流が流れる原因となる．

このように整理してみると，半導体と絶縁体は，禁止帯の相対的な大小が異なるだけであり，伝導性を示すには禁止帯を越えるエネルギーが必要という点で本質的には変わらないが，金属は結晶を形成した時点ですでに伝導帯にキャリアが存在し，ごくわずかなエネルギーで伝導性を示す点で，半導体，絶縁体とは異なる機構で電流が流れることがわかる．

また，金属の場合には温度を上げると伝導性が減少するが，半導体では温度上昇により伝導度が増加する．この違いもバンド構造の観点から理解できる．金属では，電場である程度加速された電子は，整列した原子核に衝突することでエネルギーを受け渡して減速し，再び加速されるという工程を繰り返す．このとき，温度が高ければ原子核の振動が大きくなり，より電子と原子核が衝突しやすくなり，電子が加速される平均的な時間が短くなる．つまり温度上昇による移動度の低下が原因となり，伝導性が減少する．一方半導体では，温度を上昇させるということは，禁止帯を越えて伝導帯に移る電子が増加することを意味するため，通常はキャリアが増加し，電流に寄与する電子が増える．そのため，温度が上がるほど伝導性は増加する．

このように金属と半導体は，単にどちらが電流を流しやすいかというだけで区別されているわけではなく，両者の伝導機構の違いを反映して，温度変化が移動度とキャリア密度のどちらにより大きく影響するのかが異なることにより，伝導性の温度依存性が異なる．

11.1.5　真性半導体

前項で伝導機構を説明した半導体は，純粋な物質における半導体であり，より厳密には**真性半導体（intrinsic semiconductor）**という．例えばケイ素の単結晶では，図 11-9 に示すように個々の原子が四つの価電子を出し合い，隣接する原子同士で結合を作る結果，いずれの原子も周囲に八つの価電子をもつ安定な状態をとることができるため，キャリアは原子間の結合に拘束されて移動しにくい．

バンド構造の観点から考えると，真性半導体は純粋な単結晶として作成されるため，結晶の配列の乱れによりキャリアの運動が妨げられることは少ない．すなわち電子の移動度は不純物半導体よりも大きい．一方で純物質では物質固有の禁止帯が存在し，キャリア密度が温度に応じて決まるが，その大きさは一般的に，後で述べる不純物半導体に比べて非常に小さい．

実際の伝導性はキャリア密度と移動度の大きさで決まるが，真性半導体ではキャリア密度が非常に小さいことが影響して，伝導度はそれほど大きくならない．そのため実用上は，真性半導体がそのまま使用されることはほとんどない．しかしながら，次節で述べる不純物半導体は，真性半導体を加工することで生産されており，基本材料としての真性半導体は非常に重要である．例えば現代の半導体産業の主役を担っているケイ素は，豊富に利用できる元素であり，産業用としても 99.999 999 999%（9 が 11 個並ぶので，11 N（N は

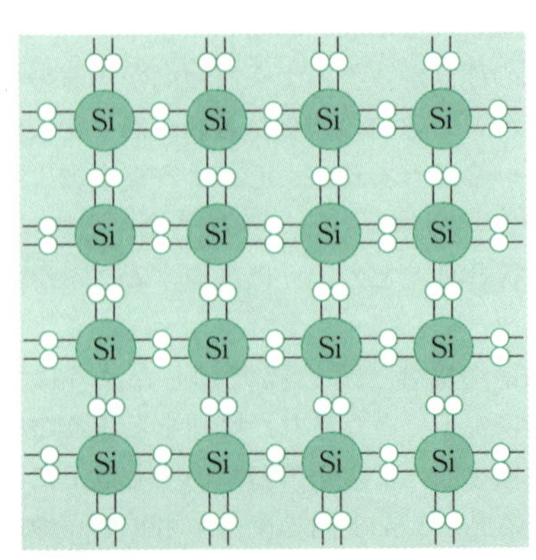

図 11-9　単結晶ケイ素の結合様式．各々の原子が四つの価電子により満たされた結合を作る．

nine の意味）とよばれる）に達する高純度の単結晶が得られることから，不純物半導体の原料として広く利用されている．

11.1.6　不純物半導体：n 型半導体と p 型半導体

実用上は，真性半導体に微量の不純物を混ぜることでキャリア密度を増加させた，**不純物半導体（impurity semiconductor）**とよばれる材料を用いる．この不純物半導体は，真性半導体とどのように違うのだろうか．

不純物半導体は，どういう種類の不純物を混ぜるかにより，2 種類のタイプに分かれる．先ほど真性半導体の例として前項で示した単結晶ケイ素は，原子同士が互いにちょうどよい電子数で結合をつくった結果，キャリアとなる電子がほとんどなくなり，伝導性が大きくならなかった．ここに，価電子が五つのリンをわずかに混ぜるとどのようなことが起きるか考えてみよう．図 11-10 に示すように，もともと四つの価電子をもっていたケイ素を五つの価電子をもつリンに置き換えたために，結合に利用する四つの電子に加えて，結合に寄与しない電子が一つ余ってしまう．この電子はあたかも自由電子のように結晶中を動き回ることができるため，不純物の添加により，負電荷をもつキャリアが発生したことになる．このタイプの半導体では，添加する不純物が電子を供与する作用をすることから，ドナー型不純物を利用した不純物半導体といえる．その結果，主なキャリアの電荷が負（negative）となることから，半導体の種類としては **n 型半導体（n-type semiconductor）**とよばれる．

あるいは，三つの価電子をもつホウ素で置き換えることもできる．その場合は，図 11-11 に示すように，結合をつくるのに Si と B の間で電子が足りなくなる部分が発生し，そこが正孔となる．これまでに説明したように，正孔もまた周辺の電子が順次飛び移ってくることで結晶中を動き回ることができるため，正電荷のキャリアが発生したものと考えられる．このタイプの半導体では，添加する不純物が電子を受容する作用をすることから，アクセプター型不純物を利用した不純物半導体といえる．また n 型半導体とは逆に，主なキャリアの電荷が正（positive）であることから，**p 型半導体（p-type semiconductor）**とよばれる．

このように余った電子や，電子不足により生じる正孔が，真性半導体に比べて非常に大きなキャリア密度を生じる理由を，バンド構造から見直してみよう．

不純物半導体の場合，添加する原子は母体となる真性半導体とは異なる電子軌道をもつため，母体と一体化したバンド構造を構成せず，母体のバンド構造の中に不純物由来の新たな準位を形成する．n 型半導体の場合は，ドナー型不純物が余分な電子をもっていると，不純物の周囲の電荷は中性になって安定だが，結合の観点からは余計な電子がいて不安定となる．逆に電子を放出して自由電子のように振る舞うことができると，結合の観点からは余分な電子がいないため安定だが，電荷中性の観点からは，不純物周辺の電荷の偏りが生じてしまうことになる．このような拮抗した状態にあることから，余分な電子が不純物の周辺にいる状態と，自由電子のように振る舞う状態との間のエネルギー差は，かなり小さいと予想される．実際にどの

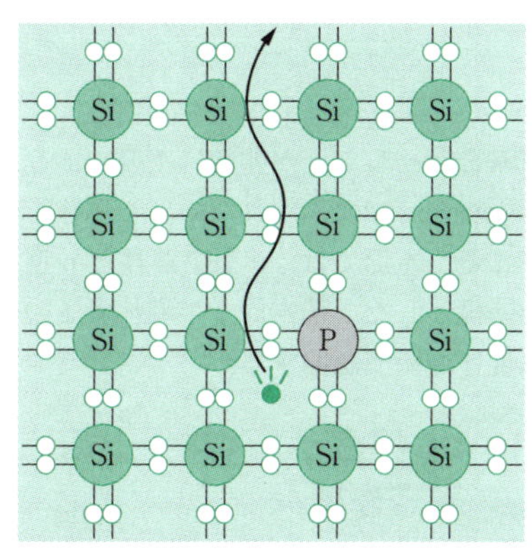

図 11-10　価電子が四つのケイ素原子からなる単結晶に，価電子が五つのリンを不純物として添加した様子．結合をつくったうえで余った電子がキャリアとして振る舞うことができる．

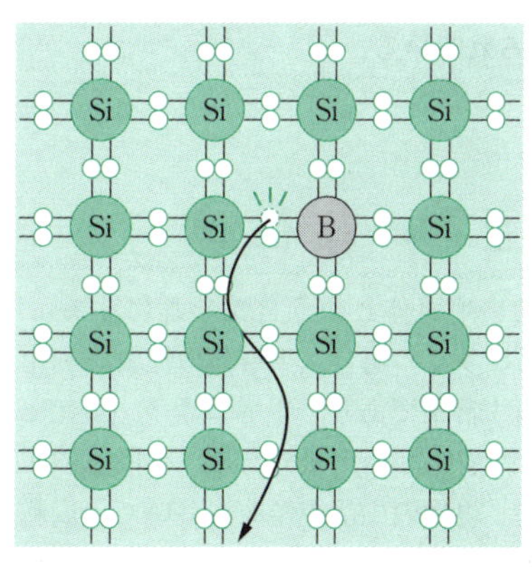

図 11-11　価電子が四つのケイ素原子からなる単結晶に，価電子が三つのホウ素を不純物として添加した様子．結合をつくるときに電子が不足しているため，正孔が発生してキャリアとして振る舞う．

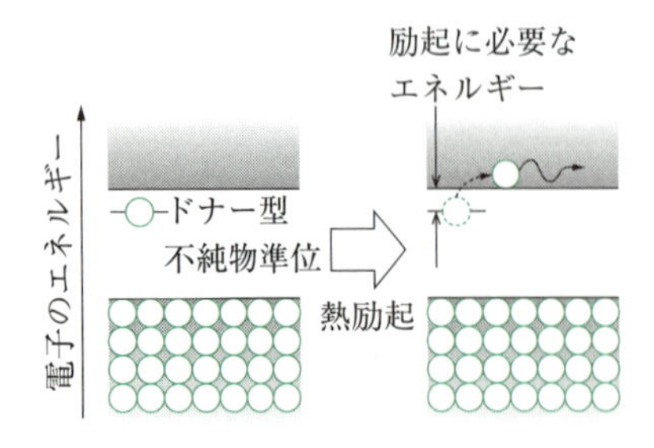

図 11-12　ドナー型不純物を添加した半導体のバンド構造

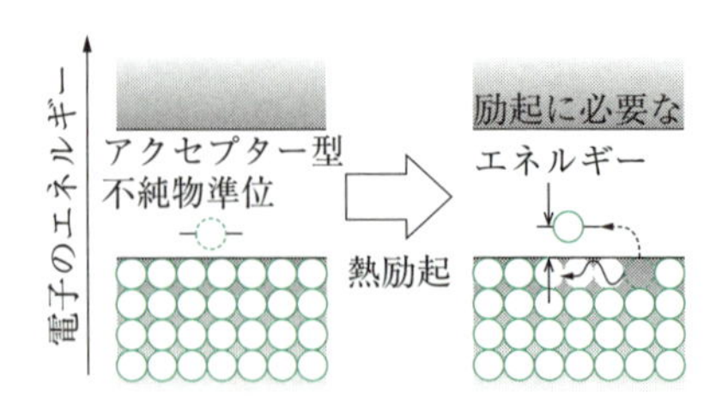

図 11-13　アクセプター型不純物を添加した半導体のバンド構造

ようなバンド構造が形成されるかみてみると，図 11-12 に示したように，ドナー型不純物は電子をもった状態で，真性半導体の禁止帯の中に不純物由来の準位を形成する．この電子は不純物原子の周囲にいるほうが安定ではあるが，母体の伝導帯に励起するためのエネルギーが，真性半導体に比べてきわめて小さいため，室温のエネルギーでも伝導に十分な量のキャリアを生成することができる．同様に，アクセプター型不純物を添加した p 型半導体では，図 11-13 に示すように電子を受け入れる正孔をもった状態で母体の価電子帯の直上に準位を形成する．すると，価電子帯の電子が容易に励起され，価電子帯に正孔が生じる．この正孔は価電子帯を動き回ることができるため，やはり十分な量のキャリアを生成することができる．このように，n 型，p 型にかかわらず，不純物半導体は真性半導体に比べてきわめて小さな励起エネルギーで伝導帯あるいは価電子帯にキャリアを発生させることができ，実用上重要な役割を果たすことができる．

真性半導体の性質はその物質固有の性質として決まっており，そのものは変更することができないが，不純物半導体は，微量の添加元素の種類，組合せ，量などによってその性質を自在に設計することができる点でさまざまなタイプの不純物半導体が生産されている．

11.1 節のまとめ

- **固体では，電子および正孔がキャリア（電荷担体）として働き，電流を流すことができる．**
- **固体における伝導性は，価電子帯，伝導帯，禁止帯（バンドギャップ）から構成されるバンド構造で理解することができる．**
- **金属および半導体，絶縁体では伝導機構が異なっており，その結果として伝導挙動の温度依存性も異なる．**
- **真性半導体ではほとんど電流が流れないため，実用的には不純物を添加した n 型および p 型半導体が用いられている．**

11.2 半導体素子

日常的に半導体という言葉を耳にすることがあるが，それは多くの場合，半導体の性質を利用した電子部品を指す言葉であり，**半導体素子（semiconductor device）**を省略した用語である．普段意識することは少ないが，現代の生活や産業において，広範囲にわたって半導体素子が活用されており，非常に身近な存在でもある．前節で紹介した n 型半導体と p 型半導体は，それら単体ではどちらも単に比較的電気が流れやすい物質にすぎず，半導体特有の現象はみられない．半導体素子を構成するうえでは，n 型半導体と p 型半導体を組み合わせることが非常に重要であり，ここで金属のみの組合せではみられない，半導体特有の性質が現れてくる．本節では，n 型半導体と p 型半導体の組合せを基礎とした，基本的な半導体素子の構成要素や動作原理について説明する．

11.2.1 pn 接合とダイオードの整流作用

まず，半導体の単純な組合せ構造である，n 型半導体と p 型半導体の接合についてみていこう．図 11-14(a)に示すように，正孔をキャリアにもつ p 型半導体と電子をキャリアにもつ n 型半導体は，各々単独で

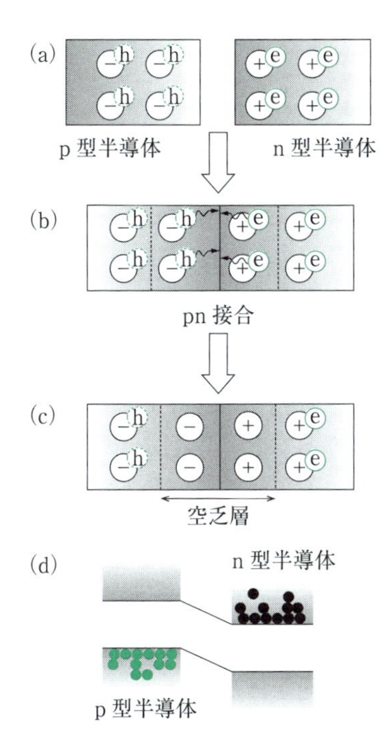

図 11–14 (a)p 型半導体と n 型半導体．ⓔ，ⓗは各々電子と正孔を，⊕，⊖は各々リンやホウ素など，電子や正孔を放出した不純物サイトを示す．(b)p 型半導体と n 型半導体を接合した素子（ダイオード）．接合部近傍の電子と正孔が結合する．(c)電子と正孔が結合した結果，空乏層ができる．(d)pn 接合をバンド構造で表した模式図．

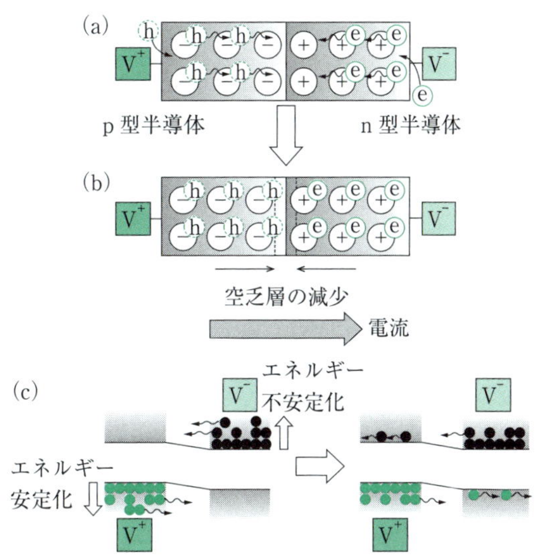

図 11–15 (a)P 型半導体側を正極（V^+）に，n 型半導体側を負極（V^-）に接続した場合．電子は正極に，正孔は負極に引き付けられるとともに，正極からは正孔が，負極からは電子が半導体素子に注入される．(b)次々とキャリアが注入され，pn 接合面で電子と正孔が結合するため，電流が流れ続ける．(c)順バイアスをかけた際のバンドの変化．

は，キャリアを放出するリンやホウ素などの不純物イオンと，対応する電子あるいは正孔キャリアをもち，ある程度伝導性を示す物質でしかない．しかし，図 11–14(b)のような **pn 接合（p–n junction）** とよばれる両者を組み合わせた界面を形成すると，接合面近傍では電子と正孔が互いに結合してしまう．その結果として，図 11–14(c)に示すような，不純物イオン周辺にキャリアが存在しない，**空乏層（depletion layer）** とよばれる領域が生じる．このようすをバンド構造の観点から模式図にしたのが図 11–14(d)となる．pn 接合を形成した場合，p 型，n 型各々のエネルギー準位に差があり，各々のキャリアは自由に移動できない．

pn 接合をもつ半導体素子に電場をかけるとどういうことが起こるだろうか．まず，図 11–15 に示すように，p 型半導体を陽極に，n 型半導体を陰極につなぐことを考える．この場合，陽極に向かって電子が，陰極に向かって正孔が引きつけられることから，各々のキャリアは pn 接合界面に向かって動き始める．同時に，陰極からは電子が，陽極からは正孔が，この半導体素子に注入される．すると pn 接合界面の近傍では，キャリア密度が上がり，空乏層が減少するとともに，界面で電子と正孔が次々と結合することによりキャリアの移動が継続され，正電荷の移動方向かつ電子の移動とは逆の向き，すなわち陽極から陰極に向かって電流が流れることになる．このような電極の接続方向を **順バイアス（forward bias）** とよぶ．この状況をバンド構造で表すと，状態を電子のエネルギーで定義してあることから，図 11–15(c)に示すように，陰極につないだ n 型半導体側は，図 11–14(d)の場合と比べて相対的にエネルギー準位が上がり，一方で陽極につないだ p 型半導体のエネルギー準位は下がる．結果として，電子や正孔が互いに相手の空いているバンドに流入する形で，キャリアのエネルギーが p 型と n 型で等しくなるように電流が流れることが理解できる．

次に，n 型半導体側を陽極に，p 型半導体を陰極につなぐことを考える．同様に，陽極に向かって電子が，陰極に向かって正孔が引きつけられることから，各々のキャリアは pn 接合界面から遠ざかる方向に動き始める．最終的に陽極にたどり着いた電子や，陰極にたどり着いた正孔は，これらの電極によって半導体

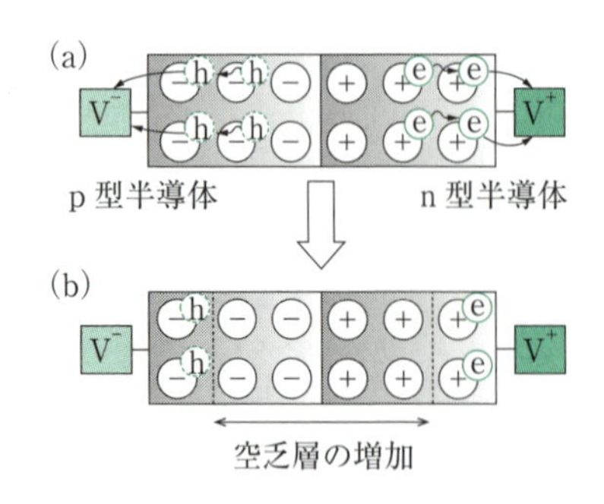

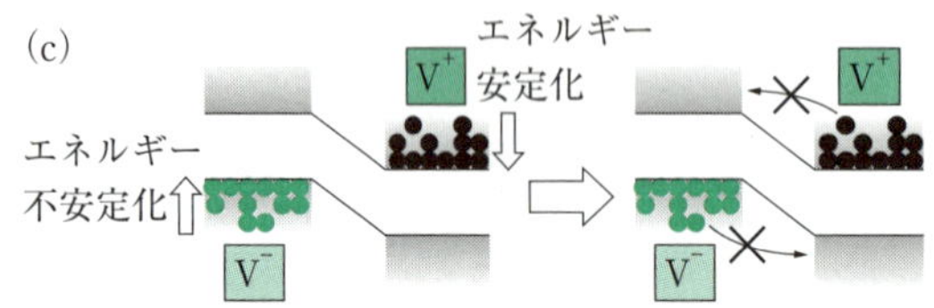

図 11-16　(a) n 型半導体側を正極（V^+）に，p 型半導体側を負極（V^-）に接続した場合．電子は正極に，正孔は負極に引きつけられ，正極からは電子が，負極からは正孔が半導体素子からくみ出されてしまう．(b) キャリアが pn 接合面から遠ざかる方向に移動する結果，空乏層が増加し，電流は流れない．(c) 逆バイアスをかけた際のバンドの変化．

素子から取り除かれる．すると pn 接合界面の近傍では，キャリア密度が下がり，空乏層が増加することで，電流が流れなくなる．このような電極の接続方向を**逆バイアス（reverse bias）**とよぶ．こちらも同様にバンド構造をみてみると，図 11-16 (c) に示すように，陽極につないだ n 型半導体は安定化し，陰極につないだ p 型半導体は不安定化した結果，図 11-14 (d) の状況よりも，互いのエネルギー準位が離れてしまい，電場をかける前よりも，一層電流が流れにくくなることがわかる．

このように，pn 接合を利用した半導体素子は，ある方向には電流を流すことができるが，逆の方向には電流を流すことができないという，電流の向きを制御する，**整流作用（rectification）**とよばれる働きをもつことがわかる．一般に，「二端子の半導体素子」の意味で**ダイオード（diode）**という用語があるが，pn 接合はダイオードの一種であり，整流作用はダイオードの重要な機能の一つである．

この整流作用を，加えた電圧と生じる電流の関係として表したのが図 11-17 である．順方向に電圧を加えると電圧の大きさに応じて電流が流れるが，逆方向の電圧では，真性半導体由来の電子と正孔によるごくわずかな電流を生じるものの，一定の電圧が加わるまでは，ほとんど電流が流れないことがわかる．ただし，

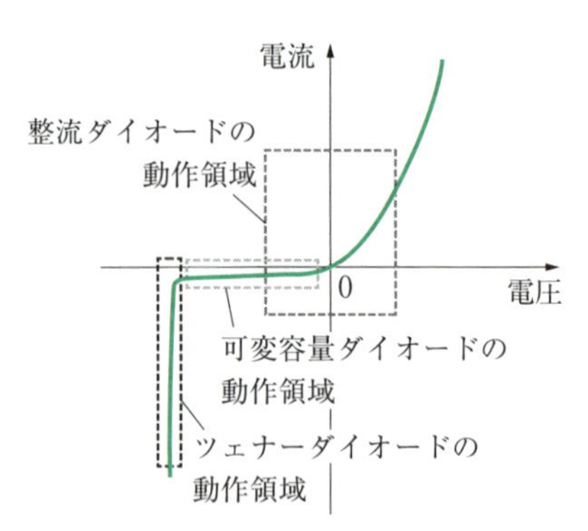

図 11-17　pn 接合の電圧-電流特性．いくつかのダイオードの動作領域を表示した．

ある値を超えて逆電圧を加えようとすると，トンネル効果による電流を生じ，電圧がほぼ一定値を示すようになる．この効果をツェナー効果とよび，一定の電圧を出力する定電圧ダイオード（ツェナーダイオード）に応用されている．ほかにも次節で取り上げる，電子と正孔の再結合を，光エネルギーとして取り出すことのできる発光ダイオードや，空乏層の厚みを電位差で制御できる特性から，電荷を蓄える素子であるキャパシタ（コンデンサ）の静電容量を変化させられる，可変容量ダイオードなどの応用があるが，基本的な動作原理は，ここで述べた機構を基礎として理解することができる．

11.2.2　発光ダイオード（LED）

発光ダイオード（light emitting diode）は，英語の頭文字をとって LED と表記される二端子素子の一種であり，実質的に基本的な構造は pn 接合と変わらない．pn 接合に順バイアスをかけた際に生じる電子と正孔の**再結合（recombination）**により，一般的には熱エネルギーの放出を伴うが，p 型，n 型半導体各々のバンド構造を綿密に設計することで，再結合における禁止帯の大きさを決定することができ，再結合のエネルギーを光として取り出すことができる．このようすを示したのが図 11-18 であり，半導体素子としての構造は，整流効果を示す pn 接合と同じであることが

赤﨑勇/天野浩/中村修二

日本の工学者（中村は後に米国国籍を取得）．困難とされた青色 LED の開発，量産化に成功した功績で，2014 年にノーベル物理学賞を受賞．（1929-/ 1960-/ 1954-）

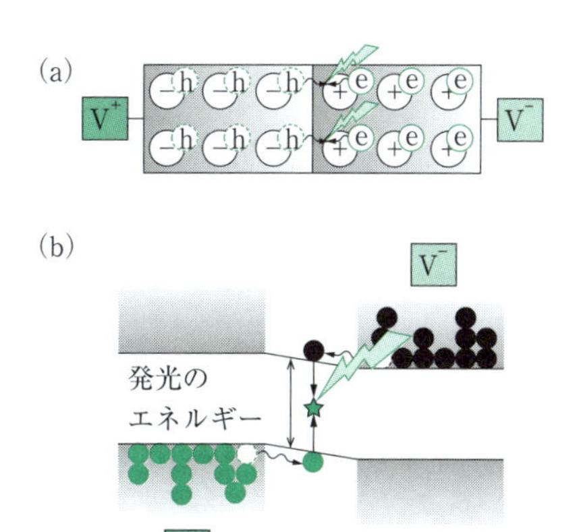

図 11-18 (a)LEDに順方向バイアスを加えた際の電子と正孔の再結合の模式図．再結合時に光としてエネルギーを放出する．(b)LEDのバンド構造．再結合時の禁止帯の大きさに応じて，放出される光の波長が決まる．

わかる．赤﨑勇，天野浩，中村修二らによる青色LEDの発明とその量産化以降，LEDは電光掲示板や信号機，懐中電灯，液晶テレビのバックライト，通常の照明器具など，我々の生活でも身近に幅広く利用されている．

11.2.3 トランジスタ（バイポーラトランジスタ）

ここまで二端子半導体素子について学んできたが，もう一つ重要な半導体素子として，トランジスタを紹介する．トランジスタの基本構成は，ウィリアム・ショックレーにより考案された，p型半導体とn型半導体を三つ組み合わせたものを基本としており，npn型とpnp型の2種類が存在する．ここでは，移動度の大きい電子を主体に伝導を起こすことができ，素子としての特性がすぐれているために現在主流となっている，npn型トランジスタを例にとって説明する．本項で紹介するトランジスタは，正孔と電子の2種類のキャリアを利用することから，より厳密にいうならばバイポーラトランジスタというが，最初に普及した半導体トランジスタがバイポーラ型であったことから，単にトランジスタという場合，バイポーラ型を指すことが多い．

ウィリアム・ショックレー

米国の物理学者．実用的な接合型トランジスタの発明者として，先行して点接触型トランジスタを発明したバーディーンやブラッテンとともに1956年のノーベル物理学賞を受賞．(1910-1989)

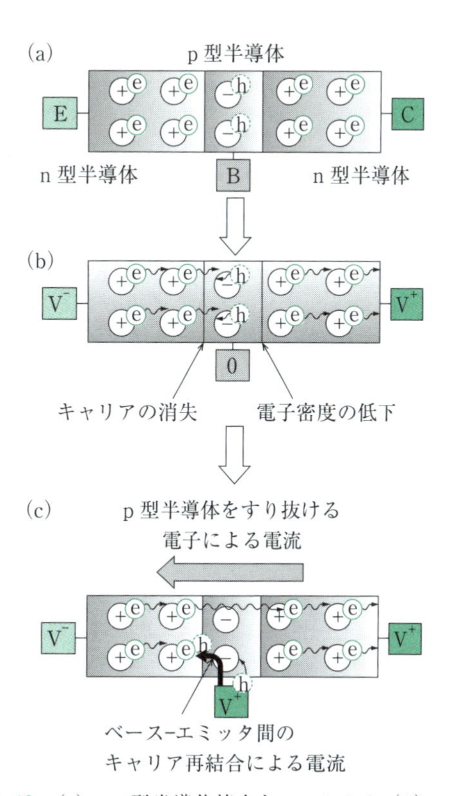

図 11-19 (a)npn型半導体接合と，コレクタ（C），エミッタ（E），ベース（B）各端子の接続のようす．(b)C-E間に電圧を加え，Bに電圧を加えない場合の，キャリア移動の模式図．C-E間に電流は流れない．(c)Bにも電圧を加えた場合のキャリア移動の模式図．Bに正孔が供給され，B-E間に小さな電流が生じるとともに，C-E間には大きな電流が流れる．

図 11-19(a)に示すような，二つのn型半導体の間にp型半導体を挟み込んだ半導体接合を作成し，両端のn型半導体に接続する端子のうち，陽極端子を**コレクタ（collector）**，陰極端子を**エミッタ（emitter）**，またp型半導体に接続する端子を**ベース（base）**とよぶ半導体素子を形成する．このような構造をもつ半導体素子を，**トランジスタ（transistor）**という．

続いて図 11-19(b)に示すように，コレクタ-エミッタ間に，コレクタ側が陽極となるように電圧をかけ，ベースには電圧をかけない状態を考える．この状態では，n型半導体中では電子が陽極側へ，p型半導体中では正孔が移動を始める．すると，左側のpn接合面では電子と正孔が対を作ってキャリアが消失し，ベースから正孔が供給されないので，空乏層を形成する．

また，右側の pn 接合面近傍からは電子が離れていく挙動を示すので，こちらもキャリア密度低下をもたらす．この作用によって，すぐに電流は流れなくなることがわかる．さらに図 11-19(c)のように，コレクタ-エミッタ間に加え，ベースにもエミッタに対して高い電圧を加えると，左側の pn 接合面では電子と正孔が対を作って消失するが，今度はエミッタから電子が供給されるのに加え，ベースから正孔が供給されるので，pn 接合に順バイアスをかけた場合と同様に，一部の電子は正孔と再結合してベース-エミッタ間で電流が流れ続ける．このとき同時に，エミッタから供給された電子はコレクタに向かって移動していくが，ベースの厚みは非常に薄いので，ほとんどの電子はベースの正孔と結合することなく，薄いベース部分を通過して，コレクタ側に至る．すなわち，エミッタからコレクタ側に電子が移動し，コレクタからエミッタに向けて，ベースとの間に流れる電流よりも大きな電流が流れることがわかる．これは，ベース-エミッタ間の小さな電流を調整することで，コレクタ-エミッタ間の大きな電流を制御することができることを示唆している．このように小さな電流調整で大きな電流制御を行うことを増幅作用とよぶ．また極端にいえば，ベース-エミッタ間の電流を流すか流さないかの ON/OFF により，コレクタ-エミッタ間に流れる電流の ON/OFF を制御する使い方もできる．このように ON/OFF 的に作用させる場合，トランジスタはスイッチとして機能していることになる．この増幅あるいはスイッチ機能が，トランジスタの最も重要な働きといえる．

11.2.4 電界効果トランジスタ（ユニポーラトランジスタ）

現在，コンピュータの集積回路などにより広く利用されているトランジスタとして，**電界効果トランジスタ（field effect transistor : FET）**とばれる半導体素子があり，バイポーラトランジスタとは異なり，利用するキャリアが基本的に電子，正孔のいずれか片方なので，ユニポーラトランジスタともよばれている．本節では，FET の中でも集積回路用に主流となっている金属酸化膜半導体電界効果トランジスタ（metal-oxide-semiconductor field-effect transistor : MOS-FET）について説明する．MOSFET も主なキャリアが電子か正孔かの違いで n 型と p 型に分類できるが，ここでは移動度の大きい電子をキャリアに利用できる n 型を取り扱う．

MOSFET の構造は，図 11-20(a)に示すとおりであり，p 型半導体上に 2 カ所の n 型半導体を作成し，n 型半導体の陽極側端子を**ドレイン（drain）**，陰極側端子を**ソース（source）**とし，また p 型半導体部位には金属酸化物絶縁体を介して**ゲート（gate）**端子を接続する．

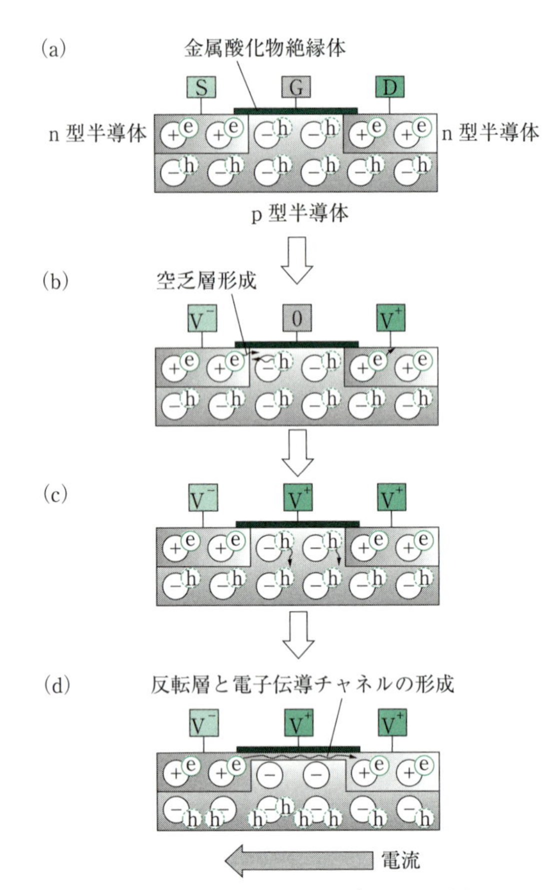

図 11-20　(a)MOSFET の構造と，ドレイン（D），ソース（S），ゲート（G）各端子の接続のようす．(b) D-S 間に電圧を加え，G に電圧を加えない場合の，キャリア移動の模式図．D-S 間に電流は流れない．(c，d)G にも電圧を加えた場合のキャリア移動の模式図．G 端子近傍から正電荷が離れていき，相対的に負電荷が残ることで，D-S 間にチャネルが形成され，電子が D-S 間を移動できるようになる．

ここで，図 11-20(b)のようにドレイン-ソース間に電圧を加え，ゲートには電圧をかけない状態にすると，前項のトランジスタと同様に，すぐに空乏層を形成して，電流は流れない．

しかし，ソースに対して高電位になるようにゲートに電圧を加えると，図 11-20(c)に示すように，正電荷の正孔はゲートから遠ざかるように移動し，p 型半導体中であるにもかかわらず，局所的にゲート近傍の負電荷の密度が高くなる反転層とよばれる状態を形成する．すると図 11-20(d)のように，この負電荷密度の高い状態が両端の n 型半導体同士を結びつけるチャネルを形成し，そこを電子がキャリアとしてソースからドレインへ向かって移動することで，ドレインからソースへと電流が流れることになる．チャネルの厚さはゲートに加える電圧に依存するため，ゲート電圧を調整することにより，ドレイン-ソース間に流れる電流を制御できるのが FET の特徴となる．この構造では，伝導に寄与するキャリアは電子 1 種類だけであることから，MOSFET はユニポーラトランジスタの一種ということになる．

ここで，バイポーラトランジスタとの違いについて触れておくと，バイポーラトランジスタの場合は制御用端子側（ベース-エミッタ間）にも電流が流れるが，MOSFET では制御用端子（ゲート-ソース間）には電流が流れないため，低消費電力であり，また MOSFET は平面積層的に作成可能なため，平面基板上に高集積化することが比較的容易に行えるなどの利点がある．

11.2 節のまとめ

- **現代の生活には，半導体素子を用いた電子機器が普及しており，基本概念となるダイオードやトランジスタの動作原理を理解することが重要である．**
- **pn 接合ダイオードの基本動作原理として順バイアスの場合のみ電流が流れ，逆バイアスでは流れない整流作用が生じる．**
- **ダイオードに注入した電子と正孔が再結合することで光を放つことができる素子を LED という．これは，ダイオードの整流作用の逆過程である．**
- **npn 接合を基本としたバイポーラトランジスタを用いることで，小さな電流により大きな電流の制御が可能となる．また，電界効果トランジスタでは，微小電圧の制御により電流を制御できる．このような電流増幅，スイッチ機能がトランジスタの特徴である．**

コラム 14　有機 EL と有機薄膜太陽電池

近年では，有機エレクトロルミネッセンス（有機 EL）とよばれる素子も開発されている．有機 EL 素子は，電極で有機分子やポリマーを挟み込んだ構造をとる．最も単純な場合，図 1 に示すように，有機分子による正孔輸送層と電子輸送層かつ発光層の 2 層を電極で挟み込み，陽極側を透明電極とすることで，陽極側から光を外部に取り出す方式がとられる．半導体部位が有機物であるという点に加え，電極から注入される電子と正孔が，発光性の有機層で再結合する際，再結合のエネルギーは，いったん有機層の化合物を励起することに利用され，その励起状態から基底状態に戻る過程において，有機材料固有のエネルギー準位に応じた光を放射して発光する点で，キャリアの再結合が直接光となる LED とは異なる過程をたどる．有機 EL は，照明や小型ディスプレイなどに応用が開始されているが，柔軟な構造を形成することが可能なため，フレキシブルディスプレイなどの開発も期待されている．

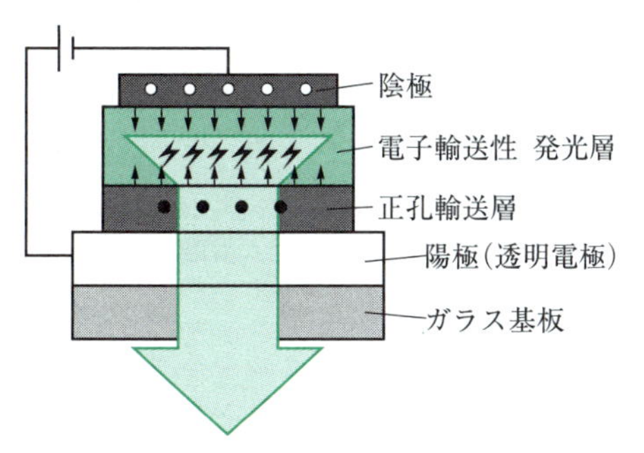

図 1　有機 EL 素子の構造

一方，キャリアの移動により光を生じるのとは逆の過程も，半導体の応用を理解するうえでは重要である．

11.2.1 項で述べたように，pn 接合には空乏層ができ，キャリアを失った陽イオンと陰イオンが取り残されるため，接合界面近傍では，陽イオンから陰イオンに向かう内部電場が生じる．ここに光が照射されると，そのエネルギーにより電子と正孔が対となって生成し，さらに内部電場によって電子は n 型半導体の方へ，正孔は p 型半導体の方へと移動し，半導体素子内部に電流が生じる．これは，LED における正孔と電子の再結合の逆の過程であり，光を電流の変化によって検知できることを意味する．この機構を連続的に外部に導くことで，光照射によって電流を取り出し続けることができ，これはまさに太陽電池の動作そのものである．

身近にみられる太陽電池は，多くの場合このような pn 接合素子を利用している．特に一般的なシリコン型の太陽電池は，高純度のシリコンウエハによる単結晶シリコンを基板として用いたもの，あるいは化学気相蒸着による微結晶シリコンやアモルファスシリコンを用いたものが利用されている．前者は高性能だが高価である．一方後者は，比較的性能が低いが安価であり，また光吸収しやすいことから薄くつくることができる．そのため，実用上は単結晶シリコンから他の形態を用いた太陽電池生産へと，重心が移り変わってきている．さらに，一部の有機分子が電子の授受に関して安定であることを利用して，p 型半導体，n 型半導体として，電子供与能，あるいは電子受容能をもつ有機分子を用いた，有機薄膜太陽電池が開発されている．これは，変換効率や耐久性はシリコン型より劣るが，生産する際に加熱や真空過程が不要で，原材料の面からも非常に安価である．さらに柔軟かつ軽量に作成可能であることから，注目されている．

太陽電池に関しては，近年，色素増感型太陽電池とよばれる形式の素子も開発されている．色素増感型太陽電池は，図 2 に示すように，透明電極上に二酸化チタン多孔膜を成膜し，膜表面に色素を吸着させ，対極とともにヨウ素電解液中に設置することで構成される．動作原理としては，次のようなステップで電流発生サイクルが進行する．まず吸着された色素層に光が照射されることで，色素が励起状態になり，二酸化チタンに電子が放出され，透明電極を介して対極に向かう過程で仕事をする．対極上では電解液中のヨウ素に対して電子が受け渡され，還元反応によりヨウ化物イオンが生成される．このヨウ化物イオンは電解液中を拡散し，最初に励起された色素層にたどり着くと，色素に電子を受け渡すことで酸化され，ヨウ素へと戻る．このとき同時に色素層も元の状態に戻るため，サイクルが完結する．よって連続的に光が照射される限り，色素と電解液間での酸化還元を繰り返し，外部に電流が取り出せることになる．このように，電流を生じる機構に化学反応が関与している点で，半導体系の太陽電池とは機構が異なっている．利用される色素としては，高価だが効率のよいルテニウム錯体など無機材料や，耐久性に欠けるが安価に利用できる有機低分子や有機ポリマーなどが用いられている．色素を用いており，電池自身の光透過性もあることから，色の選択肢も広く，デザイン性を兼ね備えた電池も開発されている（図 3）．

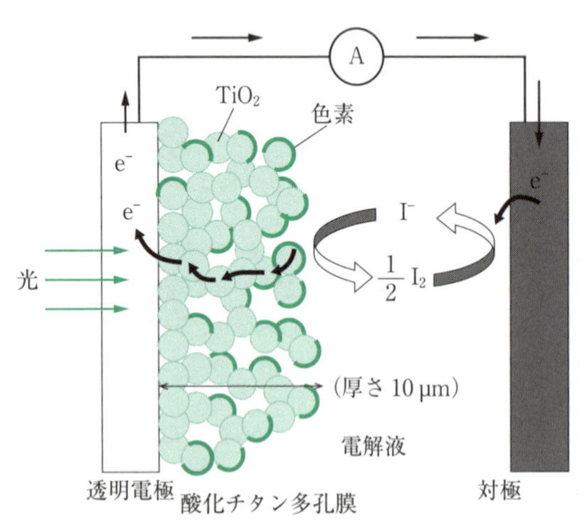

図 2　色素増感型太陽電池の構造と動作原理

図 3　色素増感型太陽電池
（山中良亮，“色素増感太陽電池”，シャープ技報，100, 35，シャープ（2010））

12. 電子とイオンの振る舞いから理解する電池と光合成

12.1 電　池

12.1.1 乾電池の歴史

1800年に発明されたボルタ（伊）の電池，それに改良を加えたダニエル（英）の電池が1836年に発明されたことは，高等学校の化学の教科書でも扱われている．さらに1868年には，ルクランシェ（仏）が水溶液を使ったマンガン湿電池を発明し，現代のマンガン乾電池の原型となった．これら電池の近代史は西洋から始まったが，その源流は1780年，イタリアのガルバーニのカエルの実験である．ガルバーニは，図12-1に示したような実験で，カエルの足が動くことを観察した．これは，鉄と銅から生じる起電力がカエルの体内の電解液（電解質溶液）を介して筋肉に作用したためであるが，ガルバーニは生物学者であったことから，この現象をカエル自身が電気を発生したと考えた．いい換えると，カエルのもっている生物電気と結論づけた．電池がまだ知られていない当時，この結論は自然だったのかもしれない．

それから20年後，1800年にボルタが電池を発明する．現在イタリアのコモ湖畔にはボルタ博物館があり，ボルタの実験器具が当時のまま保存されている．図12-2のように，ボルタ自身がガルバーニのカエルの実験と同様の実験を行ったと思われる実験器具が展示されていて，カエルの後ろ足を電解液に浸す実験や，銅板と亜鉛板にカエルの右足，左足をそれぞれ接触させた実験の様子がうかがえる．これらの実験を重ねたうえで，ボルタは図12-3に示したように銅板と亜鉛板を積層した電池を1800年に発明した．この発明の重要性はいうまでもないが，電池の発見をしたボルタの名前が，電圧の単位ボルト（V）の由来となっている．その後，1868年，ルクランシェは正極に二酸化マンガン，負極に亜鉛，電解液に塩化アンモニウム水溶液を用いたマンガン湿電池を発明した．正極には酸化剤，負極には還元剤が用いられ，外部回路を流れる電流により電子の授受を伴う酸化還元反応が進行する．酸化剤である**正極活物質（cathode active material）**は電極自身が還元されるため電子を受け入れる一方で，還元剤である**負極活物質（negative electrode active material）**は，電極自身が酸化さ

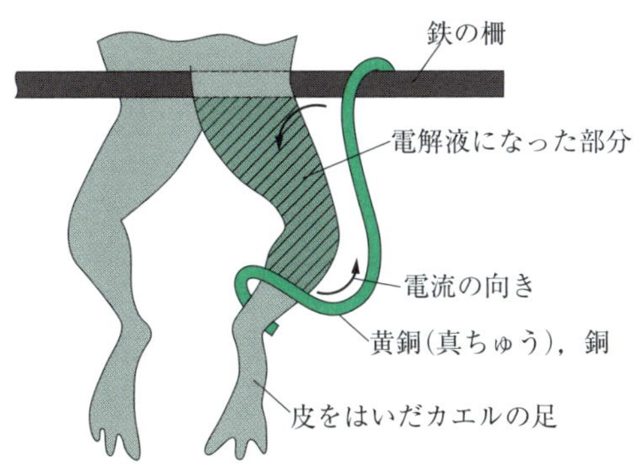

図12-1　ガルバーニのカエルの実験

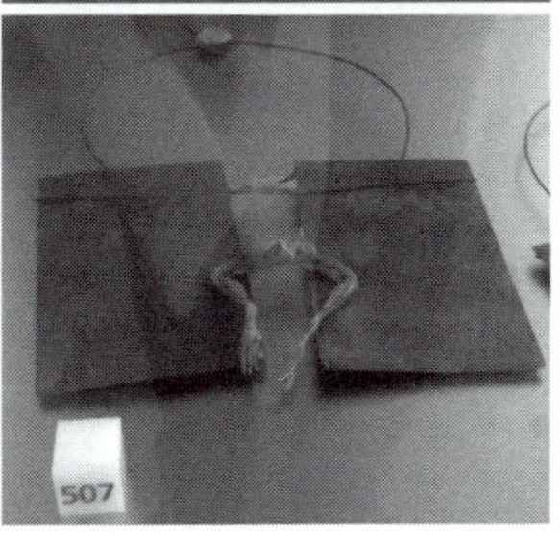

505 Channel rimmed glass for studying frog contractions when the circuit between heterogeneous liquid is closed and two glasses for the same experiment.
507 Two couplet, copper and zinc, for frog contraction experiments.

図12-2　ボルタの行ったカエルの実験の実験器具（イタリアのボルタ記念館の展示品から）．ガルバーニの実験の再現を試みたと考えられる．

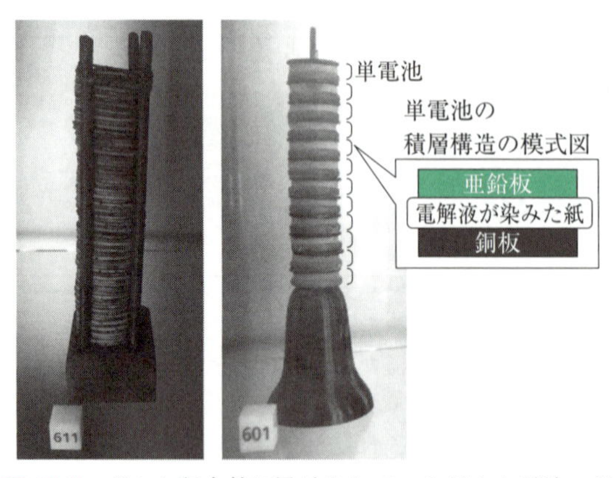

図 12-3　ボルタ記念館に展示されているボルタ電池．ボルタの電池は1800年に発明され，金属のイオン化傾向の差（電位差）から起電力が生じる．二つの写真の電池は，複数の単電池（右の模式図）を直列に接続しており，ボルタの電堆(でんたい)とよばれる．電圧を高めていると推測される．

図 12-4　世界初の乾電池を発明した屋井先蔵（1863-1927）

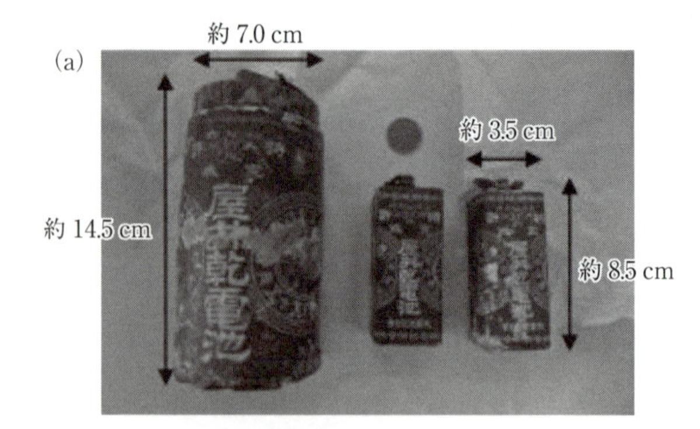

図 12-5　現存する屋井乾電池(a)．郵政博物館所蔵のTYK式無線電話機(b)に屋井乾電池が使われていた．(写真提供:東京理科大学近代科学資料館)

れながら電子を放出している．このルクランシェの電池は，中に液体を含んでおり乾電池ではなかった．

その後ときを経て，日本で乾電池が発明された．その発明者が東京物理学校（現在の東京理科大学）に通った屋井先蔵（やい さきぞう，図 12-4）であることはあまり知られていない．屋井は丁稚奉公などの幾多の苦難を乗り越えて，電池の電解液にデンプン糊などを混ぜ溶液が流動しないように工夫し，明治の時代に世界最初の「乾電池」を発明（図 12-5(a)），1892年には特許を出願している．この乾電池がマンガン乾電池の誕生になったわけである．それまで使用されていた電池は電解液を換えなければならないうえ，大きくて持ち運びにも不便で，液体不使用の乾いた電池が必要と考えたのがきっかけであったといわれている．1894（明治 27）年からの日清戦争中の号外には，満州で使われた軍用乾電池の大成功に関する記事が掲載されている．当時は液体型の電池が主に使われていたが，満州の寒さに液体が凍り付いて電池が使えなくなったのに対し，乾電池だけが凍らずに無線の電源として使用できた．そのため，号外で“満州での勝利はひとえに乾電池によるもの”と報道された．新聞はこの乾電池が屋井のものであることを取り上げ，その後，国内乾電池の覇権を掌握するまでに発展し，「乾電池王」とまでいわれたという．100年以上を経た現在でも世界中で広く使われているマンガン乾電池（図 12-6）は，屋井先蔵が東京物理学校で学び，乾電池を発明したことに端を発した日本発の技術であるといえる．

乾電池の電圧は 1.5 V である．この電圧は，正極と負極で起こる化学反応に基づいて決まるため，同じ化学反応を用いた電池であれば，日本でも海外でも電池の電圧は同じになる．例えば，海外に行くと経験するのが，電気製品の使用に際し，コンセントの電圧やプラグ形状が異なっているため変圧器や変換器が必要なことだが，海外旅行先で購入した乾電池はそのまま日本製の電気製品でも使うことができる．これは，マン

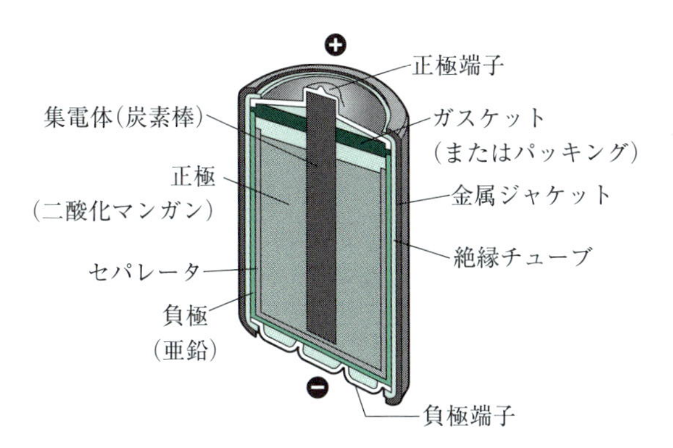

図 12-6 マンガン乾電池の構造

ガン乾電池であれば他国の製品であっても同じ化学反応を用いているためである．もちろん電池のサイズも重要で，日本でもよく使われる単３形，単２形などの電池サイズは世界的な規格で統一されているため，日本人旅行客が海外旅行で乾電池を買っても，そのまま使うことができる．

電池の電圧だけでなく，蓄電量，充放電の寿命は電池内部で生じる化学物質と反応で理解できる．詳しくは大学の化学系学科で学ぶ「物理化学」，「電気化学」の講義に譲るが，電池の電圧は正極と負極の電位差で決まる．電池が放電するとき，負極活物質は酸化されて電子を失い，その電子は外部回路を経由して正極活物質を還元する．正極と負極間の起電力（電位差）は，負極の酸化反応と正極の還元反応で決まる．正極と負極は外部回路で電子のやりとりが可能なだけでなく，電池内部の電解質を介して，イオンのやりとりができるため電気的にも接続されている．電解質は酸化還元反応に必要なイオンを十分量含んでいて，放電の電気化学反応に必要なイオンの供給源になる．以上のことから，正極，負極，電解質は電池の構成要素として欠かすことができない．

電位差の測定は，運動会の綱引きに例えることができる．綱引きでは，強い力の方向へ綱が動くが，二つのチームが綱を引く力の絶対値を直接測ることができない．綱引きの勝ち負けが決まる力の差は，正極と負極の電位差だとすると，綱を引く力の絶対値が電位である．この電位は酸化反応と還元反応でやりとりされる電子の駆動力に相当するので，特に酸化還元電位ともよばれる．綱を引く力の絶対値がわかれば勝負をせずとも勝ち負けがわかるように，二つの活物質の酸化還元電位がわかれば，電位差（すなわち電池の電圧）がわかる．電位を測定するには，既知の電極反応を基準として測定すればよく，一般には標準水素電極基準に換算して表す．正極と負極の放電に対して，逆反応が充電反応であり，充電反応が可逆反応であれば二次電池として繰り返し使うことが可能になる．なお，電池では正極・負極であるが，電気分解では電源の正極に接続した電極を陽極，負極に接続した電極を陰極とよぶので注意が必要である．

12.1.2 一次電池と二次電池

マンガン乾電池は，**一次電池（primary cell）**に分類され，一度放電してしまうと使うことができない．一次電池は，放電が一度きりの使い捨て電池である．それに対して，**二次電池（secondary cell）**は充電によって電気を再び蓄えて，繰り返し使うことができる電池である．実用化されている代表的な二次電池の蓄電量を図 12-7 に比較している．

自動車用の鉛蓄電池は蓄電量が小さいが厳しい環境でも使用でき安価であるため，自動車のエンジン始動用に必須の電源として，世界中で使われている．鉛電池の電解液には希硫酸が用いられていて，充電，放電を行うと硫酸イオン SO_4^{2-} が反応に使われて，電解液中の硫酸濃度が変化する．そのために電池の内部には十分量の希硫酸を入れる必要があって代表的な湿式電池である．

ニッケル・カドミウム電池（nickel-cadmium electric cell）は有毒なカドミウムが負極に使われているが，高い出力が得られ安価な電池である．有毒なカドミウムを使わずに，水素を吸蔵できる合金で負極を置き換えたのが，**ニッケル・水素電池（nickel-hydrogen storage cell）**で，ハイブリッド自動車用の高性

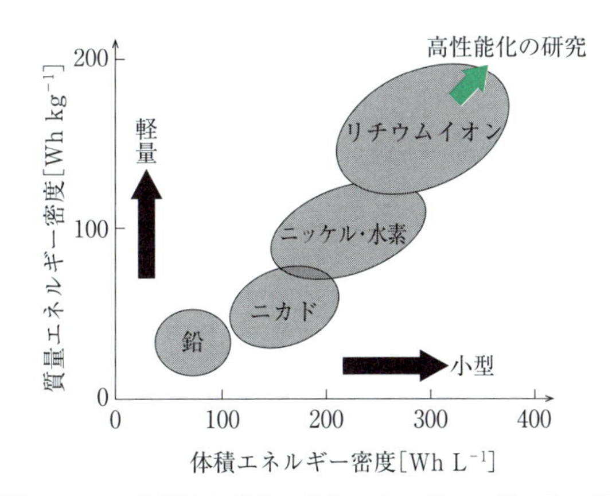

図 12-7 二次電池が蓄える電気エネルギーの量．使い捨ての一次電池に比べ，二次電池は充電により繰り返し使えるため，携帯電子機器などに必須の電池．

能バッテリーとして広く使われている．この二つの二次電池は，マンガン乾電池の電圧に近いため互換性があり，乾電池と同じサイズで市販もされている．

実用二次電池の中で，**リチウムイオン電池（lithium-ion cell）**が最高のエネルギー密度を示す．エネルギー密度とは，電池質量で 1 kg あたり，または電池体積で 1 L あたりが蓄えることのできる蓄電量（より正確には電力量［Wh］）で，それぞれ図 12-7 の縦軸，横軸に対応している．つまり，図 12-7 でリチウムイオン電池が右端の上端に位置している．そのため，スマートフォンやノート型パソコンなど，軽量かつ長時間使用が要求される電源としてリチウムイオン電池が広く用いられている．2009 年には内燃機関をもたずに蓄電池とモーターのみで走行する電気自動車が市場に登場，現在まで普及が進んでいるが，その電源にもリチウムイオン電池が応用され，今後は交通輸送や大型蓄電の分野でも，リチウムイオン電池の応用が拡大すると期待されている．特に電気自動車は，一充電あたりの走行距離がまだ不十分で，高性能なリチウムイオン電池を使っても，一充電で 200 km 程度の走行と，ガソリン自動車が一度の給油で 500 km 以上走ることには遠く及ばない．そのため，図 12-7 に示したように現行のリチウムイオン電池のエネルギー密度を超える，新しい高性能電池の研究が世界中で進んでいる．高性能化の目標は，例えば，電気自動車の一充電あたりで 300 km 以上に伸ばすこと，スマートフォンの使用時間を現状の 2 倍以上に伸ばすことなどが挙げられる．

12.1.3　リチウムイオン電池

リチウムは，原子番号 3 番の金属元素である（図 12-8）．原子番号が 1 番の水素，2 番のヘリウムが常温常圧でともに気体なので，リチウムは常温で固体となる元素の中で最も原子量が小さい．リチウムは 1 価の陽イオン Li^+ になるため，ファラデーの法則から，1 F の電気量で 1 mol のリチウムを電解析出・溶解させるとき，原子量に相当する 6.9 g のリチウムが電解反応に関わる．原子番号 4 番のベリリウムは原子量 9.0 で 2 価の陽イオンとなるので，1 F が 4.5 g に相当するため電気量あたりの重量はリチウムより軽い．しかし，ベリリウムは有毒なので電池に応用するのは難しい．ベリリウムを除くと，リチウムを電池の負極に使うとき，単位重量あたりで最大の電気量を蓄えられることになる．しかも，リチウムは標準酸化還元電位の値が小さく，全金属元素中でイオン化傾向が最も大きいといえる．これらのことから，金属リチウムを負

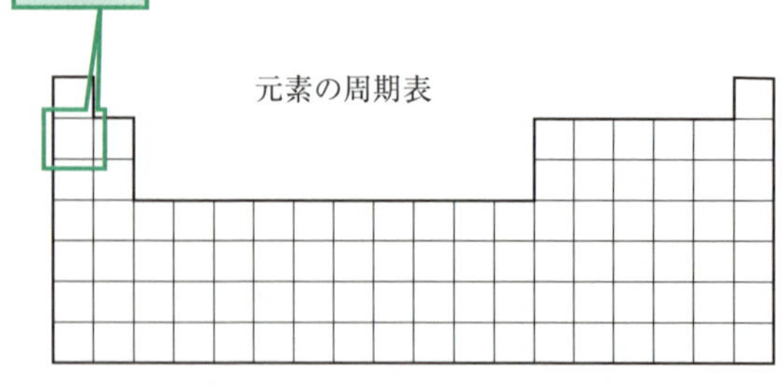

図 12-8　周期表におけるリチウム．電池の負極に金属リチウムを用いると高電圧な電池がつくれるが，水や空気と反応するため，水分を含まない有機溶剤にリチウム塩を溶解した液体で電池をつくる必要がある．

極に使えば，電圧が最大で，負極の量を少なくできるため，同じ正極を使う限りにおいてはリチウムが理論上は最適な負極といえる．これらの背景から，金属リチウムを負極に用いた一次電池が，1970 年代に日本の企業から実用化された．当然ながら，リチウム電池の二次電池化の研究も，1970 年代に本格的に始まった．

1980 年代に金属リチウムを負極に用いたリチウム二次電池が市販されたが，その電池を搭載した携帯電話で発火事故が起こり，金属リチウム二次電池は安全性が不十分とされた．事故の原因は，金属リチウムの溶解・析出時に金属樹（デンドライト析出）が生成し，最後は正極まで成長して，電池内部で短絡を起こした結果，金属樹を通して大電流が生じて発熱し，有機電解液に引火，発火したためといわれている．そこで根本から安全性を改善するため，負極として金属リチウムに代わって炭素材料を採用することで，高い安全性を実現しつつ同等の電圧を実現したのがリチウムイオン電池で，1991 年に日本で初めて市販された．1990 年代には携帯電話，小型ビデオカメラ，ノート型パソコンが世界中に普及した．ときを同じくして，インターネットが普及して情報化社会が到来するとともに，誰もが情報電子機器を携帯するようになり，小型のリチウムイオン電池は我々の生活に不可欠な二次電池となった．

図 12-9 は，リチウムイオン電池の充電・放電時のリチウムイオンおよび電子の動きを模式的に示している．この電池は 4 V と高い電圧を示し，しかもリチウムの原子量が小さいために軽量・小型化できるとい

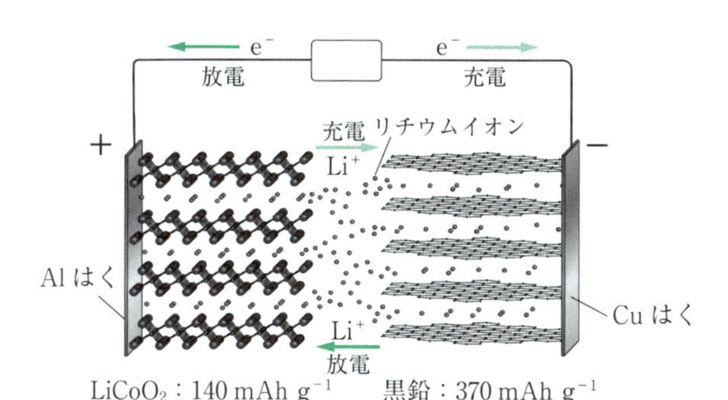

図 12-9　リチウムイオン電池の充放電．安全性に問題がある金属リチウムを使わない代わりに，負極には黒鉛へのリチウムイオン（Li^+）挿入反応が用いられている．

った長所を生かしながら，金属リチウムに起因する発火リスクを回避できる．正極には $LiCoO_2$ なる化学式をもつ層状酸化物，負極活物質には黒鉛を用いている．電池内ではリチウムイオン（Li^+）が正極，負極の間を行き来して電極内に挿入・脱離が起こるときに，外部回路を電流が流れる．リチウムイオンおよび電流の向きが変わると，充電，放電が切り替わる．この反応において，正極および負極の結晶母構造を維持したまま，結晶の中の空隙内にリチウムイオンを出し入れできる．したがって，結晶の母構造は結合の切断などがないために，充放電を繰り返した際の安定性がきわめて高い．このことが，リチウムイオン電池が長寿命で使える主な理由である．1991 年の実用化以来，最も広く使われている $LiCoO_2$ 正極は，日本人の水島公一が 1970 年代に英国留学中に研究し，1980 年の論文に発表している．その成果は今日のリチウムイオン電池の発展に大きく貢献していることから，ノーベル化学賞の候補として挙げられているほどである．

今後，電気自動車やハイブリッド自動車などのバッテリー，電気を蓄えて効率的に電気を使うための家庭用据置型蓄電池，さらに供給が不安定な自然エネルギーである風力発電や大規模太陽光発電と組み合わせた電力貯蔵用途で，大型リチウムイオン電池の利用にも期待が寄せられている．

しかしながら，課題もある．電力貯蔵のような大型用途の蓄電池では，多量の電池材料が必要でそのコストが大きなウェイトを占める．そのため，資源が豊富で環境毒性もない元素へのシフトが課題であるが，従来の実用蓄電池はこのような要求を十分に満たすことができない．表 12-1 に示したように，鉛蓄電池では有毒な鉛や劇物である硫酸の利用が避けられず，ニッケル・カドミウム電池に必須のカドミウムはイタイイ

表 12-1　二次電池で使われている主な元素やイオン

	電極活物質	伝導イオン
鉛蓄電池	Pb：有毒	SO_4^{2-}：劇物
Ni-Cd 電池	Cd：公害（イタイイタイ病）	K^+，H^+：劇物
Ni-MH 電池	La，Ni：レアアース	K^+，H^+：劇物
Li-ion 電池	Li，Co：レアメタル	Li^+：輸入依存

タイ病の原因として知られ，ニッケル水素電池では希土類（レアアース）であるランタン，劇物である水酸化カリウムが使われている．リチウムはレアメタルに分類され，我が国はリチウム資源の全量を輸入しているため，リチウム価格の高騰や輸出国の政情に左右されるリスクが大きい．今後，有害元素や希少資源に依存しない新しい蓄電池の開発が求められる．しかも，蓄電特性の要求性能を満たし，かつ価格を下げることが強く求められていく中で，究極の元素戦略電池として**ナトリウムイオン電池（sodium-ion battery）**の研究が世界的に活発化している．

12.1.4　ポストリチウムイオン電池

現在，リチウムイオン電池の次に来る新型電池「ポストリチウムイオン電池」の研究が世界中で活発化している．図 12-10 には，代表的な次世代蓄電池について，周期表での位置関係を図示した．リチウムイオンの挿入・脱離を利用したリチウムイオン電池，さらにニッケル・水素電池では水素イオンが電極に挿入・脱離するため，図に示したように水素イオン電池といい換えることもできる．これらの実用蓄電池は，周期表の左上に位置する．そしてポストリチウムイオン電池といわれている電池，例えばナトリウムイオン電池，マグネシウム電池，アルミニウム電池も周期表で隣り合うように並んでいる．これらのポストリチウムイオン電池に使われる金属元素には原子量が小さいことだけでなく，標準酸化還元電位が低いこと，上述したようにより多くの電気量を少量の電極活物質で蓄えるた

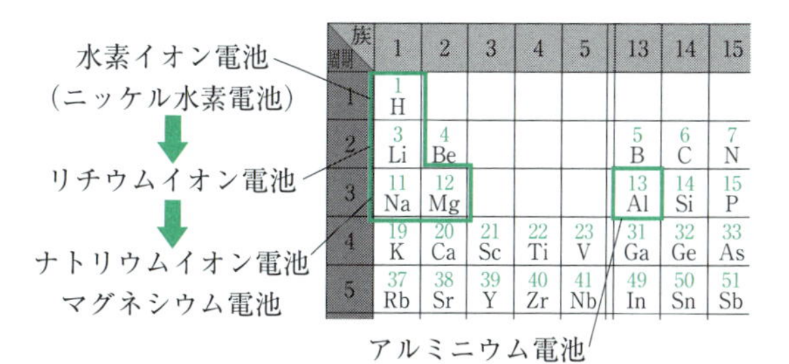

図 12-10　周期表でみるポストリチウムイオン電池

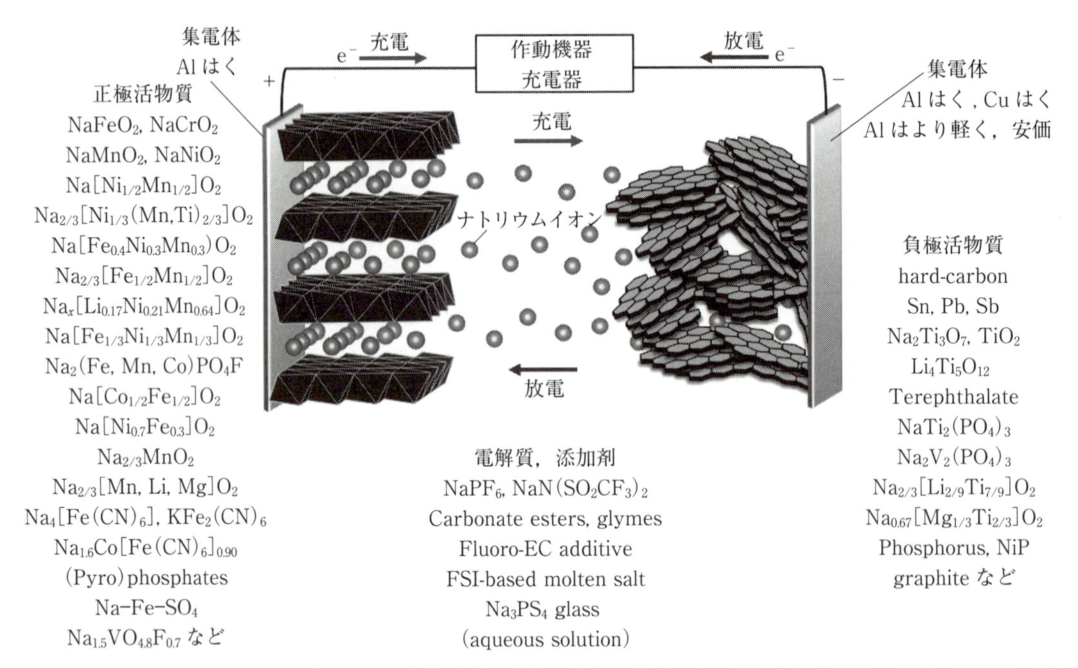

図 12-11　ナトリウムイオン電池における充放電時の動作原理と，最近 5 年で報告された正極，負極，電解質，添加剤，集電体の各候補材料

めに 2 価，3 価と価数の大きい陽イオンであることなどが，電池の蓄電量を増やすために有利となる．そのため，Mg^{2+} を利用するマグネシウム電池や，Al^{3+} を利用するアルミニウム電池も候補となる．さらに，資源が豊富でコストが安く，毒性のない元素が好ましい．これらの電池の中で，リチウムイオン電池とナトリウムイオン電池のみが 3 V を超える起電力を示す．電池が蓄える蓄エネルギー量（電力量）は，電圧に比例するため電圧が高いほど高性能な電池になる．

図 12-11 に示したように，リチウムをナトリウムで置き換えたのがナトリウムイオン電池である．充電では，Na^+ と電子が正極から負極へ移動する．放電では，その向きが逆となる．図 12-11 からわかるように，ナトリウムイオン電池に使うことのできる負極，電解液，正極材料について最近 5 年の間に，驚くほど多くの材料が見出されている．図 12-12 にはナトリウム電池に関する学術論文が発表された数を年ごとに棒グラフで比較した．2009 年には，筆者らの研究室が，長寿命なナトリウム電池負極材料を初めて報告した．その直後から，論文発表数が顕著に伸びている．2015 年になってもなお多数の学術論文が報告され続けており，世界中で研究が活発化していることがわかる．

ここでリチウムイオン電池とナトリウムイオン電池の電池特性を比較したい．携帯電話などで実用化されているリチウムイオン電池の負極では，黒鉛の層間へのリチウムイオンの挿入，脱離反応が利用され，その容量は 1 g あたり 370 mAh を示す．しかし，同様の条件ではナトリウムを黒鉛層間に取り込む反応は進行しない．一方で，黒鉛の層状構造が未発達でナノ細孔をもつハードカーボン（難黒鉛化性炭素）を用いた場合，ナトリウムを取り込む反応が可能となり，300 mAh g^{-1} の可逆容量が得られるという論文がカナダの研究グループから 2000 年に発表された．しかしながら，充放電時の容量減少が激しいために寿命が非常に短いことが未解決の課題であった．容量減少の理由は，電極表面の安定化（不動態化）が不十分であるためで，それを解決することは不可能と考えられていた．

このハードカーボンに適合する電解液の成分に関して系統的な調査が行われた結果，100 サイクル以上の長期充放電が可能であることが実証された．この実験結果を発展させ，ハードカーボン負極とニッケル・マンガン酸化物を正極に用いたナトリウムイオン電池が知られている．この電池は，図 12-13 (a) に示した充電，放電時の電圧曲線からわかるように 3 V 級の二次電池として作動する．このとき，図 12-13 (b) の右に示すように，正極および負極においてナトリウムイオンの挿入，脱離反応が交互に起こる．さらに，リチウムイオン電池に比べて急速充放電性能に優れている．これは，Li^+ に比べて Na^+ はイオン表面の正電荷の密度が小さいため，溶媒分子などの負電荷とのク

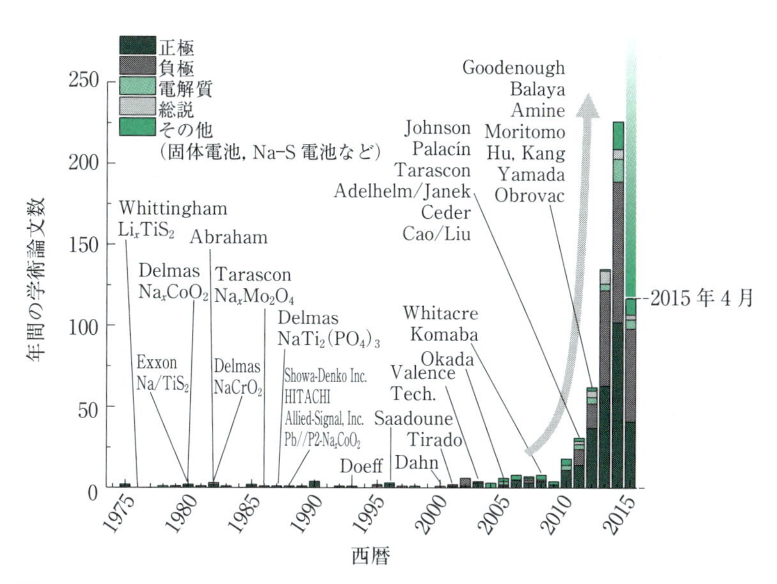

図 12–12 ナトリウム電池に関連する学術論文数の推移（2015 年 5 月のデータをもとに作成）. 1 年間に発表された学術論文の数を縦軸に示している. 2010 年以降, 論文数は激増している. 図中には, いくつかの論文における著者名（一部発見された材料の化学式も合わせて）を示している.

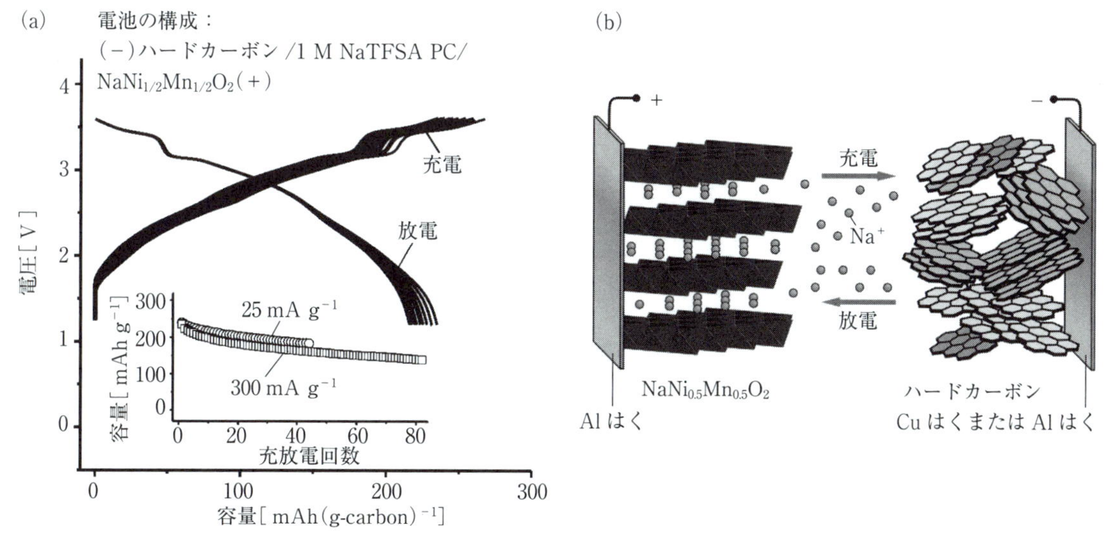

図 12–13 二次電池作動に成功したナトリウムイオン電池. (a)充電・放電時の電圧曲線と容量変化. (b)その電池の正極, 負極の構成. (M＝mol L^{-1})

ーロン相互作用が弱く, その結果としてナトリウムイオンの輸送が速いためと考えられる. このような優れた急速充放電性能は, 例えばハイブリッド自動車のような用途で有利になる.

ナトリウムイオン電池用正極材料は, 負極材料と比較してこれまでも多くの研究報告がみられる. その中でも特に重要な研究報告は, 2004 年に発表された層状岩塩型鉄酸化物（α 型 $NaFeO_2$）が 3.3 V で可逆的なナトリウムの脱挿入が行えるという研究成果である. この報告が契機となって, $Na_{2/3}[Fe_{1/2}Mn_{1/2}]O_2$ といった層状酸化物で可逆的にナトリウムの脱挿入が可能であることが発見された. $Na_{2/3}[Fe_{1/2}Mn_{1/2}]O_2$ は, 資源の豊富な鉄やマンガンといった汎用元素のみからなる酸化物であり, 190 mAh g^{-1} という正極材料では最大級の容量を示すためナトリウムを用いる電池のメリットを最大限に引き出せる材料として注目されている.

以上のような電池材料を利用すると，リチウムイオン電池とナトリウムイオン電池を構成する元素について，図 12–14 に示すような電池を構成する元素の研究戦略がみえてくる．リチウムをナトリウムに置き換えることで，すでに述べたように正極ではコバルトから鉄やマンガンといった汎用元素への置き換えが可能となり，しかもリチウムイオン電池で必要な銅箔がアルミニウムはくに代用可能となる．これらの元素戦略が成功すれば，レアメタルや輸入元素，さらには毒性元素にも依存しないナトリウムイオン電池が新型蓄電池の有力候補としてクローズアップされてくる.

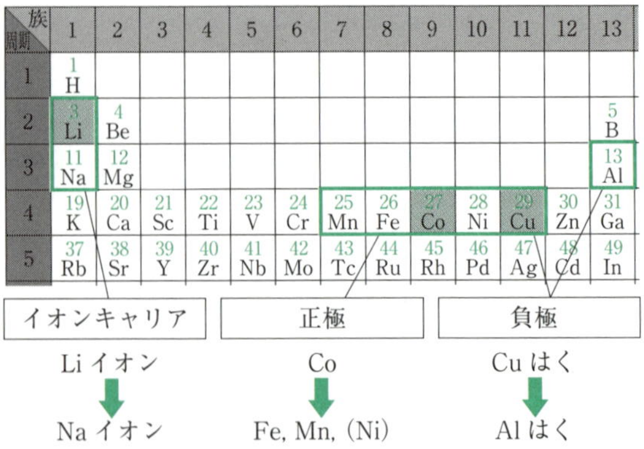

上述したように，ハードカーボンを負極，$Na[Ni_{1/2}Mn_{1/2}]O_2$ を正極としてナトリウムイオン電池のエネルギー密度を見積もると，一般的な黒鉛と $LiCoO_2$ からなるリチウムイオン電池に比べ約 60～70%を達成している．さらに最近見出された非コバルト系の正極材料を用いれば，リチウムイオン電池の 90%の蓄電エネルギーを実現するに至っている．図 12–7 や表 12–1 で述べたように，鉛電池はエネルギー密度が小さく毒性元素や劇物も必要であるが，過酷な使用環境でも使えるうえ安価なので，コストパフォーマンスが高く，世界中の自動車のエンジン始動のために欠かすことはできない．すなわち，蓄電池に蓄電量が大きく，エネルギー密度が高いことは最重要であるが，エネルギー密度が電池性能のすべてではない．例えば，リチウムイオン電池のエネルギー密度は非常に高いが，そのほかに要求される性能すべてを満たすとは限らない．ニッケル・水素電池もエネルギー密度がリチウムイオン電池に及ばないが，安全性が高く安価であるため，ハイブリッド自動車のメインバッテリーとして利用されている．エネルギー密度だけをみると現状ではナトリウムイオン電池はリチウムイオン電池を下回るが，毒性元素や希少元素を一切使わない唯一の二次電池である．そのため，蓄電技術の用途が拡大している中で，ナトリウムイオン電池への期待は今後も高まっていくであろう．また外部から燃料を供給して発電を行う燃料電池は，蓄電機能をもたないが，次世代自動車用電源として注目されている．水素と酸素を燃料とする燃料電池車は，走行中に温室効果ガスを一切出さない究極のエコカーであり，光触媒（12 章末コラム 15 参照）によるソーラー水素製造技術が実現すれば，燃料電池車は太陽光によって走行する究極の交通移動体である．燃料電池車もまた補助電源として二次電池のような蓄電装置が必要で，現在実用化されている燃料電池車では，リチウムイオン電池が搭載されている.

周期＼族	1	2	3	4	5	6	7	8	9	10	11	12	13
1	1 H												
2	3 Li	4 Be											5 B
3	11 Na	12 Mg											13 Al
4	19 K	20 Ca	21 Sc	22 Ti	23 V	24 Cr	25 Mn	26 Fe	27 Co	28 Ni	29 Cu	30 Zn	31 Ga
5	37 Rb	38 Sr	39 Y	40 Zr	41 Nb	42 Mo	43 Tc	44 Ru	45 Rh	46 Pd	47 Ag	48 Cd	49 In

イオンキャリア　正極　負極
Li イオン → Na イオン
Co → Fe, Mn, (Ni)
Cu はく → Al はく

図 12–14　周期表から眺めたリチウムイオン電池およびナトリウムイオン電池の構成材料．リチウムのすぐ下のナトリウムに置き換えると，正極ではコバルトの隣りの鉄やマンガン，ニッケルに，負極の集電体では銅はくをアルミニウムはくにそれぞれ置き換えることが可能となる.

周期表でリチウムのすぐ下にあるナトリウムに置き換えることで，高電圧二次電池の動作が可能となり，リチウムから予期できない結果が次々と見出されている．希少元素や毒性化合物を一切含まず，資源の乏しい我が国が輸入依存を必要としない元素での電池構成が可能である．そのため，大型用途の高性能蓄電池の候補として，究極の元素戦略電池“ナトリウムイオン蓄電池”の実用化を目指し，世界中で研究開発が加速されている.

12.1 節のまとめ

- **世界最初のマンガン乾電池は日本で発明された.**
- **原子番号 3 番のリチウムの性質を利用したリチウムイオン電池は蓄電性能に優れている.**
- **ポストリチウムイオン電池の候補の中で，有害元素や希少資源を使わないナトリウムイオン電池が期待されている.**

12.2　光エネルギー変換：光合成の初期過程

12.2.1　化石燃料はどこからきたのか

化石燃料とは主に石炭・石油・天然ガスを指し，太古の植物や動物が地中に堆積し変性した有機物を豊富に含む混合物のことである．化石燃料はジェット燃料，ガソリン，灯油，重油など内燃機関（エンジン）を動かすためのエネルギー源として利用されるほかに医薬品や高分子など化学工業の原料として重要な役割を担っていることはよく知られている．化石燃料に含まれる有機物はどんな化合物だろうか．天然ガスの主成分はメタン（CH_4）であり，石油（原油）の成分は炭素数が1から40くらいまでの炭化水素（主に炭素と水素からなる有機物）の混合物である．石炭はベンゼン環などを豊富に含む炭化水素の混合物である．このように有機物は炭素-炭素結合や炭素-水素結合を数多く含む高エネルギーの化合物であるが，このような化合物は46億年前の原始地球には（少なくとも現在のようには）ほとんど存在せず，炭素のほとんどはエネルギーの最も低い安定な二酸化炭素として存在したと考えられている．それではこのような高エネルギーの有機化合物はどこから来たのであろうか．最も安定な炭素化合物である二酸化炭素を高エネルギーの有機物に変換するにはそれに相当する外部エネルギーが必要である．現在の地球上にあるほとんどの有機物は生物由来であり，その多くは太陽エネルギーを利用した光合成によって生産されたもの，またはその変性物や代謝物と考えられている（ごく一部は海底の熱水噴出孔などでつくられている）．すなわち化石燃料は太古の太陽の光エネルギーが有機化合物として（炭素-水素結合や炭素-炭素結合として）蓄えられたものと考えることができる．本節では地球上で最も重要なイベントの一つである光による化学エネルギー変換，すなわち光合成について概観しよう．

12.2.2　おとなしい電子と元気な電子

「光合成とは光エネルギーを使って二酸化炭素と水からグルコース（糖）をつくる反応であり，その副生成物として酸素が出る」と習った読者もいることと思う（式(12-1)）．

$$6CO_2+6H_2O \xrightarrow[h\nu]{\text{太陽光}} (CH_2O)_6+6O_2 \qquad (12\text{-}1)$$

しかしこの反応が具体的にどのように起こっているかを調べたことのある人はそれほど多くないのではないだろうか．光合成は基本的には酸化還元反応であり，酸化状態の高い安定な二酸化炭素を水で還元することによって，還元された炭素化合物であるグルコースと水の酸化体である酸素が生成する反応である．しかしながら，この酸化還元反応は還元力に乏しい水分子の中のおとなしい電子（低エネルギーの電子）をグルコース形成に必要な元気な電子（高エネルギーの電子）に移す反応であり，自発的には起こりえない上り坂の酸化還元反応である．したがって反応を進行させるためにはそれに相当するエネルギーが必要である．もちろん，ただの炭酸水に太陽光を当ててもグルコースも酸素も生成しない．光合成が起こるためにはさまざまな機能性素子（分子）の連携が不可欠である．以下の項では分子の連関が繰り出すエネルギー変換システムという観点でも話を進めていく．

12.2.3　光励起：光で低エネルギー電子を高エネルギーにする

それでは光合成が起こるためにはどのような機能性素子が働いているのだろうか．本項では光が関与する光合成の初期過程に関与する機能性素子の紹介とその興味深い原理について解説する．まず機能性素子としては太陽光（可視光）を吸収する色素などの化合物が必須である．色素としては**クロロフィル**（**chlorophyll**，図12-15）とよばれる化合物が中心となっている．クロロフィルは単結合と二重結合が交互につながり環構造となったπ共役芳香族分子であり，可視光を吸収する性質をもっている．

分子が光を吸収するときには，電子がエネルギーの低い準位から，エネルギーの高い空軌道にもち上げられる．分子はこのエネルギー差（ΔE）に相当する光を吸収する（図12-16）．

分子の電子配置において，元の低いエネルギー状態のことを**基底状態**（**ground state**），そして電子がも

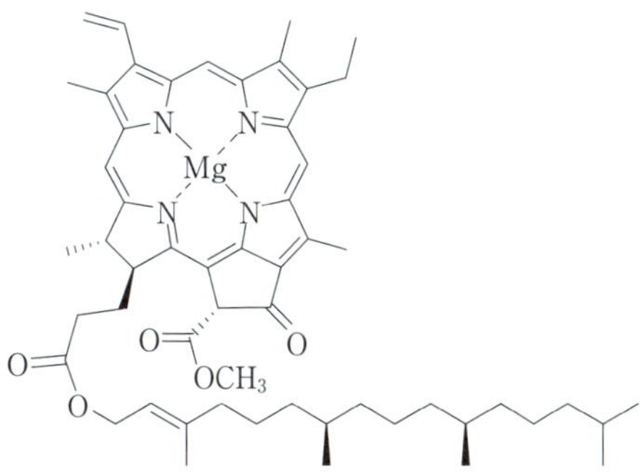

図12-15　クロロフィルaの構造

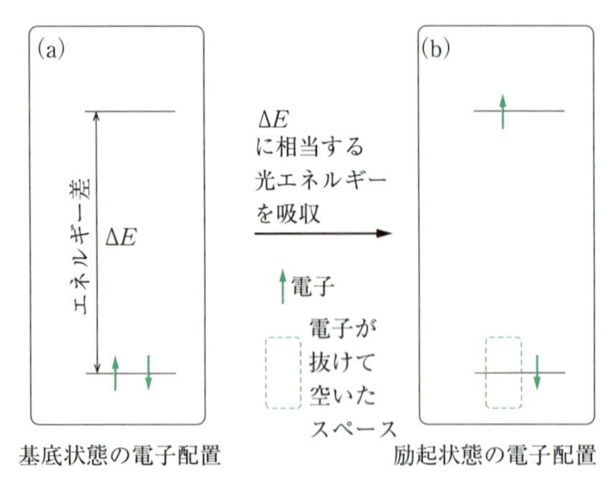

図 12-16　色素分子の電子配置の模式図．(a)基底状態，(b)ΔE に相当する光エネルギーを吸収した際の一重項励起状態．

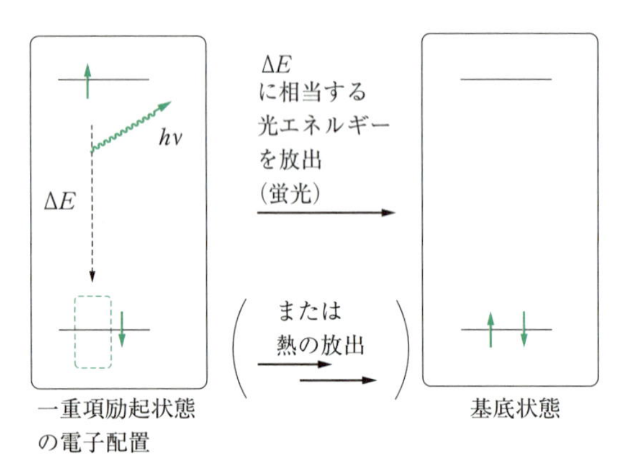

図 12-17　励起状態から基底状態へ戻る際の電子配置の変化と蛍光

ち上げられた状態のことを**一重項励起状態**（**singlet excited state**，電子のスピンが元のまま）とよぶ．そしてこの励起状態から基底状態に戻るときにそのエネルギー差に相当する光（吸収した光より長波長の光）を放つことがある．この光のことを**蛍光**（**fluorescence**）とよぶ（図 12-17）．また光を放出せずに**三重項励起状態**（**triplet excited state**，電子のスピンが反転）を経由して熱を放出して失活する経路などもあり，その割合は色素の種類や構造に依存する．光合成系ではこのような励起状態から基底状態に戻るプロセスが起こるよりも早く，次の反応を起こす必要がある．

12.2.4　光誘起電子移動（電荷分離）と多段階電子移動

さて，励起状態にある色素は周囲に何もなければ蛍光を発したり，熱を放出して元の基底状態に戻るが，

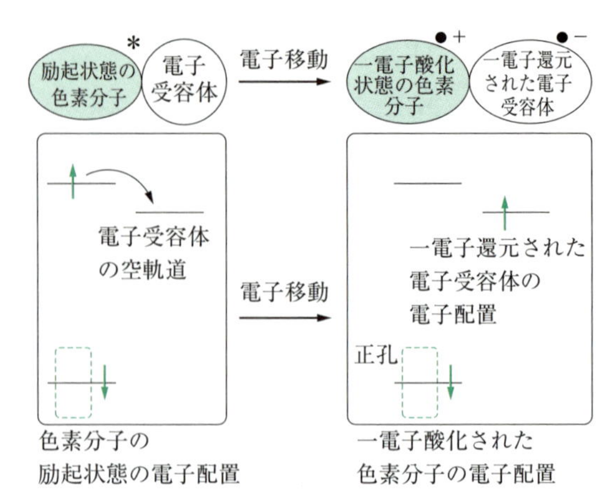

図 12-18　励起状態から電荷分離が起こる模式図とその電子配置．右が電荷分離状態．

その周囲に高エネルギー電子を受けとる性質をもった分子（これを**電子受容体**（**electron acceptor**）とよぶ）があると高エネルギーの電子が電子受容体に受け渡される場合がある（図 12-18）．電子を受けとった分子は**一電子還元**（**one-electron reduction**）されたことになり負電荷をもつ．このように光で励起された分子から電子が移動する反応を**光誘起電子移動**（**photoinduced electron transfer**）といい，全体で中性だった系が負電荷をもつ**アニオンラジカル**（**anion radical**）と正電荷をもつ**カチオンラジカル**（**cation radical**）に分かれた状態になる．この状態のことを**電荷分離状態**（**charge separation state**）という．

電荷分離状態では負電荷と正電荷の電位差に相当するエネルギーが蓄えられており，いわば1電子の電池である．これら正負の電荷をそれぞれ外部回路に取り出すことができれば，例えばモーターを回したり，電球をつけたりするような仕事をさせることができる．小学校の理科の実験では電池から電気を取り出す際に銅線などの金属線を使って外部回路につないだが，生物においては酸化-還元特性を備えた有機分子や金属錯体を連続的に並べることによって分子の導線を形成し電子を輸送している．すなわち先の電子受容体の近傍にさらなる電子受容体を配置し，光誘起電子移動によって生成した負電荷を連続的に輸送していくしくみが備わっている（図 12-19，図 12-20）．この際に電子が一方向に流れるように電子の受けとりやすさの度合（**還元電位**（**reduction potential**））が段階的に調整されている．具体的な分子で表すとまず**スペシャルペア**（**special pair**，①）とよばれるクロロフィルの二量体が励起され（図 12-19(a)），励起電子をフェオフィチン（クロロフィルからマグネシウムイオンが脱離

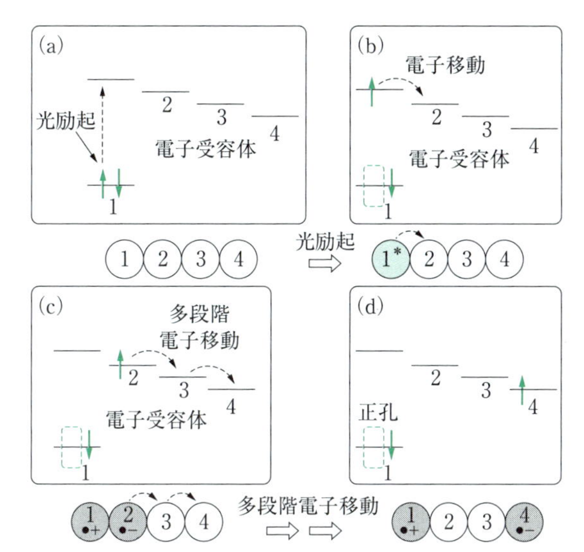

図 12-19 光誘起電子移動とそれに続く多段階電子移動の模式図.(a)分子 1 が光により励起,(b),(c)励起された分子 1 から連続的に電子移動が起こる.(d)長距離の電荷分離状態.分子 1 と分子 4 にそれぞれ正電荷と負電荷が引き離されている.

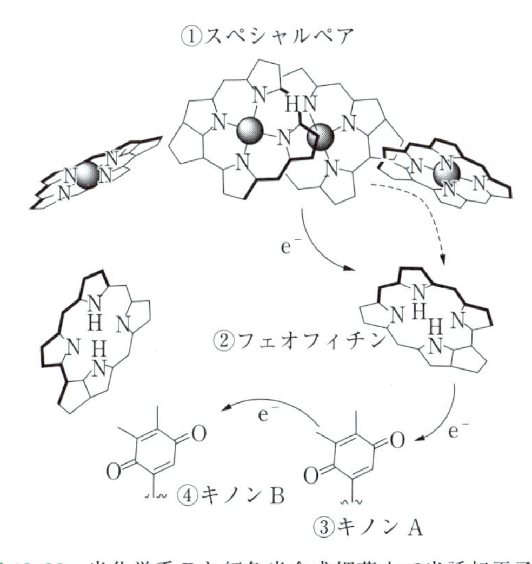

図 12-20 光化学系 II と紅色光合成細菌中で光誘起電子移動と多段階電子移動を行っている分子群.これらの機能性分子はタンパク質マトリックス中で空間的に位置と配向が固定されている.

した化合物,②)に電子を受け渡す(図 12-19(b)→12-19(c)).さらに電子はキノン A(③),キノン B(④)と段階的に移動し,図 12-19(d)のようにスペシャルペアにカチオンラジカル,キノン B にアニオンラジカルが局在した状態となる.このようにして引き離された正電荷と負電荷がさらに次の酸化反応と還

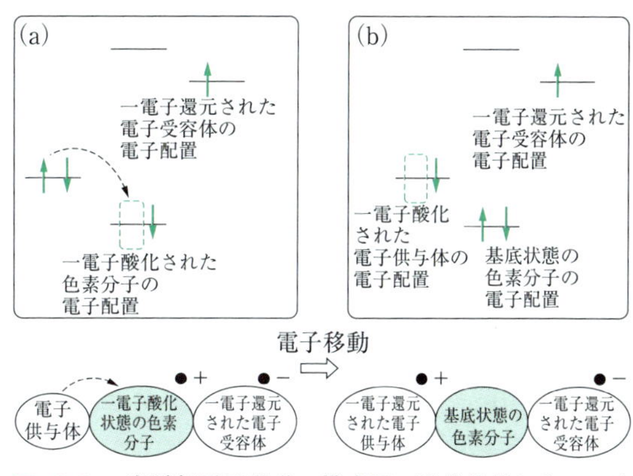

図 12-21 光誘起電子移動の模式図.電荷分離によって生じた正孔を埋めるために電子供与体から電子が 1 個移動する.

元反応にそれぞれ利用される.

12.2.5 正孔(ホール)の行き先

光誘起電子移動によって電子を与えたスペシャルペアは基底状態に対して 1 電子足りない状態にあり,電子が抜けた穴をもつ.(図 12-18〜12-21)この穴のことを**正孔((positive) hole)**とよび,1 電子足りない分子の状態を**一電子酸化状態(one-electron oxidation state)**という.この穴に電子を補充できれば,スペシャルペアは再び基底状態に戻り,再び光誘起電子移動を行うことができるようになる(図 12-21).いい換えると光合成のシステムを回転させるためにはスペシャルペアの正孔を埋める電子源,すなわち燃料が必要である.

地球上に豊富に存在する電子供与体(燃料)としては硫化水素(H_2S)と水(H_2O)がある.それぞれ電子とプロトンを放出(供給)することによって硫黄(S)と酸素(O_2)が生成する(硫化水素は現在でも火山や海底の熱水噴出孔に豊富に存在する).このときの電子の出しやすさ(酸化電位)は水素電極を基準とした場合に,それぞれ -0.25 V と $+0.82$ V であり,硫化水素から電子を奪いとることは水に比べるとずっと容易である.一電子酸化状態のスペシャルペアがこれらの燃料から電子を受けとるには,スペシャルペアの一電子酸化電位がこれら燃料の酸化電位よりも正側(エネルギー図(図 12-22 の下側))になければならない.自然界には硫化水素を燃料とする緑色硫黄細菌や,水を燃料とする藍藻・緑色植物,そして自身の中に電子回路をつくって燃料を自給自足する紅色光合成細菌などがいるが,興味深いことに光合成生物はみなクロロフィル骨格を有する類縁体を用いてさまざまな

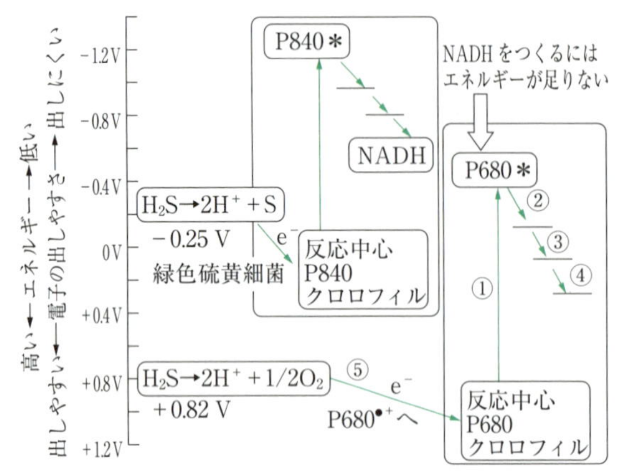

図 12-22　硫化水素，水，P680，P840 の酸化電位を表したエネルギー状態図

酸化電位のスペシャルペアを生み出している．スペシャルペアを構成するクロロフィル *a* の有機溶媒中（アセトニトリル中）の酸化電位は +0.81 V であるが，硫化水素を燃料とする緑色硫黄細菌ではスペシャルペア（P840）の酸化電位を負側（上方）にシフトさせて +0.24 V 程度に，逆に水を燃料とする酸素発生型光合成生物ではスペシャルペア（P680）の酸化電位を +1.2 V まで正側（下方）にシフトさせている．一般に大きな π 電子系化合物（色素）の酸化電位は分子上の置換基や周囲の環境によって変化するが，ここまで酸化電位を変化させることは容易ではない．酸素発生型光合成生物は水を酸化することのできるきわめて酸化力の強いユニークな色素を発明したようである．この酸化力の強いスペシャルペア P680 の数字は吸収スペクトルにおいて 680 nm に特徴的な極大吸収波長を示すことから名付けられている（同様に P840 は 840 nm に特徴的な極大吸収波長を示す）．興味深いことに地球上に存在する酸素発生型光合成生物はすべてこの P680 スペシャルペアを採用している．生物は地球史上一度だけ水を酸化することのできる色素を発明し，それがあまりにすぐれているためにほかに置き換わることがなかったのだろうか．生物の進化の面からも興味深い点である．

12.2.6　水の 4 電子酸化：酸素生成のためのマンガンクラスター（多核金属錯体）

水の酸化電位よりもさらに強力な酸化力を備えた P680 を発明した生物は大きな問題に直面したことであろう．水を 1 電子酸化したヒドロキシルラジカルは非常に反応性が高く，生体には危険な代物である．したがって水を燃料（電子源・還元剤）として用いるには安定な分子状酸素（三重項酸素）まで変換する必要が生じる．そのためには 2 分子の水から 2 電子ずつ計 4 電子を奪ったうえに最後に二つの酸素原子をくっつけて酸素分子にする必要がある．

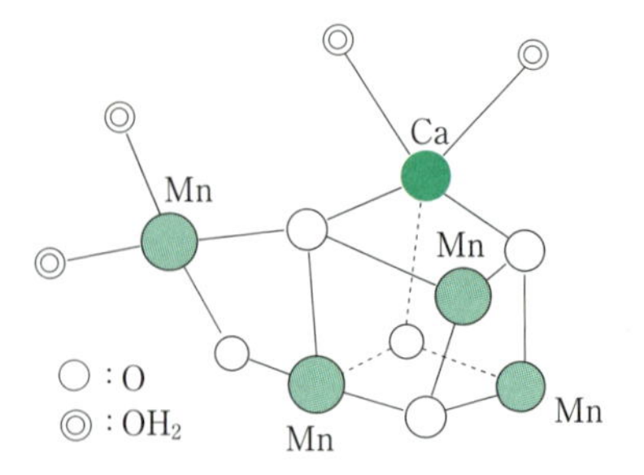

図 12-23　水の 4 電子酸化を担うマンガンクラスターの模式図．四つのマンガンイオンと一つのカルシウムイオンが酸素原子に架橋されたクラスター構造をとっている．

$$2H_2O \longrightarrow O_2+4H^++4e^- \qquad (12\text{-}2)$$

これを達成するために光合成生物は 4 個のマンガン原子と一つのカルシウムイオンからなる**酸素発生中心（oxygen-evolving center）**・マンガンクラスター（クラスター：複数の金属を含む錯体の総称）を発明した（図 12-23）．

先の電子伝達を行う錯体が主に 1 電子の授受を行うのに対して，この水が配位したマンガンクラスターは 4 電子を供与することのできる錯体である．酸化段階が進むにしたがって，マンガンイオンやカルシウムイオンに配位した水から電子を奪い，ヒドロキシ錯体 → オキソ錯体と変化した後に最終的に酸素を放出して水が配位することで元のマンガンクラスターに戻ると考えられている．すなわち 4 電子の酸化によって回転する触媒である．このようにマンガン錯体上で水から電子を奪うことで生体に危険な遊離のラジカル種を発生させないしくみになっている．それでもこれらの酸化状態の高いマンガンイオンは反応性が高く，これらが悪さをする前に効率よく酸素を発生させるためには 4 回の光誘起電子移動がテンポよく起こる必要がある．そのために光合成系では後述する光捕集アンテナとよばれる巨大な素子が不可欠になっている．

このように光合成系では電子伝達系で用いられる鉄，銅イオン以外にもマンガンイオンやカルシウムイオンまでもフルに利用して，システムを組み上げていることがわかる．光合成の分野が生物学や有機化学だけでなく無機化学や錯体化学とも深くかかわっていることがよくわかる．

12.2.7　高エネルギー電子の行方

P680 の酸化電位を理解したところで，再び高エネルギー電子の行方に話を戻そう．硫化水素を燃料とする緑色硫黄細菌のスペシャルペア P840 は励起状態において高いエネルギー（高い還元力）を有しているため，生命活動に必要な高エネルギー物質 NADH を生産することができる．一方，水を燃料とする緑色植物や藍藻では水を酸化する能力を獲得するためにスペシャルペア P680 の酸化電位をかなり正側にシフトさせた．その影響で電子をもち上げることのできる高さも相対的に正側にシフトしている．その結果 P680 の励起状態では NAD^+ を還元して二酸化炭素を還元するのに必要な NADH を生成するのには十分ではなくなっている（NAD^+ と NADH の構造を図 12-24 に示す）．

そこで光合成生物は NAD^+ を還元するために二段ロケットシステムを発明した．すなわち先の P680 を含む光誘起電子移動システムがまず中程度の高エネルギー物質を生産し，第 2 段目の光誘起電子移動システムはその中程度の高エネルギー物質を燃料として，スペシャルペア P700 を用いて NADH を生産するという戦略である．例えると高層ビルの最上階で火事があったときに一つのポンプでは地上から最上階まで水を汲み上げることができないので，いったん中間階に水をプールして 2 台目のポンプがそこから最上階まで汲み上げるというイメージである．この二つの反応中心の酸化電位と還元電位を並べて描くと図 12-25 のようになる．藍藻や緑色植物の光合成系はこのように二つの反応中心が連携して 2 段構えの光誘起電子移動を使って低エネルギーの電子を高エネルギー物質にまでもち上げている．このような 2 段階の電子の流れは横向きにするとアルファベットの Z のようにみえることから **Z スキーム（Z-scheme）** とよばれることもあり，1 段階目の反応中心を含む系を **光化学系（こうかがくけい）Ⅱ（photosystem Ⅱ）**，2 段階目の反応中心を含む系を **光化学系Ⅰ（photosystem Ⅰ）** という．

この 2 段システムがどのようにして生まれたかは大変興味深い．それはこの光化学系Ⅱと光化学系Ⅰのそれぞれの系の反応中心タンパク質の構造が現存する紅色光合成細菌の反応中心の構造と緑色硫黄細菌の反応中心の構造にそれぞれ酷似しているためである．これを説明するには紅色光合成細菌の先祖と緑色硫黄細菌の先祖が難題を解決するために合体したと考えるのが自然である．

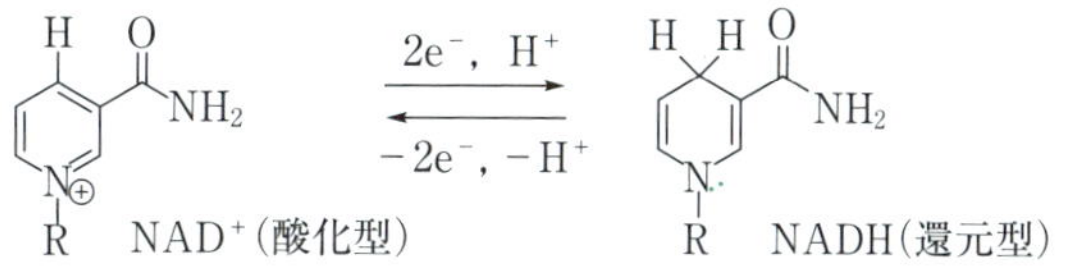

2e⁻，H⁺ / −2e⁻，−H⁺
NAD⁺(酸化型)　NADH(還元型)

図 12-24　NAD^+（酸化型）と NADH（還元型，高エネルギー物質）の活性部分の分子構造．互いに 2 電子と 1 プロトンをやりとりして相互変換される．

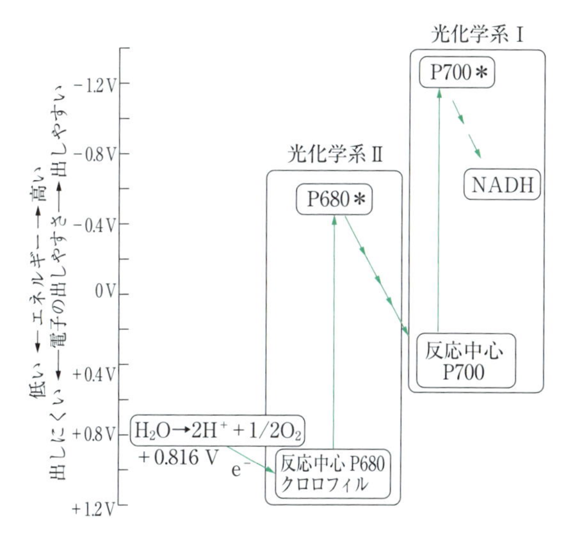

図 12-25　水を燃料とする酸素発生系光合成生物の光化学系Ⅱと光化学系Ⅰのエネルギー準位の模式図

12.2.8　光捕集アンテナの必要性

これまでのところで光合成初期過程のコア部分の概要が理解できたとして，次にその周辺の構造について考えてみよう．光誘起電子移動反応は 1 光子につき 1 電子しか動かせないので，2 電子動かすためには 2 個の光子が，2 分子の水を 4 電子酸化して酸素を発生させるためには 4 個の光子が必要となることがわかる．先に述べたように一電子酸化体などのラジカルは反応性が高く，生体に有害なのでそのような化学種を貯めることなく，次々と光誘起電子移動を行わなければならない．そこで問題となるのが反応中心の色素が光を吸収する頻度である．それを見積るために直径 1 nm ほどの色素が太陽光を吸収する時間間隔はどれくらいなのかを考えてみよう．太陽光は緯度と季節によって光密度にばらつきがあるので高圧水銀ランプの光密度を調べると波長 366 nm の紫外線は 6×10^{15} 個 cm^{-2} s^{-1} 程度である．つまり 1 cm^2 あたり 1 秒間に 6×10^{15} 個の光が降り注いでいることになる．一方，色素を直径 1 nm の球状分子と近似した際の断面積は 7.9×10^{-15} cm^2 であり，1 秒間にこの分子を通過する

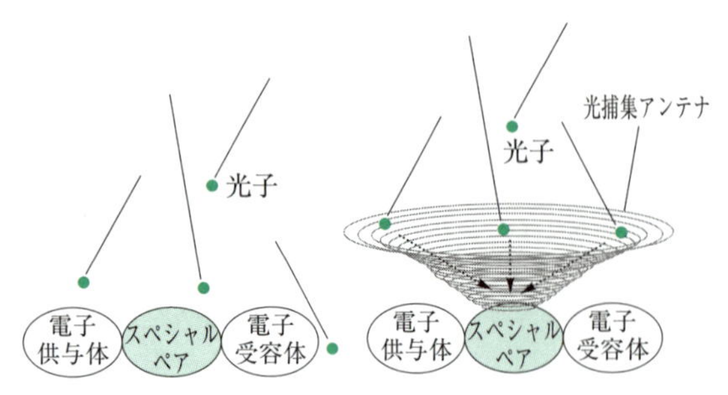

図 12-26　光捕集アンテナの役割のイメージ図

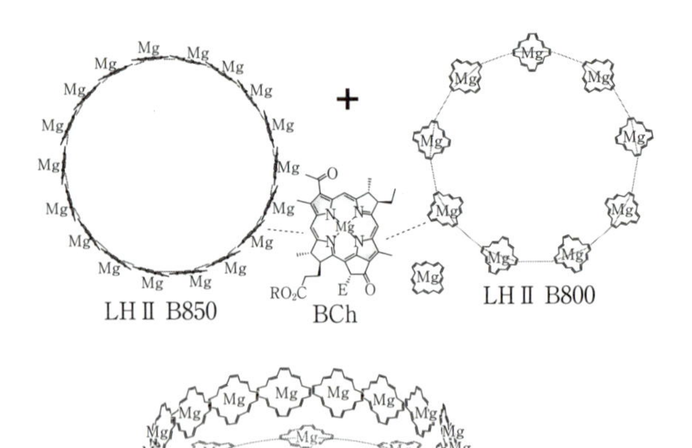

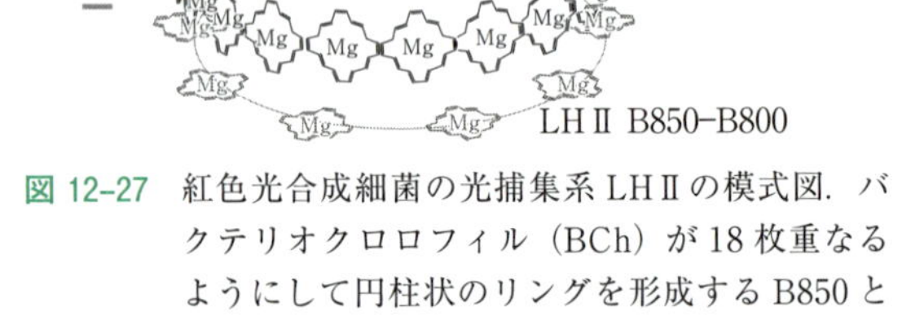

図 12-27　紅色光合成細菌の光捕集系 LHⅡの模式図．バクテリオクロロフィル（BCh）が 18 枚重なるようにして円柱状のリングを形成する B850 とその底面に位置する 9 枚の B800 が組み合わさって構成されている．

光子の数は $7.9\times10^{-15}\,\mathrm{cm}^2\times6\times10^{15}$ 個 $\mathrm{cm}^{-2}\,\mathrm{s}^{-1}\times1\,\mathrm{s}$ ＝ 47 個と計算される．つまり分子を通過する光子がどれくらいの時間間隔でやってくるかというと 1 s/47 個 ＝ 21×10^{-3} s/個，つまり 21 ms に 1 個光子が来る計算になる．分子の一重項光励起状態の寿命は 1～数 ns（10^{-9} s）程度なので 20 ms という時間間隔は光励起状態の寿命の時間スケールに比べると桁違い（6 桁）にゆっくりである．したがって，自然光において分子は同時に二つの光子を吸収することは決してない．

さて，前項で述べたように危険なラジカルを貯めないように，また生物として光エネルギーを有用な化学エネルギーに変換して成長していくには光誘起電子移動を連続的に効率よく起こさせなければならない．そのためには 1 nm 程度の大きさの色素がのんびり自身の上に降ってくる光を待っているのでは効率が悪すぎる．そこで生物は**光捕集アンテナ（light-harvesting complexes，light-harvesting antenna）**という器官を備えている（図 12-26）．光捕集アンテナというのは文字どおり光を捕集し，光誘起電子移動を行う 1 nm 程度のスペシャルペアまでその光エネルギーを伝達する機能をもっている．その数は光合成を行う植物や細菌の種類や環境によって変わるが，反応中心に対して数十倍以上の数と面積をもっていることはざらである．驚くべきことに太陽光の届かない深海の熱水噴出孔にも光合成細菌は棲んでいて，熱い物体から発せられる微弱な光（**黒体放射（black body radiation）**）を捉える超高性能の光捕集アンテナを備えて生活を営んでいる．光捕集アンテナでは色素がさまざまな配向をもって配置されており，あらゆる方向から降り注ぐ光を吸収できるようになっている．そのデザインは実にさまざまで紅色光合成細菌におけるリング状の構造や（後述），高等植物の反応中心の周辺にみられる三次元の構造，藍藻におけるフィコビリソームとよばれるアンテナの上に別のアンテナを乗せた構造，深海の熱水噴出孔にいる光合成生物がもつ色素でできたロールケーキのようなクロロソームとよばれるアンテナなどがある．

12.2.9　光合成は機能性分子からなるオーケストラ

これまで説明してきたように光合成系はさまざまな機能をもった分子システムが連関・連動して大きな仕事を成し遂げているナノ～マイクロサイズの工場である．このようなエネルギーと物質の流れを生み出すには複数の機能性分子やタンパク質の空間的配置を精密に制御する必要がある．ここではその構造がよく調べられていて直感的にも美しい紅色光合成細菌の光捕集アンテナ系と反応中心の配置を概観してみよう．

紅色光合成細菌は酸素発生型生物ではなく，自給自足で電子を回しているので反応中心を含む光化学系は 1 種類しかなく，光合成系を 2 種類もつ酸素発生型に比べてシステムはシンプルである．紅色光合成細菌の光捕集アンテナ系では単独では 800 nm に極大吸収帯をもつ**バクテリオクロロフィル（bacteriochlorophyll）**（図 12-27 中 BCh 参考）が構成単位となり 2 種類のリング状集合体である光捕集系Ⅱ（LHⅡ，図 12-27）と光捕集系Ⅰ（LHⅠ，図 12-28）を形成している．LHⅡは 18 枚の BCh が少しずつずれて重なりながら並んだ円柱構造をとっている B850 とその底面に位置する 9 枚のバクテリオクロロフィルからなる B800 が組み合わさっている．クロロフィルは光を吸収する向きが決まっているので，環状構造をとり，な

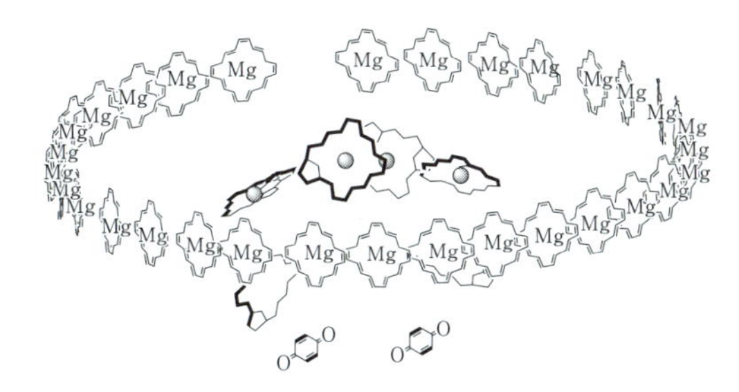

図 12-28　紅色光合成細菌の光捕集系Ⅰ（LHⅠ)-反応中心複合体の模式図．32 枚の BCh がずれて重なった B875 とその中央にスペシャルペア，バクテリオフェオフィチン，キノン A・B (図 12-20) がタンパク質マトリックスによって固定されている．

おかつその向きを直交させた 2 種類のリングを用いることでさまざまな方向から来る光を吸収できる配置になっている．同じ色素を用いているのに B800 と B850 では吸収帯が異なり，B850 の方が長波長側に吸収帯を有している．これは BCh をずらして重ねたような配置に並べることによって生じている．このように吸収帯をずらすことによって励起エネルギーの移動が B800 から B850 に起こるように制御されている．紅色光合成細菌には LHⅠとよばれるもう一つのリングがあり，こちらは 32 枚の BCh が重なりながら円筒

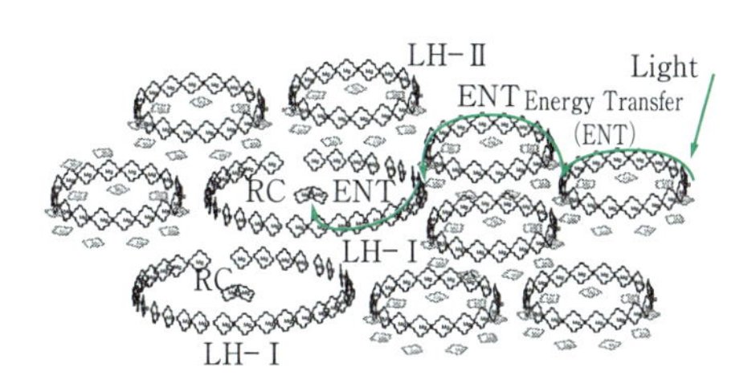

図 12-29　紅色光合成細菌の光合成膜の模式図．LHⅡ（図 12-27）と LHⅠ（図 12-28）と反応中心（RC）が高次の複合体を形成している．

構造をつくっている．このLHⅠはB875 ともよばれ吸収帯が 875 nm に存在する．この中心に反応中心（スペシャルペアを含む電荷分離系）が配置されている（図 12-28)．紅色光合成細菌の光合成膜の原子間力顕微鏡像からこれら LHⅡと LHⅠが膜内に水平に配置された図 12-29 のような像が観測され，LHⅡと LHⅠが隣接して配置された超構造が明らかとなった．生物は広い範囲に光捕集アンテナを広げ，あらゆる方向から降り注ぐ光を逃さずに吸収し，反応中心まで効率的に輸送するシステムを備えていることがわかる．このように光合成膜には光捕集アンテナや反応中心が高密度に集積されており，これらが連関・連動して働く，まさに分子工場といえる．

12.2 節のまとめ

光合成の初期過程

① 光捕集アンテナが光子を吸収し，光エネルギーがスペシャルペアまで効率よく輸送される
② スペシャルペアが励起されて電子受容体に電子が移動する（光誘起電子移動）
③ 電子を失ったスペシャルペアは電子供与体から電子を受けとり元の基底状態に戻る
④ 電子供与体が正，電子受容体が負の電荷をもつ電荷分離状態が形成され，このエネルギー差が発電や高エネルギー物質の生産に利用される

12.3　天然の光合成系を手本にした新しい人工分子群の構築

12.3.1　分子と分子の相互作用：超分子化学

天然の光合成系では機能性分子やタンパク同士が集積し，互いに連関・連動してエネルギー変換や輸送，物質変換を行っていることがわかった．このような巨大な分子複合系をすべて共有結合（炭素-炭素結合や炭素-酸素結合，炭素-窒素結合など）で組み立てるのは不可能である．それではこれらの構造体はどのようにして集積されているのであろうか．これらは互いに比較的弱い力で相互作用し，巨大構造を形成している．それは「共有結合でない結合」という意味で**非共有結合（noncovalent bond）**や**非共有結合性相互作用（noncovalent interaction）**と総称される．具体的には，水素原子とヘテロ原子との静電的な相互作用である**水素結合（hydrogen bond）**や金属イオンと配位子との相互作用である**配位結合（coordination bond）**，イオン-双極子相互作用，中性分子の誘起双

極子同士が相互作用するファンデルワールス相互作用などがある．一つ一つの力は弱いながらも複数の弱い相互作用が協同的に働くことによって構造の定まった安定な分子集合体を形成することも可能である．このように分子と分子の相互作用の化学を**超分子化学**（**supramolecular chemistry**. super-ではない）といい，近年盛んに研究されている．

12.3.2　色素分子の連鎖体からなる新材料：人工的な超分子光捕集アンテナ

本項では広く薄く降り注ぐ光を吸収し，反応中心まで運ぶ光捕集アンテナシステムを超分子化学的な手法で人工構築した試みを紹介する．**ポルフィリン**（**porphyrin**, 図 12-30）は天然のクロロフィルと類似構造をもち，モル吸光係数の大きな分子として知られている．このポルフィリン 2 分子を集積させることによって人工光捕集アンテナを構築する試みがなされている．色素を集積する際には，励起エネルギー移動が高速で起こるような距離を保ちつつ，エネルギーが失活するような部位がないようにしなければならない．また最終的に反応中心を置く場所を用意する必要がある．色素を多数並べる際のデザインの一つのヒントとなるのが，先に述べた紅色光合成細菌の光捕集アンテナ系 B850 の分子集合体である．B850 ではバクテリオクロロフィルが少しずつずれて重なった連鎖体を形成しており，このような集合形態を模倣すれば人工的な光捕集アンテナが構築できると考えられる．その一つの例として，図のようにイミダゾリル基を有する亜鉛ポルフィリン（ImZnP）の自己組織化体が挙げられる（図 12-30(b)）．

亜鉛イオンは 5 配位錯体を形成するので ImZnP の 2 分子が自発的に安定な配位二量体 $(ImZnP)_2$ を形成する．この二量体中では 2 枚のポルフィリン環が接近しているため一電子酸化状態で正電荷が 2 枚のポルフィリンに非局在化される．すなわちこの二量体は天然のスペシャルペアと構造と機能が類似している．この配位自己組織化原理をビスポルフィリンに適用すると，相補的な配位結合が連続的に起こり非共有結合でつながった超分子ワイヤーが形成する．すなわちイミダゾリル亜鉛ポルフィリン 2 分子を直線状に連結した BisImZnP は自己組織化によって長さ 100 nm 以上にもおよぶ直線状の配位高分子 $(BisImZnP)_n$ を形成する（図 12-31(a)）．

直線状の超分子ワイヤー $(BisImZnP)_n$ の末端にはまだ配位する能力をもったイミダゾール亜鉛基が存在

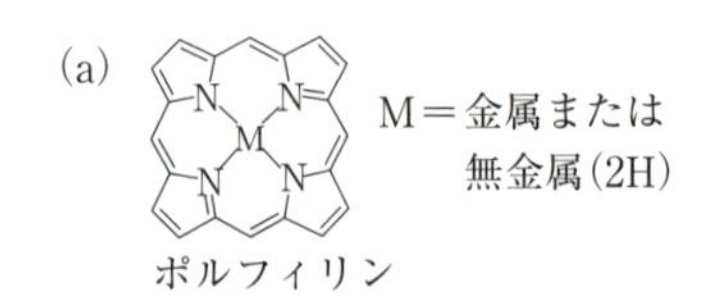

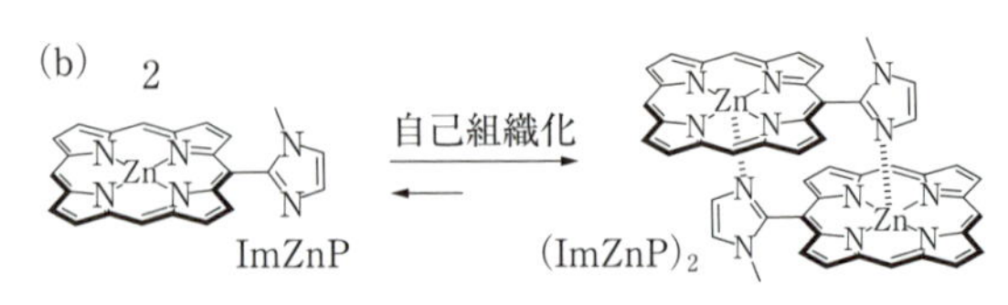

図 12-30　(a)ポルフィリンの構造，(b)イミダゾリル亜鉛ポルフィリン（ImZnP）の分子間配位結合による自己組織二量化．

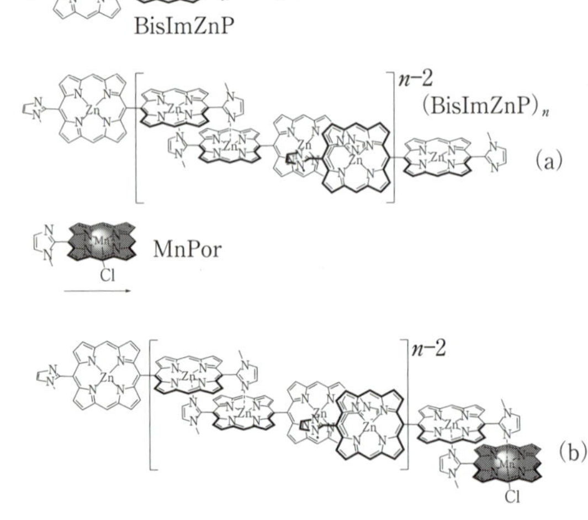

図 12-31　(a)ビス（イミダゾリル亜鉛ポルフィリン）BisImZnP の自己組織化による超分子ポルフィリンワイヤーの形成と，(b)イミダゾリルマンガンポルフィリン（ImMnP）添加による超分子複合体形成の模式図

しており，亜鉛ポルフィリンを消光させるイミダゾリルマンガンポルフィリン（ImMnP）をわずかに加えると亜鉛ポルフィリン超分子ワイヤーからの蛍光発光が大きく減衰する．この実験結果は超分子ポルフィリンワイヤーが励起エネルギーを遠距離まで輸送する光捕集アンテナとして機能することを示唆している．

さて上記のように二つのイミダゾリル亜鉛ポルフィリンを直線的に連結すると超分子ワイヤーが形成されるが，角度をつけて連結すると超分子リングが形成される（図 12-32）．ベンゼン環の 1，3 位にイミダゾリル亜鉛ポルフィリンを連結した分子を自己組織化させると五角形と六角形のリング $(P2)_5$ と $(P2)_6$ が約 1：1

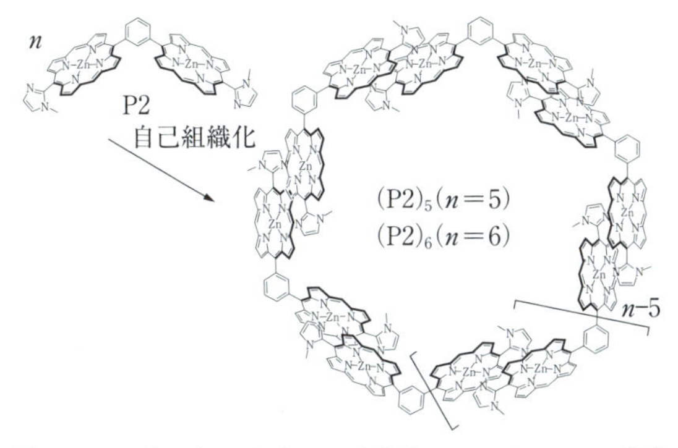

図 12-32 ビスイミダゾリル亜鉛ポルフィリン P2 の構造(左)とその自己組織化による大環状リングの形成

の比で形成される．超短パルスレーザーを用いた分光測定によって，これらのリング内では励起エネルギーが高速で移動していることが示され，紅色光合成細菌の B850 に構造と機能が類似した光捕集アンテナとしての機能を有していることが示されている．

さらにリングの上下にカルボキシ基を三つずつ導入したトリスポルフィリン A は，配位組織化によって環状三量体 B が定量的に生成し，水素結合を介して上下方向に B が 10 個程度連結したポルフィリン組織体が形成される（図 12-33)．トリスポルフィリン B はその内部に三脚型分子 C を取り込むことのできる配位サイトを有しており，B の組織体にこの三脚型分子 C を添加すると B 連鎖体から C へのエネルギー移動が起こり，B の連鎖体からの蛍光が減少し，それに代わってゲスト分子 C からの蛍光が観測されるようになる．このように仕掛けを組み込んだ分子を人工的に合成し，錯体化学や超分子化学の原理に基づいてその仕掛けを順次発動させていくと共有結合だけでは合成困難な複雑な分子複合体を人工的に構築することも可能になる．

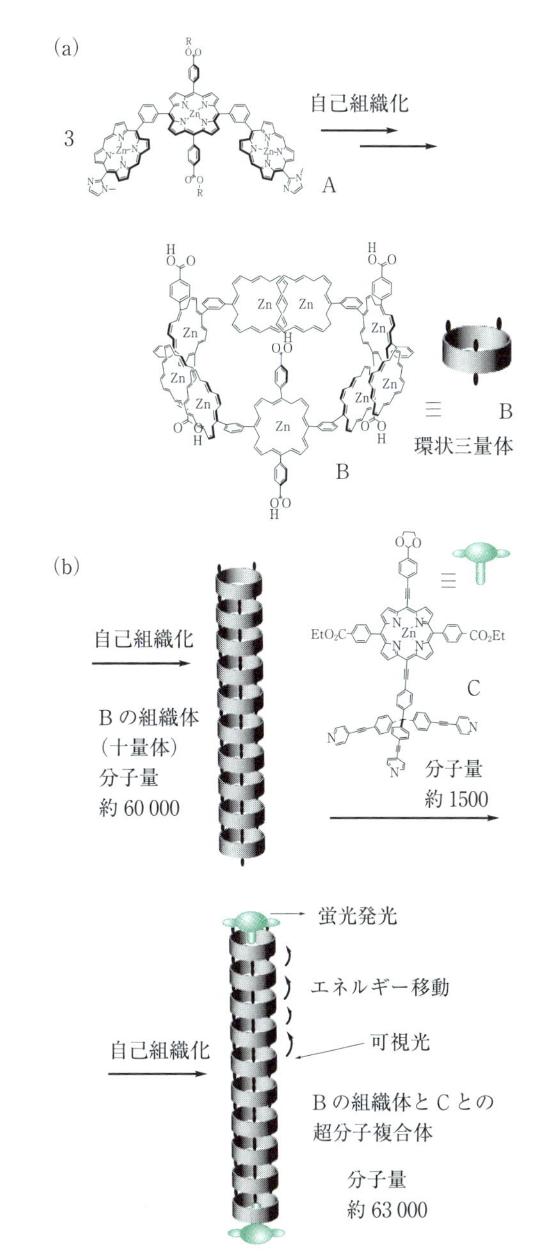

図 12-33 (a)トリスポルフィリン A の分子構造とその自己組織化による環状三量体 B の模式図，(b)B の組織体とゲスト分子 C との超分子複合体の模式図．

12.3.3 おわりに

さて 12.2〜12.3 節では天然の光合成系の初期過程である光誘起電子移動の原理と超分子化学を用いた人工的なアプローチを述べてきた．最後の項で紹介した超分子化学は比較的新しい研究分野であり，これまでに合成化学の世界で蓄積されてきた「モノづくり」の技術を利用して人工光合成系のような「システムづくり」に移行するための鍵となる重要な技術であると考えられる．光合成に関連する学問分野は生物学，生化学，有機化学，物理化学，錯体化学，超分子化学，生物無機化学，光化学，電気化学など多岐に渡り，光合成系のような複雑系に取り組むにはこれらの基礎的な知識が必要である．学部の授業ではこれらは単元ごとに分かれて学ぶことが多く，光合成に関連付けが行われることは少ないかもしれないが，12.2 節で学んだような自然界で行われている光エネルギー変換〜光合成システムをイメージできれば，これら個々の単元を学ぶ際の意識も変わると思う．将来，研究者を志している諸氏はさまざまな専門分野の知識を身につけてぜひ光合成のような複雑系の研究に挑戦してほしい．

コラム 15　人工光合成

資源・地球環境・エネルギー課題解決の方法として，人工光合成が注目されている．人工光合成とは，次のような反応を指す．

(1)　水と二酸化炭素を原料に用いて太陽エネルギーを利用することによって，水素や有用な化学物質を製造する反応．

(2)　太陽エネルギーを貯蔵可能な化学エネルギーに変換する反応．

ここで，天然にみられる植物の光合成と人工光合成を比較してみよう（図 1）．植物の光合成は，光が関与する明反応と関与しない暗反応に分けられる．明反応では，2 段階の光励起が起こる．その過程で水から電子を取り出して，その残りとして酸素を放出する．一方，取り出された電子は，数段階の移動過程を経て最終的に酸化型のニコチンアミドアデニンジヌクレオチドリン酸（$NADP^+$）という化合物に受け渡され，それに水素イオンが付加することによって，$NADP^+$ の二電子還元体（NADPH）が合成される．すなわち，光合成において光が関わる核心部分の反応では，水から酸素と水素の化合物をつくっていることになる．

光合成で二酸化炭素からデンプンができるのは光が関与しない暗反応の部分である．明反応で生成した高エネルギー物質である NADPH が，この暗反応で使われる．この光合成で重要なポイントは，生物にとって重要な栄養源であるデンプンと酸素を製造しているということのみならず，太陽エネルギーをデンプンという形で化学エネルギーとして蓄えていることである（図 2）．すなわち，光エネルギー変換反応である．このように，エネルギーが低い状態から高い状態になる反応をアップヒル反応とよぶ．もともと，水と二酸化炭素は安定な分子である．それを反応させるには，エネルギーを供給する必要がある．光合成では，そのエネルギーとして太陽エネルギーを利用している．

次に，人工光合成をみてみよう．人工光合成の最も基本的な反応は，水分解である．この反応は，まさに天然の光合成の明反応に対応する．すなわち，水分解は人工光合成における核心的な反応である．この明反応で得られた水素は，燃料電池自動車などのクリーンエネルギー，および化学工業における基幹物質として使うことができる．化学工業では，一酸化炭素と水素から多様な化学製品がつくられているが，人工光合成である水分解によって得られた水素を用いることにより，熱触媒反応で二酸化炭素をガソリンや有用な有機物に変換することができる（図 3）．この部分を人工

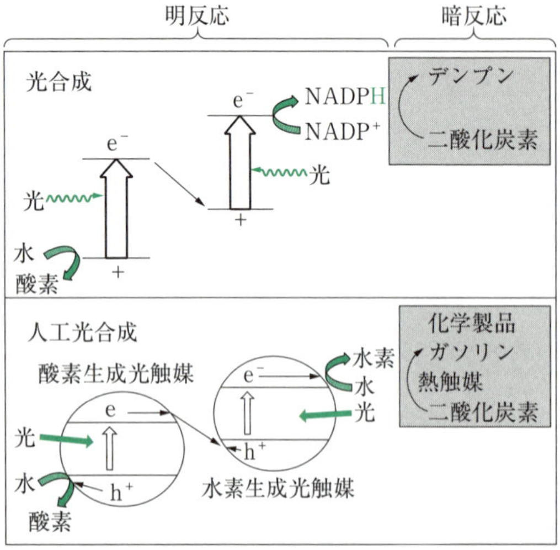

図 1　天然（植物）の光合成と人工光合成

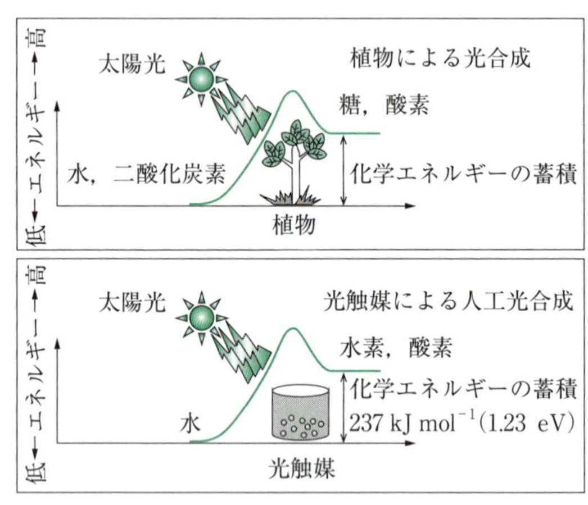

図 2　光エネルギー変換反応としての光合成と人工光合成

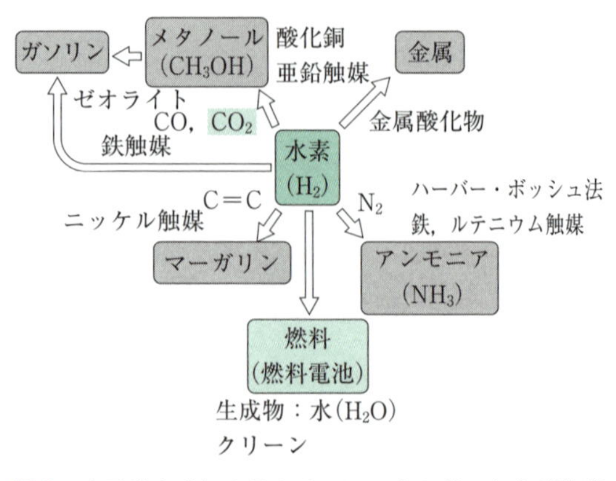

図 3　人工光合成によるクリーンエネルギーおよび化学工業における基幹原料としての水素製造

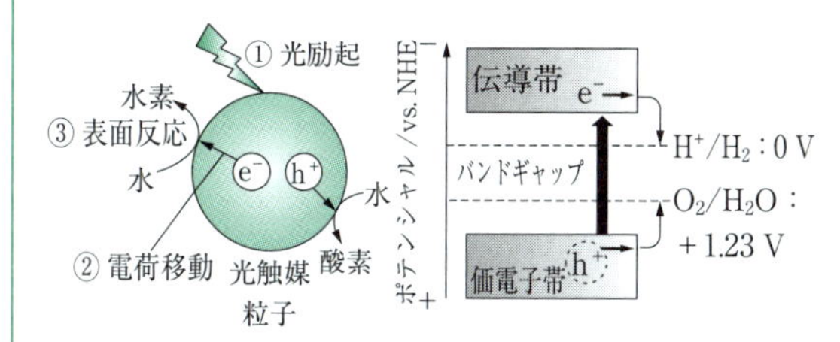

図4 半導体光触媒を用いた水分解反応のメカニズム

光合成の暗反応と見なすことができる．

もちろん，水素を介さずに二酸化炭素を直接還元する反応も魅力的な人工光合成である．このような人工光合成で生成した水素やガソリンなどのエネルギー物質をソーラーフュエル，アンモニアなどの有用な化学製品をソーラーケミカルとよぶことができる．

1960年代後半に二酸化チタン半導体光電極を用いたホンダ・フジシマ効果が発見された．それがきっかけとなり，世界中の研究者が粉末光触媒や半導体光電極を用いた水分解などの人工光合成研究に取り組んでいる．人工光合成研究のアプローチとして，天然の光合成を模倣した超分子系の構築や，それとはまったく異なる物質を用いる光触媒の開発などがある．後者の**光触媒材料**には，大きく分けて均一系と不均一系材料がある．

均一系光触媒としては，金属錯体，色素，ポリ酸などが水溶液に溶けた状態で用いられる．一方，不均一系光触媒としては，金属酸化物，金属硫化物，金属（酸）窒化物，C－N化合物などがある．これらの光触媒は，多くの場合水溶液に懸濁させた状態で用いられる．

均一系光触媒の代表的なものとしてルテニウム錯体，不均一系として二酸化チタンがあげられる．このように光触媒としては多様な材料群がある．この化合物群の中で，水分解に活性を示す固体の不均一系光触媒は，半導体的な性質をもった物質である（図4）．本書の第11章で紹介したように半導体は，電子が存在できる軌道の集まりとして，価電子帯と伝導帯からなるエネルギーバンド構造をもっている．それらのバンド間のエネルギー差をバンドギャップとよぶ．粉末半導体光触媒を用いた水分解反応は，次のような過程を経て進行する．

第1の過程(①)では，半導体光触媒にバンドギャップより大きなエネルギーをもつ光を照射することにより，電子が価電子帯から伝導帯に励起され，価電子帯に電子の抜け殻として正孔が生じる．ここで，水分解反応が進行するためには，伝導帯に励起された電子が水の還元電位よりも負側のポテンシャル，価電子帯に生成した正孔が水の酸化電位よりも正側のポテンシャルをもっていることが不可欠である．ここで，人工光合成を効率よく行うためには，太陽光の有効利用が前提である．すなわち，可視光を含む幅広い波長領域の光を吸収する必要がある．したがって，水を還元・酸化できるバンドのポテンシャルを有することに加えて，バンドギャップが狭い半導体材料が望ましい．第2の過程(②)では，光照射により生成した電子および正孔が粒子表面へ移動する．第3の過程(③)では，光触媒粒子の表面に到達した電子が水を還元して水素，正孔が水を酸化して酸素を生成する．そのため，光触媒粒子の表面特性としては，水の酸化や還元反応のための活性点の存在が不可欠である．これらの過程が完結することにより，初めてアップヒル反応である水分解活性が発現する．このアップヒル反応は難易度が非常に高い反応であるため，古くからチャレンジングな化学反応として研究されている．

現在の水素の主な工業的製造法は，Ni/Al_2O_3などの熱触媒を用いて，天然ガスなどの化石燃料と水を1100K程度の高温で反応させる水蒸気改質である．

$$CH_4 + H_2O \longrightarrow CO + 3H_2 \quad (1)$$

$$CO + H_2O \longrightarrow CO_2 + H_2 \quad (2)$$

この反応では，化石燃料を一方的に消費するばかりでなく，二酸化炭素も放出している．したがって，このように製造された水素を燃料電池自動車などに利用しても，エネルギー資源の枯渇や二酸化炭素問題は，根本的には解決されない．将来的には，このような化石資源を使った水素製造から脱却する必要がある．

これに対して，水分解による水素製造や二酸化炭素の資源化といった人工光合成の実現は，化学の力でクリーンなエネルギー社会や物質循環システムを構築することにつながる．大規模な光触媒水素製造プラントを建設することにより，水素を供給することが可能になる．また，そのプラントに化学工場を直結すれば，水と二酸化炭素からさまざまな燃料や化学製品を製造する人工光合成工場をつくることができるようになる．これによって，エネルギー・環境問題のみならず，食料問題においても，クリーンに解決できる可能性がある．

このように，光触媒を用いた水の分解反応で代表される人工光合成は，人類にとっての究極的な化学反応であるといえる．

索　引

き

く

け

こ

さ

し

す

せ

執筆者一覧

田所 誠（たどころ まこと）

[1.1～3 節，7 章]

1992 年 九州大学大学院理学研究科化学専攻後期博士課程修了，博士（理学）．同年 岡崎国立共同研究機構分子科学研究所助手，大阪市立大学理学部化学科助教授などを経て，2005 年 東京理科大学理学部化学科助教授．2008 年より同大教授．

山田 康洋（やまだ やすひろ）

[1.4，5 節]

1987 年 東京大学大学院理学系研究科化学専攻博士課程修了，理学博士．同年 日本原子力研究所研究員，1993 年 東京大学大学院理学系研究科助手，1997 年 東京理科大学理学部第二部化学科助教授を経て，2004 年より同大教授．

由井 宏治（ゆい ひろはる）

[2 章，コラム 2]

1999 年 東京大学大学院応用化学専攻博士課程中退．同年 東京大学大学院新領域創成科学研究科助手．2005 年 東京理科大学理学部第一部化学科講師，准教授を経て，2013 年より同大教授．博士（工学）．

秋津 貴城（あきつ たかしろ）

[3.1 節]

2000 年 大阪大学大学院理学研究科化学専攻博士課程修了．大阪大学，慶應義塾大学，スタンフォード大学を経て，2016 年より東京理科大学理学部第二部化学科教授．博士（理学）．専門分野は無機化学・錯体化学．

宮村 一夫（みやむら かずお）

[3.2 節]

1982 年 東京大学大学院博士課程中退．同年 東京大学工学部助手，講師，1998 年 東京理科大学理学部助教授を経て，2004 年より同大教授．2015 年 理学部学部長．工学博士．

榎本 真哉（えのもと まさや）

[4.1 節，11 章，コラム 14]

2001 年 東京工業大学大学院理工学研究科化学専攻博士課程修了，博士（理学）．日本学術振興会特別研究員（PD），東京大学総合文化研究科助手・助教を経て，2010 年より東京理科大学理学部第一部化学科講師．

佐々木 健夫（ささき たけお）

[4.2 節，5.3 節]

1994 年 東京工業大学大学院博士後期課程修了．同年 東北大学助手，大分大学助教授，東京理科大学准教授を経て 2010 年より東京理科大学理学部第二部化学科教授．専門は液晶および高分子の光機能性．

大塚 英典（おおつか ひでのり）

[4.3 節，5.4 節]

1995 年 東京理科大学大学院理学研究科博士課程修了，博士（理学）．チバガイギー(株)，日本学術振興会特別研究員（PD），産業技術総合研究所，物質・材料研究機構主幹研究員，東京理科大学理学部第一部応用化学科准教授を経て，2015 年より同大教授．

青木 健一（あおき けんいち）
[4.4 節，5.1，2 節]

2002 年 東京工業大学大学院総合理工学研究科博士課程修了，博士（工学）．2004 年 東邦大学理学部特任助手，特任講師，東邦大学複合物性研究センター研究員（兼任），2011 年 東京理科大学理学部第二部化学科講師を経て，2016 年より同大准教授．

下仲 基之（しもなか もとゆき）
[6.1 節]

1988 年 東京工業大学大学院理工学研究科博士課程修了，理学博士．同年から米国ソーク研究所，ウィッティア研究所，ラホヤがん研究所の研究員を経て，1996 年より東京理科大学理学部第一部化学科准教授．

井上 正之（いのうえ まさゆき）
[6.2，3 節，コラム 6]

2006 年 広島大学教育研究科科学文化教育学専攻博士課程修了，博士（教育学）．1987 年 広島学院中学校・高等学校教諭，2007 年 東京理科大学理学部化学科准教授を経て，2013 年より同大教授．

椎名 勇（しいな いさむ）
[6.4 節]

1992 年 東京理科大学大学院修士課程を修了．東京理科大学総合研究所助手，講師，同大理学部講師，助教授を経て，2008 年より東京理科大学理学部応用化学科教授．博士（理学）．2015 年 文部科学大臣表彰 科学技術賞受賞．

築山 光一（つきやま こういち）
[8 章，コラム 11，12]

1984 年 東京工業大学大学院理工学研究科博士課程修了，理学博士．同年 コロンビア大学化学科博士研究員，1986 年 理化学研究所マイクロ波物理研究室，1995 年 東京理科大学理学部第一部化学科助教授を経て，2000 年より同大教授．

河合 英敏（かわい ひでとし）
[9.1.1，2 項，9.2 節]

2000 年 北海道大学大学院理学研究科博士後期課程修了，博士（理学）．同年 北海道大学大学院理学研究科化学専攻 助手，助教，JST さきがけ研究員（兼任）を経て，2011 年より東京理科大学理学部第一部化学科准教授．専門は超分子化学，構造有機化学．

木村 力（きむら つとむ）
[9.1.3〜7 項]

2005 年 岐阜大学大学院工学研究科物質工学専攻博士課程修了．同年 分子科学研究所博士研究員，2007 年 岐阜大学人獣感染防御研究センター助教．2011 年 東京理科大学理学部第二部化学科助教を経て，2014 年同大講師．

斎藤 慎一（さいとう しんいち）
[10.1，2 節]

1995 年 東京大学薬学系研究科博士課程修了，博士（薬学）．日本学術振興会特別研究員（PD），富山医科薬科大学，東北大学，理化学研究所，東京理科大学講師，准教授を経て，2009 年より東京理科大学理学部第一部化学科教授．

渡辺 量朗（わたなべ かずお）
[10.3 節]

1993 年 東京大学工学部工業化学科卒業．総合研究大学院大学先導科学研究科助手，フリッツ・ハーバー研究所グループリーダー，オークリッジ国立研究所研究員を経て，2010 年より東京理科大学理学部化学科准教授．博士（理学）．

駒場 慎一（こまば しんいち）
[12.1 節]

早稲田大学大学院理工学研究科博士後期課程修了，博士（工学）．1998 年 岩手大学工学部応用化学科助手，CNRS ボルドー固体化学研究所博士研究員，2005 年 東京理科大学理学部応用化学科講師，准教授を経て，2013 年より同大教授．平成 26 年度日本学術振興会賞受賞．

佐竹 彰治（さたけ あきはる）
[12.2，3 節]

1995 年 早稲田大学大学院理工学研究科博士課程修了，博士（工学）．同年 早稲田大学理工学部応用化学科助手，理化学研究所基礎科学特別研究員，奈良先端科学技術大学院大学助教を経て，2010 年 東京理科大学理学部第二部化学科准教授，2015 年より同大教授．

中井 泉（なかい いずみ）
[コラム 1，3，10]

1980 年 筑波大学大学院化学研究科博士課程修了，理学博士．同年 筑波大学研究協力部研究協力課文部技官，助手，講師，1994 年 東京理科大学理学部助教授を経て，1998 年より同大教授．

根岸 雄一（ねぎし ゆういち）
[コラム 4]

2000 年 慶應義塾大学大学院理工学研究科博士後期課程中退，博士（理学）．慶應義塾大学理工学部化学科助手，分子科学研究所助手を経て，2008 年 東京理科大学理学部応用化学科講師，2013 年より同大准教授．

古海 誓一（ふるみ せいいち）
[コラム 5]

2001 年 東京工業大学大学院物質科学創造専攻修了，博士（工学）．通信総合研究所研究員，物質・材料研究機構研究員，JST さきがけ研究員（兼任）を経て，2014 年より東京理科大学理学部応用化学科准教授．

硤合 憲三（そあい けんそう）
[コラム 7，9]

1979 年，東京大学大学院理学研究科化学専攻博士課程修了，理学博士．同年 日本学術振興会奨励研究員，ノースカロライナ大学博士研究員を経て，1981 年 東京理科大学理学部応用化学科講師，助教授，1991 年より同大教授．

鳥越 秀峰（とりごえ ひでたか）
[コラム 8]

1990 年 東京大学大学院理学系研究科生物化学専攻博士課程修了，理学博士．同年 自治医科大学助手，理化学研究所研究員，先任研究員，2002 年 東京理科大学理学部第一部応用化学科講師，准教授を経て，2012 年より同大教授．

松田 学則（まつだ たかのり）
[コラム 13]

2002 年 京都大学大学院工学研究科合成・生物化学専攻博士課程修了．日本学術振興会特別研究員，JST さきがけ博士研究員，京都大学大学院工学研究科助手，助教を経て，2008 年 東京理科大学理学部第一部応用化学科講師，2014 年より同大准教授．

工藤 昭彦（くどう あきひこ）
[コラム 15]

1988 年 東京工業大学大学院修了，理学博士．同年 テキサス大学博士研究員，1989 年 東京工業大学助手を経て，1995 年 東京理科大学理学部応用化学科講師，助教授，2003 年より同大教授．

理工系の基礎　教養化学

平成 28 年 8 月 30 日　発　行

著作者　教養化学 編集委員会

発行者　池　田　和　博

発行所　丸善出版株式会社
〒101-0051 東京都千代田区神田神保町二丁目17番
編 集：電話 (03)3512-3261／FAX (03)3512-3272
営 業：電話 (03)3512-3256／FAX (03)3512-3270
http://pub.maruzen.co.jp/

組版印刷・製本／三美印刷株式会社

ISBN 978-4-621-30041-1 C 3043　　Printed in Japan